国家自然科学基金
理论物理专款资助

"十三五"国家重点出版物出版规划项目

21世纪理论物理及其交叉学科前沿丛书

椭圆函数相关凝聚态物理模型与图表示

石康杰　杨文力　李广良　编著

科学出版社
北　京

内 容 简 介

精确可解统计模型在凝聚态物理、可积场论和数学中都有重要应用，是理论物理的前沿课题．与椭圆函数相关的格点模型的极限既能给出三角型和有理型的格点模型，又能包含更多的参量，因此受到了特殊的重视．本书详细介绍了杨-Baxter方程等格点模型的基础知识，同时重点介绍了两种等价的椭圆型格点模型：Z_n Belavin 模型和 A_{n-1}^1 IRF 面模型，旨在分析 Jacobi θ 函数在研究这些模型中的处理方法．书中广泛应用图示法进行推导，这种直观、便于掌握的方法是学习格点模型和可积场论时常用的．

本书推导详细，便于初学者阅读，可作为学习理论物理的大学生、研究生及相关领域的科技工作者学习格点统计模型的教学参考书．

图书在版编目（CIP）数据

椭圆函数相关凝聚态物理模型与图表示/石康杰，杨文力，李广良编著．—北京：科学出版社，2019. 5

(21 世纪理论物理及其交叉学科前沿丛书)

ISBN 978-7-03-061286-1

Ⅰ. ①椭… Ⅱ. ①石… ②杨… ③李… Ⅲ. ①椭圆函数–凝聚态–物理模型–图表法 Ⅳ. ① O174.54

中国版本图书馆 CIP 数据核字（2019）第 100076 号

责任编辑：刘凤娟／责任校对：彭珍珍

责任印制：吴兆东／封面设计：无极书装

科学出版社 出版

北京东黄城根北街 16 号

邮政编码：100717

http://www.sciencep.com

北京虎彩文化传播有限公司印刷

科学出版社发行　各地新华书店经销

*

2019 年 5 月第　一　版　开本：720 × 1000　1/16

2020 年10月第二次印刷　印张：22 3/4

字数：446 000

定价：149.00 元

(如有印装质量问题，我社负责调换)

《21 世纪理论物理及其交叉学科前沿丛书》

出版前言

物理学是研究物质及其运动规律的基础科学。其研究内容可以概括为两个方面：第一，在更高的能量标度和更小的时空尺度上，探索物质世界的深层次结构及其相互作用规律；第二，面对由大量个体组元构成的复杂体系，探索超越个体特性“演生”出来的有序和合作现象。这两个方面代表了两种基本的科学观 —— 还原论 (reductionism) 和演生论 (emergence)。前者把物质性质归结为其微观组元间的相互作用，旨在建立从微观出发的终极统一理论，是一代又一代物理学家的科学梦想；后者强调多体系统的整体有序和合作效应，把不同层次“演生”出来的规律当成自然界的基本规律加以探索。它涉及从固体系统到生命软凝聚态等各种多体系统，直接联系关乎日常生活的实际应用。

现代物理学通常从理论和实验两个角度探索以上的重大科学问题。利用科学实验方法，通过对自然界的主动观测，辅以理论模型或哲学上思考，先提出初步的科学理论假设，然后借助进一步的实验对此进行判定性检验。最后，据此用严格的数学语言精确、定量表达一般的科学规律，并由此预言更多新的、可以被实验再检验的物理效应。当现有的理论无法解释一批新的实验发现时，物理学就要面临前所未有的挑战，有可能产生重大突破，诞生新理论。新的理论在解释已有实验结果的同时，还将给出更一般的理论预言，引发新的实验研究。物理学研究这些内禀特征，决定了理论物理学作为一门独立学科存在的必要性以及在当代自然科学中的核心地位。

理论物理学立足于科学实验和观察，借助数学工具、逻辑推理和观念思辨，研究物质的时空存在形式及其相互作用规律，从中概括和归纳出具有普遍意义的基本理论。由此不仅可以描述和解释自然界已知的各种物理现象，而且还能够预言此前未知的物理效应。需要指出，理论物理学通过当代数学语言和思想框架，使得物理定律得到更为准确的描述。沿循这个规律，作为理论物理学最基础的部分，20 世纪初诞生的相对论和量子力学今天业已成为当代自然科学的两大支柱，奠定了理论物理学在现代科学中的核心地位。统计物理学基于概率统计和随机性的思想处理多粒子体系的运动，是二者的必要补充。量子规范场论从对称性的角度描述微观粒子的基本相互作用，为自然界四种基本相互作用的统一提供坚实的基础。

关于理论物理的重要作用和学科发展趋势，我们分六点简述。

1. 理论物理研究纵深且广泛，其理论立足于全部实验的总和之上。由于物质结构是分层次的，每个层次上都有自己的基本规律，不同层次上的规律又是互相联系的。物质层次结构及其运动规律的基础性、多样性和复杂性不仅为理论物理学提供了丰富的研究对象，而且对理论物理学家提出巨大的智力挑战，激发出人类探索自然的强大动力。因此，理论物理这种高度概括的综合性研究，具有显著的多学科交叉与知识原创的特点。在理论物理中，有的学科 (诸如粒子物理、凝聚态物理等) 与实验研究关系十分密切，但还有一些更加基础的领域 (如统计物理、引力理论和量子基础理论)，它们一时并不直接涉及实验。虽然物理学本身是一门实验科学，但物理理论是立足于长时间全部实验总和之上，而不是只针对个别实验。虽然理论正确与否必须落实到实验检验上，但在物理学发展过程中，有的阶段性理论研究和纯理论探索性研究，开始不必过分强调具体的实验检验。其实，产生重大科学突破甚至科学革命的广义相对论、规范场论和玻色–爱因斯坦凝聚就是这方面的典型例证，它们从纯理论出发，实验验证却等待了几十年，甚至近百年。近百年前爱因斯坦广义相对论预言了一种以光速传播的时空波动 —— 引力波。直到 2016 年 2 月，美国科学家才宣布人类首次直接探测到引力波。引力波的预言是理论物理发展的里程碑，它的观察发现将开创一个崭新的引力波天文学研究领域，更深刻地揭示宇宙奥秘。

2. 面对当代实验科学日趋复杂的技术挑战和巨大经费需求，理论物理对物理学的引领作用必不可少。第二次世界大战后，基于大型加速器的粒子物理学开创了大科学工程的新时代，也使得物理学发展面临经费需求的巨大挑战。因此，伴随着实验和理论对物理学发展发挥的作用有了明显的差异变化，理论物理高屋建瓴的指导作用日趋重要。在高能物理领域，轻子和夸克只能有三代是纯理论的结果，顶夸克和最近在大型强子对撞机 (LHC) 发现的 Higgs 粒子首先来自理论预言。当今高能物理实验基本上都是在理论指导下设计进行的，没有理论上的动机和指导，高能物理实验如同大海捞针，无从下手。可以说，每一个大型粒子对撞机和其他大型实验装置，都与一个具体理论密切相关。天体宇宙学的观测更是如此。天文观测只会给出一些初步的宇宙信息，但其物理解释必依赖于具体的理论模型。宇宙的演化只有一次，其初态和末态迄今都是未知的。宇宙学的研究不能像通常的物理实验那样，不可能为获得其演化的信息任意调整其初末态。因此，仅仅基于观测，不可能构造完全合理的宇宙模型。要对宇宙的演化有真正的了解，建立自洽的宇宙学模型和理论，就必须立足于粒子物理和广义相对论等物理理论。

3. 理论物理学本质上是一门交叉综合科学。大家知道，量子力学作为 20 世纪的奠基性科学理论之一，是人们理解微观世界运动规律的现代物理基础。它的建立，带来了以激光、半导体和核能为代表的新技术革命，深刻地影响了人类的物质、精神生活，已成为社会经济发展的原动力之一。然而，量子力学基础却存在诸多的争议，哥本哈根学派对量子力学的“标准”诠释遭遇诸多挑战。不过这些学术争论不仅促进了量子理论自身发展，而且促使量子力学走向交叉科学领域，使得量子物理从观测解释阶段进入自主调控的新时代，从此量子世界从自在之物变成为我之物。近二十年来，理论物理学在综合交叉方面的重要进展是量子物理与信息计算科学的交叉，由此形成了以量子计算、量子通信和量子精密测量为主体的量子信息科学。它充分利用量子力学基本原理，基于独特的量子相干进行计算、编码、信息传输和精密测量，探索突破芯片极限、保证信息安全的新概念和新思路。统计物理学为理论物理研究开拓了跨度更大的交叉综合领域，如生物物理和软凝聚态物理。统计物理的思想和方法不断地被应用到各种新的领域，对其基本理论和自身发展提出了更高的要求。由于软物质是在自然界中存在的最广泛的复杂凝聚态物质，它处于固体和理想流体之间，与人们的日常生活及工业技术密切相关。例如，水是一种软凝聚态物质，其研究涉及的基础科学问题关乎人类社会今天面对的水资源危机。

4. 理论物理学在具体系统应用中实现创新发展，并在基本层次上回馈自身。从量子力学和统计物理对固体系统的具体应用开始，近半个世纪以来凝聚态物理学业已发展成当代物理学最大的一个分支。它不仅是材料、信息和能源科学的基础，也与化学和生物等学科交叉与融合，而其中发现的新现象、新效应，都有可能导致凝聚态物理一个新的学科方向或领域的诞生，为理论物理研究展现了更加广阔的前景。一方面，凝聚态物理自身理论发展异常迅猛和广泛，描述半导体和金属的能带论和费米液体理论为电子学、计算机和信息等学科的发展奠定了理论基础；另一方面，从凝聚态理论研究提炼出来的普适的概念和方法，对包括高能物理在内的其他物理学科的发展也起到了重要的推动作用。BCS 超导理论中的自发对称破缺概念，被应用到描述电弱相互作用统一的 Yang-Mills 规范场论，导致了中间玻色子质量演生的 Higgs 机制，这是理论物理学发展的又一个重要里程碑。近二十年来，在凝聚态物理领域，有大量新型低维材料的合成和发现，有特殊功能的量子器件的设计和实现，有高温超导和拓扑绝缘体等大量新奇量子现象的展示。这些现象不能在以单体近似为前提的费米液体理论框架下得到解释，新的理论框架建立已迫在眉睫，如果成功将使凝聚态物理的基础及应用研究跨上一个新的历史台阶，也将理论物理的引领作用发挥到极致。

5. 理论物理的一个重要发展趋势是理论模型与强大的现代计算手段相结合。面对纷繁复杂的物质世界 (如强关联物质和复杂系统)，简单可解析求解的理论物理模型不足以涵盖复杂物质结构的全部特征，如非微扰和高度非线性。现代计算机的发明和快速发展提供了解决这些复杂问题的强大工具。辅以面向对象的科学计算方法 (如第一原理计算、蒙特卡罗方法和精确对角化技术)，复杂理论模型的近似求解将达到极高的精度，可以逐渐逼近真实的物质运动规律。因此，在解析手段无法胜任解决复杂问题任务时，理论物理必须通过数值分析和模拟的办法，使得理论预言进一步定量化和精密化。这方面的研究导致了计算物理这一重要学科分支的形成，成为连接物理实验和理论模型必不可少的纽带。

6. 理论物理学将在国防安全等国家重大需求上发挥更多作用。大家知道，无论决胜第二次世界大战、冷战时代的战略平衡，还是中国国家战略地位提升，理论物理学在满足国家重大战略需求方面发挥了不可替代的作用。爱因斯坦、奥本海默、费米、彭桓武、于敏、周光召等理论物理学家也因此彪炳史册。与战略武器发展息息相关，第二次世界大战后开启了物理学大科学工程的新时代，基于大型加速器的重大科学发现反过来为理论物理学提供广阔的用武之地，如标准模型的建立。国防安全方面等国家重大需求往往会提出自由探索不易提出的基础科学问题，在对理论物理提出新挑战的同时，也为理论物理研究提供了源头创新的平台。因此，理论物理也要针对国民经济发展和国防安全方面等国家重大需求，凝练和发掘自己能够发挥关键作用的科学问题，在实践应用和理论原始创新方面取得重大突破。

为了全方位支持我国理论物理事业长足发展，1993 年国家自然科学基金委员会设立"理论物理专款"，并成立学术领导小组 (首届组长是我国著名理论物理学家彭桓武先生)。多年来，这个学术领导小组凝聚了我国理论物理学家集体智慧，不断探索符合理论物理特点和发展规律的资助模式，培养理论物理优秀创新人才做出杰出的研究成果，对国民经济和科技战略决策提供指导和咨询。为了更全面地支持我国的理论物理事业，"理论物理专款"持续资助我们编辑出版这套《21 世纪理论物理及其交叉学科前沿丛书》，目的是要系统全面介绍现代理论物理及其交叉领域的基本内容及其学科前沿发展，以及中国理论物理学家科学贡献和所取得的主要进展。希望这套丛书能帮助大学生、研究生、博士后、青年教师和研究人员全面了解理论物理学研究进展，培养对物理学研究的兴趣，迅速进入理论物理前沿研究领域，同时吸引更多的年轻人献身理论物理学事业，为我国的科学研究在国际上占有一席之地作出自己的贡献。

孙昌璞
中国科学院院士，发展中国家科学院院士
国家自然科学基金委员会"理论物理专款"学术领导小组组长

前　言

本书研究与椭圆函数相关的格点统计模型, 广泛介绍和应用图示表象 (graphic representation) 进行分析和推导. 精确可解统计模型可以给出解析的精确结果, 为凝聚态物理相变现象提供可信的物理机制, 它们又与动力学体系中的可积系统相互对应, 并且在数学上与量子群、纽结理论等有密切关系. 因此这个领域的研究受到广泛的重视, 成为理论物理的前沿分支.

对格点模型的研究通常是把体系参数化, 使物理系统处在特殊的参数值上, 参数化后可以把体系看成具有无穷多互相对易的守恒量的可积动力学系统, 从而为求解体系的精确解提供方便. 这样的动力学体系, 由于有足够多的独立的守恒量, 它的运动是规则的, 不会出现混沌现象, 所以才有可能有数学上的解析结果. 在一般动力学体系中, 可积体系是非常稀少的, 精确可解的统计物理体系也是一样. 因此能够为有一定对称性的格点模型提供参数化是非常困难的. 根据体系玻尔兹曼权对于谱参数的依赖形式, 我们把模型分为有理型、三角型和椭圆型. 椭圆型模型可以退化为三角型和有理型, 因此有些结果的适用性特别普遍, 受到学术界的格外重视. 在参数化后的格点模型中, 杨-Baxter 方程以及反射方程能为格点模型的可积性提供局部的证据, 从局部的结构给出整体可积 (可解) 的性质, 这些方程和判据成为建立格点模型的关键.

本书详细介绍了椭圆型格点模型——Z_n Belavin 模型和 A^1_{n-1} IRF 面模型, 讨论杨-Baxter 方程及相关课题和反射方程, 为进一步学习关于贝特拟设 (Bethe ansatz) 方法、T-Q 关系以及热力学极限的书籍和文献打下了坚实的基础. 在格点模型的研究中经常用到的推导方式是写出拉丁字母或希腊字母的式子, 这些字母代表算符或者矩阵, 这样做的优点是容易打印或作为电子邮件传送, 在一些推导中也显得简单明了. 本书还着重使用了另一种方法, 就是指标法和图示法. 指标法的优点是把算符作为矩阵的矩阵元直接写出, 处理的是可以相互对易的数字. 图示法与指标法等价, 在图的线上标上指标, 可以直接翻译成带指标的式子. 图的优点是直观性强, 有些公式比如杨-Baxter 方程有明确的几何解释. 这样一来, 在某些推导中很容易看出关键步骤是什么. 图示法在统计模型和量子群中也广泛为学者使用, 缺点是画图打印成电子版本比较麻烦, 所以在文献中使用得比较少. 但是, 在研究和思考问题特别是获得一些原始想法的过程中掌握图示法还是非常有益的, 这是作者介绍这种方法的初衷.

本书的第 1 章和第 2 章是关于 Jacobi θ 函数的数学基础和格点模型的物理基

础介绍, 第 3 章杨-Baxter 方程和杨-Baxter 关系、第 6 章聚合和量子行列式及第 9 章带反射边模型都是关于格点模型普遍适用的基本内容. 其余的 4、5、7、8 章分别介绍 $SU_q(n|m)$ 模型 (三角型)、Z_n Belavin 模型及等价的 A_{n-1}^1 面模型 (椭圆型), 本书重点介绍 Z_n Belavin 模型及 A_{n-1}^1 面模型的研究. 第 10 章用实例介绍图示法推导算子恒等式, 尽管本书其余部分也经常使用图示法推导公式, 但是这一章的推导可以让读者更进一步地了解这种方法的直观性, 以便多掌握一种思维用的形象化工具. 第 11 章介绍带边 A_{n-1}^1 模型的贝特拟设方法, 给出一个如何求解可解模型的实例. 我们写下这个比较复杂的系统的计算详尽细节, 以便查考.

本书是根据教学讲义编写而成的, 推导力求详细, 虽然不简洁, 但是为有兴趣的初学者提供了方便. 对于文献和书籍, 其困难往往在于还原作者的原始推导, 我们希望本书能帮助读者绕过这重困难. 只要有足够的耐心, 任何掌握高等数学、复变函数、线性代数和大学普通物理的学生都可以掌握本书内容. 在数学推导上, 本书注重精确, 即给出的结果是精准的解析形式的解, 不是近似解或者数值解, 但不是数学意义上的严格推导, 因为在统计模型中, 严格推导有时过于烦琐, 甚至无法达到, 这种处理方法是在精确可解模型研究中常见的.

感谢侯伯宇老师, 是他把我们带进了精确可解的统计模型这个领域, 本书的大部分内容都是他为配合他和他的学生们的研究工作而收集的. 感谢王珮老师、侯伯元老师和文振翼老师的指导. 岳瑞宏、杨仲侠、范桁、丁祥茂和王延申教授的研究对教材有多方面的贡献, 赵柳教授曾看过本书部分内容并给出了中肯的指导和鼓励. 陈一新、李卫、周玉魁、张耀中教授的重要工作带给了我们很多启迪和帮助. 我们再次对他们表示衷心的感谢. 近几年来, 我们有幸参与王玉鹏研究员、曹俊鹏研究员和他们团队的科研工作, 他们敏锐的物理洞察力和创新能力使我们很受启发, 对他们的热情接待和指导, 我们深表感谢! 感谢西北大学物理学院老师的关心和支持. 特别感谢科学出版社编辑在写书过程中的鼓励指导和帮助. 本书原稿的打印和绘图是繁重而细致的工作, 为此感谢杨战营教授、张明博士的辛勤劳动. 我们在学习和研究中, 曾得到很多师长、朋友和同学的真诚关怀、热心指导和无私帮助, 在这里未能一一致谢, 但对他们我们总是心存感激.

书中不当之处在所难免, 恳请读者批评、指正.

石康杰　杨文力　李广良

2018 年 10 月于西安

目　　录

第 1 章　Jacobi θ 函数 ······ 1
1.1　刘维尔定理与准双周期全纯函数 ······ 1
1.2　Jacobi θ 函数 ······ 4
1.2.1　θ 函数的零点 ······ 5
1.2.2　零点定理的应用, 加法定理 ······ 7
1.3　黎曼恒等式 ······ 9
1.4　θ 函数的无穷积表示 ······ 11
1.5　模变换 ······ 14
第 2 章　统计模型与相变的普适指数 ······ 18
2.1　临界指数与普适性 ······ 19
2.2　Ising 模型 ······ 20
2.3　六顶角模型与八顶角模型 ······ 21
2.4　能量和玻尔兹曼权 ······ 24
2.5　矩阵的一些知识 ······ 26
2.6　R 矩阵和转移矩阵 ······ 27
2.6.1　转移矩阵 ······ 27
2.6.2　t 矩阵的本征值与配分函数 Z ······ 31
第 3 章　杨-Baxter 方程和 R 矩阵 ······ 32
3.1　杨-Baxter 方程和 R 矩阵的幺正性 ······ 32
3.1.1　杨-Baxter 方程 ······ 32
3.1.2　R 矩阵的幺正性 ······ 34
3.2　R 矩阵的写法和图示 ······ 37
3.3　有理 R 矩阵 ······ 39
3.4　L 算子与杨-Baxter 关系 ······ 41
3.5　R 矩阵的交叉逆矩阵 ······ 43
3.6　由 R 矩阵形成的 L 矩阵 ······ 46
3.7　由 L 矩阵构造可积体系 ······ 49
3.8　L 矩阵的余积 ······ 50

第 4 章 超对称 $SU_q(n/m)$ 模型的 R 矩阵 ············ 52
4.1 R 矩阵的矩阵元 ············ 52
4.2 YBE 的证明 ············ 53
4.3 退化情形 ············ 60
第 5 章 Z_n 对称的 Belavin 模型 ············ 63
5.1 Z_n 对称的 Belavin 模型 R 矩阵 ············ 63
5.2 YBE 的推导 ············ 66
5.3 Z_n 对称的 Belavin 模型 R 矩阵的矩阵元 ············ 69
5.4 R 矩阵的退化情形 ············ 72
5.5 R 矩阵的三角极限和有理极限 ············ 73
5.6 幺正关系 ············ 75
第 6 章 反对称化、对称化、聚合和量子行列式 ············ 78
6.1 置换与全反对称、全对称算子及其与其他算子的乘法 ············ 78
6.2 Cherednik 算子 ············ 80
6.3 全反对称或全对称算子对 L 矩阵乘积的穿透 ············ 83
6.4 R 矩阵的聚合和 YBR ············ 86
6.5 量子行列式 ············ 87
6.6 由 R 矩阵形成的量子行列式 ············ 93
第 7 章 面模型和面顶对应关系 ············ 100
7.1 面模型的玻尔兹曼权 ············ 100
7.2 面顶对应关系 ············ 103
7.3 另外两种三顶点算子 $\overline{\varphi}$ 和 $\widetilde{\varphi}$ ············ 109
7.4 面模型的 YBE ············ 114
7.5 $\overline{\varphi}$ 的存在条件 ············ 117
7.6 A_{n-1}^1 面模型的退化情形和三角极限 ············ 120
7.7 三顶点算子的变化和 $R(a|z)$ 的规范变换 ············ 122
第 8 章 Z_n 对称模型和 A_{n-1}^1 模型的交叉幺正条件 ············ 126
8.1 Z_n Belavin 模型的交叉幺正条件 ············ 126
8.2 A_{n-1}^1 面模型的量子行列式 ············ 135
第 9 章 反射方程和带反射边的可解模型 ············ 152
9.1 可解模型中 $t(u)$ 对应的自旋链 ············ 152
9.2 反射方程和对偶反射方程 ············ 154
9.3 L 矩阵的逆矩阵 ············ 156
9.4 反射方程的解的余模 ············ 159
9.5 带反射边的可解模型 ············ 160

9.6 面模型的反射方程 ········· 162
9.7 带反射边模型的聚合 ········· 171
9.8 带反射边模型的反对称聚合 ········· 175
9.9 反对称化的带反射边 $t_-^{(l)}(z)$ 的性质 ········· 180
9.10 A_{n-1}^1 模型的聚合反射边 ········· 184
第 10 章　用图示法推导算子恒等式 ········· 196
10.1 图例 ········· 196
10.2 类反射矩阵 $U(z)$ ········· 198
10.3 公式 $t(\theta_i)t(-\theta_i) \sim \text{id}$ 的推导 ········· 203
10.4 A_{n-1}^1 模型的类反射矩阵 ········· 205
第 11 章　带边 A_{n-1}^1 模型的代数贝特拟设 ········· 216
11.1 A_{n-1}^1 模型的转移矩阵 ········· 216
11.2 算子交换关系 ········· 223
11.3 真空态 $|\Omega\rangle$ ········· 229
11.4 嵌套贝特拟设 ········· 242
11.5 关于 unwanted 项的分析 ········· 254
11.5.1 $t(u)$ 与 $B^i(v)$ 交换得到的 unwanted 项 ········· 254
11.5.2 有理模型的 unwanted 项 ········· 263
11.5.3 对 unwanted 项的进一步分析 ········· 267
11.5.4 关于不同谱的 $|v_1, \cdots, u_{N_1}, F\rangle$ 的线性独立 ········· 278
参考文献 ········· 292
附录　一些公式的推导 ········· 294
附录 1 带反射边模型代数贝特拟设的补偿项 ········· 294
附录 2 $D_k^k(\quad|u)B^l(\quad|v)$ 的交换关系 $(k \neq l)$ ········· 302
附录 3 $D_l^k(\quad|u)B^l(\quad|v)$ 的交换关系 ········· 318
附录 4 $D_k^k(\quad|u)B^k(\quad|v)$ 的交换关系 ········· 328
附录 5 $D_l^k(\quad|u)B^J(\quad|v)$ 的交换关系 ········· 336
附录 6 $A(\quad|u)B^i(\quad|v)$ 的交换关系 ········· 339
附录 7 公式 (8.2.8) 的推导 ········· 341
索引 ········· 346
《21 世纪理论物理及其交叉学科前沿丛书》已出版书目 ········· 348

第 1 章　Jacobi θ 函数

本书重点介绍与椭圆函数有关的凝聚态物理模型. 为此, 我们先介绍一些关于 Jacobi θ 函数的知识. 首先引入解析函数论中的刘维尔定理, 然后再介绍准双周期全纯函数.

1.1　刘维尔定理与准双周期全纯函数

刘维尔定理　在全平面上解析的函数 $f(z)$(全纯函数), 如果 $|f(z)|<M$ 总成立, 则 $f(z)=c$.

证明　根据解析函数论中的柯西积分公式

$$f(z)=\frac{1}{2\pi\mathrm{i}}\oint_{c_z}\frac{f(\xi)\mathrm{d}\xi}{\xi-z},$$

其中, c_z 为围绕 z 点的回路. 对 z 微分得

$$\begin{aligned}f'(z)=&\frac{1}{2\pi\mathrm{i}}\oint_{c_z}\frac{f(\xi)\mathrm{d}\xi}{(\xi-z)^2},\\ |f'(z)|\leqslant&\frac{1}{2\pi}\oint_{c_z}\frac{|f(\xi)||\mathrm{d}\xi|}{|\xi-z|^2}.\end{aligned}$$

取 c_z 为以 z 点为圆心、以 r 为半径的圆, 则有

$$|f'(z)|\leqslant\frac{1}{2\pi}\oint_{c_z}\frac{Mr\mathrm{d}\theta}{r^2}=\frac{M}{r}.$$

由于 r 可以任意大, 所以有 $|f'(z)|=0$, 也就是 $f(z)=c$. 下面考虑准双周期全纯函数. 不失一般性, 令

$$\begin{aligned}f(z+1)=&\mathrm{e}^{\mathrm{i}g_1(z)}f(z),\\ f(z+\tau)=&\mathrm{e}^{\mathrm{i}g_2(z)}f(z),\end{aligned}$$

其中, $g_1(z),g_2(z)$ 是全纯函数, τ 为虚部大于 0 的复数, $\mathrm{i}=\sqrt{-1}$. 我们可以考虑

$$F(z)=\mathrm{e}^{\mathrm{i}g(z)}f(z),$$

则得

$$F(z+1)=\mathrm{e}^{\mathrm{i}g(z+1)}f(z+1)=\mathrm{e}^{\mathrm{i}g(z+1)}\mathrm{e}^{\mathrm{i}g_1(z)}f(z)$$

$$
\begin{aligned}
&= e^{ig(z+1)-ig(z)} e^{ig_1(z)} F(z), \\
F(z+\tau) &= e^{ig(z+\tau)} f(z+\tau) = e^{ig(z+\tau)} e^{ig_2(z)} f(z) \\
&= e^{ig(z+\tau)-ig(z)} e^{ig_2(z)} F(z).
\end{aligned}
$$

可以构造 g, 使满足

$$g(z+1) - g(z) = -g_1(z).$$

这样就有

$$
\begin{aligned}
F(z+1) &= F(z), \quad F(z+\tau) = e^{iG(z)} F(z), \\
G(z) &= g(z+\tau) - g(z) + g_2(z).
\end{aligned}
$$

我们以下只考虑 $G(z)$ 为 z 的线性函数的准双周期函数, 原因是这种函数具有很好的性质.

我们考虑 $f(z)$ 在 $z \to z+\tau$ 时获得的因子 $g_2(z)$ 是 z 的线性函数, $g_1(z)$ 是常数的情形. 在这种情况下 $G(z)$ 是 z 的线性函数, 有如下定理:

定理一　全平面的全纯函数 $f(z)$ 如果满足

$$f(z+\tau) = e^{-2\pi i(A_1 + A_2 z)} f(z), \quad \mathrm{Im}\tau > 0, \tag{1.1.1}$$

$$f(z+1) = e^{-2\pi i B} f(z), \tag{1.1.2}$$

则 A_2 是正整数, 它等于在 Λ_τ 中的零点数, 这些零点 z_i 满足

$$\sum z_i = \frac{1}{2} A_2 - A_1 + B\tau (\mathrm{mod} \Lambda_\tau), \tag{1.1.3}$$

所谓 $A = B(\mathrm{mod}\Lambda_\tau)$, 指的是 $A - B = m + n\tau$, m, n 为整数. Λ_τ 是图 1.1.1 中所示的区域.

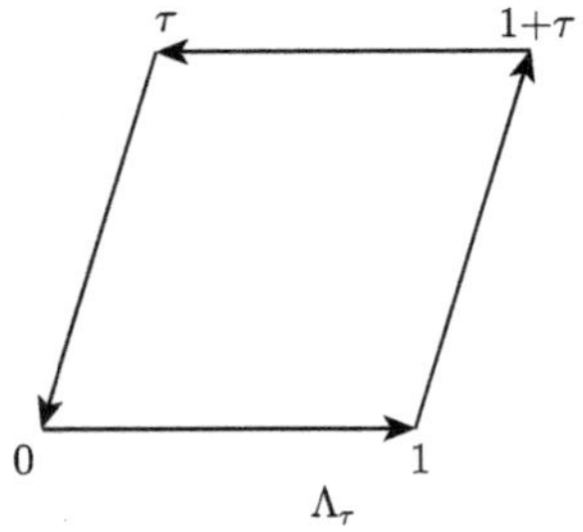

图 1.1.1　Λ_τ 在复平面上的图示

证明 由解析函数论, 在闭区域中解析函数 $f(z)$ 的零点数为 (在以下推导中, 等号指 $(\mathrm{mod}\Lambda_\tau)$ 意义下的相等)

$$
\begin{aligned}
\text{零点数} =&\frac{1}{2\pi \mathrm{i}}\oint \mathrm{d}\ln f(z)\\
=&\frac{1}{2\pi \mathrm{i}}\left(\int_0^1+\int_1^{1+\tau}+\int_{1+\tau}^{\tau}+\int_{\tau}^{0}\right)\mathrm{d}\ln f(z)\\
=&\frac{1}{2\pi \mathrm{i}}\left(\int_0^1-\int_{\tau}^{1+\tau}-\int_0^{\tau}+\int_1^{1+\tau}\right)\mathrm{d}\ln f(z)\\
=&\frac{1}{2\pi \mathrm{i}}\left[\int_0^1(\mathrm{d}\ln f(z)-\mathrm{d}\ln f(z+\tau))-\int_0^{\tau}(\mathrm{d}\ln f(z)-\mathrm{d}\ln f(z+1))\right]\\
=&\frac{1}{2\pi \mathrm{i}}\left[2\pi \mathrm{i}(A_1+A_2z)|_0^1-2\pi \mathrm{i}B|_0^{\tau}\right]\\
=&A_2.
\end{aligned}
$$

零点之和为

$$
\begin{aligned}
\sum z_i =&\frac{1}{2\pi \mathrm{i}}\oint z\mathrm{d}\ln f(z)\\
=&\frac{1}{2\pi \mathrm{i}}\left(\int_0^1-\int_{\tau}^{1+\tau}-\int_0^{\tau}+\int_1^{1+\tau}\right)z\mathrm{d}\ln f(z)\\
=&\frac{1}{2\pi \mathrm{i}}\left[\int_0^1(z\mathrm{d}\ln f(z)-(z+\tau)\mathrm{d}\ln f(z+\tau))\right.\\
&\left.-\int_0^{\tau}(z\mathrm{d}\ln f(z)-(z+1)\mathrm{d}\ln f(z+1))\right]\\
=&\frac{1}{2\pi \mathrm{i}}\left[\int_0^1(z\mathrm{d}\ln f(z)-(z+\tau)\mathrm{d}(\ln f(z)-2\pi \mathrm{i}(A_1+A_2z)))\right.\\
&\left.-\int_0^{\tau}(z\mathrm{d}\ln f(z)-(z+1)\mathrm{d}(\ln f(z)-2\pi \mathrm{i}B))\right]\\
=&\frac{1}{2\pi \mathrm{i}}\left[\int_0^1((-\tau)\mathrm{d}\ln f(z)-(z+\tau)(-2\pi \mathrm{i})\mathrm{d}(A_1+A_2z))\right.\\
&\left.-\int_0^{\tau}((-1)\mathrm{d}\ln f(z)-(z+1)\mathrm{d}(-2\pi \mathrm{i}B))\right]\\
=&\frac{1}{2\pi \mathrm{i}}\left[(-\tau)\ln f(z)|_0^1+\int_0^1(2\pi \mathrm{i})(z+\tau)A_2\mathrm{d}z+\ln f(z)|_0^{\tau}\right]\\
=&\frac{1}{2\pi \mathrm{i}}\left[(-\tau)(-2\pi \mathrm{i}B)+2\pi \mathrm{i}A_2\left(\frac{z^2}{2}+\tau z\right)\Bigg|_0^1+\ln f(z)|_0^{\tau}\right]
\end{aligned}
$$

$$
\begin{aligned}
&=\frac{1}{2\pi\mathrm{i}}\left[(2\pi\mathrm{i})B\tau+(2\pi\mathrm{i})A_2\left(\frac{1}{2}+\tau\right)+(-2\pi\mathrm{i})(A_1+A_2\cdot 0)\right]\\
&=B\tau+\frac{1}{2}A_2+A_2\tau-A_1\\
&=B\tau+\frac{1}{2}A_2-A_1\ (\mathrm{mod}\Lambda_\tau).
\end{aligned}
$$

1.2　Jacobi θ 函数

Jacobi θ 函数就是以无穷级数给出的准双周期函数的规范化形式. 我们定义 Jacobi θ 函数为

$$
\theta\begin{bmatrix} a \\ b \end{bmatrix}(z,\tau)=\sum_m \mathrm{e}^{\pi\mathrm{i}(m+a)^2\tau+2\pi\mathrm{i}(m+a)(z+b)}, \tag{1.2.1}
$$

其中, a,b 是指标. 由上面定义可以得到如下定理.

定理二　Jacobi θ 函数满足

$$
\theta\begin{bmatrix} a \\ b \end{bmatrix}(z+\alpha\tau+\beta,\tau)=\mathrm{e}^{-2\pi\mathrm{i}\alpha\left(\frac{\alpha\tau}{2}+z+b+\beta\right)}\theta\begin{bmatrix} a+\alpha \\ b+\beta \end{bmatrix}(z,\tau). \tag{1.2.2}
$$

证明如下:

$$
\begin{aligned}
&\theta\begin{bmatrix} a \\ b \end{bmatrix}(z+\alpha\tau+\beta,\tau)\\
=&\sum_m \mathrm{e}^{\pi\mathrm{i}(m+a)^2\tau+2\pi\mathrm{i}(m+a)(z+\alpha\tau+\beta+b)}\\
=&\sum_m \mathrm{e}^{\pi\mathrm{i}\left[(m+a)^2+2\alpha(m+a)\right]\tau+2\pi\mathrm{i}(m+a)(z+\beta+b)}\\
=&\sum_m \mathrm{e}^{\pi\mathrm{i}\left[(m+a+\alpha)^2-\alpha^2\right]\tau+2\pi\mathrm{i}(m+a+\alpha-\alpha)(z+\beta+b)}\\
=&\mathrm{e}^{-\pi\mathrm{i}\alpha^2\tau-2\pi\mathrm{i}\alpha(z+\beta+b)}\sum_m \mathrm{e}^{\pi\mathrm{i}\left[(m+a+\alpha)^2\right]\tau+2\pi\mathrm{i}(m+a+\alpha)(z+\beta+b)}\\
=&\mathrm{e}^{-2\pi\mathrm{i}\alpha\left(\frac{\alpha\tau}{2}+z+b+\beta\right)}\theta\begin{bmatrix} a+\alpha \\ b+\beta \end{bmatrix}(z,\tau).
\end{aligned}
$$

对于整数 n 有

$$
\theta\begin{bmatrix} a+n \\ b \end{bmatrix}(z,\tau)=\theta\begin{bmatrix} a \\ b \end{bmatrix}(z,\tau), \tag{1.2.3}
$$

$$
\theta\begin{bmatrix} a \\ b+n \end{bmatrix}(z,\tau)=\mathrm{e}^{2\pi\mathrm{i}an}\theta\begin{bmatrix} a \\ b \end{bmatrix}(z,\tau). \tag{1.2.4}
$$

又有

$$\theta\begin{bmatrix}-a\\-b\end{bmatrix}(-z,\tau)=\theta\begin{bmatrix}a\\b\end{bmatrix}(z,\tau), \tag{1.2.5}$$

$$\theta\begin{bmatrix}a\\b\end{bmatrix}(z,\tau)^*=\theta\begin{bmatrix}a^*\\-b^*\end{bmatrix}(-z^*,-\tau^*), \tag{1.2.6}$$

其中, $*$ 表示复共轭. 对于准双周期函数满足

$$f(z+1)=\mathrm{e}^{-2\pi\mathrm{i}B}f(z), \tag{1.2.7}$$

$$f(z+\tau)=\mathrm{e}^{-2\pi\mathrm{i}(A_1+lz)}f(z) \tag{1.2.8}$$

的函数形成一个 l 维的线性空间, 它总可以用 l 个线性独立的函数展开.

习题 证明满足式 (1.2.7) 和式 (1.2.8) 的全纯函数形成 l 维的线性空间.

1.2.1 θ 函数的零点

θ 函数是以 1 和 τ 为准双周期的全平面解析函数, 它的零点分析在今后的运用中很重要. 由于是准双周期, 我们只需考察它在单位区域 Λ_τ 中的零点性质, Λ_τ 的定义如图 1.2.1 所示, 为 z 平面上的区域.

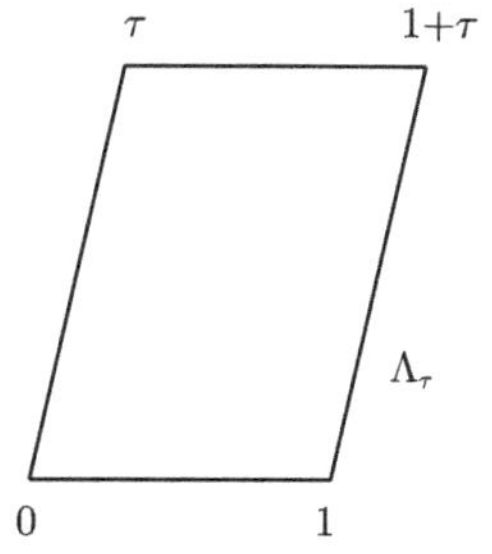

图 1.2.1 Λ_τ 图示

由式 (1.1.1)、式 (1.1.2) 和式 (1.2.2)~式 (1.2.4) 知道, θ 函数 $\theta\begin{bmatrix}0\\0\end{bmatrix}(z,\tau)$ 作为准双周期函数有 $A_1=\dfrac{\tau}{2}, A_2=1, B=0$, 也就是

$$\theta\begin{bmatrix}0\\0\end{bmatrix}(z+\tau,\tau)=\mathrm{e}^{-2\pi\mathrm{i}\left(\frac{\tau}{2}+z+0\right)}\theta\begin{bmatrix}1\\0\end{bmatrix}(z,\tau)=\mathrm{e}^{-2\pi\mathrm{i}\left(\frac{\tau}{2}+z\right)}\theta\begin{bmatrix}0\\0\end{bmatrix}(z,\tau),$$

$$\theta\begin{bmatrix}0\\0\end{bmatrix}(z+1,\tau)=\theta\begin{bmatrix}0\\1\end{bmatrix}(z,\tau)=\theta\begin{bmatrix}0\\0\end{bmatrix}(z,\tau)\Rightarrow A_1=\frac{\tau}{2},\quad A_2=1,\quad B=0.$$

因此, $\theta\begin{bmatrix}0\\0\end{bmatrix}(z,\tau)$ 在 Λ_τ 内有一个零点, 其位置可由下式确定:

$$\sum z_i = z_1 = B\tau + \frac{A_2}{2} - A_1 = \frac{1}{2} - \frac{\tau}{2}(\mathrm{mod}\Lambda_\tau). \tag{1.2.9}$$

我们又有

$$\theta\begin{bmatrix}\frac{1}{2}\\\frac{1}{2}\end{bmatrix}(z,\tau) = \mathrm{e}^{2\pi\mathrm{i}\cdot\frac{1}{2}\left(\frac{1}{2}\cdot\frac{\tau}{2}+z+\frac{1}{2}\right)}\theta\begin{bmatrix}0\\0\end{bmatrix}\left(z+\frac{1}{2}+\frac{\tau}{2},\tau\right).$$

因而, 其零点为

$$z = 0\quad (\text{在 } \Lambda_\tau \text{ 内}). \tag{1.2.10}$$

以后, 我们简写这两种函数为

$$\theta(z,\tau) = \theta\begin{bmatrix}0\\0\end{bmatrix}(z,\tau),$$

$$\sigma(z,\tau) = H(z) = \theta\begin{bmatrix}\frac{1}{2}\\\frac{1}{2}\end{bmatrix}(z,\tau).$$

当模参量为 τ 时, 我们也可以将 τ 略去写成 $\theta(z)$, $\sigma(z)$. 下面讨论 θ 函数的奇偶性: 考虑当指标 $a,b=0,\frac{1}{2}$ 时, 有四个函数. 由于有

$$\begin{aligned}\theta\begin{bmatrix}a\\b\end{bmatrix}(z,\tau) &= \sum_m \mathrm{e}^{\pi\mathrm{i}(m+a)^2\tau+2\pi\mathrm{i}(m+a)(z+b)}\\ &= \sum_m \mathrm{e}^{\pi\mathrm{i}(-m-a)^2\tau+2\pi\mathrm{i}(-m-a)(-z-b)}\\ &= \sum_{m'} \mathrm{e}^{\pi\mathrm{i}(m'-a)^2\tau+2\pi\mathrm{i}(m'-a)(-z-b)}\\ &= \theta\begin{bmatrix}-a\\-b\end{bmatrix}(-z,\tau),\end{aligned}$$

所以

$$\theta\begin{bmatrix}\frac{1}{2}\\\frac{1}{2}\end{bmatrix}(z,\tau)=\theta\begin{bmatrix}-\frac{1}{2}\\-\frac{1}{2}\end{bmatrix}(-z,\tau)=\theta\begin{bmatrix}\frac{1}{2}-1\\\frac{1}{2}-1\end{bmatrix}(-z,\tau)=\theta\begin{bmatrix}\frac{1}{2}\\\frac{1}{2}-1\end{bmatrix}(-z,\tau)$$
$$=\mathrm{e}^{-2\pi\mathrm{i}\cdot\frac{1}{2}}\theta\begin{bmatrix}\frac{1}{2}\\\frac{1}{2}\end{bmatrix}(-z,\tau)=-\theta\begin{bmatrix}\frac{1}{2}\\\frac{1}{2}\end{bmatrix}(-z,\tau)$$

为奇函数, $z=0$ 是零点! 同样, 可以求得

$$\theta\begin{bmatrix}\frac{1}{2}\\0\end{bmatrix}(z,\tau)=\theta\begin{bmatrix}-\frac{1}{2}\\0\end{bmatrix}(-z,\tau)=\theta\begin{bmatrix}\frac{1}{2}-1\\0\end{bmatrix}(-z,\tau)=\theta\begin{bmatrix}\frac{1}{2}\\0\end{bmatrix}(-z,\tau),$$
$$\theta\begin{bmatrix}0\\\frac{1}{2}\end{bmatrix}(z,\tau)=\theta\begin{bmatrix}0\\-\frac{1}{2}\end{bmatrix}(-z,\tau)=\theta\begin{bmatrix}0\\\frac{1}{2}\end{bmatrix}(-z,\tau),$$
$$\theta\begin{bmatrix}0\\0\end{bmatrix}(z,\tau)=\theta\begin{bmatrix}-0\\-0\end{bmatrix}(-z,\tau)=\theta\begin{bmatrix}0\\0\end{bmatrix}(-z,\tau)$$

都是偶函数.

1.2.2 零点定理的应用, 加法定理

我们用零点定理证明非常有用的加法定理. 令 $\sigma(z,\tau)=\sigma(z)\equiv\theta\begin{bmatrix}\frac{1}{2}\\\frac{1}{2}\end{bmatrix}(z,\tau)$.

首先由式 (1.2.2)~式 (1.2.4) 得

$$\sigma(z+\tau)=\theta\begin{bmatrix}\frac{1}{2}\\\frac{1}{2}\end{bmatrix}(z+\tau,\tau)=\mathrm{e}^{-2\pi\mathrm{i}\cdot1\cdot\left(\frac{1\cdot\tau}{2}+z+\frac{1}{2}\right)}\theta\begin{bmatrix}\frac{1}{2}+1\\\frac{1}{2}\end{bmatrix}(z,\tau)$$
$$=\mathrm{e}^{-2\pi\mathrm{i}\left(\frac{\tau}{2}+z+\frac{1}{2}\right)}\sigma(z),\tag{1.2.11}$$

$$\sigma(z+1)=\theta\begin{bmatrix}\frac{1}{2}\\\frac{1}{2}+1\end{bmatrix}(z,\tau)=\mathrm{e}^{-2\pi\mathrm{i}\left(\frac{1}{2}\right)}\sigma(z).\tag{1.2.12}$$

考虑

$$\sigma(u+x)\sigma(u-x)\sigma(v+y)\sigma(v-y)-\sigma(u+y)\sigma(u-y)\sigma(v+x)\sigma(v-x)$$
$$=f_1-f_2=F,$$

$$\sigma(u+v)\sigma(u-v)\sigma(x+y)\sigma(x-y)=G$$

作为 u 的函数, F,G 是全纯函数, 并且有

$$\begin{aligned}F(u+\tau)=&\mathrm{e}^{-2\pi\mathrm{i}\left(\frac{\tau}{2}+u+x+\frac{1}{2}\right)}\cdot\mathrm{e}^{-2\pi\mathrm{i}\left(\frac{\tau}{2}+u-x+\frac{1}{2}\right)}f_1(u)\\&-\mathrm{e}^{-2\pi\mathrm{i}\left(\frac{\tau}{2}+u+y+\frac{1}{2}\right)}\cdot\mathrm{e}^{-2\pi\mathrm{i}\left(\frac{\tau}{2}+u-y+\frac{1}{2}\right)}f_2(u)\\=&\mathrm{e}^{-2\pi\mathrm{i}(\tau+2u+1)}F(u),\\F(u+1)=&F(u).\end{aligned}$$

对 G, 同样可得因子,

$$\begin{aligned}G(u+\tau)=&\mathrm{e}^{-2\pi\mathrm{i}(\tau+2u+1)}G(u),\\G(u+1)=&G(u).\end{aligned}$$

所以在 Λ_τ 中, 它们都有两个零点, 零点之和相同. 令 $u=v$, 得

$$\begin{aligned}F(v)=&\sigma(v+x)\sigma(v-x)\sigma(v+y)\sigma(v-y)\\&-\sigma(v+y)\sigma(v-y)\sigma(v+x)\sigma(v-x)=0.\end{aligned}$$

再令 $u=-v$, 得

$$\begin{aligned}F(-v)=&\sigma(-v+x)\sigma(-v-x)\sigma(v+y)\sigma(v-y)\\&-\sigma(-v+y)\sigma(-v-y)\sigma(v+x)\sigma(v-x)=0.\end{aligned}$$

同样, $G(\pm v)=0$, 因此 F 和 G 在 Λ_τ 中零点相同, 又都是准双周期函数. 所以 $\dfrac{F(u)}{G(u)}=c(u,v,x,y)$ 是全纯的双周期函数. 由刘维尔定理 $c(u,v,x,y)$ 只能是与 u 无关的数, 即 $c(u,v,x,y)=c(v,x,y)$, 令 $u=y$, 则有

$$F(u)=-\sigma(x+y)\sigma(x-y)\sigma(v+y)\sigma(v-y)=G(u),$$

所以

$$\left.\frac{F(u)}{G(u)}\right|_{u=y}=1=c(v,x,y)$$

对一切 v,x,y 都成立. 所以 $c(v,x,y)=1$, 也就是 $F(u)=G(u)$. 我们得到

$$\begin{aligned}&\sigma(u+x)\sigma(u-x)\sigma(v+y)\sigma(v-y)-\sigma(u+y)\sigma(u-y)\sigma(v+x)\sigma(v-x)\\=&\sigma(u+v)\sigma(u-v)\sigma(x+y)\sigma(x-y),\end{aligned}\tag{1.2.13}$$

这就是加法定理.

准双周期函数的零点定理和加法定理是在本书中反复运用的重要定理.

1.3 黎曼恒等式

除了零点定理和加法定理外, θ 函数还有很多恒等式. 下面我们介绍黎曼恒等式. 这个恒等式在有些问题的证明中是非常关键的.

为书写方便, 我们定义

$$\theta_{00}(z,\tau)=\theta\begin{bmatrix}0\\0\end{bmatrix}(z,\tau),\quad \theta_{10}(z,\tau)=\theta\begin{bmatrix}\frac{1}{2}\\0\end{bmatrix}(z,\tau),$$
$$\theta_{01}(z,\tau)=\theta\begin{bmatrix}0\\\frac{1}{2}\end{bmatrix}(z,\tau),\quad \theta_{11}(z,\tau)=\theta\begin{bmatrix}\frac{1}{2}\\\frac{1}{2}\end{bmatrix}(z,\tau) \tag{1.3.1}$$

和矩阵

$$A=\begin{bmatrix}1&1&1&1\\1&1&-1&-1\\1&-1&1&-1\\1&-1&-1&1\end{bmatrix} \tag{1.3.2}$$

满足

$$A^tA=m^2I_n,\quad m=2,n=4. \tag{1.3.3}$$

凡是有一个这种满足 $A^tA\sim I$ 的整数矩阵元的方阵 A, 就有一个 n 个 θ 函数相乘的"齐次"等式. 下面就这个具体式 (1.3.2) 导出恒等式. 令

$$x,y,u,v=\{x_i\},\quad i=1,2,3,4 \tag{1.3.4}$$

于是有

$$B(0):\theta(x)\theta(y)\theta(u)\theta(v)=\sum_{n_i\in Z}\exp\left[\pi\mathrm{i}\left(\sum n_i^2\right)\tau+2\pi\mathrm{i}\left(\sum x_in_i\right)\right], \tag{1.3.5}$$

$$B\left(\frac{1}{2}\right):\theta\left(x+\frac{1}{2}\right)\theta\left(y+\frac{1}{2}\right)\theta\left(u+\frac{1}{2}\right)\theta\left(v+\frac{1}{2}\right)$$
$$=\sum_{n_i\in Z}\exp\left[\pi\mathrm{i}\left(\sum n_i+\sum n_i^2\tau\right)+2\pi\mathrm{i}\left(\sum x_in_i\right)\right], \tag{1.3.6}$$

$$B\left(\frac{\tau}{2}\right): \exp\left[\pi \mathrm{i}\left(\tau+\sum x_i\right)\right]\theta\left(x+\frac{\tau}{2}\right)\theta\left(y+\frac{\tau}{2}\right)\theta\left(u+\frac{\tau}{2}\right)\theta\left(v+\frac{\tau}{2}\right)$$

$$=\sum_{n_i\in Z}\exp\left[\pi \mathrm{i}\left(\sum_i\left(n_i+\frac{1}{2}\right)^2\tau\right)\right.$$

$$\left.+2\pi \mathrm{i}\left(\sum_i x_i\left(n_i+\frac{1}{2}\right)\right)\right], \tag{1.3.7}$$

$$B\left(\frac{1+\tau}{2}\right): \exp\left[\pi \mathrm{i}\left(\tau+\sum_i x_i\right)\right]$$

$$\times\theta\left(x+\frac{1+\tau}{2}\right)\theta\left(y+\frac{1+\tau}{2}\right)\theta\left(u+\frac{1+\tau}{2}\right)\theta\left(v+\frac{1+\tau}{2}\right)$$

$$=\sum_{n_i\in Z}\exp\left[\pi \mathrm{i}\left(\sum_i n_i\right)+\pi \mathrm{i}\left(\sum_i\left(n_i+\frac{1}{2}\right)^2\tau\right)\right.$$

$$\left.+2\pi \mathrm{i}\left(\sum_i x_i\left(n_i+\frac{1}{2}\right)\right)\right]. \tag{1.3.8}$$

再令前面的指数因子为 $e_\eta, \eta=0,\dfrac{1}{2},\dfrac{\tau}{2},\dfrac{1+\tau}{2}$, 将式 (1.3.5)~式 (1.3.8) 四式相加. 注意, 当 $\sum n_i$ 不等于偶数时, 第一项与第二项的同一组 $\{n_i\}$ 的项相消, 第三项与第四项的同一组 $\{n_i\}$ 的项也相消, 我们得到只有 $\sum n_i=$ 偶数项的求和:

$$\begin{aligned}
&\sum_{\eta=0,\frac{1}{2},\frac{\tau}{2},\frac{1+\tau}{2}} e_\eta\theta(x+\eta)\theta(y+\eta)\theta(u+\eta)\theta(v+\eta)\\
=&2\sum_{n_i\in Z,\sum n_i\in 2Z}\exp\left[\pi \mathrm{i}\left(\sum n_i^2\right)\tau+2\pi \mathrm{i}\left(\sum x_i n_i\right)\right]\\
&+2\sum_{n_i\in Z,\sum n_i\in 2Z}\exp\left[\pi \mathrm{i}\left(\sum_i\left(n_i+\frac{1}{2}\right)^2\tau\right)+2\pi \mathrm{i}\left(\sum x_i\left(n_i+\frac{1}{2}\right)\right)\right]\\
=&2\sum_{l_i\text{都为半整数或都为整数},\ \sum l_i=\text{偶数}}\exp\left[\pi \mathrm{i}\left(\sum l_i^2\right)\tau+2\pi \mathrm{i}\left(\sum x_i l_i\right)\right]
\end{aligned} \tag{1.3.9}$$

令

$$\begin{pmatrix} n' \\ m' \\ p' \\ q' \end{pmatrix}=\frac{1}{2}A\begin{pmatrix} n \\ m \\ p \\ q \end{pmatrix}, \quad \begin{pmatrix} x' \\ y' \\ u' \\ v' \end{pmatrix}=\frac{1}{2}A\begin{pmatrix} x \\ y \\ u \\ v \end{pmatrix},$$

其中, $n,m,p,q=\{l_i\}$, 则由 A 的性质, 有

$$\sum l_i^2=\sum(n_i')^2,\quad \sum x_il_i=\sum x_i'n_i'.$$

于是有

$$\begin{aligned}&\sum_{\eta=0,\frac{1}{2},\frac{\tau}{2},\frac{1+\tau}{2}} e_\eta\theta(x+\eta)\theta(y+\eta)\theta(u+\eta)\theta(v+\eta)\\&=2\sum_{n_i'}\exp\left[\pi\mathrm{i}\left(\sum(n_i')^2\right)\tau+2\pi\mathrm{i}\left(\sum x_i'n_i'\right)\right].\end{aligned}$$

而上面的求和规则: ① l_i 都是半整数或者都是整数, ② $\sum l_i=2\times$ 整数. 正好对应于 n_i' 对一切整数求和!

习题　证明这个结论.

证明　$\frac{1}{2}A^t$ 是 $\frac{1}{2}A$ 的逆矩阵. 对每一个 $\{n_i'\}\in Z$, $\left(\frac{1}{2}A^t\right)n'=n$.

当 $\sum n_i'=$ 奇数时, l 的所有分量 l_i 都是半整数[①], l_i 的和为偶数[②].

当 $\sum n_i'=$ 偶数时, l_i 都是整数. l_i 的和为偶数. 因而每个 $\{n_i'\}$ 一定可以唯一地找到 l_i 都是整数 ($\sum l_i=$ 偶数) 或 l_i 都是半整数 ($\sum l_i=$ 偶数) 的集合中的一元素. 反之, 由类似分析可以证明后者的每一元素都可找到唯一的 n_i' 为整数的集合中的一元素, 所以有以上结论.

我们得到

$$\begin{aligned}&\sum_{\eta=0,\frac{1}{2},\frac{\tau}{2},\frac{1+\tau}{2}} e_\eta\theta(x+\eta)\theta(y+\eta)\theta(u+\eta)\theta(v+\eta)\\&=2\theta(x')\theta(y')\theta(u')\theta(v').\end{aligned}\tag{1.3.10}$$

其中

$$\begin{aligned}&x'=\frac{1}{2}(x+y+u+v),\quad y'=\frac{1}{2}(x+y-u-v),\\&u'=\frac{1}{2}(x-y+u-v),\quad v'=\frac{1}{2}(x-y-u+v),\end{aligned}\tag{1.3.11}$$

这就是黎曼恒等式.

1.4　θ 函数的无穷积表示

θ 函数还可以表示为无穷乘积, 下面我们作些介绍. 考虑

① 这是由于 A 的任意两行或两列之间都有两个矩阵元反号, 因此 l_i 之间的差为某两个 n_i' 的和的两倍乘以 $\frac{1}{2}$, 这是个整数.

② 这是因为由 A 的形式, l_i 的和等于 $2n_1'$.

$$P(z,\tau)=\prod_{m\geqslant 0}(1+\exp[\pi\mathrm{i}(2m+1)\tau-2\pi\mathrm{i}z])(1+\exp[\pi\mathrm{i}(2m+1)\tau+2\pi\mathrm{i}z]) \quad (1.4.1)$$

当 $\mathrm{Im}\tau>0$ 时收敛. 我们可以验证

$$\begin{aligned}
P(z+1,\tau)=&P(z,\tau),\\
P(z+\tau,\tau)=&\prod_{m\geqslant 0}(1+\exp[\pi\mathrm{i}(2m-1)\tau-2\pi\mathrm{i}z])(1+\exp[\pi\mathrm{i}(2m+3)\tau+2\pi\mathrm{i}z])\\
=&(1+\exp[\pi\mathrm{i}(-1)\tau-2\pi\mathrm{i}z])\prod_{m\geqslant 0}(1+\exp[\pi\mathrm{i}(2m+1)\tau-2\pi\mathrm{i}z])\\
&\times\frac{1}{(1+\exp[\pi\mathrm{i}\tau+2\pi\mathrm{i}z])}\prod_{m\geqslant 0}(1+\exp[\pi\mathrm{i}(2m+1)\tau+2\pi\mathrm{i}z])\\
=&\mathrm{e}^{-2\pi\mathrm{i}\left(\frac{\tau}{2}+z\right)}P(z,\tau).
\end{aligned}$$

所以, 由刘维尔定理可得

$$\theta\begin{bmatrix}0\\0\end{bmatrix}(z,\tau)=c(\tau)P(z,\tau). \quad (1.4.2)$$

可以证明

$$c(\tau)=\prod_{m\geqslant 1}(1-\exp(2\pi\mathrm{i}m\tau)). \quad (1.4.3)$$

下面我们证明式 (1.4.3) 成立. 由式 (1.4.2) 以及定理二可得

$$\begin{aligned}
\theta_{01}(z,\tau)&=c(\tau)\prod_{m\geqslant 0}(1-\exp[\pi\mathrm{i}(2m+1)\tau-2\pi\mathrm{i}z])(1-\exp[\pi\mathrm{i}(2m+1)\tau+2\pi\mathrm{i}z]),\\
\theta_{10}(z,\tau)&=c(\tau)\mathrm{e}^{\frac{\pi\mathrm{i}\tau}{4}}(\mathrm{e}^{\pi\mathrm{i}z}+\mathrm{e}^{-\pi\mathrm{i}z})\prod_{m>0}(1+\mathrm{e}^{2\pi\mathrm{i}(m\tau-z)})(1+\mathrm{e}^{2\pi\mathrm{i}(m\tau+z)}),\\
\theta_{11}(z,\tau)&=c(\tau)\mathrm{i}(\mathrm{e}^{\frac{\pi\mathrm{i}\tau}{4}}(\mathrm{e}^{\pi\mathrm{i}z}-\mathrm{e}^{-\pi\mathrm{i}z}))\prod_{m>0}(1-\mathrm{e}^{2\pi\mathrm{i}(m\tau-z)})(1-\mathrm{e}^{2\pi\mathrm{i}(m\tau+z)}).
\end{aligned}$$

于是有

$$\begin{aligned}
\theta_{00}(0,\tau)&=c(\tau)\prod_{m\geqslant 0}(1+\exp(\pi\mathrm{i}(2m+1)\tau))^2,\\
\theta_{01}(0,\tau)&=c(\tau)\prod_{m\geqslant 0}(1-\exp(\pi\mathrm{i}(2m+1)\tau))^2,\\
\theta_{10}(0,\tau)&=2c(\tau)\mathrm{e}^{\frac{\pi\mathrm{i}\tau}{4}}\prod_{m>0}(1+\mathrm{e}^{2\pi\mathrm{i}m\tau})^2,\\
\theta_{11}(0,\tau)&=0,\quad \theta_{11}'(0,\tau)=-2\pi c(\tau)\mathrm{e}^{\frac{\pi\mathrm{i}\tau}{4}}\prod_{m>0}(1-\mathrm{e}^{2\pi\mathrm{i}m\tau})^2.
\end{aligned}$$

再用 Jacobi 的微分公式

$$\theta'_{11}(0,\tau)=-\pi\theta_{00}(0,\tau)\theta_{01}(0,\tau)\theta_{10}(0,\tau), \tag{1.4.4}$$

就可得

$$-2\pi c(\tau)\cdots=-\pi c(\tau)\cdots c(\tau)\cdots c(\tau)\cdots,$$

导出

$$c(\tau)^2=\prod_{m>0}(1-\exp(2\pi\mathrm{i}m\tau))^2.$$

再根据当 $\tau=\mathrm{i}\cdot$ 正实数时, θ 函数的性质

$$\theta\begin{bmatrix}0\\0\end{bmatrix}(0,\tau)>0,\quad P(0,\tau)>0,$$

求得

$$c(\tau)=\prod_{m>0}(1-\exp(2\pi\mathrm{i}m\tau)). \tag{1.4.5}$$

Jacobi 的微分公式证明:

由黎曼恒等式 (适当变换), $u\to u+\frac{\tau}{2}$, $v\to v+\frac{1+\tau}{2}$, $y\to y+\frac{1}{2}$, x 不变, 可得

$$\begin{aligned}&\theta_{00}(x)\theta_{01}(y)\theta_{10}(u)\theta_{11}(v)+\theta_{01}(x)\theta_{00}(y)\theta_{11}(u)\theta_{10}(v)\\&+\theta_{11}(x)\theta_{10}(y)\theta_{01}(u)\theta_{00}(v)+\theta_{10}(x)\theta_{11}(y)\theta_{00}(u)\theta_{01}(v)\\=&2\theta_{11}(x')\theta_{10}(y')\theta_{01}(u')\theta_{00}(v'),\end{aligned} \tag{1.4.6}$$

其中, x',y',u',v' 的定义见式 (1.3.11). 在宗量为 $x=y=u=v=0$ 处进行泰勒展开, 注意到 θ_{11} 为奇函数, θ_{00}, θ_{01}, θ_{10} 为偶函数, 取 x^3 项得

$$\begin{aligned}&\frac{1}{6}\theta'''_{11}\theta_{10}\theta_{01}\theta_{00}\\=&\frac{1}{24}\theta_{00}\theta_{01}\theta_{10}\theta'''_{11}+\frac{1}{8}\theta_{00}\theta_{01}\theta''_{10}\theta'_{11}\\&+\frac{1}{8}\theta_{00}\theta''_{01}\theta_{10}\theta'_{11}+\frac{1}{8}\theta''_{00}\theta_{01}\theta_{10}\theta'_{11}\\\Rightarrow&0=\frac{\theta'''_{11}}{\theta'_{11}}-\frac{\theta''_{00}}{\theta_{00}}-\frac{\theta''_{01}}{\theta_{01}}-\frac{\theta''_{10}}{\theta_{10}},\end{aligned}$$

其中

$$\theta''=\frac{\partial^2}{\partial z^2}\theta\begin{bmatrix}\cdot\\\cdot\end{bmatrix}(z,\tau)|_{z=0},\quad \theta_{ij}=\begin{bmatrix}\frac{i}{2}\\\frac{j}{2}\end{bmatrix}(0,\tau).$$

再由

$$\frac{\partial^2}{\partial z^2}\theta_{ij}(z,\tau)=4\pi\mathrm{i}\frac{\partial}{\partial\tau}\theta_{ij}(z,\tau)\quad(\text{直接由求和公式可以求得此式})$$

以及

$$4\pi\mathrm{i}\frac{\partial}{\partial\tau}\theta'_{ij}(z,\tau)=\theta_{ij}''',$$

得到

$$0=\frac{\partial}{\partial\tau}\left[\ln\theta'_{11}-\ln\theta_{00}-\ln\theta_{01}-\ln\theta_{10}\right].$$

于是有 $\theta'_{11}/\theta_{00}\theta_{01}\theta_{10}$ 与 τ 无关, 令 $\tau\to\mathrm{i}\infty$, 由式 (1.2.1) 得知此数为 $-\pi$ (当 $\tau\to\mathrm{i}\infty$ 时, θ_{ij} 在无穷求和中只剩下一项或两项主要部分).

1.5 模 变 换

我们在下面介绍 θ 函数的模变换. θ 函数 $\theta(z,\tau)$ 有两个参量, 其中 τ 是可以进行变换的. 当然 z 也要进行相应的变换, 称为模变换. 考虑 $\begin{pmatrix} a & b\\ c & d\end{pmatrix}\in SL(2,Z)$, 即 $a,b,c,d\in Z$(整数), $ad-bc=1$. 令 $c\geqslant 0$ 以及

$$\psi(y,\tau)\equiv\exp(\pi\mathrm{i}c(c\tau+d)y^2)\theta((c\tau+d)y,\tau),$$

则有

$$\begin{aligned}\psi(y+1,\tau)=&\mathrm{e}^{\pi\mathrm{i}c(c\tau+d)(y^2+2y+1)}\mathrm{e}^{-2\pi\mathrm{i}c\left(\frac{c\tau}{2}+(c\tau+d)y+0+d\right)}\theta((c\tau+d)y,\tau)\\ =&\mathrm{e}^{-\pi\mathrm{i}cd}\psi(y,\tau),\\ \psi\left(y+\frac{a\tau+b}{c\tau+d},\tau\right)=&\mathrm{e}^{\pi\mathrm{i}c(c\tau+d)\left(y^2+2y\frac{a\tau+b}{c\tau+d}+\left(\frac{a\tau+b}{c\tau+d}\right)^2\right)}\theta((c\tau+d)y+a\tau+b,\tau)\\ =&\mathrm{e}^{\pi\mathrm{i}c(c\tau+d)\left(y^2+2y\frac{a\tau+b}{c\tau+d}+\left(\frac{a\tau+b}{c\tau+d}\right)^2\right)}\\ &\times\mathrm{e}^{-2\pi\mathrm{i}a\left(\frac{a\tau}{2}+(c\tau+d)y+0+b\right)}\theta((c\tau+d)y,\tau)\\ =&\mathrm{e}^{\pi\mathrm{i}c(c\tau+d)y^2+[2\pi\mathrm{i}c(a\tau+b)-2\pi\mathrm{i}a(c\tau+d)]y+\pi\mathrm{i}c\frac{(a\tau+b)^2}{c\tau+d}-2\pi\mathrm{i}\left(\frac{a^2\tau}{2}+ab\right)}\\ \theta((c\tau+d)y,\tau)=&\mathrm{e}^{2\pi\mathrm{i}(cb-ad)y+\frac{\pi\mathrm{i}}{c\tau+d}(cb^2-a^2d\tau-2abd)}\theta((c\tau+d)y,\tau).\end{aligned}$$

这是由于

$$\begin{aligned}&c(a\tau+b)^2-2a\left(\frac{a\tau}{2}+b\right)(c\tau+d)\\ =&ca^2\tau^2+2abc\tau+cb^2-(a^2c\tau^2+2abc\tau+a^2d\tau+2abd)\\ =&cb^2-a^2d\tau-2abd.\end{aligned}$$

由

$$\begin{aligned}-2abd+cb^2-a^2d\tau-2abd=&-2abd+2abc\tau-2abc\tau+cb^2-a^2d\tau\\=&abc\tau+a(bc-ad)\tau+cb^2-2abc\tau-2abd\\=&ab(c\tau+d)-abd+cb^2-a\tau-2ab(c\tau+d)\\=&-ab(c\tau+d)+b(-ad+bc)-a\tau\\=&-ab(c\tau+d)-a\tau-b,\end{aligned}$$

给出

$$\psi\left(y+\frac{a\tau+b}{c\tau+d},\tau\right)=\mathrm{e}^{-2\pi\mathrm{i}y-\pi\mathrm{i}\frac{a\tau+b}{c\tau+d}}\mathrm{e}^{-\pi\mathrm{i}ab}\psi(y,\tau).$$

我们只考虑较简单的情形. 令 ab,cd 为偶数, 我们就得到

$$\begin{aligned}\psi(y+1,\tau)=&\psi(y,\tau),\\\psi\left(y+\frac{a\tau+b}{c\tau+d},\tau\right)=&\mathrm{e}^{-2\pi\mathrm{i}\left(\frac{1}{2}\frac{a\tau+b}{c\tau+d}+y\right)}\psi(y,\tau),\\\psi(y,\tau)=&\varphi(\tau)\theta\left(y,\frac{a\tau+b}{c\tau+d}\right).\end{aligned}$$

也就是有

$$\mathrm{e}^{\pi\mathrm{i}c(c\tau+d)y^2}\theta((c\tau+d)y,\tau)=\varphi(\tau)\theta\left(y,\frac{a\tau+b}{c\tau+d}\right).\tag{1.5.1}$$

其中

$$\theta(\cdots,\tau)\equiv\theta\begin{bmatrix}0\\0\end{bmatrix}(\cdots,\tau),$$

式 (1.5.1) 必须满足条件：$ad-bc=1$, ab,cd 为偶数, 这就是模变换.

下面我们求 $\varphi(\tau)$. 已知

$$\begin{aligned}\psi(y,\tau)=&\exp(\pi\mathrm{i}c(c\tau+d)y^2)\theta((c\tau+d)y,\tau),\quad a,b,c,d\in Z,c\geqslant 0,ab,cd\in 2Z,\\\psi(y,\tau)=&\varphi(\tau)\theta\left(y,\frac{a\tau+b}{c\tau+d}\right),\end{aligned}$$

令 $y=\dfrac{z}{(c\tau+d)}$, 由式 (1.5.1) 得

$$\theta(z,\tau)=\varphi(\tau)\exp(-\pi\mathrm{i}cz^2/(c\tau+d))\theta\left(\frac{z}{c\tau+d},\frac{a\tau+b}{c\tau+d}\right).\tag{1.5.2}$$

由于 $\theta(z,\tau)$ 的定义中傅里叶级数的第零项系数正好是 1:

$$\int_0^1 \theta(y,\tau)\mathrm{d}y = 1.$$

所以有

$$\varphi(\tau) = \int_0^1 \psi(y,\tau)\mathrm{d}y = \int_0^1 \exp(\pi \mathrm{i} c(c\tau+d)y^2)\theta((c\tau+d)y,\tau)\mathrm{d}y$$

$$= \int_0^1 \exp(\pi \mathrm{i} c(c\tau+d)y^2) \times \sum_{n\in Z} \mathrm{e}^{\pi \mathrm{i} n^2\tau + 2\pi \mathrm{i} n(c\tau+d)y},$$

$$\varphi(\tau) = \int_0^1 \sum_{n\in Z} \exp[\pi \mathrm{i}(cy+n)^2(\tau+d/c) - \pi \mathrm{i} n^2 d/c]\mathrm{d}y,$$

$$\varphi(\tau) = \sum_{n\in Z} \exp(-\pi \mathrm{i} n^2 d/c)\int_0^1 \exp[\pi \mathrm{i}(cy+n)^2(\tau+d/c)]\mathrm{d}y.$$

然而由 $\exp(-\pi \mathrm{i} d(n+c)^2/c) = \exp(-\pi \mathrm{i} n^2 d/c)$, 当$cd\in 2Z$时, 我们可以把 $\sum\limits_n$ 一段一段接起来. 我们把 n 写成 $n=cm+j$, 积分写成 $\sum_{j=1}^c \sum_{m\in Z} \int_0^1 f\left(y+m+\dfrac{j}{c}\right) g(cm+j)\mathrm{d}y$, 其中 $g(cm+j) = \exp((-\pi \mathrm{i})(cm+j)^2 d/c) = \exp(-\pi \mathrm{i} j^2 d/c) = g(j)$. 积分变为

$$\sum_{j=1}^c g(j)\sum_m \int_0^1 f\left(y+m+\frac{j}{c}\right)\mathrm{d}y = \sum_{j=1}^c g(j)\int_{-\infty}^{\infty} f\left(y+\frac{\mathrm{i}}{c}\right)\mathrm{d}y$$

$$= \sum_{j=1}^c g(j)\int_{-\infty}^{\infty} f(y)\mathrm{d}y,$$

得到

$$\varphi(\tau) = \sum_{1\leqslant n\leqslant c} \exp(-\pi \mathrm{i} n^2 d/c)\int_{-\infty}^{\infty} \exp[\pi \mathrm{i}(cy)^2(\tau+d/c)]\mathrm{d}y. \tag{1.5.3}$$

用复变函数方法可以证明, 当 $\mathrm{Im}\tau>0$ 时, 有

$$\int_{-\infty}^{\infty} \exp[\pi \mathrm{i}(cy)^2(\tau+d/c)]\mathrm{d}y = \frac{1}{c[(\tau+d/c)/\mathrm{i}]^{\frac{1}{2}}}, \tag{1.5.4}$$

这里要求 $(\tau+d/c)/\mathrm{i}$的实部 >0.

$$S_{dc} = \sum_{1\leqslant n\leqslant c} \exp(-\pi \mathrm{i} n^2 d/c) = c^{\frac{1}{2}}\zeta, \quad \zeta^8 = 1. \tag{1.5.5}$$

这就是著名的"高斯和", 我们得到

$$\theta\left(\frac{z}{c\tau+d}, \frac{a\tau+b}{c\tau+d}\right) = \zeta(c\tau+d)^{\frac{1}{2}} \exp(\pi \mathrm{i} c z^2/(c\tau+d))\theta(z,\tau). \tag{1.5.6}$$

特别是有

$$\theta(z,\tau+b) = \theta(z,\tau), \quad 当\ b\ 是偶数时, \tag{1.5.7}$$

$$\theta\left(\frac{z}{\tau}, -\frac{1}{\tau}\right) = \exp(-\pi \mathrm{i}/4)\tau^{\frac{1}{2}} \exp(\pi \mathrm{i} z^2/\tau)\theta(z,\tau). \tag{1.5.8}$$

这就是模变换.

第 2 章 统计模型与相变的普适指数

相变是大家熟悉的, 比如水在 100℃, 一个大气压时会沸腾, 体积扩大 1600 倍. 铁磁体也会相变, 它的磁化情况和磁场强度的关系与温度有关.

图 2.0.1 是固定温度 T 下 M 与 H 的关系.

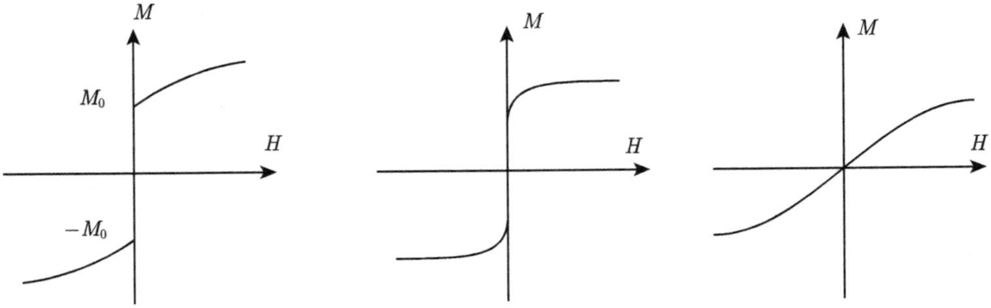

(a) $T<T_c$ (b) $T=T_c$ (c) $T>T_c$

图 2.0.1 M 与 H 的关系图示

图 2.0.2(a) 是 (T,H) 半平面, 其上有一条割线, 在这里 M 是不连续的, 图 2.0.2(b) 是 $H\to0^+$ 时 M_0 与温度 T 的关系.

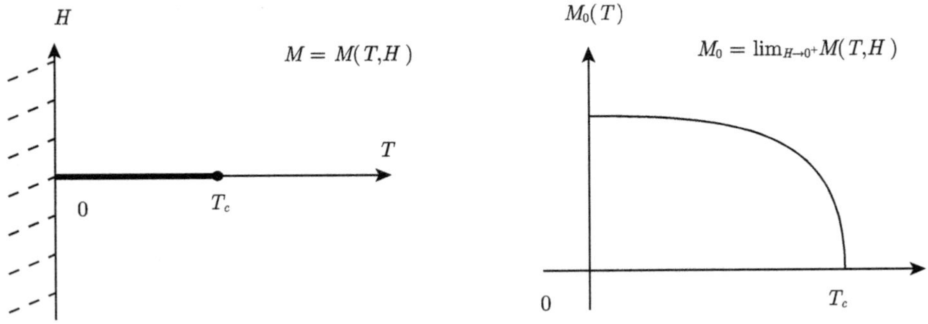

(a) (T,H)半平面 (b) $H\to0^+$时 M_0与T的关系

图 2.0.2 (a) 在 T,H 平面上, $0\to T_c$ 是一条割线, 在这条线上, M 作为 T,H 的函数对 $H=0$ 是不连续的. 当 $H=0$ 时, $M=M_0$ 并不是零. 而当 $H\to0^+$, $M\to M_0, H\to0^-$ 时, $M\to-M_0$; (b) 在 $H\to0^+$ 时, M_0 与 T 的关系图. 到 $T_c, M_0\to0$, M 在 H,T 平面上对于 H(T 固定) 就是连续的

图 2.0.2 说明 M 作为 H,T 的函数的特性在 T_c 处发生了相变.

2.1 临界指数与普适性

在相变点附近可以找到一些临界指数, 比如铁磁相变, 我们令

$$\chi(H,T)=\frac{\partial M(H,T)}{\partial H},\quad t=(T-T_c)/T_c,$$

有

$$\begin{aligned}&M_0(T)\sim(-t)^{\beta},\quad t\to 0^-,\quad (\text{图 } 2.0.2(\text{b}))\\&M(H,T_c)\sim H^{1/\gamma},\quad H\to 0,\quad (\text{图 } 2.0.1(\text{b}))\\&\chi(0,T)\sim t^{-\gamma},\quad t\to 0^+,\\&\chi(0,T)\sim(-t)^{-\gamma'},\quad t\to 0^-.\end{aligned}$$

研究了很多系统的临界指数后, 人们提出以下假设:

(1) Scaling 假设: 人们假设在相变点附近, 热力学统计物理系统具有不同尺度 (scale) 下的相似性, 因而各种相关物理量之间的关系可以用临界指数表示出来.

(2) 普适律(universality): 临界指数只依赖于系统的维数、哈密顿量的对称性, 而不依赖于其他细节.

有了这一条假设, 人们就可以用统计模型来求得相关真实物理系统的临界指数. 因此统计模型的研究不但能使人们从理论上理解相变等物理现象, 还可以预言真实系统在相变点附近的行为.

我们简单回顾统计物理中的一些基本知识.

配分函数是统计物理的基本量, 定义为

$$Z=\sum_s \exp[-E(s)/kT],$$

其中, s 是系统的状态, E 是该状态下的能量.

自由能定义为

$$F=-kT\ln Z,$$

处在某个态 s 的概率为

$$p=Z^{-1}\exp[-E(s)/kT],$$

任何量 x 的平均值为

$$\langle x\rangle=Z^{-1}\sum_s x(s)\exp[-E(s)/kT],$$

内能为

$$U = \langle E \rangle = Z^{-1} \sum_s E(s) \exp[-E(s)/kT] = kT^2 \frac{\partial}{\partial T} \ln Z = -T^2 \frac{\partial}{\partial T}(F/T).$$

因此, 当求一个变量 y 的平均值时, 只需找出它与 $E(s)$ 的关系, 比如 $\dfrac{\partial E(s)}{\partial P_y} = y$, 则 $\langle y \rangle = -kTZ^{-1}\dfrac{\partial Z}{\partial P_y}$.

统计物理要解决的基本问题归结到计算 Z. 但是这非常困难, 为此我们可以简化 $\langle E(s) \rangle$, 构造模型, 用普适律照样可以得到准确的临界指数. 我们能精确求解的统计模型主要是二维格点模型, 比如 Ising 模型, 八顶角 (eight-vertex) 模型等. 虽然只是二维的, 但是也适用于有些晶体.

2.2　Ising 模型

格点统计模型中最有名的是 Ising 模型. 二维方格 Ising 模型是假定在格点 x_{ij}(图 2.2.1) 上有自旋 $\sigma_{ij} = \pm 1$, 这个自旋与周围格点的自旋有相互作用, 给出相互作用能.

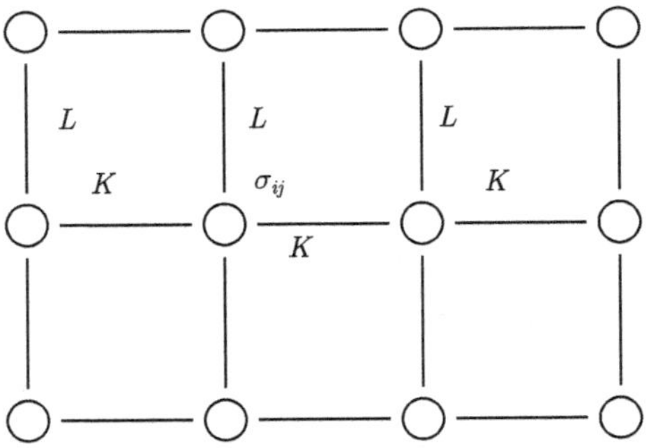

图 2.2.1　二维 Ising 模型 (方格), 自旋 $\sigma_{ij} = \pm 1$, 能量 $E(\sigma)$ 与 σ 的分布有关

对近邻 Ising 模型, 相互作用能为

$$E = \sum_{ij} (\varepsilon_1 \sigma_{i,j} \sigma_{i,j+1} + \varepsilon_2 \sigma_{i,j} \sigma_{i+1,j}), \tag{2.2.1}$$

其中, i 为行指标, j 为列指标.

对次近邻 Ising 模型, 相互作用能为

$$E = \sum_{ij} (\varepsilon_1 \sigma_{i,j} \sigma_{i+1,j+1} + \varepsilon_2 \sigma_{i,j} \sigma_{i+1,j-1}). \tag{2.2.2}$$

2.3 六顶角模型与八顶角模型

我们在下面介绍六顶角模型. 顶角模型是一种格点模型, 六顶角模型是平面上的正方格点模型, 如图 2.3.1 所示.

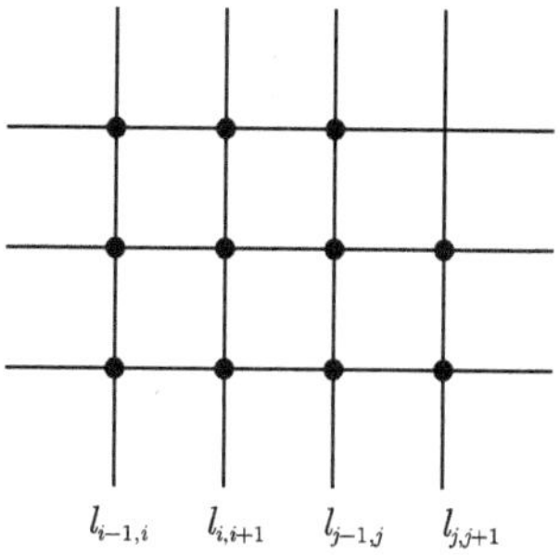

图 2.3.1 顶点模型的顶点和边, 顶点是黑点, 顶点之间的连线是边

其中, 在 i 行 j 列的格点称为 x_{ij}. x_{ij} 有四条与之相连的线, 上下左右各一条, 它们是 $l_{i-1,i}, l_{i,i+1}, l_{j-1,j}, l_{j,j+1}$. 我们赋予这个平面上所有格点间的连线一个指标 $\mu_l = \pm 1$, 称为该线的自旋. 把取 $\mu = +1$ 的线画一个向上 (对于垂直方向的连线) 或向右 (对于水平方向的连线) 的箭头, 反之把取 $\mu = -1$ 的线画一个向下或向左的箭头. 这样, 对于一个格点而言, 它的四根连线最多可以有 16 种不同的箭头取法. 六顶角模型只允许如图 2.3.2 所示的六种方式的取法, 其中每种方式称为一种顶角.

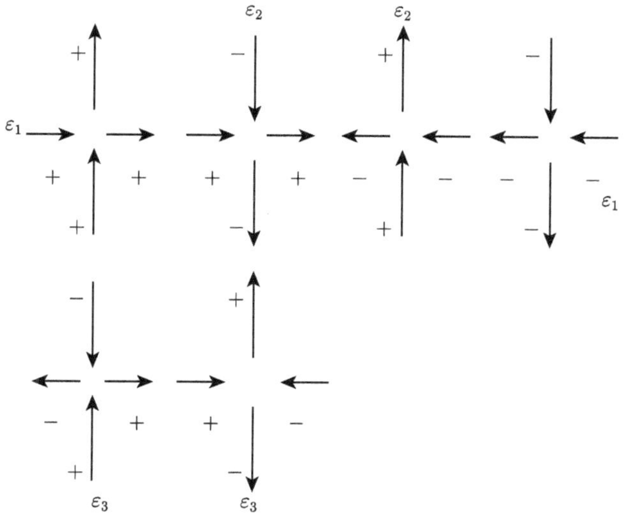

图 2.3.2 六顶角模型允许的六种自旋取法

除了图 2.3.2 的六种顶角之外, 还允许以下两种顶角在格点中出现, 如图 2.3.3 所示, 形成的格点模型为八顶角模型. 八顶角模型的八种顶角如图 2.3.4 所示, 六顶角模型的顶角是前面的六种.

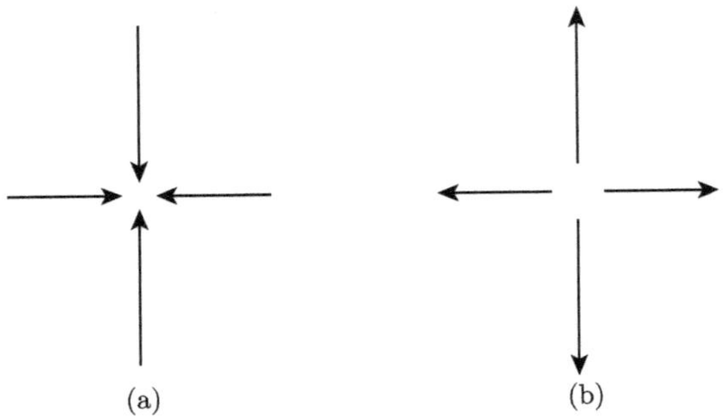

图 2.3.3　八顶角模型比六顶角模型多的两种顶角

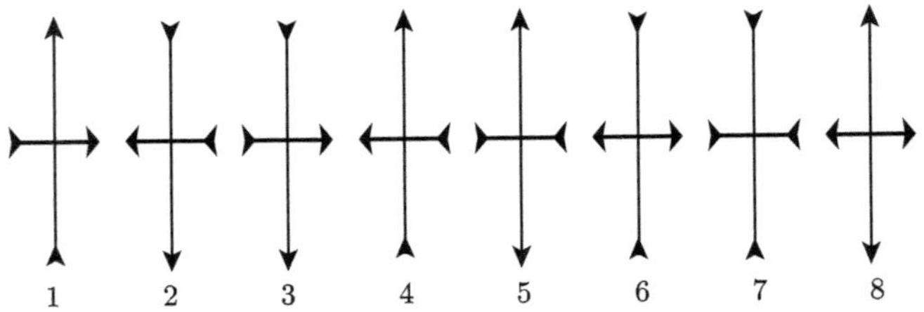

图 2.3.4　八顶角模型的八种顶角

八顶角模型与平面近邻方格 Ising 模型可以用图 2.3.5 的方式对应起来.

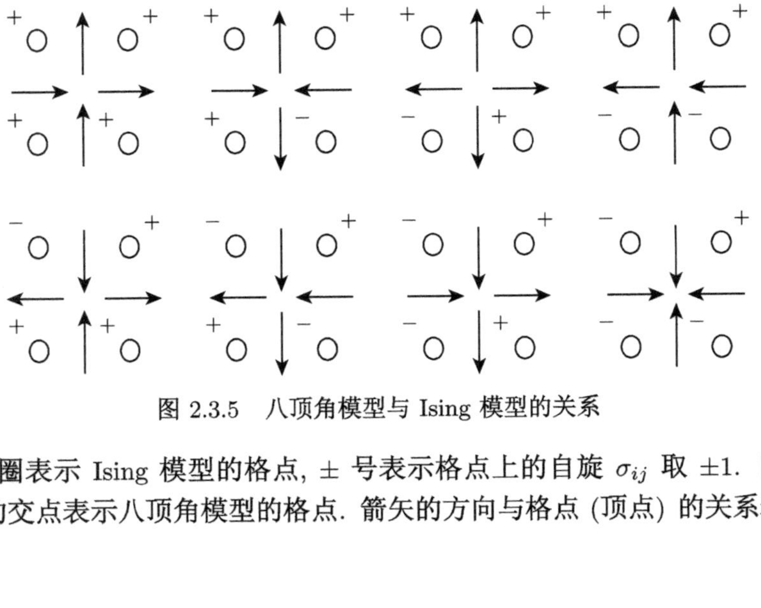

图 2.3.5　八顶角模型与 Ising 模型的关系

其中，小圈表示 Ising 模型的格点, ± 号表示格点上的自旋 σ_{ij} 取 ±1. 四根箭头线 (边) 的交点表示八顶角模型的格点. 箭矢的方向与格点 (顶点) 的关系表示边的自旋.

在图 2.3.5 中右上角的 σ_{ij} 只取 $+1$, 如果改为右上角 σ_{ij} 只取 -1, 所有的 σ_{ij} 同时反号, 箭头方向不变, 可以给出箭头方向相同的八张图.

八顶角模型的箭头与 Ising 模型的 σ_{ij} 的关系如图 2.3.6 所示.

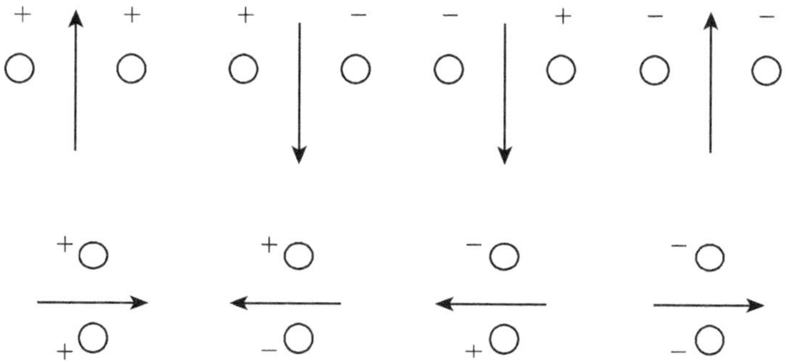

图 2.3.6 八顶角模型的边上的自旋与边两侧格点的 σ_{ij} 的关系, 若两侧小圈上的正负号相同, 则边取正向, 否则取负向

在格点模型中, 我们可以赋予一个格点间的相互作用能. 它从局部地看取决于一个格点周围的格点构形. 总的相互作用能是各个格点与周围格点相互作用能相加的总和. 对于在格点连线上取自旋的模型即顶角模型, 如果把一个格点的连线上的指标 (或叫自旋) 写成 $\mu\nu$(横线) $\alpha\beta$(纵线), (图 2.3.7) 对八顶角模型, 要求

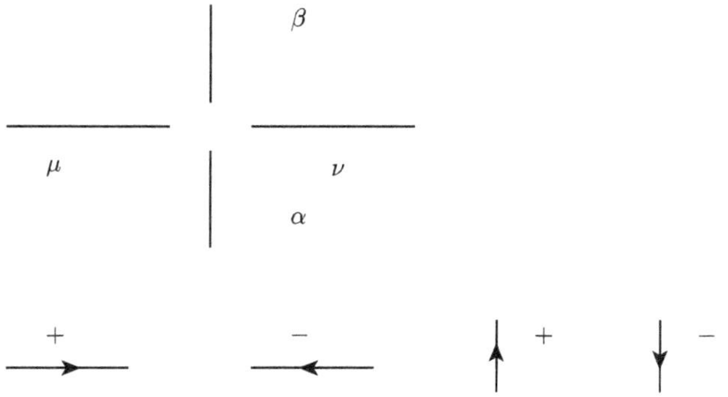

图 2.3.7 顶角模型格点连线上的自旋及其与箭头方向的关系

$$\mu\nu\alpha\beta = 1 \quad (\mu、\nu、\alpha、\beta\text{的取值都是} \pm 1). \tag{2.3.1}$$

对平面上的正方格点, 只有每个格点都满足式 (2.3.1) 时才是八顶角模型的一个合格的构形, 这种合格的格点连同它的四根连线称为顶角. 在满足式 (2.3.1) 的约束

条件下, 如果允许 $\{\mu,\alpha\}$ 与 $\{\nu,\beta\}$ 是不同的数字集合, 一个格点连线上的自旋就有八种合格的可能取值, 也就是有八种顶角; 如果这两个数字集合必须相同, 那么就要除去两种顶角, 余下的顶角有六种, 形成的格点模型称为六顶角模型.

2.4　能量和玻尔兹曼权

有了相互作用能, 就可以构成统计模型中的玻尔兹曼权.

1. Ising 模型

对于 Ising 模型有 $\sigma_{ij}=\pm1, i=1,\cdots,m, j=1,\cdots,n$, 取周期边界条件,

$$E=\sum_{ij}(\varepsilon_1\sigma_{i,j}\sigma_{i,j+1}+\varepsilon_2\sigma_{i,j}\sigma_{i+1,j}), \tag{2.4.1}$$

每条横边都与 ε_1 相联系, 每条竖边都与 ε_2 相联系, 因而能量是对所有的边求和. 也可以先对每一个小方块四周的能量求和, 再对所有小方块求和, 如图 2.4.1 所示, 因为每条边用两次, 所以对一个小方块四周的四边求和时, 数值应减半. 我们得到

$$E=\sum_{\text{方块}(ij)}\frac{1}{2}(\varepsilon_1\sigma_{i,j}\sigma_{i,j+1}+\varepsilon_1\sigma_{i+1,j}\sigma_{i+1,j+1}+\varepsilon_2\sigma_{i,j}\sigma_{i+1,j}+\varepsilon_2\sigma_{i,j+1}\sigma_{i+1,j+1}), \tag{2.4.2}$$

这个相互作用能称为环绕一块面的相互作用能 (interaction round a face, IRF).

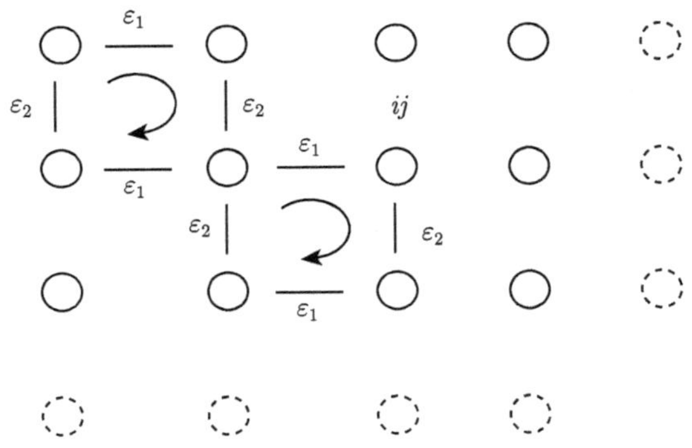

图 2.4.1　能量可按方块求和, 图示方块的定义

能量为

$$E=\sum_{(ij)}E_{ij}.$$

玻尔兹曼权为

$$\text{体系的玻尔兹曼权}=\mathrm{e}^{-E/kT}=\prod_{ij}\mathrm{e}^{-E_{ij}/kT} \tag{2.4.3}$$

因子 $e^{-E_{ij}/kT}$ 是局部的玻尔兹曼权, 是 4 个 σ 的函数, 它就是今后讨论的中心内容之一.

2. 八顶角模型

八顶角模型如图 2.4.2 所示, 取周期边界条件, 在每条边上放上自旋, 取值 ± 1, 能量取决于每个顶点四周的四条边上的自旋取值. 对于图 2.4.3 所示的八种情形, 能量非零 (假设对于所有自旋反向, 能量不变).

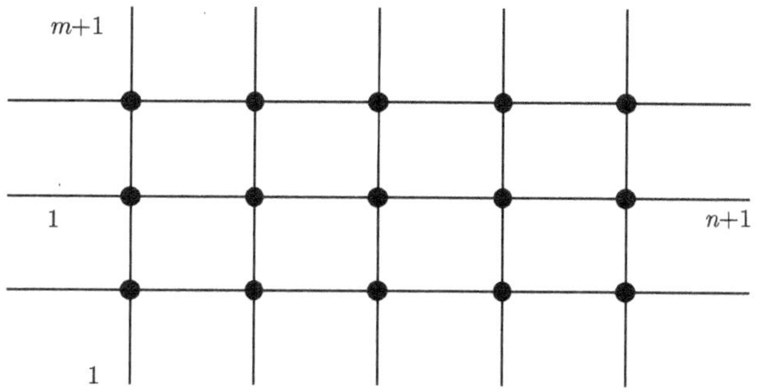

图 2.4.2 八顶角模型

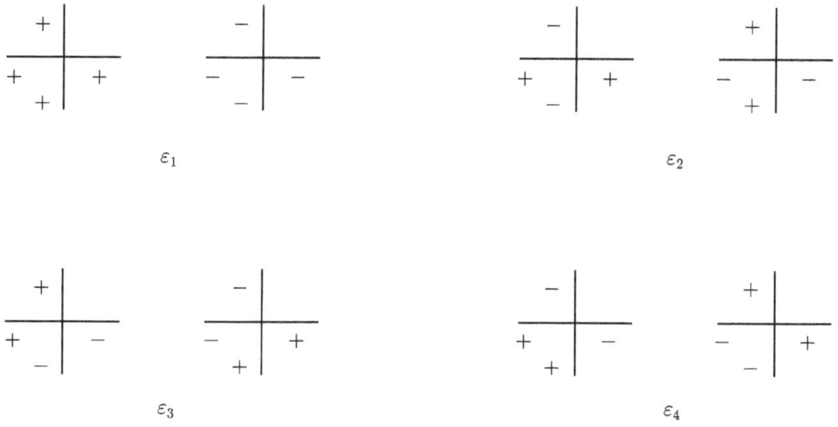

图 2.4.3 八顶角模型的八种顶角构形

局部能量是由顶点周围边的状态决定的, 这种模型叫顶点模型. 能量为

$$
\begin{aligned}
E &= \sum_{\text{顶点}(ij)} \varepsilon(\mu_{ij}, \alpha_{ij}, \mu_{i,j+1}, \alpha_{i+1,j}) = \sum E_{ij} \\
&\equiv \sum_{(ij)} r_{\mu_{ij},\alpha_{ij}}^{\mu_{i,j+1},\alpha_{i+1,j}}. \qquad (2.4.4)
\end{aligned}
$$

图 2.4.4 标出了 $\mu_{ij}, \cdots, \alpha_{i+1,j}$ 所在的边. 令顶点 ij 的局部玻尔兹曼权为

$\mathrm{e}^{-E_{ij}/kT} = \mathrm{e}^{-r^{\mu_{i,j+1},\alpha_{i+1,j}}_{\mu_{ij},\alpha_{ij}}/kT} = R^{\mu_{i,j+1},\alpha_{i+1,j}}_{\mu_{ij},\alpha_{ij}}$.

体系的玻尔兹曼权为

$$\text{玻尔兹曼权 (整体)} = \mathrm{e}^{-E/kT} = \prod_{ij} \mathrm{e}^{-E_{ij}/kT}. \tag{2.4.5}$$

因子 $\mathrm{e}^{-E_{ij}/kT}$ 是局部的玻尔兹曼权, 是四个边自旋的函数, 我们称两对自旋的函数 $\mathrm{e}^{-\varepsilon(\cdots)/kT}$ 为 R 矩阵. 称 $\mu_{ij}\cdots$ 为 R 矩阵边上的指标. 指标可以取 ±1, 也可以取比如 0, 1 或 1, 2. 图 2.4.4 为带指标的 R 矩阵, 即 R 矩阵的矩阵元.

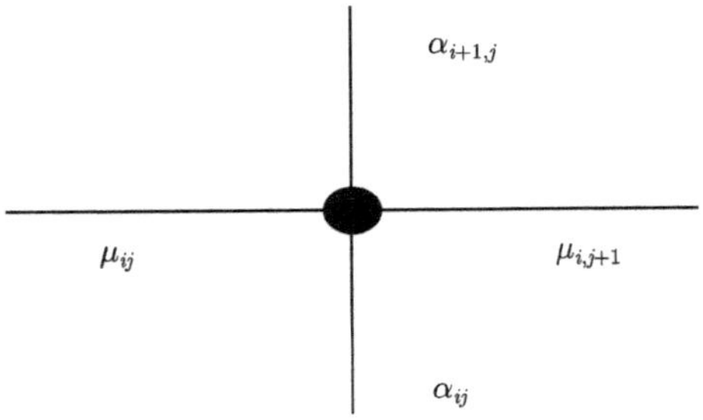

图 2.4.4　R 矩阵的矩阵元

2.5　矩阵的一些知识

我们在详细解释矩阵 R 之前先介绍矩阵的一些基本知识. 令矩阵 M 的矩阵元为 $M_{ii'}$, 有时也写成 $M_i^{i'}$.

(1) 矩阵的乘法为 (对重复指标求和)

$$(AB)_i^{i'} = A_i^{i_1} B_{i_1}^{i'}, \quad (AB\cdots D)_i^{i'} = A_i^{i_1} B_{i_1}^{i_2} \cdots D_{i_k}^{i'}.$$

(2) 有些矩阵可以有多重指标, 求乘积时对各重指标分别求和, 比如对两种指标的矩阵 $M_{ij}^{i'j'}$:

$$(AB)_{ij}^{i'j'} = A_{ij}^{i_1j_1} B_{i_1j_1}^{i'j'}, \quad \text{对重复指标 } i_1j_1 \text{ 求和},$$

也可以只对其中的一对指标作矩阵乘法, 比如

$$A_{ij}^{i'j'} B_{i'k}^{i''k'} = (AB)_{ijk}^{i''j'k'}, \quad \text{对重复指标 } i' \text{ 求和},$$

可以得到三对指标的矩阵.

(3) 矩阵 (方阵) 可以求迹, 定义

$$\mathrm{tr}(M) = M_i^i, \quad \text{对重复指标 } i \text{ 求和}.$$

(4) 相乘的两个多重指标矩阵的指标重数和相关指标的位置不一定相同, 比如可以有

$$A_{ij}^{i'j'}B_{ki'j'}^{k'i''j''}=(AB)_{kij}^{k'i''j''},\quad \text{左边对指标 } i'j' \text{ 求和.}$$

可以得到三对指标的矩阵.

这时我们可以用数字或字母表示出它们的指标相关关系：

$$A_{12}B_{312}=(AB)_{312}.$$

这里用数字 1, 2, 3 标志相关指标所属的空间.

2.6 R 矩阵和转移矩阵

2.6.1 转移矩阵

我们将格点模型中同一行的格点 R 对横向连线的指标求和, 得到 n 个横向格点形成的矩阵:

$$R_{i_0j_1}^{i_1j_1'}R_{i_1j_2}^{i_2j_2'}R_{i_2j_3}^{i_3j_3'}\cdots R_{i_{n-1}j_n}^{i_nj_n'}=M_{i_0j_1j_2j_3\cdots j_n}^{i_nj_1'j_2'j_3'\cdots j_n'},$$

其中, i_0 是第一个格点的左边线元的指标, i_n 是最后一个格点的右边线元的指标, 矩阵 M 有 $n+1$ 对指标, 我们称它为由横向格点的 R 矩阵形成的单值 (monodromy) 矩阵. 对 M 的 i_0i_n 这对指标求迹得到

$$t_{j_1j_2j_3\cdots j_n}^{j_1'j_2'j_3'\cdots j_n'}=\sum_i M_{ij_1j_2j_3\cdots j_n}^{ij_1'j_2'j_3'\cdots j_n'}.$$

式中, t 称为转移矩阵 (transfer matrix), t 有 n 对指标. 以上对八顶角模型定义单值矩阵和转移矩阵, 也可以对 Ising 模型进行类似的定义.

进一步分析我们介绍的两种模型的玻尔兹曼权.

1. Ising 模型

对于 Ising 模型, 能量可以先对每行方块求和, 先看一行方块的结果 (图 2.6.1).

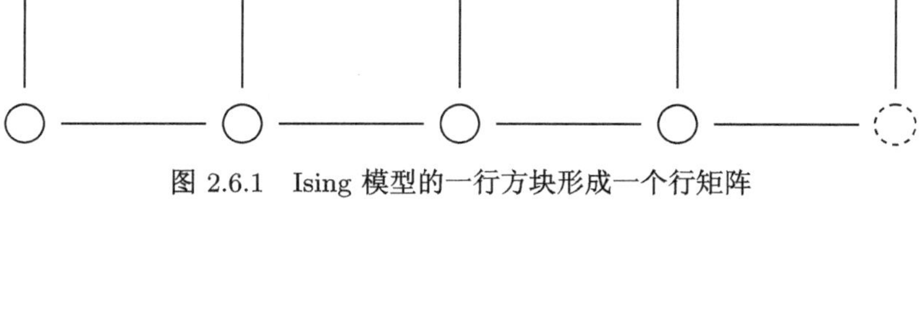

图 2.6.1 Ising 模型的一行方块形成一个行矩阵

玻尔兹曼权为

$$\mathrm{e}^{-E/kT}=\prod_i \mathrm{e}^{-E_i/kT}=\prod_i\left\{\prod_j \mathrm{e}^{-E_{ij}/kT}\right\},$$

E_{ij} 由小方格四周的 4 个 σ 决定. E_i 由一行方块四周的 σ 决定. 我们得到

$$\begin{aligned}\mathrm{e}^{-E_i/kT}&=\prod_j \mathrm{e}^{-E(\sigma_{i,j},\sigma_{i,j+1},\sigma_{i+1,j},\sigma_{i+1,j+1})/kT}\\&=M_{\sigma_{i,1}\sigma_{i,2}\cdots\sigma_{i,n+1}}^{\sigma_{i+1,1}\sigma_{i+1,2}\cdots\sigma_{i+1,n+1}},\quad \text{无周期条件时}\end{aligned}\tag{2.6.1}$$

或

$$\mathrm{e}^{-E_i/kT}=t_{\sigma_{i,1}\sigma_{i,2}\cdots\sigma_{i,n}}^{\sigma_{i+1,1}\sigma_{i+1,2}\cdots\sigma_{i+1,n}},\quad \text{有周期条件时},\tag{2.6.2}$$

然后再对各行的玻尔兹曼权求乘积, 得到平面格点的玻尔兹曼权.

不考虑周期性边界条件时有

$$\begin{aligned}\mathrm{e}^{-E/kT}=&M_{\sigma_{1,1}\sigma_{1,2}\cdots\sigma_{1,n+1}}^{\sigma_{2,1}\sigma_{2,2}\cdots\sigma_{2,n+1}}M_{\sigma_{2,1}\sigma_{2,2}\cdots\sigma_{2,n+1}}^{\sigma_{3,1}\sigma_{3,2}\cdots\sigma_{3,n+1}}\\&\times M_{\sigma_{3,1}\sigma_{3,2}\cdots\sigma_{3,n+1}}^{\sigma_{4,1}\sigma_{4,2}\cdots\sigma_{4,n+1}}\times\cdots\times M_{\sigma_{m,1}\sigma_{m,2}\cdots\sigma_{m,n+1}}^{\sigma_{m+1,1}\sigma_{m+1,2}\cdots\sigma_{m+1,n+1}}.\end{aligned}$$

考虑周期性边界条件时有

$$\mathrm{e}^{-E/kT}=t_{\sigma_{1,1}\cdots\sigma_{1,n}}^{\sigma_{2,1}\cdots\sigma_{2,n}}t_{\sigma_{2,1}\cdots\sigma_{2,n}}^{\sigma_{3,1}\cdots\sigma_{3,n}}\times\cdots\times t_{\sigma_{m,1}\cdots\sigma_{m,n}}^{\sigma_{1,1}\cdots\sigma_{1,n}}.$$

以上是一种状态 (一种构形, 一种自旋分布), 即所有格点都给定自旋 σ 的图形下的玻尔兹曼权. 玻尔兹曼权对一切允许状态求和, 得到配分函数

$$Z=\sum_{\sigma\text{状态}}\mathrm{e}^{-E(\sigma)/kT},$$

这里 σ 状态是指一切可能的 σ_{ij} 的值. 在考虑周期边界条件时, 有 (对重复指标求和)

$$\begin{aligned}Z&=\sum_{\{\sigma_{ij}\}}t_{\sigma_{1,1}\cdots\sigma_{1,n}}^{\sigma_{2,1}\cdots\sigma_{2,n}}t_{\sigma_{2,1}\cdots\sigma_{2,n}}^{\sigma_{3,1}\cdots\sigma_{3,n}}\times\cdots\times t_{\sigma_{m,1}\cdots\sigma_{m,n}}^{\sigma_{1,1}\cdots\sigma_{1,n}}\\&=\mathrm{tr}\{\underbrace{tt\cdots t}_{m\text{个}}\}=\mathrm{tr}t^m.\end{aligned}\tag{2.6.3}$$

其中, t 称为转移矩阵.

2. 八顶角模型

对于八顶角模型, 如果定义

$$R_{ij} = \mathrm{e}^{-E(\mu_{ij},\alpha_{ij},\mu_{i,j+1},\alpha_{i+1,j})/kT},$$

则有

$$\begin{aligned}\mathrm{e}^{-E/kT} &= \prod_i \left\{ \prod_j \mathrm{e}^{-E_{ij}/kT} \right\} \\ &= \prod_{i=1}^{m} \{ R_{\mu_{i,1}\alpha_{i,1}}^{\mu_{i,2}\alpha_{i+1,1}} R_{\mu_{i,2}\alpha_{i,2}}^{\mu_{i,3}\alpha_{i+1,2}} \cdots R_{\mu_{i,l}\alpha_{i,l}}^{\mu_{i,l+1}\alpha_{i+1,l}} \cdots R_{\mu_{i,n}\alpha_{i,n}}^{\mu_{i,n+1}\alpha_{i+1,n}} \}. \end{aligned} \quad (2.6.4)$$

在固定的边界条件下有 (对重复指标求和)

$$\begin{aligned} Z &= \sum_{\mu\alpha} \mathrm{e}^{-E(\mu,\alpha)/kT} \\ &= \sum_{\alpha} \prod_{i=1}^{m} \sum_{\mu} R_{\mu_{i,1}\alpha_{i,1}}^{\mu_{i,2}\alpha_{i+1,1}} R_{\mu_{i,2}\alpha_{i,2}}^{\mu_{i,3}\alpha_{i+1,2}} R_{\mu_{i,3}\alpha_{i,3}}^{\mu_{i,4}\alpha_{i+1,3}} \cdots R_{\mu_{i,n}\alpha_{i,n}}^{\mu_{i,n+1}\alpha_{i+1,n}} \\ &\equiv \sum_{\alpha} \prod_{i=1}^{m} M_{\mu_{i,1}\alpha_{i,1}\alpha_{i,2}\cdots\alpha_{i,n}}^{\mu_{i,n+1}\alpha_{i+1,1}\alpha_{i+1,2}\cdots\alpha_{i+1,n}} \quad (M \text{ 叫单值矩阵}) \\ &= \sum_{\alpha} M_{\mu_{i,1}\alpha_{1,1}\alpha_{1,2}\cdots\alpha_{1,n}}^{\mu_{1,n+1}\alpha_{2,1}\alpha_{2,2}\cdots\alpha_{2,n}} M_{\mu_{2,1}\alpha_{2,1}\alpha_{2,2}\cdots\alpha_{2,n}}^{\mu_{2,n+1}\alpha_{3,1}\alpha_{3,2}\cdots\alpha_{3,n}} \\ &\quad \times M_{\mu_{3,1}\alpha_{3,1}\alpha_{3,2}\cdots\alpha_{3,n}}^{\mu_{i,n+1}\alpha_{4,1}\alpha_{4,2}\cdots\alpha_{4,n}} \cdots M_{\mu_{m,1}\alpha_{m,1}\alpha_{m,2}\cdots\alpha_{m,n}}^{\mu_{m,n+1}\alpha_{m+1,1}\alpha_{m+1,2}\cdots\alpha_{m+1,n}} \\ &= \{ M_{\mu_{1,1}}^{\mu_{1,n+1}}(1) M_{\mu_{2,1}}^{\mu_{2,n+1}}(2) \cdots M_{\mu_{m,1}}^{\mu_{m,n+1}}(m) \}_{\alpha_{1,1}\alpha_{1,2}\cdots\alpha_{1,n}}^{\alpha_{m+1,1}\alpha_{m+1,2}\cdots\alpha_{m+1,n}}. \end{aligned} \quad (2.6.5)$$

也就是配分函数 Z 等于单值矩阵的乘积, 边缘固定不变.

在上下和左右都取周期边界条件时, 转移矩阵 $t(i)$ 为

$$t(i) = \mathrm{tr} M(i) = \sum_{\mu_{i1}} M_{\mu_{i1}}^{\mu_{i1}} = \sum_{\mu_i} R_{\mu_{i,1}\alpha_{i,1}}^{\mu_{i,2}\alpha_{i+1,1}} R_{\mu_{i,2}\alpha_{i,2}}^{\mu_{i,3}\alpha_{i+1,2}} R_{\mu_{i,3}\alpha_{i,3}}^{\mu_{i,4}\alpha_{i+1,3}} \cdots R_{\mu_{i,n}\alpha_{i,n}}^{\mu_{i,1}\alpha_{i+1,n}}. \quad (2.6.6)$$

于是配分函数为

$$Z = \sum_{\alpha} \left(\sum_{\mu_{11}} M_{\mu_{11}}^{\mu_{11}}(1) \right) \left(\sum_{\mu_{21}} M_{\mu_{21}}^{\mu_{21}}(2) \right) \cdots \left(\sum_{\mu_{m1}} M_{\mu_{m1}}^{\mu_{m1}}(m) \right)_{\alpha_{11}\cdots\alpha_{1n}}^{\alpha_{11}\cdots\alpha_{1n}}$$

$$
\begin{aligned}
&= \sum_{\alpha} \{t(1)t(2)\cdots t(m)\}^{\alpha_{11}\cdots\alpha_{1n}}_{\alpha_{11}\cdots\alpha_{1n}} \\
&= \mathrm{tr}(t(1)t(2)\cdots t(m)) \\
&= \mathrm{tr}t^{m}, \qquad (2.6.7)
\end{aligned}
$$

这个形式特别简单.

以上公式可以以图示之. Ising 模型的行矩阵如图 2.6.1 所示. 图 2.6.2(a) 和图 2.6.2(b) 分别表示 Ising 模型在固定边界与周期边界条件下的配分函数, 图 2.6.2 中黑点表示对该点自旋求和, 图 2.6.3(a) 和图 2.6.3(b) 分别表示八顶角模型在固定边界与周期边界下的配分函数 (打 × 的边表示对边自旋求和).

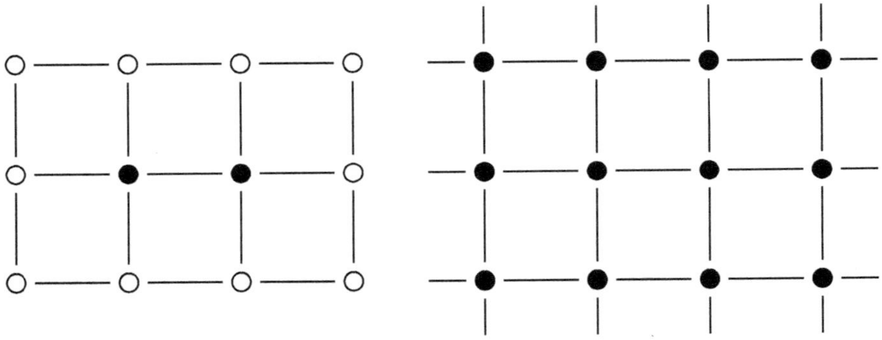

(a) 固定边界情形　　(b) 周期边界情形

图 2.6.2　Ising 模型中求 Z 时须对 σ_{ij} 求和的格点 (黑点)

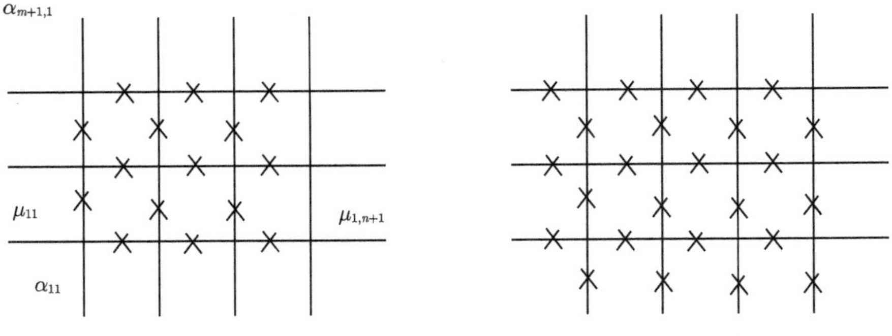

(a) 固定边界情形　　(b) 周期边界情形

图 2.6.3　八顶角模型中求 Z 时须对自旋求和的边

这种计算配分函数的过程或者方法并不唯一. 比如 Ising 模型 (近邻、方格) 可以用下面的方法求得 (周期性边界条件).

图 2.6.4(a) 是格点 (周期边界条件), 图 2.6.4(b) 是其中的转移矩阵 t. 图 2.6.4(b) 中的黑点处应该对自旋的各种取值求和. 在左右端点处自旋应同取为 α, 而且应对 α 求和. 对图 2.6.4(a) 的格点, 我们也有 $Z = \mathrm{tr}t^m$.

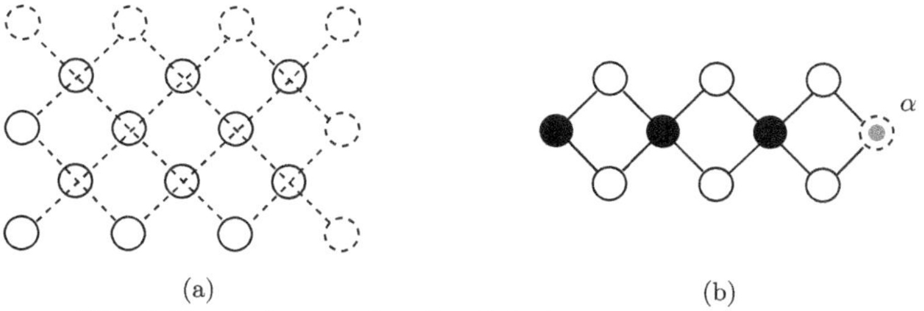

图 2.6.4 Ising 模型的另一种求 Z(配分函数) 的方式 (周期边界条件). (a) 实圆圈为求和格点; (b) 这种求和可以化为 t 矩阵的连乘积的迹: $\mathrm{tr}t^m$, 其中的 t 即 (b) 所示的单元. 黑点为对 σ_{ij} 求和的格点, 求和之后就把各个斜正方形耦合起来了, 这与八顶角模型的 t 类似

2.6.2 t 矩阵的本征值与配分函数 Z

由式 (2.6.6), 我们可以作如下推导, 由 $Z = \mathrm{tr}t^m$, 在对角化 t 之后, 得

$$t^m = \begin{pmatrix} \lambda_1^m & & & 0 \\ & \lambda_2^m & & \\ & & \ddots & \\ 0 & & & \lambda_N^m \end{pmatrix}.$$

其中, N 是 t 的维数, 比如在前面的例子 (式 (2.6.4)) 中, 由于每个指标只能取两个值, 因此每个空间是 2 维的, 由式 (2.6.6) 对应的 t 矩阵中维数等于 h 个 α 空间所张成的维数, $N = 2^n$. 配分函数为

$$Z = \sum_i \lambda_i^m, \quad \lambda_i \text{ 是 } t \text{ 的本征值}. \tag{2.6.8}$$

所有的问题归结为求 λ_i, 这就是为什么我们要千方百计地求出转移矩阵的本征值.

为达到此目的, 我们常对某一个转移矩阵 t(它是格点顶角能量 $\varepsilon(s)$ 和温度 T 的函数, 也是 n, m 的函数) 选出一系列的 $t(u)$, 它是参数 u 的函数, 使得对于某个 $u = u_0$ 有 $t(u_0) = t$, 而且 $[t(u), t(v)] = 0$ 对一切 u, v 成立. 然后, 可以找出 $\{t(u)\}$ 的共同本征态, 求出 $\lambda_i(u)$. 这种选一系列 $t(u)$ 的方法称为参数化 (注意 u 并不代表温度). 假如做到这一点, 这个模型就是精确可解的. 参量 u 称为谱参量. 当不同谱参量的 t 矩阵互相对易时, 如果把这个矩阵体系看成动力学系统, 就会有足够多的守恒量使运动是规则的, 从而能够得到精确的解析解.

第 3 章　杨-Baxter 方程和 R 矩阵

从第 2 章的分析我们知道, 对于周期边界条件格点模型, 要求得系统的配分函数, 只需求出相应转移矩阵的本征值. 对于顶角模型, 转移矩阵可以用 R 矩阵来构成. 可以把转移矩阵适当扩大形成一个单参数族 $t \to t(u)$, 如果这个单参数族相互对易 $[t(u), t(v)] = 0$, 就形成一个动力学上的可积系统. $t(u)$ 的本征值求解问题就会变得简单. 那么, 相应的 R 矩阵要满足什么要求, 才会使 $t(u)$ 之间相互对易? 将在第 3 章研究这个问题.

首先介绍杨-Baxter 方程 (YBE) 和 R 矩阵的幺正性.

3.1　杨-Baxter 方程和 R 矩阵的幺正性

3.1.1　杨-Baxter 方程

下面定义 R 矩阵 R_{12}, 它属于 $\mathrm{End}(V_1 \otimes V_2)$, 即 V_1 和 V_2 直乘空间的线性算子, 分量为 $R_{12}(z_1, z_2)_{ij}^{i'j'}$, 其中 i 和 i' 是 V_1 空间的指标, j 和 j' 是 V_2 空间的指标.

R 矩阵可以用图 3.1.1 表示, 图中两根带箭头的线叫谱线, 箭头的方向是从下指标到上指标, 因此我们把下指标叫入射指标, 上指标叫出射指标. z_1 和 z_2 是谱线所带的谱参量.

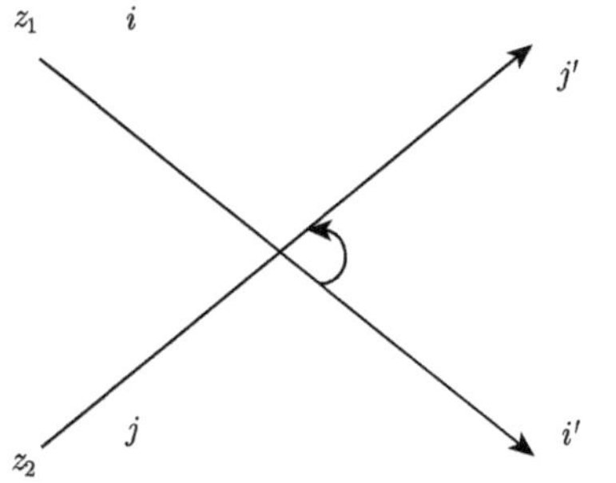

图 3.1.1　$R(z_1 - z_2)_{ij}^{i'j'}$ 的图示, 是 $R(z_1 - z_2)_{12}$ 的矩阵元, z_1 谱线转向 z_2 谱线是逆时针的

YBE 分量形式 (指标) 为

$$
\begin{aligned}
&R(z_1, z_2)_{ij}^{i'j'} R(z_1, z_3)_{i'k}^{i''k'} R(z_2, z_3)_{j'k'}^{j''k''} \\
=&R(z_2, z_3)_{jk}^{j'k'} R(z_1, z_3)_{ik'}^{i'k''} R(z_1, z_2)_{i'j'}^{i''j''},
\end{aligned}
\tag{3.1.1}
$$

在式中对重复指标求和; 对不重复的指标任意取值, 方程成立, 这是一个超定的方程式, 一般是无解的. 所以找出它的解是一个极不平庸的事. 当 $R_{ij}(z_i, z_j)$ 只依赖于 $z_i - z_j$ 时, 我们把 R 矩阵写成

$$R_{ij}(z_i, z_j) = R_{ij}(z_i - z_j), \tag{3.1.2}$$

R_{ij} 的下标 i, j 是指第 i 空间和第 j 空间, 第一列指标属于第 i 空间而第二列指标属于第 j 空间. 当矩阵相乘时前一矩阵的上标应与后一个矩阵同一空间的下标相同并对重复指标求和. R 矩阵成为只带一个谱参量的单参量族.

从现在开始我们在图示中要求, 当带箭头的谱线 z_i 能按逆时针方向转到谱线 z_j 时, R 矩阵的谱为 $z_i - z_j$. 比如图 3.1.3 表示的 R 矩阵的谱为 $z_1 - z_2$ 而不是 $z_2 - z_1$. (这种要求, 会给图示法带来局限性. 比如要作 $[R(z)]^2$, 作为式子是明确的. 但不能用一个平面上的图表达, 需要像电路一样, 允许在 R 矩阵 (它们是贴在电路板上的) 之间, 有互相跨越的谱线)

YBE 可以用图 3.1.2 表示, 对于单参数的 R 矩阵, R 矩阵的谱是两根谱线沿逆时针方向的谱参量之差. 图 3.1.1 上的交点称为顶点. 两根线称为谱线, z_1, z_2 是相应的谱参量. 对图 3.1.2 是这样规定的: 每一条线段上都有一个指标, 开放的线段上的指标是固定的, 对方程两边都相同; 对于两端都有顶点的线段 (封闭线段), 其指标应对所有可能取值求和. 为简化起见, 我们可以把图 3.1.1 和图 3.1.2 画成图 3.1.3 和图 3.1.4, 略去所有指标. 注意三根谱线的取向, 它们可以把三根箭矢转到很靠近同一方向而不改变拓扑结构. 我们称它们是顺向箭矢.

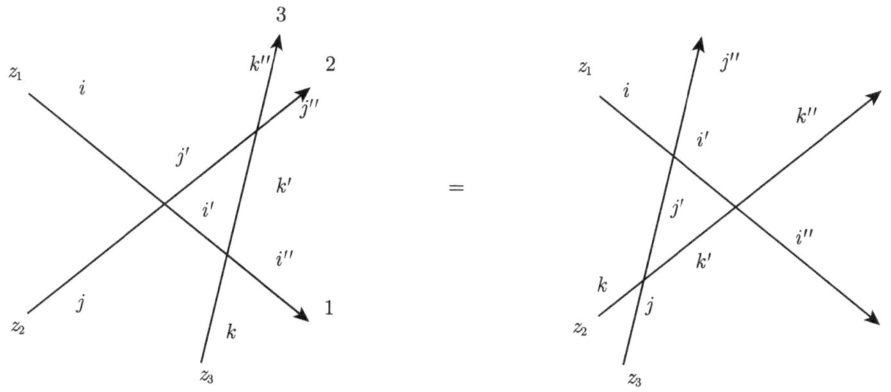

图 3.1.2 YBE 式 (3.1.1) 的图示, 其中对封闭的线段上的指标应求和, 方程应该对于任何一组开放线上的固定指标成立

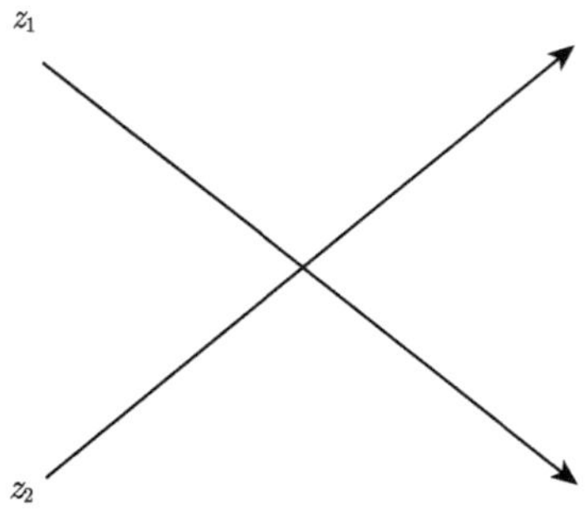

图 3.1.3　$R_{12}(z_1-z_2)$ 的图示, 除去各处的指标

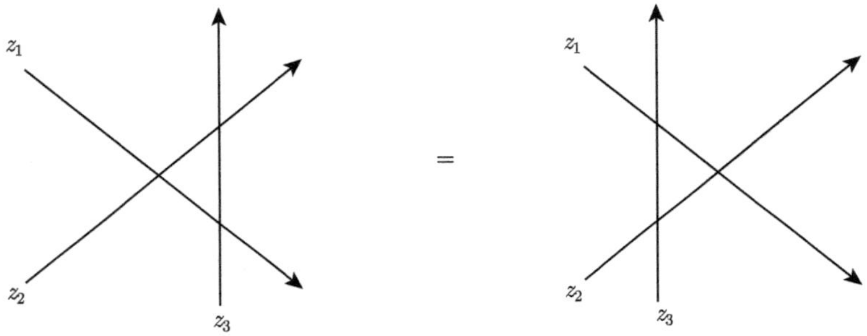

图 3.1.4　不带指标的 YBE 式 (3.1.3) 的图示

YBE 矩阵形式 (不带指标) 如下：

$$\begin{aligned}&R_{12}(z_1-z_2)R_{13}(z_1-z_3)R_{23}(z_2-z_3)\\=&R_{23}(z_2-z_3)R_{13}(z_1-z_3)R_{12}(z_1-z_2).\end{aligned}\tag{3.1.3}$$

方程两边都属于 $\mathrm{End}(V_1\otimes V_2\otimes V_3)$, 其中 $R_{12}(z_1-z_2)=R_{12}(z_1-z_2)\otimes I_3$, $R_{23}(z_2-z_3)=I_1\otimes R_{23}(z_2-z_3)$ 等 (回忆矩阵乘法和多重指标的矩阵).

图示告诉我们, 如果 3 根箭矢顺向, 可以让谱线越过结点.

3.1.2　R 矩阵的幺正性

下面介绍 R 矩阵的幺正性. 在式 (3.1.3) 中, 当 $z_1=z_2$ 时, 可得 (当 $R_{12}(0)$ 有逆时)

$$R_{12}(0)R_{13}(z_1-z_3)R_{23}(z_2-z_3)R_{12}(0)^{-1}=R_{23}(z_2-z_3)R_{13}(z_1-z_3).$$

令 P 为交换算子, 我们有

$$p_{ij}^{i'j'}=\delta_{ij'}\delta_{ji'}\quad (\text{假定 } V_1 \text{ 和 } V_2 \text{ 维数相同}),$$

$$P_{12}e_i^{(1)} \otimes e_j^{(2)} = e_j^{(1)} \otimes e_i^{(2)},$$

其中, e_i, e_j 是空间的基矢. 我们又有

$$P_{12}R_{23}(z_2 - z_3)R_{13}(z_1 - z_3)P_{12}^{-1} = R_{13}(z_1 - z_3)R_{23}(z_2 - z_3).$$

所以, 可以得到

$$[P_{12}R_{12}(0)]R_{13}(z_1 - z_3)R_{23}(z_2 - z_3)[P_{12}R_{12}(0)]^{-1} = R_{13}(z_1 - z_3)R_{23}(z_2 - z_3).$$

即

$$[P_{12}R_{12}(0), R_{13}(z_1 - z_3)R_{23}(z_2 - z_3)] = 0.$$

当 $R_{13}(z)R_{23}(z)$ 非退化时, 有

$$P_{12}R_{12}(0) \sim \mathrm{id}, \quad R_{12}(0) \sim P_{12}^{-1} = P_{12}.$$

本书用 $\sim$ 符号表示正比于, 也就是可以差一个系数.

这样就有 (在 YBE 中令 $z_1 = z_3, \quad V_1 \cong V_3$)

$$\begin{aligned} &R_{12}(z)P_{13}R_{23}(-z) = R_{23}(-z)P_{13}R_{12}(z), \\ &R_{12}(z)\underbrace{P_{13}R_{23}(-z)P_{13}^{-1}}_{R_{21}(-z)} = R_{23}(-z)\underbrace{P_{13}R_{12}(z)P_{13}^{-1}}_{R_{32}(z)}, \\ &R_{12}(z)R_{21}(-z) = R_{23}(-z)R_{32}(z). \end{aligned} \tag{3.1.4}$$

左边与第三空间无关, 右边与第一空间无关, 说明方程两边对第一、三空间都 $\sim$ 恒等算子 (单位算子). 也就是, 方程两边都是属于 $I_1 \otimes M_2 \otimes I_3$ 的形式. 根据这个结果, 由式 (3.1.4) 还可以知道, 由左边可给出

$$R_{ij}(z)R_{ji}(-z)\text{在 } i \text{ 空间}\sim\text{恒等算子},$$

由右边又可给出

$$R_{ij}(z)R_{ji}(-z)\text{在 } j \text{ 空间}\sim\text{恒等算子}.$$

于是可以推出此式对 ij 空间都$\sim$恒等算子. 也就是有

$$R_{ij}(z)R_{ji}(-z) \sim \mathrm{id}, \tag{3.1.5}$$

因此有

$$R_{ij}(z)R_{ji}(-z) = R_{ji}(-z)R_{ij}(z). \tag{3.1.6}$$

可表示如下, 见图 3.1.5.

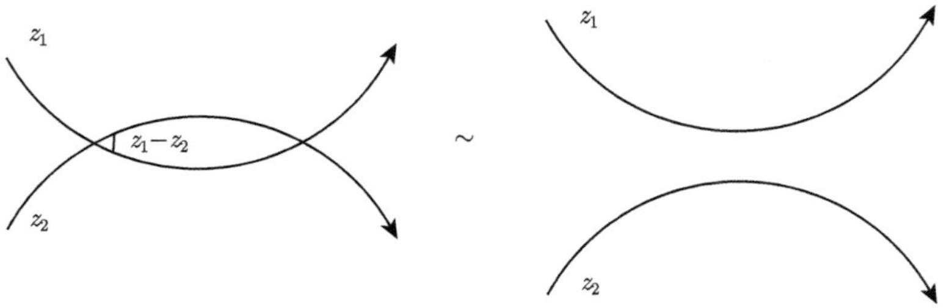

图 3.1.5　式 (3.1.5) 图示

将图 3.1.5 中表示的量加上指标的图示如图 3.1.6 所示.

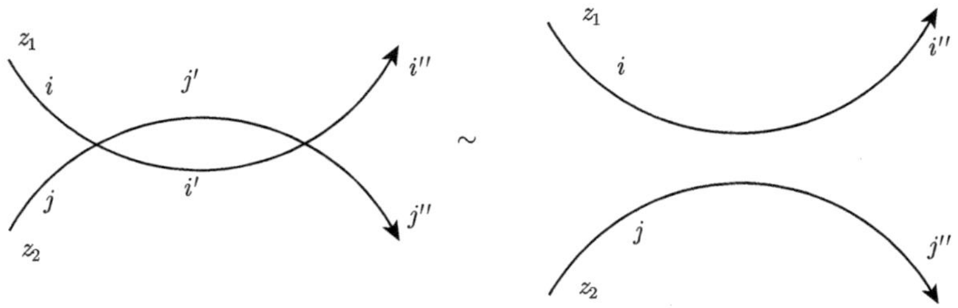

图 3.1.6　式 (3.1.5) 加上指标后的图示

对图中左边封闭线段上的指标 i', j' 要求和, 开放线段上的指标 i, i'', j, j'' 固定, 右边一根线上有两个指标意味着有 δ 函数 $\delta_{ii''}$, $\delta_{jj''}$. 我们可以将图 3.1.5 加上因子 $\rho(z_1 - z_2)$ 变为图 3.1.7.

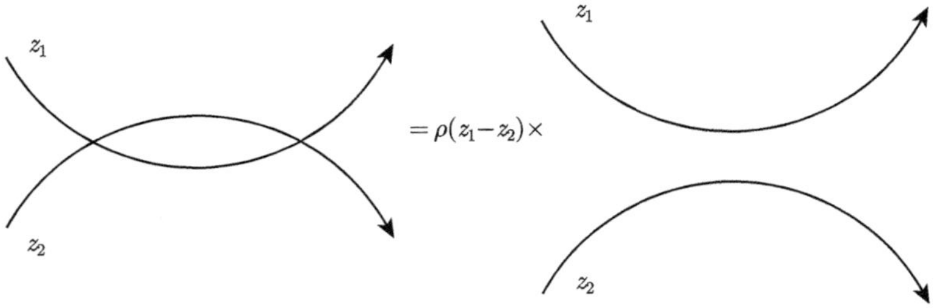

图 3.1.7　图 3.1.5 把 $\sim$ 改为 $=$ 时要在右边乘以 $\rho(z_1 - z_2)$

把式 (3.1.5) 写成

$$R(z)PR(-z)P = \rho(z)I. \tag{3.1.7}$$

当 $\rho(z)$ 非零时, $R(z)$ 有逆矩阵, 且与矩阵 $PR(-z)P$ 对易, 因此有

$$PR(-z)PR(z) = \rho(z)I,$$

又可以变为

$$R(-z)PR(z)P = P\rho(z)IP = \rho(z)I = \rho(-z)I,$$

因此有

$$\rho(z) = \rho(-z). \tag{3.1.8}$$

$R(-z)$, $R(z)$ 是 z 的解析函数, 因此 $\rho(z)$ 和 $\rho(-z)$ 也是. 若 $\rho(z_0) = 0$, 当 $R(z_0)$ 和 $R(-z_0)$ 都没有奇异时, 式 (3.1.8) 也成立.

3.2 R 矩阵的写法和图示

R 矩阵的写法和图示, 我们归纳如下.

(1)R 矩阵元

$$R(z)_{ij}^{i'j'} = f(z, i, i', j, j') \tag{3.2.1}$$

是一个确定的数, 它与 z, i, i', j, j' 都有关. 一般地, $R(z)_{ij}^{i'j'}, R(z)_{ji}^{j'i'}, R(z)_{i'j}^{ij}$ 三者互不相同, 否则, 就认为它具有一些特殊的对称性.

图 3.2.1 表示 $R(z)_{ij}^{i'j'}$, 当谱线 ii' 可以逆时针转至谱线 jj' 时, 指标 i, i' 写在第一列, 指标 j, j' 写在第二列.

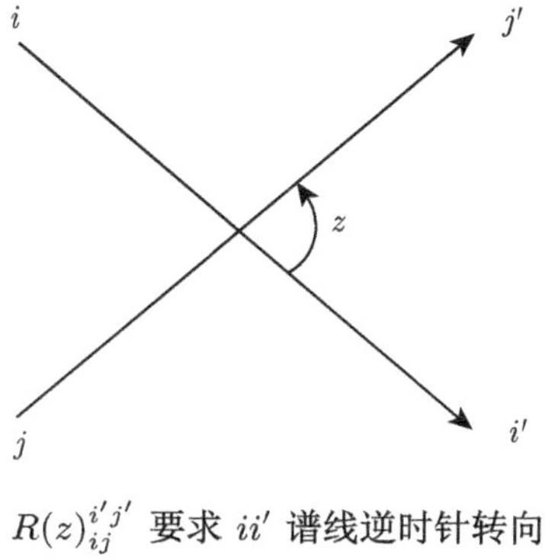

图 3.2.1 $R(z)_{ij}^{i'j'}$ 要求 ii' 谱线逆时针转向 jj' 谱线

(2) 将 R 矩阵写成 $R_{12}(z)$, 图示如图 3.2.2 所示.

$R_{12}(z)$ 是一个矩阵, 其左边一列指标是属于第一空间的, 右边一列指标是属于第二空间的. 总体来说, $R_{12}(z)$ 是第一空间与第二空间直乘后的空间中的线性变换. 作为矩阵元, 其函数形式由式 (3.2.1) 决定.

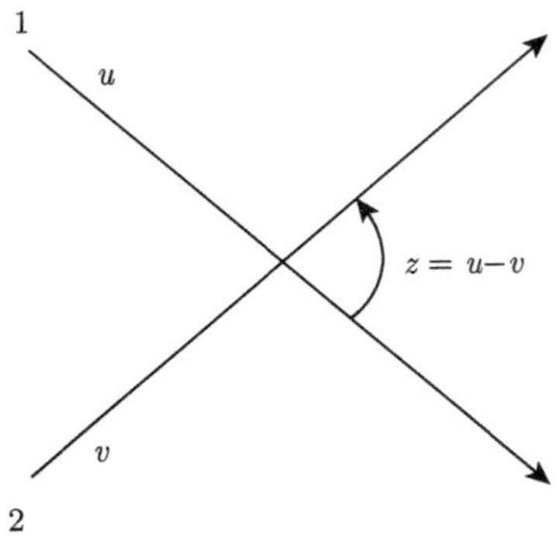

图 3.2.2　$R_{12}(u-v)$ 图示, u 线转向 v 线为逆时针方向

(3) 考虑 $R_{12}(z)$, 第一列指标属于第二空间, 第二列指标属于第一空间. 其函数形式仍由式 (3.2.1) 决定. 所以有

$$R(z)_{ik}^{jl}=[R_{12}(z)]\begin{matrix}(1)&(2)\\ j&l\\ i&k\end{matrix}=[R_{21}(z)]\begin{matrix}(2)&(1)\\ j&l\\ i&k\end{matrix}\neq[R_{12}(z)]\begin{matrix}(1)&(2)\\ l&j\\ k&i\end{matrix}.$$

(4) 矩阵相乘时应该把对应的空间指标关联起来, 比如

$$R_{12}(z)R_{21}(z')\Rightarrow \text{指标形式为} R(z)_{ij}^{i'j'}R(z')_{j'i'}^{j''i''}.$$

有时, 我们用辫子型的 R 矩阵, 它的定义为

$$\check{R}(z)=PR(z),$$

P 是交换算子, 满足 $P^2=I,\quad P=P^{-1}$. 其矩阵元为

$$P_{ij}^{i'j'}=\delta_{ij'}\delta_{i'j}, \tag{3.2.2}$$

$$\check{R}(z)_{ik}^{jl}=R(z)_{ki}^{jl}. \tag{3.2.3}$$

这样 YBE 可写成 $(z_{ij}\equiv z_i-z_j)$

$$\begin{aligned}&P_{23}P_{13}P_{12}R_{12}(z_{12})P_{12}P_{12}P_{23}P_{23}R_{13}(z_{13})P_{23}P_{23}R_{23}(z_{23})\\ =&P_{23}P_{13}P_{12}R_{23}(z_{23})P_{23}P_{23}P_{12}P_{12}R_{13}(z_{13})P_{12}P_{12}R_{12}(z_{12}).\end{aligned}$$

由

$$P_{23}P_{13}P_{12}=P_{12}P_{13}P_{23},$$

$$P_{12}P_{23}=P_{13}P_{12},\quad P_{23}P_{12}=P_{13}P_{23},$$

上式变为

$$\begin{aligned}&P_{23}(P_{13}P_{12}R_{12}(z_{12})P_{12}P_{13})P_{12}P_{23}R_{13}(z_{13})P_{23}P_{23}R_{23}(z_{23})\\=&P_{12}(P_{13}P_{23}R_{23}(z_{23})P_{23}P_{13})P_{23}P_{12}R_{13}(z_{13})P_{12}P_{12}R_{12}(z_{12}),\end{aligned}$$

即

$$\begin{aligned}&P_{23}R_{23}(z_{12})P_{12}R_{12}(z_{13})P_{23}R_{23}(z_{23})\\=&P_{12}R_{12}(z_{23})P_{23}R_{23}(z_{13})P_{12}R_{12}(z_{12}),\end{aligned}$$

也即

$$\begin{aligned}&\check{R}_{23}(z_{12})\check{R}_{12}(z_{13})\check{R}_{23}(z_{23})\\=&\check{R}_{12}(z_{23})\check{R}_{23}(z_{13})\check{R}_{12}(z_{12}).\end{aligned}\tag{3.2.4}$$

式 (3.2.4) 在谱参量 $\to 0$ 或 ∞ 时变为辫子关系, 在纽结 (knot) 理论中有用.

给出 R 矩阵, 可以给出它的所有矩阵元, 或者, 当 V_1 和 V_2 维数相同时, 用一个 $n^2\times n^2$ 的大矩阵写出来. 这个矩阵可以看成是一个 $n\times n$ 的小矩阵 M_{ij} 作为矩阵元形成的矩阵. 这种小矩阵一共有 $n\times n(i,j=1,\cdots,n)$ 个. 令小矩阵的矩阵元为 $M_{ij,kl}$, 则 R 矩阵的矩阵元就是 $R(z)_{ij}^{i'j'}=M_{ii',jj'}$.

举例来说, 当八顶角模型顶角线上的自旋为 $+1$ 时, 该线的指标为 1, 当自旋为 -1 时, 该线的指标为 2, 则可用下列矩阵写出:

$$R(z)=\begin{pmatrix}R(z)_{11}^{11}&0&0&R(z)_{11}^{22}\\0&R(z)_{12}^{12}&R(z)_{12}^{21}&0\\0&R(z)_{21}^{12}&R(z)_{21}^{21}&0\\R(z)_{22}^{11}&0&0&R(z)_{22}^{22}\end{pmatrix}.\tag{3.2.5}$$

R 矩阵参数化之后, 根据它的矩阵元对谱参量的依赖关系, 可以有有理型的, 三角型的和椭圆型的 R 矩阵, 3.3 节介绍有理 R 矩阵.

3.3 有理 R 矩阵

我们可以证明 R 矩阵

$$R(z)=z+P\tag{3.3.1}$$

是满足 YBE

$$R_{12}(z_1-z_2)R_{13}(z_1-z_3)R_{23}(z_2-z_3)=R_{23}(z_2-z_3)R_{13}(z_1-z_3)R_{12}(z_1-z_2)$$

的. 这个 R 矩阵称为有理的 R 矩阵, 因为它的矩阵元是谱参量的有理函数.

证明如下:

$$\begin{aligned}
\text{左} &= R_{12}(z_1-z_2)R_{13}(z_1-z_3)R_{23}(z_2-z_3)\\
&= ((z_1-z_2)+P_{12})((z_1-z_3)+P_{13})((z_2-z_3)+P_{23})\\
&= (z_1-z_2)(z_1-z_3)(z_2-z_3)+(z_1-z_2)(z_1-z_3)P_{23}+(z_1-z_2)(z_2-z_3)P_{13}\\
&\quad +(z_1-z_3)(z_2-z_3)P_{12}+(z_1-z_2)P_{13}P_{23}+(z_1-z_3)P_{12}P_{23}\\
&\quad +(z_2-z_3)P_{12}P_{13}+P_{12}P_{13}P_{23}.
\end{aligned}$$

YBE 的右边为 (只要把各个 p 的次序倒置)

$$\begin{aligned}
\text{右} &= R_{23}(z_2-z_3)R_{13}(z_1-z_3)R_{12}(z_1-z_2)\\
&= (z_1-z_2)(z_1-z_3)(z_2-z_3)+(z_1-z_2)(z_1-z_3)P_{23}+(z_1-z_2)(z_2-z_3)P_{13}\\
&\quad +(z_1-z_3)(z_2-z_3)P_{12}+(z_1-z_2)P_{23}P_{13}+(z_1-z_3)P_{23}P_{12}\\
&\quad +(z_2-z_3)P_{13}P_{12}+P_{23}P_{13}P_{12}.
\end{aligned}$$

对于 P 的零次项和一次项, 两边很容易看出是相等的. 我们考虑 P 的二次项, 对任何算子 A 有 $P_{ij}A_{i,\cdots}P_{ij}=A_{j,\cdots}$, 其中 i,j 是标志空间的指标. 我们得到,

$$P_{12}P_{13}P_{12}=P_{23},\quad \text{由此得}\quad P_{12}P_{13}=P_{23}P_{12},$$

$$P_{13}P_{23}P_{13}=P_{21}=P_{12},\quad \text{由此得}\quad P_{13}P_{23}=P_{12}P_{13}=P_{23}P_{12}.$$

代入左右两边, 发现二次项也是相等的.

$$z_1\text{项}:(P_{13}+P_{12})P_{23}\stackrel{?}{=}P_{23}(P_{13}+P_{12}),$$

由于左 $=P_{23}(P_{12}+P_{13})$, 左 = 右, 两边相等.

$$z_2\text{项}:-P_{13}P_{23}+P_{12}P_{13}\stackrel{?}{=}-P_{23}P_{13}+P_{13}P_{12},$$

$$(P_{12}+P_{23})P_{13}\stackrel{?}{=}P_{13}(P_{23}+P_{12}),$$

$$\text{左}=P_{13}(P_{32}+P_{21})=P_{13}(P_{23}+P_{12}).$$

由于 $P_{ij}=P_{ji}$, 两边也相等.

$$z_3\text{项}: P_{12}(P_{23}+P_{13})\stackrel{?}{=}(P_{23}+P_{13})P_{12},$$

由于左边等于 $(P_{13}+P_{23})P_{12}$, 两边也相等.

现在只需检验最后一项, 由

$$P_{12}P_{13}[P_{23}(P_{12}P_{13})P_{23}] = P_{12}P_{13}P_{13}P_{12} = 1,$$

得

$$P_{12}P_{13}P_{23} = P_{23}P_{13}P_{12}.$$

所以 YBE 对 $R(z) = z + P$ 成立.

3.4 L 算子与杨-Baxter 关系

由 R 矩阵可以聚合成 L 算子, 这种算子满足杨-Baxter 关系 (YBR). 下面介绍 L 算子与 YBR.

考虑一个算子矩阵 $L(z) = [L(z)_i^{i'}]$, $L(z)_i^{i'}$ 是算子, 作用在量子空间上. 定义 $V = v_1 \otimes v_2$ 为经典空间或者辅助空间, 其中 $v_1 \sim v_2$ 是互相同构的. 令

$$L_1(z) = L(z) \otimes 1, \quad L_2(z) = 1 \otimes L(z).$$

写出方程

$$R_{12}(z_1 - z_2)L_1(z_1)L_2(z_2) = L_2(z_2)L_1(z_1)R_{12}(z_1 - z_2), \tag{3.4.1}$$

其中, R_{12} 是作用于辅助空间上的矩阵. 它的分量方程是 (对重复指标求和)

$$R(z_1 - z_2)_{ij}^{i'j'} L(z_1)_{i'}^{j''} L(z_2)_{j'}^{j''} = L(z_2)_j^{j'} L(z_1)_i^{i'} R(z_1 - z_2)_{i'j'}^{i''j''}. \tag{3.4.2}$$

这个方程称为 YBR(图 3.4.2). 这是一个关于 L 的矩阵元的二次关系式. 凡是给定一个 R 矩阵就可以给出一个 YBR.

如果把第三空间看成量子空间, 则 $R_{13}(z)$ 也可以看成一个在第一空间的算子矩阵, $R_{23}(z)$ 就是在第二空间的算子矩阵, 所以 YBE 也就是给出一个 YBR 的实现:

$$R_{12}(z_1 - z_2)R_{13}(z_1)R_{23}(z_2) = R_{23}(z_2)R_{13}(z_1)R_{12}(z_1 - z_2). \tag{3.4.3}$$

所以 R 矩阵自己可以作为 YBR 的一个 L 矩阵. 考虑 $L(z)_i^{i'} = R(z)_{ij}^{i'j'}$ 为一个矩阵, 它的第 $_j^{j'}$ 个矩阵元为 $R(z)_{ij}^{i'j'}$, 把这个矩阵看成是作用在量子空间的算子, 就可以理解了. YBR 也可以表示为图 3.4.1($L(z)_i^{i'}$) 和图 3.4.2(YBR).

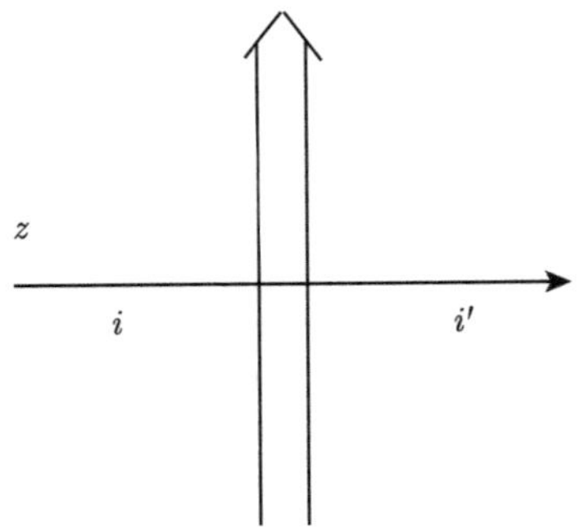

图 3.4.1　$L(z)_i^{i'}$ 的图示

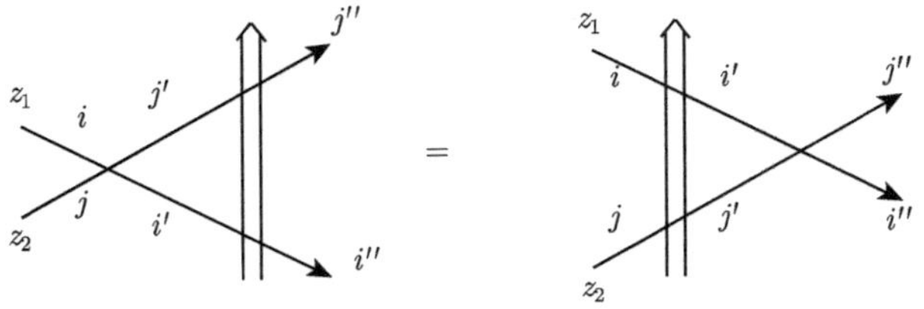

图 3.4.2　YBR 式 (3.4.2) 的图示

用 R 矩阵还可以构成 YBR 的另一个实现, 由图 3.4.3 可以给出相应的式 (3.4.4)

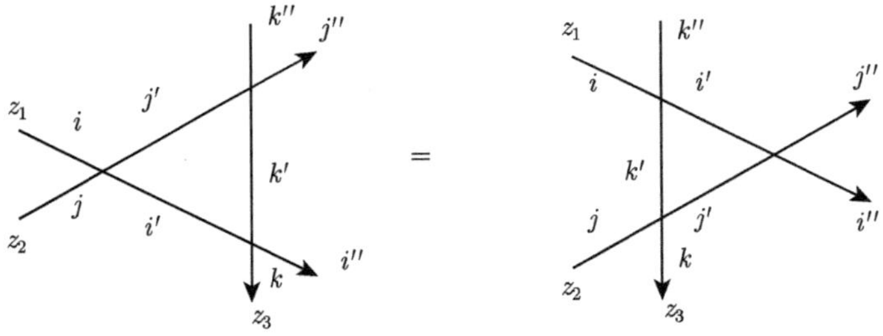

图 3.4.3　由 R 矩阵形成 L 矩阵的另一形式 (式 (3.4.4))

即

$$R(z_1-z_2)_{ij}^{i'j'}R(z_3-z_1)_{k'i'}^{ki''}R(z_3-z_2)_{k''j'}^{k'j''}=R(z_3-z_2)_{k'j}^{kj'}R(z_3-z_1)_{k''i}^{k'i'}R(z_1-z_2)_{i'j'}^{i''j''}. \tag{3.4.4}$$

对比 YBR 的式子, 我们知道如果令量子空间 (第三空间)$L(z)_i^{i'}=R(z_3-z)_{k'i}^{ki'}$ 是一个矩阵元指标为 $\begin{smallmatrix}k'\\k\end{smallmatrix}$ 的矩阵, 就可满足 YBR.

我们可以将它写成

$$R(z_3-z)_{k'i}^{ki'}=(PRP)_{ik'}^{i'k}=((PRP)^{t_2})_{ik}^{i'k'}=(PR^{t_1}P)_{ik}^{i'k'}\equiv S_{ik}^{i'k'}(z_3-z).$$

可以看出, S 在 YBR 中的作用与 R_{13}、R_{23} 在式 (3.4.3) 中的作用相同, 所以, 对于一些 R 矩阵, 就有

$$S(z_3 - z) = V^{-1}R(z - z_3')V,$$

即

$$(PR(z)P)^{t_2} = V^{-1}R(-z - \eta)V. \tag{3.4.5}$$

这称为 R 矩阵具有交叉对称性.

3.5 R 矩阵的交叉逆矩阵

考虑

$$R_{12}(z_1 - z_2)^{t_2} \equiv S_{12}(z_1 - z_2),$$

其矩阵元是

$$[R_{12}(z_1 - z_2)^{t_2}]_{ij}^{i'j'} = R(z_1 - z_2)_{ij'}^{i'j}.$$

则 S 的逆矩阵称为 $R_{12}(z_1 - z_2)$ 的交叉逆矩阵 $\bar{S}_{21}^{t_2}(z_2 - z_1)$, 表示为图 3.5.1 和图 3.5.2.

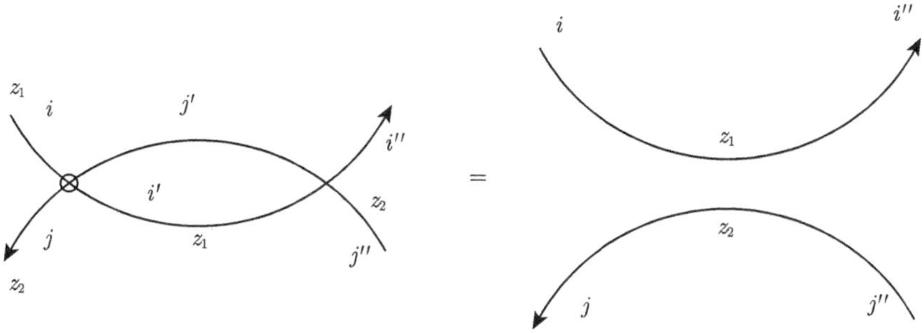

图 3.5.1 R 矩阵与它的交叉逆矩阵 (带圈的交点) 相乘应该满足的方程, 即式 (3.5.1)

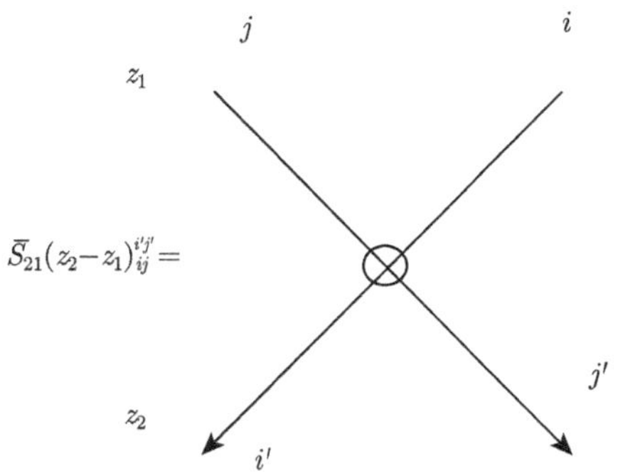

图 3.5.2 $\bar{S}_{21}(z_2 - z_1)$ 的图示

图 3.5.1 可以解读为

$$\bar{S}_{21}^{t_2}(z_2-z_1)_{ji}^{j'i'}[R_{12}(z_1-z_2)^{t_2}]_{i'j'}^{i''j''}=\delta_i^{i''}\delta_j^{j''},$$

即

$$\bar{S}_{21}^{t_2}(z_2-z_1)[R_{12}(z_1-z_2)^{t_2}]=1. \tag{3.5.1}$$

由于矩阵的左逆元和右逆元相同, 所以有

$$R_{12}(z_1-z_2)^{t_2}\bar{S}_{21}^{t_2}(z_2-z_1)=1. \tag{3.5.2}$$

可表示为图 3.5.3.

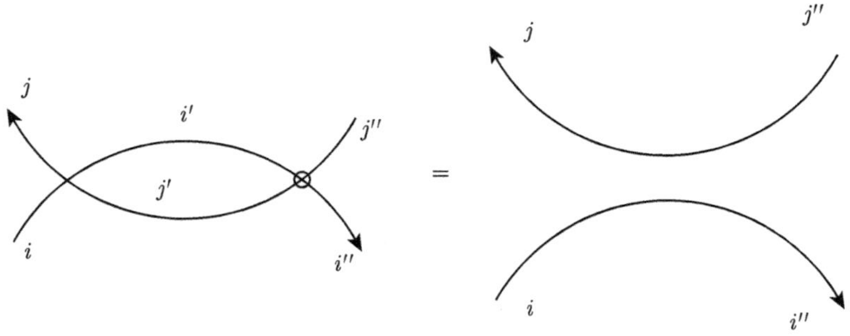

图 3.5.3　式 (3.5.2) 的图示

借助 YBE, 我们有如下结果 (图 3.5.4):

$$\begin{aligned}
&R_{32}(z_3-z_2)^{t_2}R_{13}(z_1-z_3)\\
=&\bar{S}_{21}^{t_2}(z_2-z_1)R_{12}(z_1-z_2)^{t_2}R_{32}(z_3-z_2)^{t_2}R_{13}(z_1-z_3)\\
=&\bar{S}_{21}^{t_2}(z_2-z_1)[R_{32}(z_3-z_2)R_{12}(z_1-z_2)]^{t_2}R_{13}(z_1-z_3)\\
=&\bar{S}_{21}^{t_2}(z_2-z_1)[R_{32}(z_3-z_2)R_{12}(z_1-z_2)R_{13}(z_1-z_3)]^{t_2}\\
=&\bar{S}_{21}^{t_2}(z_2-z_1)[R_{13}(z_1-z_3)R_{12}(z_1-z_2)R_{32}(z_3-z_2)]^{t_2}\\
=&\bar{S}_{21}^{t_2}(z_2-z_1)R_{13}(z_1-z_3)[R_{12}(z_1-z_2)R_{32}(z_3-z_2)]^{t_2}\\
=&\bar{S}_{21}^{t_2}(z_2-z_1)R_{13}(z_1-z_3)R_{32}(z_3-z_2)^{t_2}R_{12}(z_1-z_2)^{t_2}.
\end{aligned}$$

由此式右边乘以 R_{12} 的交叉逆矩阵 $\bar{S}_{21}^{t_2}$ (图 3.5.5) 得

$$\bar{S}_{21}^{t_2}(z_2-z_1)R_{13}(z_1-z_3)R_{32}(z_3-z_2)^{t_2}=R_{32}(z_3-z_2)^{t_2}R_{13}(z_1-z_3)\bar{S}_{21}^{t_2}(z_2-z_1). \tag{3.5.3}$$

将式子两边左乘 $\bar{S}_{23}^{t_2}(z_2-z_3)$, 右乘 $\bar{S}_{23}^{t_2}(z_2-z_3)$ 得 (略去谱参量)

$$\bar{S}_{23}^{t_2}\bar{S}_{21}^{t_2}R_{13}R_{32}^{t_2}\bar{S}_{23}^{t_2}=\bar{S}_{23}^{t_2}R_{32}^{t_2}R_{13}\bar{S}_{21}^{t_2}\bar{S}_{23}^{t_2},$$

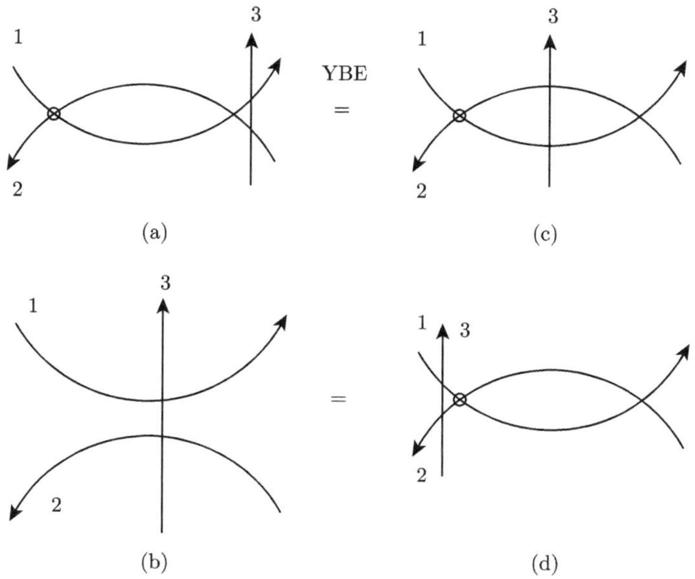

图 3.5.4 图 3.5.3 的推导. 由 (a)=(b)=(d), (a)=(c) 得 (c)=(d)

图 3.5.5 R 与 S 满足式 (3.5.3) 的图示

由式 (3.5.1) 和式 (3.5.2) 得

$$\bar{S}_{23}^{t_2}(z_2-z_3)\bar{S}_{21}^{t_2}(z_2-z_1)R_{13}(z_1-z_3)=R_{13}(z_1-z_3)\bar{S}_{21}^{t_2}(z_2-z_1)\bar{S}_{23}^{t_2}(z_2-z_3),$$

与式 (3.4.3) 相比较可见, $\bar{S}$ 满足 YBR, 如图 3.5.6 所示.

对比图 3.5.6 与图 3.4.3 可知, 有可能

$$\bar{S}_{12}(z_1-z_2)\sim R_{12}(z_1-z_2-\eta), \tag{3.5.4}$$

如果此式成立, 就有

$$R_{12}^{t_2}(z)R_{21}^{t_2}(-z-\eta)\sim \mathrm{id}, \tag{3.5.5}$$

这称为 R 矩阵具有交叉幺正性.

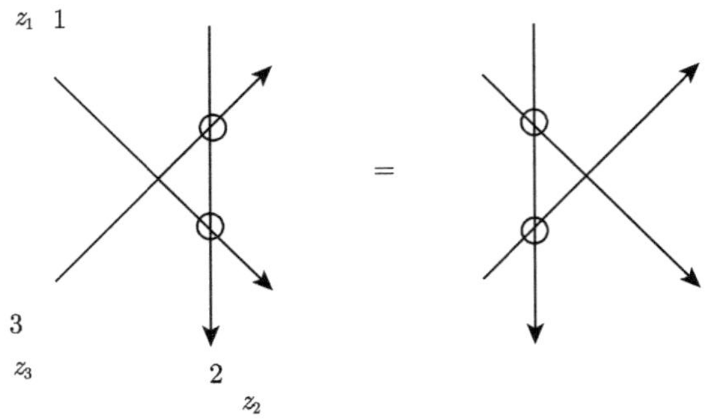

图 3.5.6　$\bar{S}$ 满足 YBR 图示

3.6　由 R 矩阵形成的 L 矩阵

由 R 矩阵可以构造 L 矩阵. 令

$$L(z) = R_{01}(z - z_1)R_{02}(z - z_2)\cdots R_{0m}(z - z_m)$$

为作用在 $V_0 \otimes V$ 上的矩阵, V_0 与 R 矩阵的空间相同, V 是 m 个 $V_j(j = 1, \cdots, m)$ 的直积, 如图 3.6.1 所示.

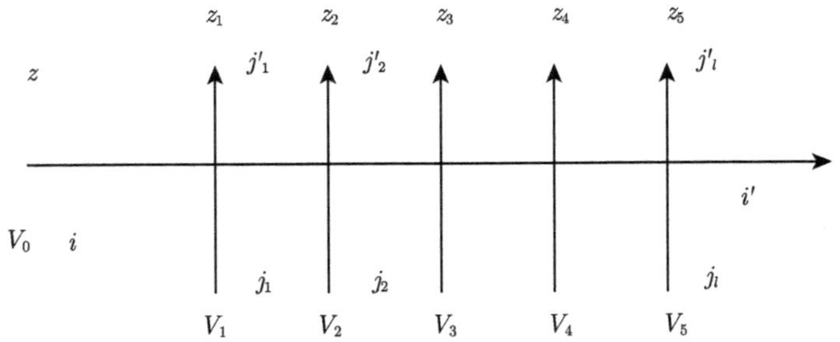

图 3.6.1　式 (3.6.1) 图示

图 3.6.1 中, $V_0, V_1, \cdots, V_j, \cdots, V_m$ 都是与 V_0 相同构的. 每一个交叉点都是一个 R 矩阵, 封闭的线上要对该线的指标 (在图 3.6.1 中未标出) 求和. 所以 $L(z)$ 作用于两个空间, 其中 V_0 称为辅助空间、附加空间或者经典空间, V 称为量子空间. 写出分量式为

$$L(z)_{i,j_1\cdots j_l}^{i',j_1'\cdots j_l'} = R_{ij_1}^{i_1 j_1'}(z - z_1)R_{i_1 j_2}^{i_2 j_2'}(z - z_2)\cdots R_{i_{l-1} j_l}^{i' j_l'}(z - z_l), \tag{3.6.1}$$

上式右边对重复指标求和. 对于这样的 L 矩阵, 通过 YBE, 我们可以证明

$$R_{12}(z_{01}-z_{02})L_1(z_{01})L_2(z_{02})=L_2(z_{02})L_1(z_{01})R_{12}(z_{01}-z_{02}), \tag{3.6.2}$$

这个方程就是 YBR, 其中涉及的空间是

$$V_{01}\otimes V_{02}\otimes V,\quad V=V_1\otimes V_2\otimes\cdots\otimes V_m.$$

R 只作用在 $V_{01}\otimes V_{02}$ 上, 对其余部分相当于单位矩阵.

$$R=R(z_{01}-z_{02})\otimes \mathrm{id}\otimes \mathrm{id}\otimes\cdots\otimes \mathrm{id},$$

而 L_2 对于 V_{01} 相当于 id, L_1 对于 V_{02} 相当于 id.

式 (3.6.2) 的两边都是三个矩阵的乘积, 而所有的矩阵包括 R_{12},L_1,L_2 都是 $V_{01}\otimes V_{02}\otimes V$ 这个空间的矩阵.

YBR 式 (3.6.2) 的证明

用图表示可以证明 YBR, 如图 3.6.2 所示.

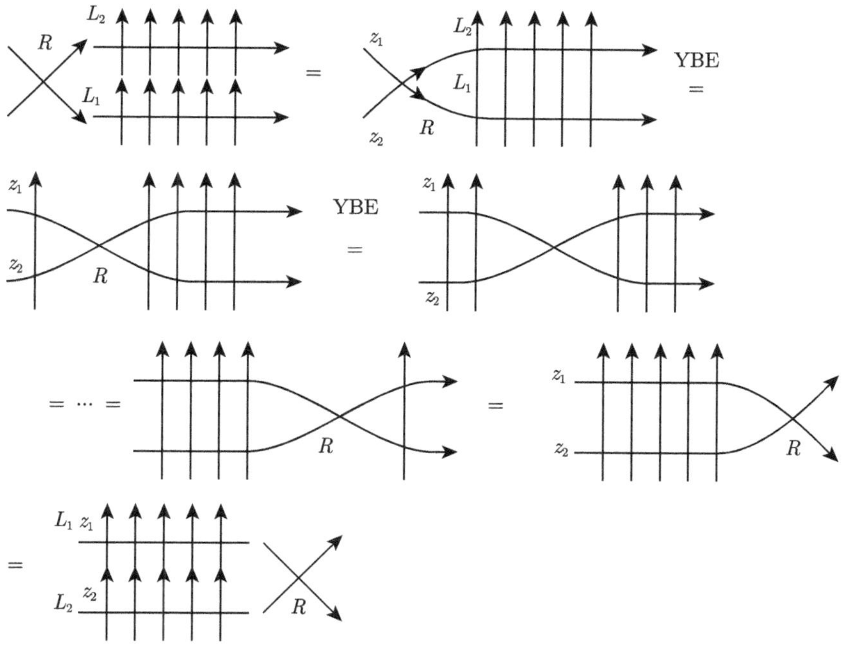

图 3.6.2 图示法证明式 (3.6.2)

也可以用分量式 (3.6.1) 来证明, 还可以用不显含分量的公式证明 (习题).

可以证明, 满足 YBE 的 R 矩阵, 大都满足幺正关系 (图 3.6.3):

$$R_{ij}^{i'j'}(z_1-z_2)R_{j'i'}^{j''i''}(z_2-z_1)=\rho(z_1-z_2)\delta_{ii''}\delta_{jj''}. \tag{3.6.3}$$

由于 $AB = I$ 可导出 $AB = BA$, 由此可以证明

$$\rho(z_1 - z_2) = \rho(z_2 - z_1). \tag{3.6.4}$$

所以我们没有必要区分这两者.

因此, 我们可以证明, 上述 $L(z)$ 矩阵对辅助空间的迹对于不同的谱是相互对易的, 这种迹称为转移矩阵, 因为它们对量子空间还是矩阵.

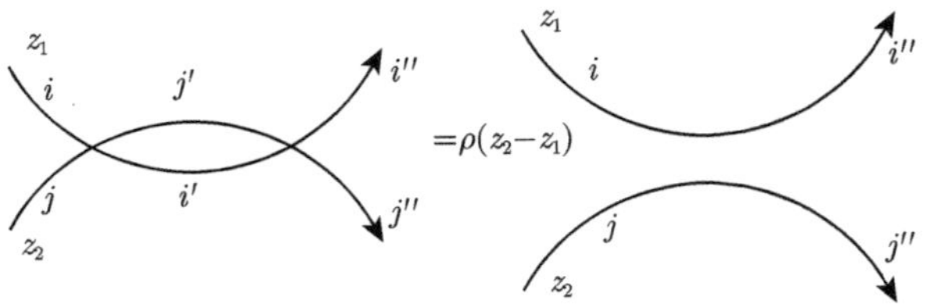

图 3.6.3　式 (3.6.3) 图示

证明　我们可以用图表示证明上述结论, 如图 3.6.4 所示.

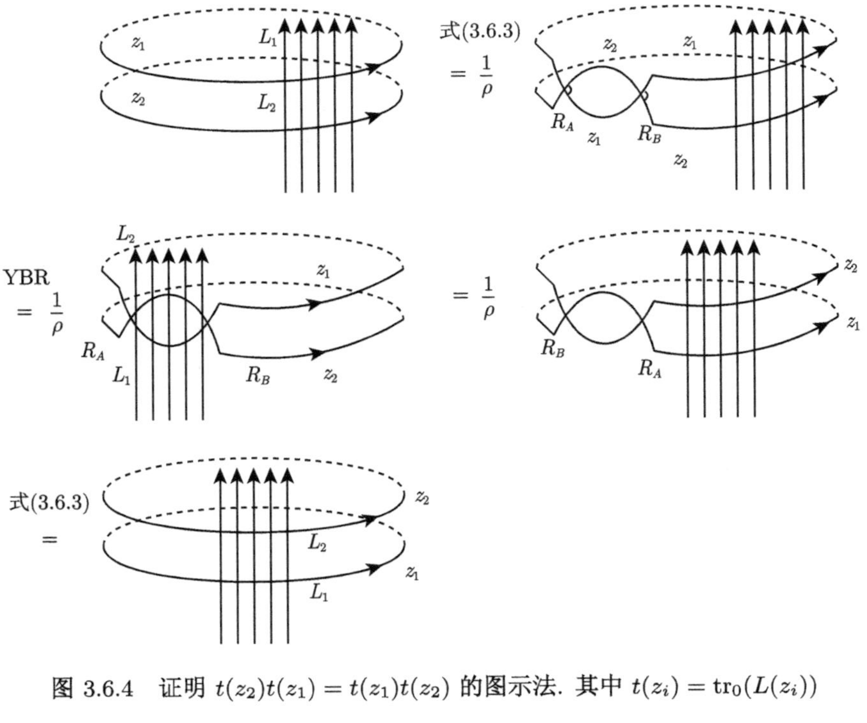

图 3.6.4　证明 $t(z_2)t(z_1) = t(z_1)t(z_2)$ 的图示法. 其中 $t(z_i) = \mathrm{tr}_0(L(z_i))$

因此, 对于满足 YBE 并满足幺正关系的 R 矩阵, 可以构造对不同谱相互对易的转移矩阵, 称为周期性边界条件的转移矩阵, 这就是一种可解模型.

3.7 由 L 矩阵构造可积体系

下面我们证明一个一般性的结论, $L(u)$ 可以构成可积体系.

由满足 YBR 的矩阵 $L(u)$ 可以构成可积体系. 我们有 YBR, 即式 (3.4.1)

$$R_{12}(z_1 - z_2)L_1(z_1)L_2(z_2) = L_2(z_2)L_1(z_1)R_{12}(z_1 - z_2).$$

两式左乘以 $R_{21}(z_2 - z_1)$ 得

$$R_{21}(z_2-z_1)R_{12}(z_1-z_2)L_1(z_1)L_2(z_2) = R_{21}(z_2-z_1)L_2(z_2)L_1(z_1)R_{12}(z_1-z_2). \quad (3.7.1)$$

两边取辅助空间 (经典空间) 的迹 tr_{12}, 由于 R_{12} 和 R_{21} 与量子空间无关, 得到

$$\begin{aligned}
\text{左} &= \mathrm{tr}_{12}\{R_{21}(z_2 - z_1)R_{12}(z_1 - z_2)L_1(z_1)L_2(z_2)\}, \\
\text{右} &= \mathrm{tr}_{12}\{R_{21}(z_2 - z_1)L_2(z_2)L_1(z_1)R_{12}(z_1 - z_2)\} \\
&= \mathrm{tr}_{12}\{R_{12}(z_1 - z_2)R_{21}(z_2 - z_1)L_2(z_2)L_1(z_1)\}.
\end{aligned}$$

由

$$R_{21}(z_2 - z_1)R_{12}(z_1 - z_2) = R_{12}(z_1 - z_2)R_{21}(z_2 - z_1) = \rho(z_1 - z_2)\mathrm{id}$$

得

$$\mathrm{tr}_{12}\{L_1(z_1)L_2(z_2)\} = \mathrm{tr}_{12}\{L_2(z_2)L_1(z_1)\},$$

$$\mathrm{tr}_1 L_1(z_1)\mathrm{tr}_2 L_2(z_2) = \mathrm{tr}_2 L_2(z_2)\mathrm{tr}_1 L_1(z_1).$$

也就是 $L(z)$ 对辅助空间的迹

$$\mathrm{tr}_{\text{辅助}} L(z) = t(z), \quad (3.7.2)$$

满足

$$[t(u), t(v)] = 0. \quad (3.7.3)$$

式中, $t(u)$ 是量子空间的矩阵, 不同谱的 $t(u)$ 之间互相对易, 形成一个可积体系.

以上推导可以图示为图 3.7.1.

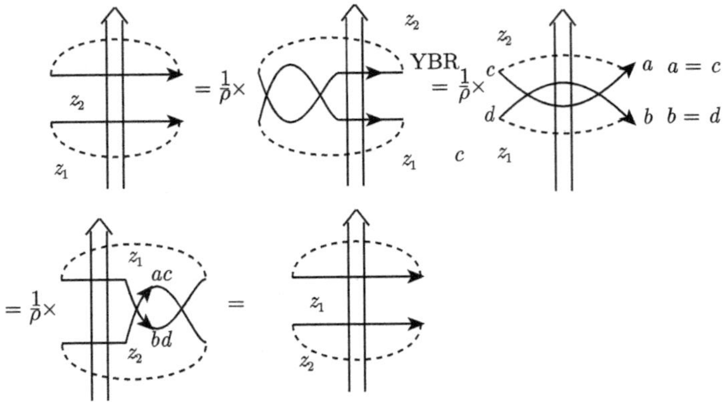

图 3.7.1　式 (3.7.3) 的图示法证明

3.8　L 矩阵的余积

由作用在不同量子空间 V_1 和 V_2 的 L 矩阵可以形成作用于 $V_1 \otimes V_2$ 空间的大 L 矩阵, 也满足 YBR. 证明可以用图 3.8.1 和图 3.8.2 来给出.

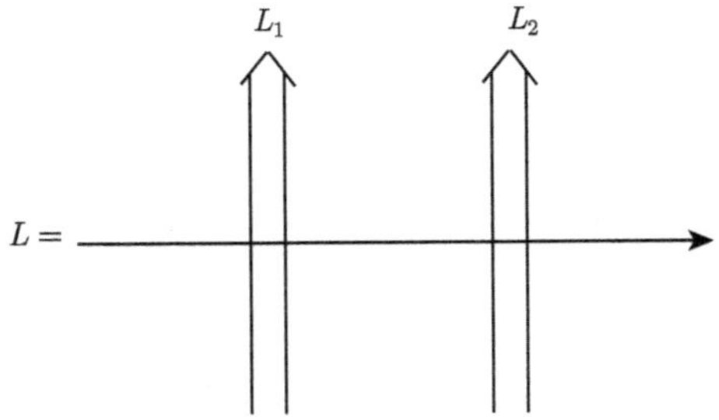

图 3.8.1　L_1 和 L_2 的余积

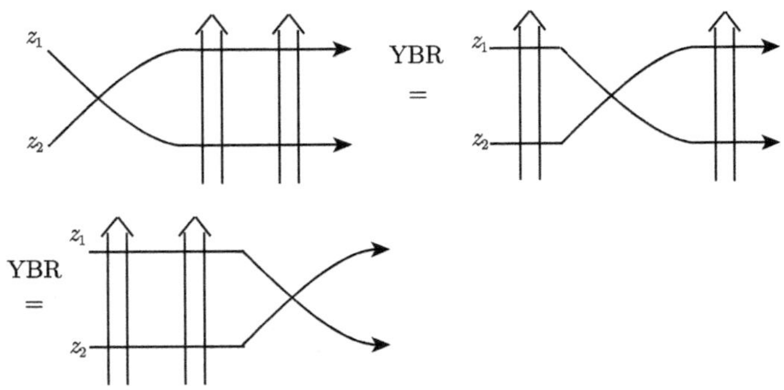

图 3.8.2　证明 L_1 和 L_2 的余积 L 也满足 YBR 的图示

由此我们看到, 由 R 矩阵可以用构造余积的方法形成 L 矩阵,

$$L(z) = R_{01}(z - z_1)R_{02}(z - z_2)\cdots R_{0N}(z - z_N). \tag{3.8.1}$$

它的量子空间是 $v_1 \otimes v_2 \otimes \cdots \otimes v_N$, 附加空间是 v_0. 当取定 v_0 的左右指标 $i_{01} i_{0N}$ 时, 给出含 $\{z, z_i\}$ 的单值矩阵 $M(z)$. 而当取 v_0 的迹时, 给出转移矩阵 $t(z)$:

$$t(z) = \mathrm{tr}_0(R_{01}(z)R_{02}(z)\cdots R_{0N}(z)), \tag{3.8.2}$$

具有性质 $[t(u), t(v)] = 0$. 这些都在前面给出过.

在式 (2.6.5) 中的单值矩阵和式 (2.6.6) 中的转移矩阵参数化后得到的 $M(z)$ 和 $t(z)$ 可以用图 3.8.3 表示.

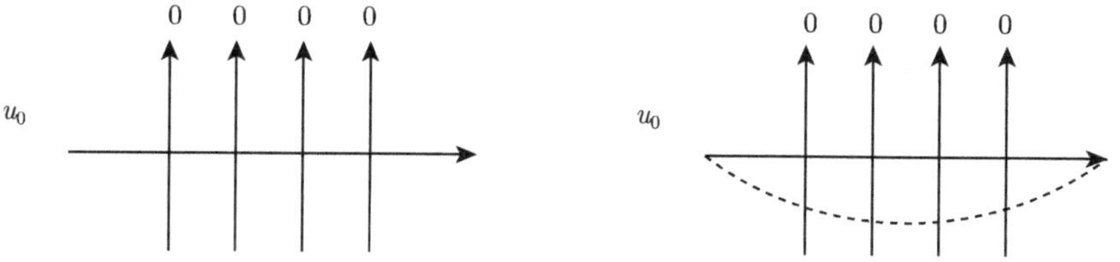

图 3.8.3 式 (2.6.5) 和式 (2.6.6) 中的 M 和 t 的参数化 $M(u)$ 和 $t(u)$ 的图示, 图中 $M = M(u_0), t = t(u_0)$

这个余积是图 3.4.1 的 L 矩阵的特例.

转移矩阵式 (3.8.2) 可以与式 (2.6.2) 和式 (2.6.6) 相对比. 以上讨论说明, 当找到遵守 YBE 的 R 矩阵之后, 就可以构造相应的格点体系, 这个体系是精确可解的.

所以关键是找到满足 YBE 的 R 矩阵, 使它形成的 $t(u)$ 在某个 u_0 时正好给出顶角模型的 t 矩阵. 这是一项非常不平庸的工作. 我们在前面介绍了有理的 R 矩阵 $R(u) = u + P$. 在第 4 章介绍超对称 $SU_q(n/m)$ 模型的 R 矩阵. 这种 R 矩阵的矩阵元对谱参量的依赖关系是三角函数或者指数函数, 称这种统计模型为三角型的模型. 在第 5 章开始我们介绍 Z_n 对称的 Belavin 模型, 这种模型的 R 矩阵的矩阵元对谱参量的依赖关系是椭圆函数, 因此称这种统计模型为椭圆型统计模型. 八顶角模型在参数化之后就是这种模型的特例.

第 4 章　超对称 $SU_q(n/m)$ 模型的 R 矩阵

$SU_q(n/m)$ 模型的 R 矩阵是作用在 $V\otimes V$ 空间上的矩阵, V 的维数是 $m+n$ 维. 我们在本章给出 R 矩阵的矩阵元, 并且证明这种 R 矩阵满足 YBE.

写出 R 矩阵有几种办法, 一种是直接表示为已知的 $V\otimes V$ 空间的算子, 比如有理的 R 矩阵 $R(u)=u+P$, 也可以写成一个 $n\times n$ 矩阵 (它的行列指标是附加空间或者经典空间或者也叫辅助空间的行和列指标). 每个矩阵元写成量子空间的算子形式. 还有一种办法是把该算子形式也直接写成一个 $n\times n$ 矩阵, 这样最后的矩阵就是 $n^2\times n^2$ 矩阵. 在下面用介绍每个矩阵元的方法给出 $SU_q(n/m)$ 模型的 R 矩阵.

4.1　R 矩阵的矩阵元

$SU_q(n/m)$ 模型的 R 矩阵非零矩阵元为

$$
\begin{aligned}
&R(u)^{aa}_{aa}=\sin(\eta+(-1)^{\epsilon_a}u),\\
&R(u)^{ab}_{ab}=\sin(u)(-1)^{\epsilon_a\epsilon_b},\\
&R(u)^{ab}_{ba}=\sin(\eta)\mathrm{e}^{\mathrm{i}u\mathrm{sgn}(a-b)},
\end{aligned}
\tag{4.1.1}
$$

上式中 $a\neq b$, 其中

$$
\epsilon_a=\begin{cases}0, & a=1,\cdots,m,\\ 1, & a=m+1,\cdots,m+n.\end{cases}
$$

令

$$
\mathrm{sgn}l=\begin{cases}1, & l>0,\\ -1, & l<0.\end{cases}
$$

$$
a(u)=\sin(u+\eta),\qquad b(u)=\sin(u),
$$

$$
w(u)=\sin(\eta-u),\qquad c_\pm(u)=\sin(\eta)\mathrm{e}^{\pm\mathrm{i}u},
$$

则有

$$R(u)_{aa}^{aa} = \begin{cases} a(u), & a = 1, \cdots, m, \\ w(u), & a = m+1, \cdots, m+n, \end{cases}$$
$$R(u)_{ab}^{ab} = \sin(u)(-1)^{\epsilon_a \epsilon_b},$$
$$R(u)_{ba}^{ab} = \begin{cases} c_+(u), & a > b, \\ c_-(u), & b > a. \end{cases} \tag{4.1.2}$$

4.2 YBE 的证明

YBE $R_{12}(uv)R_{13}(u)R_{23}(v) = R_{23}(v)R_{13}(u)R_{12}(u-v)$ 可用图 4.2.1 用指标表示.

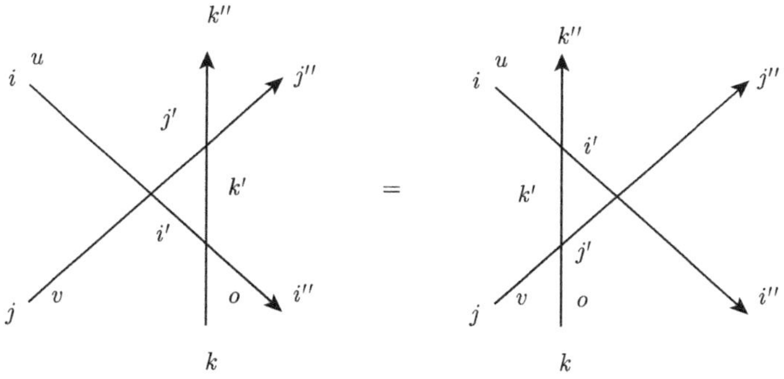

图 4.2.1 YBE 的图示, 对封闭线段上的指标 i', j', k' 应求和

对于图 4.2.1 等式两边, 它的表达式可由下列公式两边表示:

$$\sum_{i'j'k'} R(u-v)_{ij}^{i'j'} R(u)_{i'k}^{i''k'} R(v)_{j'k'}^{j''k''} = \sum_{i'j'k'} R(v)_{jk}^{j'k'} R(u)_{ik'}^{i'k''} R(u-v)_{i'j'}^{i''j''}. \tag{4.2.1}$$

习题 我们只需验证谱线 k, k', k'' 的谱 $z = 0$ 的情形, 为什么? (考虑变量代换)

要证明式 (4.2.1) 是否成立, 让我们做一些分析.

由于只有当 (a', b') 与 (a, b) 集合相同时才有 $R_{ab}^{a'b'} \neq 0$, 所以只有当 (i'', j'', k'') 与 (i, j, k) 是同一集合时 YBE 的两边才有非零的可能. 下面分几种情形讨论.

(1) (i, j, k) **互不相同**.

(1a) $i'' = i, \quad j'' = j, \quad k'' = k$**(图 4.2.2)**.

在下面我们把 i, i', i'' 看成 1 空间指标, j, j', j'' 看成 2 空间指标, k, k', k'' 看成 3 空间指标.

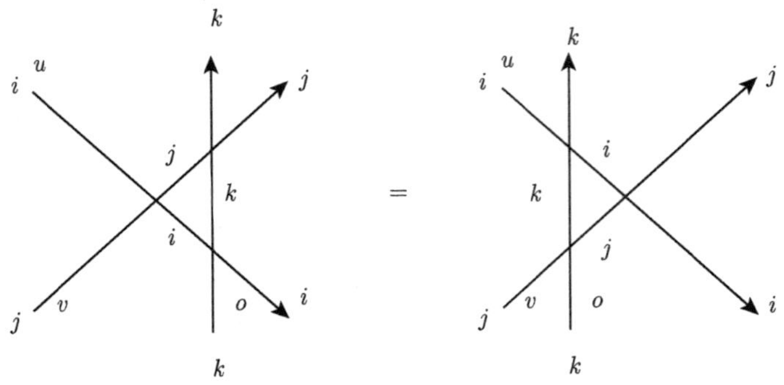

图 4.2.2　(1a) 情形下的 YBE 图示

由于左边 R_{12} 中只能取 $i'=i,\ \ j'=j$, 否则 R_{23} 为 0, 这时 R_{13} 中只能取 $k'=k$, 否则它自己为 0, 右边 R_{23} 中须取 $k'=k$(若取 $k'=j$, 则 R_{13} 为 0), 这时 R_{13} 中 i' 必须取成 i, 方程变为

$$R_{12}{}^{ij}_{ij}R_{13}{}^{ik}_{ik}R_{23}{}^{jk}_{jk}=R_{23}{}^{jk}_{jk}R_{13}{}^{ik}_{ik}R_{12}{}^{ij}_{ij}. \tag{4.2.2}$$

注意, 这里对重复指标没有求和, 等式显然成立.

(1b) $i''=j,\ \ j''=k,\ \ k''=i$(**图 4.2.3**).

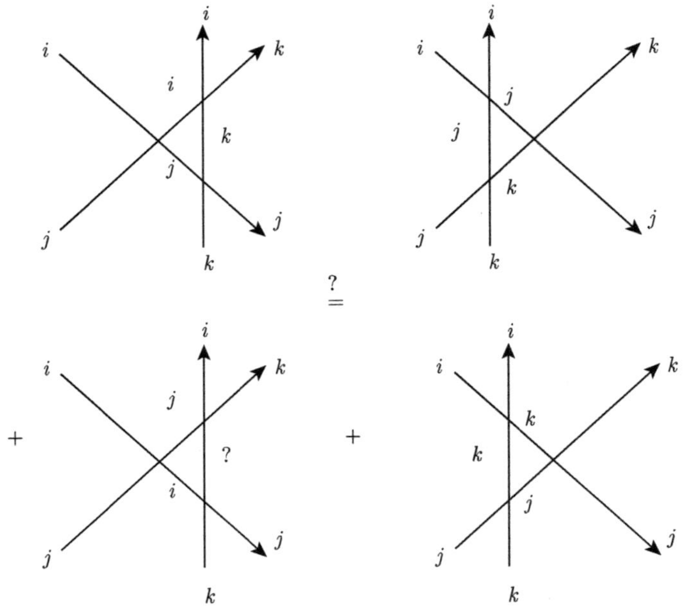

图 4.2.3　(1b) 情形下的 YBE 图示, 等式左边打? 处指标无法处置, 因而这项不存在

我们要验证

$$\begin{aligned}&R(u-v)_{ij}^{ji}R(u)_{jk}^{jk}R(v)_{ik}^{ki}\\&=R(v)_{jk}^{kj}R(u)_{ij}^{ji}R(u-v)_{jk}^{jk}+R(v)_{jk}^{jk}R(u)_{ik}^{ki}R(u-v)_{kj}^{jk},\end{aligned}\tag{4.2.3}$$

这里对重复指标没有求和, 也就是

$$\begin{aligned}&\sin\eta e^{i(u-v)\langle j-i\rangle}\sin u(-1)^{\epsilon_j\epsilon_k}\sin\eta e^{iv\langle k-i\rangle}\\&=\sin\eta e^{iv\langle k-j\rangle}\sin\eta e^{iu\langle j-i\rangle}\sin(u-v)(-1)^{\epsilon_j\epsilon_k}\\&\quad+\sin v(-1)^{\epsilon_j\epsilon_k}\sin\eta e^{iu\langle k-i\rangle}\sin\eta e^{i(u-v)\langle j-k\rangle},\end{aligned}$$

上式中我们定义 $\langle k-i\rangle\equiv\mathrm{sgn}(k-i)$. 其余类似, 这只要验算

$$e^{i(u-v)\langle j-i\rangle}e^{iv\langle k-i\rangle}\sin u=e^{iv\langle k-j\rangle}e^{iu\langle j-i\rangle}\sin(u-v)+e^{iu\langle k-i\rangle}e^{i(u-v)\langle j-k\rangle}\sin v,$$

也即

$$\sin(u-v)=\sin u e^{iv(\langle k-i\rangle+\langle i-j\rangle+\langle j-k\rangle)}-\sin v e^{iu(\langle k-i\rangle+\langle i-j\rangle+\langle j-k\rangle)}$$

是否成立就可以了. 由于 $\langle k-i\rangle+\langle i-j\rangle+\langle j-k\rangle=\pm1$, 只需证明

$$\sin(u-v)=\sin u e^{\pm iv}-\sin v e^{\pm iu}$$

是否成立即可. 我们有

$$\begin{aligned}右&=\frac{1}{2i}(e^{iu}-e^{-iu})e^{\pm iv}-\frac{1}{2i}(e^{iv}-e^{-iv})e^{\pm iu}\\&=\frac{1}{2i}(-e^{i(v-u)}+e^{i(u-v)})=\sin(u-v)=左,\end{aligned}$$

所以 YBE 对 (1b) 情形成立.

(1c)$i''=k,\quad j''=i,\quad k''=j$(**图 4.2.4**).

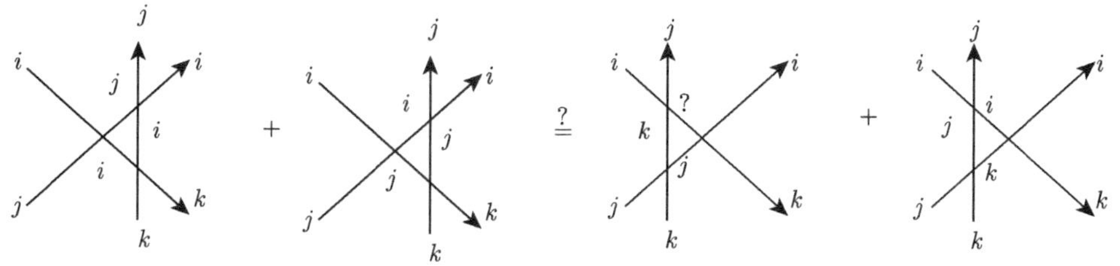

图 4.2.4 (1c) 情形下的 YBE 图示, 右边第一项带? 号的边上指标无法设置, 因而右边只有一项

对这种情形, 方程为 (对重复指标不求和)

$$
\begin{aligned}
&R(u-v)_{ij}^{ij}R(u)_{ik}^{ki}R(v)_{ji}^{ij}+R(u-v)_{ij}^{ji}R(u)_{jk}^{kj}R(v)_{ij}^{ij}\\
=&R(v)_{jk}^{kj}R(u)_{ij}^{ij}R(u-v)_{ik}^{ki}.
\end{aligned}\tag{4.2.4}
$$

代入矩阵元得知, 这就是要检验下式是否成立:

$$
\begin{aligned}
&\sin(u-v)(-1)^{\epsilon_i\epsilon_j}\mathrm{e}^{\mathrm{i}u\langle k-i\rangle}\mathrm{e}^{\mathrm{i}v\langle i-j\rangle}+\mathrm{e}^{\mathrm{i}(u-v)\langle j-i\rangle}\mathrm{e}^{\mathrm{i}u\langle k-j\rangle}\sin v(-1)^{\epsilon_i\epsilon_j}\\
=&\mathrm{e}^{\mathrm{i}v\langle k-j\rangle}\mathrm{e}^{\mathrm{i}(u-v)\langle k-i\rangle}\sin u(-1)^{\epsilon_i\epsilon_j}.
\end{aligned}
$$

将公式改写一下变为

$$
\sin(u-v)=\sin u\ \mathrm{e}^{\mathrm{i}v(\langle k-j\rangle+\langle j-i\rangle+\langle i-k\rangle)}-\sin v\ \mathrm{e}^{\mathrm{i}u(\langle j-i\rangle+\langle k-j\rangle+\langle i-k\rangle)}.
$$

由与 (1b) 情形相同的理由, 即左边等于右边, 所以 YBE 对 (1c) 情形成立.

(1d)$i''=i,\quad j''=k,\quad k''=j$(**图 4.2.5**).

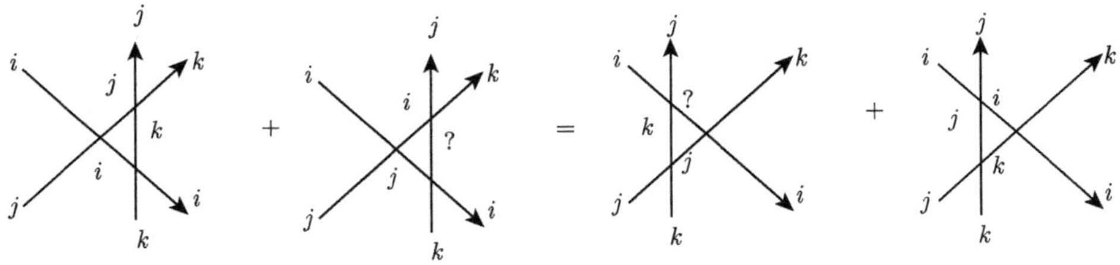

图 4.2.5 (1d) 情形下的 YBE 图示

由于图中左边第二项和右边第一项不可能实现, 方程为 (对重复指标不求和)

$$
R(u-v)_{ij}^{ij}R(u)_{ik}^{ik}R(v)_{jk}^{kj}=R(v)_{jk}^{kj}R(u)_{ij}^{ij}R(u-v)_{ik}^{ik},\tag{4.2.5}
$$

即

$$
\begin{aligned}
&\sin(u-v)(-1)^{\epsilon_i\epsilon_j}\sin(u)(-1)^{\epsilon_i\epsilon_k}\mathrm{e}^{\mathrm{i}v\langle k-j\rangle}\\
=&\mathrm{e}^{\mathrm{i}v\langle k-j\rangle}\sin(u)(-1)^{\epsilon_i\epsilon_j}\sin(u-v)(-1)^{\epsilon_i\epsilon_k},
\end{aligned}
$$

等式成立.

(1e)$i''=j,\quad j''=i,\quad k''=k$(**图 4.2.6**).

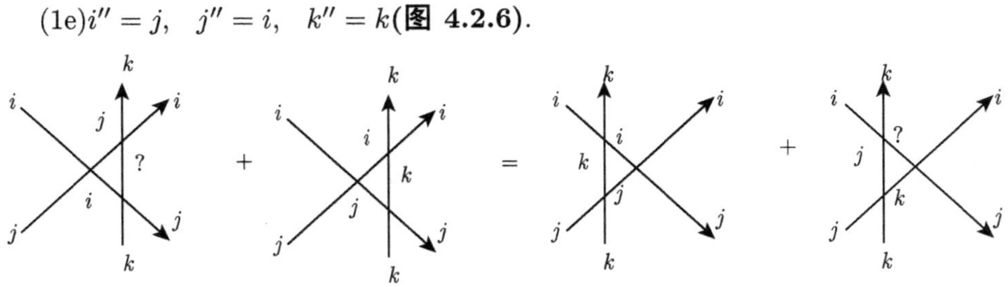

图 4.2.6 (1e) 情形下的 YBE 图示

方程为 (对重复指标不求和)

$$R(u-v)_{ij}^{ji}R(u)_{jk}^{jk}R(v)_{ik}^{ik}=R(v)_{jk}^{jk}R(u)_{ik}^{ik}R(u-v)_{ij}^{ji}, \tag{4.2.6}$$

即只需考察公式

$$\mathrm{e}^{\mathrm{i}(u-v)\langle j-i\rangle}\sin(u)(-1)^{\epsilon_j\epsilon_k}\sin v(-1)^{\epsilon_i\epsilon_k}=\sin v(-1)^{\epsilon_j\epsilon_k}\sin(u)(-1)^{\epsilon_i\epsilon_k}\mathrm{e}^{\mathrm{i}(u-v)\langle j-i\rangle},$$

等式成立.

(1f)$i''=k,\quad j''=j,\quad k''=i$(**图 4.2.7**).

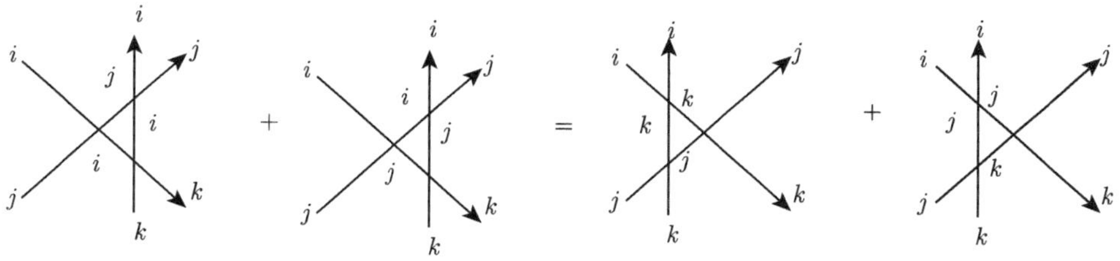

图 4.2.7 (1f) 情形下的 YBE 图示

对应方程为

$$\begin{aligned}&R(u-v)_{ij}^{ij}R(u)_{ik}^{ki}R(v)_{ji}^{ji}+R(u-v)_{ij}^{ji}R(u)_{jk}^{kj}R(v)_{ij}^{ji}\\=&R(v)_{jk}^{jk}R(u)_{ik}^{ki}R(u-v)_{kj}^{kj}+R(v)_{jk}^{kj}R(u)_{ij}^{ji}R(u-v)_{jk}^{kj}.\end{aligned} \tag{4.2.7}$$

这里对重复指标没有求和, 也就是需要检验公式

$$\begin{aligned}&\sin(u-v)(-1)^{\epsilon_i\epsilon_j}\mathrm{e}^{\mathrm{i}u\langle k-i\rangle}\sin v(-1)^{\epsilon_i\epsilon_j}+\mathrm{e}^{\mathrm{i}(u-v)\langle j-i\rangle}\mathrm{e}^{\mathrm{i}u\langle k-j\rangle}\mathrm{e}^{\mathrm{i}v\langle j-i\rangle}\sin^2\eta\\=&\sin v(-1)^{\epsilon_j\epsilon_k}\mathrm{e}^{\mathrm{i}u\langle k-i\rangle}\sin(u-v)(-1)^{\epsilon_j\epsilon_k}+\mathrm{e}^{\mathrm{i}v\langle k-j\rangle}\mathrm{e}^{\mathrm{i}u\langle j-i\rangle}\mathrm{e}^{\mathrm{i}(u-v)\langle k-j\rangle}\sin^2\eta\end{aligned}$$

是否成立. 由

$$\mathrm{e}^{\mathrm{i}(u-v)\langle j-i\rangle}\mathrm{e}^{\mathrm{i}u\langle k-j\rangle}\mathrm{e}^{\mathrm{i}v\langle j-i\rangle}=\mathrm{e}^{\mathrm{i}v\langle k-j\rangle}\mathrm{e}^{\mathrm{i}u\langle j-i\rangle}\mathrm{e}^{\mathrm{i}(u-v)\langle k-j\rangle},$$

可知等式成立.

也即, 当 i,j,k 互不相等时, YBE 成立.

(2) $i=j\neq k$.

(2a) $i''=i,\quad j''=i,\quad k''=k$(**图 4.2.8**).

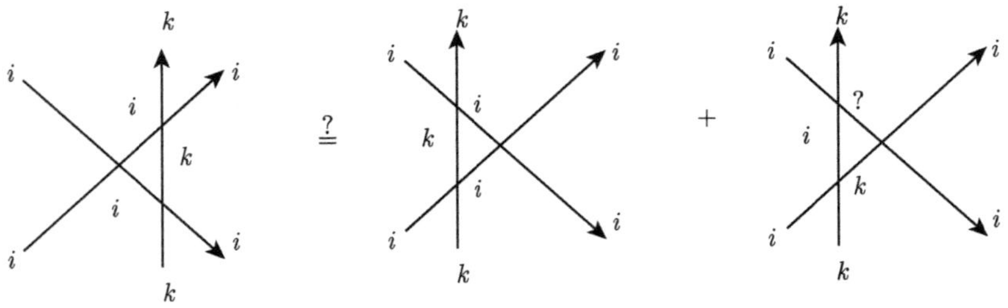

图 4.2.8　(2a) 情形下的 YBE 图示

对应方程为

$$R(u-v)_{ii}^{ii}R(u)_{ik}^{ik}R(v)_{ik}^{ik}=R(v)_{ik}^{ik}R(u)_{ik}^{ik}R(u-v)_{ii}^{ii}, \tag{4.2.8}$$

这里对重复指标没有求和, 等式成立.

(2b)$i''=i,\quad j''=k,\quad k''=i$(**图 4.2.9**).

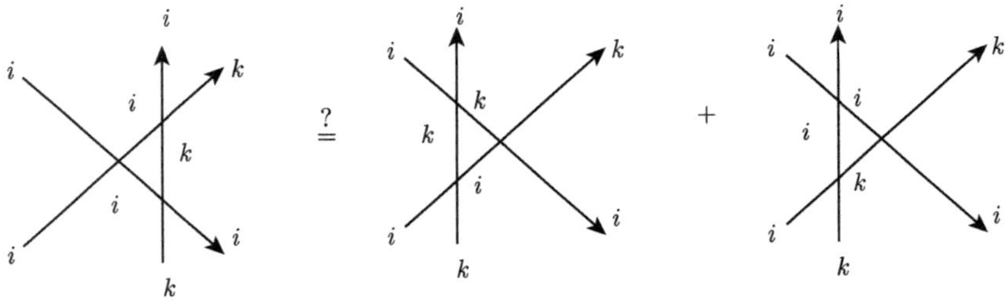

图 4.2.9　(2b) 情形下的 YBE 图示

对应方程为

$$\begin{aligned}&R(u-v)_{ii}^{ii}R(u)_{ik}^{ik}R(v)_{ik}^{ki}\\&=R(v)_{ik}^{ik}R(u)_{ik}^{ki}R(u-v)_{ki}^{ik}+R(v)_{ik}^{ki}R(u)_{ii}^{ii}R(u-v)_{ik}^{ik},\end{aligned} \tag{4.2.9}$$

这里对重复指标没有求和, 我们需要验证公式

$$\begin{aligned}&\sin(\eta+(-1)^{\epsilon_i}(u-v))\sin u(-1)^{\epsilon_i\epsilon_k}\mathrm{e}^{\mathrm{i}v\langle k-i\rangle}\\&=\sin v(-1)^{\epsilon_i\epsilon_k}\mathrm{e}^{\mathrm{i}u\langle k-i\rangle}\mathrm{e}^{\mathrm{i}(u-v)\langle i-k\rangle}\sin\eta\\&\quad+\mathrm{e}^{\mathrm{i}v\langle k-i\rangle}\sin(\eta+(-1)^{\epsilon_i}u)\sin(u-v)(-1)^{\epsilon_i\epsilon_k}.\end{aligned}$$

即

$$\sin(\eta\pm(u-v))\sin u\mathrm{e}^{\mathrm{i}v\langle k-i\rangle}=\sin v\mathrm{e}^{\mathrm{i}v\langle k-i\rangle}\sin\eta+\mathrm{e}^{\mathrm{i}v\langle k-i\rangle}\sin(\eta\pm u)\sin(u-v),$$

也就是

$$\sin(\eta\pm(u-v))\sin u=\sin v\sin\eta+\sin(\eta\pm u)\sin(u-v)$$

是否成立. 我们有

$$
\begin{aligned}
2\times 左 &= \cos(\eta\pm(u-v)-u)-\cos(\eta\pm(u-v)+u)\\
&=\begin{cases}\cos(\eta-v)-\cos(\eta+2u-v), & \epsilon_i=0,\\ \cos(\eta-2u+v)-\cos(\eta+v), & \epsilon_i=1,\end{cases}\\
2\times 右 &= \begin{cases}\cos(v-\eta)-\cos(\eta+2u-v), & \epsilon_i=0,\\ \cos(\eta-2u+v)-\cos(\eta+v), & \epsilon_i=1.\end{cases}
\end{aligned}
$$

很明显左边和右边相等, (2b) 情形成立.

(2c)$i''=k,\quad j''=i,\quad k''=i$(**图 4.2.10**).

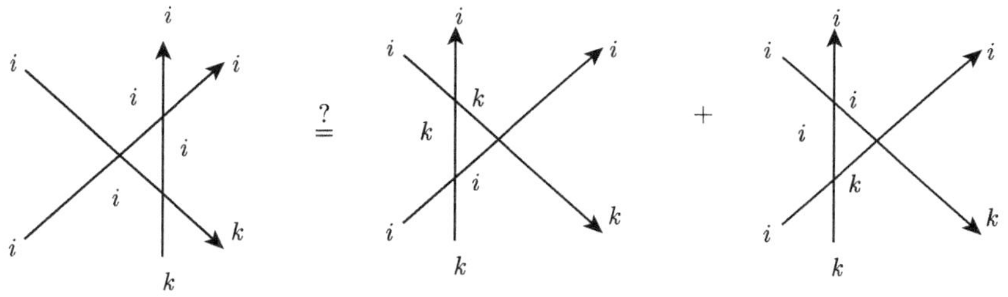

图 4.2.10 (2c) 情形下的 YBE 图示

对这种情形, 方程为 (对重复指标不求和)

$$
\begin{aligned}
&R(u-v)_{ii}^{ii}R(u)_{ik}^{ki}R(v)_{ii}^{ii}\\
&=R(v)_{ik}^{ik}R(u)_{ik}^{ki}R(u-v)_{ki}^{ki}+R(v)_{ik}^{ki}R(u)_{ii}^{ii}R(u-v)_{ik}^{ki}.
\end{aligned}\tag{4.2.10}
$$

代入矩阵元并消去一些公因子, 我们只需检验

$$
\begin{aligned}
&\sin(\eta\pm(u-v))\mathrm{e}^{\mathrm{i}u\langle k-i\rangle}\sin(\eta\pm v)\\
&=\sin v(-1)^{\epsilon_i\epsilon_k}\mathrm{e}^{\mathrm{i}u\langle k-i\rangle}\sin(u-v)(-1)^{\epsilon_i\epsilon_k}\\
&\quad+\mathrm{e}^{\mathrm{i}v\langle k-i\rangle}\sin(\eta\pm u)\mathrm{e}^{\mathrm{i}(u-v)\langle k-i\rangle}\sin\eta,
\end{aligned}
$$

即

$$
\sin(\eta\pm(u-v))\sin(\eta\pm v)=\sin v\sin(u-v)+\sin(\eta\pm u)\sin\eta
$$

的正确性就可以了. 我们有

$$
左=\begin{cases}\cos(u-2v)-\cos(2\eta+u), & \epsilon_i=0,\\ \cos(2v-u)-\cos(2\eta-u), & \epsilon_i=1,\end{cases}
$$

$$
右 = \begin{cases} \cos(u-2v) - \cos(2\eta+u), & \epsilon_i = 0, \\ \cos(2v-u) - \cos(2\eta-u), & \epsilon_i = 1. \end{cases}
$$

左边等于右边, 所以 YBE 对 (2c) 情形成立.

最后, 验算三个指标全相同的情形.

(3)$i=j=k$(**图 4.2.11**).

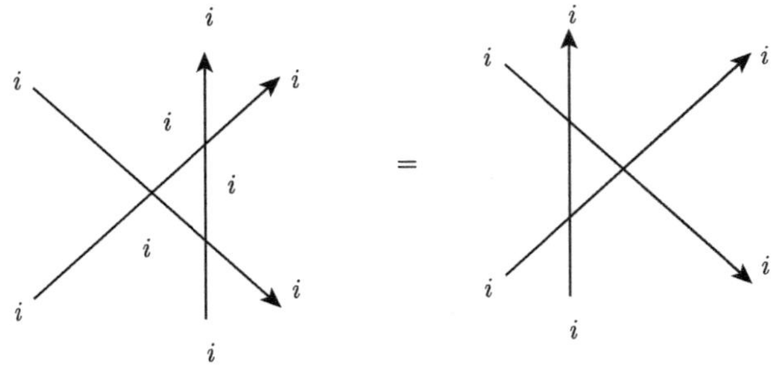

图 4.2.11　(3) 情形下的 YBE 图示

对应方程为

$$
R(u-v)_{ii}^{ii} R(u)_{ii}^{ii} R(v)_{ii}^{ii} = R(v)_{ii}^{ii} R(u)_{ii}^{ii} R(u-v)_{ii}^{ii}, \tag{4.2.11}
$$

这里对重复指标没有求和, 等式显然成立. 所以 YBE 成立.

从以上推导可以看出, 如果在 $R(u)_{ij}^{ij}$ 上乘以因子 $f(ij)$, 满足 $f(ij)f(ji)=1$ ((1f) 和 (2c) 需要此式), 则新的 R 矩阵仍然满足 YBE. 我们还可以让每根指标为 $l=i,j,k$, 谱为 u 的谱线带上因子 $g(lu)=\mathrm{e}^{\alpha lu}$, 然后令每个 R 矩阵的入射线上乘以相应的 g, 出射线上乘以 g^{-1}, 这样, $R(u-v)_{jk}^{jk}$ 不变, 而 $R(u-v)_{jk}^{kj}$ 变为 $R(u-v)_{jk}^{kj}\mathrm{e}^{\alpha(ju-ku+kv-jv)} = R(u-v)_{jk}^{kj}\mathrm{e}^{\alpha(j-k)(u-v)}$. 这种变换不影响 YBE, 因为封闭段谱线上的因子会消去. 要保证 YBE 不变, 以上变换对于六顶角型的 R 矩阵, 也就是 $R_{ij}^{i'j'}$ 的入射指标 $\{i,j\}$ 与出射指标 $\{i',j'\}$ 是同一集合时都可适用. 又可以看出, 当 $n=2, m=0$ 也就是 i,j,k 只能取 $\{1,2\}$ 时, 可以令 $R(u)_{ij}^{ji}=\sin\eta$, 其余不变, R 矩阵仍然满足 YBE, 这就是六顶角模型的 R 矩阵. 这是因为在整个推导中, 对于矩阵元 $R(u)_{ji}^{ij}=\sin\eta\mathrm{e}^{\mathrm{i}u\langle i-j\rangle}$, 必须赋予 $\mathrm{e}^{\mathrm{i}u\langle i-j\rangle}$ 因子的地方是 (1b) 和 (1c) 情形. 当 $n=2, m=0$ 时这两种情形不存在.

4.3　退化情形

当取 $f(ij)=\mathrm{e}^{-\mathrm{i}\eta\langle i-j\rangle}$ 且 $\epsilon_a=\epsilon_b=1$ 时, R 矩阵在 $u=\pm\eta$ 时具有投影算子的性质, 由

$$
R(u)_{ii}^{ii} = \sin(u+\eta),
$$

$$
R(u)_{ji}^{ij}=\sin\eta\times\begin{cases}\mathrm{e}^{\mathrm{i}u} & (i>j),\\ \mathrm{e}^{-\mathrm{i}u} & (i<j),\end{cases}
$$

$$
R(u)_{ij}^{ij}=\sin u\times\begin{cases}\mathrm{e}^{-\mathrm{i}\eta} & (i>j),\\ \mathrm{e}^{\mathrm{i}\eta} & (i<j).\end{cases}
$$

得

$$
R(-\eta)_{ii}^{ii}=0,
$$

$$
R(-\eta)_{ji}^{ij}=\sin\eta\times\begin{cases}\mathrm{e}^{-\mathrm{i}\eta} & (i>j),\\ \mathrm{e}^{\mathrm{i}\eta} & (i<j),\end{cases}
$$

$$
R(-\eta)_{ij}^{ij}=-\sin\eta\times\begin{cases}\mathrm{e}^{-\mathrm{i}\eta} & (i>j),\\ \mathrm{e}^{\mathrm{i}\eta} & (i<j).\end{cases}
$$

因此有

$$
P_-R(-\eta)=R(-\eta). \tag{4.3.1}
$$

其中, P_- 是反对称算子,

$$
P_-=\frac{1-P}{2}, \tag{4.3.2}
$$

P 是交换算子. 还由式 (4.1.1) 得

$$
R(\eta)_{ii}^{ii}=\sin(2\eta),
$$

$$
R(\eta)_{ij}^{ji}=\sin\eta\times\begin{cases}\mathrm{e}^{-\mathrm{i}\eta} & (i>j),\\ \mathrm{e}^{\mathrm{i}\eta} & (i<j),\end{cases}
$$

$$
R(\eta)_{ij}^{ij}=\sin\eta\times\begin{cases}\mathrm{e}^{-\mathrm{i}\eta} & (i>j),\\ \mathrm{e}^{\mathrm{i}\eta} & (i<j).\end{cases}
$$

由此得

$$
R(\eta)P_+=R(\eta), \tag{4.3.3}
$$

其中, P_+ 是对称算子,

$$
P_+=\frac{1+P}{2}, \tag{4.3.4}
$$

P 是交换算子. 另外, 当 $u=0$ 时, 有

$$
R(0)_{ii}^{ii}=\sin\eta,
$$

$$
R(0)_{ji}^{ij}=\sin\eta,\quad i\neq j,
$$

$$
R(0)_{ij}^{ij}=0,\quad i\neq j,
$$

$$
R(0)=\sin\eta P. \tag{4.3.5}
$$

由此可见, 当谱参数 $z=\pm\eta$ 时, $U_q(0/m)$ 的 R 矩阵退化, 没有逆矩阵, η 叫做交叉参数. 当 $z=0$ 时, R 矩阵正比于交换算子 P. 交换算子 P 也是作用于直乘空间 $V\otimes V$ 上的矩阵, 矩阵元是

$$P_{ij}^{i'j'}=\delta_{ij'}\delta_{ji'},\quad P^2=1. \tag{4.3.6}$$

算子 $P_\pm$ 的定义是

$$P_+=\frac{1+P}{2},\quad P_-=\frac{1-P}{2}, \tag{4.3.7}$$

具有投影算子性质

$$P_+^2=P_+,\quad P_-^2=P_-. \tag{4.3.8}$$

第 5 章 Z_n 对称的 Belavin 模型

在本章中介绍 Z_n 对称的 Belavin 模型，这是八顶角模型在一般 n 下的推广 (八顶角模型相当于 $n=2$). 其 R 矩阵的矩阵元与谱参量的关系是用 Jacobi θ 函数给出的, 由于 θ 函数是椭圆函数的一种, 因此这种 R 矩阵称为椭圆型 R 矩阵.

5.1 Z_n 对称的 Belavin 模型 R 矩阵

Z_n 对称的 Belavin 模型 R 矩阵定义为

$$R(z)=\sum_{\alpha} w_\alpha(z) I_\alpha \otimes I_\alpha^{-1}.$$

这里 $\alpha=(\alpha_1,\alpha_2)\in Z_n^2, \alpha_1,\alpha_2=0,\cdots,n-1(\mathrm{mod}\ n)$, 其中 $n\times n$ 的矩阵 I_α 为

$$I_\alpha=g^{\alpha_2}h^{\alpha_1},\quad g_{jk}=\Omega^j\delta_{jk},\quad \Omega=\exp\left(\frac{2\pi\sqrt{-1}}{n}\right),$$

$$h_{jk}=\bar{\delta}_{j+1,k}=\begin{cases}1, & \text{当} j+1=k(\mathrm{mod}\ n)\text{时},\\ 0, & \text{其他},\end{cases}$$

$$w_\alpha(z)=\frac{1}{n}\frac{\theta\begin{bmatrix}\frac{1}{2}+\frac{\alpha_1}{n}\\ \frac{1}{2}+\frac{\alpha_2}{n}\end{bmatrix}\left(z+\frac{\omega}{n},\tau\right)}{\theta\begin{bmatrix}\frac{1}{2}+\frac{\alpha_1}{n}\\ \frac{1}{2}+\frac{\alpha_2}{n}\end{bmatrix}\left(\frac{\omega}{n},\tau\right)}\equiv\frac{1}{n}\frac{\sigma_\alpha\left(z+\frac{\omega}{n}\right)}{\sigma_\alpha\left(\frac{\omega}{n}\right)}. \tag{5.1.1}$$

复数 ω 是刻画此模型的重要参数. θ 函数的定义见第 1 章. 下面分析 Z_n 对称性. $n\times n$ 矩阵 g 和 h 有以下关系:

$$\begin{aligned}(g^{-1}hg)_{jk}&=\Omega^{-j}\delta_{jl}\bar{\delta}_{l+1,m}\Omega^m\delta_{mk}=\bar{\delta}_{j+1,k}\Omega^{k-j}\\&=\Omega h_{jk}\quad\Rightarrow g^{-1}hg=\Omega h.\end{aligned}$$

因而有

$$hg=\Omega gh\ \Rightarrow h^{-1}gh=\Omega^{-1}g.$$

由此导出

$$\begin{aligned}g^{-1}I_\alpha g&=g^{\alpha_2}g^{-1}h^{\alpha_1}g=\Omega^{\alpha_1}I_\alpha,\\h^{-1}I_\alpha h&=h^{-1}g^{\alpha_2}hh^{\alpha_1}=\Omega^{-\alpha_2}I_\alpha.\end{aligned}\tag{5.1.2}$$

同理有

$$\begin{aligned}g^{-1}(I_\alpha)^{-1}g&=\Omega^{-\alpha_1}(I_\alpha)^{-1},\\h^{-1}(I_\alpha)^{-1}h&=\Omega^{\alpha_2}(I_\alpha)^{-1}.\end{aligned}$$

由此得

$$\begin{aligned}&g^{-1}\otimes g^{-1}R(z)g\otimes g=R(z),\\&h\otimes hR(z)h^{-1}\otimes h^{-1}=R(z).\end{aligned}\tag{5.1.3}$$

进一步, 我们可以推导

$$(g\otimes I)^{-1}R(z)(g\otimes I)=\sum_\alpha w_\alpha(z)I_\alpha\otimes(I_\alpha)^{-1}\times\Omega^{\alpha_1}.$$

其中

$$w_\alpha(z)\Omega^{\alpha_1}=\frac{1}{n}\frac{\theta\begin{bmatrix}\frac{1}{2}+\frac{\alpha_1}{n}\\\frac{1}{2}+\frac{\alpha_2}{n}\end{bmatrix}\left(z+\frac{\omega}{n},\tau\right)}{\theta\begin{bmatrix}\frac{1}{2}+\frac{\alpha_1}{n}\\\frac{1}{2}+\frac{\alpha_2}{n}\end{bmatrix}\left(\frac{\omega}{n},\tau\right)}\Omega^{\alpha_1}.\tag{5.1.4}$$

而由式 (1.2.2)、式 (1.2.4), 有

$$\theta\begin{bmatrix}a\\b\end{bmatrix}(z+1,\tau)=\theta\begin{bmatrix}a\\b+1\end{bmatrix}(z,\tau)=\mathrm{e}^{2\pi\mathrm{i}a}\theta\begin{bmatrix}a\\b\end{bmatrix}(z,\tau),$$

给出

$$w_\alpha(z)\Omega^{\alpha_1}=-w_\alpha(z+1).\tag{5.1.5}$$

因此有

$$(g\otimes I)^{-1}R(z)(g\otimes I)=-R(z+1)=(I\otimes g)R(z)(I\otimes g)^{-1}.\tag{5.1.6}$$

类似有

$$(h\otimes I)^{-1}R(z)(h\otimes I)=\sum_\alpha w_\alpha(z)I_\alpha\otimes(I_\alpha)^{-1}\times\Omega^{-\alpha_2}.$$

由式 (1.2.3)

$$\theta\begin{bmatrix}\frac{1}{2}+\frac{\alpha_1}{n}\\ \frac{1}{2}+\frac{\alpha_2}{n}\end{bmatrix}\left(z+\frac{\omega}{n}+\tau,\tau\right)$$

$$=\mathrm{e}^{-2\pi\mathrm{i}\left(\frac{\tau}{2}+z+\frac{\omega}{n}+\frac{1}{2}+\frac{\alpha_2}{n}\right)}\theta\begin{bmatrix}\frac{1}{2}+\frac{\alpha_1}{n}+1\\ \frac{1}{2}+\frac{\alpha_2}{n}\end{bmatrix}\left(z+\frac{\omega}{n},\tau\right)$$

$$=\mathrm{e}^{-2\pi\mathrm{i}\left(\frac{\tau}{2}+z+\frac{\omega}{n}+\frac{1}{2}+\frac{\alpha_2}{n}\right)}\theta\begin{bmatrix}\frac{1}{2}+\frac{\alpha_1}{n}\\ \frac{1}{2}+\frac{\alpha_2}{n}\end{bmatrix}\left(z+\frac{\omega}{n},\tau\right),$$

可知

$$w_\alpha(z)\Omega^{-\alpha_2}=-\mathrm{e}^{2\pi\mathrm{i}\left(\frac{\tau}{2}+z+\frac{\omega}{n}\right)}w_\alpha(z+\tau).$$

因而有

$$(h\otimes I)^{-1}R(z)(h\otimes I)=-\mathrm{e}^{2\pi\mathrm{i}\left(\frac{\tau}{2}+z+\frac{\omega}{n}\right)}R(z+\tau)=I\otimes hR(z)(I\otimes h)^{-1},\qquad(5.1.7)$$

$$R(z)_{i-l\ j}^{i'-l\ j'}=\mathrm{e}^{2\pi\mathrm{i}l\left(\frac{l\tau}{2}+z+\frac{\omega}{n}+\frac{1}{2}\right)}R(z+l\tau)_{i\ j}^{i'\ j'}.\qquad(5.1.8)$$

我们分析 I_α 的矩阵元, 得到

$$(I_\alpha)_i^{i'}=(g^{\alpha_2}h^{\alpha_1})_i^{i'}=(\Omega^{\alpha_2 i})\delta_{il}\bar{\delta}_{l,i'-\alpha_1}=\Omega^{\alpha_2 i}\bar{\delta}_{i,i'-\alpha_1},$$

$$(I_\alpha^{-1})_j^{j'}=(h^{-\alpha_1}g^{-\alpha_2})_j^{j'}=\bar{\delta}_{j,l+\alpha_1}\delta_{lj'}\Omega^{-\alpha_2 j'}=\Omega^{-\alpha_2 j'}\bar{\delta}_{j,j'+\alpha_1}.$$

由此可知

$$(I_\alpha)_i^{i'}(I_\alpha^{-1})_j^{j'}=\Omega^{\alpha_2(i-j')}\bar{\delta}_{i,i'-\alpha_1}\bar{\delta}_{j,j'+\alpha_1}\qquad(5.1.9)$$

仅当 $i+j=i'+j'(\bmod n)$ 时非零. 因而

$$R(z)_{ij}^{i'j'}\text{仅当 } i+j=i'+j'(\bmod n)\text{ 时非零.}\qquad(5.1.10)$$

又由 $h\otimes hR(z)h^{-1}\otimes h^{-1}=R(z)$, 给出

$$\bar{\delta}_{i,i'-1}\bar{\delta}_{j,j'-1}R(z)_{i'j'}^{i''j''}\bar{\delta}_{i'',i_3+1}\bar{\delta}_{j'',j_3+1}=R(z)_{ij}^{i_3j_3}.$$

方程左边为

$$\text{左边}=R(z)_{i+1\ j+1}^{i_3+1\ j_3+1},$$

由此得

$$R(z)_{i+m\ \ j+m}^{i'+m\ \ j'+m}=R(z)_{ij}^{i'j'}.\qquad(5.1.11)$$

指标是在 Z_n 中定义的, 这些是 $R(z)$ 的 Z_n 对称性.

我们可以证明 (习题)

$$R(0)_{ij}^{i'j'} = c\delta_{ij'}\delta_{ji'} = cP,$$

这里 P 是交换算子, 并计算 $c=1$.

提示, 利用式 (5.1.9), 先对 α_2 求和, 再对 α_1 求和. 由此有

$$R_{12}(0) = P_{12}, \quad R_{23}(0) = P_{23}, \quad R_{13}(0) = P_{13}, \quad \cdots . \tag{5.1.12}$$

5.2 YBE 的推导

推导 YBE 如下: 已知 R 的矩阵元为

$$R_{jk}(u) = \sum_{\alpha} w_\alpha(u) I_\alpha^{(j)} \otimes (I_\alpha^{-1})^{(k)}, \tag{5.2.1}$$

因此 YBE 可以写成

$$\begin{aligned}
S &= R_{12}(u-v)R_{13}(u)R_{23}(v) - R_{23}(v)R_{13}(u)R_{12}(u-v) = 0 \\
&= \sum_{\gamma\alpha\beta}(w_{\gamma-\alpha}(u-v)I_{\gamma-\alpha}\otimes I_{\gamma-\alpha}^{-1}\otimes 1) \\
&\quad \times(w_{\alpha+\beta-\gamma}(u)I_{\alpha+\beta-\gamma}\otimes 1\otimes I_{\alpha+\beta-\gamma}^{-1})(w_\gamma(v)1\otimes I_\gamma\otimes I_\gamma^{-1}) \\
&\quad -\sum_{\gamma\alpha\beta}(w_\gamma(v)1\otimes I_\gamma\otimes I_\gamma^{-1})(w_{\alpha+\beta-\gamma}(u)I_{\alpha+\beta-\gamma}\otimes 1\otimes I_{\alpha+\beta-\gamma}^{-1}) \\
&\quad \times(w_{\gamma-\alpha}(u-v)I_{\gamma-\alpha}\otimes I_{\gamma-\alpha}^{-1}\otimes 1) \\
&\equiv S = 0.
\end{aligned} \tag{5.2.2}$$

由

$$I_\alpha = g^{\alpha_2}h^{\alpha_1}, \quad hg = \Omega gh,$$

可得

$$\begin{aligned}
I_\alpha^{-1} &= h^{-\alpha_1}g^{-\alpha_2} = \Omega^{\alpha_1\alpha_2}g^{-\alpha_2}h^{-\alpha_1} = \Omega^{\alpha_1\alpha_2}I_{-\alpha}, \\
I_\alpha I_\beta &= g^{\alpha_2}h^{\alpha_1}g^{\beta_2}h^{\beta_1} = \Omega^{\alpha_1\beta_2}g^{\alpha_2+\beta_2}h^{\alpha_1+\beta_1} = \Omega^{\alpha_1\beta_2}I_{\alpha+\beta}.
\end{aligned} \tag{5.2.3}$$

所以有

$$\begin{aligned}
S = &\sum_{\gamma\alpha\beta}(w_{\gamma-\alpha}(u-v)I_{\gamma-\alpha}\otimes I_{\alpha-\gamma}\otimes 1)(w_{\alpha+\beta-\gamma}(u)I_{\alpha+\beta-\gamma}\otimes 1\otimes I_{-\alpha-\beta+\gamma}) \\
&\times(w_\gamma(v)\otimes 1\otimes I_\gamma\otimes I_{-\gamma})\Omega^{(\gamma_1-\alpha_1)(\gamma_2-\alpha_2)+(\alpha_1+\beta_1-\gamma_1)(\alpha_2+\beta_2-\gamma_2)+\gamma_1\gamma_2} \\
&-\sum_{\gamma\alpha\beta}(w_\gamma(v)\otimes 1\otimes I_\gamma\otimes I_{-\gamma})(w_{\alpha+\beta-\gamma}(u)I_{\alpha+\beta-\gamma}\otimes 1\otimes I_{-\alpha-\beta+\gamma})
\end{aligned}$$

$$
\begin{aligned}
&\times(w_{\gamma-\alpha}(u-v)I_{\gamma-\alpha}\otimes I_{-\gamma+\alpha}\otimes 1)\Omega^{(\gamma_1-\alpha_1)(\gamma_2-\alpha_2)+(\alpha_1+\beta_1-\gamma_1)(\alpha_2+\beta_2-\gamma_2)+\gamma_1\gamma_2}\\
=&\sum_{\gamma\alpha\beta}w_{\gamma-\alpha}(u-v)w_{\alpha+\beta-\gamma}(u)w_{\gamma}(v)I_{\beta}\otimes I_{\alpha}\otimes I_{-\alpha-\beta}\\
&\times\Omega^{(\gamma_1-\alpha_1)(\alpha_2+\beta_2-\gamma_2)+(\alpha_1-\gamma_1)\gamma_2+(-\alpha_1-\beta_1+\gamma_1)(-\gamma_2)}\times\Omega^{\cdots}\\
&-\sum_{\gamma\alpha\beta}w_{\gamma-\alpha}(u-v)w_{\alpha+\beta-\gamma}(u)w_{\gamma}(v)I_{\beta}\otimes I_{\alpha}\otimes I_{-\alpha-\beta}\\
&\times\Omega^{(\alpha_1+\beta_1-\gamma_1)(\gamma_2-\alpha_2)+\gamma_1(\alpha_2-\gamma_2)+(-\gamma_1)(-\alpha_2-\beta_2+\gamma_2)}\times\Omega^{\cdots}.
\end{aligned}
$$

整理之后得到

$$
\begin{aligned}
S=&\sum_{\alpha\beta}I_{\alpha}\otimes I_{\beta}\otimes I_{-\alpha-\beta}\Omega^{\alpha_1\alpha_2+\beta_1\beta_2}\sum_{\gamma}w_{\gamma-\alpha}(u-v)w_{\alpha+\beta-\gamma}(u)w_{\gamma}(v)\\
&\times(\Omega^{\alpha_1\gamma_2-\alpha_2\gamma_1+\alpha_2\beta_1}-\Omega^{\alpha_2\gamma_1-\alpha_1\gamma_2+\alpha_1\beta_2}).
\end{aligned}\tag{5.2.4}
$$

由于 $I_{\alpha}\otimes I_{\beta}\otimes I_{-\alpha-\beta}$ 是独立的基矢 (由 $\mathrm{tr}(I_{\alpha}I_{\beta}^{-1})=n\delta_{\alpha,\beta}$ 可证), 所以 YBE(即 $S=0$) 等价于

$$F_{\alpha\beta}(u,v)=0,$$

其中

$$F_{\alpha\beta}(u,v)\equiv\sum_{\gamma}w_{\gamma-\alpha}(u-v)w_{\alpha+\beta-\gamma}(u)w_{\gamma}(v)(\Omega^{\alpha_1\gamma_2-\alpha_2\gamma_1+\alpha_2\beta_1}-\Omega^{\alpha_2\gamma_1-\alpha_1\gamma_2+\alpha_1\beta_2}).\tag{5.2.5}$$

由式 (5.1.1) 可以知道

$$
\begin{aligned}
F_{\alpha\beta}(u+\tau,v)&=\mathrm{e}^{-2\pi\mathrm{i}\left(\tau+2u-v+\frac{2\omega+\beta_2}{n}\right)}F_{\alpha\beta}(u,v),\\
F_{\alpha\beta}(u+1,v)&=\mathrm{e}^{2\pi\mathrm{i}\left(\frac{\beta_1}{n}\right)}F_{\alpha\beta}(u,v),\\
F_{\alpha\beta}(u,v+\tau)&=\mathrm{e}^{-2\pi\mathrm{i}\left(\tau+2v-u+\frac{\alpha_2}{n}\right)}F_{\alpha\beta}(u,v),\\
F_{\alpha\beta}(u,v+1)&=\mathrm{e}^{2\pi\mathrm{i}\left(\frac{\alpha_1}{n}\right)}F_{\alpha\beta}(u,v).
\end{aligned}
$$

已知

$$R_{ij}(0)=P_{ij},\tag{5.2.6}$$

所以, 当 $v=0$ 和 $v=u$ 时有如下结果.

(1) $v=0$.

由 $P_{23}^{-1}R_{12}(u)R_{13}(u)P_{23}=R_{13}(u)R_{12}(u)$ 得到

$$R_{12}(u)R_{13}(u)R_{23}(0)=R_{23}(0)R_{13}(u)R_{12}(u),$$

YBE 成立.

(2) $v=u$.

由 $P_{12}R_{13}(u)R_{23}(u)P_{12}^{-1}=R_{23}(u)R_{13}(u)$ 得到

$$R_{12}(0)R_{13}(u)R_{23}(u)=R_{23}(u)R_{13}(u)R_{12}(0),$$

YBE 也成立.

所以 $F_{\alpha\beta}(u,v)$ 在 $v=0,u$ 时均为 0. 另外, $F_{\alpha\beta}(u,v)$ 对于 v 是全纯、准双周期函数, 它在 $v\in\Lambda_\tau$ 中有两个零点, 由式 (1.1.3), 零点之和为 $-\dfrac{\alpha_1}{n}\tau-\dfrac{1}{n}\alpha_2+u$, 已知有一个零点是 $v=0$, 另一个零点就是 $-\dfrac{\alpha_1}{n}\tau-\dfrac{1}{n}\alpha_2+u$, 但是 $v=u$ 是一个零点, 可见当 $\alpha_1\neq 0$ 或 $\alpha_2\neq 0$ 时, 作为 v 函数 $F_{\alpha\beta}(u,v)$ 有三个零点, 因而有 $F_{\alpha\neq 0,\beta}(u,v)\equiv 0$. 而当 $\alpha=0$ 时, 由表达式 (5.2.5) 得

$$F_{0,\beta}=0,$$

从而有

$$F_{\alpha\beta}(u,v)\equiv 0,\qquad \text{对一切 } \alpha,\beta,v \text{ 成立}.$$

因此有

$$S\equiv 0\Rightarrow \text{YBE 成立}.$$

这个关于 YBE 简洁的证明是 Hou 和 Wei(1987) 给出的. 我们归纳其要点如下. 式 (5.2.2) 的 $S=S_1-S_2$ 可以写成

$$S=\sum I_\alpha\otimes I_\beta\otimes I_{-\alpha-\beta}C_{\alpha\beta}(v),$$

当 $v=u,0$ 时, $S=0$

$$\Longrightarrow C_{\alpha\beta}(v=u,0)=0. \tag{5.2.7}$$

由式 (5.1.6) 和式 (5.1.7) 给出

$$\begin{aligned}&S(v+\tau)=h_2^{-1}S(v)h_2\times \mathrm{e}^{-2\pi\mathrm{i}(\frac{\tau}{2}+v+\frac{\omega}{n}+\frac{1}{2})}\mathrm{e}^{-2\pi\mathrm{i}(-1)(\frac{-\tau}{2}+(u-v)+\frac{\omega}{n}+\frac{1}{2})}\\ \Longrightarrow &C_{\alpha\beta}(v+\tau)=\mathrm{e}^{-2\pi\mathrm{i}(\tau+2v-u-\frac{\beta_2}{n})}C_{\alpha\beta}(v).\end{aligned}$$

类似地,

$$C_{\alpha\beta}(v+1)=\mathrm{e}^{-2\pi\mathrm{i}(\frac{\beta_1}{n})}C_{\alpha\beta}(v).$$

因而, $C_{\alpha\beta}(v)$ 在 Λ_τ 中有两个零点, 其和应为 $u+\dfrac{\beta_2}{n}+\dfrac{\beta_1}{n}\tau$, 这在 β_1 和 β_2 不全为 0 时与式 (5.2.7) 矛盾. 当 $\beta\neq 0$ 时, $C_{\alpha\beta}(v)\equiv 0$. 当 $\beta=0$ 时, S 中基矢为 $I_\alpha\otimes I_0\otimes I_{-\alpha}$

的项来自许多成对的两项之差, 这两项是

$$S_1\text{中: } A_1 = I_a I_b \otimes I_0 \otimes (I_b)^{-1}(I_a)^{-1}C_1,$$
$$S_2\text{中: } A_2 = I_b I_a \otimes I_0 \otimes (I_a)^{-1}(I_b)^{-1}C_2, \quad C_1 = C_2, \text{满足} a+b=\alpha.$$

令 $I_aI_b = \mu I_bI_a, I_b^{-1}I_a^{-1} = \nu(I_a)^{-1}(I_b)^{-1}$. 我们把 A_1 的基矢变为 A_2 的基矢, 得到的系数为 $\mu\nu$. 由 $I_aI_b \cdot I_b^{-1}I_a^{-1} = I_0 = \mu\nu I_bI_a(I_a)^{-1}(I_b)^{-1} = \mu\nu I_0$ 给出 $\mu\nu = 1$. 因而这两项相消, 所以 $C_{\alpha,0}(v) \equiv 0$, YBE 成立.

5.3 Z_n 对称的 Belavin 模型 R 矩阵的矩阵元

因为 Z_n 对称性, 可以令

$$R(z)_{ij}^{i'j'} = s(z)_{i-i',j-i'}\bar{\delta}_{i+j,i'+j'}. \tag{5.3.1}$$

由式 (5.1.7)

$$(h\otimes I)^{-1}R(z)(h\otimes I) = -\mathrm{e}^{2\pi\mathrm{i}\left(\frac{\tau}{2}+z+\frac{\omega}{n}\right)}R(z+\tau),$$

得

$$\begin{aligned}
&\bar{\delta}_{i-1,i'}R(z)_{i'j}^{i''j'}\bar{\delta}_{i''+1,i'''} = -\mathrm{e}^{2\pi\mathrm{i}\left(\frac{\tau}{2}+z+\frac{\omega}{n}\right)}R(z+\tau)_{ij}^{i'''j'},\\
&R(z)_{i-1\ j}^{i'''-1\ j'} = -\mathrm{e}^{2\pi\mathrm{i}\left(\frac{\tau}{2}+z+\frac{\omega}{n}\right)}R(z+\tau)_{ij}^{i'''j'},\\
&s(z)_{a,b+1} = -\mathrm{e}^{2\pi\mathrm{i}\left(\frac{\tau}{2}+z+\frac{\omega}{n}\right)}s(z+\tau)_{ab}.
\end{aligned} \tag{5.3.2}$$

由式 (5.1.6)

$$(g\otimes I)^{-1}R(z)(g\otimes I) = -R(z+1),$$

得

$$\begin{aligned}
&\Omega^{-i}\delta_{i,i'}R(z)_{i'j}^{i''j'}\Omega^{i'''}\delta_{i'',i'''} = -R(z+1)_{ij}^{i'''j'},\\
&R(z)_{ij}^{i'''j'}\Omega^{i'''-i} = -R(z+1)_{ij}^{i'''j'},\\
&s(z)_{a,b} = -\mathrm{e}^{2\pi\mathrm{i}\frac{a}{n}}s(z+1)_{ab}.
\end{aligned} \tag{5.3.3}$$

另外, 当 $z=0$ 时, 有

$$R(0)_{ij}^{i'j'} = \delta_{ij'}\delta_{i'j}, \quad s(0)_{a,b} = \delta_{0b}. \tag{5.3.4}$$

由性质 (5.3.2) 和式 (5.3.4) 得

$$s(l\tau)_{ab} = (-1)^l\mathrm{e}^{-2\pi\mathrm{i}\left(\frac{l^2\tau}{2}+\frac{l\omega}{n}\right)}s(0)_{a,b+l} = (-1)^l\mathrm{e}^{-2\pi\mathrm{i}\left(\frac{l^2\tau}{2}+\frac{l\omega}{n}\right)}\bar{\delta}_{b+l,0}, \tag{5.3.5}$$

由性质 (5.3.2) 得

$$
\begin{aligned}
s(z+n\tau)_{ab} &= (-1)^n \mathrm{e}^{-2\pi\mathrm{i}\left(\frac{\tau}{2}+z+\frac{\omega}{n}\right)} \mathrm{e}^{-2\pi\mathrm{i}\left(\frac{\tau}{2}+z+\tau+\frac{\omega}{n}\right)} \cdots \mathrm{e}^{-2\pi\mathrm{i}\left(\frac{\tau}{2}+z+(n-1)\tau+\frac{\omega}{n}\right)} s(z)_{ab} \\
&= (-1)^n \mathrm{e}^{-2\pi\mathrm{i}\left(\frac{n\tau}{2}+nz+\frac{n(n-1)}{2}\tau+\omega\right)} s(z)_{ab} \\
&= (-1)^n \mathrm{e}^{-2\pi\mathrm{i}\left(\frac{n^2\tau}{2}+nz+\omega\right)} s(z)_{ab}.
\end{aligned} \tag{5.3.6}
$$

s 是 z 的全纯函数, 由性质 (5.3.4) 和式 (5.3.6) 知道准双周期函数 $s(z)_{ab}$ 在 $\underbrace{0\to 1,\ 0\to n\tau}_{\Lambda_{n\tau}}$ 内有 n 个零点, 其零点之和为

$$
\begin{aligned}
\sum z_i &= B \times (\text{第二个准周期}) + \frac{A_2}{2} - A_1 = \left(\frac{a}{n}+\frac{1}{2}\right)n\tau + \frac{n}{2} - \frac{n^2\tau}{2} - \omega - \frac{n}{2} \\
&= a\tau - \frac{n(n-1)}{2}\tau - \omega.
\end{aligned} \tag{5.3.7}
$$

现在, 我们知道 $s(l\tau)_{ab}$ 只有当 $l=-b$ 时非零, 这就可以找到 $n-1$ 个零点, 其零点之和为 $\dfrac{n(n-1)}{2}\tau+b\tau$, 还有一个零点在 $(a-b)\tau-\omega-n(n-1)\tau=(a-b)\tau-\omega \pmod{n\tau}$. 我们可以构造

$$
\varphi(z)_{ab} = \frac{\prod\limits_{l=0}^{n-1} \theta\begin{bmatrix} \frac{1}{2}+\frac{l}{n} \\ \frac{1}{2} \end{bmatrix}(z,n\tau) \times \theta\begin{bmatrix} \frac{1}{2}+\frac{b-a}{n} \\ \frac{1}{2} \end{bmatrix}(z+\omega,n\tau)}{\theta\begin{bmatrix} \frac{1}{2}+\frac{b}{n} \\ \frac{1}{2} \end{bmatrix}(z,n\tau)}, \tag{5.3.8}
$$

有

$$
\begin{aligned}
\varphi(z+n\tau)_{ab} &= \prod_{l\neq b} \mathrm{e}^{-2\pi\mathrm{i}\left(\frac{n\tau}{2}+z+\frac{1}{2}\right)} \mathrm{e}^{-2\pi\mathrm{i}\left(\frac{n\tau}{2}+z+\omega+\frac{1}{2}\right)} \varphi(z)_{ab} \\
&= \mathrm{e}^{-2\pi\mathrm{i}\left(\frac{n^2\tau}{2}+\frac{n}{2}+nz+\omega\right)} \varphi(z)_{ab},
\end{aligned} \tag{5.3.9}
$$

$$
\begin{aligned}
\varphi(z+1)_{ab} &= \prod_{l\neq b} \mathrm{e}^{2\pi\mathrm{i}\left(\frac{1}{2}+\frac{l}{n}\right)} \mathrm{e}^{2\pi\mathrm{i}\left(\frac{1}{2}+\frac{b-a}{n}\right)} \varphi(z)_{ab} \\
&= \mathrm{e}^{2\pi\mathrm{i}\left(\frac{n}{2}+\frac{1}{n}\frac{n(n-1)}{2}-\frac{b}{n}+\frac{b-a}{n}\right)} \varphi(z)_{ab} \\
&= \mathrm{e}^{2\pi\mathrm{i}\left(\frac{n}{2}+\frac{(n-1)}{2}-\frac{a}{n}\right)} \varphi(z)_{ab} \\
&= -\mathrm{e}^{-2\pi\mathrm{i}\frac{a}{n}} \varphi(z)_{ab}.
\end{aligned} \tag{5.3.10}
$$

对比式 (5.3.9)、式 (5.3.10) 和式 (5.3.4)、式 (5.3.6), 可以知道

$$
\frac{\varphi(z)_{ab}}{s(z)_{ab}} = c(z,\omega,\tau)
$$

是 $\Lambda_{n\tau}$ 的双周期全纯函数, 由刘维尔定理可知, 它不依赖于 z, 即 $c(z,\omega,\tau)=c(\omega,\tau)$.

由式 (5.3.5) 有

$$s(-b\tau)_{ab}=(-1)^b \mathrm{e}^{2\pi \mathrm{i}\left(-\frac{b^2}{2}\tau+\frac{b\omega}{n}\right)}$$

以及

$$\begin{aligned}
\varphi(-b\tau)_{ab}=&\prod_{l\neq b}\theta\begin{bmatrix}\frac{1}{2}+\frac{l-b}{n}\\ \frac{1}{2}\end{bmatrix}(0,n\tau)\times\theta\begin{bmatrix}\frac{1}{2}-\frac{a}{n}\\ \frac{1}{2}\end{bmatrix}(\omega,n\tau)\\
&\times \mathrm{e}^{-2\pi \mathrm{i}\left(-\frac{b}{n}\right)\left(\left(-\frac{b}{n}\right)\frac{n\tau}{2}+\frac{1}{2}\right)(n-1)}\mathrm{e}^{-2\pi \mathrm{i}\left(-\frac{b}{n}\right)\left(\left(-\frac{b}{n}\right)\frac{n\tau}{2}+\omega+\frac{1}{2}\right)}\\
=&\prod_{l\neq b}\theta\begin{bmatrix}\frac{1}{2}+\frac{l-b}{n}\\ \frac{1}{2}\end{bmatrix}(0,n\tau)\times\theta\begin{bmatrix}\frac{1}{2}-\frac{a}{n}\\ \frac{1}{2}\end{bmatrix}(\omega,n\tau)\times \mathrm{e}^{2\pi \mathrm{i}\left(-\frac{b^2}{2}\tau+\frac{b}{2}\right)}\mathrm{e}^{2\pi \mathrm{i}\frac{b\omega}{n}}\\
=&\prod_{l'=1}^{n-1}\theta\begin{bmatrix}\frac{1}{2}+\frac{l'}{n}\\ \frac{1}{2}\end{bmatrix}(0,n\tau)\times \mathrm{e}^{2\pi \mathrm{i}\left(-\frac{b^2}{2}\tau+\frac{b}{2}\right)}\mathrm{e}^{2\pi \mathrm{i}\frac{b\omega}{n}}\times\theta\begin{bmatrix}\frac{1}{2}-\frac{a}{n}\\ \frac{1}{2}\end{bmatrix}(\omega,n\tau).
\end{aligned}$$

求出

$$c(\omega,\tau)=\prod_{l\neq 0}\theta\begin{bmatrix}\frac{1}{2}+\frac{l}{n}\\ \frac{1}{2}\end{bmatrix}(0,n\tau)\times\theta\begin{bmatrix}\frac{1}{2}-\frac{a}{n}\\ \frac{1}{2}\end{bmatrix}(\omega,n\tau).$$

最后, 我们得到

$$s(z)_{ab}=\underbrace{\frac{\prod\limits_{l=0}^{n-1}\theta\begin{bmatrix}\frac{1}{2}+\frac{l}{n}\\ \frac{1}{2}\end{bmatrix}(z,n\tau)}{\prod\limits_{l=1}^{n-1}\theta\begin{bmatrix}\frac{1}{2}+\frac{l}{n}\\ \frac{1}{2}\end{bmatrix}(0,n\tau)}}_{f(z)\text{与 } a,b \text{ 无关}}\times\frac{\theta\begin{bmatrix}\frac{1}{2}+\frac{b-a}{n}\\ \frac{1}{2}\end{bmatrix}(z+\omega,n\tau)}{\theta\begin{bmatrix}\frac{1}{2}-\frac{a}{n}\\ \frac{1}{2}\end{bmatrix}(\omega,n\tau)\theta\begin{bmatrix}\frac{1}{2}+\frac{b}{n}\\ \frac{1}{2}\end{bmatrix}(z,n\tau)}. \tag{5.3.11}$$

注意, 在 $\Lambda_{n\tau}$ 中 $s(z)_{ab}$ 对于 ω 的唯一极点为 $\omega=a\tau$.

R 的矩阵元为

$$R(z)_{ij}^{i'j'}=f(z)\frac{\theta^{(i-j)}(z+\omega)}{\theta^{(i-i')}(\omega)\theta^{(i'-j)}(z)}\bar{\delta}_{i+j,i'+j'}, \tag{5.3.12}$$

其中, 我们定义

$$\theta^{(i)}(z)\equiv\theta\begin{bmatrix}\frac{1}{2}-\frac{i}{n}\\ \frac{1}{2}\end{bmatrix}(z,n\tau), \tag{5.3.13}$$

$$\bar{\delta}_{l,m}=\begin{cases}1, & \text{当 } l-m=n \text{ 的整数倍时},\\ 0, & \text{其他情形}.\end{cases} \tag{5.3.14}$$

5.4　R 矩阵的退化情形

在得到 R 矩阵的矩阵元之后, 发现当谱参数取 $z=\pm\omega$ 时, R 矩阵是退化的. 当 $z=\omega$ 时, 有

$$R(\omega)_{ij}^{i'j'}=f(\omega)\frac{\theta^{(i-j)}(2\omega)}{\theta^{(i-i')}(\omega)\theta^{(i'-j)}(\omega)}\bar{\delta}_{i+j,i'+j'}, \tag{5.4.1}$$

$$R(w)_{ij}^{j'i'}=f(\omega)\frac{\theta^{(i-j)}(2\omega)}{\theta^{(i-j')}(\omega)\theta^{(j'-j)}(\omega)}\bar{\delta}_{i+j,i'+j'}. \tag{5.4.2}$$

由 $i+j=i'+j' \pmod n$, 有 $i'-j=i-j',\ j'-j=i-i' \pmod n$, 给出

$$R(\omega)_{ij}^{i'j'}=R(\omega)_{ij}^{j'i'},$$

即 $R(\omega)$ 对于上指标对称, 有

$$R(\omega)P=R(\omega),\quad R(\omega)\left(\frac{1+P}{2}\right)=R(\omega), \tag{5.4.3}$$

当 $z=-\omega$ 时, 有

$$R(-\omega)_{ij}^{i'j'}=f(-\omega)\frac{\theta^{(i-j)}(0)}{\theta^{(i-i')}(\omega)\theta^{(i'-j)}(-\omega)}.$$

然而考虑到

$$\begin{aligned}\theta^{(a)}(-z)&=\theta\begin{bmatrix}\frac{1}{2}-\frac{a}{n}\\ \frac{1}{2}\end{bmatrix}(-z,n\tau)=\theta\begin{bmatrix}-\frac{1}{2}+\frac{a}{n}\\ -\frac{1}{2}\end{bmatrix}(z,n\tau)\\ &=\theta\begin{bmatrix}\frac{1}{2}+\frac{a}{n}\\ -\frac{1}{2}\end{bmatrix}(z,n\tau)=\mathrm{e}^{-2\pi\mathrm{i}\left(\frac{1}{2}+\frac{a}{n}\right)}\theta\begin{bmatrix}\frac{1}{2}+\frac{a}{n}\\ \frac{1}{2}\end{bmatrix}(z,n\tau)\\ &=\theta^{(-a)}(z)\mathrm{e}^{-2\pi\mathrm{i}\left(\frac{1}{2}+\frac{a}{n}\right)},\end{aligned}$$

得到

$$\begin{aligned}R(-\omega)_{ji}^{i'j'} &= f(-\omega)\frac{\theta^{(j-i)}(0)}{\theta^{(j-i')}(\omega)\theta^{(i'-i)}(-\omega)}\\&= f(-\omega)\frac{\theta^{(i-j)}(0)\mathrm{e}^{-2\pi\mathrm{i}\left(\frac{1}{2}+\frac{j-i}{n}\right)}}{\theta^{(i'-j)}(-\omega)\mathrm{e}^{-2\pi\mathrm{i}\left(\frac{1}{2}+\frac{j-i'}{n}\right)}\theta^{(i-i')}(\omega)\mathrm{e}^{-2\pi\mathrm{i}\left(\frac{1}{2}+\frac{i'-i}{n}\right)}}\\&= f(-\omega)\frac{\theta^{(i-j)}(0)}{\theta^{(i'-j)}(-\omega)\theta^{(i-i')}(\omega)}\times(-1)\\&= -R(-\omega)_{ij}^{i'j'}.\end{aligned}\tag{5.4.4}$$

即 $R(-\omega)$ 对于下指标反对称 (这时 R 矩阵没有逆矩阵), 我们有

$$PR(-\omega) = -R(-\omega), \quad \frac{1-P}{2}R(-\omega) = R(-\omega).\tag{5.4.5}$$

当 $z = \pm\omega$ 时, $R(z)$ 没有逆矩阵.

5.5 R 矩阵的三角极限和有理极限

已知

$$\begin{aligned}\theta^{(a)}(z) &= \theta\begin{bmatrix}\frac{1}{2}-\frac{a}{n}\\ \frac{1}{2}\end{bmatrix}(z, n\tau)\\&= \sum_{m\in Z}\mathrm{e}^{n\pi\mathrm{i}\tau\left(m+\frac{1}{2}-\frac{a}{n}\right)^2+2\pi\mathrm{i}\left(m+\frac{1}{2}-\frac{a}{n}\right)\left(z+\frac{1}{2}\right)}.\end{aligned}$$

当 $\mathrm{i}\tau \to -\infty$ 时, 分以下情形:

(1) 当 $a = 0$ 时, 最大项是 $m = 0$ 和 $m = -1$, 得到

$$\theta^{(0)}(z) = \mathrm{i}\mathrm{e}^{n\pi\mathrm{i}\tau/4}(\mathrm{e}^{\pi\mathrm{i}z} - \mathrm{e}^{-\pi\mathrm{i}z})(1+\epsilon),$$

(2) 当 $0 < a < n$ 时, $m = 0$, 得到

$$\theta^{(a)}(z) = \mathrm{e}^{n\pi\mathrm{i}\tau\left(\frac{1}{2}-\frac{a}{n}\right)^2}\mathrm{e}^{2\pi\mathrm{i}\left(\frac{1}{2}-\frac{a}{n}\right)\left(z+\frac{1}{2}\right)}(1+\epsilon),$$

(3) 当 $-n < a < 0$ 时, $m = -1$, 得到

$$\theta^{(a)}(z) = \mathrm{e}^{n\pi\mathrm{i}\tau\left(-\frac{1}{2}-\frac{a}{n}\right)^2}\mathrm{e}^{2\pi\mathrm{i}\left(-\frac{1}{2}-\frac{a}{n}\right)\left(z+\frac{1}{2}\right)}(1+\epsilon),\tag{5.5.1}$$

其中, 当 $\mathrm{i}\tau \to -\infty$ 时, $\epsilon \to 0$.

在式 (5.3.12) 中, 考虑 i 和 j 固定, 则可变部分是分母, 它的数量级为 $\exp\left\{n\pi\mathrm{i}\tau\times\left[\left(\pm\frac{1}{2}-\frac{i-i'}{n}\right)^2+\left(\pm\frac{1}{2}-\frac{i'-j}{n}\right)^2\right]\right\}$, 此数越小, 分母越小, 而式 (5.3.12) 右边的值越大.

我们知道 i' 变化的一定范围内 $\left(\pm\frac{1}{2}-\frac{i-i'}{n}\right)+\left(\pm\frac{1}{2}-\frac{i'-j}{n}\right)=\pm\frac{1}{2}\pm\frac{1}{2}-\frac{i-j}{n}$ 是常数. 我们又知道, 当 $i-i'$ 或 $i'-j$ 为 0 时是 $\frac{1}{2}$ 前面变号的时候. 在一区间, 当两数之和固定, 两数差作线性变化时, 平方和在边界上取最大值, 这是因为 $a^2+b^2=\frac{(a+b)^2}{2}+\frac{(a-b)^2}{2}$, 在某一个边界时 $|a-b|$ 最大. 因而, $R(z)_{ij}^{i'j'}$ 当 $i=i'$(此时 $j=j'$) 或者 $i'=j$ (此时 $i=j'$) 时数量级最大, 其余部分可忽略 (当 $\mathrm{i}\tau\to-\infty$ 时). 而对这两种情形, $R(z)_{ij}^{i'j'}$ 的量级均为 $f(z)\mathrm{e}^{-\pi\mathrm{i}n\tau/4}$, 也就是所有这类矩阵元数量级相同. 我们得到如下结果:

(1) 当 $i>j, i=i'$ 时

$$R(z)_{ij}^{ij}\to A(z)\frac{\mathrm{e}^{2\pi\mathrm{i}\left(\frac{1}{2}-\frac{i-j}{n}\right)\omega}}{2\sin\pi\omega},$$

(2) 当 $i<j, i=i'$ 时

$$R(z)_{ij}^{ij}\to A(z)\frac{\mathrm{e}^{2\pi\mathrm{i}\left(-\frac{1}{2}-\frac{i-j}{n}\right)\omega}}{2\sin\pi\omega},$$

(3) 当 $i>j, i'=j$ 时

$$R(z)_{ij}^{ji}\to A(z)\frac{\mathrm{e}^{2\pi\mathrm{i}\left(\frac{1}{2}-\frac{i-j}{n}\right)z}}{2\sin\pi z},$$

(4) 当 $i<j, i'=j$ 时

$$R(z)_{ij}^{ji}\to A(z)\frac{\mathrm{e}^{2\pi\mathrm{i}\left(-\frac{1}{2}-\frac{i-j}{n}\right)z}}{2\sin\pi z},$$

当 $i=j$ 时, 直接由式 (5.3.12) 得

$$R(z)_{ii}^{ii}=A(z)\frac{\sin\pi(z+\omega)}{2\sin\pi z\sin\pi\omega}.$$

我们可以把各项乘以 $\dfrac{2\sin\pi z\sin\pi\omega}{A(z)}$ 得到

$$
\begin{aligned}
&R(z)_{ii}^{ii}=\sin\pi(z+\omega),\\
&R(z)_{ij}^{ji}=\begin{cases}\sin\pi\omega\mathrm{e}^{2\pi\mathrm{i}\left(-\frac{1}{2}-\frac{i-j}{n}\right)z}, & j>i,\\ \sin\pi\omega\mathrm{e}^{2\pi\mathrm{i}\left(\frac{1}{2}-\frac{i-j}{n}\right)z}, & j<i,\end{cases}\\
&R(z)_{ij}^{ij}=\begin{cases}\sin\pi z\mathrm{e}^{2\pi\mathrm{i}\left(-\frac{1}{2}-\frac{i-j}{n}\right)\omega} & j>i,\\ \sin\pi z\mathrm{e}^{2\pi\mathrm{i}\left(\frac{1}{2}-\frac{i-j}{n}\right)\omega} & j<i.\end{cases}
\end{aligned}
\tag{5.5.2}
$$

按 4.2 节末的变换方法，令 $f(ij)=\mathrm{e}^{2\pi\mathrm{i}\left(-\mathrm{sgn}(i-j)+\frac{i-j}{n}\right)\omega}$，消去 $R(z)_{ij}^{ij}$ 的因子 $\mathrm{e}^{2\pi\mathrm{i}\left(\mp\frac{1}{2}-\frac{i-j}{n}\right)\omega}$，再令 $g(k,z)=\mathrm{e}^{2\pi\mathrm{i}\frac{k}{n}z}$，附在每根谱为 z，指标为 k 的谱线上，并令 R 矩阵的入射线上乘 g，出射线上乘 g^{-1}，消去 $R(z)_{ij}^{ji}$ 的因子 $\mathrm{e}^{2\pi\mathrm{i}\left(-\frac{i-j}{n}\right)z}$. 可以使 R 矩阵变为 $SU_q(0/m)$ 模型的 R 矩阵.

这是 Z_n Belavin 模型 R 矩阵的三角极限.

当 $z\to 0$，$\omega\to 0$，然而 $z/\omega\to$ 有限时，得到 (重新标度)

$$
R(z)_{ii}^{ii}=z+\omega,\quad R(z)_{ij}^{ji}=\omega,\quad R(z)_{ij}^{ij}=z. \tag{5.5.3}
$$

由于

$$
(\mathrm{id})_{ij}^{i'j'}=\delta_{ii'}\delta_{jj'},\quad (P)_{ij}^{i'j'}=\delta_{ij'}\delta_{i'j},
$$

有

$$
R(z)=z(\mathrm{id})+\omega P, \tag{5.5.4}
$$

此即 Z_n Belavin 模型 R 矩阵的有理极限.

特别是当 $z=\pm\omega$ 时，$R(\pm\omega)=\omega(\pm 1+P)$，也就是 R 矩阵正比于对称 ($z=+\omega$ 时) 和反对称 ($z=-\omega$ 时) 投影算子.

5.6 幺正关系

以下推导幺正关系，不用 YBE. 首先，我们知道

$$
R_{12}(\omega)R_{21}(-\omega)=R_{12}(\omega)\left(\frac{1+P_{12}}{2}\right)\left(\frac{1-P_{12}}{2}\right)R_{21}(-\omega)=0, \tag{5.6.1}
$$

$$
R_{12}(0)R_{21}(0)=P_{12}P_{21}=1, \tag{5.6.2}
$$

另外

$$
\begin{aligned}
R_{12}(z)R_{21}(-z) &= \sum_{\alpha\gamma} w_\alpha(z)(I_\alpha \otimes I_\alpha^{-1})w_{\alpha-\gamma}(-z)(I_{\alpha-\gamma}^{-1} \otimes I_{\alpha-\gamma}) \\
&= \sum_{\alpha\gamma}(I_\alpha \otimes I_{-\alpha})(I_{\gamma-\alpha} \otimes I_{\alpha-\gamma})\Omega^{\alpha_1\alpha_2+(\gamma_1-\alpha_1)(\gamma_2-\alpha_2)}w_\alpha(z)w_{\alpha-\gamma}(-z) \\
&= \sum_{\alpha\gamma}(I_\gamma \otimes I_{-\gamma})\Omega^{\alpha_1(\gamma_2-\alpha_2)-\alpha_1(\alpha_2-\gamma_2)+\cdots+}w_\alpha(z)w_{\alpha-\gamma}(-z) \\
&= \sum_{\gamma}(I_\gamma \otimes I_{-\gamma})\sum_{\alpha}\Omega^{\alpha_1\gamma_2-\alpha_2\gamma_1+\gamma_1\gamma_2}w_\alpha(z)w_{\alpha-\gamma}(-z) \\
&\equiv \sum_{\gamma}(I_\gamma \otimes I_{-\gamma})F_\gamma(z).
\end{aligned}
$$

其中, 由式 (5.1.4) 和式 (1.2.2)~式 (1.2.6), 有

$$
\begin{aligned}
F_\gamma(z+\tau) &= \mathrm{e}^{-2\pi\mathrm{i}\left(\tau+2z+\frac{\gamma_2}{n}\right)}F_\gamma(z), \\
F_\gamma(z+1) &= \mathrm{e}^{2\pi\mathrm{i}\left(\frac{\gamma_1}{n}\right)}F_\gamma(z).
\end{aligned}
$$

由此可见, 全纯函数 F_γ 在 Λ_τ 上有两个零点, 且零点和为 $-\dfrac{\gamma_1}{n}\tau-\dfrac{\gamma_2}{n}$. 然而由式 (5.6.1) 和式 (5.6.2), 我们可以知道,

$$
\text{当 } z=\omega \text{ 时, } R_{12}(\omega)R_{21}(-\omega)=0,
$$

$$
\text{当 } z=0 \text{ 时, } R_{12}(0)R_{21}(0)=1=I_0 \otimes I_0.
$$

因此, 当 $\gamma \neq (0,0)$ 时, $F_\gamma(\omega)=0$, $F_\gamma(0)=0$, 这两个零点与零点和的式子不符合, 所以 $F_{\gamma\neq 0}(z)\equiv 0$, 可以推出

$$
R_{12}(z)R_{21}(-z)=I_0 \otimes I_0 F_0(z), \tag{5.6.3}
$$

其中, $F_0(z)$ 的零点和为 $-\dfrac{\gamma_1}{n}\tau-\dfrac{\gamma_2}{n}=0$. 由于式 (5.6.1), 所以 $F_0(\omega)=0$, 因此另一个零点为 $-\omega$, 考虑 $F_0(z)/[\sigma(\omega+z)\sigma(\omega-z)]\equiv f(z)$, 其中

$$
\sigma(u)\equiv\theta\begin{bmatrix}\frac{1}{2}\\ \frac{1}{2}\end{bmatrix}(u,\tau),
$$

由于 $f(z)$ 是 z 的全纯函数, 而且 $f(z+\tau)=f(z)$, $f(z+1)=f(z)$, 由此可知 $f(z)$ 与 z 无关. 令 $z=0$, 有 $R_{12}(0)R_{21}(0)=\mathrm{id}=I_0\otimes I_0$, 给出 $F_0(0)=1$, $f(z=0)=1/\sigma_0(\omega)^2=f(z)$. 最终得到

$$
F_0(z)=f(z)\sigma_0(\omega+z)\sigma_0(\omega-z)=\frac{\sigma_0(\omega+z)\sigma_0(\omega-z)}{\sigma_0(\omega)^2},
$$

也就是

$$\begin{aligned}R_{12}(z)R_{21}(-z) &= \frac{\sigma_0(\omega+z)\sigma_0(\omega-z)}{\sigma_0(\omega)^2}\mathrm{id}\\ &= R_{12}(-z)R_{21}(z)\\ &= R_{ij}(z)R_{ji}(-z), \quad \text{对一切 } i\neq j \text{ 成立}.\end{aligned} \tag{5.6.4}$$

第 6 章 反对称化、对称化、聚合和量子行列式

我们可以利用 R 矩阵在谱参量取 $\pm\omega$ 时会退化的特殊性质, 构成全反对称和全对称算子, 形成由单个 R 矩阵聚合以后得到的 R 矩阵和量子行列式. 首先讨论置换算子.

6.1 置换与全反对称、全对称算子及其与其他算子的乘法

1. 置换算子与全反对称、全对称算子

给出直乘线性空间 $V^{\otimes N} = V \otimes V \otimes \cdots \otimes V$ 的正交基矢 $|e_{i_1} \otimes e_{i_2} \otimes \cdots \otimes e_{i_N}\rangle$ 满足

$$\langle e_{j_1} \otimes e_{j_2} \otimes \cdots \otimes e_{j_N} | e_{i_1} \otimes e_{i_2} \otimes \cdots \otimes e_{i_N}\rangle = \delta_{i_1 j_1}\delta_{i_2 j_2}\cdots\delta_{i_N j_N},$$

可以将 N 个元素的置换作用于它:

$$P\begin{pmatrix} 1 & 2 & 3\cdots N \\ j_1 & j_2 & j_3\cdots j_N \end{pmatrix} |e_{i_1} \otimes e_{i_2} \otimes \cdots \otimes e_{i_N}\rangle = |e_{i_{j_1}} \otimes e_{i_{j_2}} \otimes \cdots \otimes e_{i_{j_N}}\rangle, \tag{6.1.1}$$

将 $V^{\otimes N}$ 的一个基矢变为另一个基矢. 因此 $P\begin{pmatrix} 1 & 2 & 3\cdots N \\ j_1 & j_2 & j_3\cdots j_N \end{pmatrix}$ 可以看成是 $V^{\otimes N}$ 的线性算子, 满足置换群的乘法. 由置换群的性质我们知道 P 可以由相邻元素的交换生成, 而且 P 有奇偶性, 令

$$\delta_p = \begin{cases} 0, & \text{当 } P \text{ 为偶置换}, \\ 1, & \text{当 } P \text{ 为奇置换}. \end{cases} \tag{6.1.2}$$

N 个元素的全反对称算子和全对称算子可以定义为

$$P_- = \frac{1}{N!}\sum_p (-1)^{\delta_p} P, \quad P_+ = \frac{1}{N!}\sum_p P, \tag{6.1.3}$$

它们都是投影算子, 满足

$$P_-^2 = P_-, \quad P_+^2 = P_+. \tag{6.1.4}$$

注意, P 的矩阵元是这样定义的:

$$
\begin{aligned}
&P\begin{pmatrix} 1 & 2 & 3\cdots N \\ j_1 & j_2 & j_3\cdots j_N \end{pmatrix}^{i'_1\ i'_2\ i'_3\cdots}_{i_1\ i_2\ i_3\cdots} \\
&=\left\langle e_{i_1}\otimes e_{i_2}\otimes\cdots\otimes e_{i_N}\middle|P\begin{pmatrix} 1 & 2 & 3\cdots N \\ j_1 & j_2 & j_3\cdots j_N \end{pmatrix}\middle|e_{i'_1}\otimes e_{i'_2}\otimes\cdots\otimes e_{i'_N}\right\rangle \\
&=\left\langle e_{i_1}\otimes e_{i_2}\otimes\cdots\otimes e_{i_N}\middle|e_{i'_{j_1}}\otimes e_{i'_{j_2}}\otimes\cdots\otimes e_{i'_{j_N}}\right\rangle=\delta_{i_1i'_{j_1}}\delta_{i_2i'_{j_2}}\cdots\delta_{i_ni'_{j_N}}.
\end{aligned}
$$

也即将上指标 $i'_1\cdots i'_N$ 置换后与下指标完全对上为 1, 否则为 0. 换句话说, 就是将下指标取逆置换, 若与上指标完全对上则为 1, 否则矩阵元为 0. 因此有 $P^t=P^{-1}$. 由于逆置换与置换的奇偶性相同, 而且, 显然一切置换的逆也就是一切置换, 所以有, 作为线性空间的算子,

$$
\begin{aligned}
&P_-^t=\frac{1}{N!}\sum_p(-1)^{\delta_p}P^t=\frac{1}{N!}\sum_p(-1)^{\delta_{p^t}}P^t=P_-, \\
&P_+^t=\frac{1}{N!}\sum_p P^t=P_+.
\end{aligned}
\tag{6.1.5}
$$

2. 矩阵 M 与矩阵 P 的乘法

计算给出

$$
\begin{aligned}
&\left[MP\begin{pmatrix} 1 & 2 & \cdots \\ j_1 & j_2 & \cdots \end{pmatrix}\right]^{i''_1\ i''_2\ \cdots}_{i_1\ i_2\ \cdots} \\
&=M^{i'_1\ i'_2\ \cdots}_{i_1\ i_2\ \cdots}P\begin{pmatrix} 1 & 2 & \cdots \\ j_1 & j_2 & \cdots \end{pmatrix}^{i''_1\ i''_2\ \cdots}_{i'_1\ i'_2\ \cdots}=M^{i'_1\ i'_2\ \cdots}_{i_1\ i_2\ \cdots}\delta_{i'_1i''_{j_1}}\delta_{i'_2i''_{j_2}}\cdots \\
&=M^{i''_{j_1}i''_{j_2}\cdots}_{i_1\ i_2\ \cdots},
\end{aligned}
\tag{6.1.6}
$$

也即乘积矩阵元等于将其上指标取置换后作为上指标的原 M 的矩阵元.

又有

$$
\begin{aligned}
&\left[P\begin{pmatrix} 1 & 2 & \cdots \\ j_1 & j_2 & \cdots \end{pmatrix}M\right]^{i''_1\ i''_2\ \cdots}_{i_1\ i_2\ \cdots}=P\begin{pmatrix} 1 & 2 & \cdots \\ j_1 & j_2 & \cdots \end{pmatrix}^{i'_1\ i'_2\ \cdots}_{i_1\ i_2\ \cdots}M^{i''_1\ i''_2\ \cdots}_{i'_1\ i'_2\ \cdots} \\
&=\delta_{i_1i'_{j_1}}\delta_{i_2i'_{j_2}}\cdots M^{i''_1\ i''_2\ \cdots}_{i'_1\ i'_2\ \cdots}=\delta_{i_{k_1}i'_1}\delta_{i_{k_2}i'_2}\cdots M^{i''_1\ i''_2\ \cdots}_{i'_1\ i'_2\ \cdots} \\
&=M^{i''_1i''_2\cdots}_{i_{k_1}\ i_{k_2}\ \cdots},
\end{aligned}
$$

其中, $P\begin{pmatrix} 1 & 2 & \cdots \\ k_1 & k_2 & \cdots \end{pmatrix}$ 是 $P\begin{pmatrix} 1 & 2 & \cdots \\ j_1 & j_2 & \cdots \end{pmatrix}$ 的逆置换.

也就是, 乘积矩阵元等于将其下指标取逆置换之后作为下指标的原 M 的矩阵元.

3. 算子与 P_- 的乘法

我们有

$$(MP_-)_{i_1\ i_2\ \cdots}^{i'_1\ i'_2\ \cdots} = \frac{1}{N!}\sum_p (-1)^{\delta_p} M_{i_1,\ \ i_2\cdots}^{i'_{p(1)}i'_{p(2)}\cdots},$$

即将所要求的矩阵元的上指标取置换, 找出对应的 M 的矩阵元, 乘以 $(-1)^{\delta_p}$ 并对一切置换求和再乘以 $\dfrac{1}{N!}$.

P_-M 也完全类似, P_+M, MP_+ 也可以类似地得到矩阵元.

习题　写出 P_+M, MP_+ 的矩阵元.

6.2 Cherednik 算子

1. 反对称化帽子 A 和对称化帽子 S

由 R 矩阵可以聚合成 Cherednik 反对称化帽子 A 和对称化帽子 S, 已知

$$PR(-\omega) = -R(-\omega), \quad R(\omega)P = R(\omega), \tag{6.2.1}$$

可用图表示为图 6.2.1.

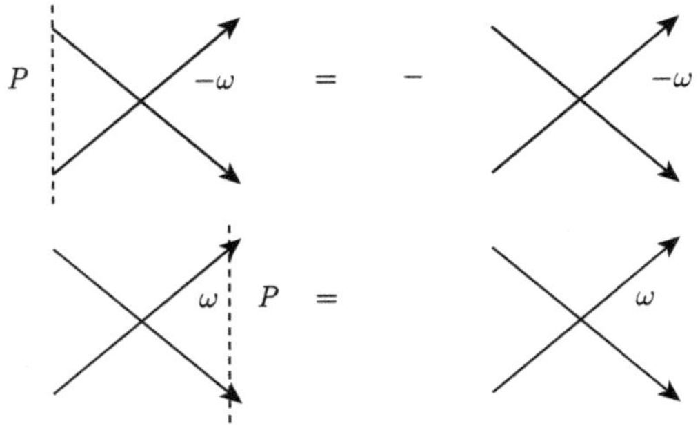

图 6.2.1　式 (6.2.1) 图示

由式 (6.2.1) 可得 $P_-R(-\omega) = R(-\omega), R(\omega)R_+ = R(\omega)$. 其中 $P_- = \dfrac{1-P}{2}, P_+ = \dfrac{1+P}{2}$.

由退化的 R 矩阵的这个性质, 我们可以用 R 矩阵构造反对称化帽子 $A:V^{\otimes N}\to V^{\otimes N}$, A 可以用图 6.2.2 表示, 也可以用表示式 ($N=4$) 给出: (空间数 N 不一定等于空间 V 的维数)

$$A=R_{12}(-\omega)R_{13}(-2\omega)R_{14}(-3\omega)R_{23}(-\omega)R_{24}(-2\omega)R_{34}(-\omega).\tag{6.2.2}$$

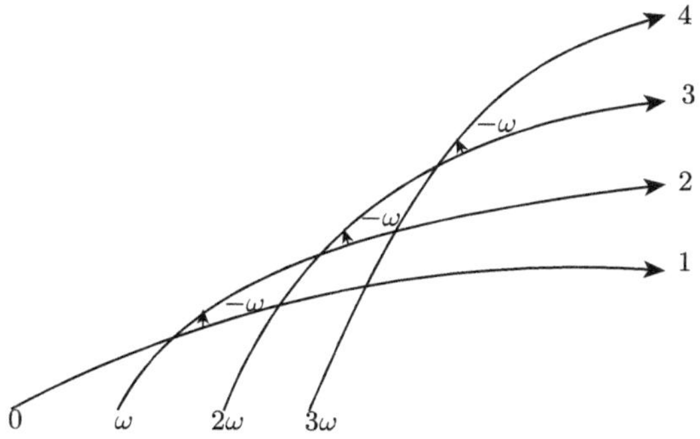

图 6.2.2 反对称化帽子 A 图示

也可以把 A 写成其他形式,

$$A=R_{12}(-\omega)R_{13}(-2\omega)R_{23}(-\omega)R_{14}(-3\omega)R_{24}(-2\omega)R_{34}(-\omega)=\cdots.\tag{6.2.3}$$

不难看出, A 满足

$$P_{12}A=-A,\quad P_{23}A=-A,\quad P_{34}A=-A,$$

由此可导出

$$P_-A=A.\tag{6.2.4}$$

习题 1 证明这些公式 (提示: 用 YBE).

类似地, 对称化帽子 S 可以用图 6.2.3 表示, 并且有

$$SP_+=S.$$

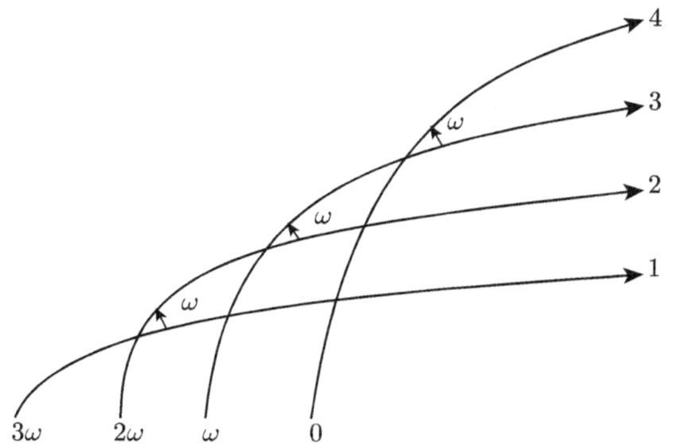

图 6.2.3 对称化帽子 S 图示

S 表示式 $(N=4)$ 为

$$
\begin{aligned}
S&=R_{12}(\omega)R_{13}(2\omega)R_{14}(3\omega)R_{23}(\omega)R_{24}(2\omega)R_{34}(\omega)\\
&=R_{12}(\omega)R_{13}(2\omega)R_{23}(\omega)R_{14}(3\omega)R_{24}(2\omega)R_{34}(\omega).
\end{aligned}\tag{6.2.5}
$$

习题 2　求 A 和 S 的经典极限 $(\tau\to\mathrm{i}\infty,\ \ \omega\to 0)$.

解　A 和 S 的经典极限可以求解如下: 在 $\tau\to\mathrm{i}\infty$, $\omega\to 0$ 时有

$$
R_{12}(l\omega)=l(\mathrm{id})+P_{12},
$$

因而有

$$
P_-R_{ij}(l\omega)=(l-1)P_-,\quad R_{ij}(l\omega)P_+=(l+1)P_+.
$$

以 $N=4$ 为例有

$$
\begin{aligned}
SP_+&=(1+P_{12})(2+P_{13})(3+P_{14})(1+P_{23})(2+P_{24})(1+P_{34})P_+\\
&=2^3\cdot 3^2\cdot 4P_+.
\end{aligned}
$$

然而, 由 $SP_+=S$, 可以推断 $S=2^3\cdot 3^2\cdot 4P_+\propto P_+$, 同样地, 我们可以得到

$$
\begin{aligned}
A&=P_-A=P_-(-1+P_{12})(-2+P_{13})(-3+P_{14})(-1+P_{23})(-2+P_{24})(-1+P_{34})\\
&=P_-(-1-1)^3\cdot(-2-1)^2\cdot(-3-1)^1\propto P_-.
\end{aligned}
$$

注意, 当不取经典极限时, A 和 S 与 P_+, P_- 并不成正比, 它们之间有什么关系呢? 以下进行一些分析.

2. *A 与 P_- 的关系*

由于 P_- 是一个投影算子, 对于投影算子我们一定可以在 $V^{\otimes N}$ 中取适当的基矢, 使 P_- 表达为

$$
P_-=\left(\begin{array}{ccc|cccc}
1 & & & & & & \\
 & 1 & & & & 0 & \\
 & & 1 & & & & \\
\hline
 & & & 0 & & & \\
 & 0 & & & 0 & & \\
 & & & & & 0 & \\
 & & & & & & 0
\end{array}\right),
$$

因为 $P_- A = A$, 在此基矢下有

$$\left(\begin{array}{ccc|c} 1 & & & \\ & 1 & & 0 \\ & & 1 & \\ \hline & 0 & & 0 \\ & & & \end{array}\right)\left(\begin{array}{c} \\ \\ A \\ \\ \\ \end{array}\right)=\left(\begin{array}{c|ccc} & * & \cdots & * \\ B_1 & * & \cdots & * \\ & * & \cdots & * \\ \hline 0 & & 0 & \\ & & & \end{array}\right).$$

如果其中 B_1 的行列式非零, 我们可以找到

$$B=\left(\begin{array}{c|ccc} & * & \cdots & * \\ B_1 & * & \cdots & * \\ & * & \cdots & * \\ \hline & 1 & & \\ & & \ddots & \\ & & & 1 \end{array}\right), \quad \det B=\det B_1\neq 0,$$

而且 $A = P_- B$. 由于在经典极限下 $A = mP_-$, 因而这时 B_1 是在反对称空间中 (即 P_- 为 1 的空间中) 对角矩阵元为 m 的矩阵 (其余矩阵元为 0)

$$A_{\text{经典}}=\left(\begin{array}{ccc|c} m & & & \\ & m & & 0 \\ & & m & \\ \hline & & & \\ & 0 & & 0 \\ & & & \end{array}\right), \quad \det B_1\neq 0,$$

由于 $\det B_1$ 是 τ 和 ω 的解析函数, 所以对一般的 τ 和 ω 也有 $\det B_1 \neq 0$. 因此一般地说 A 可以表示为 $A = P_- B$, 其中 B 有逆矩阵, 给出 $P_- = AB^{-1}$.

同理, $S = B'P_+$, 其中 B' 有逆矩阵, 给出 $P_+ = B'^{-1}S$.

6.3 全反对称或全对称算子对 L 矩阵乘积的穿透

考虑图 6.3.1, 由杨-Baxter 关系, 对适当的谱参数给出的 L 矩阵的张量乘积算子 $\mathcal{L}, \mathcal{L}'$ 有如图 6.3.1 所示的关系.

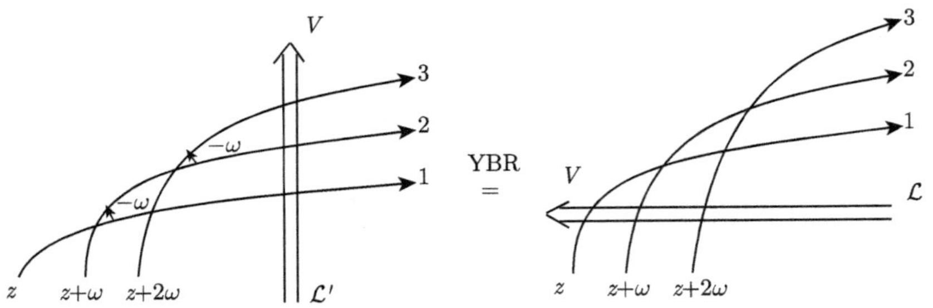

图 6.3.1　式 (6.3.1) 图示法证明

即

$$A\mathcal{L}' = \mathcal{L}A, \tag{6.3.1}$$

其中

$$\mathcal{L}'^{i'j'k'}_{ijk} = L(z)^{i'}_i L(z+\omega)^{j'}_j L(z+2\omega)^{k'}_k,$$

即

$$\mathcal{L}' = L^{(1)}(z)L^{(2)}(z+\omega)L^{(3)}(z+2\omega),$$

同样的

$$\mathcal{L}^{i'j'k'}_{ijk} = L(z+2\omega)^{k'}_k L(z+\omega)^{j'}_j L(z)^{i'}_i,$$

即

$$\mathcal{L} = L^{(3)}(z+2\omega)L^{(2)}(z+\omega)L^{(1)}(z),$$

这里

$$A = R_{12}(-\omega)R_{13}(-2\omega)R_{23}(-\omega)$$

是 $V^{\otimes 3}$ 中的反对称帽子. 由此可得

$$\begin{aligned}\mathcal{L}P_- &= \mathcal{L}P_-BB^{-1} = \mathcal{L}AB^{-1} = A\mathcal{L}'B^{-1}\\ &= P_-(A\mathcal{L}'B^{-1}) = P_-\mathcal{L}P_-,\end{aligned}$$

即

$$\mathcal{L}P_- = P_-\mathcal{L}P_-. \tag{6.3.2}$$

这个公式称为 P_- 对 $\mathcal{L}$ 的穿透, 其中

$$\mathcal{L} = L^{(3)}(z+2\omega)L^{(2)}(z+\omega)L^{(1)}(z). \tag{6.3.3}$$

我们把 $P_-\mathcal{L}P_-$ 称为由 L 取反对称聚合而得到的 $\mathcal{L}$ 矩阵.

把式 (6.3.2) 用图 6.3.2 表示 (取 $N=3$) 如下.

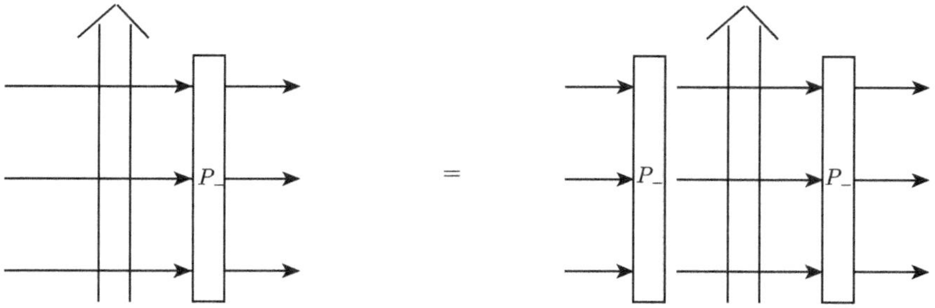

图 6.3.2 穿透定理式 (6.3.2) 的图示

或者也可以简单地标成图 6.3.3 的形式.

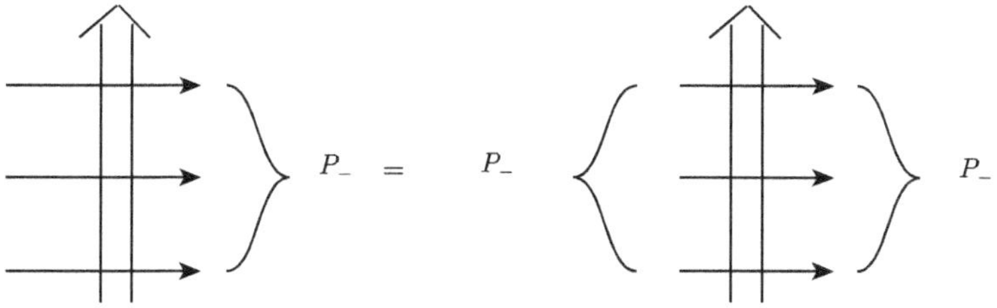

图 6.3.3 式 (6.3.2) 的另一图示法

从指标的观点看, 反对称算子就是把 P_- 涉及的 N 个指标取各种排列, 乘以排列的宇称 $(-1)^{\delta_p}$, 然后相加, 再乘以 $\dfrac{1}{N!}$, 将得到的结果作为反对称之后算子在原指标下的值:

$$
\begin{aligned}
(MP_-)^{i'j'k'\cdots}_{ijk\cdots} &= \frac{1}{N!}\sum_p M^{P(i'j'k'\cdots)}_{ijk\cdots}(-1)^{\delta_p},\\
(P_-M)^{i'j'k'\cdots}_{ijk\cdots} &= \frac{1}{N!}\sum_p M_{P^{-1}(ijk\cdots)}^{i'j'k'\cdots}(-1)^{\delta_p}\\
&= \frac{1}{N!}\sum_p M_{P(ijk\cdots)}^{i'j'k'\cdots}(-1)^{\delta_p}.
\end{aligned}\tag{6.3.4}
$$

由式 (6.3.2) 给出

$$
\mathcal{L}_k\cdots\mathcal{L}_2\mathcal{L}_1P_- = \mathcal{L}_k\cdots\mathcal{L}_2P_-\mathcal{L}_1P_- = \mathcal{L}_k\cdots\mathcal{L}_2P_-P_-\mathcal{L}_1P_-
$$

$$
\begin{aligned}
&= \mathcal{L}_k \cdots P_- \mathcal{L}_2 P_- P_- \mathcal{L}_1 P_- = \cdots = P_- \mathcal{L}_k P_- \cdots P_- \mathcal{L}_2 P_- P_- \mathcal{L}_1 P_- \\
&\equiv \mathcal{L}_k^- \cdots \mathcal{L}_2^- \mathcal{L}_1^- .
\end{aligned} \tag{6.3.5}
$$

其中, $\mathcal{L}_j^-$ 是反对称之后的 $\mathcal{L}$ 矩阵. 推导中用到 $P_-^2 = P_-$, $\mathcal{L}_j$ 是作用在量子空间 V_j 上的 L 矩阵的张量积. 以上结果可以用图 6.3.4 清楚地表示 (取 $k = 3, N = 4$).

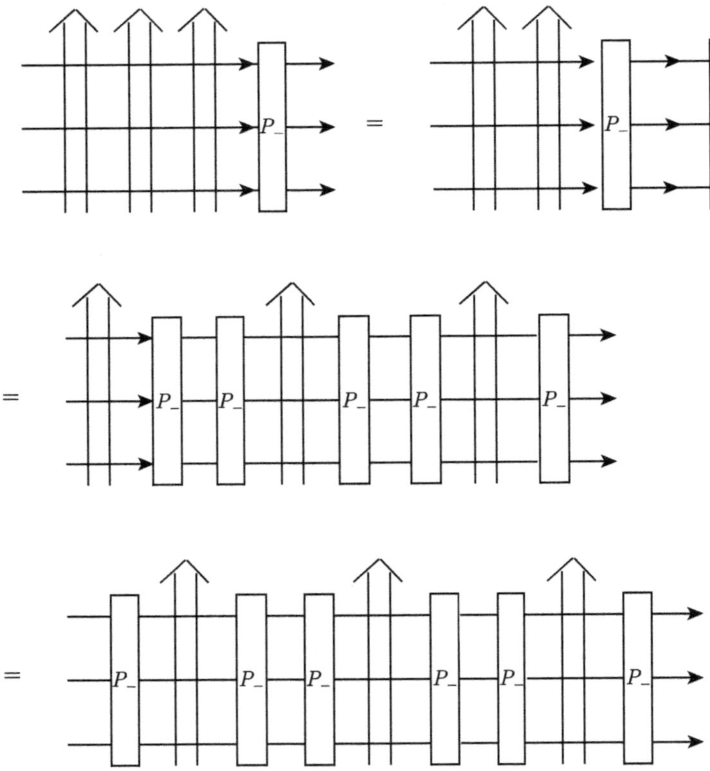

图 6.3.4　式 (6.3.5) 的图示

6.4　R 矩阵的聚合和 YBR

由于 L 矩阵满足 YBR, 我们可以进行图 6.4.1 表示的推导, 并给出如下结果:

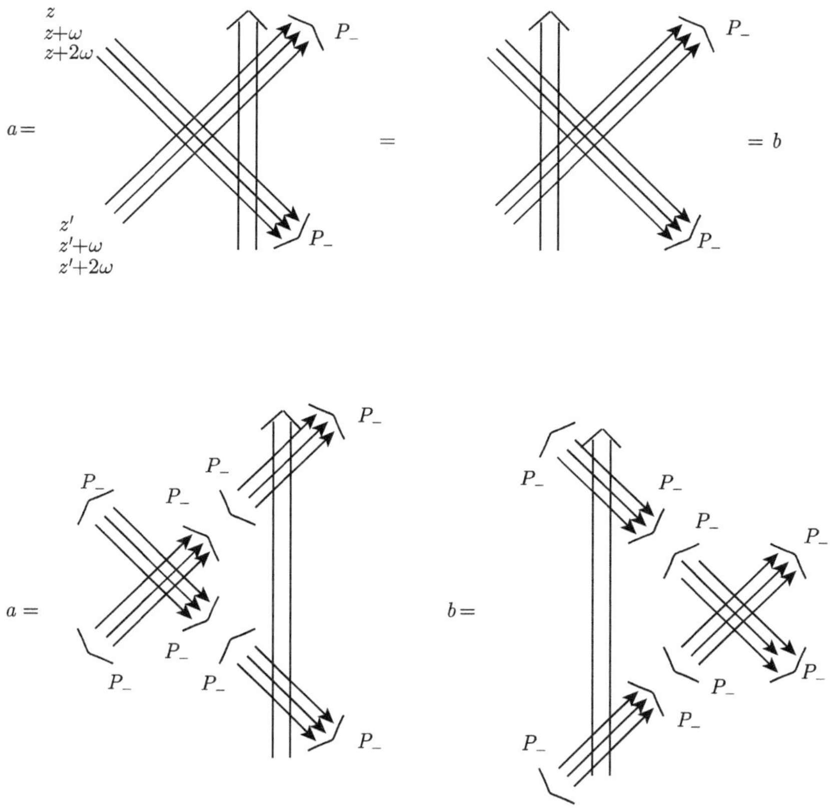

图 6.4.1 反对称聚合 $\mathcal{L}$ 矩阵的 YBR

反对称聚合之后的 $\mathcal{L}$ 矩阵满足由反对称聚合得到的 R 矩阵决定的 YBR. 以上所有结果都可以推广到全对称算子 P_+ 的情形. 比如对应于式 (6.3.2) 有

$$P_+\mathcal{L} = P_+\mathcal{L}P_+. \tag{6.4.1}$$

6.5 量子行列式

我们考虑一种特殊的聚合: n 个 R 矩阵的反对称聚合. 其中, n 是辅助空间的维数. 考虑当取 $N = n$ 时, 取 Z_n 对称的 Belavin 模型 R 矩阵作为 L, 反对称聚合为 $\mathcal{L}$, 有如下结果: (图 6.5.1, 图中 $N = n = 4$)

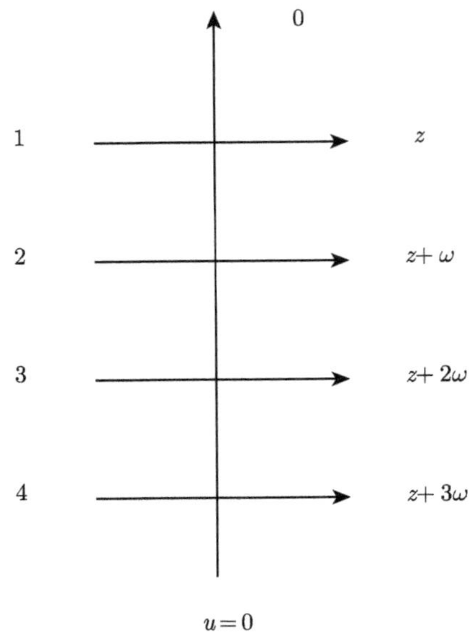

图 6.5.1　T 的定义图示

令 $N=n$(n 是空间 V 的维数), $n=4$, 定义由 R 矩阵聚合的 L 矩阵 T 为

$$T=R_{40}(z+3\omega)R_{30}(z+2\omega)R_{20}(z+\omega)R_{10}(z),$$

如图 6.5.1 所示. 定义全反对称矢量

$$|v_0\rangle\equiv\frac{1}{\sqrt{n!}}\sum_p(-1)^{\delta_p}P\begin{pmatrix}1,\ 2,\cdots,n\\ j_1,\ j_2,\cdots,j_n\end{pmatrix}|e_1\otimes e_2\otimes\cdots\otimes e_n\rangle. \tag{6.5.1}$$

可以证明, P_- 可以表达为 $P_-(1\cdots n)=|v_0\rangle\langle v_0|$. 当 $N=n=4$ 时, 有

$$\begin{aligned}D\equiv &TP_-(1234)=P_-(1234)TP_-(1234)\\ &=|v_0\rangle\langle v_0|T|v_0\rangle\langle v_0|.\end{aligned} \tag{6.5.2}$$

而 $P_-(1234)$ 将辅助空间 $V_1\otimes V_2\otimes V_3\otimes V_4$ 上的矢量投影到全反对称矢量 v_0 上. 因而式 (6.5.2) 是 V_0 的一个线性变换, 其中量子空间 V_0 是四维空间, v_0 自己构成一个一维空间. 我们要证明, 式 (6.5.2) 定义的 D 对量子空间 V_0 的作用正比于恒等算子.

考虑 $I_\alpha^{(0)}T(I_\alpha^{(0)})^{-1}$, I_α 在式 (5.1.1) 中定义. 由于对于 $R_{i0}(z)$, 有

$$I_\alpha^{(i)}\otimes I_\alpha^{(0)}R_{i0}(z)(I_\alpha^{(i)}\otimes I_\alpha^{(0)})^{-1}=R_{i0}(z),$$

由此导出

$$I_\alpha^{(0)}R_{i0}(z)(I_\alpha^{(0)})^{-1}=(I_\alpha^{(i)})^{-1}R_{i0}(z)I_\alpha^{(i)},$$

其中

$$I_\alpha^{(i)}=I\otimes\cdots\underbrace{\otimes I_\alpha}_{\text{第 } i \text{ 个空间}}\otimes I\otimes\cdots,$$

所以有

$$\begin{aligned}&I_\alpha^{(0)}T(I_\alpha^{(0)})^{-1}\\=&(I_\alpha^{(1)}I_\alpha^{(2)}I_\alpha^{(3)}I_\alpha^{(4)})^{-1}T(I_\alpha^{(1)}I_\alpha^{(2)}I_\alpha^{(3)}I_\alpha^{(4)})\end{aligned}$$

和

$$\begin{aligned}&I_\alpha^{(0)}P_-(1234)TP_-(1234)(I_\alpha^{(0)})^{-1}\\=&P_-(1234)I_\alpha^{(0)}T(I_\alpha^{(0)})^{-1}P_-(1234)\\=&P_-(1234)(I_\alpha^{(1)}\cdots I_\alpha^{(4)})^{-1}T(I_\alpha^{(1)}\cdots I_\alpha^{(4)})P_-(1234).\end{aligned}$$

容易证明, 当 I_α 取 g 和 h 时, 对于全反对称矢量 v_0, 有

$$\begin{aligned}&\langle v_0|g^{(1)}g^{(2)}g^{(3)}g^{(4)}\\=&\langle e_1\otimes e_2\otimes e_3\otimes e_4|\frac{1}{\sqrt{n!}}\sum_p(-1)^{\delta_p}Pg^{(1)}g^{(2)}g^{(3)}g^{(4)}\\=&\langle e_1\otimes e_2\otimes e_3\otimes e_4|\frac{1}{\sqrt{n!}}\sum_p(-1)^{\delta_p}P\Omega^1\Omega^2\Omega^3\Omega^0\\=&\langle v_0|\Omega^{\frac{4(4-1)}{2}},\end{aligned}\tag{6.5.3}$$

$$g^{(1)}g^{(2)}g^{(3)}g^{(4)}|v_0\rangle=\Omega^{\frac{4(4-1)}{2}}|v_0\rangle.\tag{6.5.4}$$

又由 $P_-(1234)=|v_0\rangle\langle v_0|$, 给出

$$\begin{aligned}&P_-(1234)(g^{(1)}g^{(2)}g^{(3)}g^{(4)})^{-1}T(g^{(1)}g^{(2)}g^{(3)}g^{(4)})P_-(1234)\\=&P_-(1234)TP_-(1234)=D,\end{aligned}$$

即

$$g^{(0)}D(g^{(0)})^{-1}=D.\tag{6.5.5}$$

同样, 由 $h_{jk}=\bar{\delta}_{j+1,k}$ 得 $h^t=h^{-1}$,

$$\begin{aligned}&\langle v_0|h^{(1)}h^{(2)}h^{(3)}h^{(4)}\\=&\langle e_1\otimes e_2\otimes e_3\otimes e_4|\frac{1}{\sqrt{n!}}\sum_p(-1)^{\delta_p}Ph^{(1)}h^{(2)}h^{(3)}h^{(4)}\\=&\langle e_2\otimes e_3\otimes e_4\otimes e_1|\frac{1}{\sqrt{n!}}\sum_p(-1)^{\delta_p}P\\=&\langle v_0|(-1)^{4-1},\end{aligned}\tag{6.5.6}$$

以及

$$h^{(1)}h^{(2)}h^{(3)}h^{(4)}|v_0\rangle = (-1)^{4-1}|v_0\rangle. \tag{6.5.7}$$

由此得

$$\begin{aligned} & h^{(0)}D(h^{(0)})^{-1} \\ =& P_-(1234)(h^{(1)}h^{(2)}h^{(3)}h^{(4)})^{-1}T(h^{(1)}h^{(2)}h^{(3)}h^{(4)})P_-(1234) \\ =& (-1)^{4-1}(-1)^{4-1}P_-(1234)TP_-(1234) = D. \end{aligned} \tag{6.5.8}$$

根据 $g^{(0)}D(g^{(0)})^{-1} = h^{(0)}D(h^{(0)})^{-1} = D$, 可得 D 在 V_0 空间 $\propto I^{(0)}$. 以上推导虽然是在 $n=4$ 的情况下给出的, 但是结论在一般 n 下也对.

定理　由 n 个 R 矩阵 (Belavin 模型) 的反对称聚合得到的矩阵在余下的一个空间正比于单位算子, 我们有

$$\begin{aligned} l_0 =& P_-(1,\cdots,n)R_{n0}(z+(n-1)\omega)R_{n-1,0}(z+(n-2)\omega)\cdots R_{10}(z)P_-(1,\cdots,n) \\ =& f(z)P_-(1,\cdots,n)I^{(0)}. \end{aligned} \tag{6.5.9}$$

下面我们介绍由 L 矩阵的矩阵元形成的量子行列式. 考虑如图 6.5.2 所示的推导, 图中 $N=n=4$.

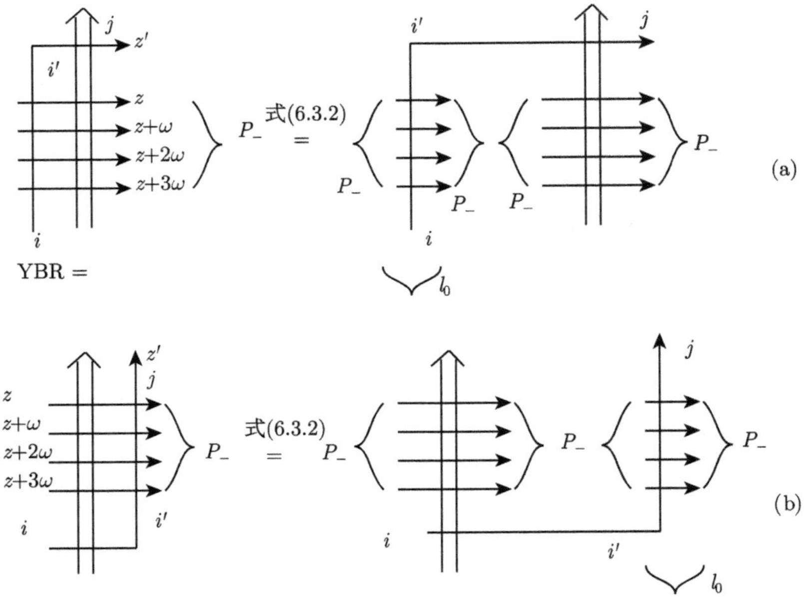

图 6.5.2　证明量子行列式与 $L(u)$ 的矩阵元 $L(u)_i^j$ 对易的图示. 注意在 (a) 中 $i'=i$, (b) 中 $i'=j$

得到

$$\begin{aligned}&[f(z)P_-(1,\cdots,n)(I)_i^{i'}]\{P_-(1,\cdots,n)L^{(n)}(z+(n-1)\omega)L^{(n-1)}\\&\times(z+(n-2)\omega)\cdots L^{(1)}(z)\times P_-(1,\cdots,n)\}L(z')_{i'}^{j}\\=&L(z')_i^{i'}\{P_-(1,\cdots,n)L^{(n)}(z+(n-1)\omega)L^{(n-1)}\\&\times(z+(n-2)\omega)\cdots L^{(1)}(z)P_-(1,\cdots,n)\}\times[f(z)P_-(1,\cdots,n)(I)_{i'}^{j}].\end{aligned}\tag{6.5.10}$$

令上式中 $\{\cdots\}=\varDelta$, 由

$$(I)_i^j=\delta_{ij},\quad P_-(1,\cdots,n)P_-(1,\cdots,n)=P_-(1,\cdots,n),$$

进一步得到

$$\varDelta L(z')_i^j=L(z')_i^j\varDelta.\tag{6.5.11}$$

上式表明 $\varDelta$ 与一切 $L(z')$ 的矩阵元对易. $\varDelta$ 定义为

$$\begin{aligned}\varDelta\equiv&\{L^{(n)}(z+(n-1)\omega)L^{(n-1)}(z+(n-2)\omega)\cdots L^{(1)}(z)P_-(1,\cdots,n)\}\\=&\{P_-(1,\cdots,n)L^{(n)}(z+(n-1)\omega)L^{(n-1)}(z+(n-2)\omega)\cdots L^{(1)}(z)P_-(1,\cdots,n)\}\\=&|v_0\rangle\langle v_0|L^{(n)}(z+(n-1)\omega)L^{(n-1)}(z+(n-2)\omega)\cdots L^{(1)}(z)|v_0\rangle\langle v_0|\\=&\langle v_0|L^{(n)}(z+(n-1)\omega)L^{(n-1)}(z+(n-2)\omega)\cdots L^{(1)}(z)|v_0\rangle P_-(1,\cdots,n).\end{aligned}$$

由式 (6.5.1), 现在计算

$$\begin{aligned}&\langle v_0|L^{(n)}(z+(n-1)\omega)\cdots L^{(1)}(z)|v_0\rangle\\=&\sqrt{n!}\langle e_1\otimes e_2\otimes\cdots\otimes e_n\ \underbrace{|v_0\rangle\langle v_0|}_{P_-(1,\cdots,n)}\ L^n\cdots L^1\ \underbrace{|v_0\rangle\overbrace{\langle v_0|}_{P_-(1,\cdots,n)}\ e_1\otimes e_2\otimes\cdots\otimes e_n\rangle\sqrt{n!}}^{1}\\=&n!\langle e_1\otimes e_2\otimes\cdots\otimes e_n|L^{(n)}\cdots L^{(1)}P_-(1,\cdots,n)|e_1\otimes e_2\otimes\cdots\otimes e_n\rangle\\=&n!L_1^{(n)i_1}L_2^{(n-1)i_2}\cdots L_n^{(1)i_n}P_-(1,\cdots,n)_{i_1i_2\cdots i_n}^{12\cdots n}\\=&\sum_p L_1^{(n)p(1)}L_2^{(n-1)p(2)}\cdots L_n^{(1)p(n)}(-1)^{\delta_p}\\=&\widehat{\det}\begin{bmatrix}L_1^{(n)1}&L_1^{(n)2}&\cdots&L_1^{(n)n}\\\vdots&\vdots&&\vdots\\L_n^{(1)1}&L_n^{(1)2}&\cdots&L_n^{(1)n}\end{bmatrix},\end{aligned}$$

这个形式是一个行列式, 所以称为量子行列式 (注意, 乘积的次序必须按式 (6.5.10) 的次序, 因为 L_i^j 是算符, 不能交换). 量子行列式与所有的 $L(z')_i^j$ 对易, 是由 YBR

决定的代数中心. 最后得到

$$\varDelta=P_-(1,\cdots,n)\widehat{\det}\begin{bmatrix}L_1^{(n)1} & L_1^{(n)2} & \cdots & L_1^{(n)n}\\ \vdots & \vdots & & \vdots\\ L_n^{(1)1} & L_n^{(1)2} & \cdots & L_n^{(1)n}\end{bmatrix}. \tag{6.5.12}$$

注意, $P_-(1,\cdots,n)|e_1\otimes e_2\otimes\cdots\otimes e_n\rangle$ 是不归一的:

$$\begin{aligned}&\langle e_1\otimes e_2\otimes\cdots\otimes e_n|P_-(1,\cdots,n)P_-(1,\cdots,n)|e_1\otimes e_2\otimes\cdots\otimes e_n\rangle\\=&\langle e_1\otimes e_2\otimes\cdots\otimes e_n|\frac{1}{n!}\sum_p(-1)^{\delta_p}P|e_1\otimes e_2\otimes\cdots\otimes e_n\rangle\\=&\langle e_1\otimes e_2\otimes\cdots\otimes e_n|\frac{1}{n!}|e_1\otimes e_2\otimes\cdots\otimes e_n\rangle\\=&\frac{1}{n!}\end{aligned}$$

所以, $|v_0\rangle=\sqrt{n!}P_-(1,\cdots,n)|e_1\otimes e_2\otimes\cdots\otimes e_n\rangle$ 才是归一的.

习题　求证 $P_-(1,\cdots,n)=|v_0\rangle\langle v_0|$.

解　考虑 $\{i_l\},\{j_l\}$ 是 $1\to n$ 的一个置换,

$$\begin{aligned}A=&\langle e_{i_1}\otimes e_{i_2}\otimes\cdots\otimes e_{i_n}|v_0\rangle\langle v_0|e_{j_1}\otimes e_{j_2}\otimes\cdots\otimes e_{j_n}\rangle\\=&\langle e_{i_1}\otimes e_{i_2}\otimes\cdots\otimes e_{i_n}|P_-|e_1\otimes e_2\otimes\cdots\otimes e_n\rangle\sqrt{n!}\\&\times\langle e_1\otimes e_2\otimes\cdots\otimes e_n|P_-|e_{j_1}\otimes e_{j_2}\otimes\cdots\otimes e_{j_n}\rangle\times\sqrt{n!}\\=&\frac{1}{n!}(-1)^\delta P_i\times\frac{1}{n!}(-1)^\delta P_j^{-1}\times n!,\end{aligned}$$

其中

$$P_i|e_1\otimes\cdots\otimes e_n\rangle=|e_{i_1}\otimes\cdots\otimes e_{i_n}\rangle,$$

$$P_j|e_1\otimes\cdots\otimes e_n\rangle=|e_{j_1}\otimes\cdots\otimes e_{j_n}\rangle,\quad P_j^{-1}|e_{j_1}\otimes\cdots\otimes e_{j_n}\rangle=|e_1\otimes\cdots\otimes e_n\rangle.$$

另一方面

$$\begin{aligned}B=&\langle e_{i_1}\otimes e_{i_2}\otimes\cdots\otimes e_{i_n}|P_-|e_{j_1}\otimes e_{j_2}\otimes\cdots\otimes e_{j_n}\rangle\\=&\frac{1}{n!}(-1)^\delta P,\end{aligned}$$

其中 $P=\begin{pmatrix}j_1\ j_2\ \cdots\\ i_1\ i_2\ \cdots\end{pmatrix}$. 由于 $P=\begin{pmatrix}1 & 2 & \cdots\\ i_1 & i_2 & \cdots\end{pmatrix}\begin{pmatrix}j_1\ j_2\ \cdots\\ 1\ \ 2\ \ \cdots\end{pmatrix}$, 所以有 $P=P_iP_j^{-1}$, $\delta_P=\delta_{P_i}+\delta P_j^{-1}$, 给出 $A=B$. 当有 $i_l=i_{l'}$ 或 $j_l=j_{l'}$ 时, 有 $A=0,B=0$. 因此 $|v_0\rangle\langle v_0|$ 与 $P_-(1,2,\cdots,n)$ 矩阵元相同, 它们相等.

6.6 由 R 矩阵形成的量子行列式

对于由 Z_n 对称的 Belavin 模型的 R 矩阵形成的量子行列式, 我们可以求出它的简洁函数形式.

考虑图 6.6.1(其中 $N = n = 4$).

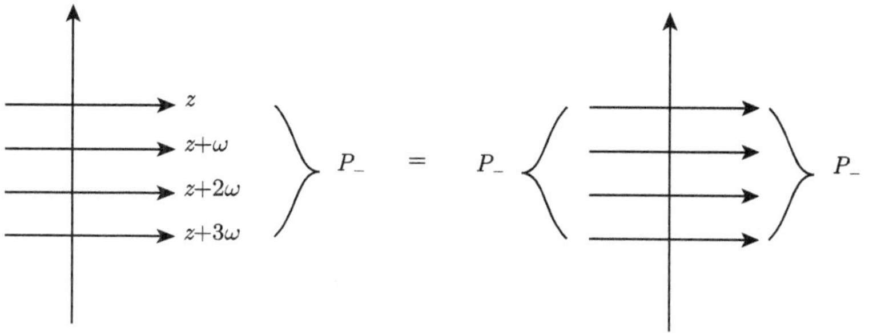

图 6.6.1 由 R 矩阵形成的量子行列式

令

$$\det_q = \varDelta = R_{40}(z + 3\omega)R_{30}(z + 2\omega)R_{20}(z + \omega)R_{10}(z)P_-(1234). \tag{6.6.1}$$

当 $z = 0,\ -\omega,\ -2\omega$ 时, $\det_q = 0$.

原因如图 6.6.2 所示, 当 $z = -\omega$ 时, 有 (由 $P_-(23)P_-(1234) = P_-(1234)$).

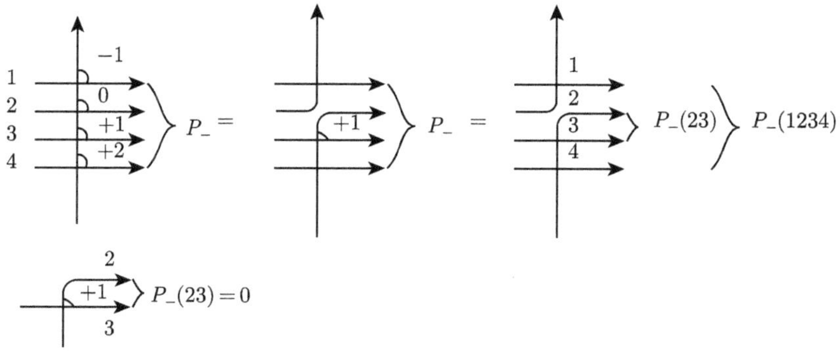

图 6.6.2 当 $z = -\omega$ 时, $\det_q(z) = 0$ 的证明图示

由于有 $R(\omega)P_- = R(\omega)P_+P_- = 0$, 所以有 $\det_q(z)|_{z=-\omega} = 0$.

其余类推, 由此分析可以推断, 对于一般 n(上述例子中 $n = 4$)

$$\det_q = 0, \quad 当\ z = 0,\ -\omega,\ -2\omega, \cdots, -(n-2)\omega\ 时成立. \tag{6.6.2}$$

由式 (5.1.7)

$$(h\otimes I)^{-1}R(z)(h\otimes I)=\mathrm{e}^{2\pi\mathrm{i}\left(\frac{\tau}{2}+z+\frac{\omega}{n}+\frac{1}{2}\right)}R(z+\tau),$$

得到

$$R(z+\tau)=\mathrm{e}^{-2\pi\mathrm{i}\left(\frac{\tau}{2}+z+\frac{\omega}{n}+\frac{1}{2}\right)}(h\otimes I)^{-1}R(z)(h\otimes I).$$

因此对

$$\begin{aligned}D(z)\equiv&P_-(1,\cdots,n)R_{n0}(z+(n-1)\omega)R_{n-1,0}(z+(n-2)\omega)\\&\times\cdots\times R_{2,0}(z+\omega)R_{10}(z)P_-(1,\cdots,n),\end{aligned}\tag{6.6.3}$$

有

$$\begin{aligned}D(z+\tau)=&\mathrm{e}^{-2\pi\mathrm{i}\left(\frac{\tau}{2}+z+(n-1)\omega+\frac{\omega}{n}+\frac{1}{2}\right)}\mathrm{e}^{-2\pi\mathrm{i}\left(\frac{\tau}{2}+z+(n-2)\omega+\frac{\omega}{n}+\frac{1}{2}\right)}\\&\times\cdots\times P_-(1,\cdots,n)\underbrace{(h\otimes h\otimes\cdots\otimes h)^{-1}}_{1\to n\ \text{空间}}\underbrace{\otimes I}_{0\ \text{空间}}\\&D(z)(h\otimes h\otimes\cdots\otimes h)\otimes IP_-(1,\cdots,n).\end{aligned}$$

由于 $P_-(1,\cdots,n)$ 在两头, $(h\otimes h\otimes\cdots\otimes h)^{\pm1}$ 只给出相同的 ±1 因子 (详见式 (6.5.6) 的推导), 所以得

$$D(z+\tau)=\mathrm{e}^{-2\pi\mathrm{i}\left(\frac{\tau}{2}n+nz+\frac{n^2-n+2}{2}\omega+\frac{n}{2}\right)}D(z).\tag{6.6.4}$$

类似地, 由式 (5.1.6)

$$(g\otimes I)^{-1}R(z)(g\otimes I)=-R(z+1),$$

得

$$D(z+1)=\mathrm{e}^{-2\pi\mathrm{i}\left(\frac{n}{2}\right)}D(z).\tag{6.6.5}$$

因此, 在 Λ_τ 中 $D(z)$ 有 n 个零点 $z_i, i=1,\cdots,n$, 零点之和为

$$\sum_i z_i=\frac{A_2}{2}+B\tau-A_1=\frac{n}{2}+\frac{n}{2}\tau-\left(\frac{n}{2}\tau+\frac{n}{2}+\frac{n^2-n+2}{2}\omega\right)=-\frac{n^2-n+2}{2}\omega.$$

已知 $z=0,\ -\omega,\ -2\omega,\cdots,-(n-2)\omega$ 是 $D(z)$ 的 0 点, 其和为 $-\dfrac{(n-1)(n-2)}{2}\omega=-\dfrac{n^2-3n+2}{2}\omega$, 最后一个 0 点为 $z_n=-\dfrac{2n}{2}\omega=-n\omega$.

考虑

$$\begin{aligned} f(z) &= \sigma(z)\sigma(z+\omega)\cdots\sigma(z+(n-2)\omega)\sigma(z+n\omega) \qquad (6.6.6)\\ &= \prod_{s=0}^{n}\sigma(z+s\omega)/\sigma(z+(n-1)\omega), \end{aligned}$$

$$\sigma(z)\equiv\theta\begin{bmatrix}\frac{1}{2}\\ \frac{1}{2}\end{bmatrix}(z,\tau),$$

有

$$\begin{aligned} f(z+1) &= \mathrm{e}^{-2\pi\mathrm{i}\left(\frac{n}{2}\right)}f(z),\\ f(z+\tau) &= \mathrm{e}^{-2\pi\mathrm{i}\left(\frac{\tau}{2}+z+\frac{1}{2}\right)}\mathrm{e}^{-2\pi\mathrm{i}\left(\frac{\tau}{2}+z+\omega+\frac{1}{2}\right)}\times\cdots\times f(z)\\ &= \mathrm{e}^{-2\pi\mathrm{i}\left(\frac{\tau}{2}n+nz+\left(\frac{(n-1)(n-2)}{2}+n\right)\omega+\frac{n}{2}\right)}f(z)\\ &= \mathrm{e}^{-2\pi\mathrm{i}\left(\frac{\tau}{2}n+nz+\frac{n^2-n+2}{2}\omega+\frac{n}{2}\right)}f(z). \end{aligned}$$

因此 $\dfrac{D(z)}{f(z)}$ 是全平面的双周期全纯函数, 根据刘维尔定理, 它是与 z 无关的常数:

$$\begin{aligned} D(z) &= c(\omega,\tau)f(z) \qquad (6.6.7)\\ &= c(\omega,\tau)\frac{\sigma(z)\sigma(z+\omega)\cdots\sigma(z+n\omega)}{\sigma(z+(n-1)\omega)}. \qquad (6.6.8) \end{aligned}$$

根据式 (6.6.1), $D(z)$ 的构成为

$$D(z,\omega)=\sum_{a_sb_s}\prod_{s=0}^{n-1}s(z+s\omega)_{a_sb_s}\times c(a_s,b_s,s). \qquad (6.6.9)$$

由式 (5.3.11)

$$s(z+s\omega)_{ab}=\frac{\prod\limits_{l=0,l\neq b}^{n-1}\theta\begin{bmatrix}\frac{1}{2}+\frac{l}{n}\\ \frac{1}{2}\end{bmatrix}(z+s\omega,n\tau)}{\prod\limits_{l=1}^{n-1}\theta\begin{bmatrix}\frac{1}{2}+\frac{l}{n}\\ \frac{1}{2}\end{bmatrix}(0,n\tau)}\frac{\theta\begin{bmatrix}\frac{1}{2}+\frac{b-a}{n}\\ \frac{1}{2}\end{bmatrix}(z+(s+1)\omega,n\tau)}{\theta\begin{bmatrix}\frac{1}{2}-\frac{a}{n}\\ \frac{1}{2}\end{bmatrix}(\omega,n\tau)},$$

可以断定

$$F_s(\omega) \equiv \prod_{a=0}^{n-1} \theta \begin{bmatrix} \frac{1}{2} - \frac{a}{n} \\ \frac{1}{2} \end{bmatrix} (\omega, n\tau) \times s(z + s\omega)_{ab} \equiv U(\omega) \times s(z + s\omega)_{ab} \tag{6.6.10}$$

对 ω 是没有奇点的. $F_s(\omega) \equiv U(\omega) \times s(z + s\omega,\ \omega, \tau)_{ab}$ 在 $\omega \to \omega + n\tau$ 时的变化为

$$\begin{aligned} F_s(\omega + n\tau) = & \frac{\prod\limits_{l \neq b} \mathrm{e}^{-2\pi \mathrm{i} s\left(\frac{sn\tau}{2} + z + s\omega + \frac{1}{2}\right)} \theta \begin{bmatrix} \frac{1}{2} + \frac{l}{n} + s \\ \frac{1}{2} \end{bmatrix} (z + s\omega, n\tau)}{\prod\limits_{l=1}^{n-1} \theta \begin{bmatrix} \frac{1}{2} + \frac{l}{n} \\ \frac{1}{2} \end{bmatrix} (0, n\tau)} \\ & \times \mathrm{e}^{-2\pi \mathrm{i}(s+1)\left(\frac{(s+1)n\tau}{2} + z + (s+1)\omega + \frac{1}{2}\right)} \\ & \times \theta \begin{bmatrix} \frac{1}{2} + \frac{b-a}{n} + s + 1 \\ \frac{1}{2} \end{bmatrix} (z + (s+1)\omega, n\tau) \\ & \times \prod_{l \neq a} \mathrm{e}^{-2\pi \mathrm{i}\left(\frac{n\tau}{2} + \omega + \frac{1}{2}\right)} \theta \begin{bmatrix} \frac{1}{2} - \frac{l}{n} + 1 \\ \frac{1}{2} \end{bmatrix} (\omega, n\tau) \\ = & \mathrm{e}^{-2\pi \mathrm{i}\left(\frac{n\tau}{2}\right)(s^2(n-1) + (s+1)^2 + n - 1)} \mathrm{e}^{-2\pi \mathrm{i} z(s(n-1) + s + 1)} \\ & \times \mathrm{e}^{-2\pi \mathrm{i}\omega(s^2(n-1) + (s+1)^2 + n - 1)} \mathrm{e}^{-2\pi \mathrm{i}\left(\frac{1}{2}\right)(s(n-1) + s + 1 + n - 1)} F_s(\omega) \\ = & \mathrm{e}^{-2\pi \mathrm{i}\left[\left(\frac{n\tau}{2} + \omega\right)(s^2 n + 2s + n) + z(sn+1) + \frac{n}{2}(s+1)\right]} F_s(\omega). \end{aligned} \tag{6.6.11}$$

注意, 其指数与 a, b 无关.

由式 (6.6.9)~式 (6.6.11) 可得

$$\begin{aligned} & \frac{U^n(\omega + n\tau) D(z, \omega + n\tau)}{U^n(\omega) D(z, \omega)} \\ = & \mathrm{e}^{-2\pi \mathrm{i}\left[\left(\frac{n\tau}{2} + \omega\right) \sum\limits_{s=0}^{n-1} (s^2 n + 2s + n) + z \sum\limits_{s=0}^{n-1} (sn+1) + \frac{1}{2} \sum\limits_{s=0}^{n-1} n(s+1)\right]} \\ = & \mathrm{e}^{-2\pi \mathrm{i}\left[\left(\frac{n\tau}{2} + \omega\right) \sum\limits_{s=0}^{n-1} (s^2 n + 2n^2 - n) + z \frac{n^3 - n^2 + 2n}{2} + \frac{1}{2} n^2 (n+1)\right]}. \end{aligned} \tag{6.6.12}$$

这里 $\frac{1}{2}n^2(n+1)$ 为整数. 另一方面, 由式 (6.6.6) 可得

$$
\begin{aligned}
\frac{f(z,\omega+n\tau)}{f(z,\omega)}&=\frac{\mathrm{e}^{-2\pi\mathrm{i}\sum\limits_{s=1}^{n}ns\left(\frac{ns\tau}{2}+z+s\omega+\frac{1}{2}\right)}}{\mathrm{e}^{-2\pi\mathrm{i}n(n-1)\left(\frac{n(n-1)\tau}{2}+z+(n-1)\omega+\frac{1}{2}\right)}}\\
&=\mathrm{e}^{-2\pi\mathrm{i}\left[\left(\frac{n\tau}{2}+\omega\right)\left(\sum\limits_{s=0}^{n}s^2n-(n-1)^2n\right)+z\left(\frac{n^2(n+1)}{2}-n(n-1)\right)\right]}\\
&\quad\times\mathrm{e}^{-2\pi\mathrm{i}\left(\frac{1}{2}\right)n\left[\frac{n(n+1)}{2}-(n-1)\right]}\\
&=\mathrm{e}^{-2\pi\mathrm{i}\left[\left(\frac{n\tau}{2}+\omega\right)\left(\sum\limits_{s=0}^{n-1}s^2n+n^3-(n^3-2n^2+n)\right)+z\frac{n^3+n^2-2n^2+2n}{2}\right]}\\
&\quad\times\mathrm{e}^{-2\pi\mathrm{i}\left(\frac{1}{2}\right)n\frac{n^2-n+2}{2}}\\
&=\mathrm{e}^{-2\pi\mathrm{i}\left[\left(\frac{n\tau}{2}+\omega\right)\left(\sum\limits_{s=0}^{n-1}s^2n+2n^2-n\right)+z\frac{n^3+n^2-2n^2+2n}{2}\right]}\\
&\quad\times\mathrm{e}^{-2\pi\mathrm{i}\frac{1}{2}n(n-2)(n+1)}.
\end{aligned}\tag{6.6.13}
$$

这里 $\frac{1}{2}n(n-2)(n+1)$ 为整数, 因此两者相等. 我们定义

$$\widetilde{D}(z,\omega)\equiv U^n(\omega)D(z,\omega),\tag{6.6.14}$$

由式 (6.6.9) 和式 (6.6.10) 有

$$\widetilde{D}(z,\omega+2n)=\widetilde{D}(z,\omega).$$

根据定义式 (6.6.6) 易得

$$f(z,\omega+2n)=f(z,\omega).$$

因此对 ω 的全纯函数 $\widetilde{D}(z,\omega)$ 和 $f(z,\omega)$, 在 ω 平面上对 $E_\tau=(2n,\ n\tau)$ 有相同的准双周期性质, 从而它们在 E_τ 中有相同数目的零点. 然而当 $f(z,\omega)=0$ 时有 $D(z,\omega)=0$ 和 $\widetilde{D}(z,\omega)=0$. 因此 $c(\omega,\tau)=\dfrac{\widetilde{D}(z,\omega)}{f(z,\omega)}$ 没有奇异点, 从而 $c(\omega,\tau)$ 是全 ω 平面上的全纯函数, 由于是双周期的, 所以是有界的. 由刘维尔定理, 它相对 ω 是常数, 即

$$c(z,\omega,\tau)=c(z,\tau).\tag{6.6.15}$$

我们进一步考察

$$U(\omega)=\prod_{l=0}^{n-1}\theta\begin{bmatrix}\frac{1}{2}+\frac{l}{n}\\ \frac{1}{2}\end{bmatrix}(\omega,n\tau)$$

和

$$\sigma(\omega)=\theta\begin{bmatrix}\frac{1}{2}\\ \frac{1}{2}\end{bmatrix}(\omega,\tau)$$

的比 $g(\omega,\tau)=\dfrac{U(\omega)}{\sigma(\omega)}$, 有性质

$$\begin{aligned}g(\omega+n\tau,\tau)&=\frac{\mathrm{e}^{-2\pi\mathrm{i}\left(\frac{n\tau}{2}+\omega+\frac{1}{2}\right)n}}{\mathrm{e}^{-2\pi\mathrm{i}n\left(\frac{n\tau}{2}+\omega+\frac{1}{2}\right)}}g(\omega,\tau)=g(\omega,\tau),\\ g(\omega+2n,\tau)&=g(\omega,\tau).\end{aligned}$$

在 $E_\tau=(2n,\ n\tau)$ 中, $U(\omega)$ 和 $\sigma(\omega)$ 有相同的零点:

$$\omega=m+l\tau,\quad m=0,\cdots,2n-1;l=0,\cdots,n-1.$$

它们的比 $g(\omega,\tau)$ 是 ω 平面上全纯的双周期函数, 因此 $g(\omega,\tau)$ 与 ω 无关,

$$U(\omega,\tau)=\gamma(\tau)\sigma(\omega).\tag{6.6.16}$$

下面我们在 $\omega\to 0$ 时求 $c(z,\tau)$.

由定义式 (5.1.1) 知道, 当 $\omega\to 0$ 时, $R(z,\omega)$ 作为 ω 的函数的奇异在于

$$w_0=\frac{1}{n}\frac{\theta\begin{bmatrix}\frac{1}{2}\\ \frac{1}{2}\end{bmatrix}\left(z+\frac{\omega}{n},\tau\right)}{\theta\begin{bmatrix}\frac{1}{2}\\ \frac{1}{2}\end{bmatrix}\left(\frac{\omega}{n},\tau\right)}=\frac{1}{n}\frac{\sigma\left(z+\frac{\omega}{n}\right)}{\sigma\left(\frac{\omega}{n}\right)}.$$

因此 $U(\omega)\times R(z,\omega)\equiv\widetilde{R}(z,\omega)$, 当 $\omega\to 0$ 时的极限行为是

$$\begin{aligned}\widetilde{R}(z,\omega)\ &\overrightarrow{\omega\to 0}\ \gamma(\tau)\sigma(\omega)\times\frac{1}{n}\frac{\sigma\left(z+\frac{\omega}{n}\right)}{\sigma\left(\frac{\omega}{n}\right)}I_0\otimes I_0^{-1}\\ &\overrightarrow{\omega\to 0}\ \gamma(\tau)\sigma(z)\mathrm{id}.\end{aligned}$$

I_0 为单位矩阵. 这个极限过程与 z 的取值无关. 当 $\omega\to 0$ 时, 由 D 和 $\widetilde{D}$ 的定义得

$$\widetilde{D}(z,0)=[\gamma(\tau)\sigma(z)]^n\times P_-(1,\cdots,n)\times\mathrm{id}_{V_0}.\tag{6.6.17}$$

我们又有

$$f(z,0)=\sigma(z)^n,$$

因此有

$$c(z,\tau)=\gamma(\tau)^nP_-(1,\cdots,n)\times\mathrm{id}_{V_0}.$$

由此可得

$$\begin{aligned}
\widetilde{D}(z,\omega) &= \gamma(\tau)^n P_-(1,\cdots,n)\times \mathrm{id}_{V_0}\times f(z,\omega)\\
&= \gamma(\tau)^n P_-(1,\cdots,n)\times \mathrm{id}_{V_0}\times \sigma(z)\sigma(z+\omega)\cdots\sigma(z+(n-2)\omega)\sigma(z+n\omega),\\
D(z,\omega) &= \frac{\widetilde{D}(z,\omega)}{U^n(\omega)}\\
&= \frac{\gamma(\tau)^n P_-(1,\cdots,n)\times \mathrm{id}_{V_0}\times \sigma(z)\sigma(z+\omega)\cdots\sigma(z+(n-2)\omega)\sigma(z+n\omega)}{\gamma(\tau)^n\sigma(\omega)^n}\\
&= \frac{\prod_{l=0}^{n}\sigma(z+l\omega)}{\sigma(\omega)^n\sigma(z+(n-1)\omega)}\times P_-(1,\cdots,n)\times \mathrm{id}_{V_0}.
\end{aligned}\tag{6.6.18}$$

习题　利用全反对称算子的穿透性质 (6.3.2) 或图 6.6.3, 计算图 6.6.3 的量子行列式.

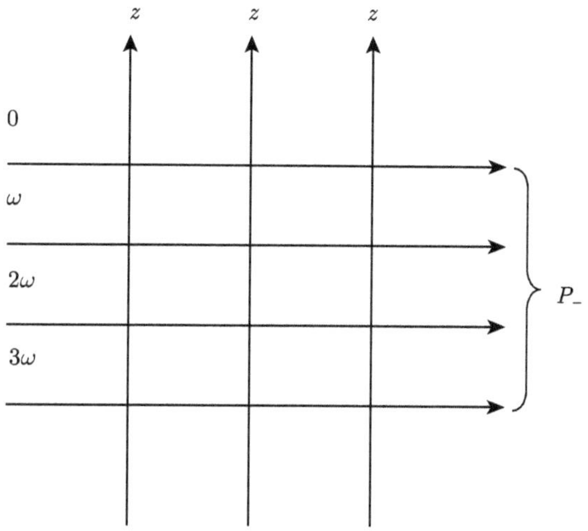

图 6.6.3　习题中要求的量子行列式

第 7 章　面模型和面顶对应关系

在本章我们介绍 A_{n-1}^1 面模型, 它与 Z_n 对称模型密切相关. Z_n 对称的 Belavin 模型与三角型模型不同, 它的 R 矩阵元 $R(z)_{ij}^{i'j'}$ 的一对入射指标 $\{i, j\}$ 与出射指标 $\{i', j'\}$ 并不是相同的数集. 这在许多情况下会带来麻烦, 三角型 (或称六顶角型)R 矩阵这两对指标属于相同的数集, 所以我们要设法通过变换把 Z_n 对称模型变为六顶角型的, 这就是后面要介绍的 A_{n-1}^1 面模型, 这个变换叫做面顶对应关系. 首先我们介绍面模型.

7.1　面模型的玻尔兹曼权

对于面模型, 玻尔兹曼权由围绕面 S 的四个顶点的状态决定, 称为 IRF(interaction round a face), 见图 7.1.1.

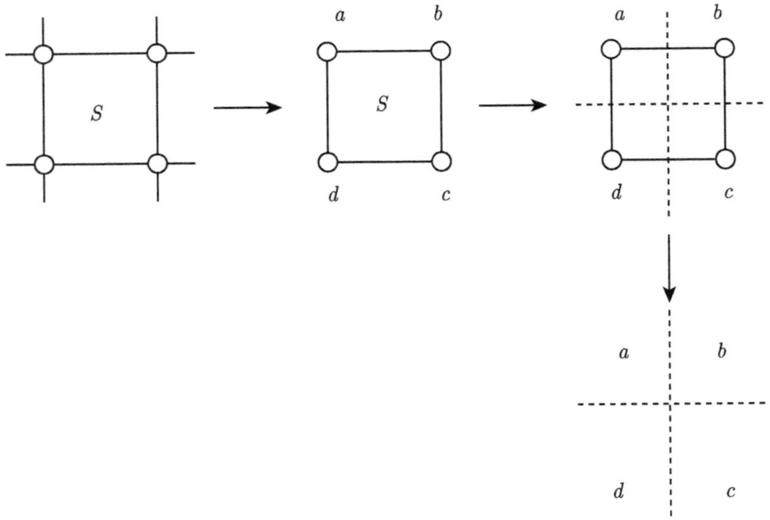

图 7.1.1　面模型图示的变化

我们介绍这种模型中比较简单的一种: A_{n-1}^1 面模型, 这种模型等价于 Z_n 对称的 Belavin 模型. A_{n-1}^1 面模型的顶点状态 (指 $a, b, \cdots$) 由 n 个整数决定: $(m_0, m_1, \cdots, m_{n-1})$, 或者写成矢量形式 $m = m_0e_0 + m_1e_1 + \cdots$, 也可将顶点状态由一个权空间的格点决定,

$$\overline{m} = m_0\bar{e}_0 + m_1\bar{e}_1 + \cdots,$$

其中

$$\begin{aligned}
&e_0 = (1,0,0,\cdots), \quad e_1 = (0,1,0,\cdots), \quad \cdots, \\
&e_j = (0,0,\cdots,1,0,\cdots), \\
&\bar{e}_j = e_j - \frac{1}{n}\sum_{k=0}^{n-1} e_k.
\end{aligned} \tag{7.1.1}$$

显然, 由一个 m 可以决定一个 $\overline{m}$, 但反过来却不唯一, 因为 $\sum\limits_{i=0}^{n-1}\bar{e}_i = 0$.

令

$$\hat{\mu} = (0,0,\cdots,1,0,\cdots) \equiv e_\mu, \tag{7.1.2}$$

为了便利, 用图 7.1.2 右边的表示方法. 用 $W\left(\begin{array}{cc|c} a & b & \multirow{2}{*}{z} \\ d & c & \end{array}\right)$ 表示带谱 $z_1 - z_2 = z$ 时的玻尔兹曼权. 由于在第二种图示法中 a、b、c、d 表示一块“面”的状态, 我们称它们为面权. 玻尔兹曼权是这样规定的: 当 $\begin{array}{cc} a\to b & b\to c \\ a\to d & d\to c \end{array}$ 每一步都加某个 e_k 时, 玻尔兹曼权非零, 否则为零.

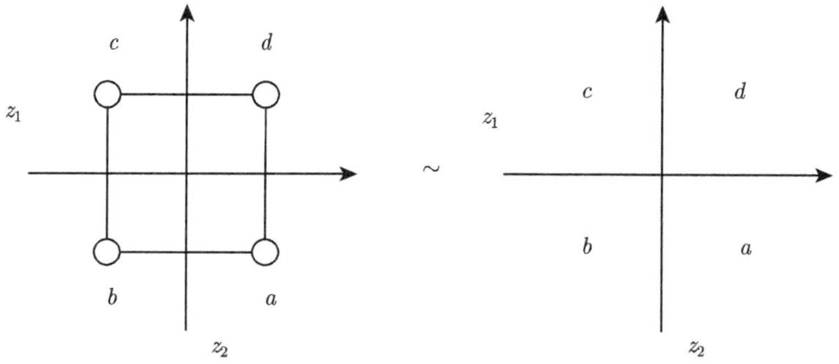

图 7.1.2 两种表示 IRF 模型单元的图示方法

对图 7.1.3 的情形, $W\left(\begin{array}{cc|c} a & b & \multirow{2}{*}{z} \\ d & c & \end{array}\right)$ 为

$$W\left(\begin{array}{cc|c} a & a+\hat{\mu} & \multirow{2}{*}{$z_1 - z_2$} \\ a+\hat{\mu} & a+2\hat{\mu} & \end{array}\right) = W(a|z_1 - z_2)^{\mu\mu}_{\mu\mu} = \frac{\sigma(z_1 - z_2 + \omega)}{\sigma(\omega)}, \tag{7.1.3}$$

$$\sigma(z) \equiv \theta\begin{bmatrix} \dfrac{1}{2} \\ \dfrac{1}{2} \end{bmatrix}(z,\tau).$$

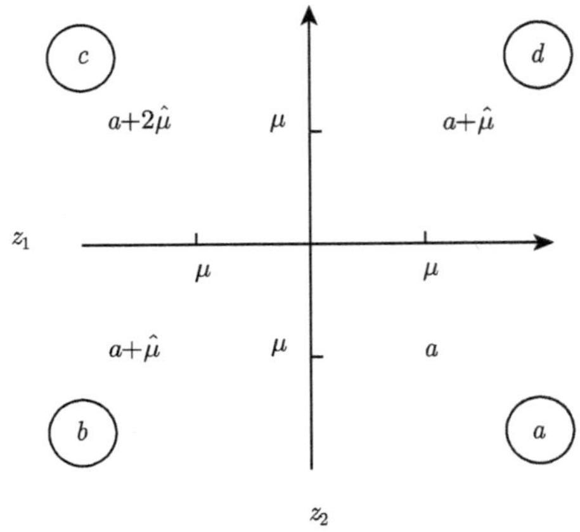

图 7.1.3　$W(a|z_1-z_2)_{\mu\mu}^{\mu\mu}=R(a|z_1-z_2)_{\mu\mu}^{\mu\mu}$ 的图示, 其中四段分划线的指标都是 μ

对图 7.1.4 的情形, 玻尔兹曼权为

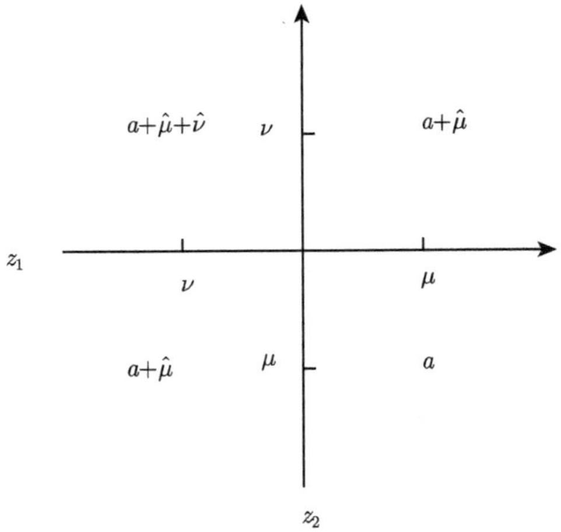

图 7.1.4　$W(a|z_1-z_2)_{\nu\mu}^{\mu\nu}=R(a|z_1-z_2)_{\nu\mu}^{\mu\nu}$ 的图示, $\mu\neq\nu$

$$W\left(\begin{array}{cc|c} a & a+\hat{\mu} & \\ a+\hat{\mu} & a+\hat{\mu}+\hat{\nu} & \end{array} z_1-z_2\right)=\frac{\sigma(z_1-z_2+a_{\nu\mu}w)}{\sigma(a_{\nu\mu}w)}=W(a|z_1-z_2)_{\nu\mu}^{\mu\nu},\quad \mu\neq\nu, \tag{7.1.4}$$

其中

$$a_{\nu\mu}=\overline{a}_\nu-\overline{a}_\mu,\quad \overline{a}_\mu=m_\mu-\frac{1}{n}\sum_{k=0}^{n-1}m_k+\delta_\mu=(\overline{m})_\mu+\delta_\mu,$$

我们看到 $\overline{a}_\mu$ 与 m 的关联只与 $\overline{m}$ 有关.

对图 7.1.5 的情形, 玻尔兹曼权为

$$W\left(\begin{array}{cc|c} a & a+\hat{\nu} & \\ a+\hat{\mu} & a+\hat{\mu}+\hat{\nu} & z_1-z_2 \end{array}\right)=\frac{\sigma(z_1-z_2)\sigma((a_{\mu\nu}+1)\omega)}{\sigma(\omega)\sigma(a_{\mu\nu}\omega)}$$

$$=W(a|z_1-z_2)_{\mu\nu}^{\mu\nu},\quad \mu\neq\nu. \tag{7.1.5}$$

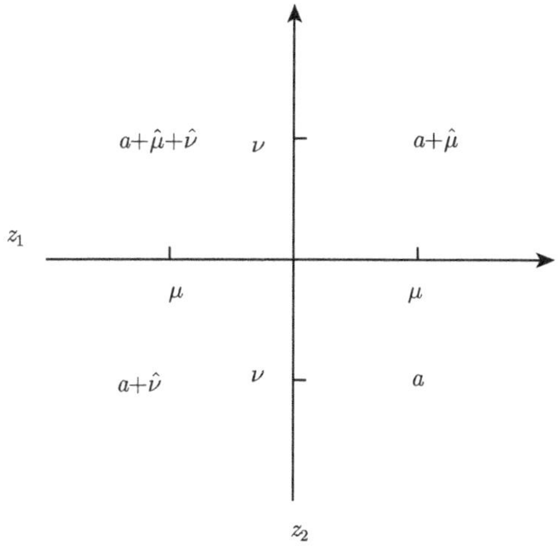

图 7.1.5 $W(a|z_1-z_2)_{\mu\nu}^{\mu\nu}=R(a|z_1-z_2)_{\mu\nu}^{\mu\nu}$ 的图示, $\mu\neq\nu$

从前面的表达式可以看出, 只要给定 a, 以及四段分划线 (它们都是谱线的一段) 上的指标 μ,μ',ν,ν', 就可以确定 $W(a|z_1-z_2)_{\mu\nu}^{\mu'\nu'}$, 而且 (μ,ν) 与 (μ',ν') 是同一数集, 这是六顶角型的.

7.2 面顶对应关系

Z_n 对称模型与 A_{n-1}^1 面模型是等价的. 我们在下面介绍这种等价关系, 也就是面顶对应. 首先引入三顶点算子: 定义 $\varphi_{ab}(z)$, $\varphi_{ab}(z)$ 仅当 $b=a+\hat{\mu}$(某个 $\hat{\mu}$) 时非零. 这是一个列矢量, 它的分量是

$$\varphi_{a,a+\hat{\mu}}^{(j)}(z)=\theta\begin{bmatrix}\dfrac{1}{2}-\dfrac{j}{n}\\ \dfrac{1}{2}\end{bmatrix}(z-n\omega\overline{a}_{\mu},n\tau), \tag{7.2.1}$$

其中

$$\overline{a}_{\mu}=m_{\mu}-\frac{1}{n}\sum_{k=0}^{n-1}m_k+\delta_{\mu}=(\overline{m})_{\mu}+\delta_{\mu}, \tag{7.2.2}$$

$\{\delta_\mu\}$ 是 n 个复数.

面顶对应关系是 (请写出分量表达式)

$$
\begin{aligned}
&R(z_1-z_2)\varphi_{a,a+\hat{\mu}}(z_1)\otimes\varphi_{a+\hat{\mu},\ a+\hat{\mu}+\hat{\nu}}(z_2)\\
=&\sum_k W\left(\begin{array}{cc|c} a & a+\hat{k} & \\ a+\hat{\mu} & a+\hat{\mu}+\hat{\nu} & z_1-z_2\end{array}\right)\varphi_{a+\hat{k},\ a+\hat{\mu}+\hat{\nu}}(z_1)\otimes\varphi_{a,a+\hat{k}}(z_2).
\end{aligned} \tag{7.2.3}
$$

在右边, 当 $\mu=\nu$ 时, 只有一项: $\hat{k}=\hat{\mu}=\hat{\nu}$, 当 $\mu\neq\nu$ 时, 有两项: $\hat{k}=\hat{\mu}$ 和 $\hat{k}=\hat{\nu}$.

面顶对应可以用图 7.2.1 表示: 其中 (a) 图示 $\varphi_{ab}^{(j)}(z)$, (b) 图示式 (7.2.3).

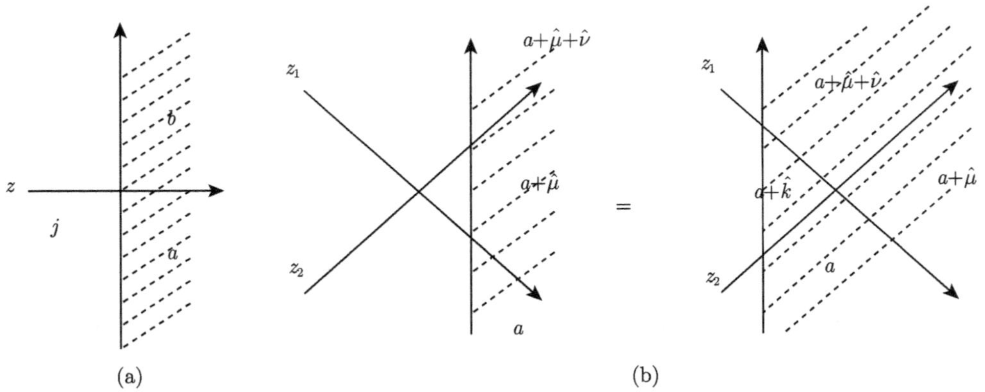

图 7.2.1　面顶对应关系的图示. 其中阴影部分代表面模型的区域, 它的位置在分界线箭头前进方向的右边; 左边代表顶角模型的区域. (a) 三顶点算子 $\varphi_{ab}^{(j)}(z)$, j 是左边谱线 z 的指标, a、b 是右边两块面的面权. (b) 式 (7.2.3) 的图示, 方程左边要对 R 矩阵的两条封闭谱线指标求和, 右边要对两模型封闭的面的面权求和, 即对 $\hat{k}$ 求和

面顶对应关系的证明

证明可以分以下几步.

第一步: 考虑 R 矩阵的准双周期性质,

由式 (5.1.6) 有

$$R(z+1)=-(g\otimes I)^{-1}R(z)g\otimes I, \tag{7.2.4}$$

$$R(z+\tau)=-\eta(h\otimes I)^{-1}R(z)h\otimes I, \tag{7.2.5}$$

$$\eta=\mathrm{e}^{-2\pi\mathrm{i}\left(\frac{\tau}{2}+z+\frac{\omega}{n}\right)}.$$

再计算面模型中玻尔兹曼权 W 的准双周期性质, 由 $\sigma(z)$ 的变换性质

$$\sigma(z+1)=-\sigma(z),$$
$$\sigma(z+\tau)=\mathrm{e}^{-2\pi\mathrm{i}\left(\frac{\tau}{2}+z+\frac{1}{2}\right)}\sigma(z),$$

得

$$W\left(\begin{array}{cc}a & b\\ c & d\end{array}\middle| z+1\right)=-W\left(\begin{array}{cc}a & b\\ c & d\end{array}\middle| z\right), \tag{7.2.6}$$

$$W\left(\begin{array}{cc}a & a+\hat{k}\\ a+\hat{\mu} & a+\hat{\mu}+\hat{\nu}\end{array}\middle| z+\tau\right)=-\mathrm{e}^{-2\pi\mathrm{i}\left(\frac{\tau}{2}+z+A\omega\right)}W\left(\begin{array}{cc}a & a+\hat{k}\\ a+\hat{\mu} & a+\hat{\mu}+\hat{\nu}\end{array}\middle| z\right). \tag{7.2.7}$$

其中

$$A=\begin{cases}1 & (\mu=\nu=k),\\ -a_{\mu\nu} & (\mu=k\neq\nu),\\ 0 & (\mu\neq\nu=k).\end{cases}$$

最后 $\varphi_{ab}(z)$ 有以下准双周期性质:

$$\varphi_{a,a+\hat{\mu}}(z+1)=-g^{-1}\varphi_{a,a+\hat{\mu}}(z), \tag{7.2.8}$$

$$\varphi_{a,a+\hat{\mu}}(z+\tau)=\mathrm{e}^{-2\pi\mathrm{i}\left(\frac{1}{n}\right)\left(\frac{\tau}{2}+z-n\omega\overline{a}_{\mu}+\frac{1}{2}\right)}h^{-1}\varphi_{a,a+\hat{\mu}}(z). \tag{7.2.9}$$

等式来自于以下关系 (式 (5.1.1), 式 (1.2.2)$\sim$ 式 (1.2.4)):

$$(h\psi)_i=h_{ij}\psi_j=\overline{\delta}_{i+1,j}\psi_j=\psi_{i+1},$$

$$(g\psi)_i=\Omega^i\psi_i$$

和

$$\varphi^{(j)}_{a,a+\hat{\mu}}(z+\tau)\sim\theta\begin{bmatrix}\dfrac{1}{2}-\dfrac{j}{n}+\dfrac{1}{n}\\ \dfrac{1}{2}\end{bmatrix}(z-n\omega\overline{a}_{\mu},n\tau)\sim\varphi^{(j-1)}_{a,a+\hat{\mu}}(z).$$

令 $F(z_1,z_2)=$ 方程式 (7.2.3) 两边之差, 这是一个矢量 $\in V\otimes V$.

由上面的推导可得

$$F(z_1+1,z_2)=(g\otimes I)^{-1}F(z_1,z_2), \tag{7.2.10}$$

$$F(z_1+\tau,z_2)=-\mathrm{e}^{-2\pi\mathrm{i}B}(h\otimes I)^{-1}F(z_1,z_2), \tag{7.2.11}$$

$$B=(1+n)\tau/2n+(1+n)z_1/n-z_2+\left(\frac{1}{n}-\overline{a}_{\mu}\right)\omega+\frac{1}{2n}. \tag{7.2.12}$$

B 的计算如下:

左:

$$\begin{aligned}
&R(z_1+\tau-z_2)\varphi_{a,a+\hat{\mu}}(z_1+\tau)\otimes\varphi_{a+\hat{\mu},a+\hat{\mu}+\hat{\nu}}(z_2)\\
=&\mathrm{e}^{-2\pi\mathrm{i}(\frac{\tau}{2}+z_1-z_2+\frac{\omega}{n}+\frac{1}{2})}(h\otimes I)^{-1}R(z)(h\otimes I)\\
&\times\mathrm{e}^{-2\pi\mathrm{i}(\frac{1}{n})(\frac{\tau}{2}+z_1-n\omega\overline{a}_\mu+\frac{1}{2})}h^{-1}\varphi_{a,a+\hat{\mu}}(z_1)\otimes\varphi_{a+\hat{\mu},a+\hat{\mu}+\hat{\nu}}(z_2)\\
=&\mathrm{e}^{-2\pi\mathrm{i}(\frac{1+n}{2n}\tau+\frac{1+n}{n}z_1-z_2+(\frac{1}{n}-\overline{a}_\mu)\omega+\frac{1}{2n}+\frac{1}{2})}(h\otimes I)^{-1}\\
&\times R(z_1-z_2)\varphi_{a,a+\hat{\mu}}(z_1)\otimes\varphi_{a+\hat{\mu},a+\hat{\mu}+\hat{\nu}}(z_2).
\end{aligned}$$

右: (1) 当 $\mu=\nu$, $k=\mu$ 时

$$\begin{aligned}
&W\left(\begin{array}{cc|c} a & a+\hat{\mu} & \\ a+\hat{\mu} & a+2\hat{\mu} & \end{array} z_1+\tau-z_2\right)\varphi_{a+\hat{\mu},a+2\hat{\mu}}(z_1+\tau)\otimes\varphi_{a,a+\hat{\mu}}(z_2)\\
=&\mathrm{e}^{-2\pi\mathrm{i}(\frac{\tau}{2}+z_1-z_2+\omega+\frac{1}{2})}\mathrm{e}^{-2\pi\mathrm{i}(\frac{1}{n})(\frac{\tau}{2}+z_1-n\omega\overline{(a+\hat{\mu})}_\mu+\frac{1}{2})}(h^{-1}\otimes 1)W\varphi\otimes\varphi.
\end{aligned}$$

由

$$a+\hat{\mu}=(m_0,\cdots,m_\mu+1,\cdots,m_{n-1}),$$

得

$$\overline{(a+\hat{\mu})}_\mu=m_\mu+1-\frac{1}{n}\left(\sum_j m_j+1\right)+\delta_\mu=\overline{a}_\mu+\left(1-\frac{1}{n}\right).$$

因而系数为

$$\mathrm{e}^{-2\pi\mathrm{i}((\frac{1}{2}+\frac{1}{2n})\tau+(1+\frac{1}{n})z_1-z_2+(\omega-\omega(\overline{a}_\mu+1-\frac{1}{n})+\frac{1}{2n}+\frac{1}{2}))},$$

与左边相同.

(2) 当 $\mu\neq\nu$ 时, 右边有两项: 右 =(a)+(b)

$$\begin{aligned}
&\text{(a)}: W\left(\begin{array}{cc|c} a & a+\hat{\mu} & \\ a+\hat{\mu} & a+\hat{\mu}+\hat{\nu} & \end{array} z_1+\tau-z_2\right)\varphi_{a+\hat{\mu},a+\hat{\mu}+\hat{\nu}}(z_1+\tau)\otimes\varphi_{a,a+\hat{\mu}}(z_2)\\
=&\mathrm{e}^{-2\pi\mathrm{i}(\frac{\tau}{2}+z_1-z_2-a_{\mu\nu}\omega+\frac{1}{2})}\mathrm{e}^{-2\pi\mathrm{i}(\frac{1}{n})(\frac{\tau}{2}+z_1-n\omega\overline{(a+\hat{\mu})}_\nu+\frac{1}{2})}(h^{-1}\otimes 1)W\varphi\otimes\varphi.
\end{aligned}$$

由于有

$$\overline{(a+\hat{\mu})}_\nu=m_\nu-\frac{1}{n}\left(\sum_j m_j+1\right)+\delta_\nu=\overline{a}_\nu-\frac{1}{n},$$

因而系数为

$$\mathrm{e}^{-2\pi\mathrm{i}((\frac{1}{2}+\frac{1}{2n})\tau+(1+\frac{1}{n})z_1-z_2+\omega(-\overline{a}_\mu+\overline{a}_\nu-\overline{a}_\nu+\frac{1}{n})+\frac{1}{2n}+\frac{1}{2})},$$

与左边相同.

$$\text{(b)}: W\begin{pmatrix} a & a+\hat{\nu} \\ a+\hat{\mu} & a+\hat{\mu}+\hat{\nu} \end{pmatrix}\begin{vmatrix} \\ z_1+\tau-z_2 \end{vmatrix}\varphi_{a+\hat{\nu},a+\hat{\mu}+\hat{\nu}}(z_1+\tau)\otimes\varphi_{a,a+\hat{\mu}}(z_2)$$
$$=\mathrm{e}^{-2\pi\mathrm{i}(\frac{\tau}{2}+z_1-z_2+0\cdot\omega+\frac{1}{2})}\mathrm{e}^{-2\pi\mathrm{i}(\frac{1}{n})(\frac{\tau}{2}+z_1-n\omega\overline{(a+\hat{\nu})}_\mu+\frac{1}{2})}(h^{-1}\otimes 1)W\varphi\otimes\varphi.$$

由于有 $\overline{(a+\hat{\nu})}_\mu=\bar{a}_\mu-\dfrac{1}{n}$, 因子也与左边相同.

第二步: 当 $z_1=z_2$ 时, 由于有

$$R(0)=P,\quad W\left(\begin{matrix} a & b \\ d & c \end{matrix}\middle| 0\right)=\delta_{bd},$$

所以有 $F(z_1=z_2,z_2)=0$, 从而有

$$F(z_1=z_2+m\tau,z_2)=0. \tag{7.2.13}$$

第三步: 令 $F_{\alpha\beta}(z_1)=F(z_1,z_2)$ 的 $\alpha\beta$ 分量.

我们可以证明

$$F_{\alpha\beta}(z_1)=0,\quad 当\ z_1=z_2-\omega+(\alpha-\beta)\tau\ 时成立.$$

证明

由于

$$F(z_1+\tau,z_2)=-\mathrm{e}^{-2\pi\mathrm{i}B}(h\otimes I)^{-1}F(z_1,z_2),$$

这只须在 $\alpha=\beta$ 时成立即可, 即当 $F_{\alpha\alpha}(z_1)=0$, $z_1=z_2-\omega$ 时成立即可.

我们可以验证

$$W\left(\begin{matrix} a & a+\hat{\mu} \\ a+\hat{\mu} & a+\hat{\mu}+\hat{\nu} \end{matrix}\middle| -\omega\right)=-W\left(\begin{matrix} a & a+\hat{\nu} \\ a+\hat{\mu} & a+\hat{\mu}+\hat{\nu} \end{matrix}\middle| -\omega\right),$$
$$W\left(\begin{matrix} a & a+\hat{\mu} \\ a+\hat{\mu} & a+2\hat{\mu} \end{matrix}\middle| -\omega\right)=0,$$

$$\varphi_{a+\hat{\mu},a+\hat{\mu}+\hat{\nu}}(z-\omega)=\varphi_{a,a+\hat{\nu}}(z)\quad(\mu\neq\nu).$$

第三个式子是由于 $\overline{(a+\hat{\mu})}_\nu=\bar{a}_\nu-\dfrac{1}{n}$, 当 $\mu\neq\nu$ 时.

这样, 当 $\mu \neq \nu$ 时面顶对应关系方程 (7.2.3) 的右边为

$$\begin{aligned}
&\sum_k W\left(\begin{matrix} a & a+\hat{k} \\ a+\hat{\mu} & a+\hat{\mu}+\hat{\nu}\end{matrix}\middle| z_1-z_2\right)\varphi_{a+\hat{k},a+\hat{\mu}+\hat{\nu}}(z_1)\otimes\varphi_{a,a+\hat{k}}(z_2)\\
=&W\left(\begin{matrix} a & a+\hat{\mu} \\ a+\hat{\mu} & a+\hat{\mu}+\hat{\nu}\end{matrix}\middle| -\omega\right)\varphi_{a+\hat{\mu},a+\hat{\mu}+\hat{\nu}}(z_2-\omega)\otimes\varphi_{a,a+\hat{\mu}}(z_2)\\
&+W\left(\begin{matrix} a & a+\hat{\nu} \\ a+\hat{\mu} & a+\hat{\mu}+\hat{\nu}\end{matrix}\middle| -\omega\right)\varphi_{a+\hat{\nu},a+\hat{\mu}+\hat{\nu}}(z_2-\omega)\otimes\varphi_{a,a+\hat{\nu}}(z_2)\\
=&W\left(\begin{matrix} a & a+\hat{\mu} \\ a+\hat{\mu} & a+\hat{\mu}+\hat{\nu}\end{matrix}\middle| -\omega\right)\varphi_{a,a+\hat{\nu}}(z_2)\otimes\varphi_{a,a+\hat{\mu}}(z_2)\\
&-W\left(\begin{matrix} a & a+\hat{\mu} \\ a+\hat{\mu} & a+\hat{\mu}+\hat{\nu}\end{matrix}\middle| -\omega\right)\varphi_{a,a+\hat{\mu}}(z_2)\otimes\varphi_{a,a+\hat{\nu}}(z_2)\\
&\sim\varphi_{a,a+\hat{\nu}}(z_2)\otimes\varphi_{a,a+\hat{\mu}}(z_2)-\varphi_{a,a+\hat{\mu}}(z_2)\otimes\varphi_{a,a+\hat{\nu}}(z_2),
\end{aligned}$$

从而它的 $\alpha\alpha$ 分量的确为零. 当 $\mu=\nu$ 时, $W\left(\begin{matrix} a & a+\hat{\mu} \\ a+\hat{\mu} & a+2\hat{\mu}\end{matrix}\middle| -\omega\right)=0$, 面顶对应关系式 (7.2.3) 的右边也为 0.

再考虑方程式 (7.2.3) 左边, 由于 $R(-\omega)_{ij}^{i'j'}$ 对 i,j 反对称, 也能证明同样性质. 由此我们得 $F_{\alpha\alpha}(z_1=z_2-\omega)=0$.

第四步: 从第一步我们知道

$$\begin{aligned}
F_{\alpha\beta}(z_1+1)&=-\mathrm{e}^{-2\pi\mathrm{i}\alpha/n}F_{\alpha\beta}(z_1),\\
F_{\alpha\beta}(z_1+n\tau)&=\mathrm{e}^{-2\pi\mathrm{i}C}F_{\alpha\beta}(z_1).
\end{aligned}$$

其中

$$\begin{aligned}
C=&\frac{n}{2}+B(z_1)+B(z_1+\tau)+B(z_1+2\tau)+\cdots+B(z_1+(n-1)\tau)\\
=&n(1+n)\tau/2n+\sum_{l=0}^{n-1}l\tau(n/1+n)+n(1+n)z_1/n\\
&-nz_2+n\left(\frac{1}{n}-\bar{a}_\mu\right)\omega+n\left(\frac{1}{2n}+\frac{1}{2}\right)\\
=&\tau\left[\frac{1+n}{2}+\frac{1+n}{n}\times\frac{n(n-1)}{2}\right]+\cdots\\
=&(n+1)z_1-nz_2+n(n+1)\tau/2-(n\bar{a}_\mu-1)\omega+\frac{1}{2}+\frac{n}{2},
\end{aligned}$$

最后一项 $\frac{n}{2}$ 是由于式 (7.2.5) 右边的负号.

因而由定理一公式 (1.1.3) 在 $E_\tau = (0 \to 1,\ \ 0 \to n\tau)$ 中, 它有 $n+1$ 个零点, 零点之和为 $\sum z_i = \langle B\rangle\tau + \dfrac{A_2}{2} - A_1$, 其中 A_1 中含有 $n\bar{a}_\mu\omega$. (这个式子中的 $\langle B\rangle$ 是 C 中 $n\tau$ 前面的系数)

另外, 我们由公式 (7.2.13) 知道 $z_1 = z_2, z_2+\tau, \cdots, z_2+(n-1)\tau$ 是零点, $z_1 = z_2 - \omega + (\alpha-\beta)\tau$ 也是零点, 其零点之和应为

$$nz_2 + 0 + \tau + \cdots + (n-1)\tau + z_2 - \omega + (\alpha-\beta)\tau = (n+1)z_2 - \omega + l\tau,$$

其中, 绝不可能有一个含有 δ_μ 这个任意参量的 $n\bar{a}_\mu\omega$, 由此我们断定

$$F_{\alpha\beta}(z_1) \equiv 0.$$

7.3 另外两种三顶点算子 $\overline{\varphi}$ 和 $\widetilde{\varphi}$

我们求三顶点算子的逆算子, 它们有两类, 用记号 $\overline{\varphi}$ 和 $\widetilde{\varphi}$ 表示.

从列矢量 $\varphi_{a,a+\hat{\mu}}(z)$ 出发, 我们可以构成行矢量 $\overline{\varphi}_{a,a+\hat{\mu}}(z)$, 要求

$$\overline{\varphi}_{a,a+\hat{\mu}}(z)\varphi_{a,a+\hat{\nu}}(z) = \sum_j \overline{\varphi}^{(j)}_{a,a+\hat{\mu}}(z)\varphi^{(j)}_{a,a+\hat{\nu}}(z) = \delta_{\mu\nu}, \tag{7.3.1}$$

还可以构成行矢量 $\widetilde{\varphi}_{a-\hat{\mu},a}(z)$, 使得

$$\widetilde{\varphi}_{a-\hat{\mu},a}(z)\varphi_{a-\hat{\nu},a}(z) = \delta_{\mu\nu}. \tag{7.3.2}$$

这样, 如果令矩阵 A 为

$$[A_{j\nu}] \equiv [\varphi^{(j)}_{a,a+\hat{\nu}}(z)], \tag{7.3.3}$$

并令

$$B_{\mu,j} \equiv \overline{\varphi}^{(j)}_{a,a+\hat{\mu}}(z),$$

公式 (7.3.1) 就是 $\sum_j B_{\mu j}A_{j\nu} = \delta_{\mu\nu}$, 即 $BA = I$, 由此可以导出 $AB = I$, 也就是 $\sum_\mu A_{j\mu}B_{\mu k} = \delta_{jk}$, 得到

$$\sum_\mu \varphi^{(j)}_{a,a+\hat{\mu}}(z)\overline{\varphi}^{(k)}_{a,a+\hat{\mu}}(z) = \delta_{jk}, \tag{7.3.4}$$

即

$$\sum_\mu \varphi_{a,a+\hat{\mu}}(z)\overline{\varphi}_{a,a+\hat{\mu}}(z) = I, \tag{7.3.5}$$

其中, I 为 $n\times n$ 单位矩阵. 同理有

$$\sum_\mu \varphi^{(j)}_{a-\hat{\mu},a}(z)\widetilde{\varphi}^{(k)}_{a-\hat{\mu},a}(z) = \delta_{jk}. \tag{7.3.6}$$

这些关系, 可以用图 7.3.1 表示, 注意规则和区别.

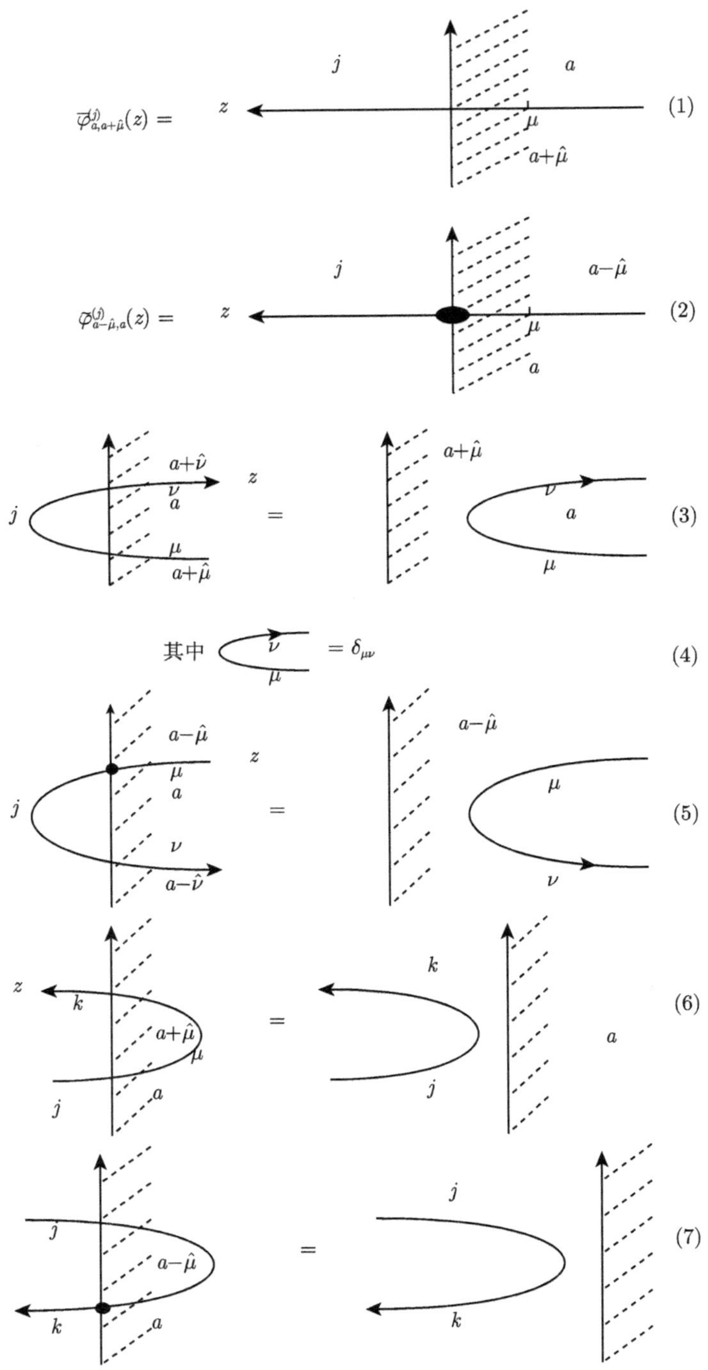

图 7.3.1　$\overline{\varphi}, \widetilde{\varphi}$ 及式 (7.3.1)～式 (7.3.6) 的图示

注意, 当 $a \to a + (111\cdots1) = a + \sum_k e_k$ 时, φ 不变, 因而 $\overline{\varphi}$, $\widetilde{\varphi}$ 也不变. 所以, 我们有, 比如

$$\overline{\varphi}_{a+\sum\limits_k e_k, a+\sum\limits_k e_k+\hat{\mu}}(z)\varphi_{a,a+\hat{\nu}}(z) = \delta_{\mu\nu}. \tag{7.3.7}$$

有了 $\overline{\varphi}$, $\widetilde{\varphi}$, 我们可以证明另一些面顶角的对应关系, 如图 7.3.2 所示.

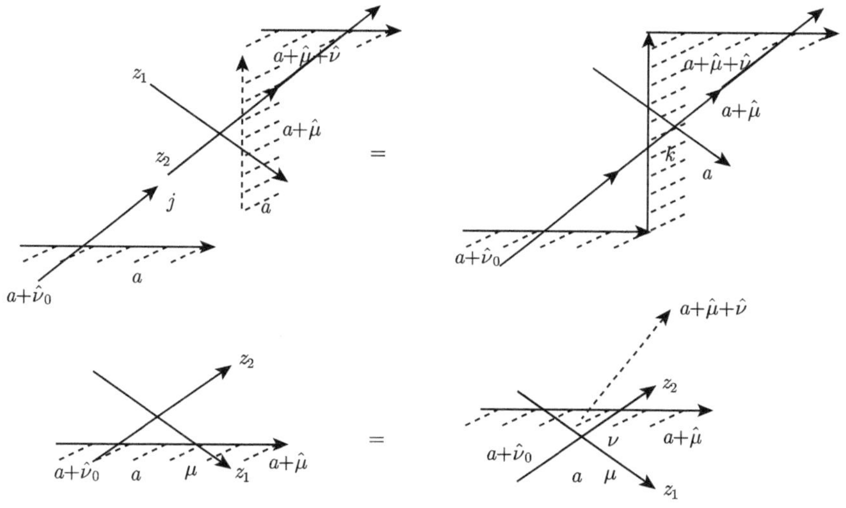

图 7.3.2 公式 (7.3.8) 的图示法证明

给出

$$\begin{aligned}&I\otimes\overline{\varphi}_{a,a+\hat{\nu}_0}(z_2)R(z_1-z_2)\varphi_{a,a+\hat{\mu}}(z_1)\otimes I\\&=\sum_{\nu}W\left(\begin{matrix}a & a+\hat{\nu}_0\\ a+\hat{\mu} & a+\hat{\mu}+\hat{\nu}\end{matrix}\middle| z_1-z_2\right)\varphi_{a+\hat{\nu}_0,a+\hat{\mu}+\hat{\nu}}(z_1)\otimes\overline{\varphi}_{a+\hat{\mu},a+\hat{\mu}+\hat{\nu}}(z_2).\end{aligned} \tag{7.3.8}$$

公式 (7.3.8) 的推导也可以用式子表达, 将

$$\begin{aligned}&R(z_1-z_2)\varphi_{a,a+\mu}(z_1)\otimes\varphi_{a+\hat{\mu},a+\hat{\mu}+\hat{\nu}}(z_2)\\&=\sum_{k}W\left(\begin{matrix}a & a+\hat{k}\\ a+\hat{\mu} & a+\hat{\mu}+\hat{\nu}\end{matrix}\middle| z_1-z_2\right)\varphi_{a+\hat{k},a+\hat{\mu}+\hat{\nu}}(z_1)\otimes\varphi_{a,a+\hat{k}}(z_2),\end{aligned}$$

两边同时左乘 $I\otimes\overline{\varphi}_{a,a+\hat{\nu}_0}(z_2)$, 即对空间指标 j 求和, 同时右乘 $I\otimes\overline{\varphi}_{a+\hat{\mu},a+\hat{\mu}+\hat{\nu}}(z_2)$, 并对指标 ν 求和, 左边得

$$\begin{aligned}&I\otimes\overline{\varphi}_{a,a+\hat{\nu}_0}(z_2)R(z_1-z_2)\varphi_{a,a+\mu}(z_1)\otimes\sum_{\nu}\varphi_{a+\hat{\mu},a+\hat{\mu}+\hat{\nu}}(z_2)\overline{\varphi}_{a+\hat{\mu},a+\hat{\mu}+\hat{\nu}}(z_2)\\&=I\otimes\overline{\varphi}_{a,a+\hat{\nu}_0}(z_2)R(z_1-z_2)\varphi_{a,a+\mu}(z_1)\otimes I,\end{aligned}$$

右边得

$$\begin{aligned}
&\sum_{\nu}\sum_{k} W\left(\begin{array}{cc} a & a+\hat{k} \\ a+\hat{\mu} & a+\hat{\mu}+\hat{\nu} \end{array}\middle| z_1-z_2\right)\varphi_{a+\hat{k},a+\hat{\mu}+\hat{\nu}}(z_1)\otimes\overline{\varphi}_{a,a+\hat{\nu}_0}(z_2)\\
&\qquad\times\varphi_{a,a+\hat{k}}(z_2)\times\overline{\varphi}_{a+\hat{\mu},a+\hat{\mu}+\hat{\nu}}(z_2)\\
=&\sum_{\nu}\sum_{k} W\left(\begin{array}{cc} a & a+\hat{k} \\ a+\hat{\mu} & a+\hat{\mu}+\hat{\nu} \end{array}\middle| z_1-z_2\right)\varphi_{a+\hat{k},a+\hat{\mu}+\hat{\nu}}(z_1)\otimes\overline{\varphi}_{a+\hat{\mu},a+\hat{\mu}+\hat{\nu}}(z_2)\delta_{\nu_0 k}\\
=&\sum_{\nu} W\left(\begin{array}{cc} a & a+\hat{\nu}_0 \\ a+\hat{\mu} & a+\hat{\mu}+\hat{\nu} \end{array}\middle| z_1-z_2\right)\varphi_{a+\hat{\nu}_0,a+\hat{\mu}+\hat{\nu}}(z_1)\otimes\overline{\varphi}_{a+\hat{\mu},a+\hat{\mu}+\hat{\nu}}(z_2).
\end{aligned}$$

我们看到, 图示法更简明. 图示法还可以由图 7.3.3 给出.

$$\begin{aligned}
&\overline{\varphi}_{a+\hat{\nu},a+\hat{\mu}+\hat{\nu}}(z_1)\otimes\overline{\varphi}_{a,a+\hat{\nu}}(z_2)R(z_1-z_2)\\
=&\sum_{\mu'} W\left(\begin{array}{cc} a & a+\hat{\nu} \\ a+\hat{\mu}' & a+\hat{\mu}+\hat{\nu} \end{array}\middle| z_1-z_2\right)\overline{\varphi}_{a,a+\hat{\mu}'}(z_1)\otimes\overline{\varphi}_{a+\hat{\mu}',a+\hat{\mu}+\hat{\nu}}(z_2). \qquad (7.3.9)
\end{aligned}$$

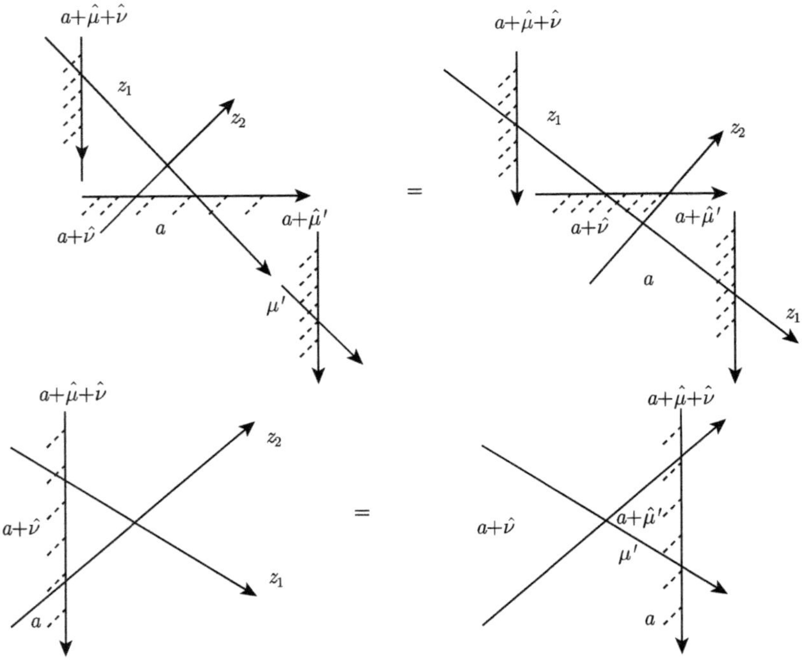

图 7.3.3　公式 (7.3.9) 的图示法证明

类似地, 我们可以由图 7.3.4 证明以下公式 (7.3.10).

$$\begin{aligned}&\widetilde{\varphi}^{(1)}_{a+\hat{\nu}-\hat{\mu},a+\hat{\nu}}(z_1)R(z_1-z_2)\varphi^{(2)}_{a,a+\nu}(z_2)\\=&\sum_{\mu'}W\left(\begin{array}{cc}a-\hat{\mu}'&a+\hat{\nu}-\hat{\mu}\\a&a+\hat{\nu}\end{array}\middle|z_1-z_2\right)\widetilde{\varphi}^{(1)}_{a-\hat{\mu}',a}(z_1)\varphi^{(2)}_{a-\hat{\mu}',a+\hat{\nu}-\hat{\mu}}(z_2).\end{aligned}\tag{7.3.10}$$

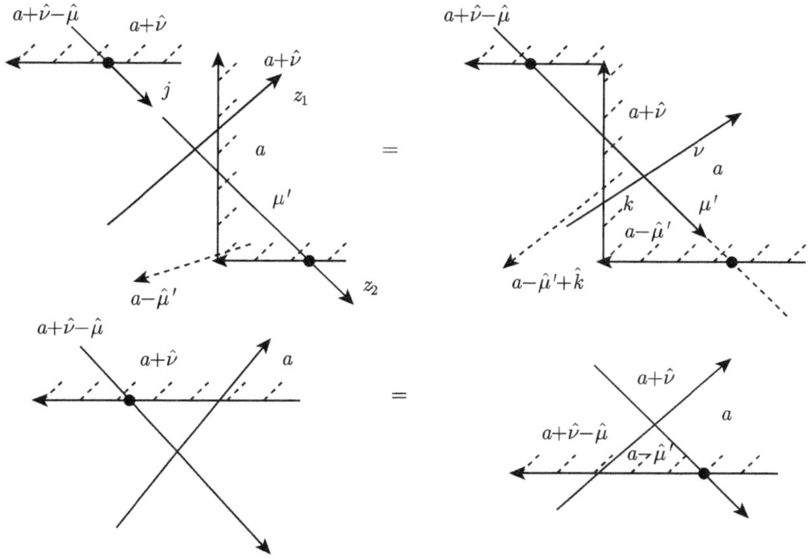

图 7.3.4 公式 (7.3.10) 的图示法证明

注意, 图 7.3.4 与图 7.3.2 的区别 (箭头的关系不同, 图 7.3.4 的 3 根箭矢不顺向). 用图示法还可以由图 7.3.5 给出,

$$\begin{aligned}&\widetilde{\varphi}_{a+\hat{\nu},a+\hat{\mu}+\hat{\nu}}(z_1)\otimes\widetilde{\varphi}_{a,a+\nu}(z_2)R(z_1-z_2)\\=&\sum_{k}W\left(\begin{array}{cc}a&a+\hat{\nu}\\a+\hat{k}&a+\hat{\mu}+\hat{\nu}\end{array}\middle|z_1-z_2\right)\widetilde{\varphi}_{a,a+\hat{k}}(z_1)\otimes\widetilde{\varphi}_{a+\hat{k},a+\hat{\mu}+\hat{\nu}}(z_2).\end{aligned}\tag{7.3.11}$$

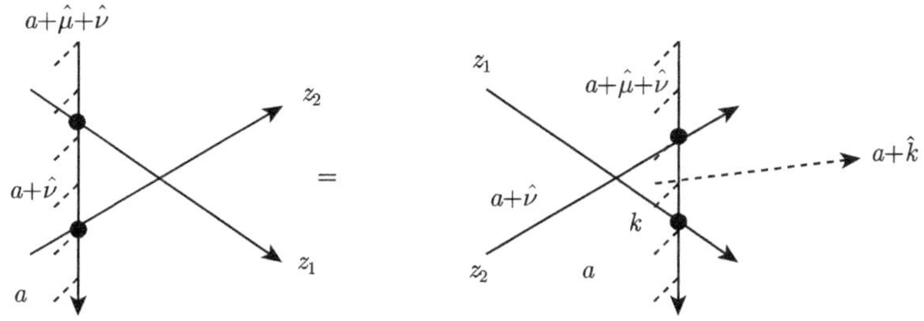

图 7.3.5 公式 (7.3.11) 的图示

注意, 在所有情况下, 面顶对应关系中面部与顶部分界线前行方向的左边是顶区而右边是面区.

7.4　面模型的 YBE

由 Z_n 顶角模型的 YBE, 我们可以作如图 7.4.1 所示处理.

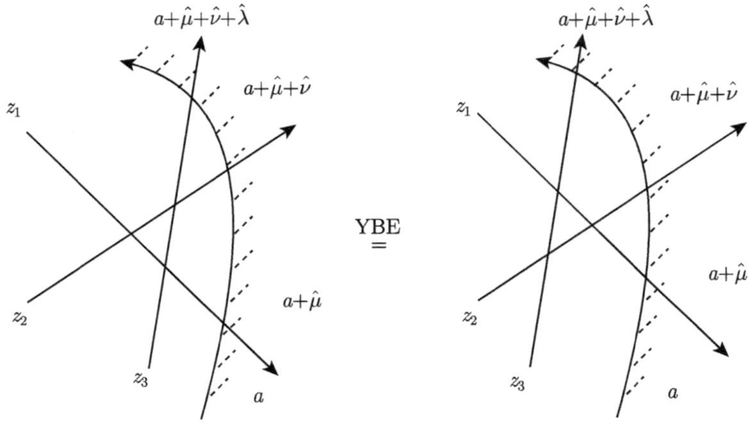

图 7.4.1　证 A_{n-1}^1 满足 YBE 的第一步

于是得到图 7.4.2 的结果.

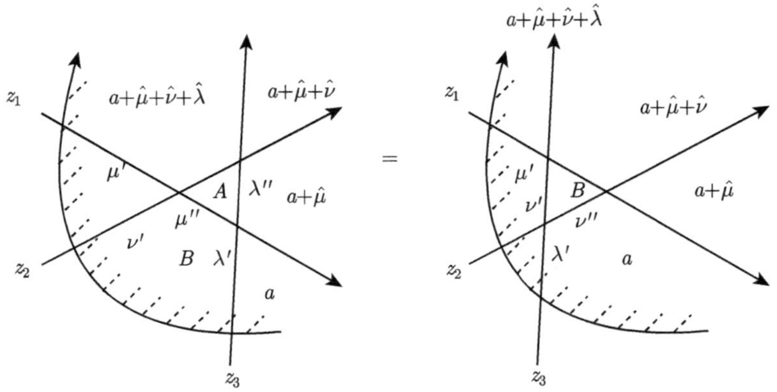

图 7.4.2　证 A_{n-1}^1 满足 YBE 的第二步

在这里, 对被封闭的面权应求和. 注意, 对面求和与对封闭线上的面指标求和是一致的, 这是由 W 和 φ, $\overline{\varphi}$, $\widetilde{\varphi}$ 的非零要求造成的, 就以图 7.4.2 左图为例, 当某一个开放面上的权确定, 并且每一根"面区"的线上的面指标确定以后, 所有的面上的权都可以顺次确定, 由于 W 的非零规则, 这种确定在环绕谱线交点处不会有矛盾. 这样, 确定了指标就确定了面权. 反之, 一个确定的面权分布, 在符合“允许对”的规则时也总可以给出面分界区线上的指标, 因而是一一对应的. 可以对封闭面的面权求和或者对封闭线的面指标求和, 都行.

将图 7.4.2 稍作处理给出图 7.4.3.

当取 $a+\hat{\lambda}'+\hat{\nu}'+\hat{\mu}'=a+\hat{\mu}+\hat{\nu}+\hat{\lambda}$ 时, 利用图 7.3.1 中的 (3) 得到图 7.4.4, 摆脱三顶点算子 (利用图 7.3.1, 如果 $a+\hat{\lambda}'+\hat{\nu}'+\hat{\mu}'\neq a+\hat{\mu}+\hat{\nu}+\hat{\lambda}$, 再用图 7.3.1 中的 (3) 处理图 7.4.3 的最后一步, 就得到 $\delta_{a+\hat{\mu}+\hat{\nu}+\hat{\lambda},a+\hat{\lambda}'+\hat{\nu}'+\hat{\mu}'}$, 于是就给出 $0=0$).

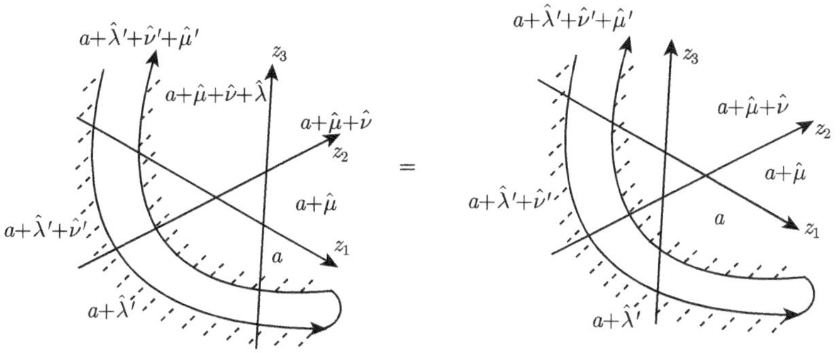

图 7.4.3 证 A_{n-1}^1 满足 YBE 的第三步

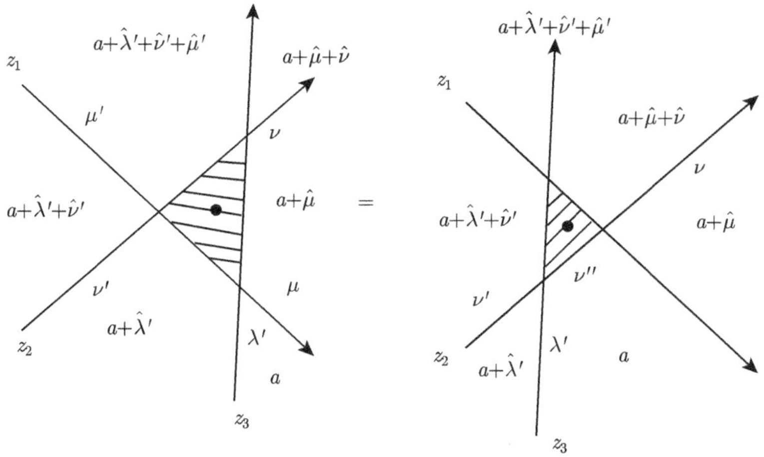

图 7.4.4 A_{n-1}^1 满足 YBE 的图示. 等式左右求和可以用两种方案: (i) 确定 a 的位置后对所有封闭线的指标求和, (ii) 对封闭的面的面权求和, 要求相邻的面权之间符合图 7.3.1 中的 (1), (2) 的规则 (按谱线方向, 差 $\pm\hat{\rho},\hat{\rho}$ 是单位矢量, 谱线前进方向的左边高出 $+\hat{\rho}$)

我们得知: 两边对封闭面面权求和, 结果相等. 这就是面模型的 YBE, 或者用另一种图表示, 就是图 7.4.5.

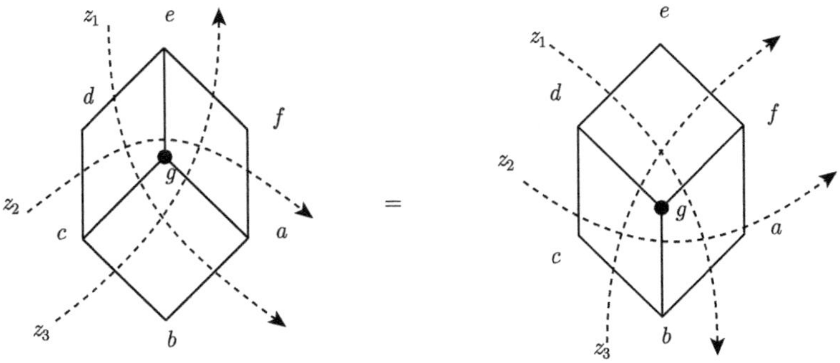

图 7.4.5　A_{n-1}^1 YBE 的另一种图示

如图 7.4.4 所示的 YBE 指标很复杂, 我们可以简化为图 7.4.6(a). 因为, 如果所有顶点四周的面权都符合 $W \neq 0$ 的选择定则, 则此图与图 7.4.4 等价, 否则此图给出 $0 = 0$, 也正确. 另外, 还有一种表示面玻尔兹曼权的方法如图 7.4.6(b) 所示.

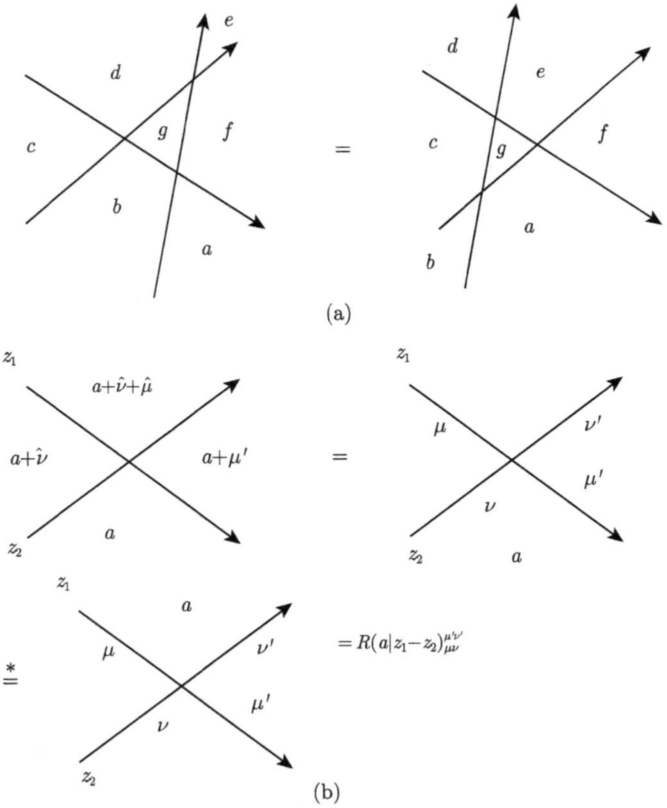

图 7.4.6　(a) 简化的图 7.4.4, 等式左右按图 7.4.4 第 (ii) 种方案对 g 求和; (b) 另一种简化的玻尔兹曼权

注意, 有

$$R(a+\hat{\mu}+\hat{\nu}|z)_{\mu\nu}^{\mu'\nu'}=R(a+\hat{\mu}'+\hat{\nu}'|z)_{\mu\nu}^{\mu'\nu'}=R(a|z)_{\mu\nu}^{\mu'\nu'},$$

$R(a|z)_{\mu\nu}^{\mu'\nu'}\neq 0$, 仅当 $\mu=\mu'$, $\nu=\nu'$ 或 $\mu=\nu'$, $\nu=\mu'$ 时.

这时图 7.4.4 可表示为公式

$$\begin{aligned}&R_{12}(a+\hat{h}^{(3)}|z_1-z_2)R_{13}(a|z_1-z_3)R_{23}(a+\hat{h}^{(1)}|z_2-z_3)\\=&R_{23}(a|z_2-z_3)R_{13}(a+\hat{h}^{(2)}|z_1-z_3)R_{12}(a|z_1-z_2),\end{aligned}\tag{7.4.1}$$

其中, $h^{(i)}$ 指在该 R 矩阵前面 (该 R 矩阵将乘还未乘的时候) 第 i 空间带的指标, 在这里, $i=1,2,3$. 这就是 Felder 的方程或者修正 YBE.

式 (7.4.1) 还可以表示为图 7.4.7. 其中, 在左边 $h^{(3)}=\lambda$, $h^{(1)}=\mu''$, 在右边 $h^{(2)}=\nu'$. 这幅图的形式和求和规则与图 3.1.2 相似, 只是在开放区多了一个 a, 一共有 6 个开放区, 把 a 放在图中所示的区可能方便一些.

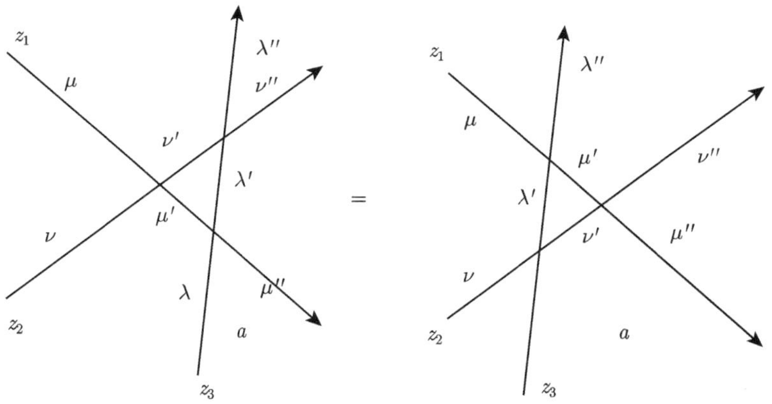

图 7.4.7 公式 (7.4.1) 图示, 对封闭线段指标求和

7.5 $\overline{\varphi}$ 的存在条件

以上所有论证的关键是 $\overline{\varphi}$ 要存在, 也就是, 如果令 $\varphi_{a,a+\hat{\mu}}^{(j)}(z)=A_{i\mu}$, 矩阵 A 要有逆. 考虑一个矩阵

$$M=\begin{pmatrix}\theta^{(0)}(nz_0) & \theta^{(0)}(nz_1) & \cdots & \theta^{(0)}(nz_{n-1})\\ \theta^{(1)}(nz_0) & \theta^{(1)}(nz_1) & \cdots & \theta^{(1)}(nz_{n-1})\\ \theta^{(2)}(nz_0) & \theta^{(2)}(nz_1) & \cdots & \theta^{(2)}(nz_{n-1})\\ \vdots & \vdots & & \vdots\\ \theta^{(n-1)}(nz_0) & \theta^{(n-1)}(nz_1) & \cdots & \theta^{(n-1)}(nz_{n-1})\end{pmatrix},\tag{7.5.1}$$

其中

$$\theta^{(j)}(nz_\mu) \equiv \theta \begin{bmatrix} \dfrac{1}{2} - \dfrac{j}{n} \\ \dfrac{1}{2} \end{bmatrix} (nz_\mu, n\tau).$$

只要把 nz_μ 取值为 $z - n\omega\bar{a}_\mu$, 即可得到 A, 见式 (7.2.1) 和式 (7.3.3).

下面将推导 $\det M(z_0, \cdots, z_{n-1})$ 的形式, 考虑 z_0 的变化, $\det M$ 当然是 z_0 的全纯函数, 有

$$\begin{aligned}
&\det M(z_0+1) \\
&= \det \begin{pmatrix} \theta^{(0)}(nz_0+n) & \theta^{(0)}(nz_1) & \cdots & \theta^{(0)}(nz_{n-1}) \\ \theta^{(1)}(nz_0+n) & \theta^{(1)}(nz_1) & \cdots & \theta^{(1)}(nz_{n-1}) \\ \theta^{(2)}(nz_0+n) & \theta^{(2)}(nz_1) & \cdots & \theta^{(2)}(nz_{n-1}) \\ \vdots & \vdots & & \vdots \\ \theta^{(n-1)}(nz_0+n) & \theta^{(n-1)}(nz_1) & \cdots & \theta^{(n-1)}(nz_{n-1}) \end{pmatrix} \\
&= \det \begin{pmatrix} \mathrm{e}^{2\pi\mathrm{i}(\frac{1}{2}-\frac{0}{n})n}\theta^{(0)}(nz_0) & \theta^{(0)}(nz_1) & \cdots & \theta^{(0)}(nz_{n-1}) \\ \mathrm{e}^{2\pi\mathrm{i}(\frac{1}{2}-\frac{1}{n})n}\theta^{(1)}(nz_0) & \theta^{(1)}(nz_1) & \cdots & \theta^{(1)}(nz_{n-1}) \\ \mathrm{e}^{2\pi\mathrm{i}(\frac{1}{2}-\frac{2}{n})n}\theta^{(2)}(nz_0) & \theta^{(2)}(nz_1) & \cdots & \theta^{(2)}(nz_{n-1}) \\ \vdots & \vdots & & \vdots \\ \mathrm{e}^{2\pi\mathrm{i}(\frac{1}{2}-\frac{n-1}{n})n}\theta^{(n-1)}(nz_0) & \theta^{(n-1)}(nz_1) & \cdots & \theta^{(n-1)}(nz_{n-1}) \end{pmatrix} \\
&= \mathrm{e}^{2\pi\mathrm{i}(\frac{n}{2})} \det M(z_0).
\end{aligned}$$

令 $B = -\dfrac{n}{2}$. 又可以算出

$$\begin{aligned}
&\det M(z_0+\tau) \\
&= \det \begin{pmatrix} \theta^{(0)}(nz_0+n\tau) & \theta^{(0)}(nz_1) & \cdots & \theta^{(0)}(nz_{n-1}) \\ \theta^{(1)}(nz_0+n\tau) & \theta^{(1)}(nz_1) & \cdots & \theta^{(1)}(nz_{n-1}) \\ \theta^{(2)}(nz_0+n\tau) & \theta^{(2)}(nz_1) & \cdots & \theta^{(2)}(nz_{n-1}) \\ \vdots & \vdots & & \vdots \\ \theta^{(n-1)}(nz_0+n\tau) & \theta^{(n-1)}(nz_1) & \cdots & \theta^{(n-1)}(nz_{n-1}) \end{pmatrix}
\end{aligned}$$

$$
=\det\begin{pmatrix}
e^{-2\pi i(\frac{n\tau}{2}+nz_0+\frac{1}{2})}\theta^{(0)}(nz_0) & \theta^{(0)}(nz_1) & \cdots & \theta^{(0)}(nz_{n-1})\\
e^{-2\pi i(\frac{n\tau}{2}+nz_0+\frac{1}{2})}\theta^{(1)}(nz_0) & \theta^{(1)}(nz_1) & \cdots & \theta^{(1)}(nz_{n-1})\\
e^{-2\pi i(\frac{n\tau}{2}+nz_0+\frac{1}{2})}\theta^{(2)}(nz_0) & \theta^{(2)}(nz_1) & \cdots & \theta^{(2)}(nz_{n-1})\\
\vdots & \vdots & & \vdots\\
e^{-2\pi i(\frac{n\tau}{2}+nz_0+\frac{1}{2})}\theta^{(n-1)}(nz_0) & \theta^{(n-1)}(nz_1) & \cdots & \theta^{(n-1)}(nz_{n-1})
\end{pmatrix}
$$

$$
=e^{-2\pi i(\frac{n\tau}{2}+nz_0+\frac{1}{2})}\det M(z_0).
$$

$\det M(z_0)$ 有 $n-1$ 个零点, $z_0=z_1,z_2,\cdots,z_{n-1}$. 令 $A_2=n,\quad A_1=\dfrac{n\tau}{2}+\dfrac{1}{2}$.

根据第 1 章定理一公式 (1.1.3), 我们知道在 Λ_τ 内, 零点总数为 $A_2=n$ 个, 且 z_0 的零点之和为

$$
B\tau+\frac{A_2}{2}-A_1=-\frac{n\tau}{2}+\frac{n}{2}-\frac{n\tau}{2}-\frac{1}{2}=-n\tau+\frac{n-1}{2}\cong\frac{n-1}{2}(\mathrm{mod}\Lambda_\tau),
$$

所以余下的一个零点是 $z_0=z'=\dfrac{n-1}{2}-\sum_{i=1}^{n-1}z_i$.

我们考虑一个 z_0 的函数

$$
f(z_0)=\sigma(z_0-z')\prod_{i\neq 0}\sigma(z_0-z_i)=\sigma\left(z_0+\sum_{i=1}^{n-1}z_i-\frac{n-1}{2}\right)\prod_{i\neq 0}\sigma(z_0-z_i),
$$

它的准双周期性质是

$$
\begin{aligned}
f(z_0+1)&=e^{2\pi i(\frac{n}{2})}f(z_0),\\
f(z_0+\tau)&=e^{-2\pi i(\frac{\tau}{2}+z_0-z'+\frac{1}{2})}e^{-2\pi i(\frac{\tau}{2}+z_0-z_1+\frac{1}{2})}\cdots f(z_0)\\
&=e^{-2\pi i(\frac{n\tau}{2}+nz_0-\sum_{i=1}^{n-1}z_i-z'+\frac{n}{2})}f(z_0)\\
&=e^{-2\pi i(\frac{n\tau}{2}+nz_0+\frac{1}{2})}f(z_0),
\end{aligned}
$$

正好与 $\det M(z_0)$ 一样.

由刘维尔定理 (第 1 章) 得

$$
\det M=c_1(z_1\cdots z_{n-1},\tau)f(z_0).
$$

由于交换 z_0 和 z_i 只是给 $\det M$ 带来一个 -1, 考虑

$$
g(z_0,\cdots)=\sigma\left(\sum_{i=0}^{n-1}z_i-\frac{n-1}{2}\right)\prod_{0\leqslant i<j}\sigma(z_i-z_j).
$$

这个式子对任意 z_i 的准双周期性质与 $\det M(z_0,\cdots)$ 相同, 零点也相同. 因而它与 $\det M$ 的比 $\dfrac{\det M(z_0,\cdots,z_{n-1})}{g(z_0,\cdots,z_{n-1})}$ 是对任何 z_i 的双周期函数, 因此它对任何 z_i 都是

常数 (这个常数可能是 τ 的函数), 得到

$$\det M = c(\tau)\sigma\left(\sum_{i=0}^{n-1} z_i - \frac{n-1}{2}\right)\prod_{i<j}\sigma(z_i - z_j). \tag{7.5.2}$$

回到原来的问题, 我们有

$$\det A = c(\tau)\sigma\left(z - \omega\sum \overline{a}_\mu - \frac{n-1}{2}\right)\prod_{i<j}\sigma(\omega(\overline{a}_j - \overline{a}_i)),$$

其中, $\sum \delta_\mu = \sum \overline{a}_\mu$, $\overline{a}_j - \overline{a}_i = a_j - a_i + \delta_j - \delta_i$. 所以对一般的 z, $\varphi_{a,a+\hat{\mu}}(z)$ 的存在条件是

$$\sigma(\omega a_{\mu\nu}) \neq 0.$$

其中

$$a_{\mu\nu} \equiv \overline{a}_\mu - \overline{a}_\nu = m_\mu - m_\nu + \delta_\mu - \delta_\nu.$$

如何保证这个条件呢? 选择 $\{\delta_\mu\}$ 使得

$$\omega(m_\mu - m_\nu + \delta_\mu - \delta_\nu) \neq N\tau + N'$$

对一切 $\{m_\mu, N, N'\}$ 永远成立. 由于 $m\omega - N\tau - N'$ 在复平面上形成可数集, 所以只要 $\omega(\delta_\mu - \delta_\nu)(\mu \neq \nu)$ 一共有 $n(n-1)/2$ 个数不落在这个点集上即可, 这对于通常的 (generic) 的 δ_μ 是适用的.

7.6　A^1_{n-1} 面模型的退化情形和三角极限

由于 A^1_{n-1} 面模型的玻尔兹曼权 $W(a|z)$ 满足修正的杨–Baxter 方程, 我们在式 (7.4.1) 中把它表示为 R 矩阵的形式 $R(a|z)$, 于是有

$$\begin{aligned}
R(a|z)^{\mu\mu}_{\mu\mu} &= \frac{\sigma(z+\omega)}{\sigma(\omega)},\\
R(a|z)^{\mu\nu}_{\mu\nu} &= \frac{\sigma(z)}{\sigma(\omega)}\frac{\sigma(a_{\mu\nu}\omega+\omega)}{\sigma(a_{\mu\nu}\omega)},\\
R(a|z)^{\nu\mu}_{\mu\nu} &= \frac{\sigma(z+a_{\mu\nu}\omega)}{\sigma(a_{\mu\nu}\omega)}.
\end{aligned} \tag{7.6.1}$$

上式中 $\mu \neq \nu$, 当 $z = \omega$ 时, 有

$$\begin{aligned}
R(a|\omega)^{\mu\mu}_{\mu\mu} &= \frac{\sigma(2\omega)}{\sigma(\omega)},\\
R(a|\omega)^{\mu\nu}_{\mu\nu} &= \frac{\sigma(a_{\mu\nu}\omega+\omega)}{\sigma(a_{\mu\nu}\omega)},\\
R(a|\omega)^{\nu\mu}_{\mu\nu} &= \frac{\sigma(a_{\mu\nu}\omega+\omega)}{\sigma(a_{\mu\nu}\omega)}.
\end{aligned} \tag{7.6.2}$$

因此, R 矩阵对于交换上面一对指标不变

$$\begin{aligned} R(a|\omega) &= R(a|\omega)P, \\ R(a|\omega) &= R(a|\omega)\frac{1+P}{2}. \end{aligned} \tag{7.6.3}$$

另一方面, 当 $z=-\omega$ 时, 有

$$\begin{aligned} R(a|-\omega)_{\mu\mu}^{\mu\mu} &= 0, \\ R(a|-\omega)_{\mu\nu}^{\mu\nu} &= \frac{\sigma(-\omega)}{\sigma(\omega)}\frac{\sigma(a_{\mu\nu}\omega+\omega)}{\sigma(a_{\mu\nu}\omega)} = -\frac{\sigma(a_{\mu\nu}\omega+\omega)}{\sigma(a_{\mu\nu}\omega)}, \\ R(a|-\omega)_{\nu\mu}^{\mu\nu} &= \frac{\sigma(-\omega+a_{\nu\mu}\omega)}{\sigma(a_{\nu\mu}\omega)} = \frac{\sigma(a_{\mu\nu}\omega+\omega)}{\sigma(a_{\mu\nu}\omega)}. \end{aligned} \tag{7.6.4}$$

因此, R 矩阵对于交换下指标反对称

$$\begin{aligned} R(a|-\omega) &= -PR(a|-\omega), \\ R(a|-\omega) &= \frac{1-P}{2}R(a|-\omega). \end{aligned} \tag{7.6.5}$$

由此给出

$$R(a|\omega)R(a|-\omega) = 0. \tag{7.6.6}$$

下面讨论 R 矩阵在 $\tau\to \mathrm{i}\infty$ 时的极限. 在 5.5 节讨论过 θ 函数的三角极限, 这里进行类似处理.

$$\sigma(z)=\theta\begin{bmatrix}\frac{1}{2}\\ \frac{1}{2}\end{bmatrix}(z,\tau) = \sum_{m\in Z} \mathrm{e}^{\pi\mathrm{i}\tau(m+\frac{1}{2})^2+2\pi\mathrm{i}(m+\frac{1}{2})(z+\frac{1}{2})}.$$

当 $\tau\to \mathrm{i}\infty$ 时

$$\begin{aligned} \sigma(z) &\cong \mathrm{e}^{\pi\mathrm{i}\tau(\frac{1}{2})^2+2\pi\mathrm{i}(\frac{1}{2})(z+\frac{1}{2})} + \mathrm{e}^{\pi\mathrm{i}\tau(-\frac{1}{2})^2+2\pi\mathrm{i}(-\frac{1}{2})(z+\frac{1}{2})} \\ &= \mathrm{e}^{\pi\mathrm{i}\frac{\tau}{4}}[\mathrm{i}\mathrm{e}^{\pi\mathrm{i}z} + (-\mathrm{i})\mathrm{e}^{-\pi\mathrm{i}z}] \\ &= -2\mathrm{e}^{\pi\mathrm{i}\frac{\tau}{4}}\sin(\pi z). \end{aligned} \tag{7.6.7}$$

这样我们可以得到 A_{n-1}^1 面模型 R 矩阵三角极限

$$\begin{aligned} R(a|z)_{\mu\mu}^{\mu\mu} &\to \frac{\sin(\pi(z+\omega))}{\sin(\pi\omega)}, \\ R(a|z)_{\mu\nu}^{\mu\nu} &\to \frac{\sin(\pi z)\sin(\pi(a_{\mu\nu}\omega+\omega))}{\sin(\pi\omega)\sin(\pi a_{\mu\nu}\omega)}, \\ R(a|z)_{\mu\nu}^{\nu\mu} &\to \frac{\sin(\pi(z+a_{\mu\nu}\omega))}{\sin(\pi a_{\mu\nu}\omega)}. \end{aligned} \tag{7.6.8}$$

我们希望找到与 $\overline{a}_\mu$ 无关的三角极限. 注意到

$$\overline{a}_\mu = m_\mu - \frac{1}{n}\sum_\nu m_\nu + \delta_\mu,$$

可以令 $\delta_\mu = \mathrm{i}\mu t$, 就有

$$\begin{aligned} a_{\mu\nu} &= m_\mu - m_\nu + \mathrm{i}(\mu-\nu)t, \\ A &= \mathrm{e}^{\mathrm{i}\pi(a_{\mu\nu}+u)} - \mathrm{e}^{-\mathrm{i}\pi(a_{\mu\nu}+u)} \\ &= \mathrm{e}^{\mathrm{i}\pi(m_\mu - m_\nu + \mathrm{i}(\mu-\nu)t+u)} - \mathrm{e}^{-\mathrm{i}\pi(m_\mu - m_\nu + \mathrm{i}(\mu-\nu)t+u)}. \end{aligned} \tag{7.6.9}$$

当 $t\to\infty$ 时, 分两种情况

(1) $\mu > \nu$, 第二项成为主要部分, $A = -\mathrm{e}^{-\mathrm{i}\pi(m_\mu - m_\nu + \mathrm{i}(\mu-\nu)t+u)} + \epsilon$, 这时有 $\dfrac{A(u)}{A(0)} \to \mathrm{e}^{-\mathrm{i}\pi u}$.

(2) $\mu < \nu$, 第一项成为主要部分, $A = \mathrm{e}^{\mathrm{i}\pi(m_\mu - m_\nu + \mathrm{i}(\mu-\nu)t+u)} + \epsilon$, 这时有 $\dfrac{A(u)}{A(0)} \to \mathrm{e}^{\mathrm{i}\pi u}$. 令

$$\mathrm{sgn}(\mu-\nu) = \begin{cases} 1, & \mu > \nu, \\ -1, & \mu < \nu. \end{cases}$$

得到

$$\begin{aligned} R(a|z)^{\mu\mu}_{\mu\mu} &\to \frac{\sin(\pi(z+\omega))}{\sin(\pi\omega)}, \\ R(a|z)^{\mu\nu}_{\mu\nu} &\to \frac{\sin(\pi z)}{\sin(\pi\omega)}\mathrm{e}^{-\mathrm{i}\pi\mathrm{sgn}(\mu-\nu)\omega}, \\ R(a|z)^{\nu\mu}_{\mu\nu} &\to \mathrm{e}^{-\mathrm{i}\pi\mathrm{sgn}(\mu-\nu)z}. \end{aligned}$$

这就是 4.3 节的 R 矩阵.

7.7　三顶点算子的变化和 $R(a|z)$ 的规范变换

三顶点算子 $\varphi^{(j)}_{a,a+\hat{\mu}}(z)$ 可以有一些简单的变化, 不会从实质上影响面顶对应关系. 令 $\varphi'^{(j)}_{a,a+\hat{\mu}}(z) = f(\hat{\mu},a,z)\varphi^{(j)}_{a,a+\hat{\mu}}(z)$, 则式 (7.2.3) 就可以改写为

$$\begin{aligned} & R(z_1-z_2)\varphi'_{a,a+\hat{\mu}}(z_1)\otimes\varphi'_{a+\hat{\mu},\ a+\hat{\mu}+\hat{\nu}}(z_2)f^{-1}(\hat{\mu},a,z_1)f^{-1}(\hat{\nu},a+\hat{\mu},z_2) \\ =& \sum_k W\left(\begin{matrix} a & a+\hat{k} \\ a+\hat{\mu} & a+\hat{\mu}+\hat{\nu} \end{matrix}\middle| z_1-z_2\right)\varphi'_{a+\hat{k},\ a+\hat{\mu}+\hat{\nu}}(z_1)\otimes\varphi'_{a,a+\hat{k}}(z_2) \\ & \times f^{-1}(\hat{\mu}+\hat{\nu}-\hat{k},a+\hat{k},z_1)f^{-1}(\hat{k},a,z_2), \end{aligned}$$

亦即

$$\begin{aligned}
&R(z_1-z_2)\varphi'_{a,a+\hat{\mu}}(z_1)\otimes\varphi'_{a+\hat{\mu},\ a+\hat{\mu}+\hat{\nu}}(z_2)\\
=&\sum_k W\left(\begin{array}{cc} a & a+\hat{k} \\ a+\hat{\mu} & a+\hat{\mu}+\hat{\nu}\end{array}\middle| z_1-z_2\right) f(\hat{\mu},a,z_1)f(\hat{\nu},a+\hat{\mu},z_2)\\
&\times f^{-1}(\hat{\mu}+\hat{\nu}-\hat{k},a+\hat{k},z_1)f^{-1}(\hat{k},a,z_2)\varphi'_{a+\hat{k},\ a+\hat{\mu}+\hat{\nu}}(z_1)\otimes\varphi'_{a,a+\hat{k}}(z_2)\\
\equiv&\sum_k W'\left(\begin{array}{cc} a & a+\hat{k} \\ a+\hat{\mu} & a+\hat{\mu}+\hat{\nu}\end{array}\middle| z_1-z_2\right)\varphi'_{a+\hat{k},\ a+\hat{\mu}+\hat{\nu}}(z_1)\otimes\varphi'_{a,a+\hat{k}}(z_2).
\end{aligned}\tag{7.7.1}$$

其中, 由于 $\varphi_{a,b}(z)$ 仅当 $b-a=$ 某一个 $\hat{k}$ 时才非零, 所以 $\hat{p}\equiv\hat{\mu}+\hat{\nu}-\hat{k}$ 应等于 $\hat{\mu}$ 或 $\hat{\nu}$; 或者当 $\hat{\mu}=\hat{\nu}$ 时, $\hat{\mu}+\hat{\nu}-\hat{k}=\hat{\mu}$. 这就给出由 $W\to W'$ 的规范变换, 如图 7.7.1 所示.

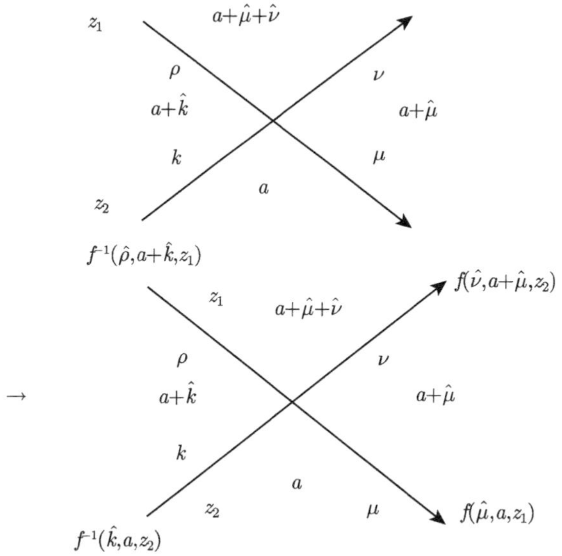

图 7.7.1 W 变为 W' 须乘的因子图示. f 中的面权部分是谱线前进方向的右侧的面权

下面给一个例子, 令

$$f(\hat{\mu},a,z)=\prod_{\lambda\neq\mu}\sigma(a_{\mu\lambda}),\tag{7.7.2}$$

并且把 $W'=R'$ 写成 $R'(a|z)_{\mu\nu}^{\mu'\nu'}=R(a|z)_{\mu\nu}^{\mu'\nu'}\dfrac{\alpha\beta}{\gamma\delta}$, 如图 7.7.2 所示.

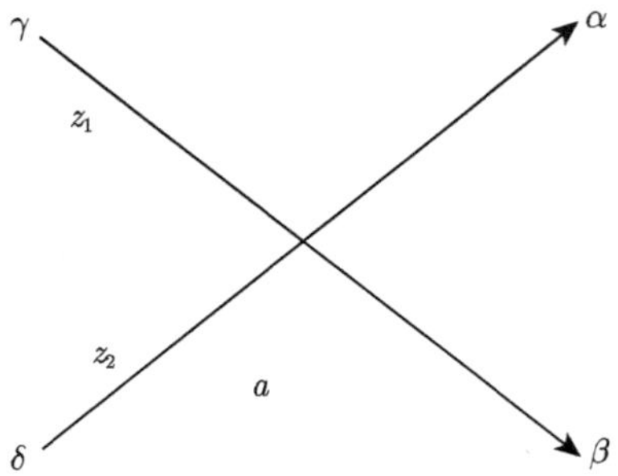

图 7.7.2　α、β、δ、γ 的相关线

容易看出, 当 $\mu'=\nu$, $\nu'=\mu$ 时, 有 $\alpha=\gamma$, $\beta=\delta$, 因而 R 不变. 当 $\mu'=\mu$, $\nu'=\nu$, 但 $\mu\neq\nu$ 时, 如图 7.7.3 所示.

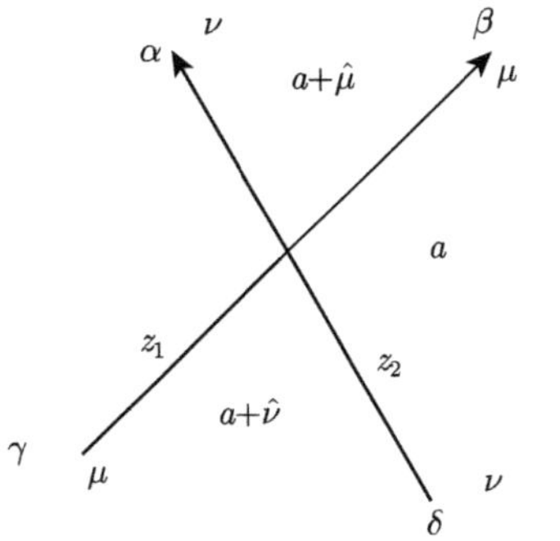

图 7.7.3　$R(\quad)^{\mu\nu}_{\mu\nu}$ 的修正因子所处的位置图示

我们有

$$
\begin{aligned}
\alpha &= \prod_{\lambda\neq\nu}\sigma((a+\hat{\mu})_{\nu\lambda}\omega)\\
&= \prod_{\lambda\neq\mu\neq\nu}\sigma((m_\nu-m_\lambda)\omega+\delta_\nu-\delta_\lambda)\sigma((m_\nu-m_\mu-1)\omega+\delta_\nu-\delta_\mu),\\
\beta &= \prod_{\lambda\neq\mu}\sigma(a_{\mu\lambda}\omega)\\
&= \prod_{\lambda\neq\mu\neq\nu}\sigma((m_\mu-m_\lambda)\omega+\delta_\mu-\delta_\lambda)\sigma((m_\mu-m_\nu)\omega+\delta_\mu-\delta_\nu),\\
\gamma &= \prod_{\lambda\neq\mu}\sigma((a+\hat{\nu})_{\mu\lambda}\omega)\\
&= \prod_{\lambda\neq\mu\neq\nu}\sigma((m_\mu-m_\lambda)\omega+\delta_\mu-\delta_\lambda)\sigma((m_\mu-m_\nu-1)\omega+\delta_\mu-\delta_\nu),
\end{aligned}
$$

$$\begin{aligned}\delta=&\prod_{\lambda\neq\nu}\sigma(a_{\nu\lambda}\omega)\\=&\prod_{\lambda\neq\mu\neq\nu}\sigma((m_\nu-m_\lambda)\omega+\delta_\nu-\delta_\lambda)\sigma((m_\nu-m_\mu)\omega+\delta_\nu-\delta_\mu),\end{aligned}$$

给出

$$\begin{aligned}\frac{\alpha\beta}{\gamma\delta}=&\frac{\sigma((m_\nu-m_\mu-1)\omega+\delta_\nu-\delta_\mu)}{\sigma((m_\nu-m_\mu)\omega+\delta_\nu-\delta_\mu)}\times\frac{\sigma((m_\mu-m_\nu)\omega+\delta_\mu-\delta_\nu)}{\sigma((m_\mu-m_\nu-1)\omega+\delta_\mu-\delta_\nu)}\\=&\frac{\sigma((m_\nu-m_\mu-1)\omega+\delta_\nu-\delta_\mu)}{\sigma((m_\mu-m_\nu-1)\omega+\delta_\mu-\delta_\nu)}(-1)=(-1)\frac{\sigma(a_{\nu\mu}\omega-\omega)}{\sigma(a_{\mu\nu}\omega-\omega)}=(-1)\frac{\sigma(a_{\mu\nu}\omega+\omega)}{\sigma(a_{\nu\mu}\omega+\omega)}\\=&\frac{\sigma(a_{\mu\nu}\omega+\omega)}{\sigma(a_{\mu\nu}\omega-\omega)},\end{aligned}$$

这样就得到

$$R'(a|z)^{\mu\nu}_{\mu\nu}=\frac{\sigma(z)\sigma(a_{\mu\nu}\omega+\omega)}{\sigma(\omega)\sigma(a_{\mu\nu}\omega)}\times\frac{\sigma(a_{\mu\nu}\omega+\omega)}{\sigma(a_{\mu\nu}\omega-\omega)}. \tag{7.7.3}$$

这当然比原来更复杂了. 但是, 如果我们选用 $f'=\sqrt{\dfrac{1}{f}}$, 就会给出

$$R'(a|z)^{\mu\nu}_{\mu\nu}=\frac{\sigma(z)\sqrt{\sigma(a_{\mu\nu}\omega+\omega)\sigma(a_{\mu\nu}\omega-\omega)}}{\sigma(\omega)\sigma(a_{\mu\nu}\omega)},\quad \mu\neq\nu, \tag{7.7.4}$$

这也是文献中常用的规范.

再举一个简单例子, 令 $f(\mu,a,z)=\mathrm{e}^{-\alpha\mu z}$, 则有

$$\begin{aligned}R'(a|z_1-z_2)^{\mu\mu}_{\mu\mu}=&R(a|z_1-z_2)^{\mu\mu}_{\mu\mu},\\R'(a|z_1-z_2)^{\mu\nu}_{\mu\nu}=&R(a|z_1-z_2)^{\mu\nu}_{\mu\nu},\\R'(a|z_1-z_2)^{\nu\mu}_{\mu\nu}=&R(a|z_1-z_2)^{\nu\mu}_{\mu\nu}\mathrm{e}^{-\alpha\mu z_2}\mathrm{e}^{-\alpha\nu z_1}/[\mathrm{e}^{-\alpha\mu z_1}\mathrm{e}^{-\alpha\nu z_2}]\\=&R(a|z_1-z_2)^{\nu\mu}_{\mu\nu}\mathrm{e}^{\alpha(\mu-\nu)(z_1-z_2)}.\end{aligned} \tag{7.7.5}$$

公式 (7.7.5) 的第 3 式图示于图 7.7.4.

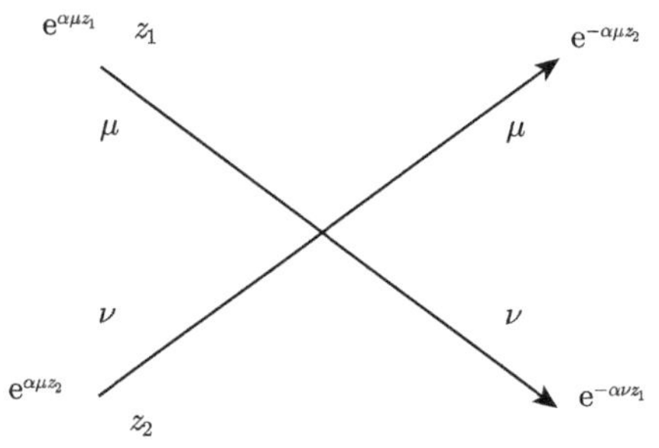

图 7.7.4 公式 (7.7.5) 的第 3 式修正因子图示

这个变换的三角极限可以给出 4.2 节末尾的变换.

第 8 章 Z_n 对称模型和 A_{n-1}^1 模型的交叉幺正条件

我们在本章 8.1 节推导 Z_n Belavin 模型的交叉幺正条件, 在 8.2 节利用 A_{n-1}^1 模型的量子行列式计算推导 A_{n-1}^1 模型的交叉逆矩阵, 这就给出其交叉幺正条件.

8.1 Z_n Belavin 模型的交叉幺正条件

Z_n 对称模型满足交叉幺正条件, 它的 R 矩阵满足

$$R_{21}^{t_2}(-z-n\omega)R_{12}^{t_2}(z)=\widetilde{\rho}(z)\mathrm{id}, \tag{8.1.1}$$

把分量写出来是 (图 8.1.1)

$$M_{ij''}^{i''j}=\sum_{i'j'}R(-z-n\omega)_{j'i}^{j''i'}R(z)_{i'j}^{i''j'}=\widetilde{\rho}(z)\overline{\delta}_{ii''}\overline{\delta}_{jj''}. \tag{8.1.2}$$

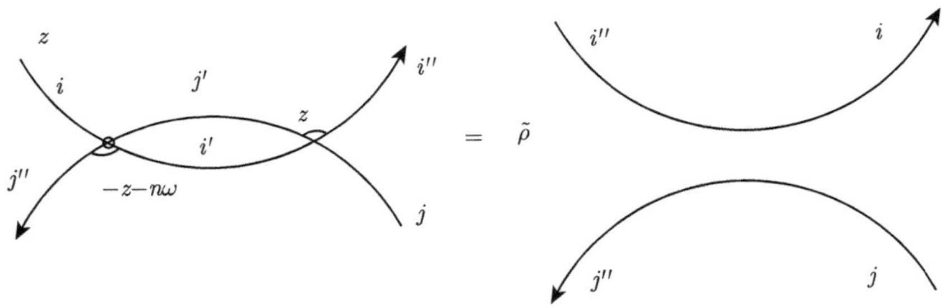

图 8.1.1　公式 (8.1.2) 图示, 等式左边对封闭线段的指标 i',j' 求和

由于 R 矩阵满足

$$R(z)_{ij}^{i'j'}\neq 0\Rightarrow i+j=i'+j'(\mathrm{mod}\ n), \tag{8.1.3}$$

因此有

$$\begin{aligned}&i+j'=j''+i',\quad j'+i''=i'+j\Rightarrow i-i''=j''-j,\\&j''-i=j-i''=l.\end{aligned} \tag{8.1.4}$$

我们有式 (5.3.2), 由此推导出

$$R(z)_{i-l\ j}^{i'-l\ j'}=\mathrm{e}^{2\pi\mathrm{i}l(\frac{l\tau}{2}+z+\frac{\omega}{n}+\frac{1}{2})}R(z+l\tau)_{ij}^{i'j'}, \tag{8.1.5}$$

即

$$R(z)_{ij}^{i'j'}=\mathrm{e}^{2\pi\mathrm{i}l(\frac{l\tau}{2}+z+\frac{\omega}{n}+\frac{1}{2})}R(z+l\tau)_{i+l\ j}^{i'+l\ j'},\tag{8.1.6}$$

因此有

$$R(z)_{ij}^{i'j'}=\mathrm{e}^{2\pi\mathrm{i}l(\frac{l\tau}{2}+z+\frac{\omega}{n}+\frac{1}{2})}R(z+l\tau)_{i\ j-l}^{i'\ j'-l},\tag{8.1.7}$$

这是由于

$$R(z)_{ij}^{i'j'}=R(z)_{i-l\ j-l}^{i'-l\ j'-l}.$$

设 $j-i''=l$, 则由式 (8.1.4) 有 $i+l=j''$, 又由式 (8.1.6) 和式 (8.1.7), 式 (8.1.2) 左边等于

$$\begin{aligned}M_{i\ i+l}^{j-l\ j}=L=&\sum_{i'j'}R(-z-n\omega-l\tau)_{j'\ i+l}^{j''\ i'+l}R(z+l\tau)_{i'+l\ j}^{i''+l\ j'}\\&\times\mathrm{e}^{2\pi\mathrm{i}l(\frac{l\tau}{2}+z+\frac{\omega}{n}+\frac{1}{2})}\mathrm{e}^{-2\pi\mathrm{i}l(\frac{-l\tau}{2}-z-n\omega+\frac{\omega}{n}+\frac{1}{2})}\\=&\sum_{i'j'}R(-z-n\omega-l\tau)_{j'\ i+l}^{j''\ i'+l}R(z+l\tau)_{i'+l\ j}^{i''+l\ j'}\mathrm{e}^{2\pi\mathrm{i}l(l\tau+2z+n\omega)}\\=&\lambda\sum_{i'j'}R(-z-n\omega-l\tau)_{j'\ i+l}^{j''\ i'+l}R(z+l\tau)_{i'+l\ j}^{i''+l\ j'}\\=&\lambda\sum_{i'j'}R(-z-n\omega-l\tau)_{j'\ j''}^{j''\ i'+l}R(z+l\tau)_{i'+l\ j}^{j\ j'}\\=&\lambda\sum_{i'j'}R(-z-n\omega-l\tau)_{j'\ j''}^{j''\ i'}R(z+l\tau)_{i'\ j}^{j\ j'},\end{aligned}\tag{8.1.8}$$

其中, $\lambda\equiv\mathrm{e}^{2\pi\mathrm{i}l(l\tau+2z+n\omega)}$, 最后一步是由于 i' 是求和指标. 由于 R 矩阵式 (8.1.3) 的非零要求给出 $i'=j'$, 对 i' 的求和给出

$$L=\sum_{j'}R(-z-n\omega-l\tau)_{j'\ j''}^{j''\ j'}R(z+l\tau)_{j'\ j}^{j\ j'}\ \mathrm{e}^{2\pi\mathrm{i}l(l\tau+2z+n\omega)}.\tag{8.1.9}$$

下面要证明当 $j''\neq j$ 时 L 为零. 由 Z_n 对称我们有

$$\begin{aligned}\frac{L}{\lambda}=&\sum_{j'}R(-z-n\omega-l\tau)_{j'-j''\ 0}^{0\ j'-j''}R(z+l\tau)_{j'-j\ 0}^{0\ j'-j}\\=&\sum_{j'=a\in Z_n}s(-z'-n\omega)_{a-j'',0}s(z')_{a-j,0}\\\equiv&\varphi_{j'',j}(z'),\quad 其中 z'=z+l\tau.\end{aligned}\tag{8.1.10}$$

s 的定义由式 (5.3.1) 给出. 由式 (5.3.6) 有

$$s(z+n\tau)_{ab}=\mathrm{e}^{-2\pi\mathrm{i}(\frac{n^2\tau}{2}+nz+\omega+\frac{n}{2})}s(z)_{ab},\tag{8.1.11}$$

由式 (5.3.3) 有

$$s(z+1)_{ab}=\mathrm{e}^{-2\pi\mathrm{i}(\frac{a}{n}+\frac{1}{2})}s(z)_{ab}, \tag{8.1.12}$$

由式 (8.1.11) 有

$$s(z'')_{ab}=\mathrm{e}^{-2\pi\mathrm{i}(\frac{n^2\tau}{2}+n(z''-n\tau)+\omega+\frac{n}{2})}s(z''-n\tau)_{ab}, \tag{8.1.13}$$

令 $z''=-z-nw$, 由此得

$$\begin{aligned}\varphi_{j'',j}(z+n\tau)&=\mathrm{e}^{-2\pi\mathrm{i}(\frac{n^2\tau}{2}+nz+\omega+\frac{n}{2})}\mathrm{e}^{2\pi\mathrm{i}(\frac{n^2\tau}{2}+n(-z-n\omega-n\tau)+\omega+\frac{n}{2})}\varphi_{j'',j}(z)\\&=\mathrm{e}^{-2\pi\mathrm{i}(n^2\tau+2nz+n^2\omega)}\varphi_{j'',j}(z),\end{aligned} \tag{8.1.14}$$

$$\begin{aligned}\varphi_{j'',j}(z+1)&=\sum_a\mathrm{e}^{-2\pi\mathrm{i}(\frac{a-j}{n}+\frac{1}{2})}\mathrm{e}^{2\pi\mathrm{i}(\frac{a-j''}{n}+\frac{1}{2})}s(-z-n\omega)_{a-j'',0}s(z)_{a-j,0}\\&=\mathrm{e}^{2\pi\mathrm{i}\frac{j-j''}{n}}\varphi_{j'',j}(z).\end{aligned} \tag{8.1.15}$$

由此可见, φ 在 $\Lambda_{n\tau}$ 内有 $2n$ 个零点, 由于当 $l\neq 0$ 时, $s(l\tau)_{a0}=0$(式 (5.3.5)) 成立, 因此式 (8.1.10) 给出 $2n-2$ 个 $\varphi_{j'',j}(z)$ 零点:

$$z=\tau,\cdots,(n-1)\tau;\quad z=-n\omega-\tau,-n\omega-2\tau,\cdots,-n\omega-(n-1)\tau.$$

下面证明 $z=0$ 也是 $\varphi_{j'',j}(z)$ 的零点. 由式 (5.3.11) 得

$$s(z)_{a0}=\frac{\prod_{l=1}^{n-1}\theta\begin{bmatrix}\frac{1}{2}+\frac{l}{n}\\\frac{1}{2}\end{bmatrix}(z,n\tau)}{\prod_{l=1}^{n-1}\theta\begin{bmatrix}\frac{1}{2}+\frac{l}{n}\\\frac{1}{2}\end{bmatrix}(0,n\tau)}\,\frac{\theta\begin{bmatrix}\frac{1}{2}-\frac{a}{n}\\\frac{1}{2}\end{bmatrix}(z+\omega,n\tau)}{\theta\begin{bmatrix}\frac{1}{2}-\frac{a}{n}\\\frac{1}{2}\end{bmatrix}(\omega,n\tau)}.$$

当 $z=0$ 时, $s(z)_{a0}=1$ 与 a 无关, 式 (8.1.10) 中令 $z'=0$ 给出

$$\varphi_{j'',j}(0)=\sum_{a'}s(-n\omega)_{a',0}\sim\sum_{a\in Z_n}\frac{\theta\begin{bmatrix}\frac{1}{2}-\frac{a}{n}\\\frac{1}{2}\end{bmatrix}(-(n-1)\omega,n\tau)}{\theta\begin{bmatrix}\frac{1}{2}-\frac{a}{n}\\\frac{1}{2}\end{bmatrix}(\omega,n\tau)}. \tag{8.1.16}$$

通分之后, 我们发现只需证明下式为 0 即可:

$$F(\omega)=\sum_{a\in Z_n}\theta\begin{bmatrix}\frac{1}{2}-\frac{a}{n}\\ \frac{1}{2}\end{bmatrix}(-(n-1)\omega,n\tau)\prod_{l\neq a,l\in Z_n}\theta\begin{bmatrix}\frac{1}{2}-\frac{l}{n}\\ \frac{1}{2}\end{bmatrix}(\omega,n\tau). \quad (8.1.17)$$

有

$$F(\omega+\tau)=\mathrm{e}^{-2\pi\mathrm{i}[\frac{1}{2}(n-1)\tau+(n-1)\omega]}F(\omega),$$
$$F(\omega+1)=\mathrm{e}^{-2\pi\mathrm{i}(\frac{n-1}{2})}F(\omega),$$

因此 F 在 Λ_τ 内有 $n-1$ 个零点. 然而在式 (8.1.17) 中当 $\omega=l\tau$, $l\neq a$, $l\in Z_n$ 时第二个因子中有一个是 $\theta\begin{bmatrix}\frac{1}{2}\\ \frac{1}{2}\end{bmatrix}(0,n\tau)=0$, 当 $\omega=a\tau$ 时第一个因子 $\sim \theta\begin{bmatrix}\frac{1}{2}-\frac{a}{n}-(n-1)\frac{a}{n}\\ \frac{1}{2}\end{bmatrix}(0,n\tau)\sim\theta\begin{bmatrix}\frac{1}{2}-a\\ \frac{1}{2}\end{bmatrix}(0,n\tau)\sim\theta\begin{bmatrix}\frac{1}{2}\\ \frac{1}{2}\end{bmatrix}(0,n\tau)=0$, 因此当 $\omega=-l\tau$ 时, 式 (8.1.17) 求和号中的各项总有一个因子为 0, 从而 $F(-l\tau)$ 总等于零, $F(\omega)$ 有 n 个零点. 由此可见 $F(\omega)\equiv 0$. 令 $-z-n\omega=z'$, 则 $z=-z'-n\omega$, $\varphi_{j'',j}(z)$ 的形式不变. 因此 $z=-n\omega$ 也是 φ 的零点, 这样我们找齐了 φ 的 $2n$ 个零点. 零点之和为 $\sum\limits_i z_i=-n^2\omega$, 从式 (8.1.14) 和式 (8.1.15) 可以看出, 仅当 $j-j''=0(\mathrm{mod}\ n)$ 时这 $2n$ 个零点之和才可能满足定理一的要求 (式 (1.1.3)):

$$\sum_i z_i=\frac{A_2}{2}+B\langle\tau\rangle-A_1,$$

由式 (8.1.15), $B=\dfrac{j''-j}{n}(\mathrm{mod}\ 1)$, 而 $\dfrac{A_2}{2}+B\langle\tau\rangle-A_1=n+(j''-j)\tau-n^2\tau-n^2\omega\ (\mathrm{mod}\Lambda_{n\tau})$, 注意, $\langle\tau\rangle=n\tau$. 这里 $\langle\tau\rangle=n\tau$ 是第二个准周期. 否则矛盾, 因此当 $j-j''\neq 0$ 时有

$$\varphi_{j'',j}(z)=0, \quad L=0, \quad (8.1.18)$$

由式 (8.1.4) 又知道 $i\neq i''$ 时 L 也为 0.

式 (8.1.9) 变为

$$\begin{aligned}L&=\lambda\sum_{j'}R(-z-l\tau-n\omega)^{jj'}_{j'j}R(z+l\tau)^{j\ j'}_{j'\ j}\overline{\delta}_{ii''}\overline{\delta}_{jj''}\\&=\lambda\sum_{j'}R(-z-l\tau-n\omega)^{0\ \ j'-j}_{j'-j\ \ 0}R(z+l\tau)^{0\ \ j'-j}_{j'-j\ \ 0}\overline{\delta}_{ii''}\overline{\delta}_{jj''}\\&=\lambda\sum_{a\in Z_n}s(-z-l\tau-n\omega)_{a0}s(z+l\tau)_{a0}\overline{\delta}_{ii''}\overline{\delta}_{jj''}\end{aligned}$$

$$\begin{aligned}&=\lambda\sum_{a\in Z_n}s(-z'-n\omega)_{a0}s(z')_{a0}\overline{\delta}_{ii''}\overline{\delta}_{jj''}\\&\equiv\lambda\varphi(z',\omega,\tau)\overline{\delta}_{ii''}\overline{\delta}_{jj''},\end{aligned}\tag{8.1.19}$$

其中, $z'=z+l\tau$, 由式 (8.1.4), $l=j''-i=j-i''$, $\lambda\equiv\mathrm{e}^{2\pi\mathrm{i}l(l\tau+2z+n\omega)}$. 下面求 $\varphi(z,\omega,\tau)$. 由式 (8.1.10), 式 (5.3.11) 得

$$\begin{aligned}&\varphi_{j'',j}(z)|_{j''=j}\\&\equiv\varphi(z,\omega,\tau)\\&=\sum_{a\in Z_n}s(-z-n\omega)_{a0}s(z)_{a0}\\&=\sum_a\left\{\prod_{l=1}^{n-1}\frac{\theta\begin{bmatrix}\frac{1}{2}+\frac{l}{n}\\\frac{1}{2}\end{bmatrix}(-z-n\omega,n\tau)}{\theta\begin{bmatrix}\frac{1}{2}+\frac{l}{n}\\\frac{1}{2}\end{bmatrix}(0,n\tau)}\right\}\frac{\theta\begin{bmatrix}\frac{1}{2}-\frac{a}{n}\\\frac{1}{2}\end{bmatrix}(-z-n\omega+\omega,n\tau)}{\theta\begin{bmatrix}\frac{1}{2}-\frac{a}{n}\\\frac{1}{2}\end{bmatrix}(\omega,n\tau)}\\&\quad\times\left\{\prod_{l=1}^{n-1}\frac{\theta\begin{bmatrix}\frac{1}{2}+\frac{l}{n}\\\frac{1}{2}\end{bmatrix}(z,n\tau)}{\theta\begin{bmatrix}\frac{1}{2}+\frac{l}{n}\\\frac{1}{2}\end{bmatrix}(0,n\tau)}\right\}\frac{\theta\begin{bmatrix}\frac{1}{2}-\frac{a}{n}\\\frac{1}{2}\end{bmatrix}(z+\omega,n\tau)}{\theta\begin{bmatrix}\frac{1}{2}-\frac{a}{n}\\\frac{1}{2}\end{bmatrix}(\omega,n\tau)}.\end{aligned}\tag{8.1.20}$$

算出

$$\begin{aligned}&\varphi(z,\omega+\tau,\tau)\\&=\sum_a\frac{\prod_{l=1}^{n-1}\theta\begin{bmatrix}\frac{1}{2}+\frac{l}{n}-1\\\frac{1}{2}\end{bmatrix}(-z-n\omega,n\tau)\mathrm{e}^{-2\pi\mathrm{i}(-1)(\frac{-n\tau}{2}-z-n\omega+\frac{1}{2})}}{\prod_{l=1}^{n-1}\theta\begin{bmatrix}\frac{1}{2}+\frac{l}{n}\\\frac{1}{2}\end{bmatrix}(0,n\tau)}\\&\quad\times\frac{\theta\begin{bmatrix}\frac{1}{2}-\frac{a}{n}-\frac{(n-1)}{n}\\\frac{1}{2}\end{bmatrix}(-z-(n-1)\omega,n\tau)\mathrm{e}^{-2\pi\mathrm{i}\frac{-(n-1)}{n}(\frac{-(n-1)n\tau}{2n}-z-(n-1)\omega+\frac{1}{2})}}{\theta\begin{bmatrix}\frac{1}{2}-\frac{a}{n}+\frac{1}{n}\\\frac{1}{2}\end{bmatrix}(\omega,n\tau)\mathrm{e}^{-2\pi\mathrm{i}\frac{1}{n}(\frac{n\tau}{2n}+\omega+\frac{1}{2})}}\end{aligned}$$

$$\times\left\{\prod_{l=1}^{n-1}\frac{\theta\begin{bmatrix}\frac{1}{2}+\frac{l}{n}\\ \frac{1}{2}\end{bmatrix}(z,n\tau)}{\theta\begin{bmatrix}\frac{1}{2}+\frac{l}{n}\\ \frac{1}{2}\end{bmatrix}(0,n\tau)}\right\}\frac{\theta\begin{bmatrix}\frac{1}{2}-\frac{a}{n}+\frac{1}{n}\\ \frac{1}{2}\end{bmatrix}(z+\omega,n\tau)\mathrm{e}^{-2\pi\mathrm{i}\frac{1}{n}\left(\frac{n\tau}{2n}+z+\omega+\frac{1}{2}\right)}}{\theta\begin{bmatrix}\frac{1}{2}-\frac{a}{n}+\frac{1}{n}\\ \frac{1}{2}\end{bmatrix}(\omega,n\tau)\mathrm{e}^{-2\pi\mathrm{i}\frac{1}{n}\left(\frac{n\tau}{2n}+\omega+\frac{1}{2}\right)}}$$

$$=\mathrm{e}^{-2\pi\mathrm{i}\left(\frac{(n^2-2)\tau}{2n}+nz+(n^2-2)\omega+\frac{n}{2}\right)}$$

$$\times\sum_a\left\{\frac{\prod_{l=1}^{n-1}\theta\begin{bmatrix}\frac{1}{2}-\frac{l}{n}\\ \frac{1}{2}\end{bmatrix}(-z-n\omega,n\tau)}{\prod_{l=1}^{n-1}\theta\begin{bmatrix}\frac{1}{2}+\frac{l}{n}\\ \frac{1}{2}\end{bmatrix}(0,n\tau)}\right\}\frac{\theta\begin{bmatrix}\frac{1}{2}-\frac{a-1}{n}\\ \frac{1}{2}\end{bmatrix}(-z-(n-1)\omega,n\tau)}{\theta\begin{bmatrix}\frac{1}{2}-\frac{a-1}{n}\\ \frac{1}{2}\end{bmatrix}(\omega,n\tau)}$$

$$\times\left\{\prod_{l=1}^{n-1}\frac{\theta\begin{bmatrix}\frac{1}{2}+\frac{l}{n}\\ \frac{1}{2}\end{bmatrix}(z,n\tau)}{\theta\begin{bmatrix}\frac{1}{2}+\frac{l}{n}\\ \frac{1}{2}\end{bmatrix}(0,n\tau)}\right\}\frac{\theta\begin{bmatrix}\frac{1}{2}-\frac{a-1}{n}\\ \frac{1}{2}\end{bmatrix}(z+\omega,n\tau)}{\theta\begin{bmatrix}\frac{1}{2}-\frac{a-1}{n}\\ \frac{1}{2}\end{bmatrix}(\omega,n\tau)}$$

$$=\mathrm{e}^{-2\pi\mathrm{i}\left(\frac{(n^2-2)\tau}{2}+nz+(n^2-2)\omega-\frac{n}{2}\right)}\varphi(z,\omega,\tau), \tag{8.1.21}$$

以及

$$\varphi(z,\omega+1,\tau)=\mathrm{e}^{-2\pi\mathrm{i}\left(\frac{n}{2}\right)}\varphi(z,\omega,\tau). \tag{8.1.22}$$

对比

$$f(z,\omega,\tau)=\frac{\theta\begin{bmatrix}\frac{1}{2}\\ \frac{1}{2}\end{bmatrix}(z,\tau)\theta\begin{bmatrix}\frac{1}{2}\\ \frac{1}{2}\end{bmatrix}(-z-n\omega,\tau)}{\left(\theta\begin{bmatrix}\frac{1}{2}\\ \frac{1}{2}\end{bmatrix}(\omega,\tau)\right)^2}, \tag{8.1.23}$$

有

$$\begin{aligned}f(z,\omega+\tau,\tau)&=\mathrm{e}^{-2\pi\mathrm{i}(-n)\left(\frac{-n\tau}{2}-z-n\omega+\frac{1}{2}\right)}\mathrm{e}^{2\pi\mathrm{i}\left(\frac{\tau}{2}+\omega+\frac{1}{2}\right)\times 2}f(z,\omega,\tau)\\&=\mathrm{e}^{-2\pi\mathrm{i}\left(\frac{(n^2-2)\tau}{2}+nz+(n^2-2)\omega-\frac{n-2}{2}\right)}f(z,\omega,\tau),\\ f(z,\omega+1,\tau)&=\mathrm{e}^{-2\pi\mathrm{i}\left(\frac{n}{2}\right)}f(z,\omega,\tau).\end{aligned}$$

习题 1　证明式 (8.1.22) 以及 f 的准双周期性质 (对于 ω).
知道 $\frac{\varphi}{f}$ 在 $\omega\to\omega+\tau,\quad \omega\to\omega+1$ 时不变. 另一方面, 有

$$\begin{aligned}\varphi(z+n\tau,\omega,\tau)&=\mathrm{e}^{-2\pi\mathrm{i}(n^2\tau+2nz+n^2\omega)}\varphi(z,\omega,\tau),\\ \varphi(z+1,\omega,\tau)&=\varphi(z,\omega,\tau).\end{aligned}$$

由于

$$s_{ab}(z,\omega,\tau)=\frac{\prod\limits_{l\neq0,l\neq b}\theta\begin{bmatrix}\frac{1}{2}+\frac{l}{n}\\ \frac{1}{2}\end{bmatrix}(z,n\tau)\,\theta\begin{bmatrix}\frac{1}{2}+\frac{b-a}{n}\\ \frac{1}{2}\end{bmatrix}(z+\omega,n\tau)}{\prod\limits_{l\neq0}\theta\begin{bmatrix}\frac{1}{2}+\frac{l}{n}\\ \frac{1}{2}\end{bmatrix}(0,n\tau)\qquad\theta\begin{bmatrix}\frac{1}{2}-\frac{a}{n}\\ \frac{1}{2}\end{bmatrix}(\omega,n\tau)},$$

s_{ab} 对 ω 的极点为 $\omega=a\tau$, 因此 φ 对 ω 的极点与 f 相同:$\omega=m\tau$. 对于 φ 和 f 来说, 都是个双极点. 另一方面, φ 和 f 对 ω 都有零点 $\omega=\frac{-l\tau-z}{n}$, $l=0,\cdots,n-1$, φ 和 f 对 ω 的零点与 z 有关, φ 和 f 对 ω 的二阶极点与 z 无关. 我们可以把它们取得不在同一处, 因而在这些点之外, $\frac{\varphi}{f}$ 无奇异, 在 φ 与 f 的零点处, 它们的比没有奇异, 在极点处, 设 $\varphi\sim\frac{a+b\Delta\omega}{(\Delta\omega)^2}$, $f\sim\frac{c+d\Delta\omega}{(\Delta\omega)^2}$, 给出 $\frac{\varphi}{f}\sim\frac{a+b\Delta\omega}{c+d\Delta\omega}$, 其中 a,c 均不等于零, 因而在 $\Delta\omega\to0$ 时 $\frac{\varphi}{f}\sim\frac{a}{c}$ 无奇异. 所以 $\frac{\varphi}{f}$ 是 ω 的双周期全纯函数, 因而根据刘维尔定理, 相对 ω 是常数, $\varphi=c(z,\tau)f$. 令 $\omega=\epsilon\to0$, 由

$$R(z,\omega,\tau)=\frac{1}{n}\sum_{\alpha}\frac{\theta\begin{bmatrix}\frac{1}{2}+\frac{\alpha_1}{n}\\ \frac{1}{2}+\frac{\alpha_2}{n}\end{bmatrix}\left(z+\frac{\omega}{n},\tau\right)}{\theta\begin{bmatrix}\frac{1}{2}+\frac{\alpha_1}{n}\\ \frac{1}{2}+\frac{\alpha_2}{n}\end{bmatrix}\left(\frac{\omega}{n},\tau\right)}I_\alpha\otimes I_\alpha^{-1},$$

知道当 $z\neq0$ 时有

$$R(z,\epsilon,\tau)\cong\frac{1}{n}\frac{\theta\begin{bmatrix}\frac{1}{2}\\ \frac{1}{2}\end{bmatrix}(z,\tau)}{\theta\begin{bmatrix}\frac{1}{2}\\ \frac{1}{2}\end{bmatrix}\left(\frac{\epsilon}{n},\tau\right)}I\otimes I\cong\frac{\theta\begin{bmatrix}\frac{1}{2}\\ \frac{1}{2}\end{bmatrix}(z,\tau)}{\theta\begin{bmatrix}\frac{1}{2}\\ \frac{1}{2}\end{bmatrix}(\epsilon,\tau)}I\otimes I.\tag{8.1.24}$$

我们计算式 (8.1.1) 并得到

$$M \doteq \frac{\theta\begin{bmatrix}\frac{1}{2}\\ \frac{1}{2}\end{bmatrix}(z,\tau)}{\theta\begin{bmatrix}\frac{1}{2}\\ \frac{1}{2}\end{bmatrix}(\epsilon,\tau)} \frac{\theta\begin{bmatrix}\frac{1}{2}\\ \frac{1}{2}\end{bmatrix}(-z-n\epsilon,\tau)}{\theta\begin{bmatrix}\frac{1}{2}\\ \frac{1}{2}\end{bmatrix}(\epsilon,\tau)} I\otimes I,$$

取 $i=i''=j=j''=0$, 这时 $l=0$, $\lambda=1$, 由式 (8.1.10), 当 $z\neq 0, \omega=\epsilon\to 0$ 时有

$$M_{00}^{00} \doteq \frac{\theta\begin{bmatrix}\frac{1}{2}\\ \frac{1}{2}\end{bmatrix}(z,\tau)}{\theta\begin{bmatrix}\frac{1}{2}\\ \frac{1}{2}\end{bmatrix}(\epsilon,\tau)} \frac{\theta\begin{bmatrix}\frac{1}{2}\\ \frac{1}{2}\end{bmatrix}(-z-n\epsilon,\tau)}{\theta\begin{bmatrix}\frac{1}{2}\\ \frac{1}{2}\end{bmatrix}(\epsilon,\tau)} = \lambda\varphi(z,\epsilon,\tau)=\varphi(z,\epsilon,\tau)=f(z,\epsilon,\tau). \tag{8.1.25}$$

因而有

$$c(z,\tau)=1. \tag{8.1.26}$$

由此得到

$$\varphi(z,\epsilon,\tau)=\frac{\sigma(z)\sigma(-z-n\omega)}{\sigma(\omega)^2}, \tag{8.1.27}$$

其中, $\sigma(u)\equiv\theta\begin{bmatrix}\frac{1}{2}\\ \frac{1}{2}\end{bmatrix}(u,\tau)$, 代入式 (8.1.19) 得

$$\begin{aligned} L &= \mathrm{e}^{2\pi\mathrm{i}l(l\tau+2z+n\omega)}\frac{\sigma(z+l\tau)\sigma(-z-l\tau-n\omega)}{\sigma(\omega)^2}\bar{\delta}_{ii''}\bar{\delta}_{jj''} \\ &= \mathrm{e}^{2\pi\mathrm{i}l(l\tau+2z+n\omega)}\mathrm{e}^{-2\pi\mathrm{i}l(\frac{l\tau}{2}+z+\frac{1}{2})}\mathrm{e}^{-2\pi\mathrm{i}(-l)(\frac{-l\tau}{2}-z-n\omega+\frac{1}{2})} \\ &\quad\times\frac{\sigma(z)\sigma(-z-n\omega)}{\sigma(\omega)^2}\bar{\delta}_{ii''}\bar{\delta}_{jj''} \\ &= \frac{\sigma(z)\sigma(-z-n\omega)}{\sigma(\omega)^2}\bar{\delta}_{ii''}\bar{\delta}_{jj''}. \end{aligned} \tag{8.1.28}$$

习题 2

1. 令

$$U(z,\tau)=\prod_{l=0}^{n-1}\theta\begin{bmatrix}\frac{1}{2}+\frac{l}{n}\\ \frac{1}{2}\end{bmatrix}(z,n\tau),$$

求证

$$\begin{aligned}U(z+\tau,\tau)&=\mathrm{e}^{-2\pi\mathrm{i}(\frac{\tau}{2}+z+\frac{1}{2})}U(z,\tau),\\ U(z+1,\tau)&=\mathrm{e}^{-2\pi\mathrm{i}(\frac{1}{2})}U(z,\tau).\end{aligned}$$

2. 令

$$U(z,\tau)=\gamma(z,\tau)\theta\begin{bmatrix}\frac{1}{2}\\ \frac{1}{2}\end{bmatrix}(z,\tau),$$

求证 $\gamma(z,\tau)=\gamma(\tau)$ 与 z 无关.

3. 当 $z\to 0$ 时,

$$U(z,\tau)\to\theta\begin{bmatrix}\frac{1}{2}\\ \frac{1}{2}\end{bmatrix}(z,n\tau)\times\prod_{l=1}^{n-1}\theta\begin{bmatrix}\frac{1}{2}+\frac{l}{n}\\ \frac{1}{2}\end{bmatrix}(0,n\tau),$$

由此证明

$$\gamma(\tau)=\prod_{l=1}^{n-1}\theta\begin{bmatrix}\frac{1}{2}+\frac{l}{n}\\ \frac{1}{2}\end{bmatrix}(0,n\tau)\times\lim_{\epsilon\to 0}\frac{\theta\begin{bmatrix}\frac{1}{2}\\ \frac{1}{2}\end{bmatrix}(\epsilon,n\tau)}{\theta\begin{bmatrix}\frac{1}{2}\\ \frac{1}{2}\end{bmatrix}(\epsilon,\tau)}.$$

4. 由以上结果证明, 当 $z\neq 0$, $\omega=\epsilon\to 0$ 时

$$s(z)_{00}\to\frac{\prod_{l=1}^{n-1}\theta\begin{bmatrix}\frac{1}{2}+\frac{l}{n}\\ \frac{1}{2}\end{bmatrix}(z,n\tau)\times\theta\begin{bmatrix}\frac{1}{2}\\ \frac{1}{2}\end{bmatrix}(z,n\tau)}{\prod_{l=1}^{n-1}\theta\begin{bmatrix}\frac{1}{2}+\frac{l}{n}\\ \frac{1}{2}\end{bmatrix}(0,n\tau)\times\theta\begin{bmatrix}\frac{1}{2}\\ \frac{1}{2}\end{bmatrix}(\epsilon,n\tau)}\doteq\frac{U(z,\tau)}{U(\epsilon,\tau)}$$

$$
= \frac{\theta\begin{bmatrix}\frac{1}{2}\\ \frac{1}{2}\end{bmatrix}(z,\tau)}{\theta\begin{bmatrix}\frac{1}{2}\\ \frac{1}{2}\end{bmatrix}(\epsilon,\tau)}.
$$

5. 由式 (8.1.20), 取 $\omega=\epsilon\to 0$ 的极限直接证明式 (8.1.25).

8.2 A_{n-1}^1 面模型的量子行列式

在本节计算 A_{n-1}^1 面模型的量子行列式. 首先定义量子行列式 $D_q(z_1-z_2)=A$, 如图 8.2.1 所示.

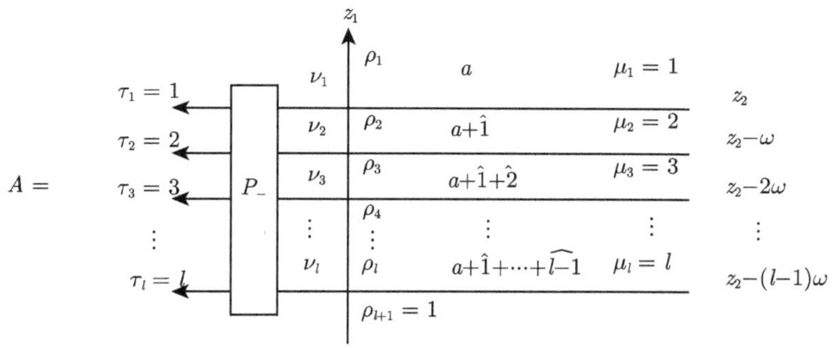

图 8.2.1 A_{n-1}^1 模型的量子行列式 A. 其中 $\nu_1\to\nu_l,\rho_2\to\rho_l$ 是求和指标, R 矩阵中横线谱从上向下顺次减 ω. 竖线谱为 z_1, A 是 z_1-z_2 的函数

以公式表示为 (以下对重复指标求和)

$$
\begin{aligned}
A=&R(a+\hat{1}+\cdots+\widehat{l-1}|z_1-z_2+(l-1)\omega)_{\rho_{l+1}\ l}^{\rho_l\ \ \nu_l}\\
&\times R(a+\hat{1}+\cdots+\widehat{l-2}|z_1-z_2+(l-2)\omega)_{\rho_l\ l-1}^{\rho_{l-1}\ \ \nu_{l-1}}\cdots\\
&\times R(a+\hat{1}+\hat{2}|z_1-z_2+2\omega)_{\rho_4\ 3}^{\rho_3\ \ \nu_3}R(a+\hat{1}|z_1-z_2+\omega)_{\rho_3\ 2}^{\rho_2\ \ \nu_2}R(a|z_1-z_2)_{\rho_2\ 1}^{\rho_1\ \ \nu_1}\\
&\times P_-(1,2,\cdots,l)_{\nu_1\nu_2\cdots\nu_l}^{1\ 2\cdots l},
\end{aligned}
\tag{8.2.1}
$$

它是一个 $V=V_0\otimes V_1\otimes\cdots\otimes V_l$ 的算子 $/A=A_0P_-(1,2,\cdots,l)$ 的矩阵元. P_- 是 $V_1\otimes\cdots\otimes V_l$ 的全反称算子, A_0 在下文 (图 8.2.2(a)) 中定义. 下文说明, $/A$ 的矩阵元对辅助空间的指标 μ_i,τ_i 的不同选择, 只能取 $\pm A$ 和 0. 由于 $P_-(1,2,\cdots,l)$ 的出射指标为 $\{1,2,\cdots,l\}$, 因此 $\{\nu_1,\nu_2,\cdots,\nu_l\}$ 与 $\{1,2,\cdots,l\}$ 是同一个数集. 由于 A_{n-1}^1 面模型是六顶角型, 又由于入射指标 $\mu_1=1,\cdots,\mu_l=l$, 所以必须有 $\rho_{l+1}=\rho_1$, 否则 $A=0$. 在以下推导中, 进一步要求 $\rho_{l+1}=\rho_1$ 也在数集 $\{1,2,\cdots,l\}$ 中. 我们下

边介绍反对称算子对 z_1 谱线的穿透定理. 这个定理成立的前提是横线的谱要由上向下递减 ω. 考虑图 8.2.2.

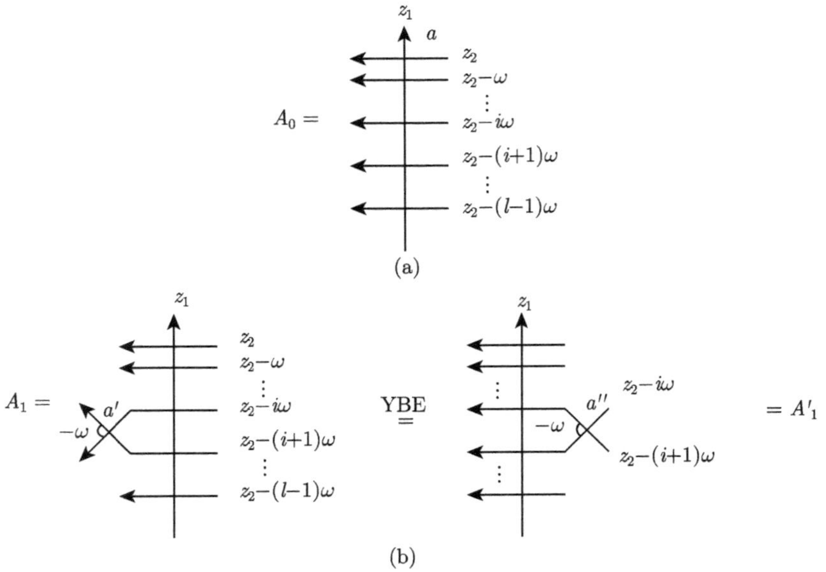

图 8.2.2　(a) 算子 A_0 定义, 交点为 R 矩阵. 横线的谱从上向下顺次减 ω. (b) 图示谱为 $-\omega$ 的 R 矩阵对于竖线能用 YBE 穿越, 即 $A_1 = A_1'$, 或 $A_0R_{i+1,i}(-\omega) = R_{i+1,i}(-\omega)A_0'$

定义 $A_1 = A_0R_{i+1,i}(a'|-\omega)$. 其中 A_0 由图 8.2.2(a) 定义. 由于 $z_2 - i\omega$ 和 $z_2-(i+1)\omega$ 这两根谱线交叉形成的 R 矩阵的谱为 $-\omega$, $R_{i+1,i}(a'|-\omega) = P_-(i,i+1)B^{-1} = P_-(i,i+1)R_{i+1,i}(a'|-\omega)$, 又由于 YBE, $R(a'|-\omega)$ 可以穿越 z_1 谱线, 所以有

$$
\begin{aligned}
&A_1 = A_1' = P_-(i,i+1)A_1', \\
&A_0P_-(i,i+1) = A_0R_{i+1,i}(a'|-\omega)B = A_1B \\
= &A_1'B = P_-(i,i+1)A_1'B = P_-(i,i+1)A_1B \\
= &P_-(i,i+1)A_0R_{i+1,i}(a''|-\omega)B = P_-(i,i+1)A_0P_-(i,i+1). \qquad (8.2.2)
\end{aligned}
$$

因此 $P_-(i,i+1)$ 对 A_0 有穿透效应. (注意, 式 (8.2.2) 右边是 $P_-A_0P_-$, 即 A_0 左右都有 P_-, A_0 不变, 这与图 8.2.2(b) 的 $R(-\omega)$ 穿越 A_0 不同). 后者是 $A_0R(-\omega) = R(-\omega)A_0'$. 也可以认为式 (8.2.1) 定义的 A 为

$$
\begin{aligned}
A &= [A_0P_-(1,2,\cdots,l)]^{12\cdots l,\rho_1}_{12\cdots l,\rho_{l+1}}, \\
&\equiv /A^{12\cdots l,\rho_1}_{12\cdots l,\rho_{l+1}}.
\end{aligned}
$$

验算:

$$R(a|-\omega)_{\mu\mu}^{\mu\mu}=\frac{\sigma(z+\omega)}{\sigma(\omega)}=\frac{\sigma(0)}{\sigma(\omega)}=0,$$
$$R(a|-\omega)_{\mu\nu}^{\mu\nu}=\frac{\sigma(-\omega)\sigma(a_{\mu\nu}\omega+\omega)}{\sigma(\omega)\sigma(a_{\mu\nu}\omega)}=-\frac{\sigma(a_{\mu\nu}\omega+\omega)}{\sigma(a_{\mu\nu}\omega)},$$
$$R(a|-\omega)_{\nu\mu}^{\mu\nu}=\frac{\sigma(-\omega+a_{\nu\mu}\omega)}{\sigma(a_{\nu\mu}\omega)}=\frac{\sigma(a_{\mu\nu}\omega+\omega)}{\sigma(a_{\mu\nu}\omega)}.$$

因此 $R(a|-\omega)$ 对入射指标反对称,

$$P_-R(a|-\omega)=R(a|-\omega). \tag{8.2.3}$$

以下我们讨论矩阵 $/A$ 的矩阵元的一些规律. 我们注意到以下事实:

(1) ① $P_-(1,\cdots,e)$ 对其入射指标 $\nu_1,\cdots,\nu_l$ 和出射指标 $\tau_1,\cdots,\tau_l$ (图 8.2.1) 反对称; ② 由于穿透定理式 (8.2.2), $/A$ 算子对入射指标 $\mu_1,\cdots,\mu_l$ 反对称. 习题: 证明②.

(2) 取 $\rho_1=\rho_{l+1}=1$ 和 $\rho_1=\rho_{l+1}=2$, 矩阵元 A 应在表达式中将 $\overline{a}_1$ 和 $\overline{a}_2$ 互换. 因为在图 8.2.1 中, 交换 A 的出射指标 (指 $\tau_1\tau_2\cdots\tau_l$)1 和 2 相当于 $/A\times P(12)$, 然而 $/A=A_0P_-(1,\cdots,l)$, 而 $A_0P_-(1,\cdots,l)P(1,2)=A_0(-)P_-(1,\cdots,l)$. 又由于 A 对入射指标反对称 (穿透效应), 因此在 A 的入射指标 (指 $\mu_1\mu_2\cdots\mu_l$) 中交换 1 和 2 也反号, 因此最终将 A 的左边和右边的 l 个指标中交换第一个和第二个指标是不改变矩阵元的表达式的, 只除了 $\overline{a}_1$ 和 $\overline{a}_2$ 应互换.

(3) 如果不改变 $\rho_1=\rho_{l+1}$, 只同时改变入射和出射 (最左边和最右边) 的指标次序, 则矩阵元不变.

现在计算 $\rho_1=\rho_{l+1}=1$ 时 A 的值. 由以上讨论我们知道, 当所有入射指标局限在 $1,\cdots,l$ 时, 矩阵 $/A$ 的所有矩阵元的值.

将左右指标写成图 8.2.3 的次序, 按 (3) 这并不改变矩阵元. 从最上面的 R 矩阵开始分析, 可知这里唯一不为零的 $\nu_1,\cdots,\nu_l$ 只能是 $2,3,\cdots,l,1$. 给出

$$\begin{aligned}A=&\frac{1}{l!}R(a|z_1-z_2)_{12}^{12}R(a+\hat{2}|z_1-z_2+\omega)_{13}^{13}R(a+\hat{2}+\hat{3}|z_1-z_2+2\omega)_{14}^{14}\cdots\\&\times R(a+\hat{2}+\hat{3}+\cdots+\widehat{l-1}|z_1-z_2+(l-2)\omega)_{1l}^{1l}\\&\times R(a+\hat{2}+\hat{3}+\cdots+\hat{l}|z_1-z_2+(l-1)\omega)_{11}^{11}\\=&\frac{1}{l!}\frac{\sigma(z_1-z_2)\sigma((a_{12}+1)\omega)}{\sigma(\omega)\sigma(a_{12}\omega)}\frac{\sigma(z_1-z_2+\omega)\sigma((a_{13}+1)\omega)}{\sigma(\omega)\sigma(a_{13}\omega)}\\&\times\frac{\sigma(z_1-z_2+2\omega)\sigma((a_{14}+1)\omega)}{\sigma(\omega)\sigma(a_{14}\omega)}\cdots\frac{\sigma(z_1-z_2+(l-2)\omega)\sigma((a_{1l}+1)\omega)}{\sigma(\omega)\sigma(a_{1l}\omega)}\\&\times\frac{\sigma(z_1-z_2+l\omega)}{\sigma(\omega)},\end{aligned} \tag{8.2.4}$$

其中, $\frac{1}{l!}=P_-(1,\cdots,l)_{23\cdots l1}^{23\cdots l1}$.

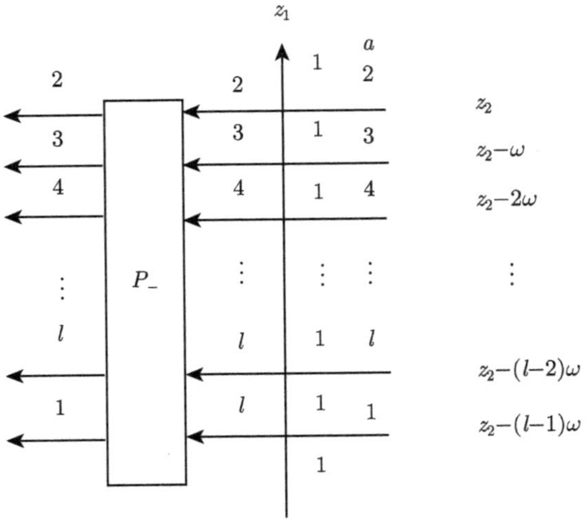

图 8.2.3　便于计算 A 的指标设置

如果把 $\rho_1 = \rho_{l+1} = 1$ 改为 $\rho_1 = \rho_{l+1} = j$(j 在 $\{1,2,\cdots,l\}$ 之中), 只要把式 (8.2.4) 中的 $\overline{a}_1$ 换成 $\overline{a}_j$ 即可. 表达式 (8.2.4) 与 Z_n 模型的量子行列式的不同在于它包含一个因子 $\Pi_{i=2}^{l}\dfrac{\sigma(a_{1i}\omega+\omega)}{\sigma(a_{1i}\omega)}$, 因此与 $\rho_1 = \rho_{l+1} = 1$ 这个取值有关. 如果我们定义 $D = A \times \Pi_{i=2}^{l}\dfrac{\sigma(a_{1i}\omega)}{\sigma(a_{1i}\omega+\omega)}$, 在一般 $\rho_1 = \rho_{l+1} = j$ 的情况下定义 $D = A(\rho_1 = \rho_{l+1} = j) \times \Pi_{i\neq j}\dfrac{\sigma(a_{ji}\omega)}{\sigma(a_{ji}\omega+\omega)}$, 则 D 对于 $\rho_1 = \rho_{l+1} = j$ 的取值无关, 给出

$$D = \frac{1}{l!}\frac{\sigma(z_1-z_2)}{\sigma(\omega)}\frac{\sigma(z_1-z_2+l\omega)}{\sigma(\omega)} \times \prod_{i=1}^{l-2}\frac{\sigma(z_1-z_2+i\omega)}{\sigma(\omega)}. \tag{8.2.5}$$

值得提醒的是, 入射指标 $\mu_1,\cdots,\mu_l$ 可以取相同的数 (当然也在 $\{1,2,\cdots,l\}$ 数集中), 只是由于穿透效应, 若 $\mu_i = \mu_j = \mu_0$, 则矩阵元为

$$[A_0P_-(1,\cdots,l)]_{\mu_1\cdots\mu_0\cdots\mu_0\cdots\mu_l,\rho_{l+1}}^{1\cdots l,\quad\quad\quad \rho_1} = 0.$$

我们注意到一个基本事实: $P_-(1,\cdots,l)$ 的入射线 (或出射线) 只要有相同的指标, 则 $P_-(1,\cdots,l)$ 的矩阵元为 0. 这是因为有

$$P_-(1,\cdots,l) = P_-(i,j)P_-(1,\cdots,l),$$
$$P_-(1,\cdots,l) = P_-(1,\cdots,l)P_-(i,j).$$

由此可见, 如果 $A_0P_-(1,\cdots,l)$ 的左出射线有两个线的指标 τ_i 和 τ_j 相同 $(=\tau_0)$, $A_0P_-(1,\cdots,l)$ 的矩阵元也为零, 亦即

$$[A_0P_-(1,\cdots,l)]^{\tau_1\cdots\tau_0\cdots\tau_0\cdots,\rho_1}_{\mu_1\cdots\cdots\mu_l,\ \ \rho_{l+1}}=0.$$

可以把图 8.2.1 中最上面的 R 矩阵指标略加改变, 见图 8.2.4.

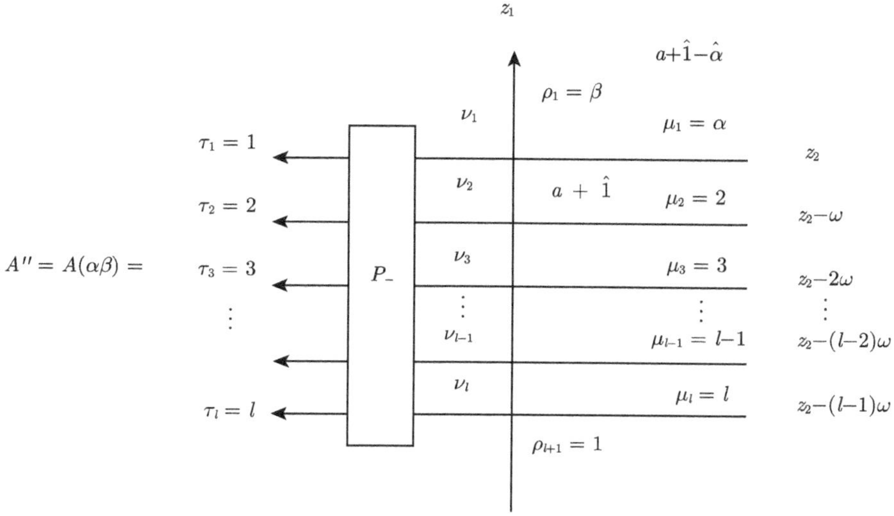

图 8.2.4 $A(\alpha\beta)$ 的外线指标设置

由于 $P_-(1,\cdots,l)$ 只改变 $\{\nu_1\cdots\nu_l\}$ 的次序, 不改变它们的取值范围, 因而 $\nu_1\cdots\nu_l$ 必须取齐 $\{1,2,\cdots,l\}$ 等 l 个整数, 否则该项对 A'' 贡献为零. 又由于 R 矩阵是六顶角型, $\{\alpha,2,3,\cdots l,1\}$ 与 $\{\beta,\nu_1\cdots,\nu_l\}$ 必须是相同数集, 否则 $A''=0$. 由此可见, α 必须等于 β, 即

$$A''=A(\alpha\beta)=A''\delta_{\alpha\beta}.$$

由于穿透效应 A'' 也对于指标 $\mu_1,\mu_2,\cdots,\mu_l$ 反对称 (式 (8.2.2)). 如果限定所有涉及的指标只限于 $\{1,2,\cdots,l\}$ 这 l 个整数, 因为 $\mu_2=2,\mu_3=3,\cdots,\mu_l=l$, 所以 α 不等于 1 时, A'' 也等于零, 从而有

$$A''=A''\delta^1_\alpha\delta^\beta_\alpha=A''\delta^1_\alpha\delta^1_\beta. \tag{8.2.6}$$

当 $\alpha=\beta=1$ 时, 有

$$A''=A, \tag{8.2.7}$$

我们有关于全反对称算子的公式

$$P_-(1,2,\cdots,l)=\frac{1}{l}P_-(2,3,\cdots,l)(1-P_{12}-P_{13}-\cdots-P_{1l}),\tag{8.2.8}$$

令 $|\psi\rangle=e_1\otimes e_2\otimes\cdots\otimes e_l$, 有

$$P_{1j}|\psi\rangle=e_j\otimes e_2\otimes\cdots\otimes e_{j-1}\otimes e_1\otimes e_{j+1}\otimes\cdots\otimes e_l.$$

在这里应该注意, 交换算子 P_{ij} 只是把第 i 条谱线上的指标 λ_i 与第 j 条谱线上的指标 λ_j 交换而已, 并不管 λ_i 和 λ_j 的取值, 切勿理解成将指标 i 换成指标 j. 由 $|\psi\rangle=e_1\otimes e_2\otimes\cdots\otimes e_l$, 有

$$\begin{aligned}
&P_-(1,\cdots,l)|\psi\rangle\\
=&\frac{1}{l}[P_-(2,3,\cdots,l)(1-P_{12}-P_{13}-\cdots-P_{1l})]|\psi\rangle\\
=&\frac{1}{l}[P_-(2,3,\cdots,l)e_1\otimes e_2\otimes\cdots\otimes e_l\\
&-\sum_{j\neq 1}P_-(2,3,\cdots,l)e_j\otimes e_2\otimes\cdots\otimes e_{j-1}\otimes e_1\otimes e_{j+1}\otimes\cdots\otimes e_l].
\end{aligned}$$

由式 (8.2.8) 我们可以把图 8.2.4 改为图 8.2.5.

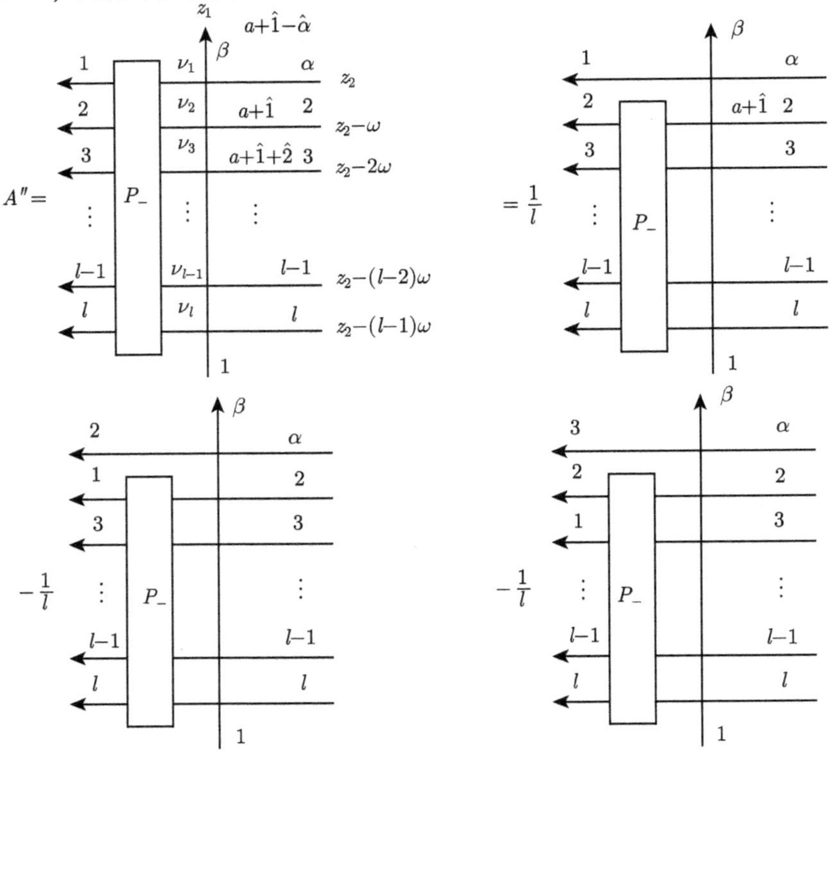

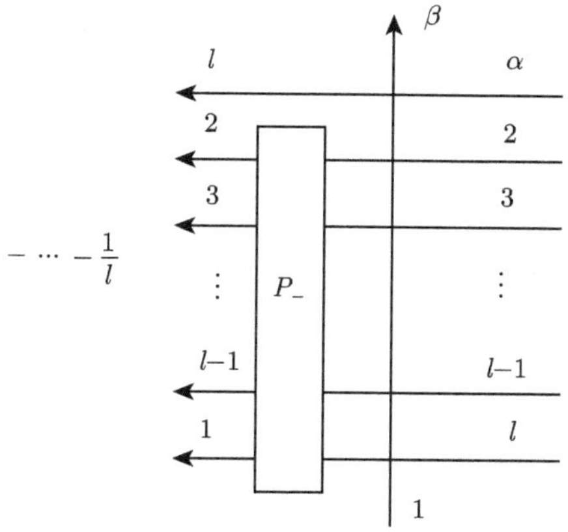

图 8.2.5 用式 (8.2.8) 展开的 $A''=A(\alpha\beta)$

把图 8.2.4 中最上面 (即最后相乘) 的 R 矩阵写成 $R(a+\hat{1}-\hat{\alpha}|z_1-z_2)^{\beta}_{\cdot\ \alpha}$, 给出

$$\begin{aligned}A''(\alpha,\beta)=&[R(a+\hat{1}+\cdots+\widehat{l-1}|z_1-z_2+(l-1)\omega)\times\cdots\times R(a+\hat{1}|z_1-z_2-\omega)\\&\times R(a+\hat{1}-\hat{\alpha}|z_1-z_2)P_-(1,\cdots,l)]^{\rho_1=\beta\ \ \tau_1=1,\tau_2=2,\tau_3=3,\cdots,\tau_l=l}_{\rho_{l+1}=1\ \ \mu_1=\alpha,\mu_2=2,\mu_3=3,\cdots,\mu_l=l}\\=&A_1+A_2+\cdots+A_l,\end{aligned}\tag{8.2.9}$$

然后, 我们把图 8.2.5 中的 $A_1,\cdots,A_l$ 分割为最上面的 R 矩阵与其余部分的乘积, 如图 8.2.6 所示. 即 $A_j=(-)\dfrac{1}{l}\sum_\mu R(a+\hat{1}-\hat{\alpha}|z_1-z_2)^{\beta j}_{\mu\alpha}\times G_{\mu j}(j\neq 1)$.

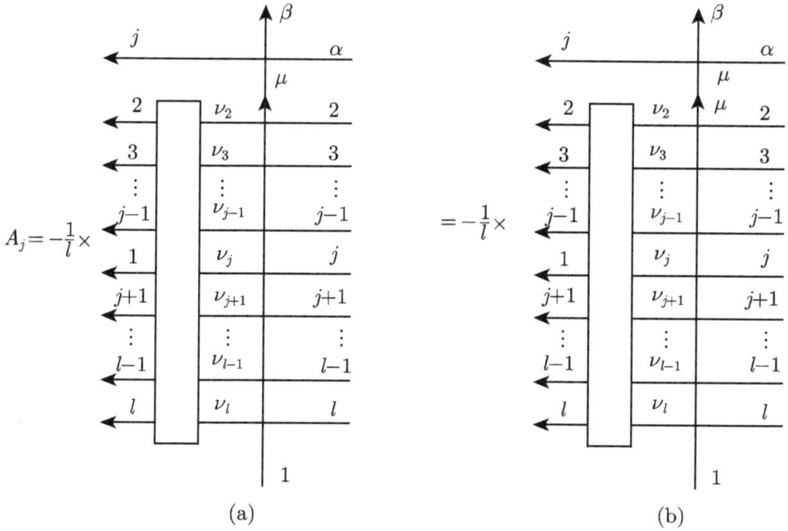

图 8.2.6 A_j 的分解图示

我们下面证明, 只有 $\mu=j$ 的项才有贡献, 其余 $G_{\mu j}|_{\mu\neq j}=0$. 首先, $G_{\mu j}$ 中的指标 $\nu_2,\nu_3,\cdots\nu_l$ 只能取值于数集 $\{\tau_2,\tau_3,\cdots\tau_l\}=\{2,3,\cdots,j-1,1,j+1,\cdots,l-1,l\}$, 而且是数列 $2,3,\cdots j-1,1,j+1,\cdots$ 的一个置换. 这是因为 $P_-(2,3,\cdots,l)$ 不改变指标所取的指标的集合, 只改变其排列. 另一方面 A_{n-1}^1 的 R 矩阵是六顶角型的, 它的入射指标和出射指标属同一对整数, 因而 $G_{\mu j}$ 的入射指标和出射指标 (包括上下和左右) 必须是同一数集, 否则 $G_{\mu j}=0$. $G_{\mu j}$ 的出射指标为 $2,3,\cdots,j-1,1,j+1,\cdots$, 以及 μ, 而入射指标为 $2,3,\cdots,j-1,j,j+1,\cdots,l$, 以及 1. 要使这两者属同一数集, 必须有 $j=\mu$. 我们得到 $A_j=(-)\dfrac{1}{l}G_{jj}\times R(a+\hat{1}-\hat{\alpha}|z_1-z_2)_{j\alpha}^{\beta j}$ (对 j 不求和).

在下面计算 G_{jj}, 其定义如图 8.2.7 所示.

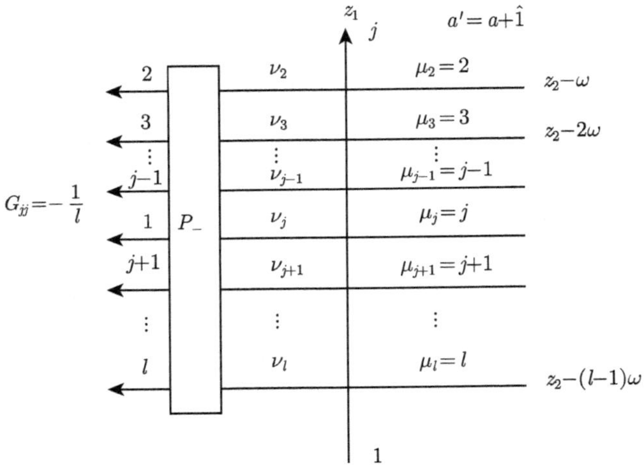

图 8.2.7　G_{jj} 的图示

以下等式右边对重复指标求和:

$$\begin{aligned}G_{jj}=&R(a+\hat{1}+\cdots+\widehat{l-1}|z_1-z_2+(l-1)\omega)_{1\mu_l}^{\rho_l\nu_l}\\&\times R(a+\hat{1}+\cdots+\widehat{l-2}|z_1-z_2+(l-2)\omega)_{\rho_l\mu_{l-1}}^{\rho_{l-1}\nu_{l-1}}\\&\times\cdots\times R(a+\hat{1}|z_1-z_2+\omega)_{\rho_2\mu_2}^{j\nu_2}P_-(2,3,\cdots,l)_{\nu_2\cdots\nu_l}^{2,\cdots j-1,1,j+1,\cdots,l}.\end{aligned}\tag{8.2.10}$$

其中, $\mu_i=i$. 为计算方便, 我们重新调整 G_{jj} 中右边的入射指标 $\mu_2,\mu_3,\cdots,\mu_l$, 将右边入射指标中的 j 调到最下边, 由 $2,3,\cdots,l$ 变为 $2,3,\cdots j-1,j+1,\cdots,l,j$. 如图 8.2.8 所示, 并将矩阵元 $\times(-1)^{l-j}$. 由于反对称算符的穿透效应, G_{jj} 对右边的入射指标 $\mu_2,\mu_3,\cdots,\mu_l$ 是反对称的, 所以这样做的结果是 G_{jj} 不变, 但计算就容易多了.

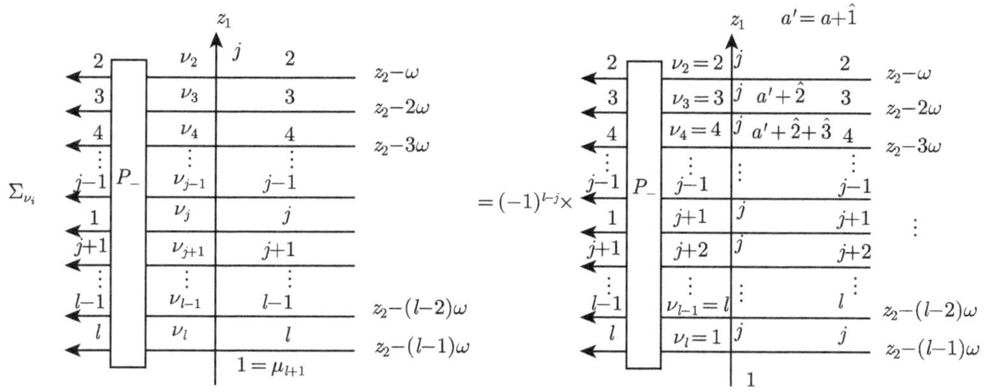

图 8.2.8 等式右为 G_{jj} 左边入射指标便于计算的图

由于左边出射指标 $\tau_2,\cdots,\tau_l$ 为 $2,3,\cdots,j-1,1,j+1,\cdots,l$, 也即从 1 到 l, 唯独缺少 j, 而 $P_-(2,3,\cdots,l)$ 并不改变指标集合, 所以 $\nu_2\cdots\nu_l$ 也是取 $1\to l$ 缺少 j. 因此右边入射的 $\mu_l=j$ 只能沿 z_1 谱线一直向上从顶上出去. 由 R 矩阵的六顶角特点, 只能是取 $\nu_2=\mu_2=2$, $\nu_3=\mu_3=3,\cdots,\nu_{j-1}=\mu_{j-1}=j-1$, $\nu_j=\mu_j=j+1$, $\nu_{j+1}=\mu_{j+1}=j+2,\cdots,\nu_{l-1}=\mu_{l-1}=l$, $\nu_l=1$, $\rho_2=\cdots=\rho_l=j$, 如图 8.2.8 右边所示. 我们得到

$$
\begin{aligned}
G_{jj}=&-\frac{1}{l}(-1)^{l-j}\frac{\sigma(z_1-z_2+\omega)}{\sigma(\omega)}\frac{\sigma((a'_{j2}+1)\omega)}{\sigma(a'_{j2}\omega)}\frac{\sigma(z_1-z_2+2\omega)}{\sigma(\omega)}\frac{\sigma((a'_{j3}+1)\omega)}{\sigma(a'_{j3}\omega)}\times\cdots\\
&\times\frac{\sigma(z_1-z_2+(l-2)\omega)}{\sigma(\omega)}\frac{\sigma((a'_{jl}+1)\omega)}{\sigma(a'_{jl}\omega)}\times\frac{\sigma(z_1-z_2+(l-1)\omega+a'_{1j}\omega)}{\sigma(a'_{1j}\omega)}\\
&\times(-1)^{l-j}\times\frac{1}{(l-1)!}
\end{aligned}
$$

上式中第一个因子 $(-1)^{l-j}$ 是由于右边置换 μ_i 时有 $P\binom{2\ 3\cdots j-1\ j\ j+1\cdots l-1,\ l}{2\ 3\cdots j-1\ j+1\ j+2\cdots l,\ j}$ 的宇称为 $(-1)^{l-j}$, 上式中第二个因子 $(-1)^{l-j}$ 是由于图中 $\{\nu_i\}\to\{\tau_i\}$ 的 $P\binom{2\ 3\cdots j-1\ 1\ j+1\cdots l-1\ l}{2\ 3\cdots j-1\ j+1\ j+2\cdots l\ 1}$ 的宇称为 $(-1)^{l-j}$. 由于 $a'=a+\hat{1}$, 所以有 $a'_{j2}=a_{j2},\cdots,a'_{jl}=a_{jl},a'_{1j}=a_{1j}+1$, 我们得到

$$
\begin{aligned}
G_{jj}=&-\frac{1}{l!}\frac{\sigma(z_1-z_2+\omega)}{\sigma(\omega)}\frac{\sigma(z_1-z_2+2\omega)}{\sigma(\omega)}\cdots\frac{\sigma(z_1-z_2+(l-2)\omega)}{\sigma(\omega)}\\
&\times\frac{\sigma(z_1-z_2+(l-1)\omega+\omega+a_{1j}\omega)}{\sigma(a_{1j}\omega+\omega)}\times\frac{\sigma((a_{j2}+1)\omega)}{\sigma(a_{j2}\omega)}\\
&\times\cdots\times\frac{\sigma((a_{j,j-1}+1)\omega)}{\sigma(a_{j,j-1}\omega)}\frac{\sigma((a_{j,j+1}+1)\omega)}{\sigma(a_{j,j+1}\omega)}\times\cdots\times\frac{\sigma((a_{jl}+1)\omega)}{\sigma(a_{jl}\omega)}.
\end{aligned}\tag{8.2.11}
$$

我们再计算式 (8.2.9) 中的第一项 A_1, 由于 A_1 的左边出射的指标 $\tau_2\ \tau_3\cdots\tau_l$ 为 $\tau_2=2,\tau_3=3,\cdots,\tau_l=l$, 所以 $\nu_2,\nu_3,\cdots\nu_l$ 也只能取数集 $\{2,3,\cdots,l\}$. 因此 A_1

下方的 G_{11} 下端的入射指标 $\rho_{l+1}=1$ 只能沿 z_1 谱线直向上到达 μ 的位置, 然后在 $R(a+\hat{1}-\hat{\alpha}|z_1-z_2)$ 中折向左方. 这样一来, G_{11} 右方的入射指标 $\mu_1=2,\mu_2=3,\cdots,\mu_l=l$ 只能向左边直达 $\nu_2,\nu_3,\cdots\nu_l$, 因而有 $\nu_2=2,\nu_3=3,\cdots,\nu_l=l$, 如图 8.2.9 所示.

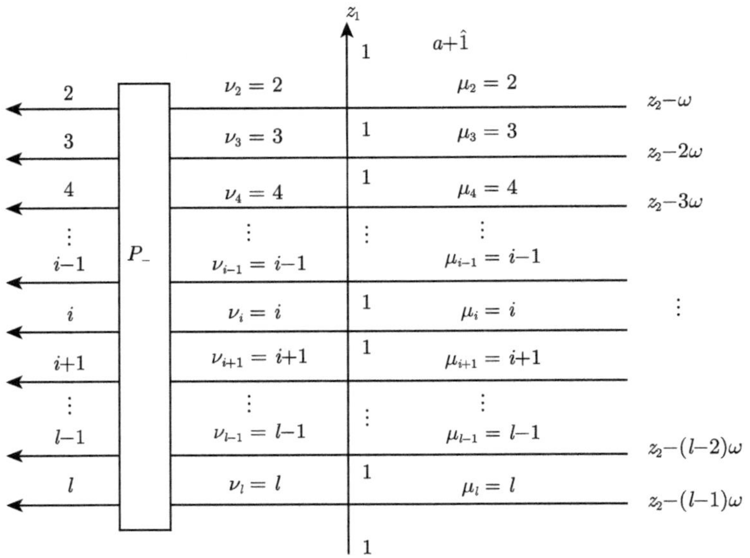

图 8.2.9　G_{11} 的计算图

因此, 我们得

$$G_{11}=\frac{1}{l!}\frac{\sigma(z_1-z_2+\omega)\sigma((a_{12}+2)\omega)}{\sigma(\omega)\sigma(a_{12}\omega+\omega)}\frac{\sigma(z_1-z_2+2\omega)\sigma((a_{13}+2)\omega)}{\sigma(\omega)\sigma(a_{13}\omega+\omega)}\times\cdots$$
$$\times\frac{\sigma(z_1-z_2+(l-2)\omega)\sigma((a_{1l-1}+2)\omega)}{\sigma(\omega)\sigma(a_{1l-1}\omega+\omega)}\frac{\sigma(z_1-z_2+(l-1)\omega)\sigma((a_{1l}+2)\omega)}{\sigma(\omega)\sigma(a_{1l}\omega+\omega)}. \tag{8.2.12}$$

对比式 (8.2.5), 定义

$$D''=A''\times\prod_{i=2}^{l}\frac{\sigma(a_{1i}\omega)}{\sigma(a_{1i}\omega+\omega)}=D''\delta_\alpha^1\delta_\beta^1.$$

当 α 和 β 等于 1 时, 有 $D''=D$, 即

$$D''=\frac{1}{l!}\frac{\sigma(z_1-z_2)}{\sigma(\omega)}\frac{\sigma(z_1-z_2+\omega)}{\sigma(\omega)}\times\cdots\times\frac{\sigma(z_1-z_2+(l-2)\omega)}{\sigma(\omega)}\frac{\sigma(z_1-z_2+l\omega)}{\sigma(\omega)}$$
$$=\frac{1}{l!}\frac{\sigma(z_1-z_2)}{\sigma(\omega)}\frac{\sigma(z_1-z_2+l\omega)}{\sigma(\omega)}\times\prod_{i=1}^{l-2}\frac{\sigma(z_1-z_2+i\omega)}{\sigma(\omega)}.$$

从式 (8.2.11) 和式 (8.2.12) 中把公因子 $\frac{1}{l!}\prod_{i=1}^{l-2}\frac{\sigma(z_1-z_2+i\omega)}{\sigma(\omega)}$ 提出来代入 A'' 的表达式 (8.2.9) 中就得到

$$\begin{aligned}
D'' &= \sum_{j=1}^{l} G_{jj} R(a+\hat{1}-\hat{\alpha}|z_1-z_2)^{\beta j}_{j\alpha} \times \prod_{i=2}^{l}\frac{\sigma(a_{1i}\omega)}{\sigma(a_{1i}\omega+\omega)} \\
&= \left(\frac{1}{l!}\prod_{i=1}^{l-2}\frac{\sigma(z_1-z_2+i\omega)}{\sigma(\omega)}\right)\left\{\frac{\sigma(z_1-z_2+(l-1)\omega)}{\sigma(\omega)} R(a+\hat{1}-\hat{\alpha}|z_1-z_2)^{\beta 1}_{1\alpha}\times\right. \\
&\quad \times\prod_{i=2}^{l}\frac{\sigma(a_{1i}\omega+2\omega)}{\sigma(a_{1i}\omega+\omega)}\prod_{i=2}^{l}\frac{\sigma(a_{1i}\omega)}{\sigma(a_{1i}\omega+\omega)} \\
&\quad -\sum_{j=2}^{l}\frac{\sigma(z_1-z_2+l\omega+a_{1j}\omega)}{\sigma(a_{1j}\omega+\omega)} R(a+\hat{1}-\hat{\alpha}|z_1-z_2)^{\beta j}_{j\alpha} \\
&\quad \left.\times\prod_{i\neq j, i=2}^{l}\frac{\sigma(a_{ji}\omega+\omega)}{\sigma(a_{ji}\omega)}\prod_{i=2}^{l}\frac{\sigma(a_{1i}\omega)}{\sigma(a_{1i}\omega+\omega)}\right\} = D\delta^1_\alpha\delta^1_\beta \\
&= \frac{1}{l!}\frac{\sigma(z_1-z_2)}{\sigma(\omega)}\frac{\sigma(z_1-z_2+l\omega)}{\sigma(\omega)}\left(\prod_{i=1}^{l-2}\frac{\sigma(z_1-z_2+i\omega)}{\sigma(\omega)}\right)\delta^1_\alpha\delta^1_\beta \\
&\equiv \left(\frac{1}{l!}\prod_{i=1}^{l-2}\frac{\sigma(z_1-z_2+i\omega)}{\sigma(\omega)}\right)\varDelta.
\end{aligned}$$

其中, D 在式 (8.2.5) 中定义,

$$\begin{aligned}
-\varDelta &= \sum_{j=1}^{l} R(a+\hat{1}-\hat{\alpha}|z_1-z_2)^{\beta j}_{j\alpha} S(a|-z_1+z_2-l\omega)^{1j}_{j1} \\
&= \delta^1_\alpha\delta^1_\beta\frac{\sigma(z_1-z_2)}{\sigma(\omega)}\frac{(-)\sigma(z_1-z_2+l\omega)}{\sigma(\omega)}.
\end{aligned}$$

$S(a|-z_1+z_2-p_w)^{1j}_{j1}$ 的值为

$$S(a|-z_1+z_2-l\omega)^{11}_{11} = \frac{\sigma(-z_1+z_2-l\omega+\omega)}{\sigma(\omega)}C_1 = R(a|-z_1+z_2-l\omega)^{11}_{11}C_1,$$

$$C_1 = \prod_{i=2}^{l}\frac{\sigma(a_{1i}\omega+2\omega)}{\sigma(a_{1i}\omega+\omega)}\prod_{i=2}^{l}\frac{\sigma(a_{1i}\omega)}{\sigma(a_{1i}\omega+\omega)}. \tag{8.2.13}$$

由 $-\frac{\sigma(z_1-z_2+l\omega+a_{1j\omega})}{\sigma(a_{1j}\omega+\omega)} = -\frac{\sigma(z_1-z_2+l\omega+a_{1j}\omega)}{\sigma(a_{1j}\omega)}\frac{\sigma(a_{1j}\omega)}{\sigma(a_{1j}\omega+\omega)} = \frac{\sigma(z_1-z_2+l\omega+a_{1j}\omega)}{\sigma(a_{j1}\omega)}\frac{\sigma(a_{1j}\omega)}{\sigma(a_{1j}\omega+\omega)}$ 有

$j\neq 1:$

$$S(a|-z_1+z_2-l\omega)_{j1}^{1j}=\frac{\sigma(-z_1+z_2-l\omega+a_{j1}\omega)}{\sigma(a_{j1}\omega)}C_j$$
$$=R(a|-z_1+z_2-l\omega)_{j1}^{1j}C_j,$$

$$C_j=\frac{\sigma(a_{1j}\omega)}{\sigma(a_{1j}\omega+\omega)}\prod_{i\neq j,i=2}^{l}\frac{\sigma(a_{ji}\omega+\omega)}{\sigma(a_{ji}\omega)}\prod_{i=2}^{l}\frac{\sigma(a_{1i}\omega)}{\sigma(a_{1i}\omega+\omega)}. \tag{8.2.14}$$

我们可以写成

$$C_1=\prod_{i\neq 1}^{l}\frac{\sigma(a_{1i}\omega+2\omega)}{\sigma(a_{1i}\omega+\omega)}\prod_{i\neq 1}^{l}\frac{\sigma(a_{1i}\omega)}{\sigma(a_{1i}\omega+\omega)}, \tag{8.2.15}$$

$j\neq 1$:

$$C_j=\prod_{i\neq j,i=1}^{l}\frac{\sigma(a_{ji}\omega+\omega)}{\sigma(a_{ji}\omega)}\times\prod_{i\neq 1}\frac{\sigma(a_{1i}\omega)}{\sigma(a_{1i}\omega+\omega)}\times\frac{\sigma(a_{j1}\omega)\sigma(a_{1j}\omega)}{\sigma(a_{j1}\omega+\omega)\sigma(a_{1j}\omega+\omega)}. \tag{8.2.16}$$

得到

$$\sum_{j=1}^{l}R(a+\hat{1}-\hat{\alpha}|z_1-z_2)_{j\alpha}^{\beta j}S(a|-z_1+z_2-l\omega)_{j1}^{1j}$$
$$=\delta_\alpha^1\delta_\beta^1\frac{\sigma(z_1-z_2)}{\sigma(\omega)}\frac{\sigma(-z_1+z_2-l\omega)}{\sigma(\omega)},$$

也即

$$\sum_{j=1}^{l}R(a'|z_1-z_2)_{j\alpha}^{\beta j}S(a'+\hat{\alpha}-\hat{1}|-z_1+z_2-l\omega)_{j1}^{1j}$$
$$=\delta_\alpha^1\delta_\beta^1\frac{\sigma(z_1-z_2)}{\sigma(\omega)}\frac{\sigma(-z_1+z_2-l\omega)}{\sigma(\omega)}, \tag{8.2.17}$$

可以用图 8.2.10 表示. 其中

$$\tilde{\rho}(z_1-z_2)=\frac{\sigma(z_1-z_2)}{\sigma(\omega)}\frac{\sigma(-z_1+z_2-l\omega)}{\sigma(\omega)}.$$

图 8.2.10(a) 为公式 (8.2.17), 图 8.2.10(b) 为 $S(a'+\hat{\alpha}-\hat{1}|-z_1+z_2-l\omega)_{j1}^{1j}$, 图 8.2.10(c) 为 $R(a'|z_1-z_2)_{j\alpha}^{\beta j}$.

在一般情况下, 把指标 1 换成 ν, 从式 (8.2.16) 有

$$S(a|-z_1+z_2-l\omega)_{\mu\nu}^{\nu\mu}$$
$$=R(a|-z_1+z_2-l\omega)_{\mu\nu}^{\nu\mu}\times\prod_{\lambda=1,\neq\mu}^{l}\frac{\sigma(a_{\mu\lambda}\omega+\omega)}{\sigma(a_{\mu\lambda}\omega)}\prod_{\lambda=1,\neq\nu}^{l}\left[\frac{\sigma(a_{\nu\lambda}\omega+\omega)}{\sigma(a_{\nu\lambda}\omega)}\right]^{-1}$$
$$\times\frac{\sigma(a_{\mu\nu}\omega)}{\sigma(a_{\mu\nu}\omega+\omega)}\frac{\sigma(a_{\nu\mu}\omega)}{\sigma(a_{\nu\mu}\omega+\omega)}\quad(\mu\neq\nu), \tag{8.2.18}$$

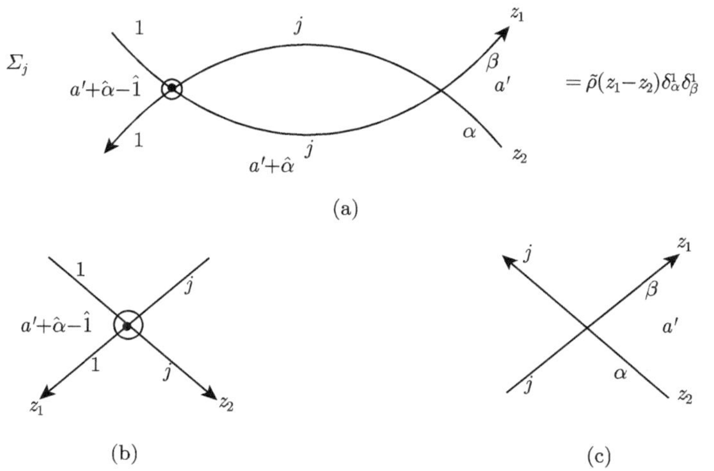

图 8.2.10 (a) 公式 (8.2.17); (b) $S(a'+\hat{\alpha}-\hat{1}|-z_1+z_2-l\omega)_{j1}^{1j}$; (c) $R(a'|z_1-z_2)_{j\alpha}^{\beta j}$

从式 (8.2.13) 又有

$$
\begin{aligned}
&S(a|-z_1+z_2-l\omega)_{\mu\mu}^{\mu\mu}\\
=&R(a|-z_1+z_2-l\omega)_{\mu\mu}^{\mu\mu}\times\prod_{\lambda=1,\neq\mu}^{l}\frac{\sigma(a_{\mu\lambda}\omega+2\omega)}{\sigma(a_{\mu\lambda}\omega+\omega)}\prod_{\lambda=1,\neq\mu}^{l}\frac{\sigma(a_{\mu\lambda}\omega)}{\sigma(a_{\mu\lambda}\omega+\omega)}.
\end{aligned}
\tag{8.2.19}
$$

我们的目标是要找到 R 矩阵的交叉逆矩阵. 也就是如图 8.2.11 所示的 S 矩阵.

$$
\begin{aligned}
&S(a+\hat{\mu}-\hat{\mu}''|-z_1+z_2-l\omega)_{\mu'\nu''}^{\mu''\nu'}R(a|z_1-z_2)_{\nu'\mu}^{\nu\mu'}\\
=&\frac{\sigma(z_1-z_2)}{\sigma(\omega)}\frac{\sigma(-z_1+z_2-l\omega)}{\sigma(\omega)}\delta_\mu^{\mu''}\delta_\nu^{\nu''}.
\end{aligned}
\tag{8.2.20}
$$

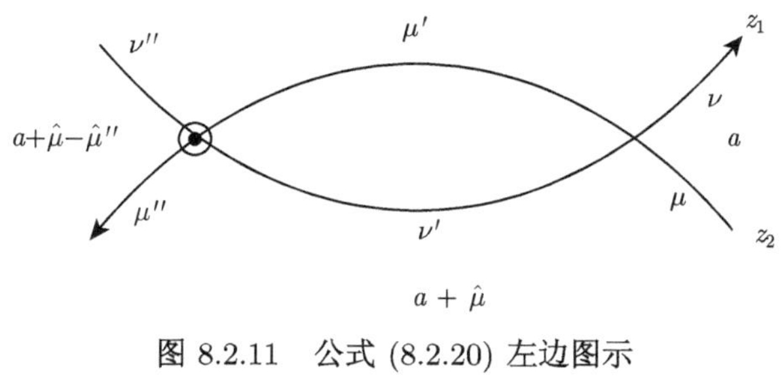

图 8.2.11 公式 (8.2.20) 左边图示

(1) 当 $\mu=\nu$ 时, 式 (8.2.17)、式 (8.2.18) 和式 (8.2.19) 给出的正是需要的答案.

(2) 当 $\mu\neq\nu$ 时, 考虑图 8.2.12.

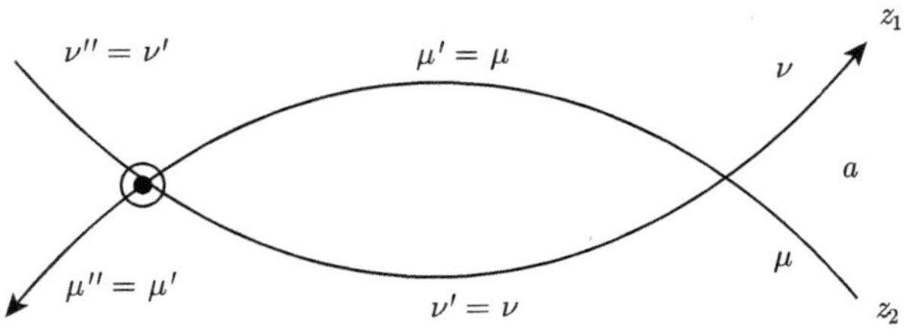

图 8.2.12 $\mu\neq\nu$ 时式 (8.2.20) 左边图示

令

$$S(a+\hat{\mu}-\hat{\mu}''|-z_1+z_2-l\omega)_{\mu'\nu''}^{\mu''\nu'}=R(a+\hat{\mu}-\hat{\mu}''|-z_1+z_2-l\omega)_{\mu'\nu''}^{\mu''\nu'}\times C,$$

当 $\mu\neq\nu$, 只有 $\mu'=\mu$, $\nu'=\nu$ 时, $R(a|z_1-z_2)_{\nu'\mu}^{\nu\mu'}\neq 0$.

而这时 $R(a+\hat{\mu}-\hat{\mu}''|-z_1+z_2-l\omega)_{\mu'\nu''}^{\mu''\nu'}$ 只有当 $\mu'=\mu''=\mu$, $\nu''=\nu'=\nu$ 时才不为 0, 因此有

$$\begin{aligned}&R(a+\hat{\mu}-\hat{\mu}''|-z_1+z_2-l\omega)_{\mu'\nu''}^{\mu''\nu'}R(a|z_1-z_2)_{\nu'\mu}^{\nu\mu'}\\&=\delta_{\mu}^{\mu'}\delta_{\nu}^{\nu'}\delta_{\mu'}^{\mu''}\delta_{\nu'}^{\nu''}\times\frac{\sigma(z_1-z_2)}{\sigma(\omega)}\frac{\sigma(-z_1+z_2-l\omega)}{\sigma(\omega)}\frac{\sigma(a_{\mu\nu}\omega+\omega)}{\sigma(a_{\mu\nu}\omega)}\frac{\sigma(a_{\nu\mu}\omega+\omega)}{\sigma(a_{\nu\mu}\omega)}.\end{aligned}$$

因而令 $C=\dfrac{\sigma(a_{\mu\nu}\omega)}{\sigma(a_{\mu\nu}\omega+\omega)}\dfrac{\sigma(a_{\nu\mu}\omega)}{\sigma(a_{\nu\mu}\omega+\omega)}$ 就可以了.

当 $\mu\neq\nu$ 时, 得到

$$\begin{aligned}&S(a|-z_1+z_2-l\omega)_{\mu\nu}^{\mu\nu}\\&=R(a|-z_1+z_2-l\omega)_{\mu\nu}^{\mu\nu}\times\frac{\sigma(a_{\mu\nu}\omega)}{\sigma(a_{\mu\nu}\omega+\omega)}\frac{\sigma(a_{\nu\mu}\omega)}{\sigma(a_{\nu\mu}\omega+\omega)}.\end{aligned}\tag{8.2.21}$$

把 $S(a|-z_1+z_2-l\omega)_{\mu\nu}^{\mu'\nu'}$ 的公式总结如下 (图 8.2.13).

$$\begin{aligned}(\mathrm{a})=&S(a|-z_1+z_2-l\omega)_{\mu\nu}^{\nu\mu}\quad(\mu\neq\nu)\\=&R(a|-z_1+z_2-l\omega)_{\mu\nu}^{\nu\mu}\times\prod_{\lambda=1,\neq\mu}^{l}\frac{\sigma(a_{\mu\lambda}\omega+\omega)}{\sigma(a_{\mu\lambda}\omega)}\left[\prod_{\lambda=1,\neq\nu}^{l}\frac{\sigma(a_{\nu\lambda}\omega+\omega)}{\sigma(a_{\nu\lambda}\omega)}\right]^{-1}\\&\times\frac{\sigma(a_{\mu\nu}\omega)}{\sigma(a_{\mu\nu}\omega+\omega)}\frac{\sigma(a_{\nu\mu}\omega)}{\sigma(a_{\nu\mu}\omega+\omega)},\end{aligned}\tag{8.2.22}$$

$$\begin{aligned}(\mathrm{b})=&S(a|-z_1+z_2-l\omega)_{\mu\nu}^{\mu\nu}\quad(\mu\neq\nu)\\=&R(a|-z_1+z_2-l\omega)_{\mu\nu}^{\mu\nu}\times\frac{\sigma(a_{\mu\nu}\omega)}{\sigma(a_{\mu\nu}\omega+\omega)}\frac{\sigma(a_{\nu\mu}\omega)}{\sigma(a_{\nu\mu}\omega+\omega)},\end{aligned}\tag{8.2.23}$$

$$\begin{aligned}(\mathrm{c})=&S(a|-z_1+z_2-l\omega)_{\mu\mu}^{\mu\mu}\\=&R(a|-z_1+z_2-l\omega)_{\mu\mu}^{\mu\mu}\prod_{\lambda=1,\neq\mu}^{l}\frac{\sigma(a_{\mu\lambda}\omega+2\omega)}{\sigma(a_{\mu\lambda}\omega+\omega)}\left[\prod_{\lambda=1,\neq\mu}^{l}\frac{\sigma(a_{\mu\lambda}\omega+\omega)}{\sigma(a_{\mu\lambda}\omega)}\right]^{-1}.\end{aligned}\tag{8.2.24}$$

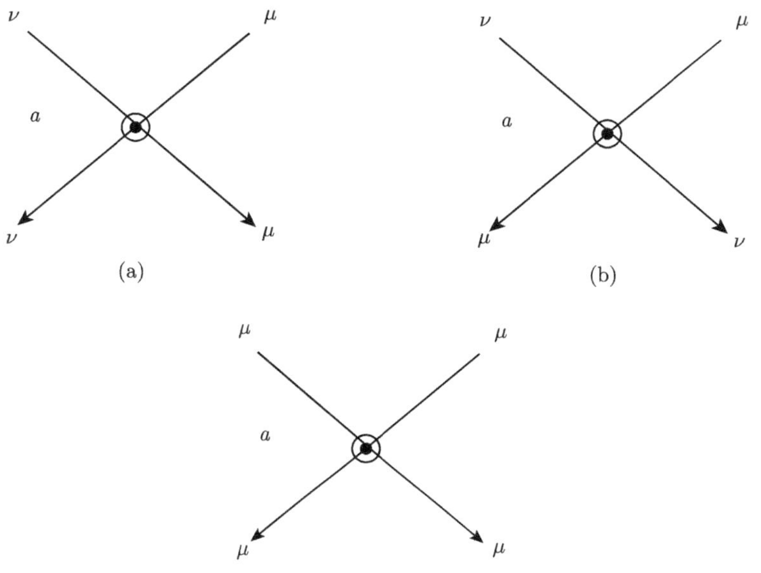

图 8.2.13 (a) 式 (8.2.22); (b) 式 (8.2.23); (c) 式 (8.2.24)

以下我们将 $\prod_{\lambda=1,\ \lambda\neq\rho}^{l}$ 简写为 $\prod_{\lambda\neq\rho}$, 式 (8.2.22)~式 (8.2.24) 可以合并为一个公式, 如图 8.2.14 所示.

$$
\begin{aligned}
S(a|-z_1+z_2-l\omega)_{\mu\nu}^{\nu'\mu'} = & R(a|-z_1+z_2-l\omega)_{\mu\nu}^{\nu'\mu'} \\
& \times \left\{ \prod_{\lambda\neq\mu} \frac{\sigma(a'_{\mu\lambda}\omega+\omega)}{\sigma(a'_{\mu\lambda}\omega)} \left[\prod_{\lambda\neq\nu} \frac{\sigma(a_{\nu\lambda}\omega+\omega)}{\sigma(a_{\nu\lambda}\omega)} \right]^{-1} \right. \\
& \left. \times \prod_{\lambda\neq\mu'} \frac{\sigma(a''_{\mu'\lambda}\omega+\omega)}{\sigma(a''_{\mu'\lambda}\omega)} \left[\prod_{\lambda\neq\nu'} \frac{\sigma(a_{\nu'\lambda}\omega+\omega)}{\sigma(a_{\nu'\lambda}\omega)} \right]^{-1} \right\}^{\frac{1}{2}} .
\end{aligned}
\tag{8.2.25}
$$

式 (8.2.25) 的规则是, R 矩阵的四条边各获得一个因子:

$$
f_\rho(a)^t \equiv \left(\prod_{\lambda\neq\rho} \frac{\sigma(a_{\rho\lambda}\omega+\omega)}{\sigma(a_{\rho\lambda}\omega)} \right)^t . \tag{8.2.26}
$$

如图 8.2.14(a) 所示, 其中 a 是该边前进方向右边的面权, ρ 是该边的指标. 相对 R 矩阵的前进方向, 对于 R 矩阵前进方向左边的两条边取 $t=\dfrac{1}{2}$, 见图 8.2.14(b); 右边的两条边取 $t=-\dfrac{1}{2}$, 见图 8.2.14(c). 值得注意的是, 本节讨论的 A_{n-1}^1 模型的相关结果, 对于任何 $l \leqslant n$ 都适用, 只要讨论中涉及的指标都在 $\{1,2,\cdots,l\}$ 这个范围. 这与 Z_n Belavin 模型的量子行列式不同. 式 (8.2.25) 在各种情况下的结果如下 (图 8.2.15~ 图 8.2.17):

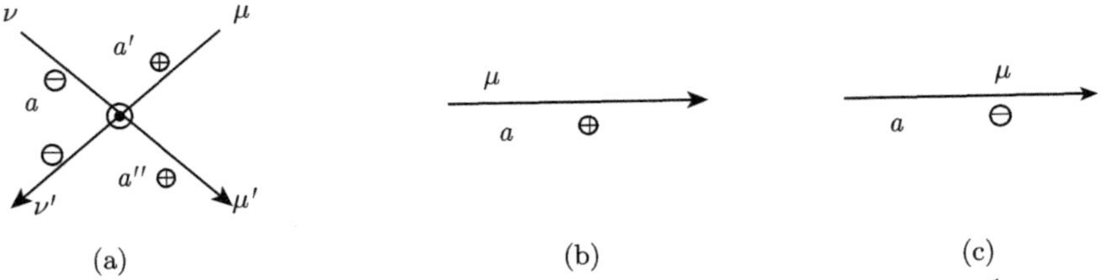

图 8.2.14　$S(a|u)$ 与 $R(a|u)$ 的比例因子面权所在处及式 (8.2.26) 中 t 取 $\pm\frac{1}{2}$ 选择的图示

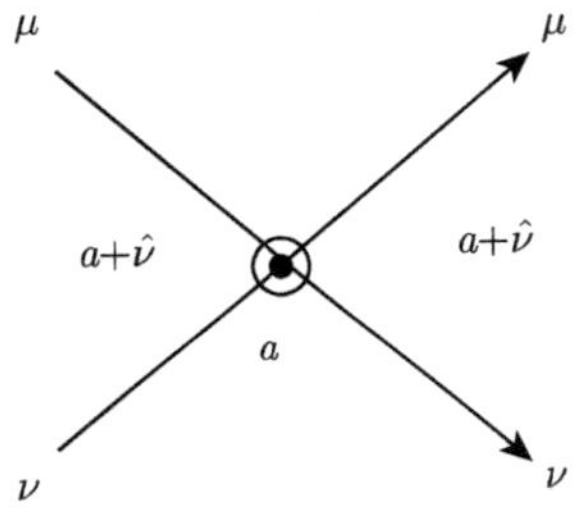

图 8.2.15　图 8.2.13(a) 的相关面权, 用于下文 (1) 的计算

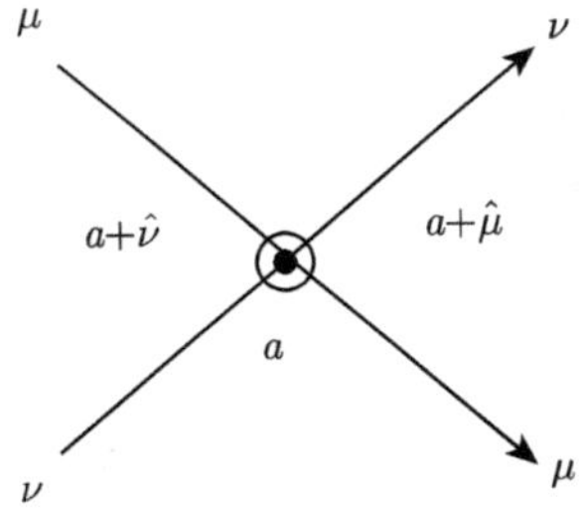

图 8.2.16　图 8.2.13(b) 的相关面权, 用于下文 (2) 的计算

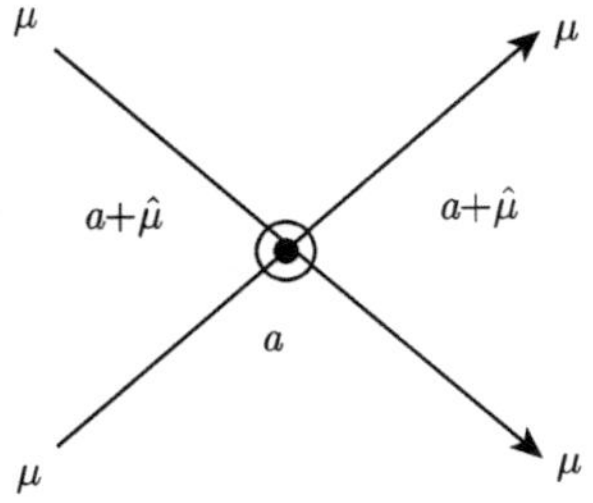

图 8.2.17　图 8.2.13(c) 的相关面权, 用于下文 (3) 的计算

(1)

$$\begin{aligned}\text{因子} &= \prod_{\lambda=1,\neq\mu,\nu}^{l} \frac{\sigma(a_{\mu\lambda}\omega+\omega)}{\sigma(a_{\mu\lambda}\omega)} \frac{\sigma(a_{\mu\nu}\omega)}{\sigma(a_{\mu\nu}\omega-\omega)} \left[\prod_{\lambda=1,\neq\nu}^{l} \frac{\sigma(a_{\nu\lambda}\omega+\omega)}{\sigma(a_{\nu\lambda}\omega)}\right]^{-1} \\ &= \prod_{\lambda=1,\neq\mu}^{l} \frac{\sigma(a_{\mu\lambda}\omega+\omega)}{\sigma(a_{\mu\lambda}\omega)} \frac{\sigma(a_{\mu\nu}\omega)}{\sigma(a_{\mu\nu}\omega+\omega)} \frac{\sigma(a_{\nu\mu}\omega)}{\sigma(a_{\nu\mu}\omega+\omega)} \left[\prod_{\lambda=1,\neq\nu}^{l} \frac{\sigma(a_{\nu\lambda}\omega+\omega)}{\sigma(a_{\nu\lambda}\omega)}\right]^{-1},\end{aligned} \tag{8.2.27}$$

与式 (8.2.22) 一致.

(2)

$$\begin{aligned}(\text{因子})^2 &= \prod_{\lambda=1,\neq\mu}^{l} \frac{\sigma(a_{\mu\lambda}\omega+\omega)}{\sigma(a_{\mu\lambda}\omega)} \frac{\sigma(a_{\mu\nu}\omega)}{\sigma(a_{\mu\nu}\omega+\omega)} \frac{\sigma(a_{\nu\mu}\omega)}{\sigma(a_{\nu\mu}\omega+\omega)} \left[\prod_{\lambda=1,\neq\mu}^{l} \frac{\sigma(a_{\mu\lambda}\omega+\omega)}{\sigma(a_{\mu\lambda}\omega)}\right]^{-1} \\ &\quad\times \prod_{\lambda=1,\neq\nu}^{l} \frac{\sigma(a_{\nu\lambda}\omega+\omega)}{\sigma(a_{\nu\lambda}\omega)} \frac{\sigma(a_{\nu\mu}\omega)}{\sigma(a_{\nu\mu}\omega+\omega)} \frac{\sigma(a_{\mu\nu}\omega)}{\sigma(a_{\mu\nu}\omega+\omega)} \left[\prod_{\lambda=1,\neq\nu}^{l} \frac{\sigma(a_{\nu\lambda}\omega+\omega)}{\sigma(a_{\nu\lambda}\omega)}\right]^{-1} \\ &= \left[\frac{\sigma(a_{\mu\nu}\omega)\sigma(a_{\nu\mu}\omega)}{\sigma(a_{\mu\nu}\omega+\omega)\sigma(a_{\nu\mu}\omega+\omega)}\right]^2,\end{aligned} \tag{8.2.28}$$

与式 (8.2.23) 一致.

(3)

$$\text{因子} = \prod_{\lambda=1,\neq\mu}^{l} \frac{\sigma(a_{\mu\lambda}\omega+2\omega)}{\sigma(a_{\mu\lambda}\omega+\omega)} \left[\prod_{\lambda=1,\neq\mu}^{l} \frac{\sigma(a_{\mu\lambda}\omega+\omega)}{\sigma(a_{\mu\lambda}\omega)}\right]^{-1}, \tag{8.2.29}$$

与式 (8.2.24) 一致.

第 9 章　反射方程和带反射边的可解模型

9.1　可解模型中 $t(u)$ 对应的自旋链

我们在前面介绍的精确可解模型, 其带谱的玻尔兹曼权为 $t(z)$ = 转移矩阵= $\mathrm{tr}_0 R_{01}(z)R_{02}(z)\cdots R_{0N}(z)$, 如图 9.1.1 所示.

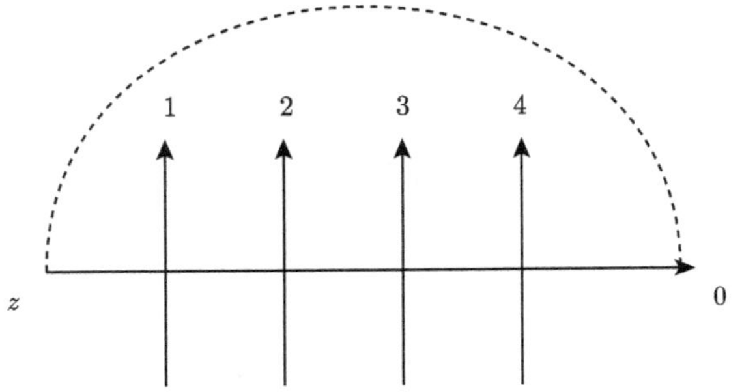

图 9.1.1　周期边条件的转移矩阵

这种模型满足 $[t(u),t(v)]=0$, 从而是精确可解的. 因为模型中最后一个格点与第一个格点耦合, 第一个格点相当于第 $N+1$ 个格点, 称为周期边界条件模型. 这种模型可以看成是平面周期格点模型的参数化, 还可以看成量子自旋近邻相互作用封闭自旋链模型的参数化. 由于 $R_{0i}(0)=P_{0i}$, 可以计算 $\left[t^{-1}(z)\dfrac{\mathrm{d}}{\mathrm{d}z}t(z)\right]_{z=0}=H$, 当然 H 也是与 $t(z)$ 对易的, 发现 H 描述的体系只有相邻格点之间有相互作用. 简单地用图 9.1.2、图 9.1.3 描述上述结果.

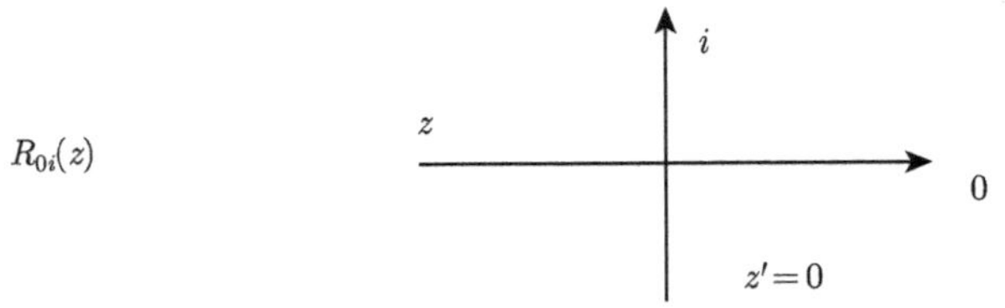

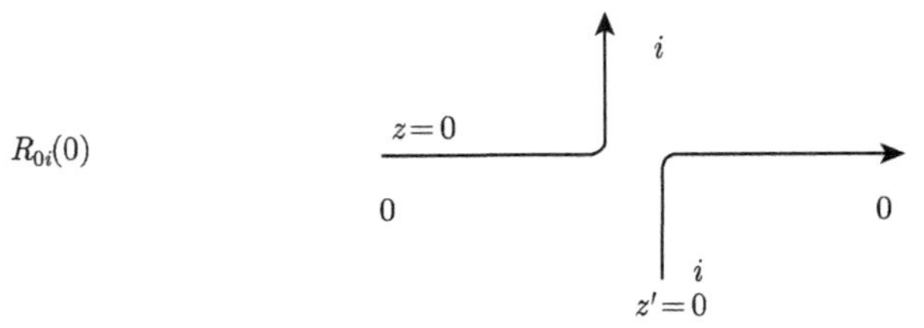

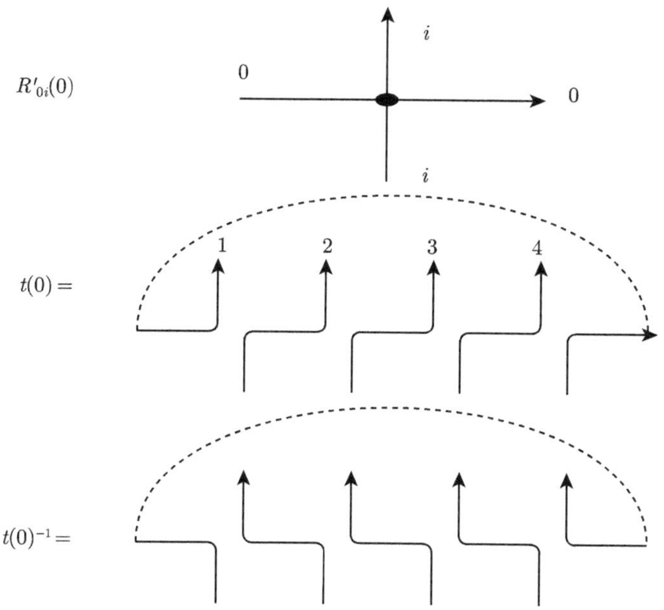

图 9.1.2 $R'_{0i}(0), t(0), t^{-1}(0)$ 的图示

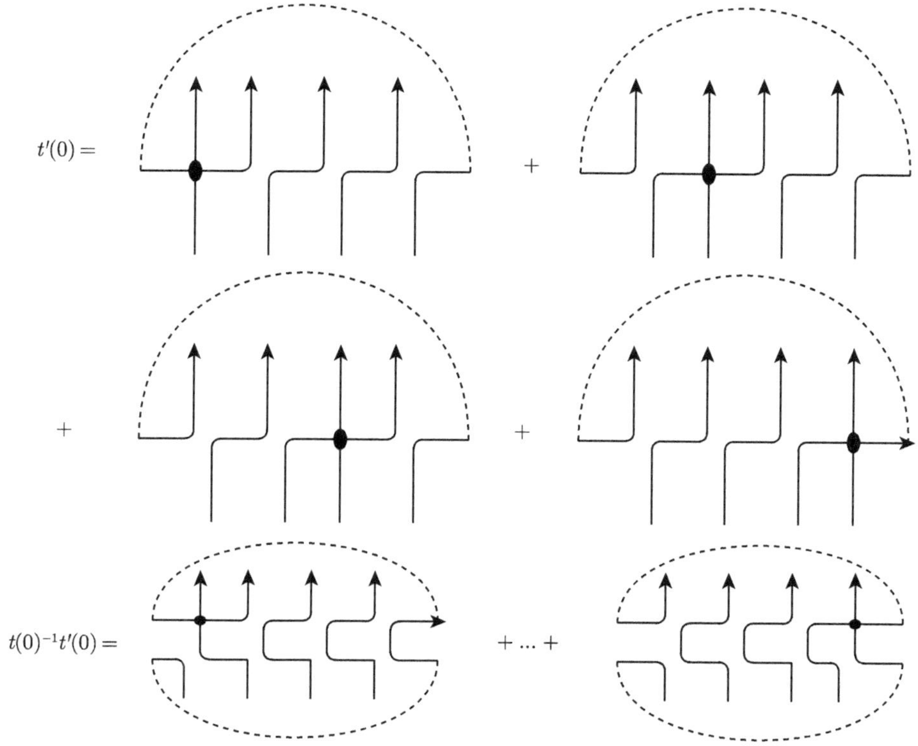

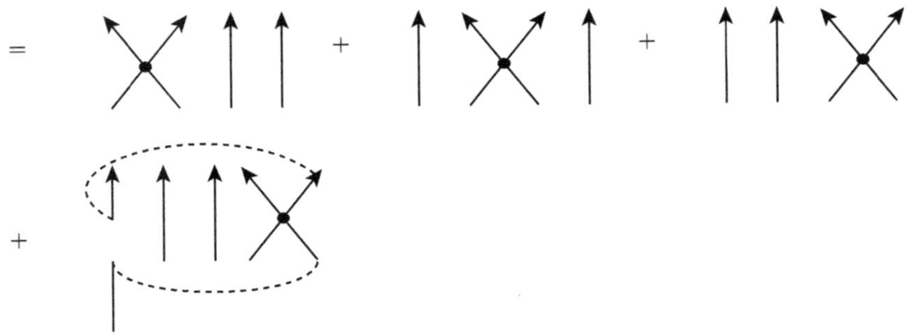

图 9.1.3 $t(0)^{-1}t'(0)$ 的图示, 表示近邻相互作用

图 9.1.2 中最后一图是第 N 格点与第一格点耦合. 我们在本章中介绍一种新的模型, 它由 R 矩阵和左右反射矩阵构成其转移矩阵, 同样满足 $[t(u),t(v)]=0$, 因而也描述可积动力学体系, 由它的转移矩阵可以给出自旋链的哈密顿量 $H=\frac{\mathrm{d}}{\mathrm{d}z}t(z)|_{z=0}$, 这种体系也是只有近邻自旋才有相互作用的体系, 但是左右边界是开边界的, 它们之间并不耦合. 首先介绍反射方程和对偶反射方程.

9.2 反射方程和对偶反射方程

首先引入反射方程 (RE), 它可以由图 9.2.1 表示.

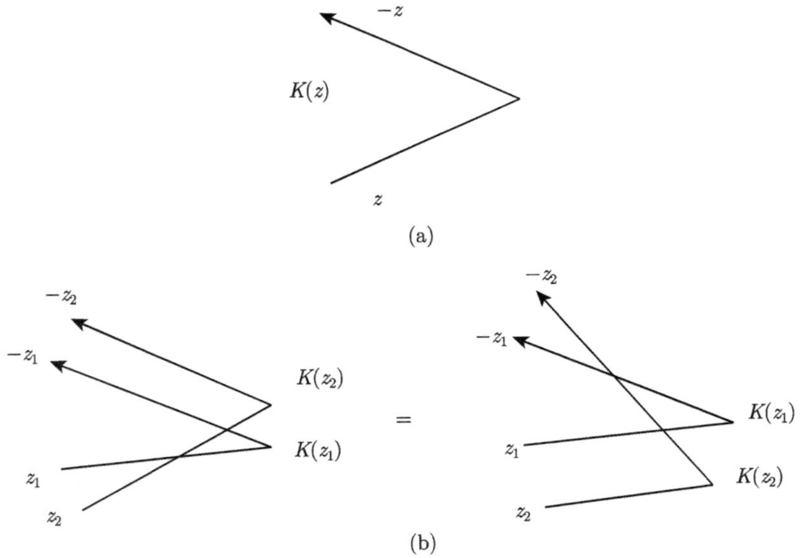

图 9.2.1 反射方程图示

用公式写出来就是

$$R_{12}(z_1-z_2)K_1(z_1)R_{21}(z_1+z_2)K_2(z_2)$$
$$=K_2(z_2)R_{12}(z_1+z_2)K_1(z_1)R_{21}(z_1-z_2). \tag{9.2.1}$$

这就是反射方程, 其中 $K_1(z_1)$, $K_2(z_2)$ 是 $n\times n$ 的数字矩阵, 从属于第一空间和第二空间.

另外还有一个对偶反射方程 (DRE): 它可以用图 9.2.2 表示.

$$R_{12}(z_2-z_1)\widetilde{K}_1(z_1)R_{21}(-z_1-z_2-n\omega)\widetilde{K}_2(z_2)$$
$$=\widetilde{K}_2(z_2)R_{12}(-z_1-z_2-n\omega)\widetilde{K}_1(z_1)R_{21}(z_2-z_1). \tag{9.2.2}$$

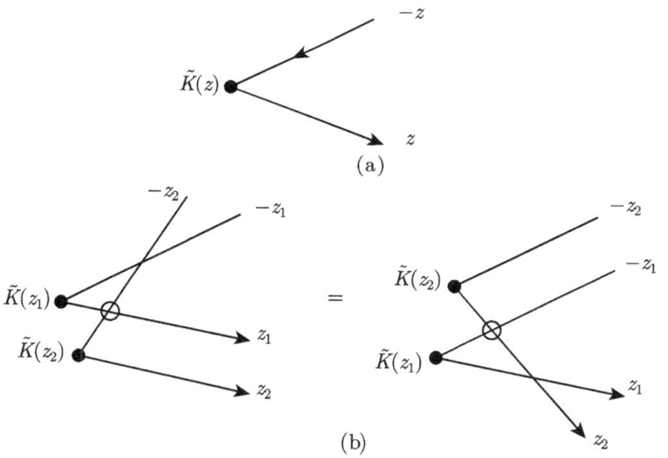

图 9.2.2 对偶反射方程图示

注意, 在公式 (9.2.2) 中, 假定 R 矩阵满足交叉幺正关系

$$R_{21}^{t_2}(-z-n\omega)R_{12}^{t_2}(z)=\widetilde{\rho}(z)\mathrm{id}. \tag{9.2.3}$$

如图 9.2.3 所示.

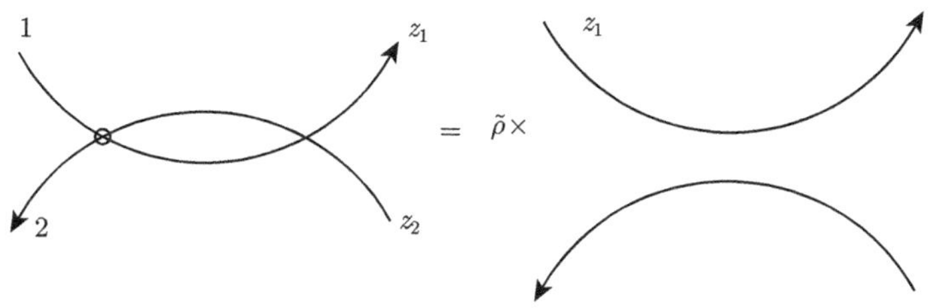

图 9.2.3 交叉幺正关系, 或称交叉幺正条件的图示

否则, 要将式 (9.2.2) 中的 $R_{12}(-z_1-z_2-n\omega)$ 和 $R_{21}(-z_1-z_2-n\omega)$ 改为适当的交叉逆矩阵.

Z_n Belavin 模型是满足交叉幺正关系的, 我们在第 8 章证明了, 对这种模型, 式 (9.2.3) 成立, 其中

$$\widetilde{\rho}(z)=\widetilde{\rho}(-z-n\omega)\sim\theta\begin{bmatrix}\frac{1}{2}\\ \frac{1}{2}\end{bmatrix}(z,\tau)\theta\begin{bmatrix}\frac{1}{2}\\ \frac{1}{2}\end{bmatrix}(-z-n\omega,\tau).$$

不难看出如果令式 (9.2.1) 中 $z_1=-z_1'-\dfrac{n\omega}{2}$, $z_2=-z_2'-\dfrac{n\omega}{2}$, 则式 (9.2.1) 变为

$$\begin{aligned}&R_{12}(z_2'-z_1')K_1\left(-z_1'-\frac{n\omega}{2}\right)R_{21}(-z_1'-z_2'-n\omega)K_2\left(-z_2'-\frac{n\omega}{2}\right)\\ =&K_2\left(-z_2'-\frac{n\omega}{2}\right)R_{12}(-z_1'-z_2'-n\omega)K_1\left(-z_1'-\frac{n\omega}{2}\right)R_{21}(z_2'-z_1').\end{aligned}\tag{9.2.4}$$

形式上这个式子与对偶反射方程式 (9.2.2) 一样. 因此, 如果已经知道反射方程的一个解 $K(z)$, 则 $K\left(-z'-\dfrac{n\omega}{2}\right)=\widetilde{K}(z')$ 就是对偶反射方程的一个解.

带反射边的可解模型的转移矩阵是由双行单值模型及反射矩阵形成的, 这两个单值矩阵互为逆矩阵. 为了解这些内容, 我们介绍 L 矩阵的逆矩阵.

9.3 L 矩阵的逆矩阵

L 矩阵的逆矩阵是由算子 $\{L^{-1}(u)_i^j\}$ 组成的矩阵, $L^{-1}(u)_i^j$ 与 $L(u)_i^j$ 作用的空间相同 (同一量子空间), 而且满足

$$\begin{aligned}L(u)_i^jL^{-1}(u)_j^k&=\delta_{ik}\ \mathrm{id},\\ L^{-1}(u)_i^jL(u)_j^k&=\delta_{ik}\ \mathrm{id}.\end{aligned}\tag{9.3.1}$$

其指标 i,j 是辅助空间的指标 (对重复指标求和), 如图 9.3.1 所示, 略去指标, 用公式表示就是 $L(u)L^{-1}(u)=L^{-1}(u)L(u)=1$.

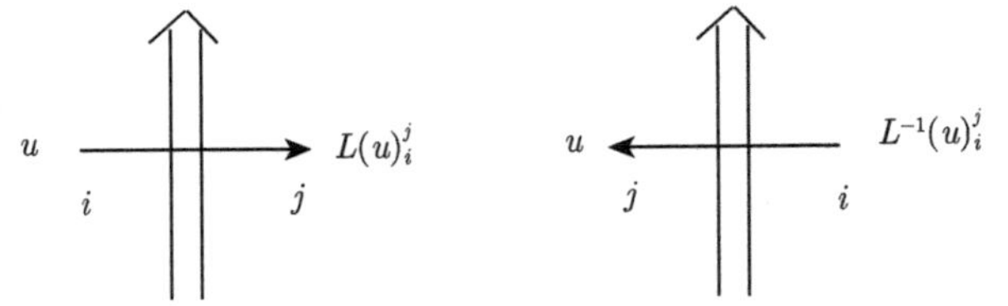

(a)

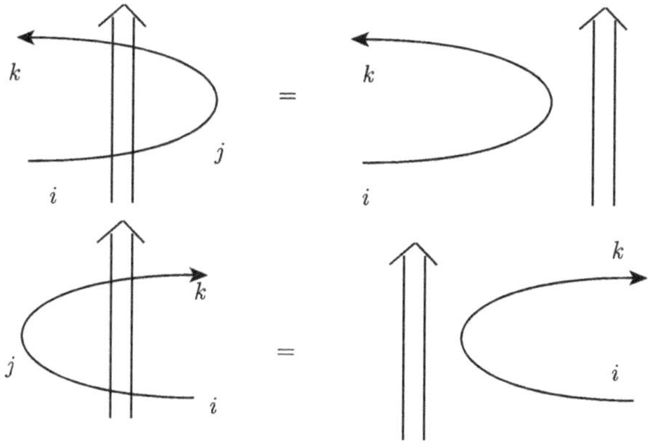

(b)

图 9.3.1 (a) $L(u)_i^j$; (b) $L^{-1}(u)_i^j$; (c) 式 (9.3.1)

逆矩阵与 $L(u)$ 满足如图 9.3.2 所示的关系.

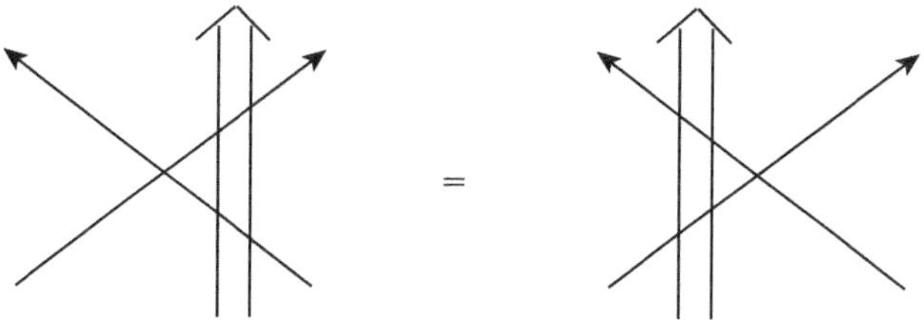

图 9.3.2 式 (9.3.2) 图示

逆矩阵满足如图 9.3.3 所示的关系.

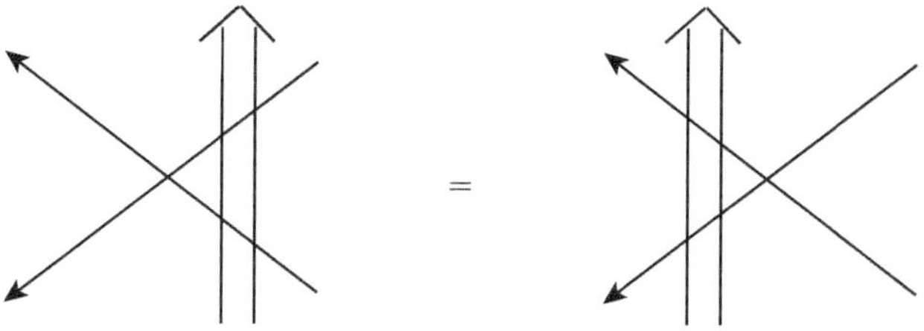

图 9.3.3 式 (9.3.3) 图示

证明 把 $R_{12}(u-v)$, $L_1(u)$, $L_2(v)$ 看成 $V_1 \otimes V_2 \otimes V_{量子}$ 的算子, 由杨-Baxter 关系 (YBR)

$$R_{12}(u-v)L_1(u)L_2(v) = L_2(v)L_1(u)R_{12}(u-v),$$

得

$$\begin{aligned}&L_2^{-1}(v)R_{12}(u-v)L_1(u)L_2(v)L_2^{-1}(v)\\=&L_2^{-1}(v)L_2(v)L_1(u)R_{12}(u-v)L_2^{-1}(v),\\&L_2^{-1}(v)R_{12}(u-v)L_1(u)=L_1(u)R_{12}(u-v)L_2^{-1}(v).\end{aligned}\tag{9.3.2}$$

再在式 (9.3.2) 两边左乘 $L_1^{-1}(u)$ 右乘 $L_1^{-1}(u)$ 可得

$$\begin{aligned}&L_1^{-1}(u)L_2^{-1}(v)R_{12}(u-v)L_1(u)L_1^{-1}(u)\\=&L_1^{-1}(u)L_1(u)R_{12}(u-v)L_2^{-1}(v)L_1^{-1}(u),\end{aligned}$$

即

$$L_1^{-1}(u)L_2^{-1}(v)R_{12}(u-v)=R_{12}(u-v)L_2^{-1}(v)L_1^{-1}(u).\tag{9.3.3}$$

由 R 矩阵的余积可以构成 $L(u)$ 矩阵, 它满足 YBR. 易于证明, 对应的 $L^{-1}(u)$ 正比于由一个标量因子乘以一串 R 矩阵的余积. 比如由 R 矩阵形成的 $L(u)$ 如图 9.3.4 所示, 这是一个单值矩阵.

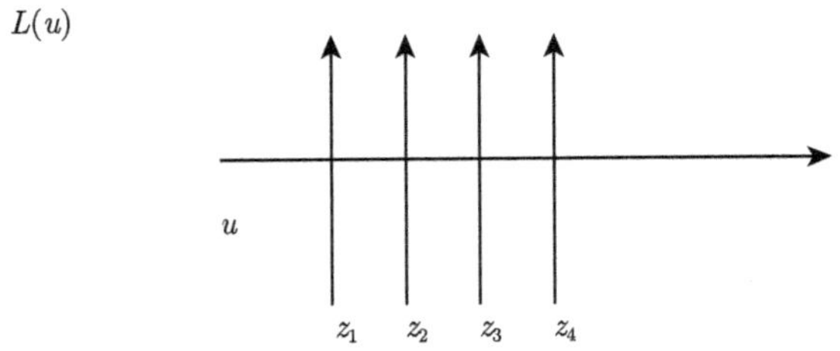

图 9.3.4　由 R 矩阵形成的 L 矩阵

$$L(u)=R_{01}(u-z_1)R_{02}(u-z_2)\cdots R_{0N}(u-z_v)\tag{9.3.4}$$

其逆 $L^{-1}(u)$ 正比于以下图 9.3.5 给出的单值矩阵, 这是因为我们可以作图 9.3.6 表示的推导.

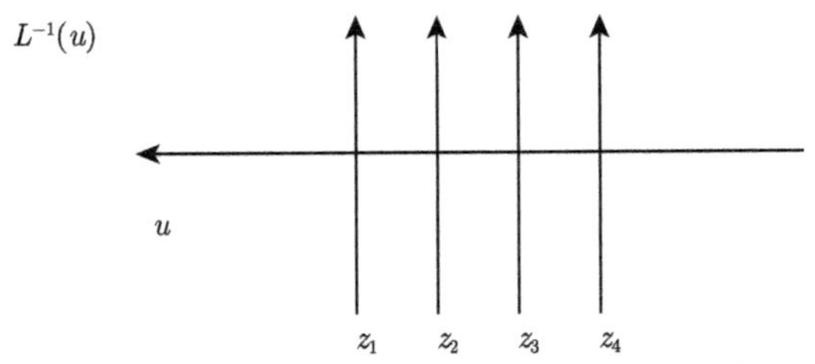

图 9.3.5　由 R 矩阵形成的式 (9.3.5) 定义的 L 矩阵的逆矩阵

$$L^{-1}(u)=R_{N0}(z_N-u)R_{(N-1)0}(z_{N-1}-u)\cdots R_{20}(z_2-u)R_{10}(z_1-u).\tag{9.3.5}$$

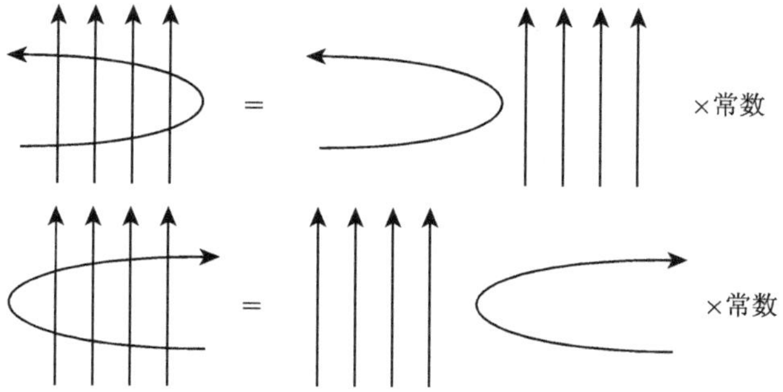

图 9.3.6 由 R 矩阵形成的 $L(u)$ 和 $L^{-1}(u)$ 互为逆矩阵的图示法证明, 要用到幺正关系图 3.1.7

9.4 反射方程的解的余模

由反射方程的解 $K(z)$ 和 $L(u)$ 可以形成满足 RE 的余模. 已知 $K(z)$ 满足反射方程, 则由图 9.4.1 形成的余模 $k(z)=L(z)K(z)L^{-1}(-z)$ 也满足反射方程:

$$R_{12}(z_1-z_2)k_1(z_1)R_{21}(z_1+z_2)k_2(z_2)=k_2(z_2)R_{12}(z_1+z_2)k_1(z_1)R_{21}(z_1-z_2). \quad (9.4.1)$$

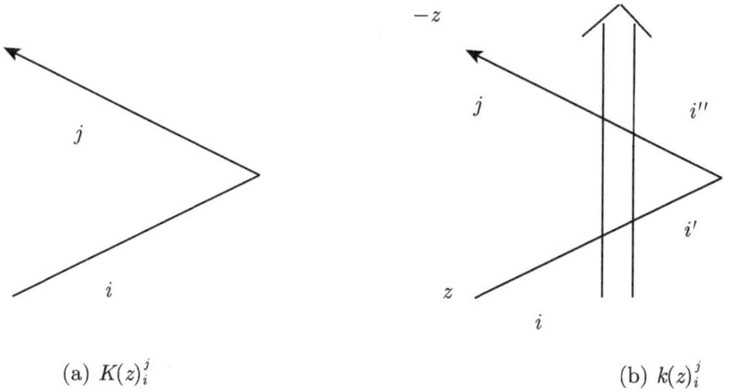

(a) $K(z)_i^j$ (b) $k(z)_i^j$

图 9.4.1 由 $L(z)$ 和 $K(z)$ 形成的 $k(z)$ 图示

但是现在 $k(z)$ 的矩阵元

$$k(z)_i^j=L(z)_i^{i'}K(z)_{i'}^{i''}L^{-1}(-z)_{i''}^j \quad (9.4.2)$$

是一个作用于量子空间的算子, 所以 k_1, k_2 的矩阵元在式 (9.4.1) 中只能按式中的次序排列, 不能互换位置. 这个 $k(z)$ 称为 $K(z)$ 的余模. 注意, 在式 (9.4.2) 中. L^{-1} 的谱为 $-z$. 式 (9.4.1) 的证明可以用图 9.4.2 表示.

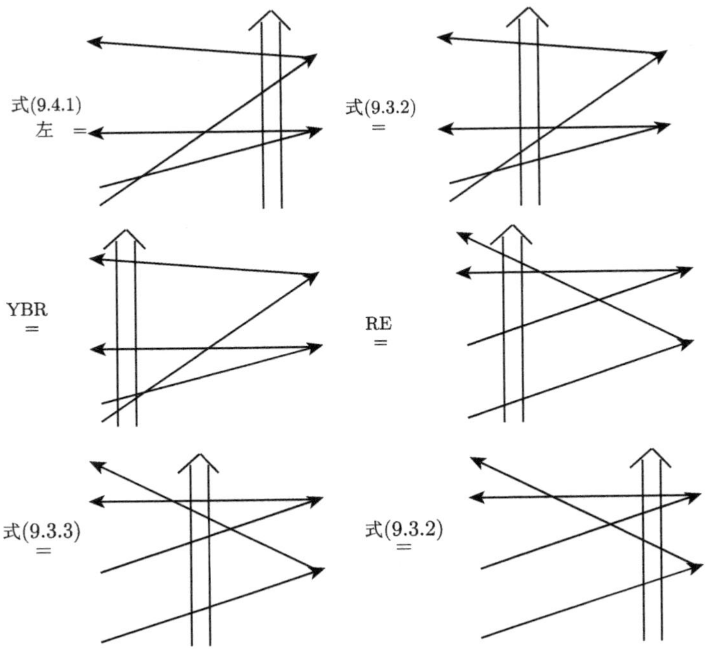

图 9.4.2 余模 $k(z)$ 满足反射方程的图示法证明

9.5 带反射边的可解模型

带反射边的可解模型的转移矩阵可以构造如下: 令

$$t(z) = \mathrm{tr}_{\text{附加空间}}(\widetilde{K}(z)k(z)), \tag{9.5.1}$$

则 $t(z)$ 是作用于量子空间 (即 $L(u)_i^j$ 和 $L^{-1}(u)_i^j$ 作用的空间) 的算子, 满足

$$[t(z_1), t(z_2)] = 0, \tag{9.5.2}$$

这就构成一个可积模型. 证明如图 9.5.1 和图 9.5.2 所示.

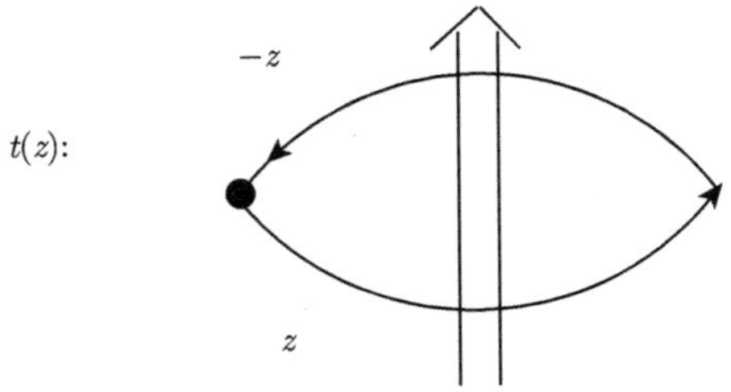

图 9.5.1 由式 (9.5.1) 构成的 $t(z)$ 图示

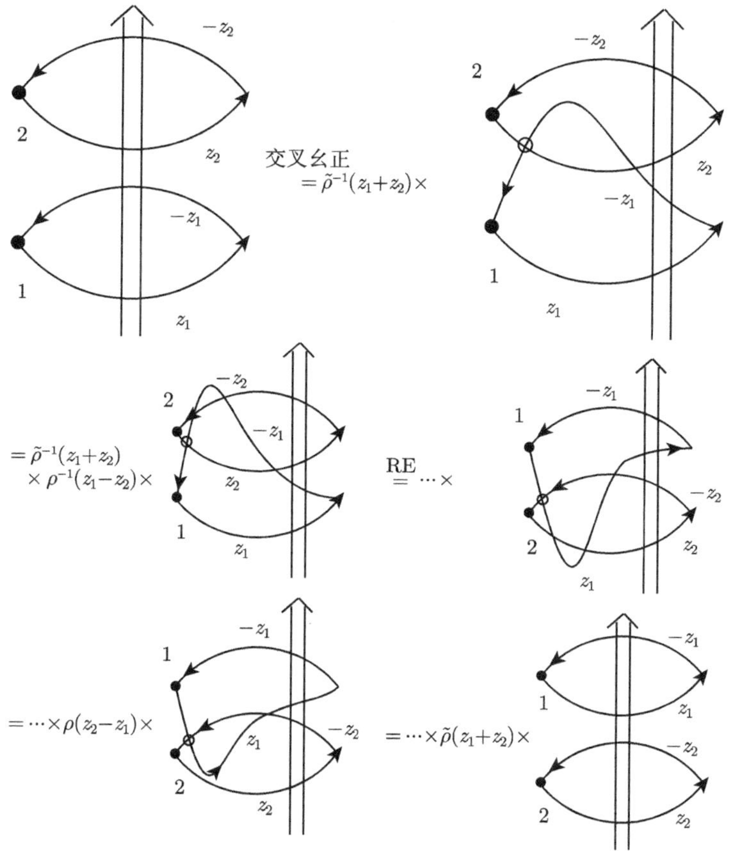

图 9.5.2 式 (9.5.2) 的图示法证明, 由式 (3.1.8), $\rho(z_1-z_2)=\rho(z_2-z_1)$

注意, 标量因子正好消去.

我们可以用 9.3 节式 (9.3.4)、式 (9.3.5) 并用 9.4 节构造反射矩阵余模 $k(z)$ 的方法, 由 R 矩阵构造转移矩阵, 如图 9.5.3 所示.

$$t(z)=\mathrm{tr}_0\{\widetilde{K_0}(z)R_{01}(z-\theta_1)R_{02}(z-\theta_2)\cdots R_{0N}(z-\theta_N)K_0(z)R_{N0}(z+\theta_N)\cdots R_{10}(z+\theta_1)\}. \tag{9.5.3}$$

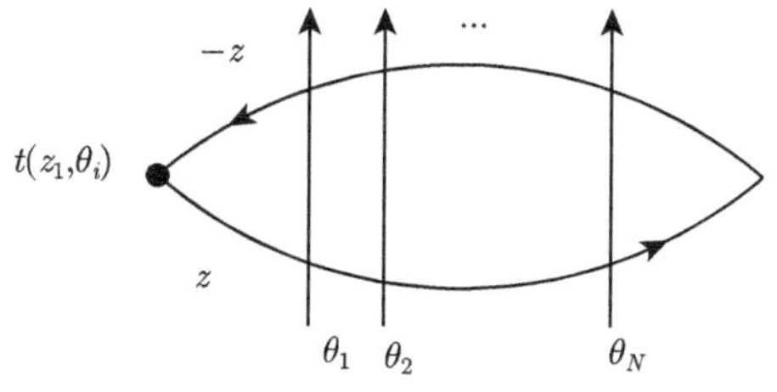

图 9.5.3 由 R 矩阵及 $K,\widetilde{K}$ 矩阵构造 $t(z)$ 的图示

9.6　面模型的反射方程

A_{n-1}^1 面模型也有相应的反射方程, 用图 9.6.1 表示.

由

$$R(a|z)_{\mu\nu}^{\mu'\nu'} = R(a+\hat{\mu}+\hat{\nu}|z)_{\mu\nu}^{\mu'\nu'} = R(a+\hat{\mu}'+\hat{\nu}'|z)_{\mu\nu}^{\mu'\nu'}, \tag{9.6.1}$$

我们可以把图 9.6.1 中的方程 (即 A_{n-1}^1 面模型的反射方程) 写成

$$\begin{aligned} &R_{12}(a|z_1-z_2)K_1(a-\hat{j}'-\hat{i}''|z_1)R_{21}(a|z_1+z_2)K_2(a-\hat{i}'''-\hat{j}'''|z_2) \\ =\,&K_2(a-\hat{i}-\hat{j}'|z_2)R_{12}(a|z_1+z_2)K_1(a-\hat{i}'''-\hat{j}'''|z_1)R_{21}(a|z_1-z_2). \end{aligned} \tag{9.6.2}$$

反射矩阵 $K(a|z)_\mu^\nu$ 和玻尔兹曼权 $R(a|z_1-z_2)_{\mu\nu}^{\mu'\nu'}$ 中的面权 a 与谱线的关系由图 9.6.2 表示.

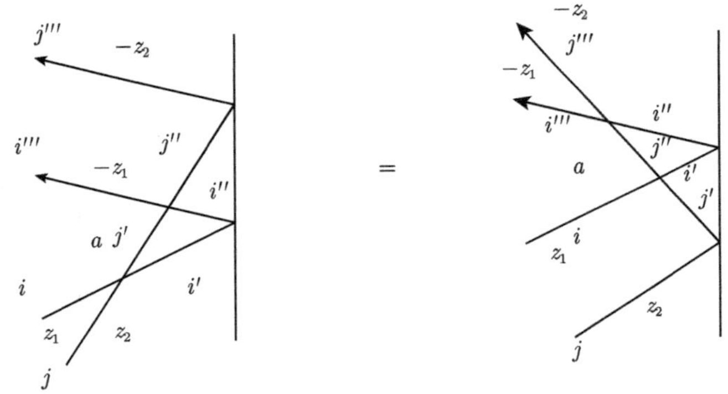

图 9.6.1　A_{n-1}^1 模型反射方程图示, 竖线的左边表示面模型的区域. 由于 K 矩阵涉及的上下两块面的面权可能不同 (对 K 矩阵的非对角元素) 所以用竖直线把它们分开

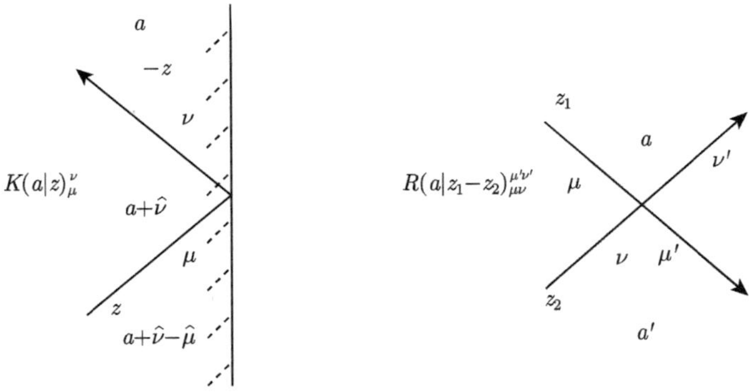

(a)　　　　(b)

图 9.6.2　(a) $K(a|z)_\mu^\nu$, (b) $R(a|z_1-z_2)_{\mu\nu}^{\mu'\nu'} = R(a'|z_1-z_2)_{\mu\nu}^{\mu'\nu'}$

注意, 在这里 R 中的面权 a 所在的位置与第 7 章图 7.4.6(b) 中的等式左边不一致, 在某些问题中我们必须用后者.

习题 1 由式 (7.1.3)$\sim$ 式 (7.1.5) 核实式 (9.6.1).

习题 2 将式 (9.6.2) 的指标写全.

对于面模型反射方程的对角解 (反射矩阵 $K(a|z)^{\nu}_{\mu}$ 仅当 $\mu=\nu$ 时非零) 用下面指标系统比较方便. 见图 9.6.3、图 9.6.4.

方程为

$$\begin{aligned}&\sum_{\mu'\nu'}R(a|z_1-z_2)^{\mu'\nu'}_{\mu\nu}K(a|z_1)^{\mu'}_{\mu'}R(a|z_1+z_2)^{\nu''\mu''}_{\nu'\mu'}K(a|z_2)^{\nu''}_{\nu''}\\=&\sum_{\mu'\nu'}K(a|z_2)^{\nu}_{\nu}R(a|z_1+z_2)^{\mu'\nu'}_{\mu\nu}K(a|z_1)^{\mu'}_{\mu'}R(a|z_1+z_2)^{\nu''\mu''}_{\nu'\mu'},\end{aligned}\tag{9.6.3}$$

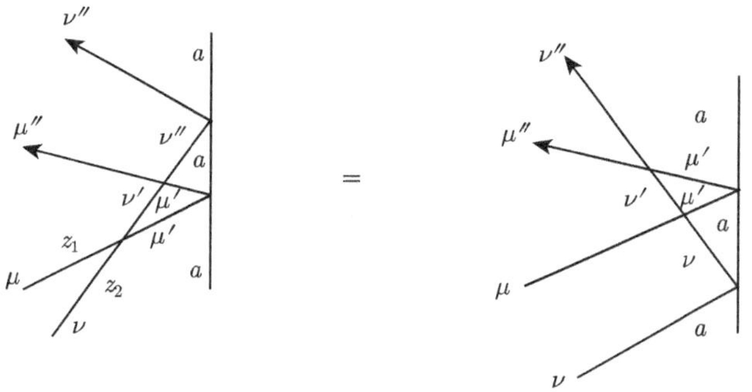

图 9.6.3 反射矩阵为对角矩阵时的指标体系

其中的 R 与 K 图示为图 9.6.4.

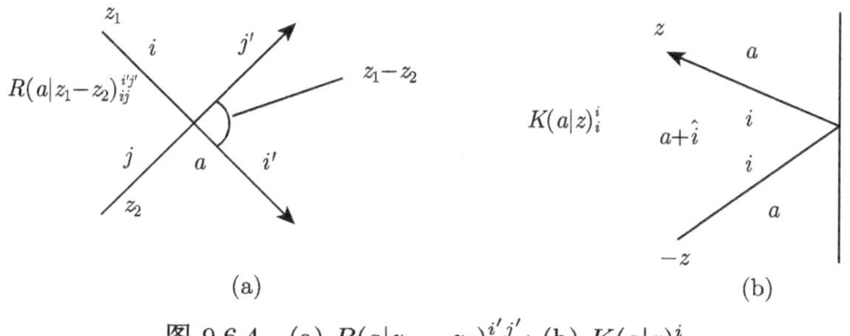

图 9.6.4 (a) $R(a|z_1-z_2)^{i'j'}_{ij}$; (b) $K(a|z)^{i}_{i}$

习题 3 证明式 (9.6.2) 在 K 矩阵为对角矩阵时可以写成式 (9.6.3).

习题 4 1. 列出反射矩阵是对角时的有效方程, 除去恒等式, 找出实质上有用的方程.

2. 证明 $K(a|z)^{\nu}_{\mu}=\delta^{\nu}_{\mu}\dfrac{\sigma(\xi+\bar{a}_{\mu}\omega+z)}{\sigma(\xi+\bar{a}_{\mu}\omega-z)}$ 是方程式 (9.6.3) 的对角解.

解　对角解反射方程为 (图 9.6.3) 公式 (9.6.3).

由于面模型的玻尔兹曼权 (也可叫 R 矩阵) 的矩阵元 $W(a|z)_{ij}^{i'j'}$ 的指标在入射时的集合 $\{ij\}$ 与出射时的集合 $\{i',j'\}$ 是同一集合, 称为六角型的 R 矩阵. 又因为反射矩阵是对角的, 不改变指标, 因此公式 (9.6.3) 中的 $\{\mu'',\nu''\}$ 与 $\{\mu,\nu\}$ 也是同一集合, 所以有效的方程很少. 我们在以下分几种情形进行讨论.

(1) $\mu=\mu''$, $\nu=\nu''$, $\mu\neq\nu$ (图 9.6.5)

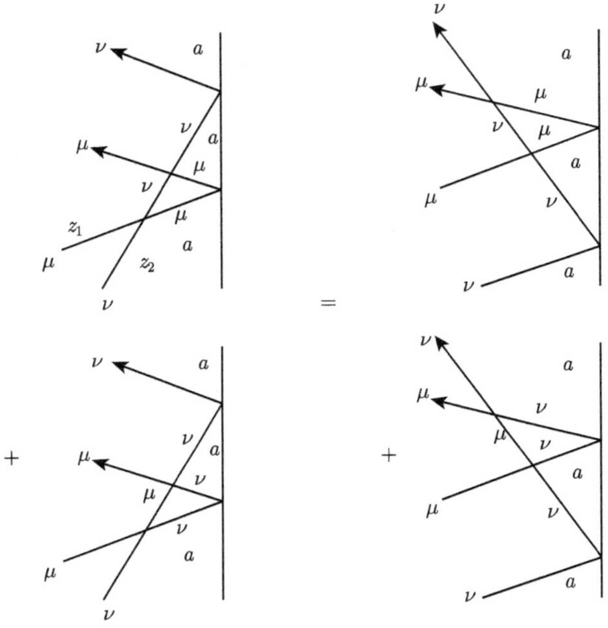

图 9.6.5　方程式 (9.6.4) 图示, 由 $R(a|z)_{ij}^{i'j'}\neq 0\Rightarrow i'=i\ j'=j$ 或 $i'=j,j'=i$ 得到

由式 (9.6.3) 给出

$$\begin{aligned}
&R(a|z_1-z_2)_{\mu\nu}^{\mu\nu}K(a|z_1)_{\mu}^{\mu}R(a|z_1+z_2)_{\nu\mu}^{\nu\mu}K(a|z_2)_{\nu}^{\nu}\\
&+R(a|z_1-z_2)_{\mu\nu}^{\nu\mu}K(a|z_1)_{\nu}^{\nu}R(a|z_1+z_2)_{\mu\nu}^{\nu\mu}K(a|z_2)_{\nu}^{\nu}\\
=&K(a|z_2)_{\nu}^{\nu}R(a|z_1+z_2)_{\mu\nu}^{\mu\nu}K(a|z_1)_{\mu}^{\mu}R(a|z_1-z_2)_{\nu\mu}^{\nu\mu}\\
&+K(a|z_2)_{\nu}^{\nu}R(a|z_1+z_2)_{\mu\nu}^{\nu\mu}K(a|z_1)_{\nu}^{\nu}R(a|z_1-z_2)_{\mu\nu}^{\nu\mu},
\end{aligned}\tag{9.6.4}$$

代入

$$\begin{aligned}
&K(a|z)_{\mu}^{\mu}=\frac{\sigma(\xi+\overline{a}_{\mu}\omega+z)}{\sigma(\xi+\overline{a}_{\mu}\omega-z)},\quad R(a|z)_{\mu\nu}^{\mu\nu}=\frac{\sigma(z)\sigma((a_{\mu\nu}+1)\omega)}{\sigma(\omega)\sigma(a_{\mu\nu}\omega)},\\
&R(a|z)_{\mu\nu}^{\nu\mu}=\frac{\sigma(z+a_{\mu\nu}\omega)}{\sigma(a_{\mu\nu}\omega)},\quad R(a|z)_{\mu\mu}^{\mu\mu}=\frac{\sigma(z+\omega)}{\sigma(\omega)},
\end{aligned}\tag{9.6.5}$$

得到

$$\frac{\sigma(\xi+\overline{a}_\mu\omega+z_1)}{\sigma(\xi+\overline{a}_\mu\omega-z_1)}\frac{\sigma(\xi+\overline{a}_\nu\omega+z_2)}{\sigma(\xi+\overline{a}_\nu\omega-z_2)}\frac{\sigma(z_1-z_2)\sigma((a_{\mu\nu}+1)\omega)}{\sigma(\omega)\sigma(a_{\mu\nu}\omega)}\frac{\sigma(z_1+z_2)\sigma((a_{\nu\mu}+1)\omega)}{\sigma(\omega)\sigma(a_{\nu\mu}\omega)} \quad ①$$

$$+\frac{\sigma(\xi+\overline{a}_\nu\omega+z_1)}{\sigma(\xi+\overline{a}_\nu\omega-z_1)}\frac{\sigma(\xi+\overline{a}_\nu\omega+z_2)}{\sigma(\xi+\overline{a}_\nu\omega-z_2)}\frac{\sigma(z_1-z_2+a_{\mu\nu}\omega)}{\sigma(a_{\mu\nu}\omega)}\frac{\sigma(z_1+z_2+a_{\mu\nu}\omega)}{\sigma(a_{\mu\nu}\omega)} \quad ②$$

$$=\frac{\sigma(\xi+\overline{a}_\nu\omega+z_2)}{\sigma(\xi+\overline{a}_\nu\omega-z_2)}\frac{\sigma(\xi+\overline{a}_\mu\omega+z_1)}{\sigma(\xi+\overline{a}_\mu\omega-z_1)}\frac{\sigma(z_1+z_2)\sigma((a_{\mu\nu}+1)\omega)}{\sigma(\omega)\sigma(a_{\mu\nu}\omega)}\frac{\sigma(z_1-z_2)\sigma((a_{\nu\mu}+1)\omega)}{\sigma(\omega)\sigma(a_{\nu\mu}\omega)} \quad ③$$

$$+\frac{\sigma(\xi+\overline{a}_\nu\omega+z_2)}{\sigma(\xi+\overline{a}_\nu\omega-z_2)}\frac{\sigma(\xi+\overline{a}_\nu\omega+z_1)}{\sigma(\xi+\overline{a}_\nu\omega-z_1)}\frac{\sigma(z_1+z_2+a_{\mu\nu}\omega)}{\sigma(a_{\mu\nu}\omega)}\frac{\sigma(z_1-z_2+a_{\mu\nu}\omega)}{\sigma(a_{\mu\nu}\omega)}, \quad ④$$

写成①+②=③+④, 由①=③, ②=④, 我们证明此式成立.

(2) $\mu=\nu''$, $\nu=\mu''$, $\mu\neq\nu$, 方程为 (图 9.6.6)

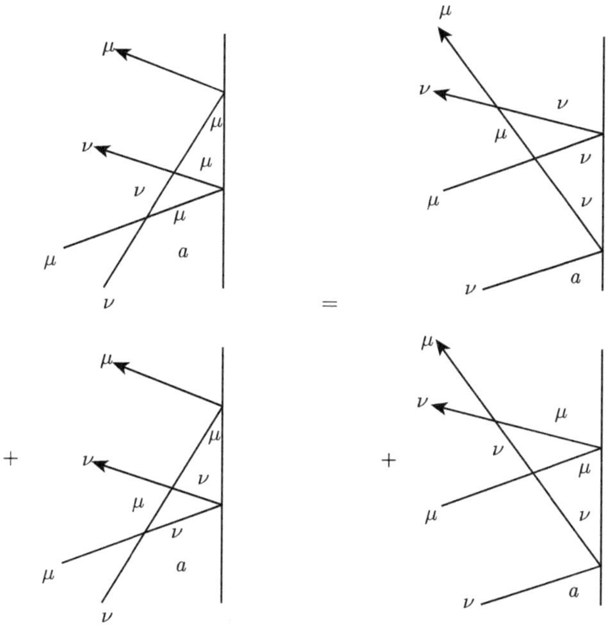

图 9.6.6 方程式 (9.6.6) 图示

$$\begin{aligned}&R(a|z_1-z_2)^{\mu\nu}_{\mu\nu}R(a|z_1+z_2)^{\mu\nu}_{\nu\mu}K(a|z_1)^{\mu}_{\mu}K(a|z_2)^{\mu}_{\mu}\\&+R(a|z_1-z_2)^{\nu\mu}_{\mu\nu}R(a|z_1+z_2)^{\mu\nu}_{\mu\nu}K(a|z_1)^{\nu}_{\nu}K(a|z_2)^{\mu}_{\mu}\\=&R(a|z_1-z_2)^{\mu\nu}_{\mu\nu}R(a|z_1+z_2)^{\nu\mu}_{\mu\nu}K(a|z_1)^{\nu}_{\nu}K(a|z_2)^{\nu}_{\nu}\\&+R(a|z_1-z_2)^{\mu\nu}_{\nu\mu}R(a|z_1+z_2)^{\mu\nu}_{\mu\nu}K(a|z_1)^{\mu}_{\mu}K(a|z_2)^{\nu}_{\nu},\end{aligned} \quad (9.6.6)$$

$$
\begin{aligned}
&\frac{\sigma(\xi+\overline{a}_\mu\omega+z_1)}{\sigma(\xi+\overline{a}_\mu\omega-z_1)}\frac{\sigma(\xi+\overline{a}_\mu\omega+z_2)}{\sigma(\xi+\overline{a}_\mu\omega-z_2)}\frac{\sigma(z_1-z_2)\sigma((a_{\mu\nu}+1)\omega)}{\sigma(\omega)\sigma(a_{\mu\nu}\omega)}\frac{\sigma(z_1+z_2+a_{\nu\mu}\omega)}{\sigma(a_{\nu\mu}\omega)} \quad ① \\
&+\frac{\sigma(\xi+\overline{a}_\nu\omega+z_1)}{\sigma(\xi+\overline{a}_\nu\omega-z_1)}\frac{\sigma(\xi+\overline{a}_\mu\omega+z_2)}{\sigma(\xi+\overline{a}_\mu\omega-z_2)}\frac{\sigma(z_1-z_2+a_{\mu\nu}\omega)}{\sigma(a_{\mu\nu}\omega)}\frac{\sigma(z_1+z_2)\sigma((a_{\mu\nu}+1)\omega)}{\sigma(\omega)\sigma(a_{\mu\nu}\omega)} \quad ② \\
=&\frac{\sigma(\xi+\overline{a}_\nu\omega+z_1)}{\sigma(\xi+\overline{a}_\nu\omega-z_1)}\frac{\sigma(\xi+\overline{a}_\nu\omega+z_2)}{\sigma(\xi+\overline{a}_\nu\omega-z_2)}\frac{\sigma(z_1-z_2)\sigma((a_{\mu\nu}+1)\omega)}{\sigma(\omega)\sigma(a_{\mu\nu}\omega)}\frac{\sigma(z_1+z_2+a_{\mu\nu}\omega)}{\sigma(a_{\mu\nu}\omega)} \quad ③ \\
&+\frac{\sigma(\xi+\overline{a}_\mu\omega+z_1)}{\sigma(\xi+\overline{a}_\mu\omega-z_1)}\frac{\sigma(\xi+\overline{a}_\nu\omega+z_2)}{\sigma(\xi+\overline{a}_\nu\omega-z_2)}\frac{\sigma(z_1-z_2+a_{\nu\mu}\omega)}{\sigma(a_{\nu\mu}\omega)}\frac{\sigma(z_1+z_2)\sigma((a_{\mu\nu}+1)\omega)}{\sigma(\omega)\sigma(a_{\mu\nu}\omega)}, \quad ④
\end{aligned}
$$

写成①+②=③+④, 利用加法定理

$$
\begin{aligned}
&\sigma(u+x)\sigma(u-x)\sigma(v+y)\sigma(v-y)-\sigma(u+y)\sigma(u-y)\sigma(v+x)\sigma(v-x)\\
=&\sigma(u+v)\sigma(u-v)\sigma(x+y)\sigma(x-y),
\end{aligned}
$$

令

$$
\begin{aligned}
&2u=2\xi+(\overline{a}_\mu+\overline{a}_\nu)\omega, \quad 2x=a_{\mu\nu}\omega+2z_2,\\
&2v=2z_1+a_{\nu\mu}\omega, \quad 2y=2z_2+a_{\nu\mu}\omega,
\end{aligned}
$$

得到

$$
\begin{aligned}
①-④=&\left\{\frac{\sigma(\xi+\overline{a}_\mu\omega+z_2)}{\sigma(\xi+\overline{a}_\mu\omega-z_2)}\sigma(z_1-z_2)\sigma(z_1+z_2+a_{\nu\mu}\omega)\right.\\
&\left.-\frac{\sigma(\xi+\overline{a}_\nu\omega+z_2)}{\sigma(\xi+\overline{a}_\nu\omega-z_2)}\sigma(z_1-z_2+a_{\nu\mu}\omega)\sigma(z_1+z_2)\right\}\times\cdots\\
=&\{\sigma(\xi+\overline{a}_\mu\omega+z_2)\sigma(\xi+\overline{a}_\nu\omega-z_2)\sigma(z_1-z_2)\sigma(z_1+z_2+a_{\nu\mu}\omega)\\
&-\sigma(\xi+\overline{a}_\nu\omega+z_2)\sigma(\xi+\overline{a}_\mu\omega-z_2)\sigma(z_1+z_2)\sigma(z_1-z_2+a_{\nu\mu}\omega)\}\times\cdots\\
=&\frac{\sigma(\xi+\overline{a}_\nu\omega+z_1)\sigma(\xi+\overline{a}_\mu\omega-z_1)\sigma(2z_2)\sigma(a_{\mu\nu}\omega)\sigma(\xi+\overline{a}_\mu\omega+z_1)\sigma((a_{\mu\nu}+1)\omega)}{\sigma(\xi+\overline{a}_\mu\omega-z_1)\sigma(\xi+\overline{a}_\mu\omega-z_2)\sigma(\xi+\overline{a}_\nu\omega-z_2)\sigma(\omega)\sigma(a_{\mu\nu}\omega)\sigma(a_{\nu\mu}\omega)}.
\end{aligned}
$$

令

$$
\begin{aligned}
&2u=2\xi+(\overline{a}_\mu+\overline{a}_\nu)\omega, \quad 2x=a_{\mu\nu}\omega+2z_2,\\
&2v=2z_1+a_{\mu\nu}\omega, \quad 2y=-2z_2+a_{\mu\nu}\omega,
\end{aligned}
$$

得到

$$
\begin{aligned}
②-③=&\{\sigma(\xi+\overline{a}_\mu\omega+z_2)\sigma(\xi+\overline{a}_\nu\omega-z_2)\sigma(z_1-z_2+a_{\mu\nu}\omega)\sigma(z_1+z_2)\\
&-\sigma(\xi+\overline{a}_\nu\omega+z_2)\sigma(\xi+\overline{a}_\mu\omega-z_2)\sigma(z_1+z_2+a_{\mu\nu}\omega)\sigma(z_1-z_2)\}\times\cdots\\
=&\frac{\sigma(\xi+\overline{a}_\mu\omega+z_1)\sigma(\xi+\overline{a}_\nu\omega-z_1)\sigma(a_{\mu\nu}\omega)\sigma(2z_2)\sigma(\xi+\overline{a}_\nu\omega+z_1)\sigma((a_{\mu\nu}+1)\omega)}{\sigma(\xi+\overline{a}_\nu\omega-z_1)\sigma(\xi+\overline{a}_\mu\omega-z_2)\sigma(\xi+\overline{a}_\nu\omega-z_2)\sigma(\omega)\sigma(a_{\mu\nu}\omega)\sigma(a_{\mu\nu}\omega)}.
\end{aligned}
$$

消去②–③和①–④表达式中分子分母的相同因子. 我们得到②−③=−①+④
由此有①+②=③+④.

(3) $\mu=\nu$, 是恒等式. 在证明中对 $\overline{a}_\mu\omega$ 没有特别要求.

在式 (9.6.6) 中令 $x=\dfrac{K(a|z_2)_\nu^\nu}{K(a|z_2)_\mu^\mu}, y=\dfrac{K(a|z_1)_\nu^\nu}{K(a|z_1)_\mu^\mu}$, 得到

$$
\begin{aligned}
&\frac{\sigma(z_1-z_2)\sigma((a_{\mu\nu}+1)\omega)}{\sigma(\omega)\sigma(a_{\mu\nu}\omega)}\frac{\sigma(z_1+z_2+a_{\nu\mu}\omega)}{\sigma(a_{\nu\mu}\omega)}\\
&+y\frac{\sigma(z_1-z_2+a_{\mu\nu}\omega)}{\sigma(a_{\mu\nu}\omega)}\frac{\sigma(z_1+z_2)\sigma((a_{\mu\nu}+1)\omega)}{\sigma(\omega)\sigma(a_{\mu\nu}\omega)}\\
=&xy\frac{\sigma(z_1-z_2)\sigma((a_{\mu\nu}+1)\omega)}{\sigma(\omega)\sigma(a_{\mu\nu}\omega)}\frac{\sigma(z_1+z_2+a_{\mu\nu}\omega)}{\sigma(a_{\mu\nu}\omega)}\\
&+x\frac{\sigma(z_1-z_2+a_{\nu\mu}\omega)}{\sigma(a_{\nu\mu}\omega)}\frac{\sigma(z_1+z_2)\sigma((a_{\mu\nu}+1)\omega)}{\sigma(\omega)\sigma(a_{\mu\nu}\omega)}.
\end{aligned}
\tag{9.6.7}
$$

可以写成

$$
a+yb=xyc+xd,\quad x(yc+d)=a+yb,\quad x=\frac{a+yb}{yc+d}. \tag{9.6.8}
$$

当给定互不相等的 $\overline{a}_\mu$, $\overline{a}_\nu$ 和 z_1, z_2 时, 总可以找到 ξ, 使

$$
y=\left(\frac{\xi+\overline{a}_\nu\omega+z_1}{\xi+\overline{a}_\nu\omega-z_1}\right)\Big/\left(\frac{\xi+\overline{a}_\mu\omega+z_1}{\xi+\overline{a}_\mu\omega-z_1}\right)
$$

对一个任意设定的 y 成立. 这时由反射方程 $x=\dfrac{a+yb}{yc+d}$ 求出的 x 是唯一的. 然而 $x'=\dfrac{\sigma(\xi+\overline{a}_\nu+z_2)}{\sigma(\xi+\overline{a}_\nu-z_2)}\Big/\left(\dfrac{\sigma(\xi+\overline{a}_\mu+z_2)}{\sigma(\xi+\overline{a}_\mu-z_2)}\right)$也满足反射方程, 因此有 $x'=x$ 是唯一的. 因而这个解是 A_{n-1}^1 模型的唯一对角解.

我们在下面讨论 A_{n-1}^1 模型的对偶反射方程解与反射方程解的关系. 由于该模型的交叉逆矩阵和 R 矩阵的关系式 (8.2.25) 与 Z_n Belavin 模型不同 (取 $l=n$) Z_n Belavin 模型因为满足幺正关系, 它的 $R(z_1-z_2)$ 的交叉逆矩阵就是 R 矩阵 $R(-z_1+z_2-n\omega)$, 而 A_{n-1}^1 模型的 $R(-z_1-z_2)$ 的交叉逆矩阵元多了一个与面权有关的因子: $\left\{\prod\limits_{\lambda\neq\mu}\cdots\left[\prod\limits_{\lambda\neq\nu}\cdots\right]^{-1}\times\prod\limits_{\lambda\neq\mu'}\cdots\left[\prod\limits_{\lambda\neq\nu'}\right]^{-1}\right\}^{\frac{1}{2}}$, 所以对偶反射方程的解需要仔细分析. 对偶反射方程如图 9.6.7 所示.

按式 (8.2.26) 我们定义 R 矩阵每根谱线上的函数 $f_\mu(a)$, 当谱线前进方向右侧的面权为 a 并且谱线的指标为 μ 时, 令

$$
f_\mu(a)=\prod_{\lambda\neq\mu}\frac{\sigma(a_{\mu\lambda}\omega+\omega)}{\sigma(a_{\mu\lambda}\omega)}. \tag{9.6.9}
$$

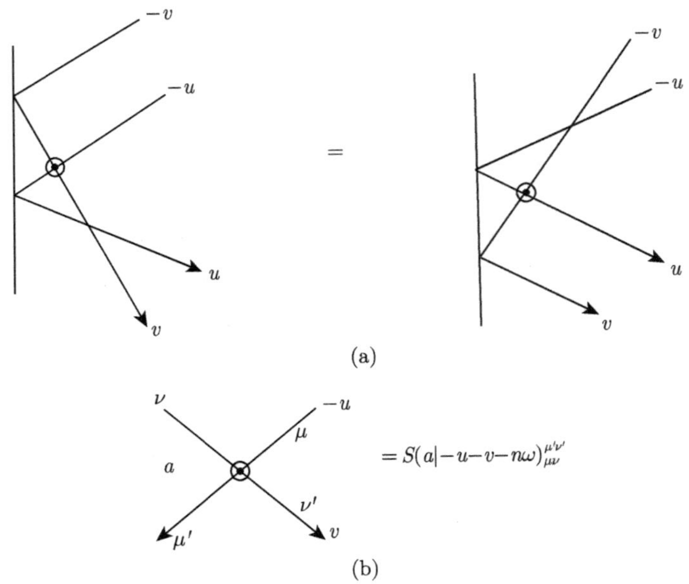

图 9.6.7　A_{n-1}^1 模型的对偶反射方程

可以证明对任何 R 矩阵的矩阵元, 两根入射谱线上的 f 的乘积等于出射谱线上的 f 的乘积.

证明　对于 $R(a|u-v)_{\mu\mu}^{\mu\mu}$ 和 $R(a|u-v)_{\mu\nu}^{\nu\mu}$, 这是明显的. 如图 8.2.13(a) 和图 8.2.13(c) 所示. 对于图 8.2.13(b), 出射线的 f 的乘积为

$$A=\prod_{\lambda\neq\mu}\frac{\sigma(a_{\mu\lambda}\omega+\omega)}{\sigma(a_{\mu\lambda}\omega)}\prod_{\lambda\neq\nu}\frac{\sigma((a+\hat{\mu})_{\nu\lambda}\omega+\omega)}{\sigma((a+\hat{\mu})_{\nu\lambda}\omega)}. \tag{9.6.10}$$

由于当 $\lambda\neq\mu$ 时, $(a+\hat{\mu})_{\nu\lambda}\omega=a_{\nu\lambda}\omega$, $(a+\hat{\mu})_{\nu\mu}\omega=a_{\nu\mu}\omega-\omega$, 因此

$$A=\prod_{\lambda\neq\mu}\frac{\sigma(a_{\mu\lambda}\omega+\omega)}{\sigma(a_{\mu\lambda}\omega)}\prod_{\lambda\neq\nu}\frac{\sigma(a_{\nu\lambda}\omega+\omega)}{\sigma(a_{\nu\lambda}\omega)}\times\frac{\sigma(a_{\nu\mu}\omega)}{\sigma(a_{\nu\mu}\omega+\omega)}\frac{\sigma(a_{\nu\mu}\omega)}{\sigma(a_{\nu\mu}\omega-\omega)}, \tag{9.6.11}$$

入射线的 f 的乘积为

$$\begin{aligned}B&=\prod_{\lambda\neq\nu}\frac{\sigma(a_{\nu\lambda}\omega+\omega)}{\sigma(a_{\nu\lambda}\omega)}\prod_{\lambda\neq\mu}\frac{\sigma((a+\hat{\nu})_{\mu\lambda}\omega+\omega)}{\sigma((a+\hat{\nu})_{\mu\lambda}\omega)}\\&=\prod_{\lambda\neq\nu}\frac{\sigma(a_{\nu\lambda}\omega+\omega)}{\sigma(a_{\nu\lambda}\omega)}\prod_{\lambda\neq\mu}\frac{\sigma(a_{\mu\lambda}\omega+\omega)}{\sigma(a_{\mu\lambda}\omega)}\times\frac{\sigma(a_{\mu\nu}\omega)}{\sigma(a_{\mu\nu}\omega+\omega)}\frac{\sigma(a_{\mu\nu}\omega)}{\sigma(a_{\mu\nu}\omega-\omega)},\end{aligned} \tag{9.6.12}$$

因此有

$$A=B. \tag{9.6.13}$$

这个结果, 可用图 9.6.8 示之.

图 9.6.8 图示对 R 矩阵, 入射线上 f_ρ 因子的乘积等于出射线上 f_ρ 因子的乘积, $\oplus$ 号参见图8.2.14(b)

我们以图 8.2.14 分析 A_{n-1}^1 模型对偶反射方程的性质:

令 $K(a|z)$ 为 A_{n-1}^1 模型的反射方程解, 令

$$u\begin{pmatrix} a+\hat{\mu}-\hat{\nu} & \\ a & |z \end{pmatrix}_\mu^\nu = K\left(a+\hat{\mu}-\hat{\nu}-z-\frac{n\omega}{2}\right)_\mu^\nu f_\mu^{\frac{1}{2}}(a)f_\nu^{\frac{1}{2}}(a+\hat{\mu}-\hat{\nu}) = u(z).$$

如图 9.6.9(a) 所示, 则 $u\begin{pmatrix} a+\hat{\mu}-\hat{\nu} & \\ a & |z \end{pmatrix}_\mu^\nu$ 满足对偶反射方程. 在图 9.6.9 中, 图 9.6.9(b) 为 R 矩阵加黑点, 表示 R 矩阵乘以附加面权因子. 图 9.6.9(c) 为 R 矩阵加圈, 表示 R 矩阵的谱为谱线的谱之差再减 $n\omega$, 即谱移 $-n\omega$. 图 9.6.9(d) 为 R 矩阵加圈又加黑点, 表示既谱移又乘面权因子, 变为 S, 即交叉逆矩阵 (图 8.2.14(a)).

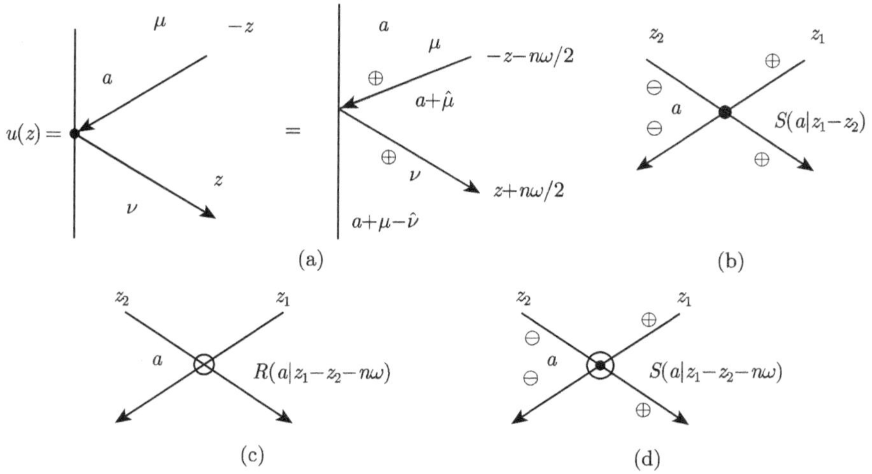

图 9.6.9 (a) u 的定义 $u=k(-z-\frac{1}{2}n\omega)\times f$ 因子; (b) $S(a|z_1-z_2)$; (c) $R(a|z_1-z_2-n\omega)$; (d) $S(a|z_1-z_2-n\omega)$

证明如图 9.6.10 所示.

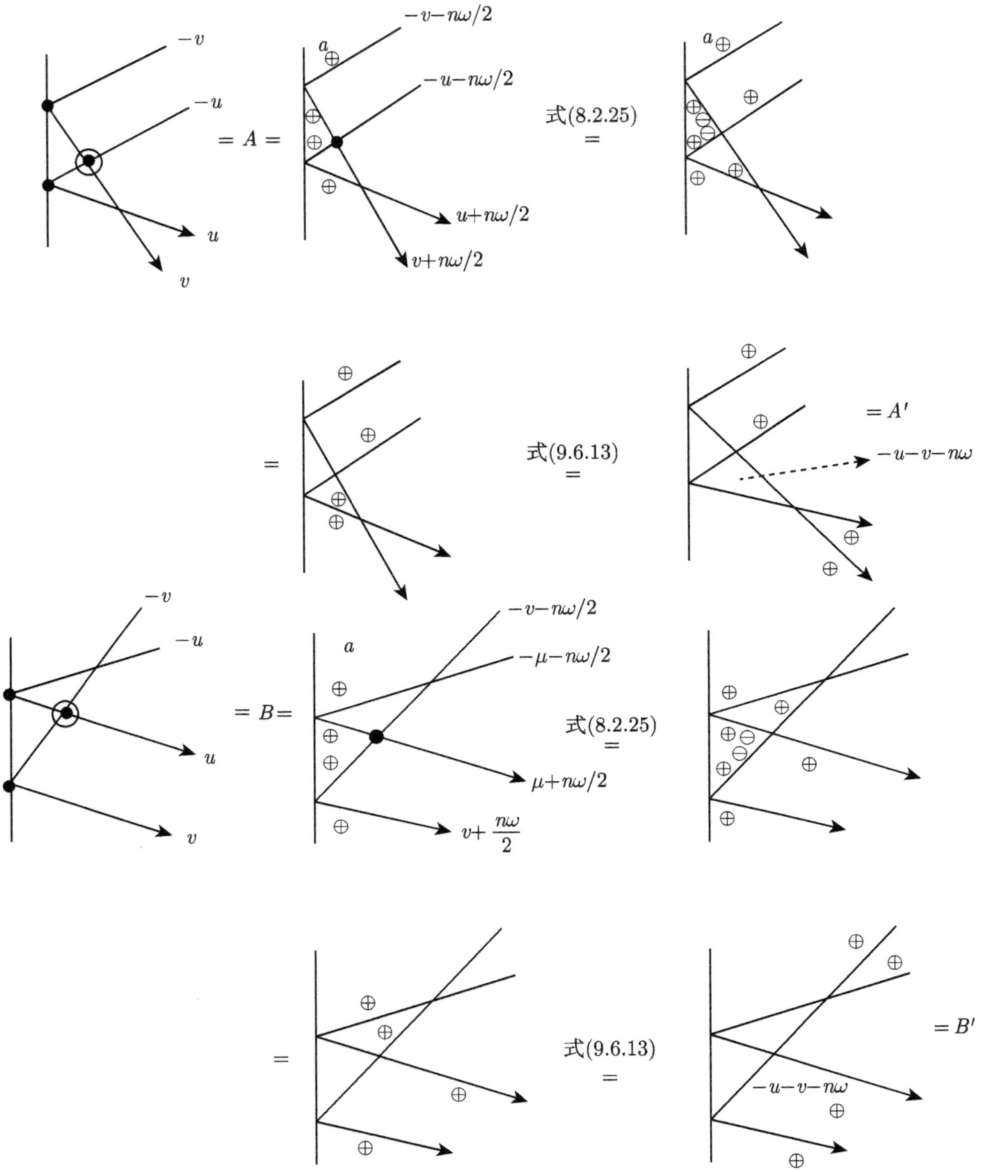

图 9.6.10　证明 u 满足对偶反射方程的图示法

由于 $K(a|z)$ 是反射方程的解, 所以有 $A' = B'$, 从而有 $A = B$. 例如, 对应于反射方程的对角解

$$K(a|z)_\mu^\nu = \delta_\mu^\nu \frac{\sigma(\xi + \overline{a}_\mu\omega + z)}{\sigma(\xi + \overline{a}_\mu\omega - z)}, \tag{9.6.14}$$

我们有对偶反射方程解

$$\tilde{K}(a|z)_{\mu}^{\nu} = \delta_{\mu}^{\nu}\frac{\sigma\left(\xi + \overline{a}_{\mu}\omega - z - \dfrac{n\omega}{2}\right)}{\sigma\left(\xi + \overline{a}_{\mu}\omega + z + \dfrac{n\omega}{2}\right)}\prod_{\lambda\neq\mu}\frac{\sigma(a_{\mu\lambda}\omega + \omega)}{\sigma(a_{\mu\lambda}\omega)}. \tag{9.6.15}$$

9.7 带反射边模型的聚合

我们可以将两个不同谱的带反射边模型的转移矩阵 $t(z_1), t(z_2)$ 变成一个聚合的转移矩阵. 定义 $t(z_1)$ 为

$$\begin{aligned}t(z_1) =& \operatorname{tr}_0\{\tilde{K}_0(z_1)R_{01}(z_1-\theta_1)R_{02}(z_1-\theta_2)\cdots R_{0N}(z_1-\theta_N)\\&\times K_0(z_1)R_{N0}(z_1+\theta_N)R_{(N-1)0}(z_1+\theta_{N-1})\cdots R_{10}(z_1+\theta_1)\}\\ \equiv& \operatorname{tr}_0\{\tilde{K}_0(z_1)T_0(z_1;\theta_1,\cdots,\theta_N)\times K_0(z_1)\tilde{T}_0(z_1;\theta_1,\cdots,\theta_N)\},\end{aligned}$$

如图 9.7.1 所示.

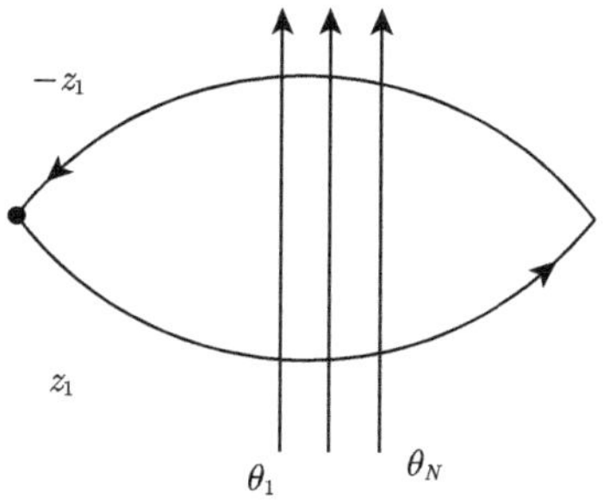

图 9.7.1 $t(z_1)$ 的定义

类似地可以定义 $t(z_2)$, 如图 9.7.2 所示.

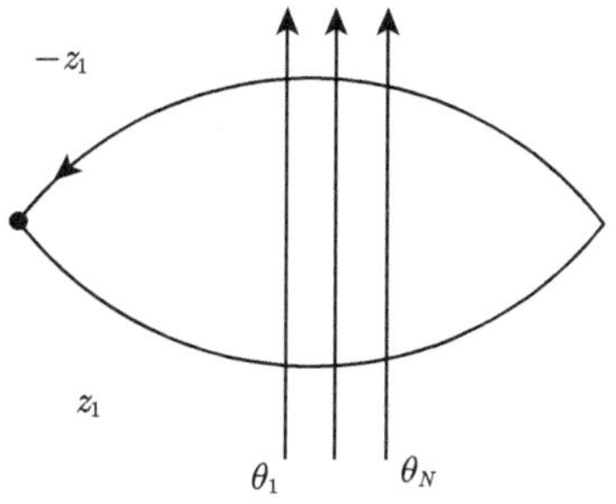

图 9.7.2 $t(z_2)$ 的定义

这两个矩阵都是量子空间 $V_1\otimes\cdots\otimes V_N$ 的矩阵. 可以用下述图示 (图 9.7.3) 证明它们可以聚合为一个新的转移矩阵 $t^{(2)}(z_1,z_2)$, 其中

$$t_2(z_2)t_1(z_1) = \tilde{\rho}^{-1}(z_1+z_2)t^{(2)}(z_1,z_2), \tag{9.7.1}$$
$$\begin{aligned}t^{(2)}(z_1,z_2) = &\operatorname{tr}_{a,b}\tilde{K}_a(z_1)R_{ba}(-z_1-z_2-n\omega)\tilde{K}_b(z_2)\\ &\times R_{b1}(z_2-\theta_1)R_{b2}(z_2-\theta_2)\cdots R_{bN}(z_2-\theta_N)\\ &\times R_{a1}(z_1-\theta_1)R_{a2}(z_1-\theta_2)\cdots R_{aN}(z_1-\theta_N)\\ &\times K_b(z_2)R_{ab}(z_1+z_2)K_a(z_1)\\ &\times R_{Nb}(z_2+\theta_N)R_{(N-1)b}(z_2+\theta_{N-1})\cdots R_{1b}(z_2+\theta_1)\\ &\times R_{Na}(z_1+\theta_N)R_{(N-1)a}(z_1+\theta_{N-1})\cdots R_{1a}(z_1+\theta_1).\end{aligned}$$

令 $A = t(z_2)t(z_1)$,

$$\begin{aligned}t^{(2)}(z_1,z_2) \equiv &\operatorname{tr}_{a,b}\tilde{K}^{(2)}_{ab}(z_1,z_2)T^{(2)}_{ab}(z_1,z_2;\theta_1,\cdots,\theta_N)\\ &\times K^{(2)}_{ab}(z_1,z_2)\tilde{T}^{(2)}_{ab}(z_1,z_2;\theta_1,\cdots,\theta_N).\end{aligned} \tag{9.7.2}$$

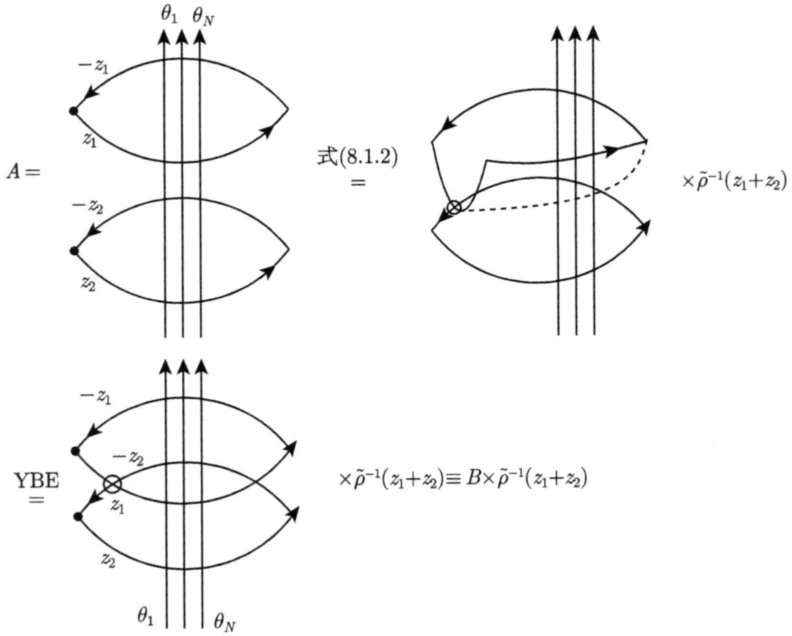

图 9.7.3　$t(z_1)$ 与 $t(z_2)$ 的聚合

由于 $t(u), t(v)$ 互相对易, 因而 $t(u)$ 与 $t^{(2)}(z_1,z_2)$ 互相对易, 也就是

$$\begin{aligned}[t(u), t^{(2)}(z_1,z_2)] &= [t(u), \tilde{\rho}^{-1}(z_1+z_2)t(z_2)t(z_1)]\\ &= [t(u), t(z_1)t(z_2)]\tilde{\rho}^{-1}(z_1+z_2) = 0.\end{aligned} \tag{9.7.3}$$

我们可以把以上过程扩大到任意个不同谱的 $t(z)$ 的聚合, 如图 9.7.4 所示.

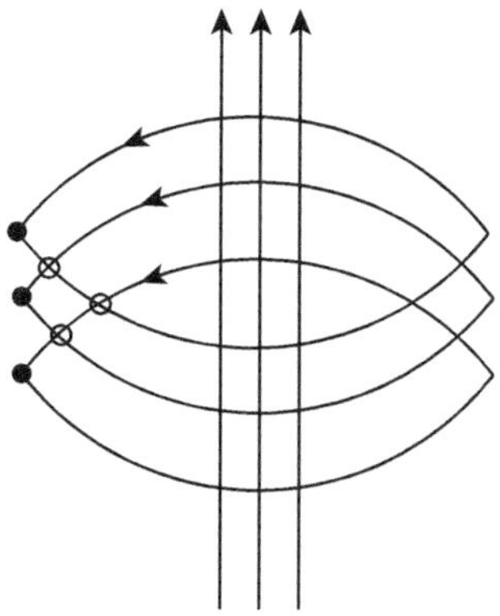

(a)

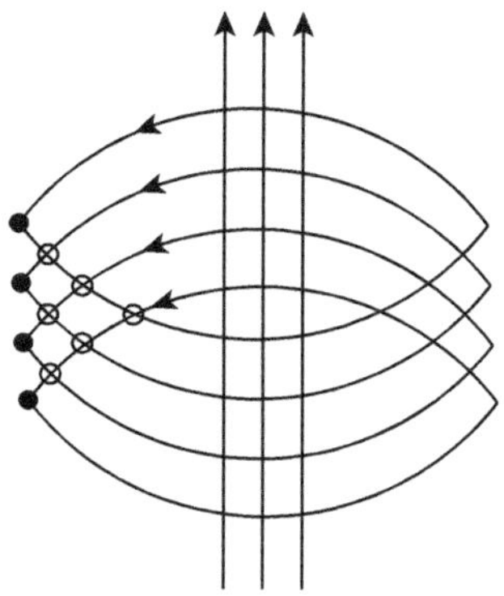

(b)

图 9.7.4 几个不同谱的 $t(z)$ 的聚合

在图 9.7.4 中, 图 9.7.4(a) 是三个 $t(z)$ 的聚合, 图 9.7.4(b) 是四个 $t(z)$ 的聚合.

注意, 普通的谱线交点代表 $R_{ij}(z)$, 而带圈的交点代表 $R_{ij}(z-n\omega)$, 其中 z 为沿逆时针方向两根谱线的谱之差. 我们分析 $t^{(l)}(z)$, 它是一个对于辅助空间 $a_1\cdots a_l$ 的求迹, 可以看成是一个反时针方向环形路径, 首先是 $\tilde{K}^{(l)}$, 它由 l 个 $\tilde{K}$ 及一些 R 矩阵组成, 然后是

$$T^{(l)}=T_{a_l}(z_l)T_{a_{l-1}}(z_{l-1})\cdots T_{a_1}(z_1),$$

相继的是 $K^{(l)}(z)$, 由 $K(z_l),\cdots,K(z_1)$ 及一些 R 矩阵组成, 与 $\tilde{K}^{(l)}$ 类似. 最后是

$$\tilde{T}^{(l)}=\tilde{T}_{a_l}(z_l)\tilde{T}_{a_{l-1}}(z_{l-1})\cdots\tilde{T}_{a_1}(z_1),$$

再回到 $\tilde{K}^{(l)}$ 前面. 在这些算子中, $\tilde{K}^{(l)}$ 和 $K^{(l)}$ 只与辅助空间有关, 与量子空间无关. 可以把 $T^{(l)}\tilde{K}^l\tilde{T}^{(l)}$ 合在一起称作 $k^{(l)}=T^{(l)}\tilde{K}^l\tilde{T}^{(l)}$, 这样就得到

$$t^{(l)}=\mathrm{tr}_{ab\cdots}(\tilde{K}^{(l)}k^{(l)}). \tag{9.7.4}$$

以上四个算子在环路上的分界线 (或连接部分) 标为 Ⅰ, Ⅱ, Ⅲ, Ⅳ线, 由它们所在象限确定, 如图 9.7.5 所示.

偶合的反射矩阵 $K^{(l)}(z_1,\cdots,z_l)$ 之间也遵从偶合的反射方程, 图 9.7.6 是 $K^{(2)}$ 与 $K^{(2)}$ 反射方程的例子.

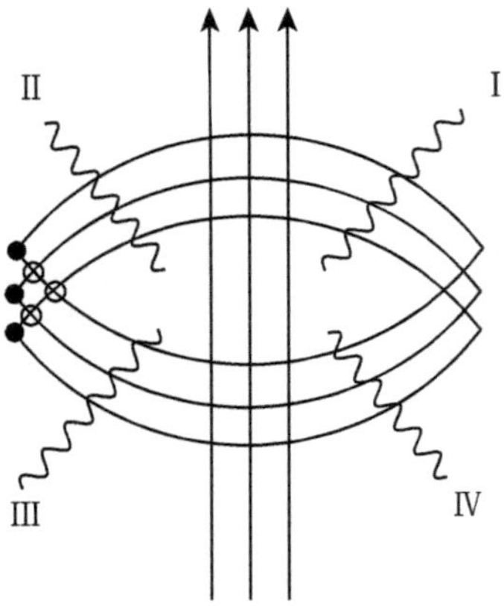

图 9.7.5　四个算子 $\widetilde{k}^{(l)}T^lK^{(l)}\widetilde{T}^{(l)}$ 的分界线 (波浪线)

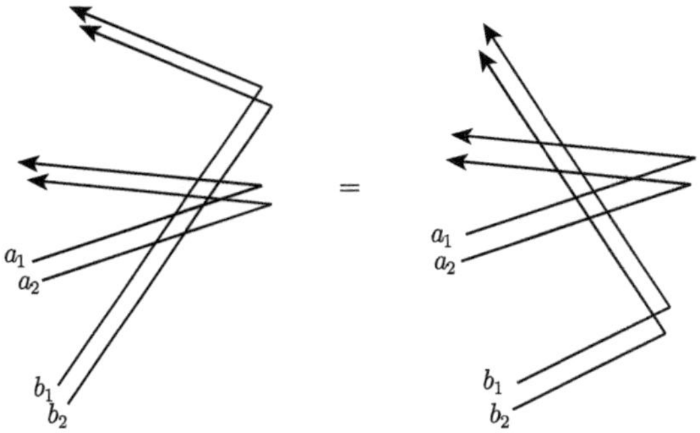

图 9.7.6　$K^{(2)}$ 满足反射方程图示

图 9.7.6 可以用图 9.7.7 证明. 关于对偶的偶合 $\tilde{K}^{(l)}$ 矩阵, 也有类似的结果.

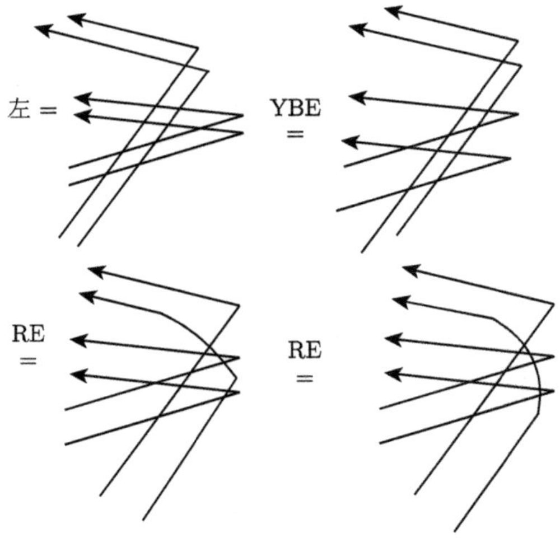

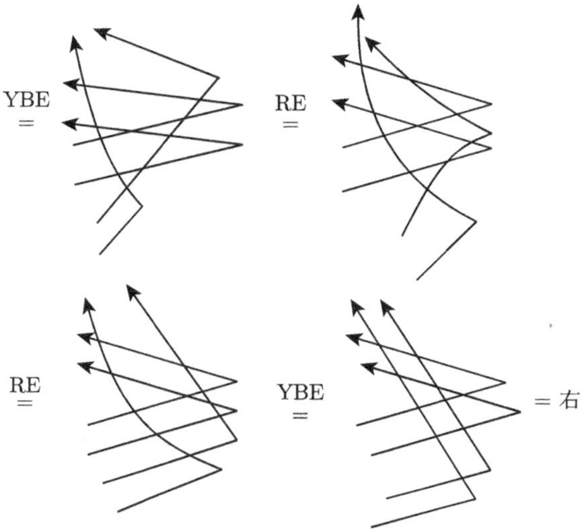

图 9.7.7 图 9.7.6 的图示法证明

9.8 带反射边模型的反对称聚合

在本节我们研究 $t^{(l)}(z_1, z_2 \cdots z_l)$, 当 $z_1 = z + \omega, z_2 = z + 2\omega, \cdots, z_l = z + l\omega$ 时的情形, 证明它可以进一步构造为反对称聚合的 $t_{-}^{(l)}(z_1, z_2 \cdots z_l)$, 当 $l = n$ 时, 由 Z_n 对称的 Belavin R 矩阵构成的 $t_{-}^{(n)}(z)$ 正比于单位矩阵.

首先定义反对称聚合的带边偶合模型的转移矩阵 $t_{-}^{(l)}$. 它们用图表示出来就是在图 9.7.5 中的各条分界线 Ⅰ, Ⅱ, Ⅲ, Ⅳ上都嵌入全反射算子 $P_{-}(1, 2, \cdots, l)$,

$$P_{-}(1, 2, \cdots, l) = \frac{1}{l!}\sum_{p}(-1)^p P, \tag{9.8.1}$$

其中, 置换 P 是对 l 根谱线上的指标所作的置换 (把谱线上的指标换到别的谱线上去). 每根线上指标的取值有 n 种: $1, \cdots, n$. 通常 l 小于 n, 比如我们要在矩阵 M 和 N 之间插入 $P_{-}(l)$, 原来 MN 相乘按指标写出来是

$$A_{\cdots}^{\cdots} = \sum_{i_1, \cdots, i_l} M_{\cdots}^{i_1, i_2, \cdots, i_l} N_{i_1, i_2, \cdots, i_l}^{\cdots}, \tag{9.8.2}$$

嵌入 $P_{-}(l)$ 后变为

$$A_{-\cdots}^{\cdots} = \sum_{i_1, \cdots, i_l} M_{\cdots}^{i_{j_1}, \cdots, i_{j_l}} \frac{1}{l!}\sum_{p}(-1)^p P\left\{{}^{1,2,\cdots,l}_{j_1, j_2, \cdots, j_l}\right\} N_{i_1, i_2, \cdots, i_l}^{\cdots}. \tag{9.8.3}$$

其中, 关于 p 的求和范围是对 l 个元素的所有置换. $(-1)^p$ 是置换的宇称. 比如 $l = 3$, 有 $(j_1\ j_2\ j_3) = (1\ 5\ 6), (5\ 6\ 1), (6\ 1\ 5), (1\ 6\ 5), (6\ 5\ 1), (5\ 1\ 6)$ 六种, 前三种

为奇置换, 对 p 求和时要乘以 -1 因子, 而后三种为偶置换, 对 p 求和时不乘以 -1 因子.

由以上叙述可见, $t_-^{(l)}$ 与 $t^{(l)}$ 有很大区别. 但是我们可以证明, 不同谱的不同 l 的 $t_-^{(l)}$ 之间都是互相对易的, 当然也与 $t(z)$ 和 $t^{(l)}(z)$ 都对易. 为了证明这些结论, 引入以下关于 P_- 算子对偶合 $K^{(l)}$ 反射矩阵的穿透定理. 定义

$$
\begin{aligned}
&K^{(l)}(z+\omega, z+2\omega, \cdots, z+l\omega)\\
=&K_l(z+l\omega)R_{l-1,l}(2z+(2l-1)\omega)R_{l-2,l}(2z+(2l-2)\omega)\cdots R_{1,l}(2z+(l+1)\omega)\\
&\times K_{l-1}(z+(l-1)\omega)R_{l-2,l-1}(2z+(2l-3)\omega)R_{l-3,l-1}(2z+(2l-4)\omega)\\
&\times\cdots R_{1,l-1}(2z+l\omega)\\
&\times K_{l-2}(z+(l-2)\omega)R_{l-3,l-2}(2z+(2l-5)\omega)\times\cdots R_{1,l-2}(2z+(l-1)\omega)\\
&\times\cdots\\
&\times K_2(z+2\omega)R_{1,2}(2z+3\omega)\times K_1(z+\omega)\\
\equiv&K^{(l)}(z).
\end{aligned}
\tag{9.8.4}
$$

图 9.8.1 表示的是 $K^{(4)}(z)$.

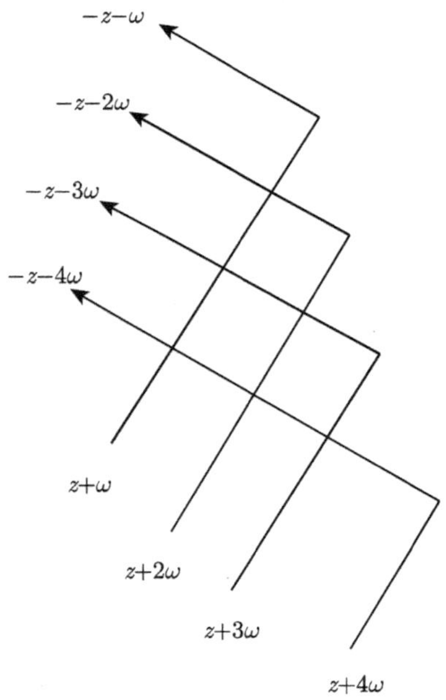

图 9.8.1 $K^{(4)}(z)$ 的图示, 定义式 (9.8.4) 的例子, 图中 $l=4$

我们有穿透定理

$$K^{(l)}(z)P_{-}(l) = P_{-}(l)K^{(l)}(z)P_{-}(l). \tag{9.8.5}$$

以下是证明. 考虑用第 i 和第 $i+1$ 空间的反对称算子作用于 $K^{(l)}(z)$, 由

$$\left(\frac{1-P}{2}\right)R(-\omega) = R(-\omega), \tag{9.8.6}$$

用关于 Cherednik 帽子 A 的类似论据, 有

$$\frac{1-P}{2} = R(-\omega)B^{-1}, \tag{9.8.7}$$

其中 B 是满秩的矩阵, 由此得到

$$\begin{aligned}(\mathrm{a}) &= K^{(l)}(z)P_{-}(i+1,i) = K^{(l)}(z)R_{i+1,i}((-z-(i+1)\omega)-(-z-i\omega))B^{-1}\\ &= K^{(l)}(z)R_{i+1,i}(-\omega)B^{-1},\end{aligned}$$

如图 9.8.2 所示, 用 YBE 和反射方程, 可以将它变为 (b).

最后一步是因为 $P_{-}R_{i,i+1}(-\omega) = R_{i,i+1}(-\omega)$, 图 9.8.2 给出 (a) = (b) = $P_{-}(i,i+1)$(a). 由 $P_{ij}=P_{ji}, P_{-}(i,i+1)=P_{-}(i+1,i)$, 得

$$K^{(l)}(z)P_{-}(i,i+1) = P_{-}(i,i+1)K^{(l)}(z)P_{-}(i,i+1), \tag{9.8.8}$$

式 (9.8.8) 表明, 如果对 $K^{(l)}(z)$ 的相邻的出射指标即矩阵的上指标反对称化, 即相应的一对下指标 (入射指标) 也自然就是反对称的, 从而如果对上指标全部反对称化, 则对于全部下指标都是反对称的, 交换任何一对下指标, 矩阵元就会反号. 这就给出穿透定理式 (9.8.5). 可以证明关于 $\tilde{K}^{(l)}(z)$ 的类似定理:

$$\tilde{K}^{(l)}(z)P_{-}(1,\cdots,l) = P_{-}(1,\cdots,l)\tilde{K}^{(l)}(z)P_{-}(1,\cdots,l). \tag{9.8.9}$$

这是因为如果把 $\tilde{K}(z)$的谱线 ($\widetilde{K}(z)$ 的入射谱线的谱是 $-z$, 出射谱线的谱是 z) 的谱改为 $-z \to -z-\dfrac{n\omega}{2}, z \to z+\dfrac{n\omega}{2}$, 则 $\tilde{K}(z) = \hat{K}\left(-z-\dfrac{n\omega}{2}\right)$ 对于 z 满足反射方程. 从图 9.8.3 看出 $\tilde{K}^{(l)}(z)$ 正好等于 $\hat{K}^{(l)}\left(-z-l\omega-\dfrac{n\omega}{2}\right)$. 因此由

$$\begin{aligned}&\hat{K}^{(l)}\left(-z-l\omega-\frac{n\omega}{2}\right)P_{-}(1,\cdots,l)\\ =&P_{-}(1,\cdots,l)\hat{K}^{(l)}\left(-z-l\omega-\frac{n\omega}{2}\right)P_{-}(1,\cdots,l),\end{aligned}$$

我们证明了式 (9.8.9). 图 9.8.3 表示 $\hat{K}^{(l)}$ 与 $\tilde{K}^{(l)}$ 的关系.

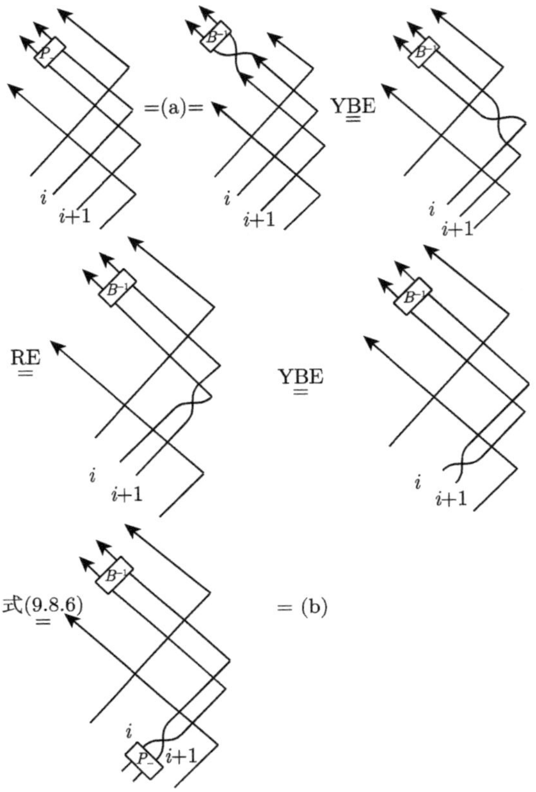

图 9.8.2　(a) 用 YBE 和反射方程变为 (b) 的图示证明

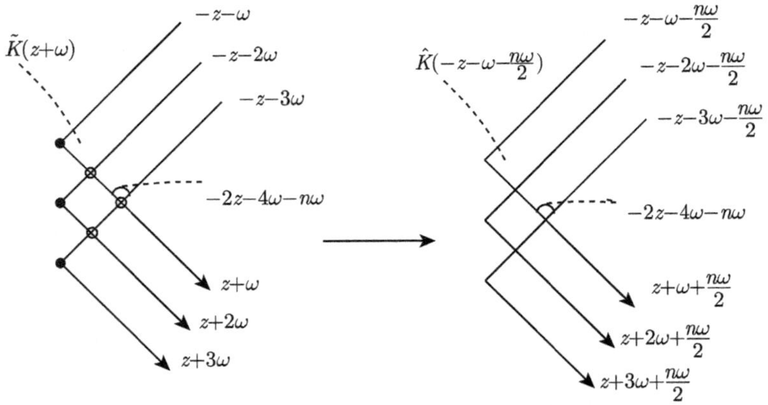

图 9.8.3　$\hat{K}^{(l)}$ 与 $\widetilde{K}^{(l)}$ 的关系图, 带小圈的交点表示 R 矩阵的谱为两根谱线谱的差再减 $n\omega$

在以上推导中用 $\hat{K}$ 而不直接用 K, 是因为 $\hat{K}(z)$ 可能是与 $K(z)$ 不同的同一个反射方程的解. 为了证明 $t_-^{(l)}$ 之间对易, 还需证明以下几种情况的穿透定理, 如图 9.8.4 所示.

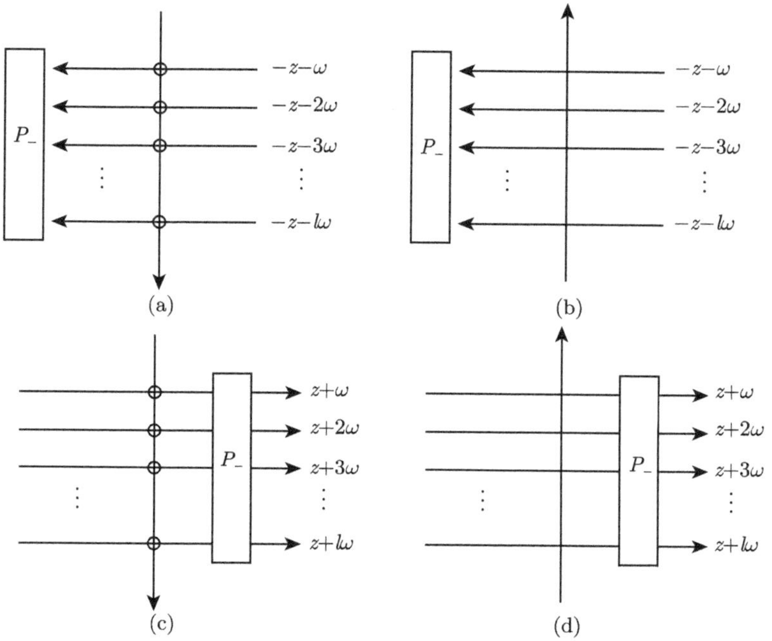

图 9.8.4 几种能建立穿透定理的算子的图示

需要证明上述四种情况 $P_-(1,\cdots,l)\equiv P_-(l)$ 可以穿透这些竖直的谱线到达另一边:

$$\tau_i P_-(l)=P_-(l)\tau_i P_-(l),\quad i=a,b,c,d. \tag{9.8.10}$$

根据前面的分析, 我们只需考察任意相邻的横线在出射端交叉时形成 $R(-\omega)$, 而且这个 $R(-\omega)$ 可以用 YBE 穿透到入射端就可以了. 比如对于图 9.8.4(a) 的情形, 我们有图 9.8.5 的推导, 证明在出射端的两根相邻横线 $i,i+1$ 上乘以 $P_-(i,i+1)$, 在入射端交换第 $i,i+1$ 根横线的指标时矩阵的矩阵元会自动反号, 从而给出穿透定理.

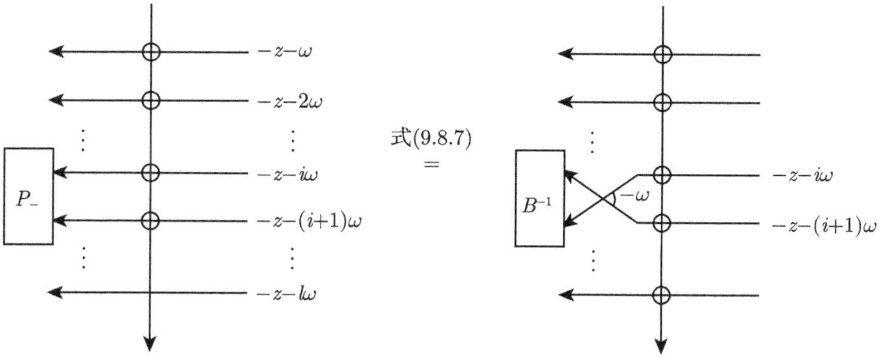

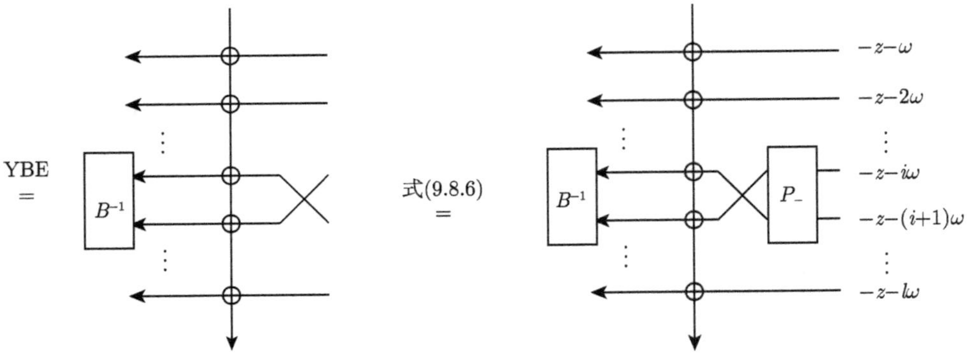

图 9.8.5　证明图 9.8.4(a) 适用穿透定理的图示法证明. 图 9.8.4(c) 类似

图 9.8.5 中第三步推导 YBE 是由于竖线上两个带圈的交点表示 R 矩阵的谱是两根谱线之差再减去 $n\omega$, 这个数对竖线上的所有交点都是一样的, 因此有图 9.8.6 的关系.

图 9.8.6　图 9.8.5 的第四步图示

9.9　反对称化的带反射边 $t_-^{(l)}(z)$ 的性质

定义反对称化的带边转移矩阵 $t_-^{(l)}(z)$ 为在 $t^{(l)}(z)$ 中四个分界线 Ⅰ、Ⅱ、Ⅲ、Ⅳ (图 9.7.5) 上嵌入全反对称算子 $P_-(1,\cdots,l)$:

$$\begin{aligned} t_-^{(l)}(z) = &\operatorname{tr}_{a_1\cdots a_l}\{\tilde{K}_{a_1\cdots a_l}^{(l)}(z)P_-(1,\cdots,l)T_{a_1\cdots a_l}(z)P_-(1,\cdots,l)K_{a_1\cdots a_l}^{(l)}(z) \\ &\times P_-(1,\cdots,l)\tilde{T}_{a_1\cdots a_l}(z)P_-(1,\cdots,l)\}. \end{aligned} \tag{9.9.1}$$

利用 9.8 节证明的穿透定理、公式 (9.8.5), 可以证明对于如图 9.7.5 所示的 $t^{(l)}(z)$, 只需在相应的 $t^{(l)}(z)$ 中, 在Ⅰ、Ⅱ、Ⅲ、Ⅳ交线中的任意一根嵌入 $P_-(1,\cdots,l)$ 就可以了. 现在证明, 对于相同的竖直线 (θ_i 相同), 两个任意 l 任意谱的 $t_-^{(l)}(z)$ 互相对易, 从而它们与所有 $t^{(l)}(z)$ 对易 (因为后者正比于 $t(z)$ 的乘积). 证明如图 9.9.1 所示.

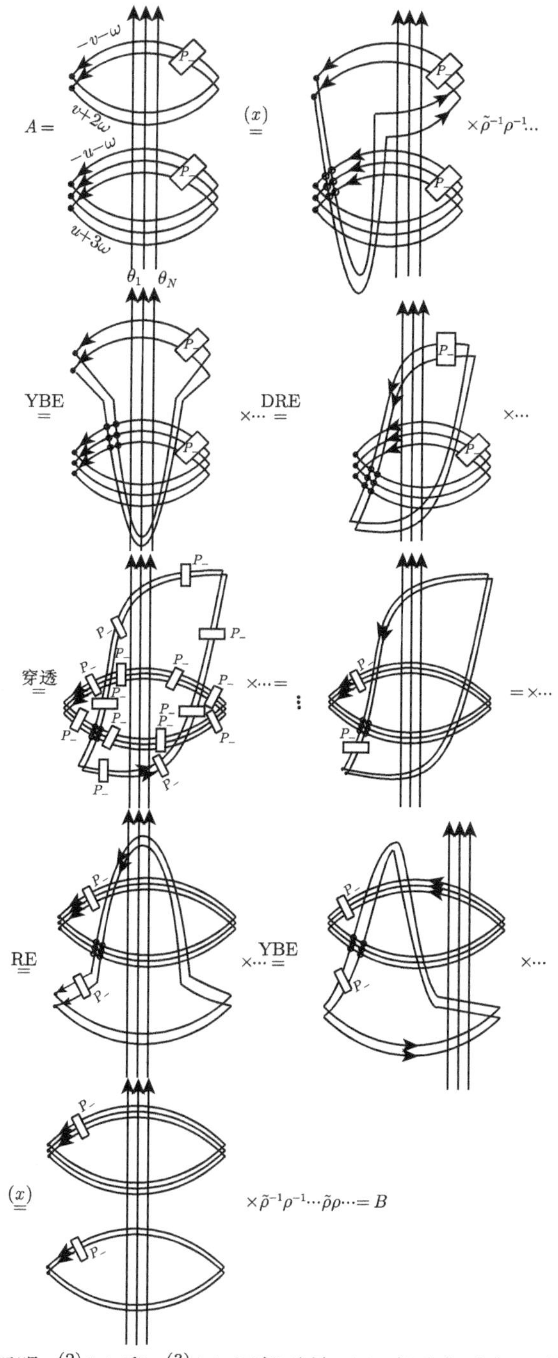

图 9.9.1 用图示法证明 $t_-^{(2)}(v)$ 和 $t_-^{(3)}(u)$ 互相对易; (x) 表示交叉幺正及幺正条件, 小长方框表示 P_-

对于 $A=t_-^{(l)}(u)t_-^{(m)}(v)$, 我们可以通过这幅图证明 $A=B$, 其中 $B=t_-^{(m)}(v)t_-^{(l)}(u)$. 在图 9.9.1 中, $l=3,m=2$. 等式推导中的 (x) 是幺正条件和交叉幺正条件 (图 9.9.2).

$$R_{ij}(z)R_{ji}(-z)=\rho(z)\mathrm{id},\quad R_{ji}^{t_i}(-z-n\omega)R_{ij}^{t_i}(z)=\tilde{\rho}(z)\mathrm{id}.$$

在这些图中 $z=z_i-z_j$, z_i 是 i 空间谱线的谱, z_j 是 j 空间谱线的谱, 谱线的交点是 R 矩阵 $R(z_i-z_j)$, 交点外加小圆圈是 R 矩阵 $R(z_j-z_l-n\omega)$, 两根谱线之谱差是 z_j-z_l, 然而加上了小圆圈, 表示要另外加上 $-n\omega$.

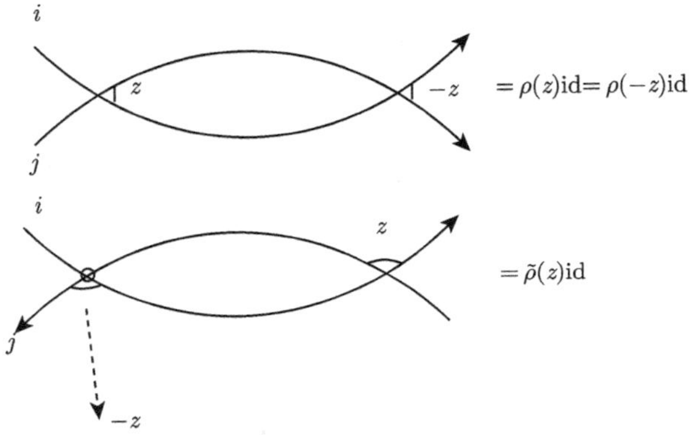

图 9.9.2 幺正条件和交叉幺正条件图示

下面考察 $K_-^{(l)}(z)$ 中由 R 矩阵给出的因子, 也就是要找出由于 R 矩阵相乘的结果给出 $K_-^{(l)}(z)|_{z=\lambda_i}=0$ 的零点 λ_i. 当这些零点找出之后, 由系统的准双周期性质, 可以求出 $K_-^{(l)}(z)$ 的因子, 这些 λ_i 也是 $t_-^{(l)}(z)$ 的零点. 正如 6.6 节式 (6.6.2) 在推导中的作用一样, 这些 λ_i 可以简化 $t_-^{(l)}(z)$ 的形式. 以下我们对照图 9.9.3 来叙述.

在图 9.9.3(a) 中, 由于竖线的谱从左向右递增 ω, 横线从上到下递减 ω, 因此格点上竖线与横线的谱差从左向右递增 ω, 从上向下也递增 ω.

由于穿透效应, 可以在 R 矩阵的横线与它上方的横线这两根横线上嵌入一个 P_-(两根相邻谱线的反对称算子), 形成一个图 9.9.4 的图形, 我们叫它 G 算子. 这个算子, 当 R 矩阵的谱为 $2u+\omega=\omega$ 时, G 的值为零. 理由可从图 9.9.5 看出, 当 R 矩阵的谱为 ω 时, 它上方的 R 矩阵或 K 矩阵的谱为 $u=0$, 因而变为图 9.9.5 的形状. 图 9.9.5 用公式表示出来是 $G=R(\omega)P_-$, 由于 $R(\omega)P_+=R(\omega)$, 有

$$G=R(\omega)P_-=R(\omega)P_+P_-=0. \tag{9.9.2}$$

由此可见, 图 9.9.3(a) 每一个 R 矩阵, 当 z 取某个值 z_0 使这个 R 矩阵的谱变为 ω 时, 由上所述, 有 $K_-^{(l)}(z_0)=0$.

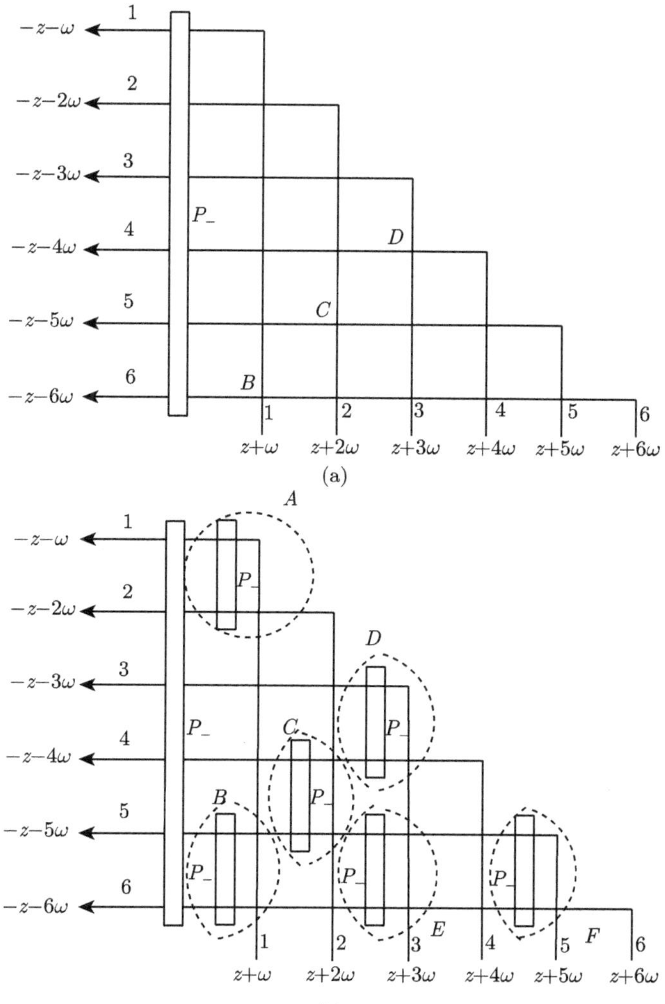

图 9.9.3 (a) $K_{-}^{(l)}(z)=K^{(l)}(z)P_{-}(12\cdots l)$; (b) 由于穿透定理, (a) 图等于 (b) 图

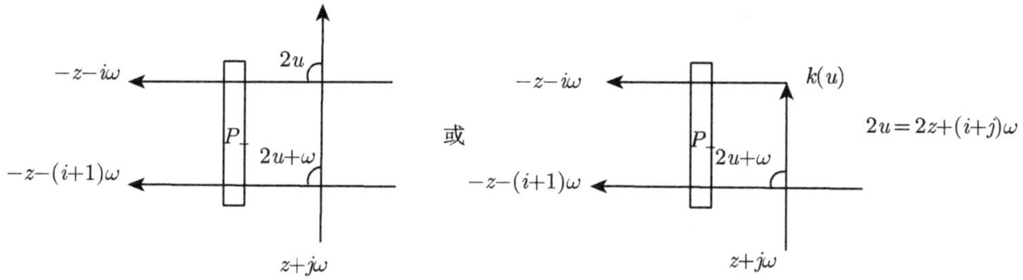

图 9.9.4 R 矩阵的谱与它正上方的 R 矩阵或 K 矩阵的谱的关系图示

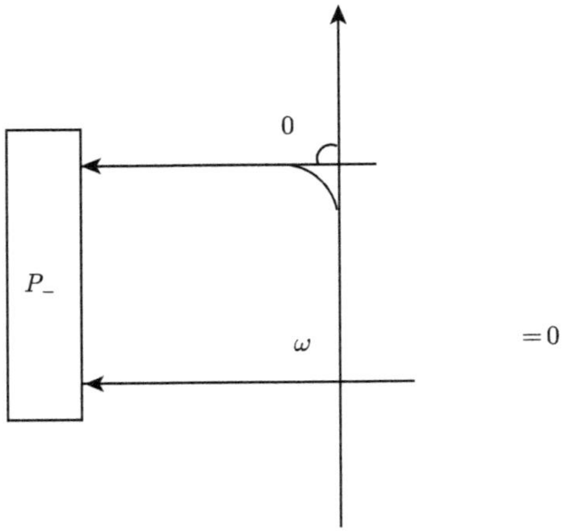

图 9.9.5　当 G 算子下方 R 矩阵谱为 ω 时, $G=0$ 的图示

由于 R 矩阵谱的变化规律, 在图 9.9.3(a) 中处在右上左下斜线上的 R 矩阵的谱是相同的. 比如图 9.9.3(a) 中的 B、C、D 处的 R 矩阵就是如此. 所以 $K_-^{(l)}(z)$ 的零点是多重的, 我们可以证明这些多重的零点的重数正好等于在斜线上 R 矩阵的个数. 比如图 9.9.3(a), B、C、D 线上的 R 矩阵数是 3, 当 R 的谱 $\to \omega$ 时, $K_-^{(6)}(z)$ 有三重零点, 即 $K_-^{(6)}(z)$ 在 $u \to 0$ 时是趋于 u^3 的.

证明　我们可以把图 9.9.3(a) 由穿透效应变为图 9.9.3(b). 在图 9.9.3(b) 中 B、C、D 是三个 G 算子, 考虑 $\left(\dfrac{\mathrm{d}}{\mathrm{d}u}\right)^m K_-^{(6)}(z)|_{u=0}$. 当 $u=0$ 时, 三个 G 算子在 $u=0$ 时均为零. 我们可以把 $K_-^{(6)}(z)$ 写成 $K_-^{(6)}(z)=\hat{Q}DCB\hat{S}$, B、C、D 是 $K_-^{(6)}(z)$ 的三个因子. 展开乘积的高次微商, 只有当 B、C、D 这三个因子每个因子都对 u 取微商时, 该项才不为零. 由于 B、C、D 是分离的, 这只有当 $m \geqslant 3$ 时才可能, 因而有 $\left(\dfrac{\mathrm{d}}{\mathrm{d}u}\right)^m K_-^{(6)}(z)|_{u=0}$. 当 $m<3$ 时成立, 所以 u 是三重零点.

9.10　A_{n-1}^1 模型的聚合反射边

Z_n Belavin 模型等价于 A_{n-1}^1 面模型. 但是后者的 R 矩阵是六顶角型的, 而且矩阵元与 z 的关系是 $\sigma(z+\cdots)$, 对 z 的依赖关系比较简单:

$$
\begin{aligned}
R(a|z)_{\mu\mu}^{\mu\mu} &= \frac{\sigma(z+\omega)}{\sigma(\omega)}, \\
R(a|z)_{\mu\nu}^{\mu\nu} &= \frac{\sigma(z)}{\sigma(\omega)} \frac{\sigma(a_{\mu\nu}\omega+\omega)}{\sigma(a_{\mu\nu}\omega)}, \\
R(a|z)_{\mu\nu}^{\nu\mu} &= \frac{\sigma(z+a_{\mu\nu}\omega)}{\sigma(a_{\mu\nu}\omega)},
\end{aligned}
\tag{9.10.1}
$$

它的反射方程如图 9.10.1 所示.

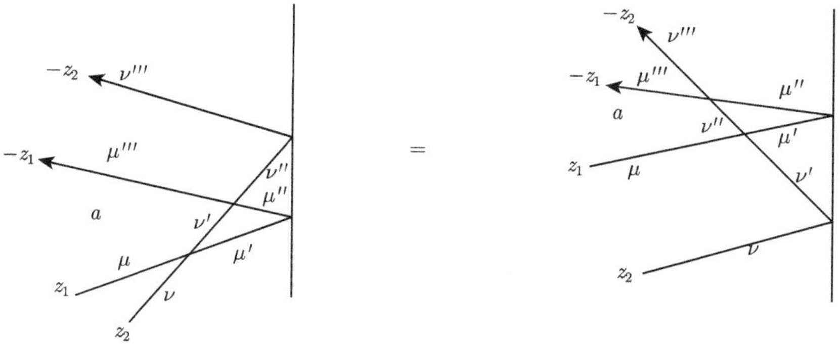

图 9.10.1 A_{n-1}^1 模型反射方程图示

用指标表示为

$$
\begin{aligned}
&R(a|z_1-z_2)_{\mu\nu}^{\mu'\nu'}K(a-\hat{\nu}'-\hat{\mu}''|z_1)_{\mu'}^{\mu''}R(a|z_1+z_2)_{\nu'\mu''}^{\nu''\mu'''}K(a-\hat{\mu}'''-\hat{\nu}'''|z_2)_{\nu''}^{\nu'''}\\
=&K(a-\hat{\mu}-\hat{\nu}'|z_2)_{\nu}^{\nu'}R(a|z_1+z_2)_{\mu\nu'}^{\mu'\nu''}K(a-\hat{\nu}'''-\hat{\mu}'''|z_1)_{\mu'}^{\mu''}R(a|z_1-z_2)_{\nu''\mu''}^{\nu'''\mu'''}.
\end{aligned}
\tag{9.10.2}
$$

如果只考虑 K 矩阵的对角解, 则方程为式 (9.6.3):

$$
\begin{aligned}
&R(a|z_1-z_2)_{\mu\nu}^{\mu'\nu'}K(a|z_1)_{\mu'}^{\mu'}R(a|z_1+z_2)_{\nu'\mu'}^{\nu''\mu''}K(a|z_2)_{\nu''}^{\nu''}\\
=&K(a|z_2)_{\nu}^{\nu}R(a|z_1+z_2)_{\mu\nu}^{\mu'\nu'}K(a|z_1)_{\mu'}^{\mu'}R(a|z_1-z_2)_{\nu'\mu'}^{\nu''\mu''},
\end{aligned}
$$

这个方程的已知解为

$$
K(a|z)_{\mu}^{\mu}=\frac{\sigma(\xi+\overline{a}_{\mu}\omega+z)}{\sigma(\xi+\overline{a}_{\mu}\omega-z)}. \tag{9.10.3}
$$

因此当 $z=-(\xi+\overline{a}_{\mu}\omega)$ 时

$$
K(a|z)_{\mu}^{\mu}=0. \tag{9.10.4}
$$

现在考虑这个模型的 $K_{-}^{(l)}(a|z)$ 的零点以及其对于 z 的准双周期性质. 当 $z=-\omega$ 时, 有

$$
\begin{aligned}
&R(a|-\omega)_{\mu\mu}^{\mu\mu}=0,\\
&R(a|-\omega)_{\mu\nu}^{\mu\nu}=-\frac{\sigma(a_{\mu\nu}\omega+\omega)}{\sigma(a_{\mu\nu}\omega)},\\
&R(a|-\omega)_{\nu\mu}^{\mu\nu}=\frac{\sigma(a_{\mu\nu}\omega+\omega)}{\sigma(a_{\mu\nu}\omega)},
\end{aligned}
$$

因此有

$$
PR(a|-\omega)=-R(a|-\omega). \tag{9.10.5}
$$

当 $z=\omega$ 时, 有

$$R(a|\omega)_{\mu\mu}^{\mu\mu}=\frac{\sigma(2\omega)}{\sigma(\omega)},$$
$$R(a|\omega)_{\mu\nu}^{\mu\nu}=\frac{\sigma(a_{\mu\nu}\omega+\omega)}{\sigma(a_{\mu\nu}\omega)},$$
$$R(a|\omega)_{\mu\nu}^{\nu\mu}=\frac{\sigma(a_{\mu\nu}\omega+\omega)}{\sigma(a_{\mu\nu}\omega)},$$

因此有

$$R(a|\omega)P=R(a|\omega). \tag{9.10.6}$$

从式 (9.10.5) 可以证明这个模型也具有 P_- 的穿透性质. 从而由 R 矩阵给出的零点与 Z_n Belavin 模型相同. 我们下面考察 $K_-^{(l)}(a|z)$ 由反射矩阵 $K(a|z)$ 给出的零点, 如图 9.10.2 所示.

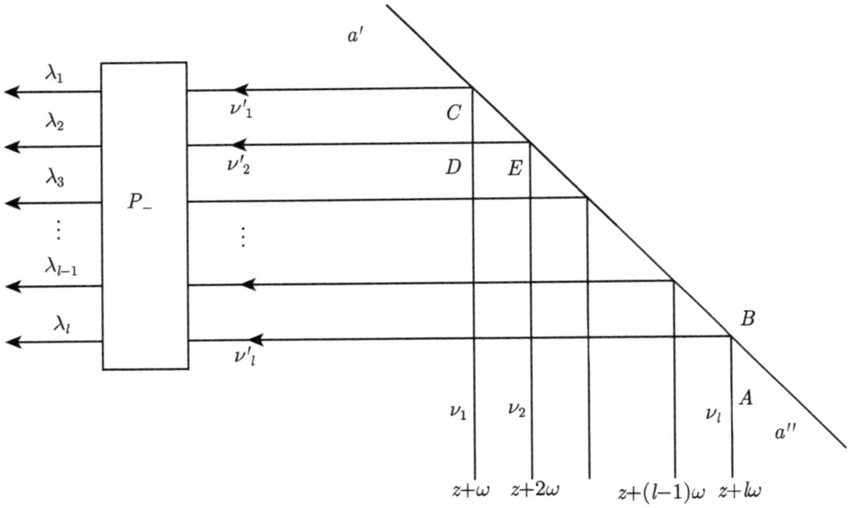

图 9.10.2　观察 $K_-^{(l)}(z)$ 的零点和极点的图

由于有 $P_-(1,\cdots,l)$, 所以只有当出射指标 $\{\nu_1',\nu_2',\cdots,\nu_l'\}$ 取不同的 l 个整数时, $K_-^{(l)}(a|z)$ 才不为零, 又由于指标在对角反射矩阵和 R 矩阵中都是同一组数, 所以 R 矩阵不会有相同指标入射的情形, 而且 $K_-^{(l)}(a|z)$ 的入射指标 $\nu_1,\nu_2,\cdots,\nu_l$ 与 $\nu_1',\nu_2',\cdots,\nu_l'$ 是同一组数. 当 A 点指标为 $\nu_l=\mu$ 时, B 点反射矩阵元

$$K(a|z+l\omega)_\mu^\mu=\frac{\sigma(\xi+\overline{a}_\mu\omega+z+l\omega)}{\sigma(\xi+\overline{a}_\mu\omega-z-l\omega)},$$

当 $\xi+\overline{a}_\mu\omega+z+l\omega=0$ 时为零, 因此 $K_-^{(l)}(a|z)$ 的矩阵元为零. 由于 $K_-^{(l)}(a|z)$ 对入射指标反对称, 所以 l 个入射指标中只要有一个指标 $\nu_i=\mu$. 由于交换指标只改变

符号, 所以只要

$$\xi+\overline{a}_\mu\omega+z+l\omega=0,\quad \mu=\nu_1,\nu_2,\cdots,\nu_l,$$

就有 $K_-^{(l)}(a|z)=0$. 以上是由 K 矩阵给出的 $K_-^{(l)}(z)$ 的零点.

为了计算 $K_-^{(l)}(z)$, 还需计算它对于 ω 的极点. 在后面的处理中, 把 $\overline{a}_\mu\omega$ 写成 $\overline{a}_\mu\omega=z_\mu$ 并且认为它与 ω 无关. 这样, 与 ω 有关的极点就来自 R 矩阵分母中的 $\sigma(\omega)$, 还有反射矩阵

$$K(a|z+j\omega)^\mu_\mu=\frac{\sigma(\xi+z_\mu+z+j\omega)}{\sigma(\xi+z_\mu-z-j\omega)}$$

中的分母 $\sigma(\xi+z_\mu-z-j\omega)$. 在图 9.10.2 中考虑 E 点的谱线与这点相关的 K 矩阵元是

$$K(a|z+2\omega)^\mu_\mu=\frac{\sigma(\xi+z_\mu+z+2\omega)}{\sigma(\xi+z_\mu-z-2\omega)}.$$

如果 $\xi+z_\mu-z-2\omega=0$, 又如果恰好 E 线上的指标为 μ 时形式上此处的 K 矩阵元 $K_-^{(l)}(z)$ 是发散的. 其实不然. 理由如下, 假定 E 线上的指标取成 μ 时, D 线上的指标取成 ν, 由于 P_- 的穿透性质, μ 与 ν 不相等 (否则这种项对 $K_-^{(l)}(z)$ 无贡献). 又由于 P_- 的穿透性质, E 点和 D 点的指标交换时 DE 上方的结构正好反号, 在这时, E 点的 K 矩阵为

$$K(a|z+2\omega)^\nu_\nu=\frac{\sigma(\xi+z_\nu+z+2\omega)}{\sigma(\xi+z_\nu-z-2\omega)}.$$

而且 $\nu\neq\mu$(否则贡献为零), 因此 DE 上方的结构中并无 $\sigma(\xi+z_\mu-z-2\omega)$ 这个极点. 从 DE 向下, 类似地所有 $\sigma(\xi+z_\mu-z-j\omega)|_{j\geqslant 2}$ 这种极点实际上都不存在. 所以 $K_-^{(l)}(z)$ 的与 ξ 有关的极点只有 $[\prod_\mu\sigma(\xi+z_\mu-z-\omega)]^{-1}$, 即图 9.10.2 中 C 点反射矩阵提供的极点.

由第 4.4 节的分析, $K_-^{(l)}(z)$ 中与 R 矩阵相关的零点是 R 矩阵的谱为 ω 的那些谱点. 它们是 $i=2\to l; j=1\to i-1, 2z+(i+j)\omega=\omega$ 的谱点. 写出一个 ω 的函数 $\varDelta_l$, 它与 ω 相关的零点和极点与上述分析的 $K_-^{(l)}(z)$ 一样:

$$\varDelta_l=\prod_{\mu=1}^{l}\frac{\sigma(\xi+\overline{a}_\mu\omega+z+l\omega)}{\sigma(\xi+\overline{a}_\mu\omega-z-\omega)}\prod_{i=2}^{l}\left\{\prod_{j=1}^{i-1}\left[\frac{\sigma(2z+(i+j-1)\omega)}{\sigma(\omega)}\right]\right\},\tag{9.10.7}$$

$K_-^{(l)}(z)$ 的零点或许更多, 极点或许更少, 这并不影响后面的推导.

下面考察当 $\omega \to \omega + \tau$ 时, $K_-^{(l)}(z)$ 的准双周期性质. 记住我们有

$$
\begin{aligned}
\sigma(z+\tau) &= \theta\begin{bmatrix} \frac{1}{2} \\ \frac{1}{2} \end{bmatrix}(z+\tau,\tau) = \mathrm{e}^{-2\pi\mathrm{i}(\frac{\tau}{2}+z+\frac{1}{2})}\theta\begin{bmatrix} \frac{1}{2}+1 \\ \frac{1}{2} \end{bmatrix}(z,\tau) \\
&= \mathrm{e}^{-2\pi\mathrm{i}(\frac{\tau}{2}+z+\frac{1}{2})}\sigma(z), \\
\sigma(z+1) &= \theta\begin{bmatrix} \frac{1}{2} \\ \frac{1}{2} \end{bmatrix}(z+1,\tau) = \theta\begin{bmatrix} \frac{1}{2} \\ \frac{1}{2}+1 \end{bmatrix}(z,\tau) \\
&= \mathrm{e}^{2\pi\mathrm{i}(\frac{1}{2})}\theta\begin{bmatrix} \frac{1}{2} \\ \frac{1}{2} \end{bmatrix}(z,\tau) = -\sigma(z).
\end{aligned} \tag{9.10.8}
$$

正如前面分析的结论, $K_-^{(l)}(z)$ 中的 R 矩阵不会出现 $R(a|z)^{\mu\mu}_{\mu\mu}$ 的情形, 因为 R 矩阵出射与入射指标是同一对数, 而 $K(a|z)$ 是对角的, 不改变指标, 因此对任何非零构形 (构形即任何内外线都给定指标的图) 顺指标线走都给出一个连续的由 $K_-^{(l)}(z)$ 的入射端到出射端的线 (称为指标线) 而没有分叉点. 由于 $P_-(1,\cdots,l)$ 的参与, l 根线的指标互不相同 (否则总矩阵元为零). 原本计算 $R(a|z)$ 的矩阵元时, 我们可以用图 9.10.2 中 R 矩阵的右上象限中的 a 来计算 $a_{\mu\nu}$, 也可以用左下象限中的 a 来计算 $a_{\mu\nu}$, 但是在下文中我们要单独用到 $\bar{a}_\mu$ 和 $\bar{a}_\nu$, 而不是它们的差 $a_{\mu\nu} = \bar{a}_\mu - \bar{a}_\nu$(而这两个象限的 $\bar{a}_\mu$ 和 $\bar{a}_\nu$ 是不同的), 所以统一用 R 矩阵的右上角中的 a 来计算 $\bar{a}_\mu$ 和 $\bar{a}_\nu$ 等数量. 发现在所有的 R 矩阵元或者 K 矩阵元中, $\bar{a}_\mu$ 对于同一个 μ 都相同, 见图 9.10.3.

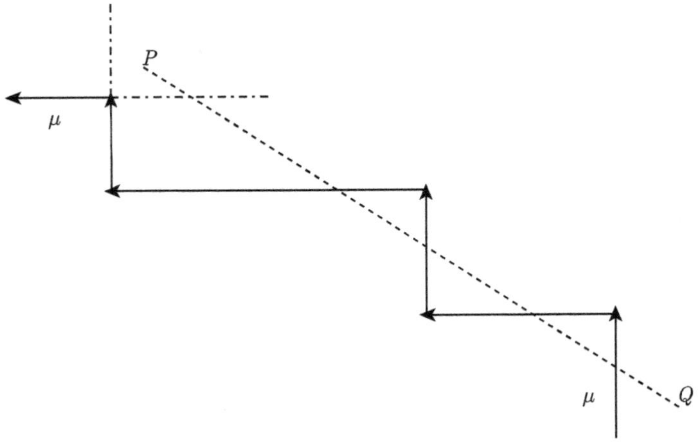

图 9.10.3　分析 $\bar{a}_\mu$ 变化的图

这是图 9.10.2 中的某一个构形沿指标 μ 画出的折线. 图 9.10.3 中水平的点划点线指标一定不是 μ, 因为 $R(|)_{\mu\mu}^{\mu\mu}$ 是不允许的. P 点和 Q 点的 a 分别表示为 a_p 和 a_q, 由于 μ 线与 PQ 的连线 (虚线) 相交在向上的线段的交点数总是等于在向左的水平线段上的交点数, 所以 PQ 两点的 m_μ 相同, 我们可以在全图用同一个 $\overline{a}_\mu$(反射矩阵的 $\overline{a}_\mu$ 全相同, 因为 K 是对角矩阵). 我们分析

$$\Delta_l = \prod_{\mu=1}^{l} \frac{\sigma(\xi+\overline{a}_\mu\omega+z+l\omega)}{\sigma(\xi+\overline{a}_\mu\omega-z-\omega)} \prod_{i=2}^{l}\prod_{j=1}^{i-1}\left[\frac{\sigma(2z+(i+j-1)\omega)}{\sigma(\omega)}\right]$$

以及 $K_-^{(l)}(z,\omega,\tau)$ 在 $\omega\to\omega+\tau,\quad \omega\to\omega+1$ 时的准双周期性质. 首先令 $\overline{a}_\mu\omega = z_\mu,\ a_{\mu\nu}\omega = z_\mu - z_\nu$ 并认为它们与 ω 无关. 然后, 对每个 R 矩阵乘以 $\sigma(\omega)$, 消去 $R(a|2z+(i+j)\omega)_{\mu\nu}^{\mu\nu}=\dfrac{\sigma(2z+(i+j)\omega)\sigma(a_{\mu\nu}\omega+\omega)}{\sigma(\omega)\sigma(a_{\mu\nu}\omega)}=\dfrac{\sigma(2z+(i+j)\omega)\sigma(z_\mu-z_\nu+\omega)}{\sigma(\omega)\sigma(z_\mu-z_\nu)}$ 中的分母 $\sigma(\omega)$, 同时也在 Δ_l 上去掉分母中的 $\sigma(\omega)$ 变为 $\overline{\Delta}_l$. 相应的 $K_-^{(l)}(z)$ 也变为 $\overline{K}_-^{(l)}(z)$. 注意, 有 $\dfrac{\bar{\Delta}_l}{\Delta_l}=\dfrac{\overline{K}_-^{(l)}}{K_-^l}$. 这样, 当 $\omega\to 0$ 时, $\overline{\Delta}_l$ 和 $\overline{K}_-^{(l)}(z)$ 都有很好的极限性质, 而且

$$\overline{R}(a|2z+(i+j)\omega)_{\mu\nu}^{\nu\mu} = R(a|2z+(i+j)\omega)_{\mu\nu}^{\nu\mu}\sigma(\omega) = \frac{\sigma(2z+(i+j)\omega+z_\mu-z_\nu)\sigma(\omega)}{\sigma(z_\mu-z_\nu)},$$

当 $\omega\to 0$ 时也趋近于零. 整个 $\overline{K}_-^{(l)}(z)$ 只留下一张只含 $\overline{R}(a|2z+(i+j)\omega)_{\mu\nu}^{\mu\nu} = \dfrac{\sigma(2z+(i+j)\omega)\sigma(z_\mu-z_\nu+\omega)}{\sigma(z_\mu-z_\nu)}$ 和反射矩阵的构形, 称这种构形为直穿构形.

当 $\omega\to 0$ 时, 有

$$\begin{aligned}
&\overline{R}(a|2z+(i+j)\omega)_{\mu\nu}^{\nu\mu}\to 0,\\
&\overline{R}(a|2z+(i+j)\omega)_{\mu\nu}^{\mu\nu}\to \sigma(2z),\\
&K(a|z+i\omega)_\mu^\mu \to \frac{\sigma(\xi+z_\mu+z)}{\sigma(\xi+z_\mu-z)},
\end{aligned}\tag{9.10.9}$$

当 $\omega\to\omega+\tau$ 时, 有

$$\begin{aligned}
&\sigma(2z+(i+j)\omega+z_\mu-z_\nu)\to \mathrm{e}^{-2\pi\mathrm{i}(i+j)(\frac{(i+j)\tau}{2}+2z+(i+j)\omega+z_\mu-z_\nu+\frac{1}{2})}\\
&\times\sigma(2z+(i+j)\omega+z_\mu-z_\nu),\\
&\sigma(2z+(i+j)\omega)\to \mathrm{e}^{-2\pi\mathrm{i}(i+j)(\frac{(i+j)\tau}{2}+2z+(i+j)\omega+\frac{1}{2})}\sigma(2z+(i+j)\omega),\\
&\sigma(\omega)\to \mathrm{e}^{-2\pi\mathrm{i}(\frac{\tau}{2}+\omega+\frac{1}{2})}\sigma(\omega),\\
&\sigma(z_\mu-z_\nu+\omega)\to \mathrm{e}^{-2\pi\mathrm{i}(\frac{\tau}{2}+z_\mu-z_\nu+\omega+\frac{1}{2})}\sigma(z_\mu-z_\nu+\omega),
\end{aligned}\tag{9.10.10}$$

因此

$$\overline{R}(a|2z+(i+j)\omega)_{\mu\nu}^{\mu\nu}\text{获得的因子为 } \mathrm{e}^{-2\pi\mathrm{i}[(i+j)(\frac{(i+j)\tau}{2}+2z+(i+j)\omega+\frac{1}{2})+(\frac{\tau}{2}+\omega+z_\mu-z_\nu+\frac{1}{2})]},$$
$$\overline{R}(a|2z+(i+j)\omega)_{\mu\nu}^{\nu\mu}\text{获得的因子为 } \mathrm{e}^{-2\pi\mathrm{i}[(i+j)(\frac{(i+j)\tau}{2}+2z+(i+j)\omega+z_\mu-z_\nu+\frac{1}{2})+(\frac{\tau}{2}+\omega+\frac{1}{2})]},$$
$$(9.10.11)$$

两者不同的是, 对于 $\overline{R}(a|2z+(i+j)\omega)_{\mu\nu}^{\mu\nu}$, 与 z_μ 和 z_ν 有关的因子为 $\mathrm{e}^{-2\pi\mathrm{i}(z_\mu-z_\nu)}$, 对于 $\overline{R}(a|2z+(i+j)\omega)_{\mu\nu}^{\nu\mu}$, 与 z_μ 和 z_ν 有关的因子为 $\mathrm{e}^{-2\pi\mathrm{i}(i+j)(z_\mu-z_\nu)}$.

因子的其余部分对这两个 $\overline{R}$ 矩阵元是相同的. 我们下面分析与 z_μ 有关的因子, 最终证明这个因子对各种不同的构形都是相同的. 首先分析 $\overline{R}(a|2z+(i+j)\omega)_{\mu\nu}^{\nu\mu}$, 称为碰撞 $\overline{R}$ 矩阵, 如图 9.10.4 所示.

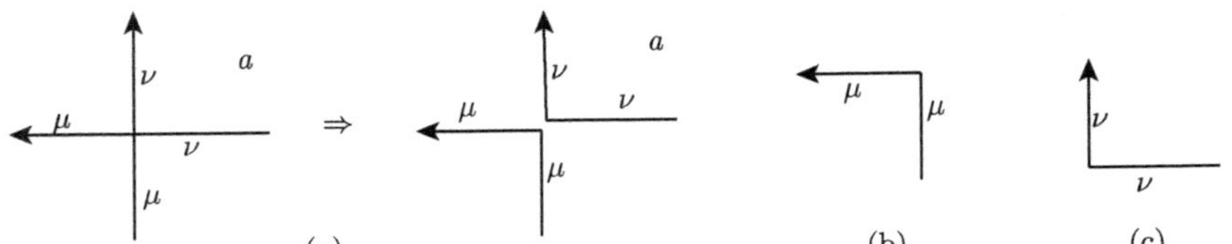

图 9.10.4 两种不同的拐向图示

在图 9.10.4 中, μ 线的形状如图 9.10.4(b) 所示, 它是先向上然后左拐. 这种拐形获得的因子为 $\mathrm{e}^{-2\pi\mathrm{i}(i+j)z_\mu}$. 而对于 ν 线, 它在 $\overline{R}$ 矩阵中的形状如图 9.10.4(c) 所示, 它是先向右然后拐向上, 它获得的因子为 $\mathrm{e}^{-2\pi\mathrm{i}(i+j)(-z_\nu)}$. 再考察 K 矩阵,

$$K(a|z+j\omega)_\mu^\mu=\frac{\sigma(\xi+z_\mu+z+j\omega)}{\sigma(\xi+z_\mu-z-j\omega)}. \tag{9.10.12}$$

当 $\omega\to\omega+\tau$ 时, 获得的因子为

$$\frac{\mathrm{e}^{-2\pi\mathrm{i}j(\frac{j\tau}{2}+\xi+z_\mu+z+j\omega+\frac{1}{2})}}{\mathrm{e}^{-2\pi\mathrm{i}j(\frac{j\tau}{2}-\xi-z_\mu+z+j\omega+\frac{1}{2})}}=\mathrm{e}^{-2\pi\mathrm{i}j(2\xi+2z_\mu)}=\mathrm{e}^{-2\pi\mathrm{i}(j+j)(\xi+z_\mu)}. \tag{9.10.13}$$

z_μ 因子恰好与 $\overline{R}(a|2z+(i+j)\omega)_{\mu\nu}^{\nu\mu}$ 相同. 因子在 $K_-^{(l)}(z)$ 的任何构形中, μ 线只要出现图 9.10.4(b) 中的拐形, 就会获得 $\mathrm{e}^{-2\pi\mathrm{i}(i+j)(z_\mu)}$ 因子, 其中 i 是从上到下数的行数, j 是从左到右数的列数, 不管这个拐点是属于 $\overline{R}$ 矩阵还是 K 矩阵. 再分析 $\overline{R}(a|2z+(i+j)\omega)_{\mu\nu}^{\mu\nu}$, 称为穿透 $\overline{R}$ 矩阵, 如图 9.10.5 所示.

对于构形图 9.10.5(a), 与 z_μ 相关的因子为 $\mathrm{e}^{-2\pi\mathrm{i}z_\mu}$, 而对于构形图 9.10.5(b), 与 z_μ 相关的因子为 $\mathrm{e}^{-2\pi\mathrm{i}(-z_\mu)}$, 因而对一根谱线跟着指标 μ 走时, 如图 9.10.6 所示.

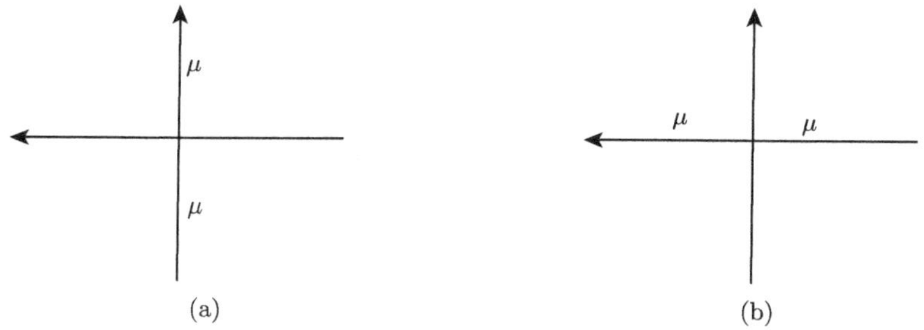

图 9.10.5 两种不同的直行图示

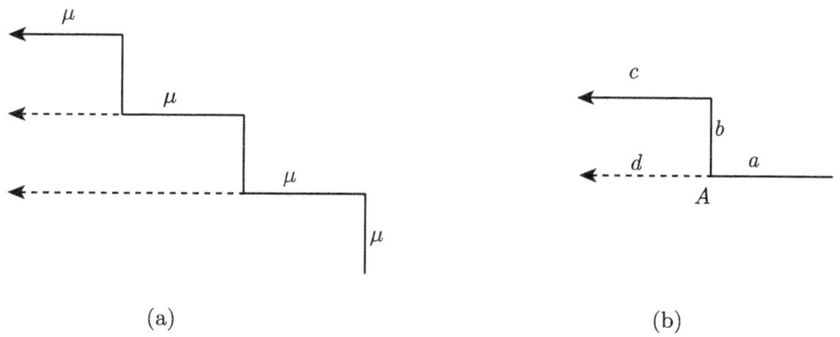

图 9.10.6 μ 指标线的不同走法图示

在图 9.10.6(b) 中沿路径 abc 与沿路径 ad 给出的对 z_μ 的因子相同, 也即只要起点相同, z_μ 相关因子与路径及终点无关. 再考虑对不同的起点, 如图 9.10.7 所示.

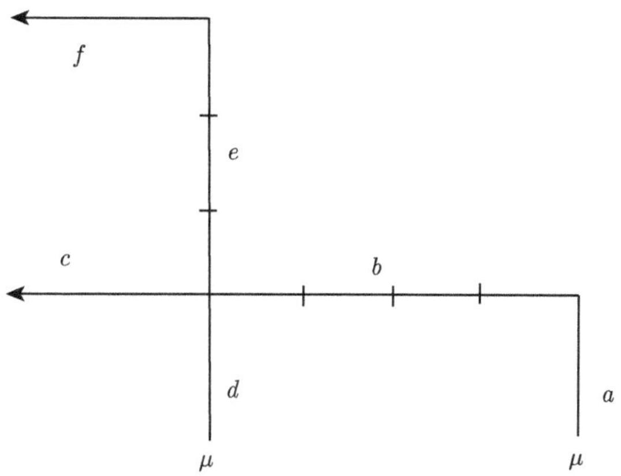

图 9.10.7 不同起点的指标为 μ 的指标线图示

路径 abc 与路径 def 是相同的. 所以当 $\omega \to \omega + \tau$ 时, 各种构形对 z_μ 有统一的因子. 这个因子与 μ 线路径无关, 都等于 $\mathrm{e}^{-2\pi\mathrm{i}(l+1)z_\mu}$ (μ 线与 z 线不同, μ 线跟指标走, z 线跟空间走). 获得因子的指数的其余部分是一个与格点上 R 和 K 的指标无关的数. 以下我们把获得因子写成 $\mathrm{e}^{-2\pi\mathrm{i}a}$, 其中 a 称为相关的指数.

分别计算 $\overline{K}_{-}^{(l)}(z)$ 中当 $\omega\to\omega+\tau$ 的相关指数: 关于 ξ, 指数上 ξ 前的系数为

$$a_{\xi}=2+4+\cdots+2l=l(l+1), \tag{9.10.14}$$

由式 (9.10.13), K 矩阵对其余指数无贡献.

关于 ω, 指数上 ω 前的系数为

$$a_{\omega}=\sum_{i=2}^{l}\sum_{j=1}^{i-1}[(i+j)^{2}+1]. \tag{9.10.15}$$

这是由于 R 矩阵

$$\begin{aligned}\overline{R}(a|2z+(i+j)\omega)_{\mu\nu}^{\mu\nu}&=\frac{\sigma(2z+(i+j)\omega)\sigma(z_{\mu}-z_{\nu}+\omega)}{\sigma(z_{\mu}-z_{\nu})},\\ \overline{R}(a|2z+(i+j)\omega)_{\mu\nu}^{\nu\mu}&=\sigma(2z+(i+j)\omega+z_{\mu}-z_{\nu})\sigma(\omega),\end{aligned} \tag{9.10.16}$$

关于 τ, 指数上 τ 前的系数为 ω 前系数的一半

$$a_{\tau}=\frac{1}{2}a_{\omega}, \tag{9.10.17}$$

关于 z, 指数上 z 前的系数为

$$a_{z}=2\sum_{i=2}^{l}\sum_{j=1}^{i-1}(i+j), \tag{9.10.18}$$

关于 z_{μ}, 可以用 $\mu=1$ 的情况计算, 而且假定它直接拐向左边最低一个出射点,

$$a_{z_{\tau}}=l+1, \tag{9.10.19}$$

最后是关于 $\mathrm{e}^{-2\pi\mathrm{i}(\frac{1}{2})}$ 的系数, 它的指数上的系数为

$$a_{\frac{1}{2}}=\sum_{i=2}^{l}\sum_{j=1}^{i-1}(i+j+1), \tag{9.10.20}$$

再考察 $\overline{\varDelta}_{l}$ 的相关指数, 注意它与 ξ 无关的零点为 $2z+(i+j-1)\omega$, 令

$$\overline{\varDelta}_{l}=\prod_{\mu=1}^{l}\frac{\sigma(\xi+z_{\mu}+z+l\omega)}{\sigma(\xi+z_{\mu}-z-\omega)}\prod_{i=2}^{l}\prod_{j=1}^{i-1}\sigma(2z+(i+j-1)\omega)=\varDelta_{l}\times\sigma(\omega)^{\frac{l(l-1)}{2}}, \tag{9.10.21}$$

用 $b_{\dots}$ 表示 $\overline{\Delta}_l$ 的相关系数, 得到

$$b_\xi = \sum_{\mu=1}^{l}(l+1) = l(l+1), \quad a_\xi - b_\xi = 0,$$

$$b_\omega = \sum_{\mu=1}^{l}(l^2-1) + \sum_{i=2}^{l}\sum_{j=1}^{i-1}(i+j-1)^2,$$

$$\sum_{i=2}^{l}\sum_{j=1}^{i-1}2(i+j) = \sum_{i=2}^{l}2\left[i(i-1)+\frac{i(i-1)}{2}\right] = \sum_{i=2}^{l}3i(i-1)$$

$$= 3[2\cdot 1 + 3\cdot 2 + 4\cdot 3 + \cdots + l(l-1)] = (l+1)l(l-1),$$

$$a_\omega - b_\omega = \sum_{i=2}^{l}\sum_{j=1}^{i-1}2(i+j) - \sum_{\mu=1}^{l}(l^2-1) = 0,$$

$$b_\tau = \frac{1}{2}b_\omega, \quad a_\tau - b_\tau = 0, \quad b_{z_\mu} = l+1, \quad a_{z_\mu} - b_{z_\mu} = 0,$$

$$2\sum_{i=2}^{l}\sum_{j=1}^{i-1}1 = 2\sum_{i=2}^{l}(i-1) = 2\times\frac{[(l-1)+2-1](l-1)}{2} = l(l-1),$$

$$b_z = \sum_{\mu=1}^{l}(l-1) + \sum_{i=2}^{l}\sum_{j=1}^{i-1}2(i+j-1),$$

$$a_z - b_z = 2\sum_{i=2}^{l}\sum_{j=1}^{i-1}1 - \sum_{\mu=1}^{l}(l-1) = l(l-1) - l(l-1) = 0,$$

$$b_{\frac{1}{2}} = \sum_{i=2}^{l}\sum_{j=1}^{i-1}(i+j-1), \quad a_{\frac{1}{2}} - b_{\frac{1}{2}} = \sum_{i=2}^{l}\sum_{j=1}^{i-1}2 = l(l-1),$$

$$\mathrm{e}^{-2\pi\mathrm{i}\left[(a_{\frac{1}{2}}-b_{\frac{1}{2}})/2\right]} = 1.$$

还可以分析 $\omega\to\omega+1$ 时, $\overline{K}_-^{(l)}(z)$ 附加的因子并且与 $\overline{\Delta}_l$ 比较, $K(a|z+j\omega)_\mu^\mu$ 的因子为 1, $\overline{R}(a|2z+(i+j)\omega)$ 的因子为 $\mathrm{e}^{-2\pi\mathrm{i}(i+j+1)/2}$. 当 $\omega\to\omega+1$ 时, $\overline{K}_-^{(l)}(z)$ 的指数为 $a=\dfrac{1}{2}\sum_{i=2}^{l}\sum_{j=2}^{i-1}(i+j+1)$, $\overline{\Delta}_l(z)$ 的指数为 $b=\dfrac{1}{2}\sum_{i=2}^{l}\sum_{j=2}^{i-1}(i+j-1)+\frac{1}{2}\sum_{\mu=1}^{l}(l-1)$, 于是 $\overline{K}_-^{(l)}(z)$ 与 $\overline{D}_l$ 给出的也相同:

$$a-b = \sum_{i=2}^{l}\sum_{j=2}^{i-1}1 - \frac{1}{2}\sum_{\mu=1}^{l}(l-1) = \frac{l(l-1)}{2} - \frac{l(l-1)}{2} = 0.$$

根据前面的分析, $K_-^{(l)}(z)$ 与 Δ_l 在对 R 矩阵乘以 $\sigma(\omega)$ 幂次以正规化后, 它们对于 ω 的零点和极点都相同, $\overline{\Delta}_l$ 的零点都是 $\overline{K}_-^{(l)}$ 的零点而且它们的准双周期性质相同. 它们的比 $c(z,\xi,z_\mu,\tau,\omega)=\overline{K}_-^{(l)}(\omega)/\overline{\Delta}_l(\omega)$ 是一个在 ω 平面上没有奇异的双周期函

数, 因而是一个与 ω 无关的常数 $c = c(z, \xi, z_\mu, \tau) = \overline{K}_-^{(l)}(\omega)/\overline{\Delta}_l(\omega)$.

我们可以在 $\omega \to 0$ 时的极限下取这两者之比, 得到这个常数. 当 $\omega \to 0$ 时, R 的分量只有

$$\overline{R}(a|2z + (i+j)\omega)_{\mu\nu}^{\mu\nu} \to \overline{R}(a|2z)_{\mu\nu}^{\mu\nu} = \sigma(2z)$$

非零. 而

$$\overline{R}(a|2z + (i+j)\omega)_{\mu\nu}^{\nu\mu} \to \overline{R}(a|2z)_{\mu\nu}^{\nu\mu} = \sigma(2z)\sigma(\omega) \to 0.$$

因此只需计算图 9.10.8 的构形, 在这种构形中只有直穿 $\overline{R}$ 矩阵元 (即 $\overline{R}_{\mu\nu}^{\mu\nu}$), 所有 μ 线 (即指标线) 只有一个拐角.

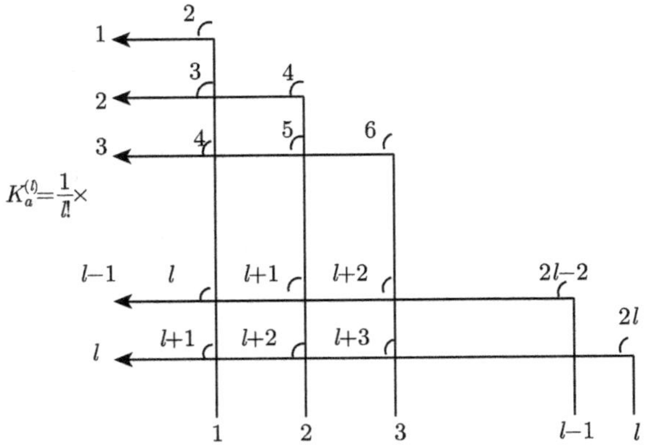

图 9.10.8 所有 R 矩阵都取 $R(\quad)_{\mu\nu}^{\mu\nu}$ 矩阵元的图

在这里, 不失一般性, 假定 $\nu_1 = 1, \nu_2 = 2, \cdots, \nu_{l-1} = l-1, \nu_l = l$, 并且考虑 $P_-(l)$ 后面的出射指标 $\lambda_1 = 1, \lambda_2 = 2, \cdots, \lambda_l = l$. 我们计算 $\overline{K}_-^{(l)}(z)$ 的矩阵元 $\overline{K}_-^{(l)}(z)_{12\cdots l}^{12\cdots l}$ 定义为 $\overline{K}_a^{(l)}(z)$. 在 $\omega \to 0$ 时有

$$\overline{K}_a^{(l)}(z) \to \prod_{i=2}^{l}\prod_{j=1}^{i-1} \sigma(2z) \prod_{\mu=1}^{l} \frac{\sigma(\xi + z_\mu + z)}{\sigma(\xi + z_\mu - z)} \times P_-(l)_{12\cdots l}^{12\cdots l},$$

另一方面, 当 $\omega \to 0$ 时又有

$$\overline{\Delta}_l \to \prod_{i=2}^{l}\prod_{j=1}^{i-1} \sigma(2z) \prod_{\mu=1}^{l} \frac{\sigma(\xi + z_\mu + z)}{\sigma(\xi + z_\mu - z)},$$

由此给出

$$c(z, \xi, z_\mu, \tau) = \frac{\overline{K}_a^{(l)}(z)}{\overline{\Delta}_l} = P_-(l)_{12\cdots l}^{12\cdots l}.$$

注意到 $\dfrac{\overline{\varDelta}_l}{\varDelta_l}=\dfrac{\overline{K}_-^{(l)}}{K_-^{(l)}}$, 有

$$K_a^{(l)}(z)\equiv K_-^{(l)}(z)_{1\ 2\cdots l}^{1\ 2\cdots l}=\varDelta_l\times P_-(l)_{12\cdots l}^{12\cdots l},$$

作为算子, 可以把 $K_-^{(l)}(z)$ 写成

$$K_-^{(l)}(z)=P_-(1,\cdots,l)\varDelta_l. \tag{9.10.22}$$

习题

1. 用面顶对应关系从 A_{n-1}^1 模型的反射矩阵构造 Z_n 模型的反射矩阵. 提示: 注意采用 $\overline{\varphi}$ 还是 $\widetilde{\varphi}$.

2. 在式 (9.2.1) 中令 $z_2=0$, 证明 $K(0)=c\times\mathrm{id}$ (图 9.10.9(a)) 满足反射方程, 这实际上是通常的情形.

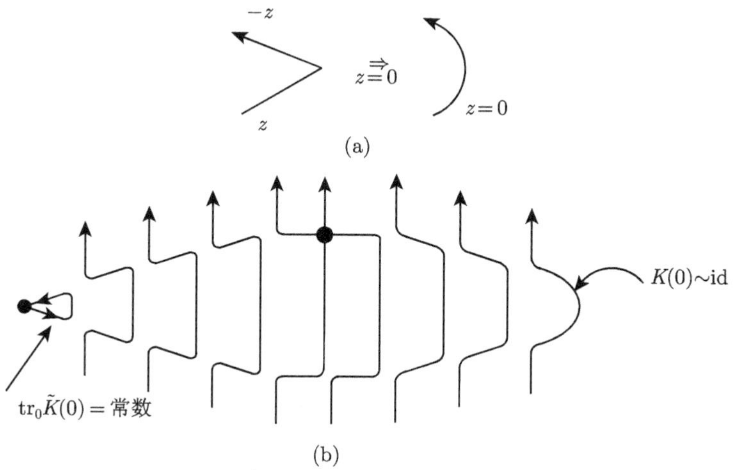

图 9.10.9 $\left.\dfrac{\mathrm{d}}{\mathrm{d}z}t(z)\right|_{z=0}=H$ 是近邻相互作用的图示法证明

3. 假设 $K(0)\sim\mathrm{id}$, 证明反射边可解模型中, 当 $\theta_1=\cdots=\theta_N=0$ 时, $\dfrac{\mathrm{d}}{\mathrm{d}z}t(z)|_{z=0}=H$, 描述近邻相互作用并且有边界项, 是开边界自旋链的哈密顿量 (提示: 用图 9.10.9).

第 10 章　用图示法推导算子恒等式

通常凡是可以用图示法或指标法推导的公式, 也可以直接用不带指标的算子的公式给出, 有时显得更简洁. 但是图示的特点更直观. 图示法或指标法与算符法的关系就好像直接写出矩阵或写出矩阵元来表示一个矩阵一样, 两者都正确, 看方便程度决定使用哪一个. 一切推导肯定可以用写出指标的方法来做, 但是是否能归纳成不带指标的式子, 取决于符号够不够, 只用公式的普通加减乘除运算, 再加上取迹 (tr), 能否刻画所有的推导, 或许还是一个值得探讨的问题. 图示法的关键是图与指标式子应该有严格的对应关系, 在图的演化与公式变换之间还涉及一些拓扑问题, 类似打结理论中遇到的问题一样, 因此严格证明并不容易. 由于本书遇到的推导图像的拓扑结构比较简单、直观, 我们也就不去寻求严格的拓扑证明了. 这一章我们用图示法给出相关的量而只加很少量的说明. 为此我们首先给出图例, 包括物理量和方程.

10.1　图　　例

根据以前给出的图示, 我们用的图例为图 10.1.1 (物理量)、图 10.1.2 (几组方程) 和图 10.1.3 (物理量的谱为零的性质).

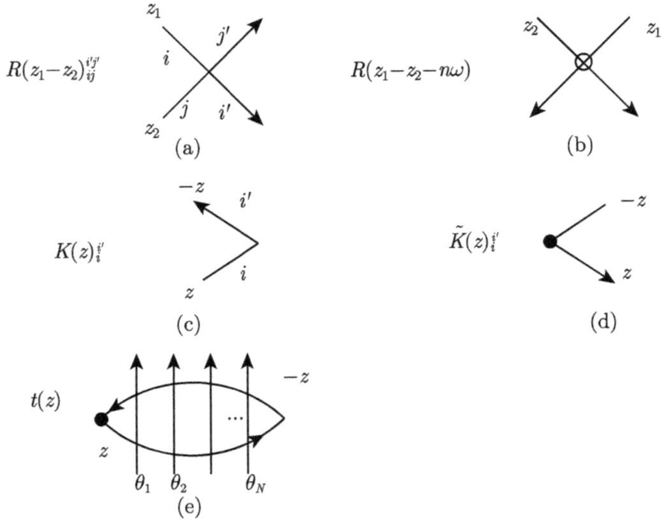

图 10.1.1　几种物理量的图示

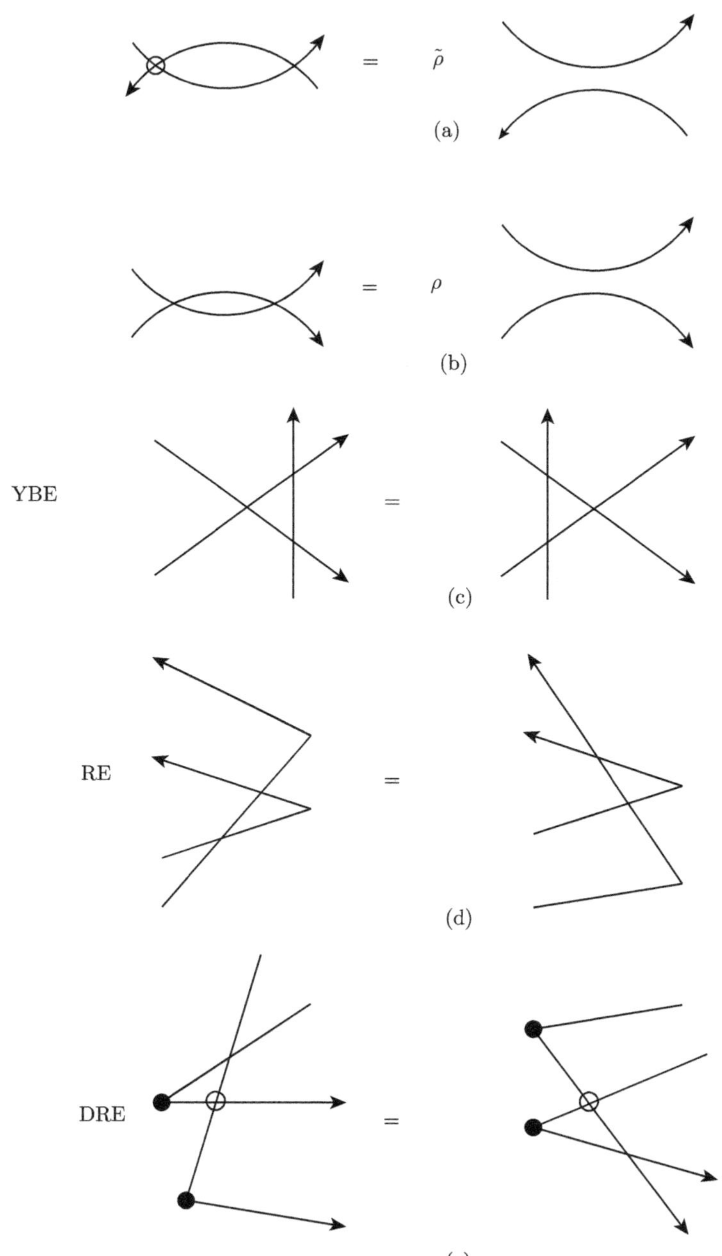

图 10.1.2　几组方程式, (a) 交叉幺正条件, (b) 幺正条件, (c) 杨-Baxter 方程, (d) 反射方程, (e) 对偶反射方程

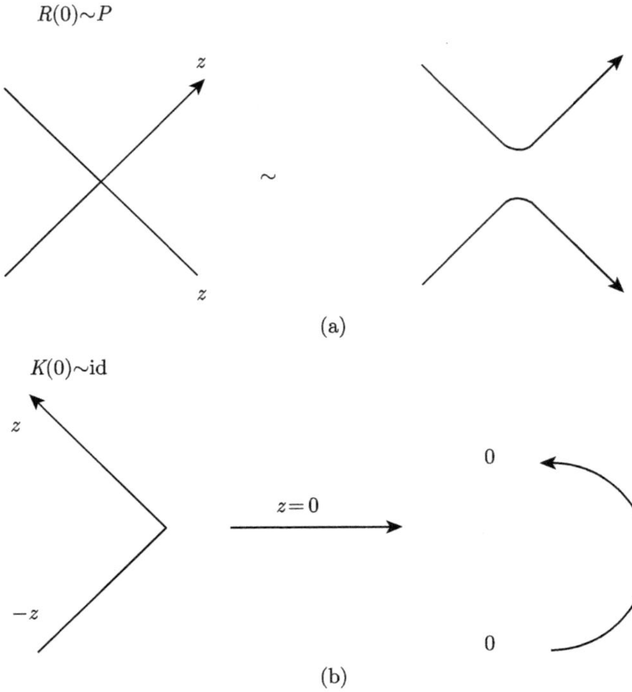

图 10.1.3　当谱为 0 时 R 矩阵与 K 矩阵的性质, (a) $R(0) \sim P$, (b) $K(0) \sim \mathrm{id}$

10.2　类反射矩阵 $U(z)$

类反射矩阵 $U(z)$ 由图 10.2.1 定义.

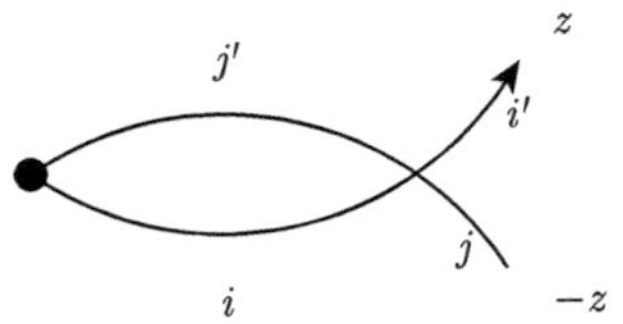

图 10.2.1　类反射矩阵 $U(z)$ 的定义

$$
\begin{aligned}
&U_2(z) = \mathrm{tr}_1[R_{12}(2z)\widetilde{K}_2(z)P_{12}],\\
&U(z)_j^{i'} = R(2z)_{ij}^{i'j'}\widetilde{K}(z)_{j'}^{i}.
\end{aligned}
\tag{10.2.1}
$$

我们考虑如图 10.2.2 所示的量 A,

$$
A = U_1(v)R_{12}(z+v)U_2(z)R_{21}(z-v). \tag{10.2.2}
$$

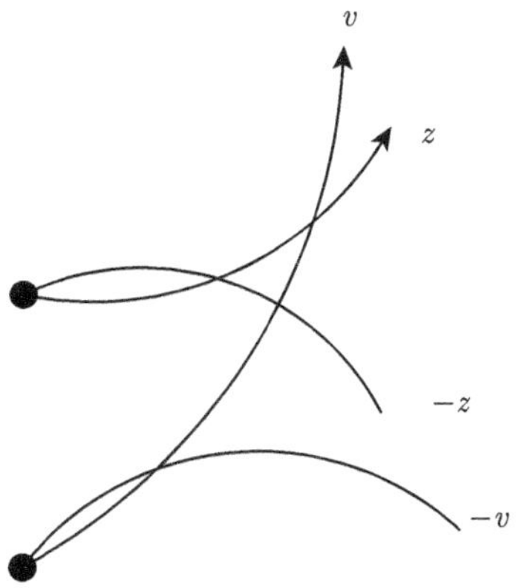

图 10.2.2 式 (10.2.2) 定义的 A

可以经过变换变为图 10.2.3 所示的量 B,

$$B = R_{12}(z-v)U_2(z)R_{21}(z+v)U_1(v). \tag{10.2.3}$$

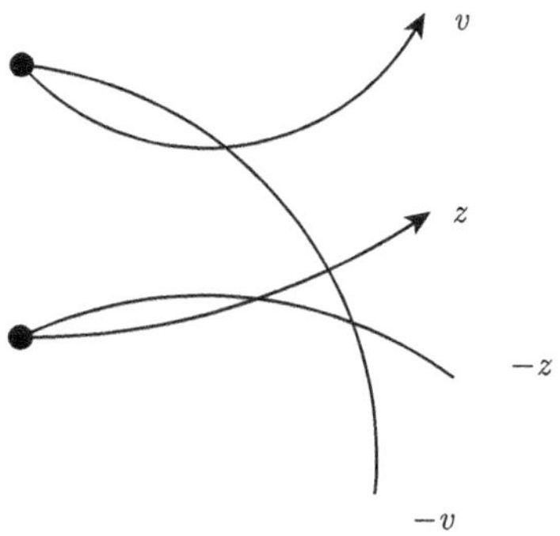

图 10.2.3 式 (10.2.3) 定义的 B

证明如图 10.2.4 所示.

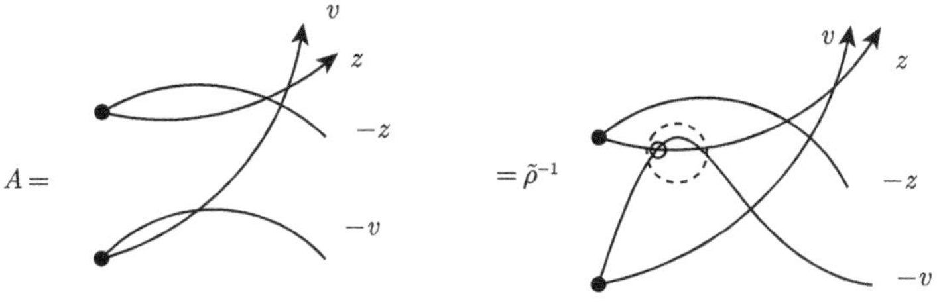

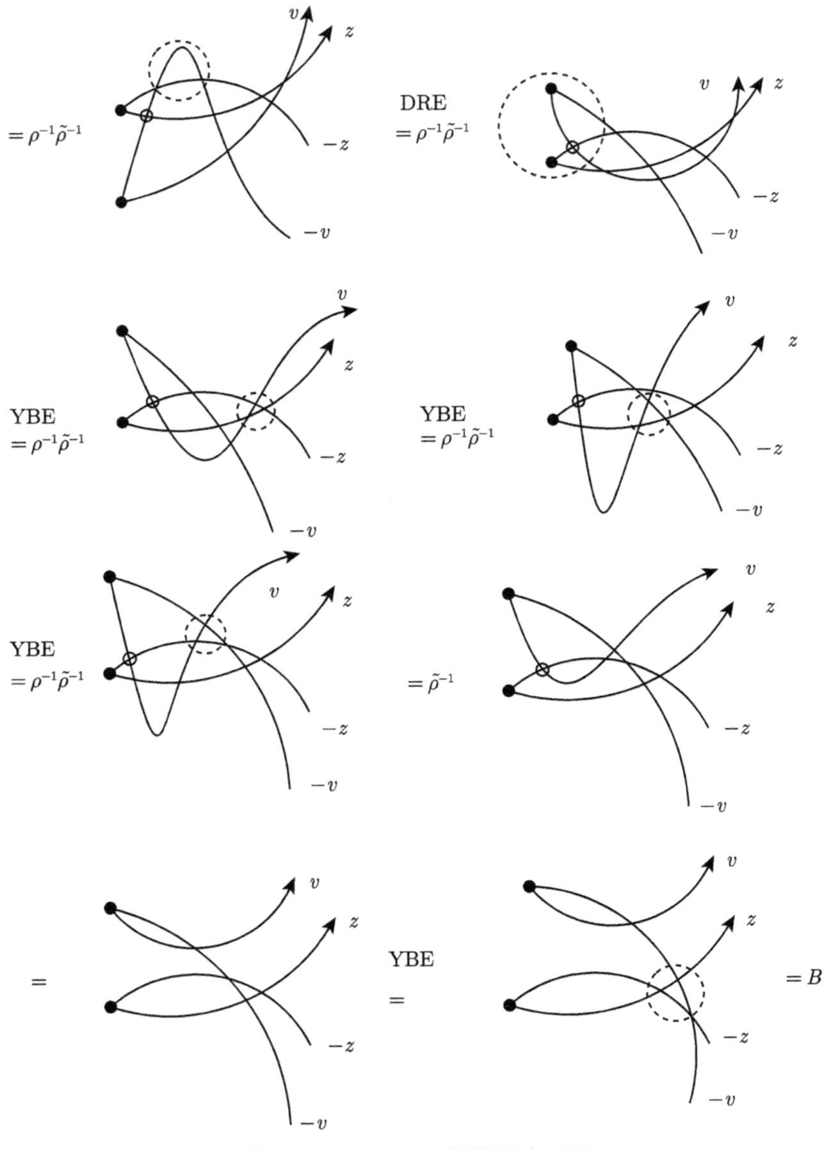

图 10.2.4　$A=B$ 的图示法证明

于是我们证明了

$$R_{12}(z-v)U_2(z)R_{21}(z+v)U_1(v)=U_1(v)R_{12}(z+v)U_2(z)R_{21}(z-v).\qquad(10.2.4)$$

我们定义 $U(z)$ 如图 10.2.5 所示, 其分量与算符表达式为定义式 (10.2.1).

由前面的推导得到图 10.2.6.

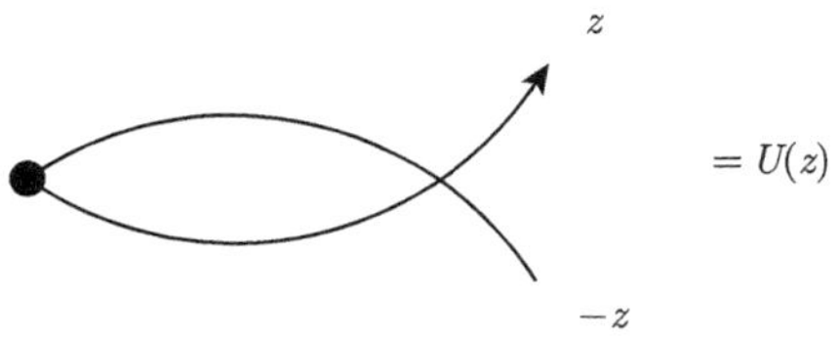

图 10.2.5 $U(z)$ 的定义图示

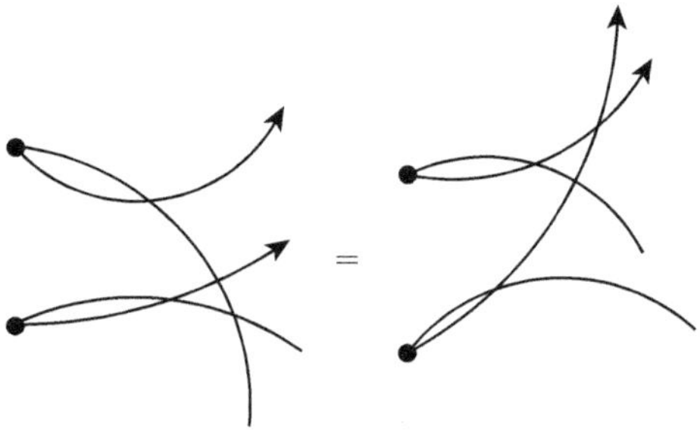

图 10.2.6 式 (10.2.4) 图示

这个方程类似于反射方程. 反射方程通常有

$$K(z)K(-z) \sim \text{id}. \tag{10.2.5}$$

这里也有

$$U(z)U(-z) \sim \text{id}. \tag{10.2.6}$$

图示于图 10.2.7.

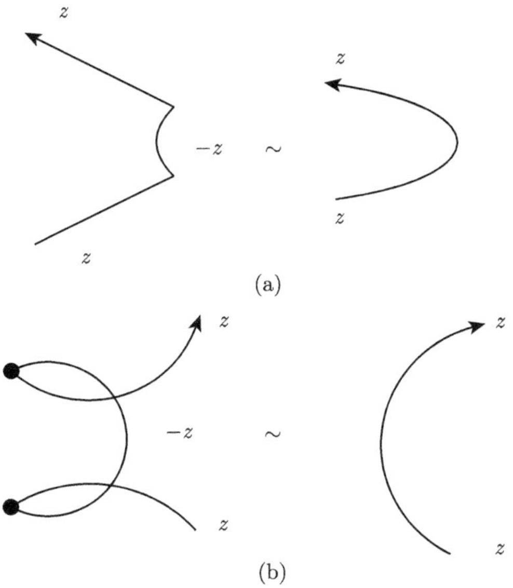

图 10.2.7 (a) 式 (10.2.5), (b) 式 (10.2.6) 图示

证明由图 10.2.6 和图 10.2.10 给出. 我们有式 (10.2.4) 所证明的图 10.2.8.

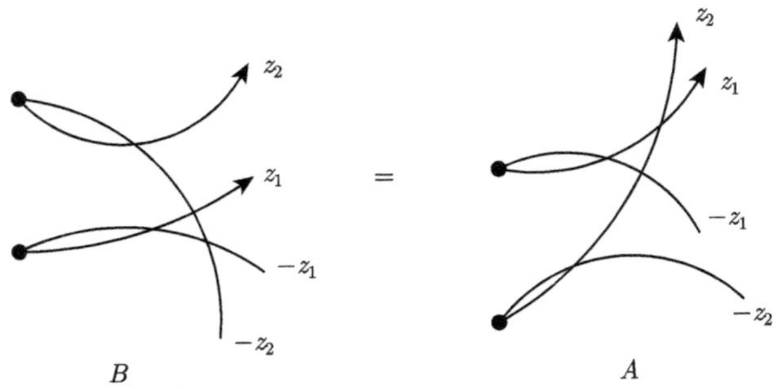

图 10.2.8　图 10.2.6 给出谱 z_1z_2 的图

在图 10.2.8 中取 $z_1=-z_2=-z$, 由 R 矩阵的零点条件 $R(0)\sim P$: (图 10.2.9).

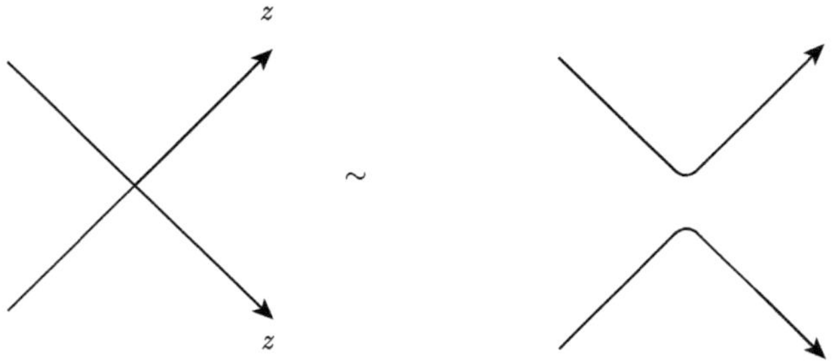

图 10.2.9　$R(0)\sim P$ 的图示

给出图 10.2.10.

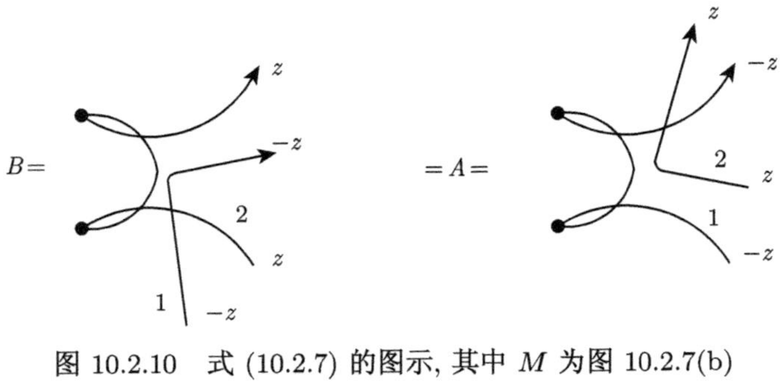

图 10.2.10　式 (10.2.7) 的图示, 其中 M 为图 10.2.7(b)

令 $U(z)U(-z)=M$, 根据图 10.2.10 有

$$R_{12}(-2z)M^{(2)}(-z)=M^{(1)}(z)R_{12}(-2z). \tag{10.2.7}$$

由此当 $R_{12}(-2z)$ 不退化时有 $M(z)=M(-z)\sim \mathrm{id}$. 证明如下:

我们所讨论的几种 R 矩阵都有有理极限：$R(u)=u+p_1$ 在有理极限下, 式 (10.2.7) 为 (令 $-2z=u$) $(u+p)M^{(2)}-M^{(1)}(u+p)=0$, 两边同时右乘 p 得

$$uM^{(2)}P-uM^{(1)}P+PM^{(2)}P-M^{(1)}=u(M^{(2)}P-M^{(1)}P)=0,$$

$\Rightarrow M^{(2)}-M^{(1)}=M\otimes I-I\otimes M=0$, 对第二空间取 tr 得 $Mn=I\mathrm{tr}M$, 当 $M\neq 0$ 时有 $M=\lambda I$.

由于方程式 (10.2.7) 是一个对 M 的矩阵元的齐次线性方程 $Ax=0$. 它有一个明显的非零解 $M=\lambda I$, 上述论证说明它的极限状态的非零解是唯一的, 因此 A 的秩正好为 x 的维数 n^2 减 1. A 中一定有一个 $(n^2-1)\times(n^2-1)$ 的方矩阵的行列式不等于零. 因此, 作为取极限的有关参量的解析函数, 同样的结论对取极限以前的 R 矩阵在通常的参数下也对 (解析函数如在某一点不等零, 则零点是特殊点).

10.3　公式 $t(\theta_i)t(-\theta_i)\sim \mathrm{id}$ 的推导

对于如图 10.3.1 所示的 $t(z)$,

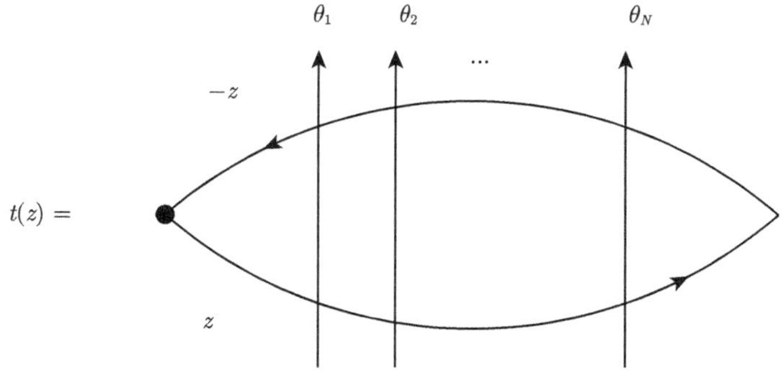

图 10.3.1　$t(z)$ 的定义图

按照下列图示 (图 10.3.2) 可以证明

$$t(\theta_i)t(-\theta_i)\sim \mathrm{id}. \tag{10.3.1}$$

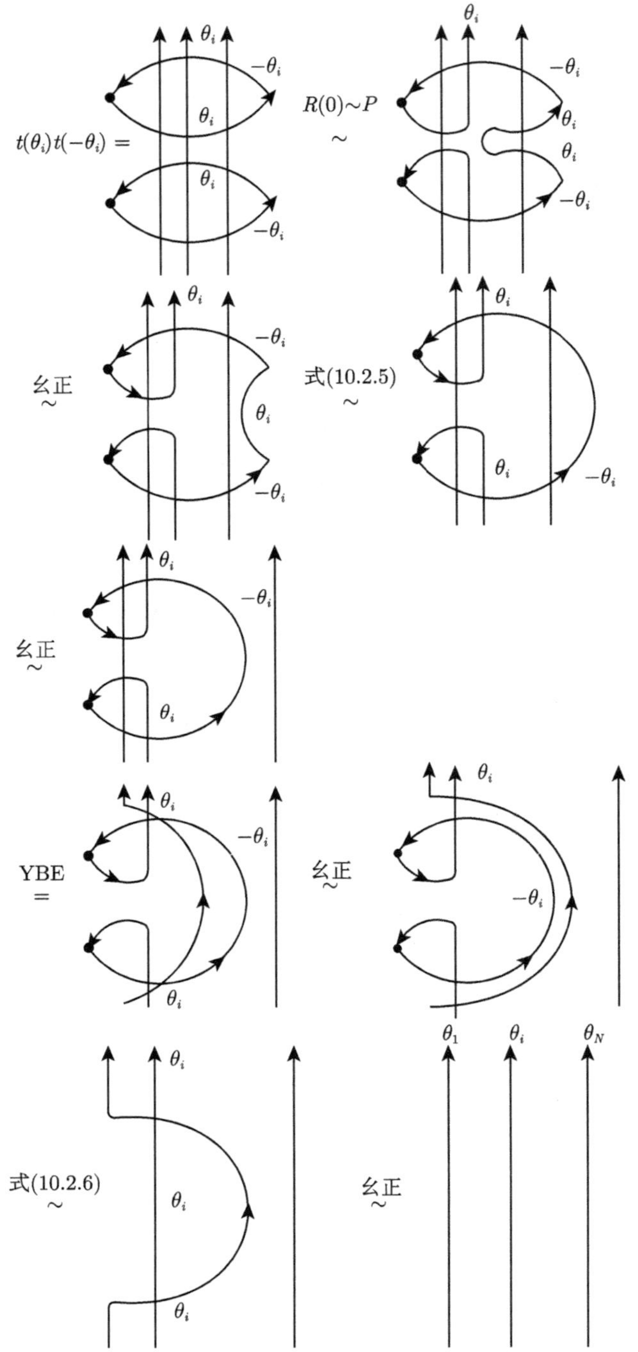

图 10.3.2　$t(\theta_i)t(-\theta_i) \sim \mathrm{id}$ 的图示法证明

10.4 A_{n-1}^1 模型的类反射矩阵

我们在 10.2 节关于类反射矩阵 $U(z)_\alpha^{\alpha'}$ 的推导也适用于 A_{n-1}^1 模型. A_{n-1}^1 模型已知一个对角反射矩阵的解, 其对角元为

$$K(a|z)_j^j = \frac{\sigma(\xi+\bar{a}_j\omega+z)}{\sigma(\xi+\bar{a}_j\omega-z)},$$

与之对应的对偶反射矩阵的解的对角元为式 (9.6.15),

$$\tilde{K}(a|z)_j^j = \frac{\sigma\left(\tilde{\xi}+\bar{a}_j\omega-z-\dfrac{n\omega}{2}\right)}{\sigma\left(\tilde{\xi}+\bar{a}_j\omega+z+\dfrac{n\omega}{2}\right)}\prod_{k\neq j}\frac{\sigma(a_{jk}\omega+\omega)}{\sigma(a_{jk}\omega)}.$$

其中, a 的位置如图 10.4.1 所示, $\tilde{K}(a|z)$ 也是对角矩阵.

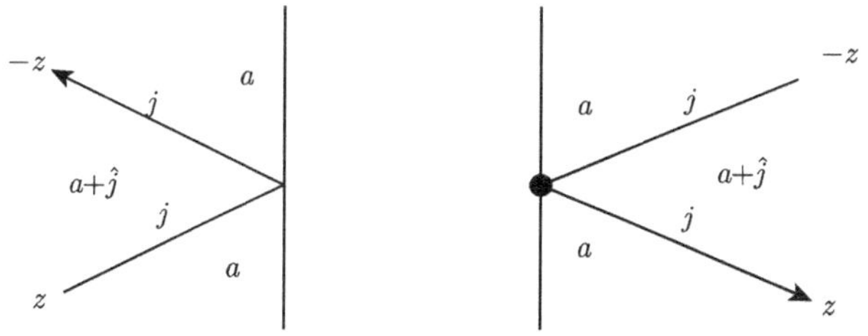

图 10.4.1 A_{n-1}^1 模型的 $K(a|z)_j^j$ 及 $\widetilde{K}(a|z)_j^j$ 图示

上文的推导表明, 由 $\tilde{K}(a|z)$ 构成的 $U(a|z)_\alpha^\alpha$ 也满足类反射方程, 这个结果将应用于第 11 章.

按图 10.4.2 定义 A_{n-1}^1 模型的类反射矩阵元 $U(a|z)_\alpha^\alpha$:

$$\begin{aligned}
U(a|z)_\alpha^\alpha &= \sum_i \tilde{K}(a|z)_i^i R(a-\hat{\alpha}|2z)_{i\alpha}^{\alpha i} \\
&= \sum_{i\neq\alpha}\frac{\sigma(\tilde{\xi}+\bar{a}_i\omega-z-\frac{n\omega}{2})}{\sigma(\tilde{\xi}+\bar{a}_i\omega+z+\frac{n\omega}{2})}\prod_{j\neq i}\frac{\sigma(a_{ij}\omega+\omega)}{\sigma(a_{ij}\omega)}\frac{\sigma(2z+a_{i\alpha}\omega+\omega)}{\sigma(a_{i\alpha}\omega+\omega)} \\
&\quad+\frac{\sigma(\tilde{\xi}+\bar{a}_\alpha\omega-z-\frac{n\omega}{2})}{\sigma(\tilde{\xi}+\bar{a}_\alpha\omega+z+\frac{n\omega}{2})}\prod_{j\neq\alpha}\frac{\sigma(a_{\alpha j}\omega+\omega)}{\sigma(a_{\alpha j}\omega)}\frac{\sigma(2z+\omega)}{\sigma(\omega)} \\
&\equiv \sum_{i\neq\alpha}A_i + A_\alpha.
\end{aligned} \tag{10.4.1}$$

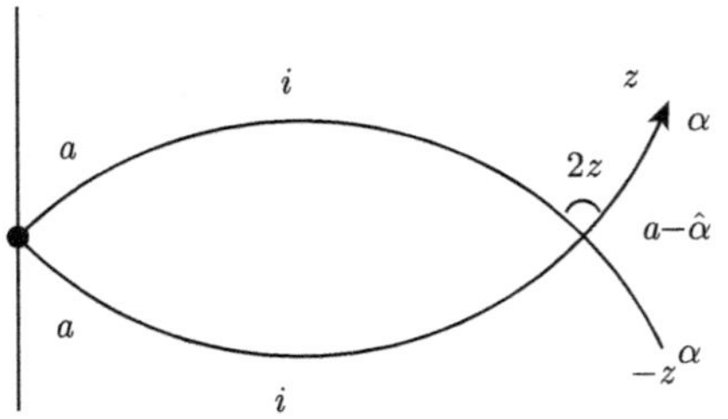

图 10.4.2　A_{n-1}^1 模型的类反射矩阵元 $U(a|z)_\alpha^\alpha$

计算 $l=2$ 时的 $U(a|z)$, 当 $n=2$ 时

$$\tilde{K}(a|z)_i^i=\frac{\sigma(\tilde{\xi}+\bar{a}_i\omega-z-\omega)}{\sigma(\tilde{\xi}+\bar{a}_i\omega+z+\omega)}\frac{\sigma(a_{i\bar{i}}\omega+\omega)}{\sigma(a_{i\bar{i}}\omega)},$$

这里 $\bar{i}=\{\begin{smallmatrix}1, & i=2,\\ 2, & i=1,\end{smallmatrix}$ 于是

$$U(a|z)_\alpha^\alpha=\tilde{K}(a|z)_1^1R(a-\hat{\alpha}|2z)_{1\alpha}^{\alpha 1}+\tilde{K}(a|z)_2^2R(a-\hat{\alpha}|2z)_{2\alpha}^{\alpha 2}.$$

当 $\alpha=1$ 时

$$\begin{aligned}U(a|z)_1^1&=\tilde{K}(a|z)_1^1R(a-\hat{1}|2z)_{11}^{11}+\tilde{K}(a|z)_2^2R(a-\hat{1}|2z)_{21}^{12}\\&=\frac{\sigma(\tilde{\xi}+\bar{a}_1\omega-z-\omega)}{\sigma(\tilde{\xi}+\bar{a}_1\omega+z+\omega)}\frac{\sigma(a_{12}\omega+\omega)}{\sigma(a_{12}\omega)}\frac{\sigma(2z+\omega)}{\sigma(\omega)}\\&\quad+\frac{\sigma(\tilde{\xi}+\bar{a}_2\omega-z-\omega)}{\sigma(\tilde{\xi}+\bar{a}_2\omega+z+\omega)}\frac{\sigma(a_{21}\omega+\omega)}{\sigma(a_{21}\omega)}\frac{\sigma(2z+a_{21}\omega+\omega)}{\sigma(a_{21}\omega+\omega)}\\&=\{\sigma(\tilde{\xi}+\bar{a}_1\omega-z-\omega)\sigma(a_{12}\omega+\omega)\sigma(2z+\omega)\sigma(\tilde{\xi}+\bar{a}_2\omega+z+\omega)\\&\quad-\sigma(\tilde{\xi}+\bar{a}_2\omega-z-\omega)\sigma(2z+a_{21}\omega+\omega)\sigma(\tilde{\xi}+\bar{a}_1\omega+z+\omega)\sigma(\omega)\}\\&\quad\times\frac{1}{\sigma(\tilde{\xi}+\bar{a}_1\omega+z+\omega)}\frac{1}{\sigma(\tilde{\xi}+\bar{a}_2\omega+z+\omega)}\frac{1}{\sigma(a_{12}\omega)\sigma(\omega)}\\&=\frac{\sigma(\tilde{\xi}+\bar{a}_1\omega-z)\sigma(\tilde{\xi}+\bar{a}_2\omega+z)\sigma(2z+2\omega)}{\sigma(\tilde{\xi}+\bar{a}_1\omega+z+\omega)\sigma(\tilde{\xi}+\bar{a}_2\omega+z+\omega)\sigma(\omega)}.\end{aligned}\tag{10.4.2}$$

上式计算过程中我们用了加法定理

$$\begin{aligned}&\sigma(u+x)\sigma(u-x)\sigma(v+y)\sigma(v-y)\\&-\sigma(u+y)\sigma(u-y)\sigma(v+x)\sigma(v-x)\\=&\sigma(u+v)\sigma(u-v)\sigma(x+y)\sigma(x-y),\end{aligned}$$

当 $\alpha=2$ 时

$$\begin{aligned}U(a|z)_2^2=&\tilde{K}(a|z)_1^1R(a-\hat{2}|2z)_{12}^{21}+\tilde{K}(a|z)_2^2R(a-\hat{2}|2z)_{22}^{22}\\=&\frac{\sigma(\tilde{\xi}+\bar{a}_1\omega-z-\omega)}{\sigma(\tilde{\xi}+\bar{a}_1\omega+z+\omega)}\frac{\sigma(a_{12}\omega+\omega)}{\sigma(a_{12}\omega)}\frac{\sigma(2z+a_{12}\omega+\omega)}{\sigma(a_{12}\omega+\omega)}\\&+\frac{\sigma(\tilde{\xi}+\bar{a}_2\omega-z-\omega)}{\sigma(\tilde{\xi}+\bar{a}_2\omega+z+\omega)}\frac{\sigma(a_{21}\omega+\omega)}{\sigma(a_{21}\omega)}\frac{\sigma(2z+\omega)}{\sigma(\omega)}.\end{aligned}$$

将式 (10.4.2) 中 1 和 2 互换得

$$U(a|z)_2^2=\frac{\sigma(\tilde{\xi}+\bar{a}_2\omega-z)\sigma(\tilde{\xi}+\bar{a}_1\omega+z)\sigma(2z+2\omega)}{\sigma(\tilde{\xi}+\bar{a}_2\omega+z+\omega)\sigma(\tilde{\xi}+\bar{a}_1\omega+z+\omega)\sigma(\omega)}.$$

发现

$$\begin{aligned}U(a|z)_j^j=&\frac{\sigma(\tilde{\xi}+\bar{a}_j\omega-z)}{\sigma(\tilde{\xi}+\bar{a}_j\omega+z)}f(z),\\f(z)=&\frac{\sigma(\tilde{\xi}+\bar{a}_1\omega+z)\sigma(\tilde{\xi}+\bar{a}_2\omega+z)\sigma(2z+2\omega)}{\sigma(\tilde{\xi}+\bar{a}_1\omega+z+\omega)\sigma(\tilde{\xi}+\bar{a}_2\omega+z+\omega)\sigma(\omega)}.\end{aligned}$$

以下我们在一般 n 时证明类似结果.

把式 (10.4.1) 写成

$$\begin{aligned}U(a|z)_\alpha^\alpha=&\sum_{i\neq\alpha}\frac{\sigma(z_i-z-\frac{n\omega}{2})}{\sigma(z_i+z+\frac{n\omega}{2})}\prod_{j\neq i}\frac{\sigma(z_{ij}+\omega)}{\sigma(z_{ij})}\frac{\sigma(2z+z_{i\alpha}+\omega)}{\sigma(z_{i\alpha}+\omega)}\\&+\frac{\sigma(z_\alpha-z-\frac{n\omega}{2})}{\sigma(z_\alpha+z+\frac{n\omega}{2})}\prod_{j\neq\alpha}\frac{\sigma(z_{\alpha j}+\omega)}{\sigma(z_{\alpha j})}\frac{\sigma(2z+\omega)}{\sigma(\omega)}\\\equiv&\sum_{i\neq\alpha}A_i+A_\alpha,\end{aligned}\tag{10.4.3}$$

其中, $z_i=\tilde{\xi}+\bar{a}_i\omega$, $z_{ij}=a_{ij}\omega$. 对于 z_i, $U(a|z)_\alpha^\alpha$ 的极点为分母中的 $\prod_i\sigma\left(z_i+z+\dfrac{n\omega}{2}\right)$ 给出的, 而没有 z_{ij} 也没有 $z_{i\alpha}+\omega$. 理由如下: $\sigma(z_{i\alpha}+\omega)^{-1}$ 与前面 $\prod_{(j\neq i)}\dfrac{\sigma(z_{ij}+\omega)}{\sigma(z_{ij})}$ 中的一项 $\dfrac{\sigma(z_{i\alpha}+\omega)}{\sigma(z_{i\alpha})}$ 的分子消去; 当 $z_i=z_j$, i,j,α 互不相等时, 有 z_{ij} 为分母的两项为 A_i 和 A_j:

$$\begin{aligned}&\frac{\sigma\left(z_i-z-\dfrac{n\omega}{2}\right)}{\sigma\left(z_i+z+\dfrac{n\omega}{2}\right)}\prod_{l\neq i,j}\frac{\sigma(z_{il}+\omega)}{\sigma(z_{il})}\frac{\sigma(z_{ij}+\omega)}{\sigma(z_{ij})}\frac{\sigma(2z+z_{i\alpha}+\omega)}{\sigma(z_{i\alpha}+\omega)}\\&+\frac{\sigma\left(z_j-z-\dfrac{n\omega}{2}\right)}{\sigma\left(z_j+z+\dfrac{n\omega}{2}\right)}\prod_{l\neq i,j}\frac{\sigma(z_{jl}+\omega)}{\sigma(z_{jl})}\frac{\sigma(z_{ji}+\omega)}{\sigma(z_{ji})}\frac{\sigma(2z+z_{j\alpha}+\omega)}{\sigma(z_{j\alpha}+\omega)}.\end{aligned}$$

当 $z_i=z_j$ 时, 这两项乘以 $\sigma(z_{ij})$ 后是互相抵消的. 因此 $U(a|z)^\alpha_\alpha$ 没有 z_{ij} 这个极点. 当 $z_\alpha=z_j$ 时, 相关的两项为 A_j 和 A_α:

$$\frac{\sigma\left(z_j-z-\frac{n\omega}{2}\right)}{\sigma\left(z_j+z+\frac{n\omega}{2}\right)}\prod_{l\neq j,\alpha}\frac{\sigma(z_{jl}+\omega)}{\sigma(z_{jl})}\frac{\sigma(z_{j\alpha}+\omega)}{\sigma(z_{j\alpha})}\frac{\sigma(2z+z_{j\alpha}+\omega)}{\sigma(z_{j\alpha}+\omega)}$$
$$+\frac{\sigma\left(z_\alpha-z-\frac{n\omega}{2}\right)}{\sigma\left(z_\alpha+z+\frac{n\omega}{2}\right)}\prod_{l\neq j,\alpha}\frac{\sigma(z_{\alpha l}+\omega)}{\sigma(z_{\alpha l})}\frac{\sigma(z_{\alpha j}+\omega)}{\sigma(z_{\alpha j})}\frac{\sigma(2z+\omega)}{\sigma(\omega)},$$

这时两项乘以 $\sigma(z_{\alpha j})$ 之后也是互相抵消的. 因此作为 z_i 的解析函数, 它没有分母 $\sigma(z_{ij})$ 造成的极点.

我们考察 $U(a|z)^\alpha_\alpha$ 对于 z_i 的准双周期性质. 当 $i\neq j$ 且都不等于 α 时, 令 $A_i(z_j+\tau)=\mathrm{e}^{-2\pi\mathrm{i}c_{ij}}$, 则有 $c_{ij}=-\omega$. 当 $i\neq\alpha$ 时, 令 $A_i(z_i+\tau)=\mathrm{e}^{-2\pi\mathrm{i}c_{ii}}$, 则有 $c_{ii}=-2z-n\omega+\sum_{j\neq i}\omega+2z=-\omega$. 令 $A_\alpha(z_j+\tau)=\mathrm{e}^{-2\pi\mathrm{i}c_{\alpha j}}$, 则有 $c_{\alpha j}=-\omega$, 这三者都一样. 令 $A_\alpha(z_\alpha+\tau)=\mathrm{e}^{-2\pi\mathrm{i}c_{\alpha\alpha}}$, 则有 $c_{\alpha\alpha}=-2z-n\omega+\sum_{j\neq\alpha}\omega=-2z-\omega$. 另一方面, 当 $z_\alpha\to z_\alpha+\tau$ 时, A_j 的指数 $c_{j\alpha}$ 也为 $-\omega-2z$. 对于 $z_j\to z_j+1$, 令相应指数为 $d_{ij},\cdots$, 则所有的 $d_{ij},\cdots$, 均等于零. 定义 $V(a|z)^\alpha_\alpha\equiv U(a|z)^\alpha_\alpha\times\prod_i\sigma\left(z_i+z+\frac{n\omega}{2}\right)$, 则 V 对 z_j,z_α 都没有奇异, 它是 z_j,z_α 的准双周期函数.

(1) 当 $z_j\to z_j+\tau, j\neq\alpha$ 时.

$V(a|z)^\alpha_\alpha$ 指数为 $-\omega+\left[\sigma\left(z_j+z+\frac{n\omega}{2}\right)\text{的指数}e_j\right]=-\omega+\left[\frac{\tau}{2}+z_j+z+\frac{n\omega}{2}+\frac{1}{2}\right]=A_1+A_2z_j$, 其中, $A_1=\frac{\tau}{2}+z+\frac{n\omega}{2}-\omega+\frac{1}{2}, A_2=1$. 对于 $V(a|z)^\alpha_\alpha$, 当 $z_j\to z_j+1$ 时, 相应的指数为 $\frac{1}{2}$.

定义 $V_j\equiv\dfrac{V(a|z)^\alpha_\alpha}{\sigma\left(z_j+z+\frac{n\omega}{2}-\omega\right)}$ 对 $z_j\to z_j+\tau$ 的指数为 0. 因为 $\sigma\left(z_j+z+\frac{n\omega}{2}-\omega\right)$ 的指数正好为 $\frac{\tau}{2}+z_j+z+\frac{n\omega}{2}-\omega+\frac{1}{2}$.

类似地当 $z_j\to z_j+1$ 时, V_j 的指数也为 $U(a|z)^\alpha_\alpha$ 指数 $+\left[\sigma\left(z_j+z+\frac{n\omega}{2}\right)\text{的指数}\right]-\left[\sigma\left(z_j+z+\frac{n\omega}{2}-\omega\right)\text{的指数}\right]=0$, 因此 V_j 对于 z_j 是双周期函数, 而 $V(a|z)^\alpha_\alpha$ 对于 z_j 是准双周期函数, 在 $\Lambda_\tau=0\to1, 0\to\tau$ 中有一个零点, 零点 $=-\left(z+\frac{n\omega}{2}-\omega\right)$ (由准双周期函数零点定理 $\sum z_i=\frac{1}{2}A_2-A_1+B\tau \mod\Lambda_\tau$). 这与 V_j 的分母的零点一样, 因此 V_j 对 z_j 没有奇异, 是与 z_j 没有关系的函数.

(2) 当 $z_\alpha\to z_\alpha+\tau$ 时.

$V(a|z)_\alpha^\alpha$ 的指数 $\left(=-2z-\omega+\frac{\tau}{2}+z_\alpha+z+\frac{n\omega}{2}+\frac{1}{2}=\frac{\tau}{2}+z_\alpha-z+\frac{n\omega}{2}-\omega+\frac{1}{2}\right)$ 与 $\sigma\left(z_\alpha-z+\frac{n\omega}{2}-\omega\right)$ 的指数相同. 对 $z_\alpha\to z_\alpha+1$, $V(a|z)_\alpha^\alpha$ 的指数也与 $\sigma\left(z_\alpha-z+\frac{n\omega}{2}-\omega\right)$ 的指数相同, 因此 $\dfrac{V(a|z)_\alpha^\alpha}{\sigma\left(z_\alpha-z+\frac{n\omega}{2}-\omega\right)}$ 与 z_α 无关. 因此我们有

$$U(a|z)_\alpha^\alpha=g(z)\times\frac{\sigma\left(z_\alpha-z+\frac{n\omega}{2}-\omega\right)\prod\limits_{i\neq\alpha}\sigma\left(z_i+z+\frac{n\omega}{2}-\omega\right)}{\prod\limits_{i}\sigma\left(z_i+z+\frac{n\omega}{2}\right)}\equiv g(z)F(z),\tag{10.4.4}$$

其中, $g(z)$ 与 z_j,z_α 无关, 只与 z,ω 有关.

$$g(z)=\frac{U(a|z)_\alpha^\alpha}{F(z)}.$$

由式 (10.4.3), $U(a|z)_\alpha^\alpha$ 对于 $z\to z+\tau$ 的指数为 $-2z_i+2\left(\frac{2\tau}{2}+2z+\omega+z_{i\alpha}+\frac{1}{2}\right)=2\tau-2z_\alpha+4z+2\omega+1=-2z_\alpha+2\left(\frac{2\tau}{2}+2z+\omega+\frac{1}{2}\right)$. $F(z)$ 的指数为 $\left(\frac{\tau}{2}+z+\omega-z_\alpha-\frac{n\omega}{2}+\frac{1}{2}\right)-\left(\frac{\tau}{2}+z_\alpha+z+\frac{n\omega}{2}+\frac{1}{2}\right)+\sum_{i\neq\alpha}(-\omega)=-2z_\alpha-(2n-2)\omega$. 因此 $g(z)$ 的指数为 U_α^α 的指数 —F 的指数 $=2\tau+4z+2\omega+(2n-2)\omega=2\tau+4z+2n\omega$. 当 $z\to z+1$ 时, $U(a|z)_\alpha^\alpha$ 和 $F(z)$ 的指数均为 0, 因此 $g(z)$ 也是. $g(z)$ 是 z 的全纯函数 (没有奇异), 这是因为 $\dfrac{U(a|z)_\alpha^\alpha\prod_i\sigma\left(z_i+z+\frac{n\omega}{2}\right)}{\sigma\left(z_\alpha-z+\frac{n\omega}{2}-\omega\right)\prod_{i\neq\alpha}\sigma\left(z_i+z+\frac{n\omega}{2}-\omega\right)}=g(z)$ 与 z_j,z_α无关, 因而不可能有 $\sigma\left(z_\alpha-z+\frac{n\omega}{2}-\omega\right)\prod_{i\neq\alpha}\sigma\left(z_i+z+\frac{n\omega}{2}-\omega\right)$的零点造成的奇异. 而 $U(a|z)_\alpha^\alpha\prod_i\sigma\left(z_i+z+\frac{n\omega}{2}\right)$ 对 z 也是没有奇异 (根据式 (10.4.3)).

因此 $g(z)$ 是 Λ_τ 内的准双周期全纯函数, 在 Λ_τ 内有四个零点.

我们令 $2z=-n\omega$, 可以证明 $g(z)=0$. 证明如下:

在 $z=-\frac{n\omega}{2}$ 时, 式 (10.4.1) 变为 $\left(U\left(a|z=-\frac{n\omega}{2}\right)_\alpha^\alpha\equiv A\right)$,

$$A=\sum_{i\neq\alpha}\frac{\sigma(-n\omega+\omega+a_{i\alpha}\omega)}{\sigma(a_{i\alpha}\omega+\omega)}\prod_{j\neq i}\frac{\sigma(a_{ij}\omega+\omega)}{\sigma(a_{ij}\omega)}+\prod_{j\neq\alpha}\frac{\sigma(a_{\alpha j}\omega+\omega)}{\sigma(a_{\alpha j}\omega)}\frac{\sigma(-n\omega+\omega)}{\sigma(\omega)}.\tag{10.4.5}$$

考虑式 (8.2.20), 当 $z_1 - z_2 = -\omega$ 时有 (图 10.4.3)

$$\sum_i S(a|-n\omega+\omega)^{\alpha i}_{i\alpha} R(a|-\omega)^{\alpha i}_{i\alpha} = \tilde{\rho}(-\omega),$$
$$\tilde{\rho}(-\omega) = \frac{\sigma(-\omega)\sigma(-(n-1)\omega)}{\sigma(\omega)^2} = -\frac{\sigma(-(n-1)w)}{\sigma(\omega)}. \tag{10.4.6}$$

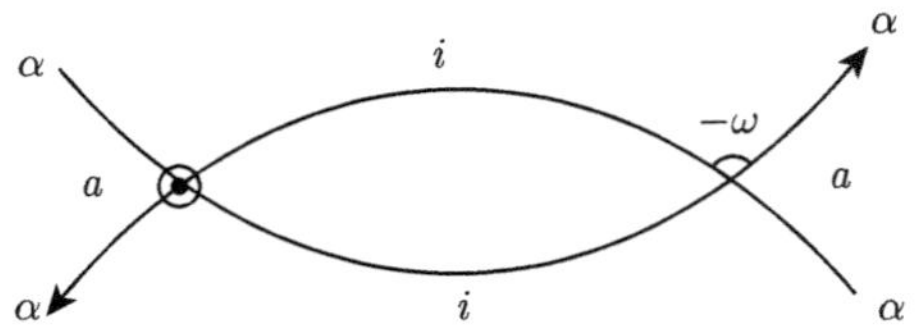

图 10.4.3　式 (10.4.6) 图示

由式 (8.2.18)、式 (8.2.19), 得到

$$\begin{aligned}\tilde{\rho}(-\omega) =& \sum_{i\neq\alpha}\left\{\frac{\sigma(-n\omega+\omega+a_{i\alpha}\omega)}{\sigma(a_{i\alpha}\omega)}\right\}\prod_{j\neq i}\frac{\sigma(a_{ij}\omega+\omega)}{\sigma(a_{ij}\omega)}\left[\prod_{j\neq\alpha}\frac{\sigma(a_{\alpha j}\omega+\omega)}{\sigma(a_{\alpha j}\omega)}\right]^{-1}\\ &\times\frac{\sigma(a_{i\alpha}\omega)}{\sigma(a_{i\alpha}\omega+\omega)}\frac{\sigma(a_{\alpha i}\omega)}{\sigma(a_{\alpha i}\omega+\omega)}\left\{\frac{\sigma(-\omega+a_{i\alpha}\omega)}{\sigma(a_{i\alpha}\omega)}\right\}\\ &+\left\{\frac{\sigma(-n\omega+2\omega)}{\sigma(\omega)}\right\}\times\cdots\times\left\{\frac{\sigma(-\omega+\omega)}{\sigma(\omega)}\right\}\to 0.\end{aligned}$$

在这里, 第二个 { } 为 $R(a1-\omega)^{\alpha i}_{i\alpha}$. 消去三对因子公式简化为

$$\widetilde{p}(-\omega) = \sum_{i\neq\alpha}\left\{\frac{\sigma(-n\omega+\omega+a_{i\alpha}\omega)}{\sigma(a_{i\alpha}\omega+\omega)}\right\}\prod_{j\neq i}\frac{\sigma(a_{ij}\omega+\omega)}{\sigma(a_{ij}\omega)}\left[\prod_{j\neq\alpha}\frac{\sigma(a_{\alpha j}\omega+\omega)}{\sigma(a_{\alpha j}\omega)}\right]^{-1}. \tag{10.4.7}$$

我们有

$$\left[\prod_{j\neq\alpha}\frac{\sigma(a_{\alpha j}\omega+\omega)}{\sigma(a_{\alpha j}\omega)}\right]\frac{\sigma(-\omega)\sigma(-(n-1)\omega)}{\sigma(\omega)^2} = \sum_{i\neq\alpha}\frac{\sigma(-n\omega+\omega+a_{i\alpha}\omega)}{\sigma(a_{i\alpha}\omega+\omega)}\prod_{j\neq i}\frac{\sigma(a_{ij}\omega+\omega)}{\sigma(a_{ij}\omega)},$$

代入式 (10.4.5) 给出 $A=0$. 类似地, 我们也可证明当 $2z=-n\omega+a\tau+b$ (a,b 为整数) 时也有 $A=0$. 下面是证明.

当 $z=-\dfrac{n\omega}{2}$ 时, 考虑 $2z\to 2z+\tau$, 式 (10.4.1) 变为

$$\begin{aligned}U\left(a|z+\frac{\tau}{2}\right)^{\alpha}_{\alpha} =& \sum_{i\neq\alpha}\frac{\sigma\left(\tilde{\xi}+\bar{a}_i\omega-\dfrac{\tau}{2}\right)}{\sigma\left(\tilde{\xi}+\bar{a}_i\omega+\dfrac{\tau}{2}\right)}\prod_{j\neq i}\frac{\sigma(a_{ij}\omega+\omega)}{\sigma(a_{ij}\omega)}\frac{\sigma(2z+\tau+a_{i\alpha}\omega+\omega)}{\sigma(a_{i\alpha}\omega+\omega)}\\ &+\frac{\sigma\left(\tilde{\xi}+\bar{a}_\alpha\omega-\dfrac{\tau}{2}\right)}{\sigma\left(\tilde{\xi}+\bar{a}_\alpha\omega+\dfrac{\tau}{2}\right)}\prod_{j\neq\alpha}\frac{\sigma(a_{\alpha j}\omega+\omega)}{\sigma(a_{\alpha j}\omega)}\frac{\sigma(2z+\tau+\omega)}{\sigma(\omega)}\end{aligned}$$

$$
\begin{aligned}
&=\sum_{i\neq\alpha}\frac{\sigma\left(\tilde{\xi}+\bar{a}_i\omega-\dfrac{\tau}{2}\right)}{\sigma\left(\tilde{\xi}+\bar{a}_i\omega-\dfrac{\tau}{2}+\tau\right)}\times\cdots\times\frac{\sigma(2z+\tau+a_{i\alpha}\omega+\omega)}{\sigma(a_{i\alpha}\omega+\omega)}\\
&\quad+\frac{\sigma\left(\tilde{\xi}+\bar{a}_\alpha\omega-\dfrac{\tau}{2}\right)}{\sigma\left(\tilde{\xi}+\bar{a}_\alpha\omega-\dfrac{\tau}{2}+\tau\right)}\times\cdots\times\frac{\sigma(2z+\tau+\omega)}{\sigma(\omega)}\\
&=\sum_{i\neq\alpha}\frac{\sigma\left(\tilde{\xi}+\bar{a}_i\omega-\dfrac{\tau}{2}\right)}{\sigma\left(\tilde{\xi}+\bar{a}_i\omega-\dfrac{\tau}{2}\right)}\mathrm{e}^{2\pi\mathrm{i}\left(\frac{\tau}{2}+\tilde{\xi}+\bar{a}_i\omega-\frac{\tau}{2}+\frac{1}{2}\right)}\times\cdots\\
&\quad\times\frac{\sigma(2z+a_{i\alpha}\omega+\omega)}{\sigma(a_{i\alpha}\omega+\omega)}\mathrm{e}^{-2\pi\mathrm{i}\left(\frac{\tau}{2}+2z+a_{i\alpha}\omega+\omega+\frac{1}{2}\right)}\\
&\quad+\frac{\sigma\left(\tilde{\xi}+\bar{a}_\alpha\omega-\dfrac{\tau}{2}\right)}{\sigma\left(\tilde{\xi}+\bar{a}_\alpha\omega-\dfrac{\tau}{2}\right)}\mathrm{e}^{2\pi\mathrm{i}\left(\frac{\tau}{2}+\tilde{\xi}+\bar{a}_\alpha\omega-\frac{\tau}{2}+\frac{1}{2}\right)}\times\cdots\times\frac{\sigma(2z+\omega)}{\sigma(\omega)}\mathrm{e}^{-2\pi\mathrm{i}\left(\frac{\tau}{2}+2z+\omega+\frac{1}{2}\right)}\\
&=\mathrm{e}^{2\pi\mathrm{i}\left(\tilde{\xi}+\bar{a}_\alpha\omega-\frac{\tau}{2}-2z-\omega\right)}\times\left\{\sum_{i\neq\alpha}\prod_{j\neq i}\frac{\sigma(a_{ij}\omega+\omega)}{\sigma(a_{ij}\omega)}\frac{\sigma(2z+a_{i\alpha}\omega+\omega)}{\sigma(a_{i\alpha}\omega+\omega)}\right.\\
&\quad\left.+\prod_{j\neq\alpha}\frac{\sigma(a_{\alpha j}\omega+\omega)}{\sigma(a_{\alpha j}\omega)}\frac{\sigma(2z+\omega)}{\sigma(\omega)}\right\}.
\end{aligned}
$$

将 $2z=-n\omega$ 代入, 由式 (10.4.5) 知道 $U\left(a|z+\dfrac{\tau}{2}\right)_\alpha^\alpha|_{z=-\frac{n\omega}{2}}=\mathrm{e}^{2\pi\mathrm{i}\cdots}\times A=0$.

类似地当 $2z\to 2z+1$, 式 (10.4.1) 只乘一个 (-1) 因子, 从而$2z\to 2z+1+\tau$ 也是给出类似结果, 式 (10.4.1) 也乘一个因子. 然而当 $z=-\dfrac{n\omega}{2}$ 时

$$
F(z)\equiv\frac{\sigma\left(z_\alpha-z+\dfrac{n\omega}{2}-\omega\right)\prod\limits_{i\neq\alpha}\sigma\left(z_i+z+\dfrac{n\omega}{2}-\omega\right)}{\prod\limits_{i}\sigma\left(z_i+z+\dfrac{n\omega}{2}\right)}\neq 0.
$$

因此由式 (10.4.4) 有 $g\left(z=-\dfrac{n\omega}{2}+a\dfrac{\tau}{2}+b\dfrac{1}{2}\right)=0,\ \ a,b$ 为整数. $g(z)$ 在 Λ_τ 中有四个零点: $z=-\dfrac{n\omega}{2},\ -\dfrac{n\omega}{2}+\dfrac{\tau}{2},\ -\dfrac{n\omega}{2}+\dfrac{1}{2},\ -\dfrac{n\omega}{2}+\dfrac{\tau}{2}+\dfrac{1}{2}$, 这与$\sigma(2z+n\omega)$ 相同. 定义 $f(z,\omega,\tau)=\dfrac{\sigma(\omega)g(z)}{\sigma(2z+n\omega)}$, 则 f 是 z 的双周期函数, 而且由于 $g(z)$ 与 $\sigma(2z+n\omega)$ 在 $\Lambda_\tau(2z+n\omega=0,1,\tau$ 形成的平行四边形) 内的四个零点是重合的, $g(z)$ 对 z 没有奇异, 因而 f 对 z 没有奇异, 由刘维尔定理 $f(z,\omega,\tau)=c(\omega,\tau)$, 与 z 无关.

令 $z=\beta-\frac{n\omega}{2}$, 代入 $f(\omega)$ 的表达式, 得到

$$f(\omega)=\frac{\sigma(\omega)U\left(a|z=\beta-\frac{n\omega}{2}\right)_{\alpha}^{\alpha}}{\sigma(2z+n\omega)F\left(z=\beta-\frac{n\omega}{2}\right)}=\frac{\sigma(\omega)U\left(a|z=\beta-\frac{n\omega}{2}\right)_{\alpha}^{\alpha}}{\sigma(2\beta)F\left(z=\beta-\frac{n\omega}{2}\right)}.$$

其中, $F(z)=\frac{\sigma\left(z_\alpha-z+\frac{n\omega}{2}-\omega\right)\prod_{i\neq\alpha}\sigma\left(z_i+z+\frac{n\omega}{2}-\omega\right)}{\prod_i\sigma\left(z_i+z+\frac{n\omega}{2}\right)}$. 由式 (10.4.3) 我们有

$$\begin{aligned}U\left(a|z=\beta-\frac{n\omega}{2}\right)_{\alpha}^{\alpha}=&\sum_{i\neq\alpha}\frac{\sigma(z_i-\beta)}{\sigma(z_i+\beta)}\prod_{j\neq i}\frac{\sigma(z_{ij}+\omega)}{\sigma(z_{ij})}\frac{\sigma(2\beta-(n-1)\omega+z_{i\alpha})}{\sigma(z_{i\alpha}+\omega)}\\&+\frac{\sigma(z_\alpha-\beta)}{\sigma(z_\alpha+\beta)}\prod_{j\neq\alpha}\frac{\sigma(z_{\alpha j}+\omega)}{\sigma(z_{\alpha j})}\frac{\sigma(2\beta-(n-1)\omega)}{\sigma(\omega)}\equiv B(\omega),\end{aligned}\tag{10.4.8}$$

$$F\left(z=\beta-\frac{n\omega}{2}\right)=\frac{\sigma(z_\alpha-\beta+(n-1)\omega)\prod\limits_{i\neq\alpha}\sigma(z_i+\beta-\omega)}{\prod\limits_i\sigma(z_i+\beta)}\equiv D(\omega),\tag{10.4.9}$$

$$f(\omega)=\frac{\sigma(\omega)B(\omega)}{\sigma(2\beta)D(\omega)}.\tag{10.4.10}$$

当 $\omega\to\omega+\tau$ 时, $B(\omega)$ 的第一项获得因子指数

$$\begin{aligned}&\sum_{j\neq i}\left(\frac{\tau}{2}+z_{ij}+\omega+\frac{1}{2}\right)+(-)(n-1)\left[\frac{\tau}{2}(-)(n-1)-(n-1)\omega\right.\\&\left.+2\beta+z_{i\alpha}+\frac{1}{2}\right]-\left(\frac{\tau}{2}+z_{i\alpha}+\omega+\frac{1}{2}\right)\\=&\left[(n-1)\left(\frac{\tau}{2}+\omega+\frac{1}{2}\right)+\sum_{j\neq i}z_{ij}\right]+(n-1)^2\left(\frac{\tau}{2}+\omega\right)\\&-(n-1)\left(2\beta+z_{i\alpha}+\frac{1}{2}\right)-\left(\frac{\tau}{2}+z_{i\alpha}+\omega+\frac{1}{2}\right)\\=&\left(\frac{\tau}{2}+\omega\right)((n-1)n-1)-\sum z_j+nz_\alpha-2(n-1)\beta-\frac{1}{2},\end{aligned}$$

$B(\omega)$ 的第二项获得因子指数

$$\begin{aligned}&\sum_{j\neq\alpha}\left(\frac{\tau}{2}+z_{\alpha j}+\omega+\frac{1}{2}\right)-(n-1)\left[-(n-1)\left(\frac{\tau}{2}+\omega\right)+2\beta+\frac{1}{2}\right]-\left(\frac{\tau}{2}+\omega+\frac{1}{2}\right)\\=&\left(\frac{\tau}{2}+\omega\right)((n-1)^2+(n-1)-1)+nz_\alpha-\sum_j z_j-2(n-1)\beta-\frac{1}{2},\end{aligned}$$

二者相同. 因此 $f(\omega)$ 的分子得到因子指数为 ($\sigma(\omega)$ 的指数为 $\frac{\tau}{2}+\omega+\frac{1}{2}$)

$$\left(\frac{\tau}{2}+\omega\right)((n-1)^2+(n-1))+nz_\alpha-\sum z_j-2(n-1)\beta.$$

另一方面, $f(\omega)$ 的分母得到的指数为 $D(\omega)$ 的指数:

$$\begin{aligned}&(n-1)\left[(n-1)\left(\frac{\tau}{2}+\omega\right)+z_\alpha-\beta+\frac{1}{2}\right]+\sum_{i\neq\alpha}(-)\left(-\frac{\tau}{2}-\omega+z_i+\beta+\frac{1}{2}\right)\\ =&\left(\frac{\tau}{2}+\omega\right)((n-1)^2+(n-1))+(n-1)z_\alpha-\sum_i z_i+z_\alpha-(n-1)\beta-(n-1)\beta\\ =&\left(\frac{\tau}{2}+\omega\right)((n-1)^2+(n-1))+nz_\alpha-\sum_i z_i-2(n-1)\beta,\end{aligned}$$

与 $f(\omega)$ 的分子相同, 因而 $f(\omega+\tau)=f(\omega)$.

再考察 $\omega\to\omega+1$ 时的情况, $B(\omega)$ 的两项因子指数均为 $[(n-1)-(n-1)-1]\frac{1}{2}$, 因而 $f(\omega)$ 的分子因子指数为零. $D(\omega)$ 的因子指数为 $(n-1)-(n-1)=0$, 与 $f(\omega)$ 的分母相同, 因而 $f(\omega+1)=f(\omega)$.

$f(\omega)$ 的分子上有 $U(\cdots)_\alpha^\alpha$, 分母上有 $F(\cdots), U(\cdots)_\alpha^\alpha$ 的极点和 $F(\cdots)$ 的零点都可能给 $f(\omega)$ 带来奇异. 在 Λ_τ 内, $f(\omega)$ 的分子 $=\sigma(\omega)B(\omega)$ 对 ω 的奇异形式上是由 B 的第一项分母中的式 (10.4.8) $\sigma(z_{i\alpha}+\omega)$ 提供的, 当 $z_{i\alpha}+\omega=0+a\tau+b$ 时会有奇异, 但是 $f(\omega)$ 与 z_i 无关, 因此这个奇异点不存在. $f(\omega)$ 的分母为 $\sigma(2p)F\left(z=\beta-\frac{n\omega}{2}\right)$, F 中的分子在形式上会有因 $\sigma(z_\alpha-\beta+(n-1)\omega)$ 和 $\prod_{i\neq\alpha}\sigma(z_i+\beta-\omega)$ 这些项在某些 ω 的取值变成零而带来奇异, 由于同样的理由, 奇异也不存在. 由此可见, $f(\omega)$ 是 ω 的双周期的全纯函数, 它相对 ω 是常数.

令 $\omega\to 0$, 得到

$$\begin{aligned}\sigma(\omega)B(\omega)&\to\frac{\sigma(z_\alpha-\beta)}{\sigma(z_\alpha+\beta)}\sigma(2\beta),\\ D(\omega)&\to\frac{\sigma(z_\alpha-\beta)}{\prod_i\sigma(z_i+\beta)}\prod_{i\neq\alpha}\sigma(z_i+\beta)=\frac{\sigma(z_\alpha-\beta)}{\sigma(z_\alpha+\beta)}.\end{aligned}$$

因此 $f(\omega)\to\frac{\sigma(2\beta)}{\sigma(2\beta)}=1$. 由此得到

$$g(z)=\frac{\sigma(2z+n\omega)}{\sigma(\omega)}. \tag{10.4.11}$$

最后, 由式 (10.4.4) 我们有

$$
\begin{aligned}
U(a|z)_\alpha^\alpha =& \frac{\sigma\left(\tilde{\xi}+\bar{a}_\alpha\omega-z+\frac{n\omega}{2}-\omega\right)}{\sigma\left(\tilde{\xi}+\bar{a}_\alpha\omega+z+\frac{n\omega}{2}\right)}\prod_{j\neq\alpha}\frac{\sigma\left(\tilde{\xi}+\bar{a}_j\omega+z+\frac{n\omega}{2}-\omega\right)}{\sigma\left(\tilde{\xi}+\bar{a}_j\omega+z+\frac{n\omega}{2}\right)}\frac{\sigma(2z+n\omega)}{\sigma(\omega)}\\
=&\varphi(z)\times\frac{\sigma\left(\tilde{\xi}+\bar{a}_\alpha\omega-z+\frac{n\omega}{2}-\omega\right)}{\sigma\left(\tilde{\xi}+\bar{a}_\alpha\omega+z+\frac{n\omega}{2}-\omega\right)}\\
=&\varphi(z)\frac{\sigma(\tilde{\xi}'+\bar{a}_\alpha\omega-z)}{\sigma(\tilde{\xi}'+\bar{a}_\alpha\omega+z)}.
\end{aligned}
\tag{10.4.12}
$$

这里 $\tilde{\xi}'=\tilde{\xi}+\frac{n\omega}{2}-\omega$, 函数

$$
\varphi(z)=\frac{\prod\limits_i\sigma\left(\tilde{\xi}+\bar{a}_i\omega+z+\frac{n\omega}{2}-\omega\right)}{\prod\limits_i\sigma\left(\tilde{\xi}+\bar{a}_i\omega+z+\frac{n\omega}{2}\right)}\frac{\sigma(2z+n\omega)}{\sigma(\omega)}
\tag{10.4.13}
$$

与 α 无关. 证实 $U(a|z)_\alpha^\alpha$ 确实是类反射方程的解.

下面介绍有理 R 矩阵的类反射矩阵. 有理 R 矩阵为 $R(\omega)=u+\omega p$. 它有反射矩阵解 $K(u)=\xi I+Mu$, 满足 $M^2=I$. 由对偶关系, 我们知道它有对偶反射矩阵解 $\tilde{K}(u)=\tilde{\xi}I+\tilde{M}\left(-u-\frac{n\omega}{2}\right)$, 还写成 $\tilde{K}(u)=\xi+M\left(-u-\frac{n\omega}{2}\right)$.

$$
K(u)=\xi+Mu\to\xi I+M\left(-u-\frac{n\omega}{2}\right)=\tilde{K}(u),\quad R(u)=u+\omega p.
$$

我们有 (图 10.4.4)

$$
\begin{aligned}
U(z)_i^{i'''} =& R(2z)_{i''i}^{i'''i'}\tilde{K}(z)_{i'}^{i''}\\
=&[2z(\delta_{i''i'''}\delta_{ii'})+\omega\delta_{i''i'}\delta_{ii'''}]\left[\xi\delta_{i'i''}+M_{i'}^{i''}\left(-z-\frac{n\omega}{2}\right)\right]\\
=&2z\xi(\delta_{i''i'''}\delta_{ii'}\delta_{i'i''})+2z(\delta_{i''i'''}\delta_{ii'})M_{i'}^{i''}\left(-z-\frac{n\omega}{2}\right)\\
&+\omega\delta_{i''i'}\delta_{ii'''}\xi\delta_{i'i''}+\omega\delta_{i''i'}\delta_{ii'''}M_{i'}^{i''}\left(-z-\frac{n\omega}{2}\right)\\
=&2z\xi\delta_{ii'''}+2z\left(-z-\frac{n\omega}{2}\right)M_i^{i'''}+\omega\xi\delta_{ii'''}n+\omega\left(-z-\frac{n\omega}{2}\right)(\mathrm{tr}M)\delta_{ii'''}\\
=&\left\{I\left(2z\xi+\omega n\xi+\omega\left(-z-\frac{n\omega}{2}\right)(\mathrm{tr}M)\right)+2z\left(-z-\frac{n\omega}{2}\right)M\right\}_i^{i'''}\\
=&\left(z+\frac{n\omega}{2}\right)\{2\xi-\omega\mathrm{tr}M\}I_i^{i'''}+M\left(2z\left(-z-\frac{n\omega}{2}\right)\right)_i^{i'''}\\
=&2\left(z+\frac{n\omega}{2}\right)\left[\left\{\xi-\frac{\omega}{2}\mathrm{tr}M\right\}I-Mz\right]_i^{i'''},
\end{aligned}
$$

因此有 $U(z) \sim \xi' - Mz$, 满足类反射方程.

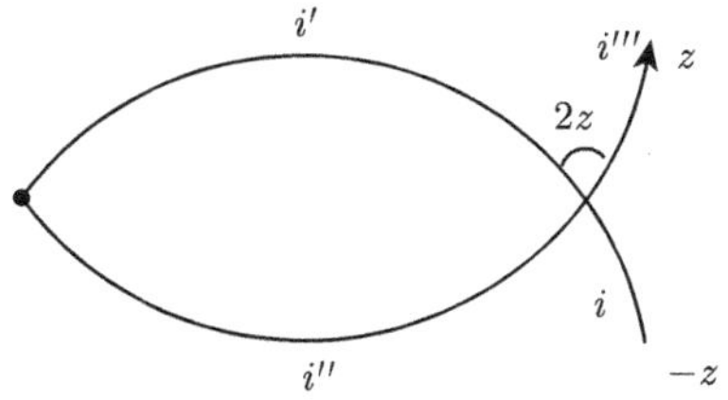

图 10.4.4 有理 R 矩阵 $U(z)_i^{i'''}$ 推导中的指标

第 11 章　带边 A_{n-1}^1 模型的代数贝特拟设

我们在第 9 章介绍了带反射边条件的转移矩阵, 证明对于带不同谱参数的转移矩阵 $t(u)$ 和 $t(v)$ 是互相对易的:

$$[t(u), t(v)] = 0.$$

因此它们是精确可解的. 在本章我们以 A_{n-1}^1 模型为例, 介绍一种求解 $t(u)$ 的本征矢 $\psi(u)$ 和本征值 $\Lambda(u)$ 的方法: 代数贝特拟设 (Bethe ansatz). Ansatz 的意思是给出一个 $\psi(u)$ 的形式, 这就是定解假设. 在这个形式下寻找一些条件, 这些条件称为贝特拟设方程, 使满足这些条件的 $\psi(u)$ 成为 $t(u)$ 的本征矢. 代数贝特拟设的优点是我们可以用不大的计算量找出一些本征矢, 在有些问题中这些矢量就可以解决我们所需要的物理问题. 另一个优点是贝特拟设方法共有的, 即贝特拟设方程的形式便于取热力学极限. 要做代数贝特拟设, 首先要找到一些必须的形成 $t(u)$ 的算子矩阵之间的交换关系, 而且还要找到一个"真空态" $|\Omega\rangle$, 它们是这些算子矩阵的共同本征矢. 在通常情况下, $|\Omega\rangle$ 也是 $t(u)$ 的本征矢. 我们在后面分别说明.

本章的基本内容是文献 (Yang and Sasaki, 2004) 中给出的, 个别地方做了一些推广. 为了各章的一致性, 我们的 R 矩阵、面权与谱线指标等与文献有些区别. 有理模型带反射边的代数贝特拟设在文献 (Wang et al., 2015) 中有清晰扼要的介绍. 为了嵌套 (nested) 贝特拟设推导的简洁, 在本章采用的 R 矩阵指标取值 1 到 n 且 R 定义为

$$R(a|z)_{ij}^{i'j'}|_{\text{本章}} = [R(a|z)_{ij}^{i'j'}/R(a|z)_{ii}^{ii}]_{\text{前 10 章}} = \left[R(a|z)_{ij}^{i'j'}\frac{\sigma(\omega)}{\sigma(z+\omega)}\right]_{\text{前 10 章}},$$

这样做并不改变反射方程的解, 也不影响杨-Baxter 方程.

在附录中, 我们把 $[R(\quad)]_{\text{前 10 章}}$ 写成 $\bar{R}(\quad)$.

11.1　A_{n-1}^1 模型的转移矩阵

A_{n-1}^1 模型的转移矩阵可以表示为

$$t(u) = \mathrm{tr}(\tilde{K}(a|u)k(a|u)). \tag{11.1.1}$$

其中

$$\tilde{K}(a|u)_i^j = \delta_i^j \frac{\sigma\left(\tilde{\xi} + \bar{a}_i\omega - \left(u + \dfrac{n\omega}{2}\right)\right)}{\sigma\left(\tilde{\xi} + \bar{a}_i\omega + \left(u + \dfrac{n\omega}{2}\right)\right)} \prod_{l\neq i} \frac{\sigma(a_{il}\omega + \omega)}{\sigma(a_{il}\omega)} \equiv \delta_i^j \tilde{k}(a|u)_i, \tag{11.1.2}$$

满足对偶反射方程, 它的推导见式 (9.6.17). 算子 $k(a|u)_j^i$ 为

$$k(a|u)_j^i = S(a+\hat{i}, a_0+\hat{m}|u)_j^l K(a_0|u)_l^m T(a, a_0|-u)_m^i, \tag{11.1.3}$$

如图 11.1.1 所示. 在图中当所有谱线上的指标都给定之后, 只要有一块面上的面权给定, 其余面上的面权就都完全确定 (由以下图 11.1.2 面权和线的指标的关系确定). 由于 R 矩阵入射和出射的指标形成同一个数集, 即六顶角型, 入射指标与出射指标是同一对数, 可称之为指标守恒, 又由于 K 矩阵与 $\tilde{K}$ 矩阵都是对角矩阵, 保证这个确定过程不会给出矛盾结果.

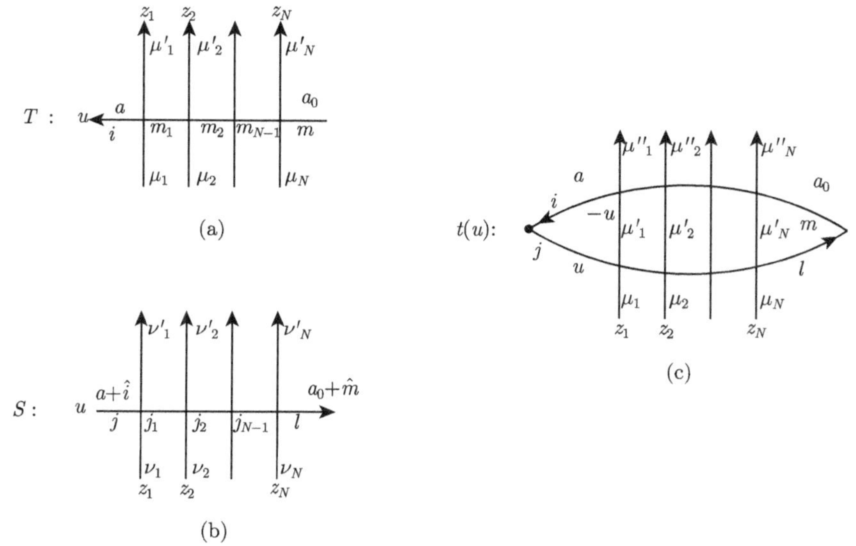

图 11.1.1 $\tau, s, t(u)$的矩阵元

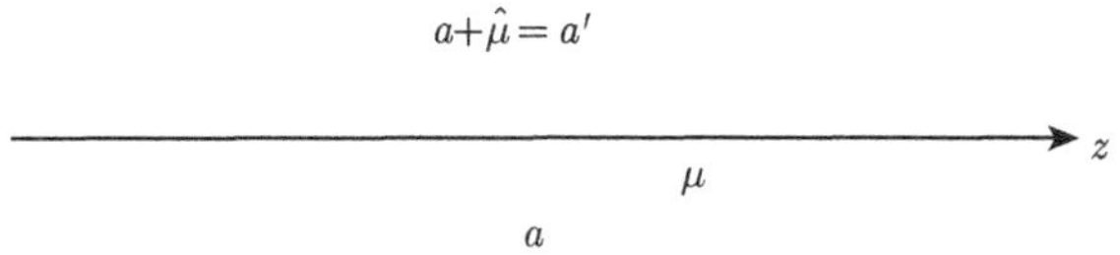

图 11.1.2 面权和谱线的关系, a 和 a' 是由谱线分开的两块面的面权, μ 是谱线指标, 谱线的方向为箭头所示方向

图 11.1.1(a) 为 $T(u)$ 的图示.

$$\begin{aligned}&T(a,a_0|u)_{m\ \ \mu_1\mu_2\cdots\mu_N}^{i\ \ \mu_1'\mu_2'\cdots\mu_N'}\\&=R(a_0|z_N-u)_{\mu_N m}^{\mu_N' m_{N-1}}R(a_0+\hat{\mu}_N'|z_{N-1}-u)_{\mu_{N-1}' m_{N-1}}^{\mu_{N-1}' m_{N-2}}\cdots R(a-\hat{\mu}_1'-\hat{\mu}_2'|z_2-u)_{\mu_2' m_2}^{\mu_2' m_1}\\&\quad\times R(a-\mu_1'|z_1-u)_{\mu_1 m_1}^{\mu_1' i}.\end{aligned}\tag{11.1.4}$$

图 11.1.1(b) 为 $S(u)$ 的图示.

$$\begin{aligned}&S(a+\hat{i},a_0+\hat{m}|u)_{j\ \nu_1\nu_2\cdots\nu_N}^{l\ \nu_1'\nu_2'\cdots\nu_N'} \\ =&R(a+\hat{i}|u-z_1)_{j\nu_1}^{j_1\nu_1'}R(a+\hat{i}-\hat{\nu}_1'|u-z_2)_{j_1\nu_2}^{j_2\nu_2'}\cdots R(a_0+\hat{m}-\hat{\nu}_N'|u-z_N)_{j_{N-1}\nu_N}^{l\,\nu_N'}.\end{aligned} \tag{11.1.5}$$

在这些式子中对重复指标 $m_1,m_2,\cdots,m_{N-1};j_1,j_2,\cdots,j_{N-1}$ 求和, 求和范围为 $\sum_{m_1=1}^n,\sum_{m_2=1}^n,\cdots$. 以下我们约定对矩阵分量的重复指标求和. 由于 A_{n-1}^1 模型的 R 矩阵满足幺正关系 (图 11.1.3):

$$\sum_{i'j'}R(a|v-u)_{ij}^{i'j'}R(a|u-v)_{j'i'}^{j''i''}=\delta_i^{i''}\delta_j^{j''}\rho(u-v). \tag{11.1.6}$$

对于新定义的 R 矩阵 $\rho=1$.

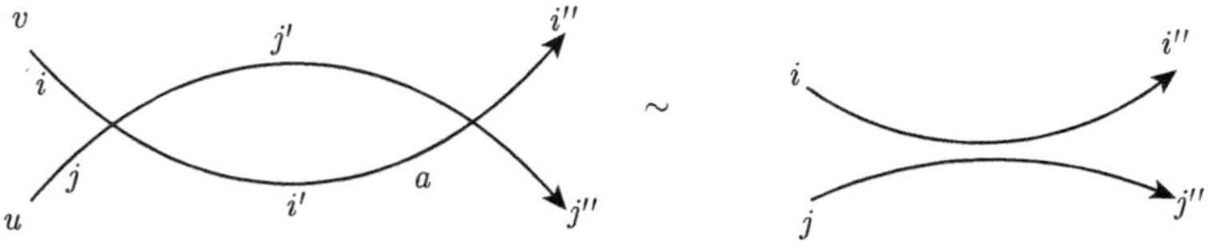

$=\delta_i^{i''}\delta_j^{j''}$

图 11.1.3　幺正关系

可以推出, 作为量子空间 $V_1\otimes V_2\otimes\cdots\otimes V_N$ 的算子有

$$\sum_l S(a+\hat{i},a_0+\hat{m}|u)_j^l T(a,a_0|u)_l^i=\delta_j^i\times\text{常数}. \tag{11.1.7}$$

因此 S 正比于 T 的逆. 在这个乘法中对于图 11.1.1(a) 和图 11.1.1(b) 标示的 S 和 T, 应该让 $m=l,\nu_1'=\mu_1,\nu_2'=\mu_2,\cdots,\nu_N'=\mu_N$, 并对这些指标求和. 由第 9 章的类似推导可知, 当 $K(a_0|u)_l^m$ 满足反射方程时, 式 (11.1.3) 给出的算子

$$k(a|u)_j^i=S(a+\hat{i},a_0+\hat{m}|u)_j^l K(a_0|u)_l^m T(a,a_0|-u)_m^i$$

也满足反射方程 (注意, 在式 (11.1.3) 中 T 算子矩阵的谱是 $-u$ 而不是 u, 而在式 (11.1.7) 中 S 和 T 算子的谱都是 u). 在本章我们令

$$K(a_0|u)_l^m=\delta_l^m k(a_0|u)_l=\delta_l^m\frac{\sigma(\xi+(\overline{a}_0)_l\omega+u)}{\sigma(\xi+(\overline{a}_0)_l\omega-u)}. \tag{11.1.8}$$

习题　1. 验证式 (11.1.6).

解　由于 R 矩阵指标守恒, 我们只需验证三种情况如图 11.1.4~图 11.1.6 所示.

(a) $i=i'', j=j'', i\neq j$; (b)$i=j'', j=i'', i\neq j$; (c)$i=i''=j=j''$.

(a)
$$\begin{aligned}&R(a|v-u)_{ji}^{ji}R(a|u-v)_{ij}^{ij}+R(a|v-u)_{ji}^{ij}R(a|u-v)_{ji}^{ij}\\&=\frac{\sigma(\omega)}{\sigma(u-v+\omega)}\frac{\sigma(\omega)}{\sigma(v-u+\omega)}\times\left\{\frac{\sigma(v-u)\sigma(a_{ji}\omega+\omega)}{\sigma(\omega)\sigma(a_{ji}\omega)}\frac{\sigma(u-v)\sigma(a_{ij}\omega+\omega)}{\sigma(\omega)\sigma(a_{ij}\omega)}\right.\\&\left.+\frac{\sigma(v-u+a_{ji}\omega)}{\sigma(a_{ji}\omega)}\frac{\sigma(u-v+a_{ji}\omega)}{\sigma(a_{ji}\omega)}\right\}.\end{aligned}$$

令 $u'=0, x'=u-v, v'=\omega, y'=a_{ji}\omega$, 并运用加法定理, 则上式可写为

$$\begin{aligned}&R(a|v-u)_{ji}^{ji}R(a|u-v)_{ij}^{ij}+R(a|v-u)_{ji}^{ij}R(a|u-v)_{ji}^{ij}\\=&\frac{\sigma(\omega)}{\sigma(u-v+\omega)}\frac{\sigma(\omega)}{\sigma(v-u+\omega)}\\&\times\{\sigma(v-u)\sigma(u-v)\sigma(a_{ji}\omega+\omega)\sigma(a_{ij}\omega+\omega)\\&-\sigma(v-u+a_{ji}\omega)\sigma(u-v+a_{ji}\omega)\sigma(\omega)\sigma(\omega)\}\times\cdots\\=&\{\sigma(u'-x')\sigma(u'+x')\sigma(v'+y')\sigma(v'-y')\\&-\sigma(-(x'-y'))\sigma(x'+y')\sigma(u'+v')\sigma(-(u'-v'))\}\times\cdots\\=&\frac{\sigma(\omega)}{\sigma(u-v+\omega)}\frac{\sigma(\omega)}{\sigma(v-u+\omega)}\sigma(u'+y')\sigma(u'-y')\sigma(v'+x')\sigma(v'-x')\times\cdots\\=&\sigma(a_{ji}\omega)\sigma(a_{ij}\omega)\sigma(u-v+\omega)\sigma(v-u+\omega)\\&\times\frac{1}{\sigma(\omega)^2\sigma(a_{ji}\omega)\sigma(a_{ij}\omega)}\frac{\sigma(\omega)^2}{\sigma(u-v+\omega)\sigma(v-u+\omega)}=1,\end{aligned}$$

(b)
$$\begin{aligned}&R(a|v-u)_{ji}^{ji}R(a|u-v)_{ij}^{ji}+R(a|v-u)_{ji}^{ij}R(a|u-v)_{ji}^{ji}\\&=\frac{\sigma(\omega)\sigma(\omega)}{\sigma(u-v+\omega)\sigma(v-u+\omega)}\times\left\{\frac{\sigma(v-u)\sigma(a_{ji}\omega+\omega)}{\sigma(\omega)\sigma(a_{ji}\omega)}\frac{\sigma(u-v+a_{ij}\omega)}{\sigma(a_{ij}\omega)}\right.\\&\left.+\frac{\sigma(v-u+a_{ji}\omega)}{\sigma(a_{ji}\omega)}\frac{\sigma(u-v)\sigma(a_{ji}\omega+\omega)}{\sigma(\omega)\sigma(a_{ji}\omega)}\right\}=0,\end{aligned}$$

(c)
$$R(a|v-u)_{ii}^{ii}R(a|u-v)_{ii}^{ii}=1.$$

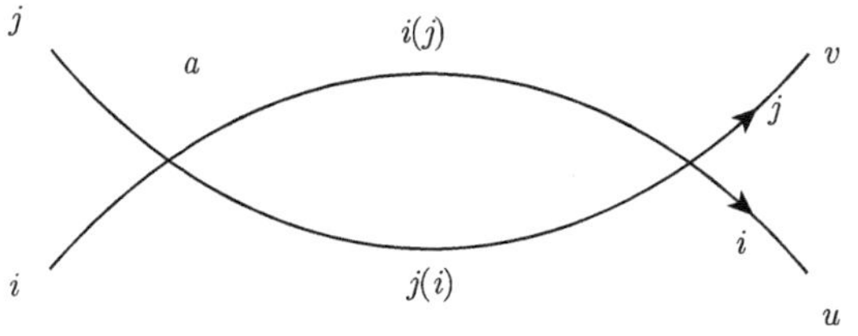

图 11.1.4 当 $i=i'', j=j'', i\neq j$ 时的幺正关系, 即 (a) 条件下的幺正关系

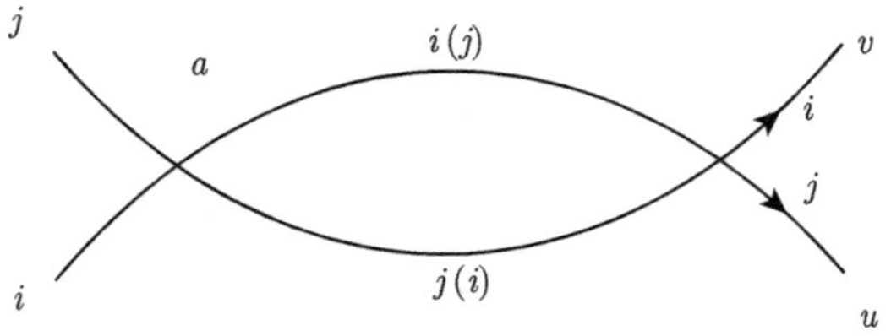

图 11.1.5　(b) 条件下的幺正关系

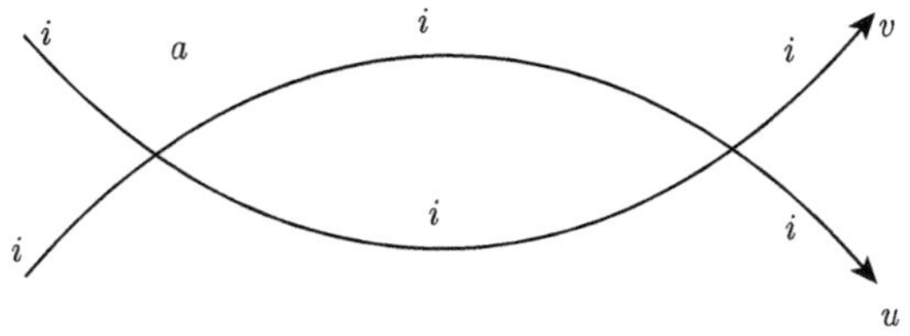

图 11.1.6　(c) 条件下的幺正关系

由此可知

$$R(a|v-u)_{ij}^{i'j'}R(a|u-v)_{j'i'}^{j''i''}=\delta_i^{i''}\delta_j^{j''}.$$

图 11.1.7 证明 S 正比于 T 的逆 (对于新定义的 R 矩阵 S 正好是 T 的逆), 图 11.1.8 证明 $k(a|u)$ 满足反射方程.

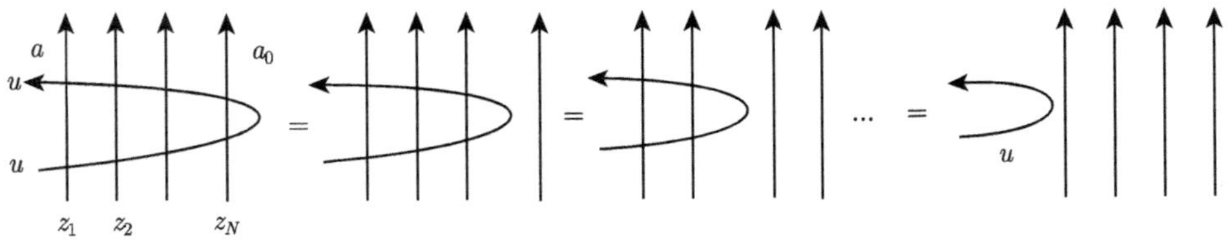

图 11.1.7　用图示法证明 $s(u)$ 正比于 $t(u)$ 的逆

反射方程写出来是

$$\begin{aligned}&k(a-\hat{\imath}-\hat{\jmath}'|v)_j^{j'}R(a|u+v)_{ij'}^{i'j''}k(a-\hat{\imath}'''-\hat{\jmath}'''|u)_{i'}^{i''}R(a|u-v)_{j''i''}^{j'''i'''}\\&=R(a|u-v)_{ij}^{i'j'}k(a-\hat{\jmath}'-\hat{\imath}''|u)_{i'}^{i''}R(a|u+v)_{j'i''}^{j''i'''}k(a-\hat{\imath}'''-\hat{\jmath}'''|v)_{j''}^{j'''}.\end{aligned}\tag{11.1.9}$$

这个方程是推导算子交换关系的基础. 这里对矩阵的重复指标求和 $(1\to n)$, 注意, 图中开放的面指标不变, 如 $a-\hat{\imath}-\hat{\jmath}$, $a-\hat{\imath}'''-\hat{\jmath}'''$, a.

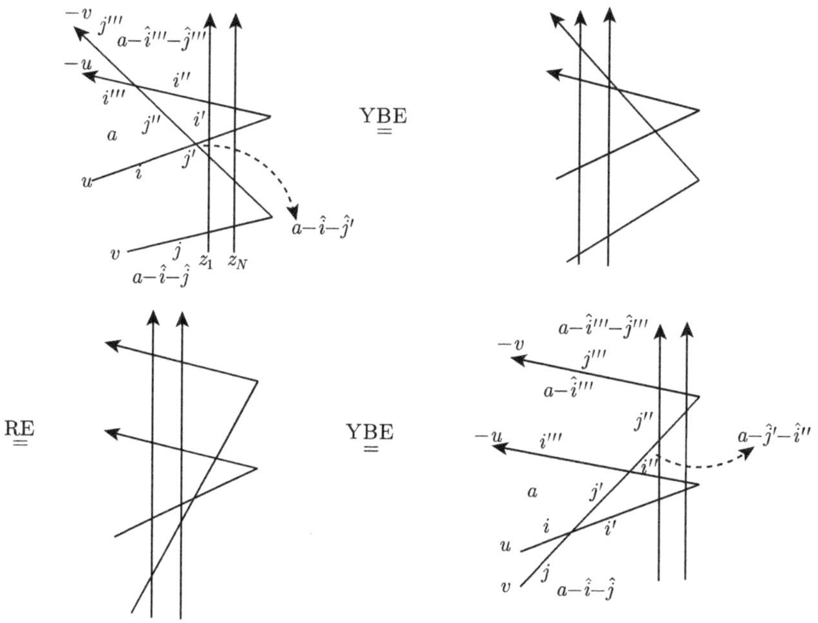

图 11.1.8 用图示法证明 $k(a|u)$ 满足反射方程

对式 (11.1.1) 即图 11.1.1 的 $t(u)$, 当对偶反射矩阵 $\tilde{K}(a|u)$ 和反射矩阵 $K(a_0|u)$ 都是对角的时候, $\{\mu_1,\cdots,\mu_N\},\{\mu_1'',\cdots,\mu_N''\}$ 是同一数集, 只是指标次序有变化. 对 A_{n-1}^1 模型, 同样有

$$t(u)t(v)=t(v)t(u). \tag{11.1.10}$$

证明与第 9 章中所述类似, 只是要求任何部分的面权都要相连贯, 要符合图 11.1.2 的要求, 并以此来确定 $t(u)$ 和 $t(v)$ 中 R 矩阵和 K 矩阵、$\tilde{K}$ 矩阵的面权. 式 (11.1.10) 由图 11.1.9 证明. 其中用到的交叉幺正条件在式 (8.2.20) 给出.

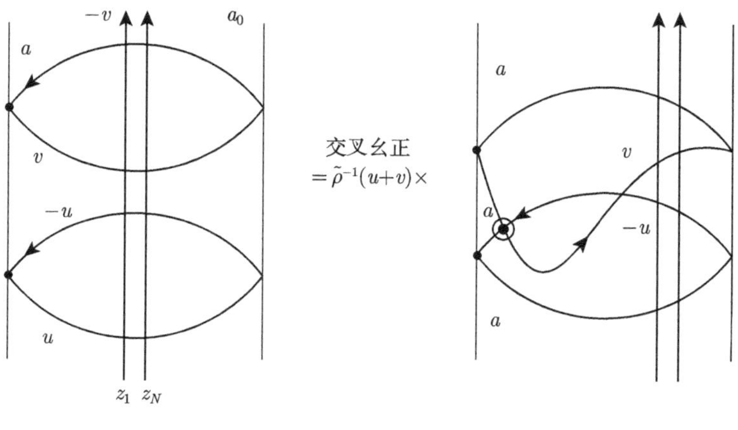

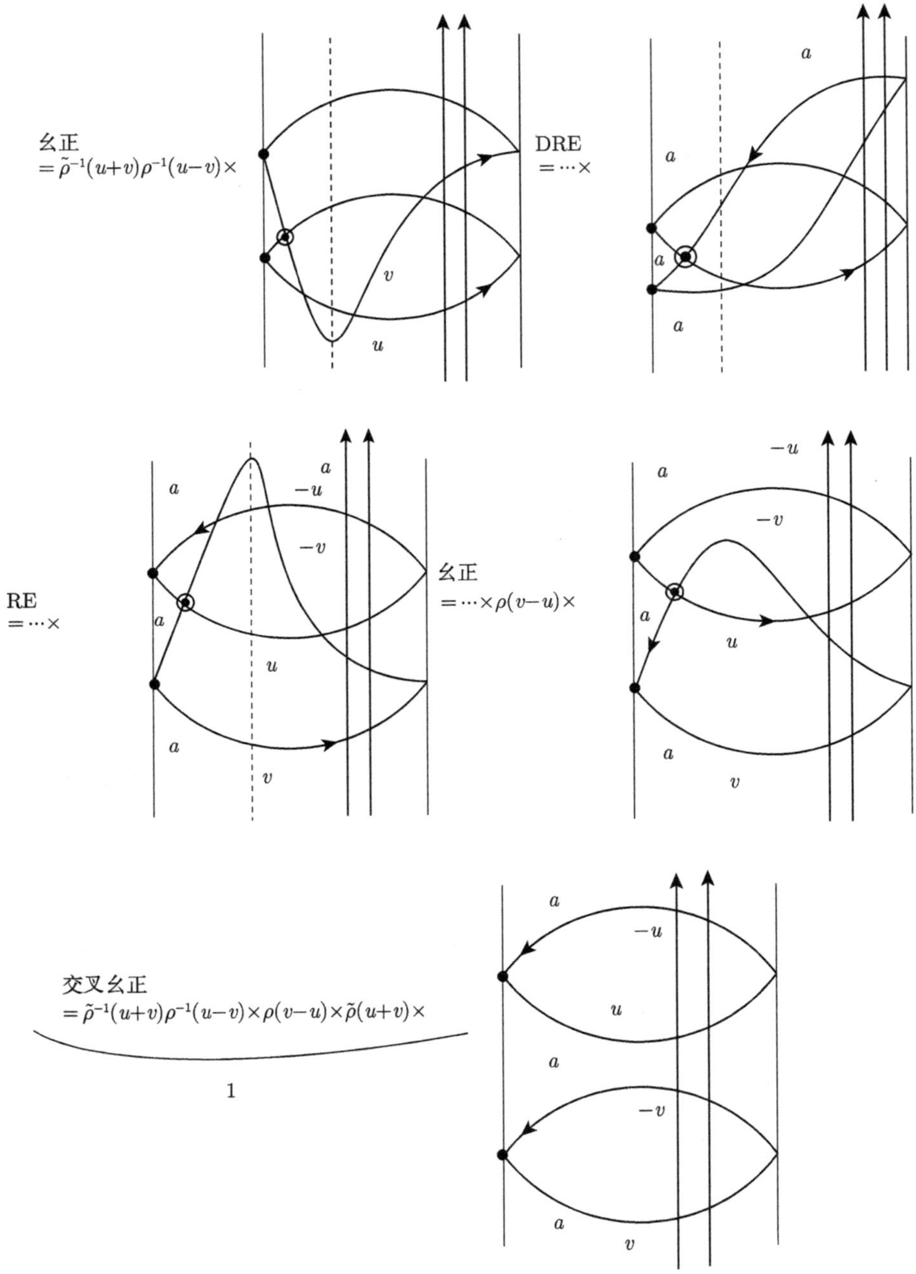

图 11.1.9　用图示法证明 $t(u)t(\nu)=t(\nu)t(u)$

11.2 算子交换关系

式 (11.1.9) 是关于 $k(a|u)$ 和 $k(a'|v)$ 的矩阵元的交换关系, 其中 a 和 a' 是相继的, 比如有一项为 $k(a|u)_i^j k(a'|v)_k^l$(图 11.2.1), 则有 $a'+\hat{l}-\hat{k}=a$. 式 (11.1.10) 两边相当于 a' 的面权是不变的, 因为它是开放面的面权.

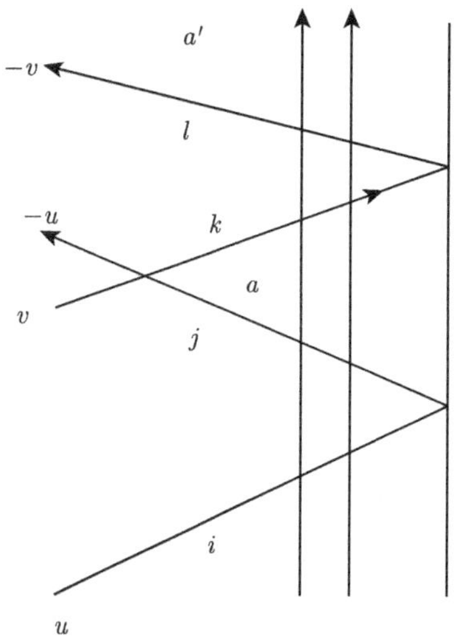

图 11.2.1 $k(a|u)_i^j k(a'|v)_k^l$ 的图示

在 A_{n-1}^1 模型中 YBE、RE、DRE、幺正和交叉幺正等推导中开放面的面权总是固定的, 封闭面的面权是变化的, 开放线的指标不变, 封闭线段的指标是要变化并且求和的.

由式 (11.1.1), 转移矩阵可以写成

$$t(u)=\sum_i \tilde{k}(a|u)_i k(a|u)_i^i, \tag{11.2.1}$$

代数贝特拟设的定解假设是, $t(u)$ 的本征矢为

$$\begin{aligned}&\sum_{i_1\cdots i_{N_1}} F_{i_1,i_2,\cdots,i_{N_1}} B^{i_1}(a_1|v_1)B^{i_2}(a_2|v_2)\cdots B^{i_{N_1}}(a_{N_1}|v_{N_1})|\Omega\rangle\\ &\equiv\psi(v_1v_2\cdots v_{N_1}).\end{aligned} \tag{11.2.2}$$

其中

$$B^i(a|v)\equiv\frac{\sigma(\omega)}{\sigma(a_{1i}\omega)}k(a|v)_1^i,\quad i=2,\cdots,n.$$

$F_{i_1,i_2,\cdots,i_{N_1}}$ 是待定的系数, v_i 是待定的谱, $|\Omega\rangle$ 叫真空态, 它是 $k(a_{N_1}|u)_i^i$ 的本征矢, 式 (11.2.2) 中的 $a_1,\cdots,a_{N_1}$ 有图 11.2.1 所给出的相继关系, 即 $a_2=a_1+\hat{1}-\hat{i}_1$, $a_3=a_2+\hat{1}-\hat{i}_2,\cdots.a_{N_1}$ 与 $|\Omega\rangle$ 的面权要一致.

相对于量子空间而言, 式 (11.2.1) 中的 $\tilde{k}(a|u)$ 是个常数系数. 代数贝特拟设的构想是把 $t(u)$ 中的算子 $k(a|u)_i^i$ 通过与 $B(a'|v)^{i_l}$ 的交换关系, 一步一步换到 $|\Omega\rangle$ 的左边, 作用于 $|\Omega\rangle$ 之后变为一个常数 $\times|\Omega\rangle$. 最终得到 $t(u)\psi=$ 常数 $\times\,\psi$. 在此过程中, 我们希望能得这样的交换关系:

$$\begin{aligned}&k(a|u)_i^{i'}B^j(a+\hat{1}-\hat{j}|v)\sim cB^{l''}(a'|v)k(a+\hat{1}-\hat{j}|u)_l^{l'},\\&a'=a+\hat{1}-\hat{j}+\hat{l}'-\hat{l}.\end{aligned}\tag{11.2.3}$$

但是计算表明, 还会得到这样的项:

$$B^{l''}(a'|u)k(a+\hat{1}-\hat{j}|v)_l^{l'},\tag{11.2.4}$$

这种项由于 $B^{l''}$ 的谱改变了, 肯定不能回到式 (11.2.2) 的形式, 代数贝特拟设的创始人就把式 (11.2.3) 的项称为想要的项 ——wanted term(w.t), 而把式 (11.2.4) 的项叫不想要的项 ——unwanted term(u.t). 代数贝特拟设就想用调整各个 v_i 之间的关系同时调整 $F_{i_1,i_2,\cdots,i_{N_1}}$ 的数值的方式 (称为贝特拟设方程) 把这些 u.t 都消去, 最终使 ψ 成为 $t(u)$ 的本征矢. 由于这些 u.t 在形式上是与 u 有关的, 而这些调整给出 ψ 是与 u 无关的, 这种调整可能吗? 本章的重点内容就是探讨这个问题.

我们可以证明各种 $\{v_i\}$ 给出的 $|v_1v_2\cdots\rangle$ 在对角的 $K(a|u)$ 之下形成一个子空间的完备生成元, 因而可以找到它们的线性组合构成 $\psi(t(u)$ 的本征矢), 但是代数贝特拟设只须用一组 $\{v_i\}$ 就可以构成本征矢. 单独一组 $\{v_i\}$ 就足够形成本征矢有更深层次的原因, 我们将在第 11.5 节叙述这个问题.

寻找交换关系计算量很大. 我们打算在本书附录中给出, 文献 (Yang and Sasaki, 2004) 中有足够的线索, 所用的工具是式 (11.1.9) 和加法定理:

$$\begin{aligned}&\sigma(u+x)\sigma(u-x)\sigma(v+y)\sigma(v-y)-\sigma(u+y)\sigma(u-y)\sigma(v+x)\sigma(v-x)\\&=\sigma(u+v)\sigma(u-v)\sigma(x+y)\sigma(x-y).\end{aligned}\tag{11.2.5}$$

其中, $\sigma(z)\equiv\theta\begin{bmatrix}\frac{1}{2}\\\frac{1}{2}\end{bmatrix}(z,\tau)$. 定义

$$A(a|u)=k(a|u)_1^1,\quad B^i(a|u)=\frac{\sigma(\omega)}{\sigma(a_{1i}\omega)}k(a|u)_1^i,\quad i=2,\cdots,n,\tag{11.2.6}$$

$$D_j^i(a|u)=\frac{\sigma(a_{j1}\omega+\delta_i^j\omega)}{\sigma(a_{i1}\omega)}\left\{k(a|u)_j^i-\delta_j^iR(a-\hat{1}|2u)_{j1}^{1j}A(a|u)\right\},\quad i,j=2,\cdots,n.\tag{11.2.7}$$

相关的交换关系为

$$
\begin{aligned}
&A(a|u)B^i(a+\hat{1}-\hat{i}|v)\\
=&\frac{\sigma(u+v)\sigma(u-v-\omega)}{\sigma(u+v+\omega)\sigma(u-v)}B^i(a+\hat{1}-\hat{i}|v)A(a+\hat{1}-\hat{i}|u)\\
&-\frac{\sigma(\omega)\sigma(2v)}{\sigma(u-v)\sigma(2v+\omega)}\frac{\sigma(u-v-a_{i1}\omega+\omega)}{\sigma(a_{i1}\omega-\omega)}B^i(a+\hat{1}-\hat{i}|u)A(a+\hat{1}-\hat{i}|v)\\
&-\frac{\sigma(\omega)}{\sigma(u+v+\omega)}\sum_{\alpha=2}^{n}\frac{\sigma(u+v+a_{1\alpha}\omega+2\omega)}{\sigma(a_{1\alpha}\omega+\omega)}B^\alpha(a+\hat{1}-\hat{\alpha}|u)D_\alpha^i(a+\hat{1}-\hat{i}|v),
\end{aligned}
\tag{11.2.8}
$$

$$
\begin{aligned}
&D_k^j(a|u)B^i(a+\hat{1}-\hat{i}|v)\\
=&\frac{\sigma(u-v+\omega)\sigma(u+v+2\omega)}{\sigma(u-v)\sigma(u+v+\omega)}\times\left\{\sum_{\alpha_1,\alpha_2,\beta_1,\beta_2=2}^{n}R(a+\hat{j}|u+v+\omega)_{k\beta_2}^{\alpha_2\beta_1}\right.\\
&\left.\times R(a-\hat{i}|u-v)_{\beta_1\alpha_1}^{ij}\times B^{\beta_2}(a+\hat{\alpha}_1-\hat{\alpha}_2-\hat{i}+\hat{1}|v)D_{\alpha_2}^{\alpha_1}(a+\hat{1}-\hat{i}|u)\right\}\\
&-\frac{\sigma(\omega)\sigma(2u+2\omega)}{\sigma(u-v)\sigma(2u+\omega)}\left\{\sum_{\alpha,\beta=2}^{n}\frac{\sigma(u-v+a_{\alpha1}\omega-\omega)}{\sigma(a_{\alpha1}\omega-\omega)}R(a+\hat{j}|2u+\omega)_{k\beta}^{\alpha j}\right.\\
&\left.\times B^\beta(a+\hat{1}-\hat{\alpha}|u)D_\alpha^i(a+\hat{1}-\hat{i}|v)\right\}\\
&+\frac{\sigma(\omega)\sigma(2v)\sigma(2u+2\omega)}{\sigma(u+v+\omega)\sigma(2v+\omega)\sigma(2u+\omega)}\left\{\sum_{\alpha=2}^{n}\frac{\sigma(u+v+a_{i1}\omega)}{\sigma(a_{i1}\omega-\omega)}R(a+\hat{j}|2u+\omega)_{k\alpha}^{ij}\right.\\
&\left.\times B^\alpha(a+\hat{1}-\hat{i}|u)A(a+\hat{1}-\hat{i}|v)\right\},
\end{aligned}
\tag{11.2.9}
$$

$$
\begin{aligned}
&B^l(a-\hat{1}-\hat{l}|u)B^k(a-\hat{l}-\hat{k}|v)\\
=&\sum_{\alpha,\beta=2}^{n}R(a|u-v)_{\beta\alpha}^{kl}\times B^\beta(a-\hat{1}-\hat{\beta}|v)B^\alpha(a-\hat{\alpha}-\hat{\beta}|u).
\end{aligned}
\tag{11.2.10}
$$

注意,

$$R(a-\hat{i}|u-v)_{\beta_1\alpha_1}^{i\,j}=R(a+\hat{j}|u-v)_{\beta_1\alpha_1}^{i\,j},\quad R(a|u)_{ij}^{i'j'}=R(a+m\hat{1}|u)_{ij}^{i'j'},\quad \text{当} i,i',j,j'>1\text{时}.$$

我们以推导式 (11.2.10) 为例. 式 (11.1.9) 中令 $i=j=1$, $i'''=l$, $j'''=k, l\neq k$, 得到 (图 11.2.2)

$$
\begin{aligned}
&k(a-\hat{1}-\hat{l}|u)_1^l k(a-\hat{l}-\hat{k}|v)_1^k R(a|u+v)_{1l}^{1l}R(a|u-v)_{11}^{11}\\
=&k(a-\hat{1}-\hat{k}|v)_1^k k(a-\hat{l}-\hat{k}|u)_1^l R(a|u+v)_{1k}^{1k}R(a|u-v)_{kl}^{kl}\\
&+k(a-\hat{1}-\hat{l}|v)_1^l k(a-\hat{l}-\hat{k}|u)_1^k R(a|u+v)_{1l}^{1l}R(a|u-v)_{lk}^{kl}.
\end{aligned}
$$

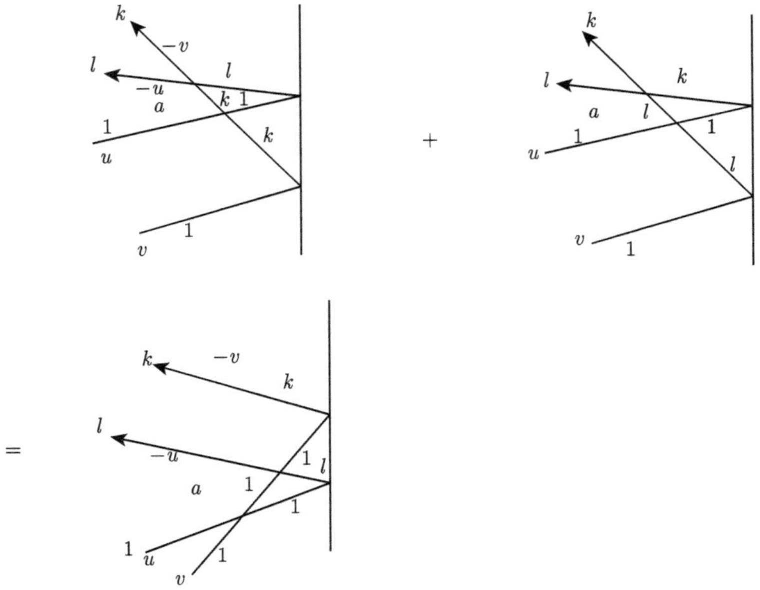

图 11.2.2　$k(a-\hat{1}-\hat{l}|u)_1^l k(a-\hat{l}-\hat{k}|v)_1^k$ 的交换关系图示

给出

$$
\begin{aligned}
&k(a-\hat{1}-\hat{l}|u)_1^l k(a-\hat{l}-\hat{k}|v)_1^k \frac{\sigma(u+v)\sigma(a_{1l}\omega+\omega)}{\sigma(\omega)\sigma(a_{1l}\omega)} \frac{\sigma(\omega)}{\sigma(u+v+\omega)} \times 1 \\
=&k(a-\hat{1}-\hat{k}|v)_1^k k(a-\hat{l}-\hat{k}|u)_1^l \frac{\sigma(u+v)\sigma(a_{1k}\omega+\omega)}{\sigma(\omega)\sigma(a_{1k}\omega)} \frac{\sigma(\omega)}{\sigma(u+v+\omega)} R(a|u-v)_{kl}^{kl} \\
&+k(a-\hat{1}-\hat{l}|v)_1^l k(a-\hat{l}-\hat{k}|u)_1^k \frac{\sigma(u+v)\sigma(a_{1l}\omega+\omega)}{\sigma(\omega)\sigma(a_{1l}\omega)} \frac{\sigma(\omega)}{\sigma(u+v+\omega)} R(a|u-v)_{lk}^{kl}.
\end{aligned}
$$

约去公因子 $\dfrac{\sigma(u+v)}{\sigma(u+v+\omega)}$, 两边除以 $\sigma(a_{1l}\omega+\omega)\sigma(a_{1k}\omega+\omega)$ 得

$$
\begin{aligned}
&\frac{k(a-\hat{1}-\hat{l}|u)_1^l}{\sigma(a_{1l}\omega)} \frac{k(a-\hat{l}-\hat{k}|v)_1^k}{\sigma(a_{1k}\omega+\omega)} \\
=&\frac{k(a-\hat{1}-\hat{k}|v)_1^k}{\sigma(a_{1k}\omega)} \frac{k(a-\hat{l}-\hat{k}|u)_1^l}{\sigma(a_{1l}\omega+\omega)} R(a|u-v)_{kl}^{kl} \\
&+\frac{k(a-\hat{1}-\hat{l}|v)_1^l}{\sigma(a_{1l}\omega)} \frac{k(a-\hat{l}-\hat{k}|u)_1^k}{\sigma(a_{1k}\omega+\omega)} R(a|u-v)_{lk}^{kl},
\end{aligned}
$$

就给出方程 (11.2.10) 在 $l \neq k$ 的情形 ($l=k$ 的情形请读者自己完成). 在这里可以看出为什么 $k(a|u)_1^l$ 与 $B^l(a|u)$ 要差一个因子 $\dfrac{\sigma(\omega)}{\sigma(a_{1l}\omega)}$.

由于 R 矩阵的六顶角型指标关系, 我们看到方程左右算子的面权关系仍然是相继的. 我们把 $k(a|u)^i_j$ 换成式 (11.2.7) 中的 $D^i_j(a|u)$ 作为 $k(a|u)^i_j$ 与 $A(a|u)$ 的线性组合, 是为了使式 (11.2.9) 中的 w.t 中只出现 $D^{\alpha_1}_{\alpha_2}(\cdots|u)$ 而不出现 $A(\cdots|u)$, 这样使代数贝特拟设给出两项 w.t(一项由 A 单独生成, 一项由 D 单独生成) 而不多出一大堆由 A 和 D 混合生成的 w.t. 这是文献 (sklyanin, 1988) 中给出的带反射边贝特拟设中的创新方法.

我们把式 (11.2.8)、式 (11.2.9) 的 w.t 用图 11.2.3 和图 11.2.4 表示. 注意在这些图中谱线的谱都与原来算子的谱不同. 但它们给出的 w.t 系数是正确的, 这样修改是嵌套贝特拟设的需要.

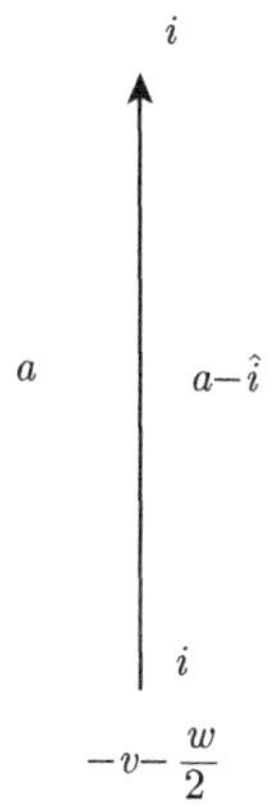

图 11.2.3 式 (11.2.8) 中的 w.t

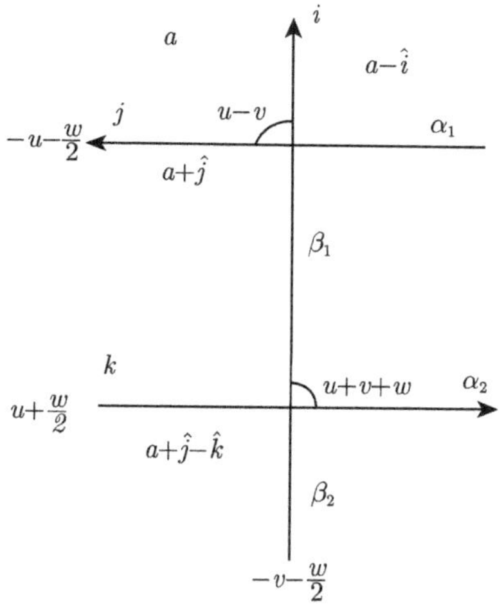

图 11.2.4 式 (11.2.9) 中的 w.t

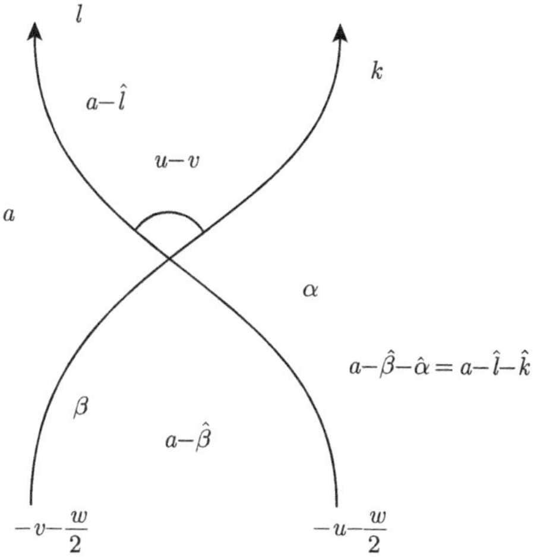

图 11.2.5 式 (11.2.10) 的图示

图 11.2.5 是与图 11.2.3, 图 11.2.4 相洽的式 (11.2.10) 的图, 在该图中, 谱线的谱也与式 (11.2.10) 不同, 但是给出的系数 (即 R 矩阵的矩阵元) 是相同的.

在这三张图中, 我们将 $B(\cdots|v)$ 的谱线的谱标为 $-v-\dfrac{\omega}{2}$, 将表示 $D_k^i(\cdots|u)$ 的两条线的谱改为 $u+\dfrac{\omega}{2}$和 $-u-\dfrac{\omega}{2}(k(\cdots|u)_k^i$ 的两条谱线的谱为 u 和 $-u)$, 而且, $B^j(a-\hat{j}+\hat{1}|v)$ 的面权在图 11.2.4 中只显示指标为 j 的竖线右边的 $a-\hat{j}$ 而不是 $a-\hat{j}+\hat{1}$, 在图 11.2.5 中 $B^l(a-\hat{l}+\hat{1}|u)$ 和 $B^k(a-\hat{l}-\hat{k}|v)$ 的面权在图中分别标为 $a-\hat{l}$ 和 $a-\hat{l}+\hat{k}$. 它们是相关谱线前进方向的右侧的面权. 在图 11.2.4 中 $D_{\alpha_2}^{\alpha_1}(a-\hat{i}+\hat{1}|u)$ 的面权在图中标成 $a-\hat{i}$(指标为 i 的竖直谱线的右侧面权). 我们注意到, 标志算子 $D_j^i(u), B^i(v), A(u)$ 的面权每向右移过一条竖线就应该比图上标志的多加一个 $\hat{1}$. 由于在图 11.2.4 和图 11.2.5 中的 R 矩阵的指标都不含 1, 所以这样做并不会带来困难.

把 $t(u)$ 中的 $A(a|u)$ 和 $D_k^i(a|u)$ 作用于式 (11.2.2) 中 ψ 的左边, 经过每一个 $B^i(\cdots|v)$ 时产生 w.t $B^{i'}(\cdots|v)[A(|u)$ 或 $D_\alpha^\beta(|u)]$ 和 u.t $B^{i'}(\cdots|u)(A(|v)$或$D_\alpha^\beta(|v))$, 我们把这些 A, D 算符继续右移, 一直到达 ψ 中基矢 $|\Omega\rangle$ 的左边. 我们在第 11.3 节将证明, 只要 $|\Omega\rangle$ 选取合适, 可以做到 $D_j^i(|z)|\Omega\rangle\sim\delta_j^i|\Omega\rangle$, $A(|z)|\Omega\rangle\sim|\Omega\rangle$. 因此对每一项都可以得到$\prod_l B^{i_l}(\ |z_l)|\Omega\rangle$ 的形式, 其中 z_l 是在 $\{u, v_1, v_2, \cdots, v_{N_1}\}$ 这 N_1+1 个谱中选 N_1 个, 而选择 $v_1, v_2, \cdots, v_{N_1}$ 的项是我们希望得到的项. 其余的项都是缺掉某个 v_i 而被 u 替换掉了, 这样的项是我们不想要的项. 由交换关系式 (11.2.10), 我们可以把这些 u.t 中含 u 谱并且不含 v_j 谱的项合在一起, 得到一个矢量 ψ_j'. 这样最终得到 N_1 个 ψ_j' 和一个想要的项 ψ', 我们希望调整 F 和 v_i 使 ψ_j' 都消除掉而且 $\psi'\propto\psi$. 这样就得到一个 $t(u)$ 的本征矢.

先看 ψ' 的构成, 只有在通过每一个 $B^i(|v)$ 都取想要项时才可能对 ψ' 有贡献. 我们有

$$
\begin{aligned}
&A(a|u)B^{i_1}(a_1|v_1)B^{i_2}(a_2|v_2)\cdots B^{i_{N_1}}(a_{N_1}|v_{N_1})|\Omega\rangle F_{i_1\cdots i_N}\\
=&\text{常数}\times B^{i_1}(a_1|v_1)B^{i_2}(a_2|v_2)\cdots B^{i_{N_1}}(a_{N_1}|v_{N_1})A(a_{N_1}|u)|\Omega\rangle\\
&\times F_{i_1\cdots i_{N_1}}\quad+\text{u.t},
\end{aligned}
\tag{11.2.11}
$$

$$
\begin{aligned}
&D_k^j(a|u)B^{i_1}(a_1|v_1)B^{i_2}(a_2|v_2)\cdots B^{i_{N_1}}(a_{N_1}|v_N)|\Omega\rangle F_{i_1\cdots i_N}\\
=&\text{常数}\times M_{j'k'\ \ i_1''i_2''\cdots i_{N_1}''}^{jk\ \ i_1i_2\cdots i_{N_1}}(a|u, v_1, v_2, \cdots, v_{N_1})\\
&\times B^{i_1''}(a_1''|v_1)B^{i_2''}(a_2''|v_2)\cdots B^{i_N''}(a_{N_1}''|v_{N_1})D_{k'}^{j'}(a''|u)|\Omega\rangle\\
&\times F_{i_1\cdots i_N}+\text{u.t}.
\end{aligned}
\tag{11.2.12}
$$

其中, 矩阵 M 可以用图 11.2.6 表达.

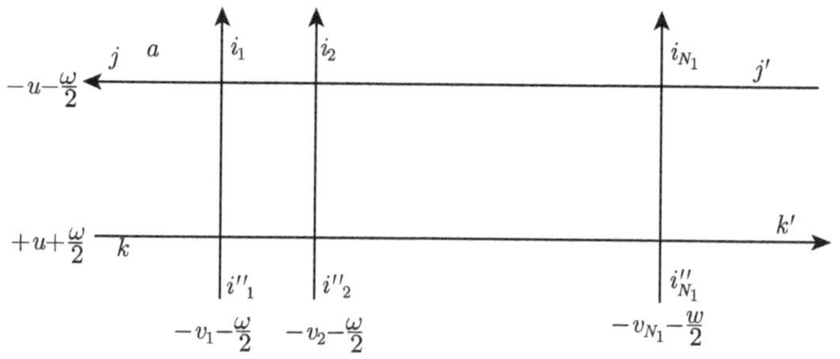

图 11.2.6 式 (11.2.12) 中 M 矩阵元的图示

在图 11.2.6 中, 交点为 R 矩阵, 面权标法与过去相同, 符合图 11.1.2 的要求, 但是解读 A, B 和 D 的面权时要求每向右移一个竖线时加 $\hat{1}$ (这对 R 矩阵没有影响, 因为图中所有指标都从 $2 \to n$, 没有 1). 因为只有这样, 才可能做到所有算子的面权都符合相继的要求 (图 11.2.1).

11.3 真空态 $|\Omega\rangle$

为了实现代数贝特拟设, 必须找到一个 $t(u)$ 作用的空间 (也称量子空间)$V = V_1 \otimes V_2 \otimes \cdots \otimes V_N$ 的一个矢量, 要求它是 $A(|z)$, $D_j^i(|z)$ 的共同本征矢 (与 z 无关), 而且 B 的乘积作用于 $|\Omega\rangle$ 上能给出丰富的矢量, $B|\Omega\rangle \neq 0$. 我们找到的是

$$|\Omega\rangle_a^{a+N\hat{1}=a'} = e_1(a'-\hat{1}) \otimes e_1(a'-2\hat{1}) \otimes \cdots \otimes e_1(a+\hat{1}) \otimes e_1(a),$$

以图 11.3.1 表示.

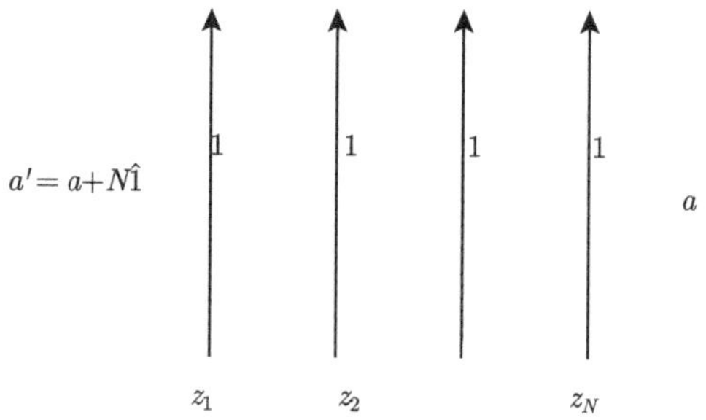

图 11.3.1 真空态 $|\Omega\rangle$ 的图示

在本节, 我们把 V 的基矢标为 $|\chi\rangle_a^{a'} = e_{i_1}(a'-\hat{i}_1) \otimes e_{i_2}(a'-\hat{i}_2) \otimes \cdots \otimes e_{i_N}(a)$ (图 11.3.2), 在这些图中我们把 e_i 所属的面权规定在谱线前行方向的右侧. 有了基矢的图示, 就可以给出算子的图示, 如图 11.3.3 所示 (参看图 11.1.1, 其中标出了量子空间的矩阵元).

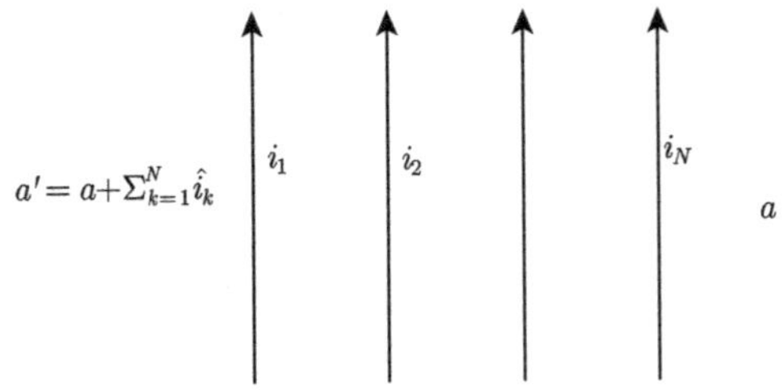

图 11.3.2　一般态 $|\chi\rangle_a^{a'}$ 的图示

图 11.3.3(a) 表示 $T(a',a|u)_i^j = [T(a',a|u)]_i^j$ 的矩阵元, 图 11.3.3(b) 表示 $S(a',a|u)_k^l = [S(a',a|u)]_k^l$ 的矩阵元.

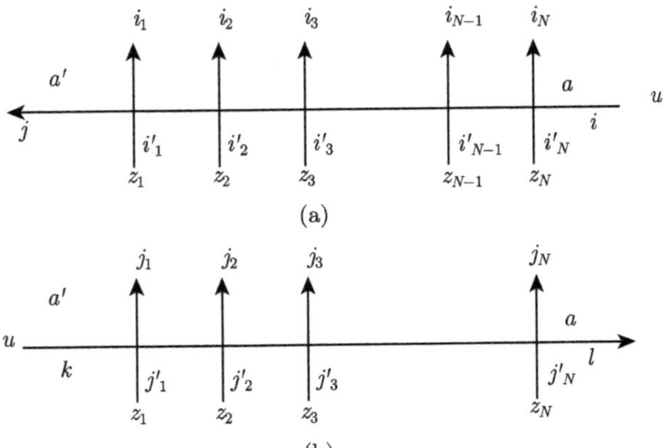

图 11.3.3　(a) T 的矩阵元的图示; (b) S 的矩阵元的图示

我们这一章所用的反射矩阵和对偶反射矩阵都是对角的, 这是代数贝特拟设的一项要求. 反射矩阵可以略微放宽, 但对偶反射矩阵必须是对角的. 对于非对角的反射矩阵, 传统的代数贝特拟设不能做, 必须有重大的思路和方法上的改变和突破, 请读者参阅 (Wang et al., 2015) 及相关文献. 由于

$$K(a|u)_i^j = \delta_i^j \frac{\sigma(\xi + \overline{a}_i\omega + u)}{\sigma(\xi + \overline{a}_i\omega - u)} \equiv k(a,u,\xi)_j \delta_i^j \tag{11.3.1}$$

是对角的, 因此在量子空间的基矢中, a 是确定不变的, 但 a' 是变化的. 图 11.3.3(a) 中的 $T(a',a|u)$ 为 $\mathcal{V} = V_0 \otimes V$, $V = V_1 \otimes \cdots \otimes V_N$ 的算子. $T(a',a|u)_i^j$ 对 V_0 的指标为 i,j, 它又是量子空间的算子,

$$T(a',a|u) = R(a|z_N - u)R(a_1|z_{N-1} - u)\cdots R(a_{N-1}|z_1 - u), \tag{11.3.2}$$

a' 由 T 在量子空间的上指标确定. $a' = a + \hat{i}_1 + \hat{i}_2 + \cdots + \hat{i}_N$,

$$a_1 = a + \hat{i}_N, \quad a_2 = a_1 + \hat{i}_{N-1}, \cdots, a_{N-1} = a_{N-2} + \hat{i}_2. \tag{11.3.3}$$

类似地有

$$S(a',a|u)=R(a'|u-z_1)R(a_{N-1}|u-z_2)\cdots R(a_1|u-z_N) \tag{11.3.4}$$

和

$$a'=a_N=a+\sum_{k=1}^{N}\hat{j}_k,\quad a_1=a+\hat{j}_N,\quad a_2=a_1+\hat{j}_{N-1},\cdots \tag{11.3.5}$$

有了以上这些, 我们就知道算子 $k(a'|u)_i^j$ 是什么算子了 (图 11.3.4):

$$k(a',a|u)_i^j=\sum_l S(a'+\hat{j},a+\hat{l}|u)_i^l K(a|u)_l^l T(a',a|-u)_l^j. \tag{11.3.6}$$

注意, T_l^j 的谱是 $-u$ 而不是 u. 图 11.3.4 表示 $k(a',a|u)_i^j|\chi\rangle_a^{a'}$.

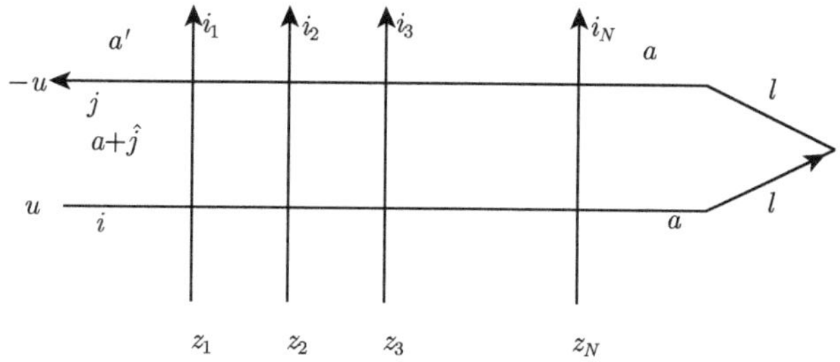

图 11.3.4 $k(a'a|u)_i^j|\chi\rangle_a^{a'}$

我们要计算如下结果, 如图 11.3.5 所示.

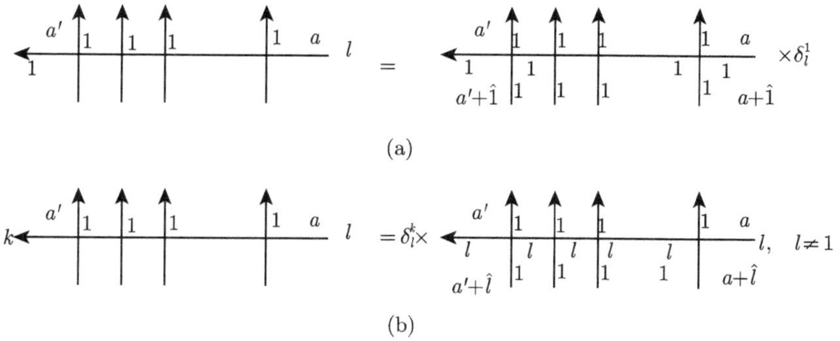

图 11.3.5 (a) 式 (11.3.7) 的图示推导; (b) 式 (11.3.8) 的图示推导, 注意利用 R 矩阵指标守恒性质

由指标守恒有

$$\begin{aligned}&T(a',a|-u)_l^1|\Omega\rangle_a^{a'}\\&=R(a|u+z_N)_{11}^{11}R(a+\hat{1}|u+z_{N-1})_{11}^{11}\cdots R(a+(N-1)\hat{1}|u+z_1)_{11}^{11}\delta_l^1|\Omega\rangle_{a+\hat{1}}^{a'+\hat{1}}.\end{aligned} \tag{11.3.7}$$

当 $l \neq 1$ 时,

$$
\begin{aligned}
&T(a',a|-u)_l^k|\Omega\rangle_a^{a'}\\
=&R(a|u+z_N)_{1l}^{1l}R(a+\hat{1}|u+z_{N-1})_{1l}^{1l}\cdots R(a+(N-1)\hat{1}|u+z_1)_{1l}^{1l}\delta_l^k|\Omega\rangle_{a+\hat{l}}^{a'+\hat{l}}.
\end{aligned}
\tag{11.3.8}
$$

类似地有

$$
\begin{aligned}
S(a',a|u)_l^1|\Omega\rangle_a^{a'}=&\delta_l^1R(a'|u-z_1)_{11}^{11}R(a'-\hat{1}|u-z_2)_{11}^{11}\cdots\\
&\times R(a+\hat{1}=a'-(N-1)\hat{1}|u-z_N)_{11}^{11}|\Omega\rangle_{a-\hat{1}}^{a'-\hat{1}}=\delta_l^1|\Omega\rangle_{a-\hat{1}}^{a'-\hat{1}}.
\end{aligned}
\tag{11.3.9}
$$

当 $l \neq 1$ 时,

$$
\begin{aligned}
&S(a',a|u)_l^k|\Omega\rangle_a^{a'}\\
=&\delta_l^kR(a'|u-z_1)_{l1}^{l1}R(a'-\hat{1}|u-z_2)_{l1}^{l1}\cdots R(a+\hat{1}|u-z_N)_{l1}^{l1}|\Omega\rangle_{a-\hat{l}}^{a'-\hat{l}}.
\end{aligned}
\tag{11.3.10}
$$

它们分别由图 11.3.6 和图 11.3.7 表示.

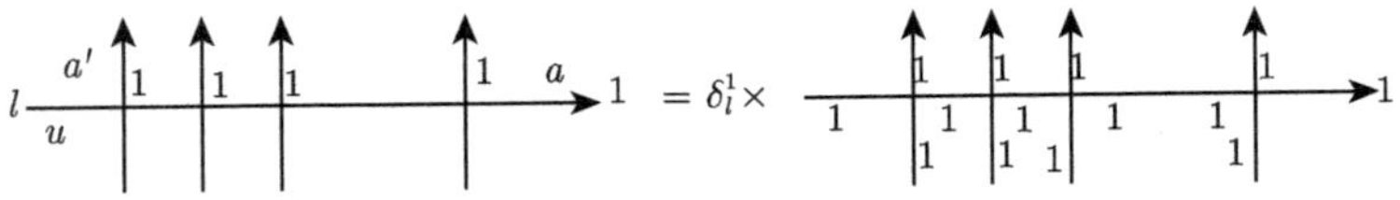

(c)

图 11.3.6　式 (11.3.9) 图示推导

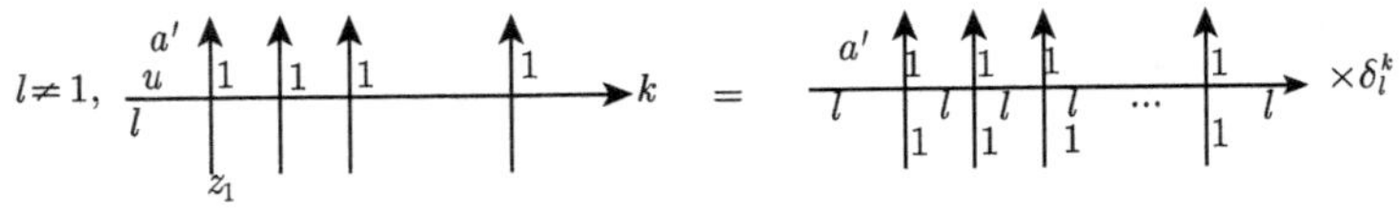

(d)

图 11.3.7　式 (11.3.10) 图示推导

接下来我们就可以计算 $k(a',a|u)_i^j|\Omega\rangle$, 其中 a' 和 a 的面权位置如图 11.3.8 所示.

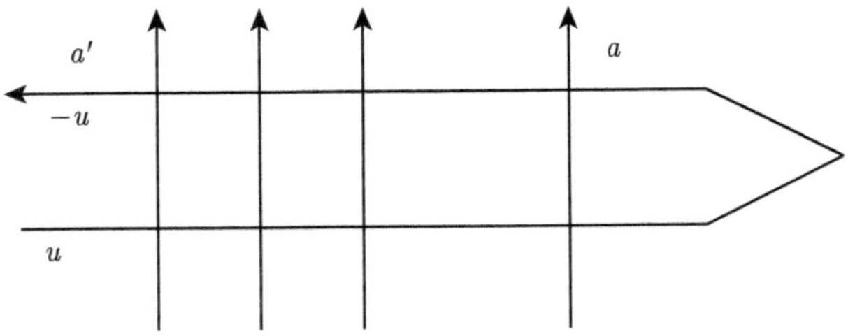

图 11.3.8　$k(a',a|u)_i^j$ 中面权 a' 和 a 的定义图示

当 $j\neq 1$ 时, 我们有

$$
\begin{aligned}
&k(a+N\hat{1},\ a|u)_j^j|\Omega\rangle\\
=&k(a|u,\xi)_1 S(a+N\hat{1}+\hat{j},\ a+\hat{1}|u)_j^1 T(a+N\hat{1},\ a|-u)_1^j|\Omega\rangle\\
&+k(a|u,\xi)_j S(a+N\hat{1}+\hat{j},\ a+\hat{j}|u)_j^j T(a+N\hat{1},\ a|-u)_j^j|\Omega\rangle, \qquad (11.3.11)
\end{aligned}
$$

理由如图 11.3.9 所示, 图中 $N=4$.

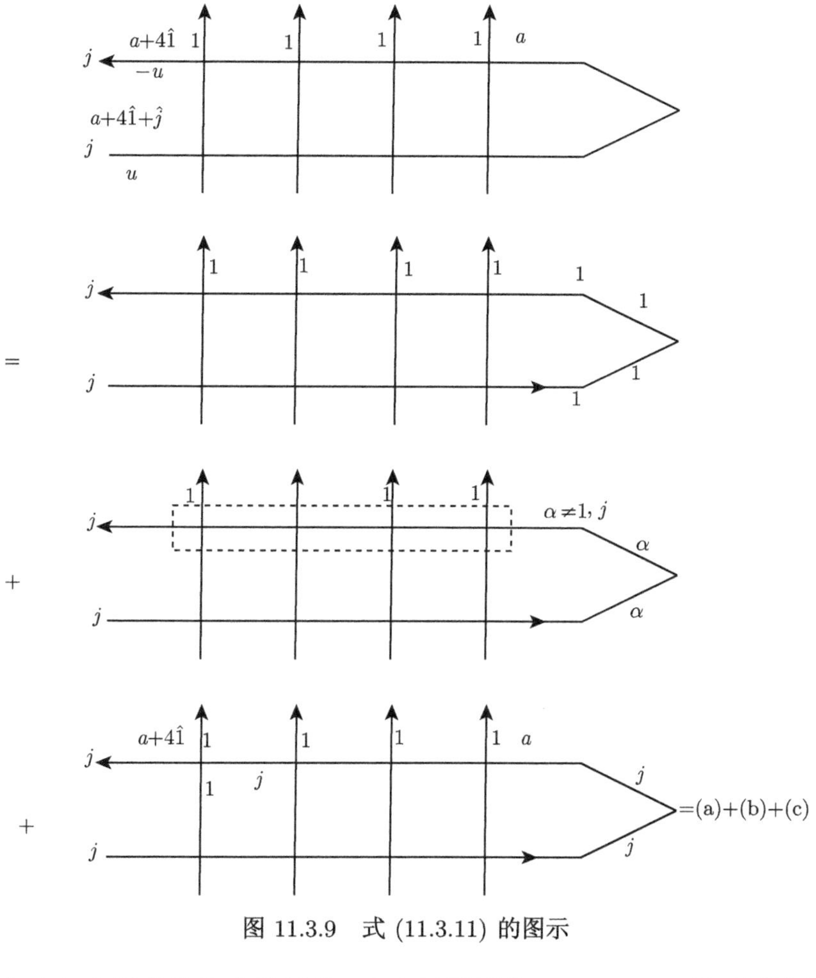

图 11.3.9 式 (11.3.11) 的图示

图中 (b) 由于虚线构成的算子 T_α^j 出射指标为 $j,1,1,1,1$, 而入射指标为 $\alpha\neq 1,j$, 而不可能实现 (α 没有出口), 因而 (b) $=0$. 其余两个量为

$$
\begin{aligned}
&(\mathrm{a})=S(a+N\hat{1}+\hat{j},\ a+\hat{1}|u)_j^1 T(a+N\hat{1},\ a|-u)_1^j|\Omega\rangle_a^{a+N\hat{1}}k(a|u,\xi)_1,\\
&(\mathrm{c})=S(a+N\hat{1}+\hat{j},\ a+\hat{j}|u)_j^j T(a+N\hat{1},\ a|-u)_j^j|\Omega\rangle_a^{a+N\hat{1}}k(a|u,\xi)_j.
\end{aligned}
$$

可以简写为

$$(\mathrm{a}) = S_j^1 T_1^j |\Omega\rangle k(a|u,\xi)_1,$$
$$(\mathrm{c}) = S_j^j T_j^j |\Omega\rangle k(a|u,\xi)_j.$$

先求 (a)

$$(\mathrm{a}) = k(a|u,\xi)_1 S(a+N\hat{1}+\hat{j},\ a+\hat{1}|u)_j^1 T(a+N\hat{1},\ a|u)_1^j|\Omega\rangle,$$

直接求 (a) 比较麻烦. 采用下面的方法, 把 S 与 T 的次序倒一下. 考虑图 11.3.10.

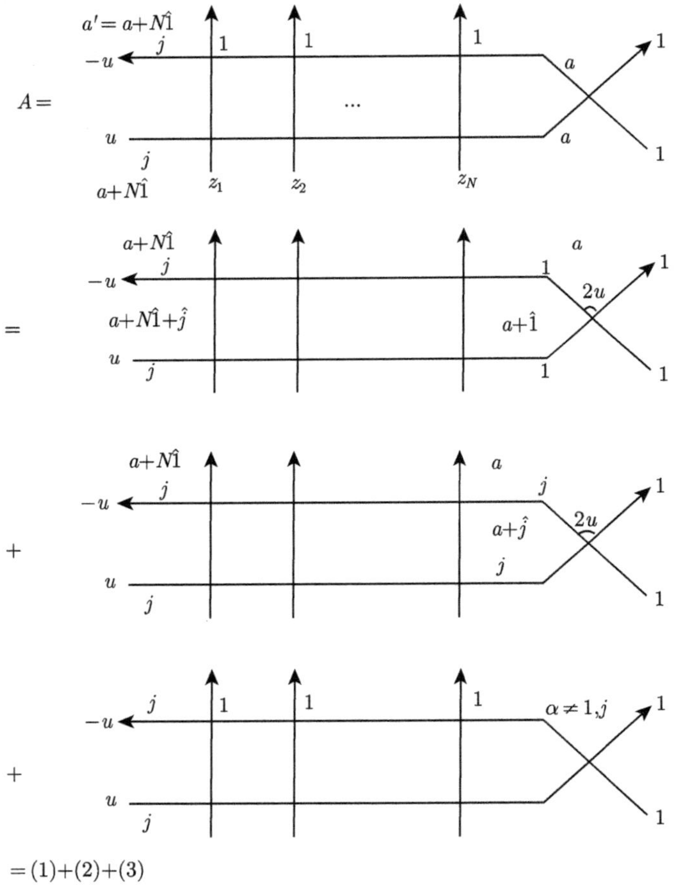

图 11.3.10　用杨-Baxter 关系倒换 S 和 T 的次序. 图示杨-Baxter 关系左方 A. 注意图中 R 矩阵上下的面权是相等的. 这与图 11.3.9 对角反射矩阵 K 的面权特点是相洽的

在图 11.3.10 中 (3) = 0. 理由与图 11.3.9 中 (b) = 0 相同 (指标不能守恒使 $T_\alpha^j|\Omega\rangle = 0$). 因此有 $A = (1) + (2)$, 其中 $(1) = S_j^1 T_1^j|\Omega\rangle R(\ |2u)_{11}^{11} = S_j^1 T_1^j|\Omega\rangle$, 正是

我们求 (a) 时想找的量. 另一方面, 由杨-Baxter 关系, 我们有 $A=B$, 其中 B 由图 11.3.11 表示.

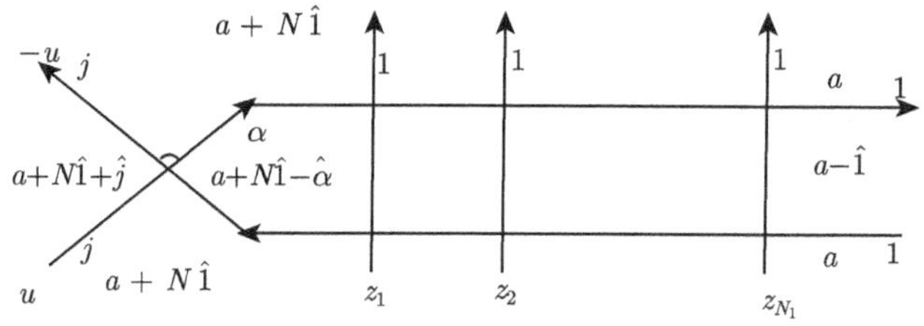

图 11.3.11 图示杨-Baxter 关系右方 B

我们有

$$B=\sum_{\alpha}R(a+N\hat{1}-\hat{\alpha}|2u)^{\alpha j}_{j\alpha}T(a+N\hat{1}-\hat{\alpha},\ a-\hat{1}|-u)^{\alpha}_{1}S(a+N\hat{1},\ a|u)^{1}_{\alpha}|\Omega\rangle.$$

由于 $S(\cdots)^{1}_{\alpha}|\Omega\rangle=\delta^{1}_{\alpha}\times S(\cdots)^{1}_{1}|\Omega\rangle$ (这是因为当 $\alpha\neq 1$ 时指标无法守恒), 因此有

$$B=R(a+N\hat{1}-\hat{1}|2u)^{1j}_{j1}T(a+(N-1)\hat{1},\ a-\hat{1}|-u)^{1}_{1}S(a+N\hat{1},\ a|u)^{1}_{1}|\Omega\rangle^{a+N\hat{1}}_{a}.$$

不难看出 (式 (11.3.7)、式 (11.3.9))

$$\begin{aligned}
&S(a+N\hat{1},\ a|u)^{1}_{1}|\Omega\rangle^{a+N\hat{1}}_{a}=\prod_{k}R(\ |u-z_k)^{11}_{11}|\Omega\rangle^{a+(N-1)\hat{1}}_{a-\hat{1}},\\
&T(a+(N-1)\hat{1},\ a-\hat{1}|-u)^{1}_{1}|\Omega\rangle^{a+(N-1)\hat{1}}_{a-\hat{1}}=\prod_{k}R(\ |u+z_k)^{11}_{11}|\Omega\rangle^{a+N\hat{1}}_{a}.
\end{aligned}$$

由此得

$$B=R(a+(N-1)\hat{1}|2u)^{1j}_{j1}|\Omega\rangle^{a+N\hat{1}}_{a}.$$

于是有

$$\begin{aligned}
A=&(1)+(2)\\
=&S(a+N\hat{1}+\hat{j},a+\hat{1}|u)^{1}_{j}T(a+N\hat{1},\ a|-u)^{j}_{1}R(a-\hat{1}|2u)^{11}_{11}|\Omega\rangle\\
&+S(a+N\hat{1}+\hat{j},a+\hat{j}|u)^{j}_{j}T(a+N\hat{1},\ a|-u)^{j}_{j}R(a-\hat{1}|2u)^{1j}_{j1}|\Omega\rangle.
\end{aligned}$$

我们希望求解的 (1) 可写成

$$(1)=A-(2)=B-(2)=R(a+(N-1)\hat{1}|2u)^{1j}_{j1}|\Omega\rangle-S^{j}_{j}T^{j}_{j}R(a-\hat{1}|2u)^{1j}_{j1}|\Omega\rangle.$$

这样由式 (11.3.11) 给出

$$
\begin{aligned}
&k(a+N\hat{1},a|u)_j^j|\Omega\rangle=(\text{a})+(\text{c})=S_j^1T_1^j|\Omega\rangle k(a,u,\xi)_1+S_j^jT_j^j|\Omega\rangle k(a,u,\xi)_j\\
&=(1)\times k(a,u,\xi)_1+S_j^jT_j^j|\Omega\rangle k(a,u,\xi)_j\\
&=\left\{R(a'-\hat{1}|2u)_{j1}^{1j}|\Omega\rangle-S_j^jT_j^jR(a-\hat{1}|2u)_{j1}^{1j}|\Omega\rangle\right\}\times k(a,u,\xi)_1+S_j^jT_j^j|\Omega\rangle k(a,u,\xi)_j\\
&=R(a'-\hat{1}|2u)_{j1}^{1j}|\Omega\rangle k(a,u,\xi)_1+S_j^jT_j^j|\Omega\rangle\left\{-R(a-\hat{1}|2u)_{j1}^{1j}k(a,u,\xi)_1+k(a,u,\xi)_j\right\}.
\end{aligned}
\tag{11.3.12}
$$

还需求

$$
k(a'\ a|u)_1^1|\Omega\rangle=A(a',u)|\Omega\rangle=\sum_\alpha S_1^\alpha T_\alpha^1|\Omega\rangle k(a,u,\xi)_\alpha.
$$

由于 $T_\alpha^1|\Omega\rangle$ 当 $\alpha\neq 1$ 时指标不可能守恒, 因而为 0, 得 (图 11.3.12).

$$
\begin{aligned}
&A(a+N\hat{1}|u)|\Omega\rangle_a^{a+N\hat{1}}\\
&=S(a+(N+1)\hat{1},\ a+\hat{1}|u)_1^1T(a+N\hat{1},\ a|-u)_1^1k(a,u,\xi)_1|\Omega\rangle_a^{a+N\hat{1}}\\
&=k(a,u,\xi)_1\prod_{k=1}^N R(\ |u+z_k)_{11}^{11}R(\ |u-z_k)_{11}^{11}|\Omega\rangle_a^{a+N\hat{1}}\\
&=k(a,u,\xi)_1|\Omega\rangle_a^{a+N\hat{1}}=\frac{\sigma(\xi+\overline{a}_1\omega+u)}{\sigma(\xi+\overline{a}_1\omega-u)}|\Omega\rangle_a^{a+N\hat{1}}.
\end{aligned}
\tag{11.3.13}
$$

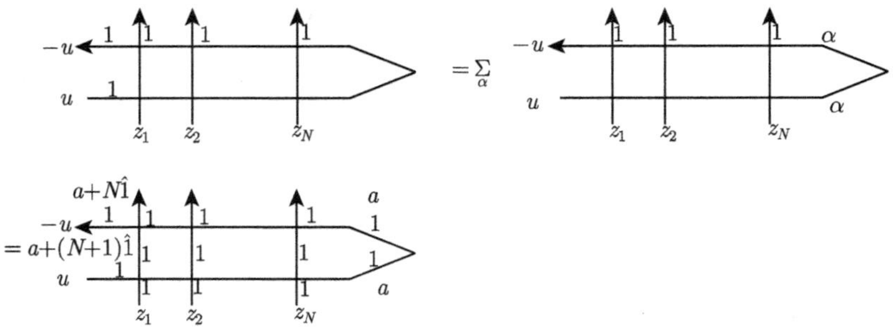

图 11.3.12 式 (11.3.13) 推导

对于 $k(a+N\hat{1}|u)_j^i|\Omega\rangle$, $i\neq j$, $i,j\neq 1$, 由于指标无法守恒 (j 没有出路) 因而为 0, 如图 11.3.13 所示.

$$
k(a+N\hat{1}|u)_j^i|\Omega\rangle=0,\quad i,j>1,\ i\neq j.
\tag{11.3.14}
$$

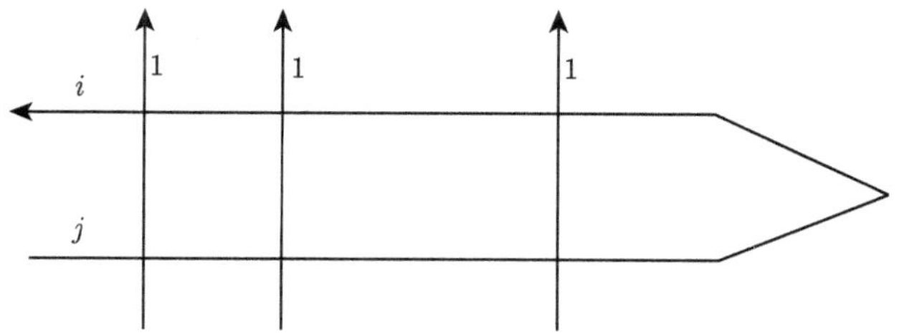

图 11.3.13 式 (11.3.14) 图示

由指标守恒还有

$$k(a', a|u)_j^1|\Omega\rangle = 0. \tag{11.3.15}$$

现在求 $D_j^j(a'|u)|\Omega\rangle$. 由定义 (式 (11.2.7)) 得

$$D_j^j(a'|u)|\Omega\rangle = \frac{\sigma(a'_{j1}\omega+\omega)}{\sigma(a'_{j1}\omega)}\left\{k(a'|u)_j^j|\Omega\rangle - R(a'-\hat{1}|2u)_{j1}^{1j}A(a'|u)|\Omega\rangle\right\}.$$

由式 (11.3.12)、式 (11.3.13) 代入得到

$$\begin{aligned}
D_j^j(a'|u)|\Omega\rangle =& \frac{\sigma(a'_{j1}\omega+\omega)}{\sigma(a'_{j1}\omega)}\Big\{R(a'-\hat{1}|2u)_{j1}^{1j}|\Omega\rangle k(a,u,\xi)_1 \\
&+S_j^jT_j^j|\Omega\rangle\Big[-R(a-\hat{1}|2u)_{j1}^{1j}k(a,u,\xi)_1+k(a,u,\xi)_j\Big] \\
&-R(a'-\hat{1}|2u)_{j1}^{1j}k(a,u,\xi)_1|\Omega\rangle\Big\} \\
=& \frac{\sigma(a'_{j1}\omega+\omega)}{\sigma(a'_{j1}\omega)}S_j^jT_j^j|\Omega\rangle\Big[-R(a-\hat{1}|2u)_{j1}^{1j}k(a,u,\xi)_1+k(a,u,\xi)_j\Big].
\end{aligned} \tag{11.3.16}$$

我们在下面求 $S_j^jT_j^j|\Omega\rangle$, 有 (图 11.3.14)

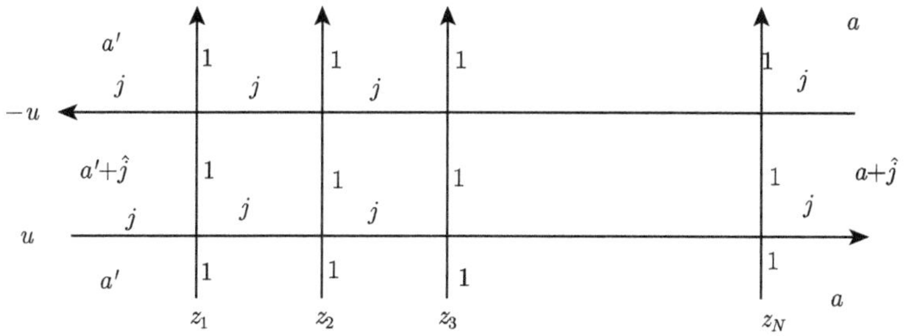

图 11.3.14 $S_j^jT_j^j$ 图示

$$
\begin{aligned}
&T(a+N\hat{1},\ a|-u)_j^j|\Omega\rangle_a^{a+N\hat{1}}\\
=&\prod_{k=1}^N R(a+(k-1)\hat{1}|u+z_{N-k+1})_{1j}^{1j}|\Omega\rangle_{a+\hat{j}}^{a+\hat{j}+N\hat{1}}\\
=&\prod_{k=1}^N\left(\frac{\sigma(u+z_{N-k+1})}{\sigma(u+z_{N-k+1}+\omega)}\frac{\sigma(a_{1j}\omega+k\omega)}{\sigma(a_{1j}\omega+(k-1)\omega)}\right)|\Omega\rangle_{a+\hat{j}}^{a+\hat{j}+N\hat{1}}\\
=&\left(\prod_{k=1}^N\frac{\sigma(u+z_k)}{\sigma(u+z_k+\omega)}\right)\frac{\sigma(a_{1j}\omega+N\omega)}{\sigma(a_{1j}\omega)}|\Omega\rangle_{a+\hat{j}}^{a+\hat{j}+N\hat{1}},\\
&S(a+N\hat{1}+\hat{j},\ a+\hat{j})_j^j|\Omega\rangle_{a+\hat{j}}^{a+\hat{j}+N\hat{1}}\\
=&\prod_{k=1}^N R(a+(N-k+1)\hat{1}+\hat{j}|u-z_k)_{j1}^{j1}|\Omega\rangle_a^{a+N\hat{1}}\\
=&\prod_{k=1}^N\left(\frac{\sigma(u-z_k)}{\sigma(u-z_k+\omega)}\frac{\sigma(a_{j1}\omega-(N-k)\omega+\omega)}{\sigma(a_{j1}\omega-(N-k)\omega)}\right)|\Omega\rangle_a^{a+N\hat{1}}\\
=&\left(\prod_{k=1}^N\frac{\sigma(u-z_k)}{\sigma(u-z_k+\omega)}\right)\frac{\sigma(a_{j1}\omega+\omega)}{\sigma(a_{j1}\omega-N\omega+\omega)}|\Omega\rangle_a^{a+N\hat{1}},
\end{aligned}
$$

所以合起来给出

$$
\begin{aligned}
S_j^jT_j^j|\Omega\rangle=&\prod_{k=1}^N\frac{\sigma(u+z_k)\sigma(u-z_k)}{\sigma(u+z_k+\omega)\sigma(u-z_k+\omega)}\frac{\sigma(a_{1j}\omega+N\omega)}{\sigma(a_{1j}\omega)}\frac{\sigma(a_{j1}\omega+\omega)}{\sigma(a_{j1}\omega-N\omega+\omega)}|\Omega\rangle\\
=&\prod_{k=1}^N\frac{\sigma(u+z_k)\sigma(u-z_k)}{\sigma(u+z_k+\omega)\sigma(u-z_k+\omega)}\frac{\sigma(a'_{1j}\omega)}{\sigma(a_{1j}\omega)}\frac{\sigma(a_{j1}\omega+\omega)}{\sigma(a'_{j1}\omega+\omega)}|\Omega\rangle.
\end{aligned}\tag{11.3.17}
$$

式 (11.3.16)、式 (11.3.17) 给出

$$
\begin{aligned}
D_j^j(a'|u)|\Omega\rangle=&\prod_{k=1}^N\frac{\sigma(u+z_k)\sigma(u-z_k)}{\sigma(u+z_k+\omega)\sigma(u-z_k+\omega)}\frac{\sigma(a_{j1}\omega+\omega)}{\sigma(a_{j1}\omega)}\\
&\times\left\{-R(a-\hat{1}|2u)_{j1}^{1j}k(a,u,\xi)_1+k(a,u,\xi)_j\right\}.
\end{aligned}\tag{11.3.18}
$$

下面求 $\{\cdots\}\equiv U$,

$$
\begin{aligned}
U=&-\frac{\sigma(2u+a_{j1}\omega+\omega)\sigma(\omega)}{\sigma(a_{j1}\omega+\omega)\sigma(2u+\omega)}\frac{\sigma(\xi+\overline{a}_1\omega+u)}{\sigma(\xi+\overline{a}_1\omega-u)}+\frac{\sigma(\xi+\overline{a}_j\omega+u)}{\sigma(\xi+\overline{a}_j\omega-u)}\\
=&\frac{1}{\sigma(a_{j1}\omega+\omega)\sigma(2u+\omega)\sigma(\xi+\overline{a}_1\omega-u)\sigma(\xi+\overline{a}_j\omega-u)}\\
&\times\{-\sigma(2u+a_{j1}\omega+\omega)\sigma(\omega)\sigma(\xi+\overline{a}_1\omega+u)\sigma(\xi+\overline{a}_j\omega-u)\\
&+\sigma(2u+\omega)\sigma(a_{j1}\omega+\omega)\sigma(\xi+\overline{a}_1\omega-u)\sigma(\xi+\overline{a}_j\omega+u)\}.
\end{aligned}
$$

令

$$u' = u + \frac{a_{j1}\omega}{2} + \omega, \quad x' = u + \frac{a_{j1}\omega}{2}, \quad v' = \xi + \frac{\overline{a}_1 + \overline{a}_j}{2}\omega, \quad y' = u + \frac{a_{1j}\omega}{2}.$$

于是由加法定理给出 $\{\cdots\} = \{-\sigma(u'+x')\sigma(u'-x')\sigma(v'+y')\sigma(u'-y') + \sigma(u'+y')\sigma(u'-y')\sigma(v'-x')\sigma(v'+x')\}$,

$$\begin{aligned} U &= \frac{-\sigma(u'+v')\sigma(u'-v')\sigma(x'+y')\sigma(x'-y')}{\sigma(a_{j1}\omega+\omega)\sigma(2u+\omega)\sigma(\xi+\overline{a}_1\omega-u)\sigma(\xi+\overline{a}_j\omega-u)} \\ &= \frac{\sigma\left(\xi+\frac{\omega}{2}+\overline{a}_j\omega+\left(u+\frac{\omega}{2}\right)\right)}{\sigma\left(\xi+\frac{\omega}{2}+\overline{a}_j\omega-\left(u+\frac{\omega}{2}\right)\right)} \frac{\sigma(\xi+\overline{a}_1\omega-u-\omega)}{\sigma(\xi+\overline{a}_1\omega-u)} \frac{\sigma(2u)}{\sigma(2u+\omega)} \frac{\sigma(a_{j1}\omega)}{\sigma(a_{j1}\omega+\omega)}. \end{aligned}$$

由此得

$$\begin{aligned} & D_j^j(a'|u)|\Omega\rangle_a^{a'} \\ =& \prod_{k=1}^N \frac{\sigma(u+z_k)\sigma(u-z_k)}{\sigma(u+z_k+\omega)\sigma(u-z_k+\omega)} k\left(a, u+\frac{\omega}{2}, \xi+\frac{\omega}{2}\right)_j \\ & \times \frac{\sigma(\xi+\overline{a}_1\omega-u-\omega)}{\sigma(\xi+\overline{a}_1\omega-u)} \frac{\sigma(2u)}{\sigma(2u+\omega)} \\ =& \prod_{k=1}^N \frac{\sigma(u+z_k)\sigma(u-z_k)}{\sigma(u+z_k+\omega)\sigma(u-z_k+\omega)} k\left(a, u+\frac{\omega}{2}, \xi+\frac{\omega}{2}\right)_j \beta^{(1)}(u). \end{aligned} \tag{11.3.19}$$

其中

$$\beta^{(1)}(u) = \frac{\sigma(2u)}{\sigma(2u+\omega)} \frac{\sigma(\xi+\overline{a}_1\omega-u-\omega)}{\sigma(\xi+\overline{a}_1\omega-u)}. \tag{11.3.20}$$

由式 (11.3.14) 得

$$D_j^i(a'|u)|\Omega\rangle = 0, \quad 当 i \neq j 时 \quad (i, j > 1). \tag{11.3.21}$$

两式可合写为

$$\begin{aligned} & D_j^i(a', a|u)|\Omega\rangle_a^{a'} \\ =& \delta_j^i |\Omega\rangle_a^{a'} \prod_{k=1}^N \frac{\sigma(u+z_k)\sigma(u-z_k)}{\sigma(u+z_k+\omega)\sigma(u-z_k+\omega)} \left[\frac{\sigma(\xi+\overline{a}_1\omega-u-\omega)}{\sigma(\xi+\overline{a}_1\omega-u)} \frac{\sigma(2u)}{\sigma(2u+\omega)}\right] \\ & \times k\left(a, u+\frac{\omega}{2}, \xi+\frac{\omega}{2}\right)_j \\ \equiv& f(u)\beta^{(1)}(u) K\left(a, \xi+\frac{\omega}{2} \middle| u+\frac{\omega}{2}\right)_j^i |\Omega\rangle_a^{a'}, \end{aligned} \tag{11.3.22}$$

其中

$$f(u)=\prod_{k=1}^{N}\frac{\sigma(u+z_k)\sigma(u-z_k)}{\sigma(u+z_k+\omega)\sigma(u-z_k+\omega)},$$

$$K\left(a,\xi+\frac{\omega}{2}|u+\frac{\omega}{2}\right)_j^i=\delta_j^i k\left(a,\xi^{(1)}|u+\frac{\omega}{2}\right)_j,$$

$$\beta^{(1)}(u)=\frac{\sigma(2u)}{\sigma(2u+\omega)}\frac{\sigma(\xi+\overline{a}_1\omega-u-\omega)}{\sigma(\xi+\overline{a}_1\omega-u)},\quad \xi^{(1)}=\xi+\frac{\omega}{2}.$$

我们回到图 11.2.6 和式 (11.2.12). 当 $D_k^j(a''|u)$(与式 (11.2.12) 不同的是, 在这里我们把 D_k^j 的面权写成 a'', 以免与真空态定义中的 a, 也就是反射矩阵的面权相混) 越过 $B^{i_1}(a_1|v_1)\cdots B^{i_N}(a_{N_1}|v_{N_1})$ 到达 $|\Omega\rangle_a^{a'}$ 时, w.t 给出

$$\text{常数}\times M_{jki_1'i_2'\cdots i_{N_1}'}^{j'k'i_1i_2\cdots i_{N_1}}B^{i_1'}(\ |v_1)\cdots B^{i_N'}(\ |v_{N_1})D_{k'}^{j'}(a'|u)|\Omega\rangle,$$

而

$$D_{k'}^{j'}(a'|u)|\Omega\rangle_a^{a'}=\beta^{(1)}(u)K\left(a,\xi+\frac{\omega}{2}|u+\frac{\omega}{2}\right)_{k'}^{j'}|\Omega\rangle f(u),$$

合在一起给出 w.t:

$$\begin{aligned}&D_k^j(a''|u)B^{i_1}(\ |v_1)\cdots B^{i_N}(\ |v_{N_1})|\Omega\rangle_a^{a'}\\&=\text{常数}\times M_{j'k'i_1''i_2''\cdots i_{N_1}''}^{jki_1i_2\cdots i_{N_1}}B^{i_1''}(\ |v_1)\cdots B^{i_{N_1}''}(\ |v_{N_1})|\Omega\rangle\times K\left(a,\xi^{(1)}|u+\frac{\omega}{2}\right)_{k'}^{j'},\\&a'=a''-\sum_k\hat{i}_k+N_1\hat{1}.\end{aligned}$$

在结构上 $M_{\cdots}^{\cdots}K(\ )_{k'}^{j'}$ 看起来与原来的 $k(a|\ )_k^j$ 十分相似, 如图 11.3.15 所示. 我们定义它为 $k_k^{(1)j}\left(a,a''|u+\frac{\omega}{2}\right)$.

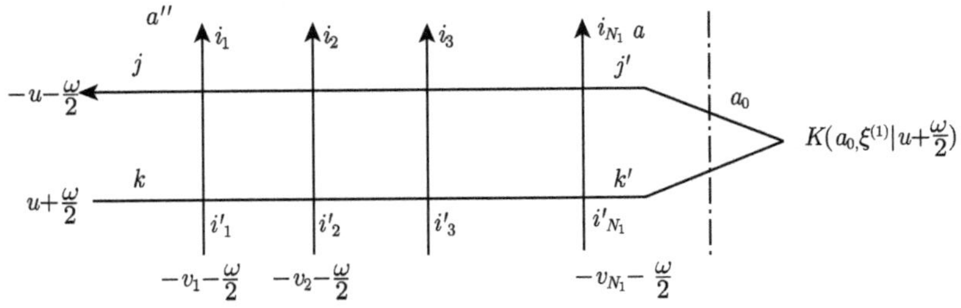

图 11.3.15 $k_k^{(1)j}(a,a''|u+\frac{\omega}{2})$ 的图示

在这个过程中, 我们要保证面权 a 的相继关系, 保证当 D_j^i 到达 $|\Omega\rangle$ 时, 它的面权与 $|\Omega\rangle$ 的面权一致. 这种关系只要通过把原始的 D_k^j 作用于 $B^{i_1}\cdots|\Omega\rangle$ 上的图做出来就很清楚, 见图 11.3.16.

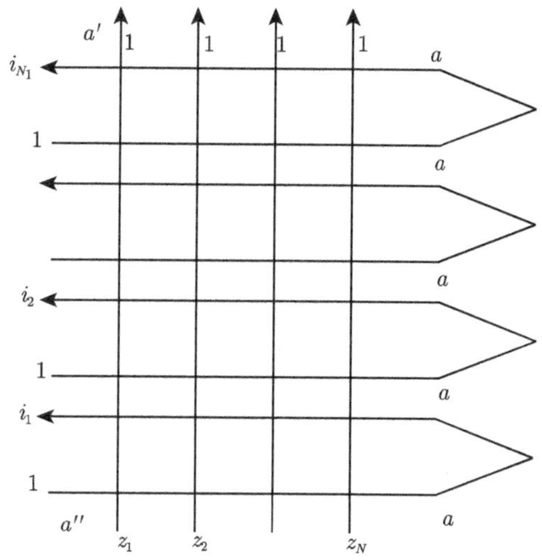

图 11.3.16 面权 a'', a', a 的关系的图示

我们有

$$a'' = a' + \sum_k \hat{i}_k - N_1\hat{1}, \tag{11.3.23}$$

这是用 $D^i_j(a|u)$ 或 $A(a|u)$ 形成 $t(u)$ 时必须满足的.

注意, 我们在图 11.3.4～ 图 11.3.13 中的 $K(a', a|u)$ 中所用的 $a = a_0$ (a_0 在所有计算中都是不变的), 由式 (11.3.23), 在 $D^j_k(a'', a_0|u)$ 到达 $|\Omega\rangle$ 时它的面权是 $a' = a'' - \sum_k \hat{i}_k + N_1\hat{1}$. 在图 11.3.15 中 a 应该为 $a = \tilde{a} \equiv a'' - \sum_k \hat{i}_k$, 由此给出 $a' - \tilde{a} = N_1\hat{1}$, 又由于 $|\Omega\rangle$ 的构成要求, $a' - a_0 = N\hat{1}$, 因此 a_0 与 $\tilde{a}$ 并不相同: $\tilde{a} - a_0 = (N - N_1)\hat{1}$, 然而 $K\left(a, \xi^{(1)}|u + \dfrac{\omega}{2}\right)$中的 a 用的是 a_0, 但是由于子系统只涉及大于 1 的指标, 而 $R(a + m\hat{1}|u)^{i'j'}_{ij} = R(a|u)^{i'j'}_{ij}$, $i, i'j, j' > 1$, 从而由

$$K\left(a_0, \xi^{(1)}, u + \frac{\omega}{2}\right)^j_j = \frac{\sigma\left(\xi^{(1)} + \overline{(a_0)}_j\omega + \left(u + \dfrac{\omega}{2}\right)\right)}{\sigma\left(\xi^{(1)} + \overline{(a_0)}_j\omega - \left(u + \dfrac{\omega}{2}\right)\right)}, \quad \xi^{(1)} = \xi + \frac{\omega}{2},$$

相对于 a_0 满足反射方程来推导 $k^{(1)}(a|\ )^j_k$, 满足反射方程并不会引起困难.

证明方法参见图 11.1.8. 我们可以在第二步之前将所有 R 矩阵的面权减少 $(N - N_1)\hat{1}$. 这并不影响所有 R 矩阵的值, 因为所有指标都大于 1. 而反射矩阵 K 在现在讨论的情况下面权本来就比近邻 R 矩阵的面权小了 $(N - N_1)\hat{1}$. 这样一来, 全图各部分面权都相洽, 可以按序完成推导, 最后一步完成后, 再把 R 矩阵面权都加上 $(N - N_1)\hat{1}$, 改回到原来的值, K 矩阵的面权不变, 就给出我们想证明的结果.

由于 $\tilde{K}$ 和 K 都是对角的, 所以转移矩阵 $t(u)$ 是指标“守恒”的.
注意, 我们考察

$$A = k_1(u,\xi)(-)R(a-\hat{1}|2u)_{j1}^{1j} + k_j(u,\xi) \quad (\text{对 } j \text{ 不求和}).$$

对于有理模型, 该式变为 (这时 $k(u\ \xi)_j = \xi + \epsilon_j u,\ \ \epsilon_j = \pm 1$)

$$\begin{aligned}A &= k_1(u,\xi)(-)R(2u)_{j1}^{1j} + k_j(u\ \xi) = \frac{\xi+\epsilon_1 u}{2u+1}(-)\cdot 1 + (\xi+\epsilon_j u)\\&= \frac{1}{2u+1}(2u\xi + \xi + \epsilon_j 2u^2 + \epsilon_j u - \epsilon_1 u - \xi)\\&= \frac{1}{2u+1}2u\left[\xi + \epsilon_j\left(u+\frac{1}{2}\right) - \frac{\epsilon_1}{2}\right]\\&= \frac{1}{2u+1}2uk\left(\xi - \frac{\epsilon_1}{2}, u+\frac{1}{2}\right)_j\\&= \frac{2u}{2u+1}k\left(\xi - \frac{\epsilon_1}{2}, u+\frac{1}{2}\right)_j.\end{aligned}$$

因此, 在有理模型时有

$$\begin{aligned}&D_j^j(u)|\Omega\rangle\\&= \frac{2u}{2u+1}k\left(\xi-\frac{\epsilon_1}{2}, u+\frac{1}{2}\right)_j \prod_{k=1}^{N}\frac{(u+z_k)(u-z_k)}{(u+z_k+1)(u-z_k+1)}|\Omega\rangle\\&= \frac{2u}{2u+1}\left(\xi-\frac{\epsilon_1}{2}+\epsilon_j\left(u+\frac{1}{2}\right)\right)\prod_{k=1}^{N}\frac{(u+z_k)(u-z_k)}{(u+z_k+1)(u-z_k+1)}|\Omega\rangle,\end{aligned} \tag{11.3.24}$$

$$\begin{aligned}A(u)|\Omega\rangle &= k(\xi,u)_1|\Omega\rangle\\&= (\xi+\epsilon_1 u)|\Omega\rangle.\end{aligned} \tag{11.3.25}$$

11.4　嵌套贝特拟设

有了对易关系和真空态, 我们给出 w.t 中的 D_k^j 给出的项, 发现它的形式与算子 $k(a|u)_k^j$ 相似, 只不过将 u 改为 $u+\dfrac{\omega}{2}$, z_k 改为 $-v_i-\dfrac{\omega}{2}$, 反射矩阵 $K(a,\xi|u)_j^i$ 改为 $K\left(a,\xi^{(1)}|u+\dfrac{\omega}{2}\right)_j^i$ (这里的 a 就是 a_0) 再乘以一个常数而已. 这个系统乘以适当的对偶反射矩阵自然可以给出一个新的可积系统, 由原来的系统可积, 即 $t(u)t(v)=t(v)t(u)$, 可以推断 $t(u)$ 相关的对偶反射矩阵必须正好使新系统也可积.

计算表明, 情况正是这样. 新系统中不含指标 1, 因而秩从 n 降为 $n-1$. 令

$$\begin{aligned}&|v_1,v_2,\cdots,v_{N_1},F\rangle\\=&\sum_{i_1,i_2,\cdots,i_{N_1}=2}^{n}F_{i_1,i_2,\cdots,i_{N_1}}B^{i_1}(a+\hat{1}-\hat{i}_1|v_1)\\&\times B^{i_2}(a+2\hat{1}-\hat{i}_1-\hat{i}_2|v_2)\cdots B^{i_{N_1}}\left(a+N_1\hat{1}-\sum_{k=1}^{N_1}\hat{i}_k|v_{N_1}\right)|\Omega\rangle,\quad(11.4.1)\end{aligned}$$

其中

$$a+N_1\hat{1}-\sum_{k=1}^{N_1}\hat{i}_k=a',\quad|\Omega\rangle=|\Omega\rangle_{a_0}^{a'},\quad a_0=a'-N\hat{1}.\qquad(11.4.2)$$

为了使式 (11.4.1) 定义的态矢量与数组 $\{F_{i_1,i_2,\cdots,i_{N_1}}\}$ 之间有确定的对应关系, 我们假设当 $v_1,v_2,\cdots,v_{N_1}$ 互不相等时, 不同的数列 $\{i_1,\cdots,i_{N_1}\}$ 给出的态矢量 $B^{i_1}\cdots B^{i_{N_1}}|\Omega\rangle$ 之间线性独立.

由式 (11.2.1) 和式 (11.2.7) 得到

$$\begin{aligned}t(u)=&\operatorname{tr}(\tilde{K}(a|u)k(a|u))\\=&\sum_{\nu=1}^{n}\tilde{K}(a|u)_\nu^\nu k(a,\xi|u)_\nu^\nu\\=&\sum_{\nu=1}^{n}\tilde{k}(a|u)_\nu k(a,\xi|u)_\nu^\nu\\=&\tilde{k}(a|u)_1A(a|u)+\sum_{i=2}^{n}\tilde{k}(a|u)_ik(a,\xi|u)_i^i\\=&\tilde{k}(a|u)_1A(a|u)+\sum_{i=2}^{n}\tilde{k}(a|u)_iR(a-\hat{1}|2u)_{i1}^{1i}A(a|u)\\&+\sum_{i=2}^{n}\tilde{k}(a|u)_i[k(a,\xi|u)_i^i-R(a-\hat{1}|2u)_{i1}^{1i}A(a|u)]\\=&\sum_{i=1}^{n}\tilde{k}(a|u)_iR(a-\hat{1}|2u)_{i1}^{1i}A(a|u)\\&+\sum_{i=2}^{n}\tilde{k}^{(1)}\left(a|u+\frac{\omega}{2}\right)_i\frac{\sigma(a_{i1}\omega+\omega)}{\sigma(a_{i1}\omega)}[k(a,\xi|u)_i^i-R(a-\hat{1}|2u)_{i1}^{1i}A(a|u)]\\=&\alpha^{(1)}(u)A(a|u)+\sum_{i=2}^{n}\tilde{k}^{(1)}\left(a|u+\frac{\omega}{2}\right)_iD_i^i(a|u).\qquad(11.4.3)\end{aligned}$$

在这里我们引入

$$\begin{aligned}
\alpha^{(1)}(u) &= \sum_{i=1}^{n} \tilde{k}(a|u)_i R(a-\hat{1}|2u)_{i1}^{1i}, \\
\tilde{K}^{(1)}(a|u)_j^i &= \delta_j^i \tilde{k}^{(1)}(a|u)_i, \quad i,j=2,\cdots,n, \\
\tilde{k}^{(1)}(a|u)_i &= \frac{\sigma\left(\tilde{\xi}+\overline{a}_i\omega-u-\dfrac{(n-1)\omega}{2}\right)}{\sigma\left(\tilde{\xi}+\overline{a}_i\omega+u+\dfrac{(n-1)\omega}{2}\right)} \prod_{k=2,k\neq i}^{n} \frac{\sigma(a_{ik}\omega+\omega)}{\sigma(a_{ik}\omega)}.
\end{aligned} \tag{11.4.4}$$

在把 $t(u)$ 作用于 $|v_1,v_2,\cdots,v_{N_1},F\rangle$ 时, 我们把 A 和 D 顺次与 B^i 对易, 给出 w.t. 如上所述给出 $A|v_1,v_2,\cdots,v_{N_1},F\rangle \sim |v_1,v_2,\cdots,v_{N_1},F\rangle$; $\sum\limits_i \tilde{k}^{(1)}\left(a|u+\dfrac{\omega}{2}\right)_i D_i^i(a|u)|v_1,v_2,\cdots,v_{N_1},F\rangle$ 给出一个子系统, 与原来的 $t(u)$ 十分相像 (图 11.4.1).

另外, 对易关系中还有一些 u.t, 这些项是交换时由 $A(u)B(v)$ 给出的 $B(u)A(v)$ 或者 $B(u)D(v)$, 由 $D(u)B(v)$ 给出的 $B(u)D(v)$ 或者 $B(u)A(v)$ 造成的, 它们的最终结果是把 N_1 个 B 的谱 $v_1,v_2,\cdots,v_{N_1}$ 中的一个 v_j 换成了 u, 最后带着这个谱的 A 和 D 作用到真空态上. 这些项中最容易计算的是 v_1 被替换 (由于 B^i 之间的交换关系式 (11.2.10), 其余 v_i 被替换的结果应该与 v_1 相类似), v_1 被替换只能是在第一次交换时将 v_1 换成 u, 在后继的交换过程中, 只能每次都取 w.t, 使 v_1 不会留在某一处, 直到 v_1 到达 $|\Omega\rangle$ 时. 相反, 其余 v_i $(i>1)$ 被 u 替换的情形都有几种可能, 结果是很多项求和, 算起来很复杂, 但是由于式 (11.2.10), 可以把它们先调到最前面来处理, 这是代数贝特拟设的一个创新点.

我们将 $D_i^i(a|u)$ 作用在态矢 $|v_1,v_2,\cdots,v_{N_1},F\rangle$ 上, 只交换一次, 得到 w.t 以及 u.t, 将 w.t 和 u.t 中的 $D_l^j(a'|u)$, $D_l^j(a'|v_1)$, $A(a'|v_1)$ 在后继交换过程中一直只取 w.t 直至 $|\Omega\rangle$, 然后给出常数 $\times|\Omega\rangle$. 由式 (11.2.8)、式 (11.2.9) 和作用于 $|\Omega\rangle$ 的式 (11.3.13) 和式 (11.3.22) 我们得到

$$\begin{aligned}
&D_i^i(a|u)|v_1,v_2,\cdots,v_{N_1},F\rangle \\
&=\prod_{k=1}^{N_1}\frac{\sigma(u-v_k+\omega)\sigma(u+v_k+2\omega)}{\sigma(u-v_k)\sigma(u+v_k+\omega)}\prod_{k=1}^{N}\frac{\sigma(u+z_k)\sigma(u-z_k)}{\sigma(u+z_k+\omega)\sigma(u-z_k+\omega)} \\
&\times\beta^{(1)}(u)k^{(1)i}_{\ \ i}\left(a|u+\frac{\omega}{2};\xi+\frac{\omega}{2}\right)_{i_1''\cdots i_{N_1}''}^{i_1\cdots i_{N_1}} B^{i_1''}(a-\hat{i}_1''+\hat{1}|v_1) \\
&\times B^{i_2''}(a-\hat{i}_1''-\hat{i}_2''+2\hat{1}|v_2)\cdots B^{i_{N_1}''}\left(a-\sum_k \hat{i}_k''+N_1\hat{1}|v_{N_1}\right)|\Omega\rangle F_{i_1,\cdots,i_{N_1}} \\
&-\frac{\sigma(\omega)\sigma(2u+2\omega)}{\sigma(u-v_1)\sigma(2u+\omega)}\frac{\sigma(u-v_1+a_{\alpha1}\omega-\omega)}{\sigma(a_{\alpha1}\omega-\omega)}\prod_{k=2}^{N_1}\frac{\sigma(v_1-v_k+\omega)\sigma(v_1+v_k+2\omega)}{\sigma(v_1-v_k)\sigma(v_1+v_k+\omega)}
\end{aligned}$$

$$
\begin{aligned}
&\times\prod_{k=1}^{N}\frac{\sigma(v_1+z_k)\sigma(v_1-z_k)}{\sigma(v_1+z_k+\omega)\sigma(v_1-z_k+\omega)}R(a+\hat{i}|2u+\omega)_{i\alpha}^{\alpha i}\\
&\times\beta^{(1)}(v_1)\delta_{i_1''}^{\alpha}\tau^{(1)i_1}_{\ \alpha}\left(a-\hat{i}_1+\hat{1}|v_1+\frac{\omega}{2};\xi+\frac{\omega}{2}\right)_{i_2''\cdots i_{N_1}''}^{i_2\cdots i_{N_1}}B^{i_1''}(a-\hat{i}_1''+\hat{1}|u)\\
&\times B^{i_2''}(a-\hat{i}_1''-\hat{i}_2''+2\hat{1}|v_2)\cdots B^{i_{N_1}''}\left(a-\sum_{k}\hat{i}_k''+N_1\hat{1}|v_{N_1}\right)|\Omega\rangle F_{i_1,\cdots,i_{N_1}}\\
&+\frac{\sigma(\omega)\sigma(2v_1)\sigma(2u+2\omega)}{\sigma(u+v_1+\omega)\sigma(2v_1+\omega)\sigma(2u+\omega)}\frac{\sigma(u+v_1+a_{i_1 1}\omega)}{\sigma(a_{i_1 1}\omega-\omega)}k(a_0|v_1;\xi)_1\\
&\times\prod_{k=2}^{N_1}\frac{\sigma(v_1+v_k)\sigma(v_1-v_k-\omega)}{\sigma(v_1+v_k+\omega)\sigma(v_1-v_k)}R(a+\hat{i}|2u+\omega)_{ii_1}^{i_1 i}B^{i_1}(a-\hat{i}_1+\hat{1}|u)\\
&\times B^{i_2}(a-\hat{i}_1-\hat{i}_2+2\hat{1}|v_2)\cdots B^{i_{N_1}}\left(a-\sum_{k=1}^{N_1}\hat{i}_k+N\hat{1}|v_{N_1}\right)|\Omega\rangle F_{i_1,\cdots,i_{N_1}}\\
&+\text{o.u.t.}
\end{aligned}\tag{11.4.5}
$$

其中, o.u.t 指除了 B^i 中将 v_1 换成 u 之外的其他 u.t, 而单值矩阵 $k^{(1)}\left(a|u+\frac{\omega}{2};\xi+\frac{\omega}{2}\right)$ 定义为

$$
\begin{aligned}
&k^{(1)i}_{\ \ j}\left(a|u+\frac{\omega}{2};\xi+\frac{\omega}{2}\right)_{i_1''\cdots i_{N_1}''}^{i_1\cdots i_{N_1}}\\
=&R\left(a+\hat{i}|u+\frac{\omega}{2}+z_1^{(1)}\right)_{ji_1''}^{\beta_1 i_1'}R\left(a+\hat{i}-\hat{i}_1'|u+\frac{\omega}{2}+z_2^{(1)}\right)_{\beta_1 i_2''}^{\beta_2 i_2'}\\
&\times\cdots\times R\left(a+\hat{i}-\sum_{k=1}^{N_1-1}\hat{i}_k'|u+\frac{\omega}{2}+z_{N_1}^{(1)}\right)_{\beta_{N_1-1}i_{N_1}''}^{\nu\quad i_{N_1}'}\times k\left(a_0|u+\frac{\omega}{2};\xi+\frac{\omega}{2}\right)_{\nu}\\
&\times R\left(a-\sum_{k=1}^{N_1}\hat{i}_k|u+\frac{\omega}{2}-z_{N_1}^{(1)}\right)_{i_{N_1}'\nu}^{i_{N_1}\alpha_{N_1-1}}R\left(a-\sum_{k=1}^{N_1-1}\hat{i}_k|u+\frac{\omega}{2}-z_{N_1-1}^{(1)}\right)_{i_{N_1-1}'\alpha_{N_1-1}}^{i_{N_1-1}\alpha_{N_1-2}}\cdots\\
&\times R\left(a-\hat{i}_1|u+\frac{\omega}{2}-z_1^{(1)}\right)_{i_1'\alpha_1}^{i_1 i}.
\end{aligned}\tag{11.4.6}
$$

其中, $z_k^{(1)}=v_k+\frac{\omega}{2},\quad k=1,\cdots,N_1,\quad a_0=a-\sum_{k=1}^{N_1}\hat{i}_k-(N-N_1)\hat{1}$ (为今后推导的方便, 我们还定义 τ 矩阵). 矩阵 $\tau_{\alpha}^{(1)\beta_1}(\cdots)_{:::}^{:::}$ 的定义与 $k_j^{(1)i}$ 相仿, 只是其量子空间指标是 N_1-1 对它们图示于图 11.4.1(a). 在推导式 (11.4.5)、式 (11.4.6) 中, 我们用到

$$
R(a+l\hat{1}|u)_{ij}^{kl}=R(a|u)_{ij}^{kl},\quad 当 i,j,k,l>1 时.
$$

类似地当 $A(a|u)$ 作用于 $|v_1,v_2,\cdots,v_{N_1},F\rangle$ 时, 给出

$$
\begin{aligned}
&A(a|u)|v_1,v_2,\cdots,v_{N_1},F\rangle\\
=&k(a_0|u;\xi)_1\prod_{k=1}^{N_1}\frac{\sigma(u+v_k)\sigma(u-v_k-\omega)}{\sigma(u+v_k+\omega)\sigma(u-v_k)}|v_1,v_2,\cdots,v_{N_1},F\rangle\\
&-\frac{\sigma(\omega)\sigma(2v_1)}{\sigma(u-v_1)\sigma(2v_1+\omega)}\frac{\sigma(u-v_1-a_{i_11}\omega+\omega)}{\sigma(a_{i_11}\omega-\omega)}k(a_0|v_1;\xi)_1\\
&\times\prod_{k=2}^{N_1}\frac{\sigma(v_1+v_k)\sigma(v_1-v_k-\omega)}{\sigma(v_1+v_k+\omega)\sigma(v_1-v_k)}\\
&\times B^{i_1}(a-\hat{i}_1+\hat{1}|u)B^{i_2}(a-\hat{i}_1-\hat{i}_2+2\hat{1}|v_2)\cdots\\
&\times B^{i_{N_1}}\left(a-\sum_{k=1}^{N_1}\hat{i}_k+N_1\hat{1}|v_{N_1}\right)|\Omega\rangle F_{i_1,\cdots,i_{N_1}}\\
&-\frac{\sigma(\omega)\sigma(u+v_1+a_{1\alpha}\omega+2\omega)}{\sigma(u+v_1+\omega)\sigma(a_{1\alpha}\omega+\omega)}\beta^{(1)}(v_1)\prod_{k=2}^{N_1}\frac{\sigma(v_1-v_k+\omega)\sigma(v_1+v_k+2\omega)}{\sigma(v_1-v_k)\sigma(v_1+v_k+\omega)}\\
&\times\prod_{k=1}^{N}\frac{\sigma(v_1+z_k)\sigma(v_1-z_k)}{\sigma(v_1+z_k+\omega)\sigma(v_1-z_k+\omega)}\delta_{i_1''}^{\alpha}\tau^{(1)i_1}_{\ \ \alpha}\left(a-\hat{i}_1+\hat{1}|v_1+\frac{\omega}{2};\xi+\frac{\omega}{2}\right)_{i_2''\cdots i_{N_1}''}^{i_2\cdots i_{N_1}}\\
&\times B^{i_1''}(a-\hat{i}_1''+\hat{1}|u)B^{i_2''}(a-\hat{i}_1''-\hat{i}_2''+2\hat{1}|v_2)\cdots\\
&\times B^{i_{N_1}''}\left(a-\sum_{k=1}^{N_1}\hat{i}_k''+N_1\hat{1}|v_{N_1}\right)|\Omega\rangle F_{i_1,\cdots,i_{N_1}}\\
&+\text{o.u.t.}
\end{aligned}\tag{11.4.7}
$$

图 11.4.1(a) 表示单值矩阵$k_j^i\left(a|u+\dfrac{\omega}{2},\xi+\dfrac{\omega}{2}\right)_{i_1''\cdots i_{N_1}''}^{i_1\cdots i_{N_1}}$，虚线右边表示单值矩阵 $\tau_{\beta_1}^{\alpha_1}\left(a-\hat{i}_1|u+\dfrac{\omega}{2},\xi+\dfrac{\omega}{2}\right)_{i_2''\cdots i_{N_1}''}^{i_2\cdots i_{N_1}}$，图 11.4.1(b) 表示子转换矩阵 $t^{(1)}\left(a|u+\dfrac{\omega}{2},\xi+\dfrac{\omega}{2}\right)_{i_1''\cdots i_{N_1}''}^{i_1\cdots i_{N_1}}$.

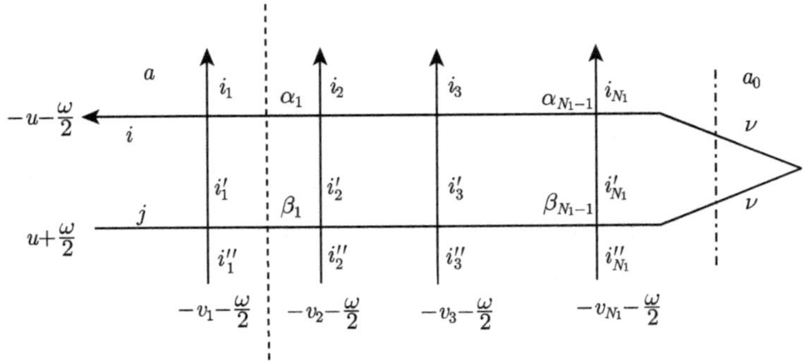

(a)

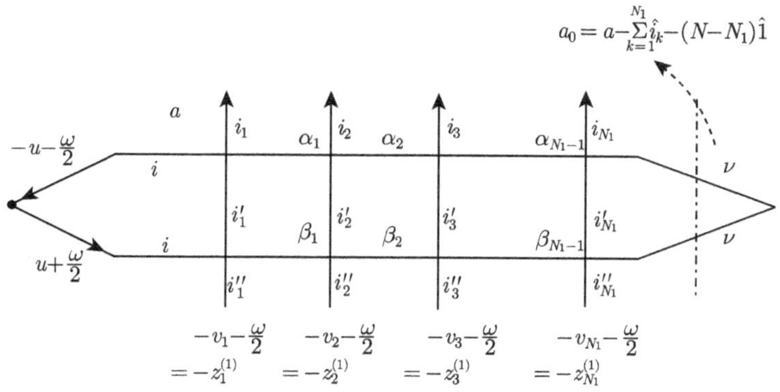

(b)

图 11.4.1 (a) $k_j^i\left(a|u+\dfrac{\omega}{2},\xi+\dfrac{\omega}{2}\right)$ 矩阵元的图示, 虚线右边是 $\tau_{B_1}^{\alpha_1}\left(a-\hat{i}_1|u+\dfrac{\omega}{2},\xi+\dfrac{\omega}{2}\right)$ 矩阵元的图示; (b) $t^{(1)}\left(a|u+\dfrac{\omega}{2},\xi+\dfrac{\omega}{2}\right)$ 的矩阵元的图示, 图中右边的点划线表示反射矩阵的面权 a_0. 与图中由 a 及图 11.1.2 确定的面权 $\tilde{a}=a-\sum\hat{i}_k$ 之间有差别

在式 (11.4.6) 和式 (11.4.7) 右边, 我们约定对重复指标求和.

由式 (11.4.6) 和式 (11.4.7) 以及 $t(u)$ 的定义式导出的式 (11.4.3), 我们得到

$$
\begin{aligned}
&t(u,\xi)|v_1,v_2,\cdots,v_{N_1},F\rangle\\
=&\left(\alpha^{(1)}(u)A(a|u)+\sum_{i=2}^{n}\tilde{k}^{(1)}\left(a|u+\frac{\omega}{2}\right)_i D_i^i(a|u)\right)|v_1,v_2,\cdots,v_{N_1},F\rangle\\
=&\alpha^{(1)}(u)k(a_0|u;\xi)_1\prod_{k=1}^{N_1}\frac{\sigma(u+v_k)\sigma(u-v_k-\omega)}{\sigma(u+v_k+\omega)\sigma(u-v_k)}|v_1,v_2,\cdots,v_{N_1},F\rangle\\
&+\beta^{(1)}(u)\prod_{k=1}^{N_1}\frac{\sigma(u-v_k+\omega)\sigma(u+v_k+2\omega)}{\sigma(u-v_k)\sigma(u+v_k+\omega)}\prod_{k=1}^{N}\frac{\sigma(u+z_k)\sigma(u-z_k)}{\sigma(u+z_k+\omega)\sigma(u-z_k+\omega)}\\
&\times t^{(1)}\left(u+\frac{\omega}{2};\xi+\frac{\omega}{2}\right)_{i''_1\cdots i''_{N_1}}^{i_1\cdots i_{N_1}}B^{i''_1}(a-\hat{i}''_1+\hat{1}|v_1)B^{i''_2}(a-\hat{i}''_1-\hat{i}''_2+2\hat{1}|v_2)\cdots\\
&\times B^{i''_{N_1}}\left(a-\sum_{k=1}^{N_1}\hat{i}''_k+N_1\hat{1}|v_{N_1}\right)|\Omega\rangle F_{i_1,\cdots,i_{N_1}}+\text{u.t.}
\end{aligned}
\tag{11.4.8}
$$

其中, $n-1$ 秩的子转移矩阵 $t^{(1)}$ 为 (图 11.4.1)

$$
t^{(1)}\left(u+\frac{\omega}{2},\xi+\frac{\omega}{2}\right)=\sum_{i=2}^{n}\tilde{k}^{(1)}\left(a|u+\frac{\omega}{2}\right)_i k^{(1)i}_{\ \ i}\left(a|u+\frac{\omega}{2},\xi+\frac{\omega}{2}\right). \tag{11.4.9}
$$

式 (11.4.8) 告诉我们只有当

$$t^{(1)}\left(u+\frac{\omega}{2};\xi+\frac{\omega}{2}\right)_{i_1''\cdots i_{N_1}''}^{i_1\cdots i_{N_1}} F_{i_1,\cdots,i_{N_1}} \propto F_{i_1'',\cdots,i_{N_1}''}$$

时, 式 (11.4.8)的第一项和第二项才都正比于 $|v_1,v_2,\cdots,v_{N_1},F\rangle$. 这也就是要求找出约化成 $n-1$ 秩的系统转移矩阵 $t^{(1)}\left(u+\frac{\omega}{2};\xi+\frac{\omega}{2}\right)$ 的本征矢. 另一方面, 还要求所有的 u.t 都消去. 这个要求就给出代数贝特拟设方程, 它限制了 N_1 个参数 $\{v_k\}$ 的取值.

我们有

$$\begin{aligned}
&t(u;\xi)|v_1,v_2,\cdots,v_{N_1},F\rangle\\
&=\Lambda(u;\xi,\{v_k\})|v_1,v_2,\cdots,v_{N_1},F\rangle, \qquad (11.4.10)
\end{aligned}$$

$$\begin{aligned}
\Lambda(u;\xi,\{v_k\})=&\,\alpha^{(1)}(u)\frac{\sigma(\xi+(\overline{a}_0)_1\omega+u)}{\sigma(\xi+(\overline{a}_0)_1\omega-u)}\prod_{k=1}^{N_1}\frac{\sigma(u+v_k)\sigma(u-v_k-\omega)}{\sigma(u-v_k)\sigma(u+v_k+\omega)},\\
&+\frac{\sigma(2u)\sigma(\xi+(\overline{a}_0)_1\omega-u-\omega)}{\sigma(2u+\omega)\sigma(\xi+(\overline{a}_0)_1\omega-u)}\\
&\times\prod_{k=1}^{N_1}\frac{\sigma(u-v_k+\omega)\sigma(u+v_k+2\omega)}{\sigma(u-v_k)\sigma(u+v_k+\omega)}\prod_{k=1}^{N}\frac{\sigma(u+z_k)\sigma(u-z_k)}{\sigma(u+z_k+\omega)\sigma(u-z_k+\omega)}\\
&\times\Lambda^{(1)}\left(u+\frac{\omega}{2};\xi+\frac{\omega}{2},\{v_k^{(1)}\}\right). \qquad (11.4.11)
\end{aligned}$$

其中, $\alpha^{(1)}(u)$ 由式 (11.4.4) 定义, $\Lambda^{(1)}\left(u+\frac{\omega}{2};\xi+\frac{\omega}{2},\{v_k^{(1)}\}\right)$ 是约化的转移矩阵的本征值:

$$t^{(1)}\left(u+\frac{\omega}{2};\xi+\frac{\omega}{2}\right)_{i_1\cdots i_{N_1}}^{i_1'\cdots i_{N_1}'} F_{i_1',\cdots,i_{N_1}'}=\Lambda^{(1)}\left(u+\frac{\omega}{2};\xi+\frac{\omega}{2},\{v_k^{(1)}\}\right)F_{i_1,\cdots,i_{N_1}}. \qquad (11.4.12)$$

谱参量 $\{v_k^{(1)}|_{k=1,\cdots,N_2}\}$ 由贝特拟设方程确定:

$$\begin{aligned}
&\alpha^{(1)}(v_s)\frac{\sigma(\xi+(\overline{a}_0)_1\omega+v_s)\sigma(2v_s+\omega)}{\sigma(\xi+(\overline{a}_0)_1\omega-v_s-\omega)\sigma(2v_s+2\omega)}\prod_{k\neq s,k=1}^{N_1}\frac{\sigma(v_s+v_k)\sigma(v_s-v_k-\omega)}{\sigma(v_s+v_k+2\omega)\sigma(v_s-v_k+\omega)}\\
&=\prod_{k=1}^{N}\frac{\sigma(v_s+z_k)\sigma(v_s-z_k)}{\sigma(v_s+z_k+\omega)\sigma(v_s-z_k+\omega)}\Lambda^{(1)}\left(v_s+\frac{\omega}{2};\xi+\frac{\omega}{2},\{v_k^{(1)}\}\right), \qquad (11.4.13)
\end{aligned}$$

约化系统又可以按照这个方式继续约化, 一直到最后变为一个 $n=2$ 的系统, 这个时候的约化转移矩阵 $t^{(n)}(u,\xi)$ 是如图 11.4.2 所示的转移矩阵, 它的所有指标只能取 n.

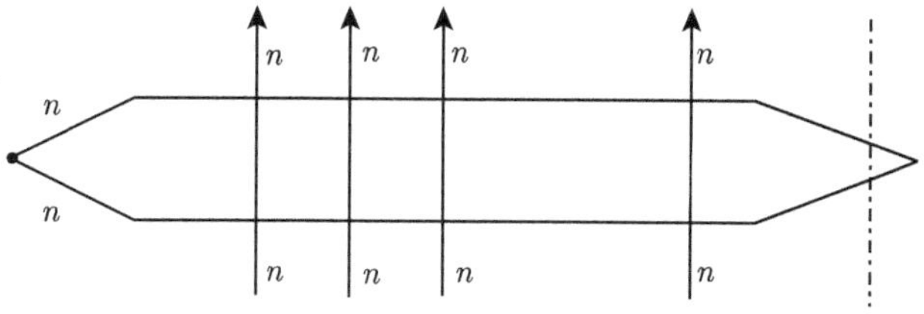

图 11.4.2 $t^{(n)}(u,\xi)$ 图示

由于它的所有指标都是 n, 所以正比于一个单位矩阵 $= C\mathrm{id}$, 它的本征值就是 C. 这时量子空间的矢量只有一个：$e_n \otimes e_n \otimes \cdots \otimes e_n$, 我们就完成了求解任务.

现在可以考察 u.t 替换 u 的不是 v_1 而是其他 v_j 的情形了. 可以先把 v_j 用式 (11.2.10) 调到最前面, 如图 11.4.3 所示.

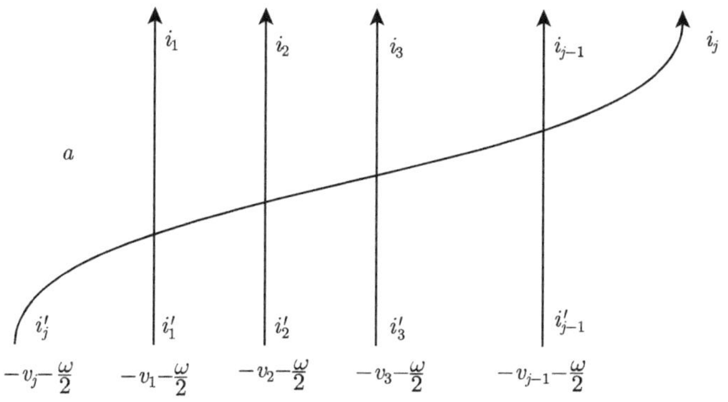

图 11.4.3 调换 B 算子次序的调换矩阵 M 的图示

我们有

$$
\begin{aligned}
&|v_1, v_2, \cdots, v_j, \cdots, v_{N_1}, F\rangle \\
&= B^{i_1}(a_1|v_1)\cdots B^{i_j}(a_j|v_j)\cdots B^{i_{N_1}}(a_{N_1}|v_{N_1})|\Omega\rangle F_{i_1,\cdots,i_N} \\
&= M^{i_1 i_2\cdots i_j}_{i'_1 i'_2\cdots i'_j} B^{i'_j}(a'_1|v_j)B^{i'_1}(a'_2|v_1)B^{i'_2}(a'_3|v_2)\cdots \\
&\quad \times B^{i'_{j-1}}(a'_{j-1}|v_{j-1})B^{i_{j+1}}(a_{j+1}|v_{j+1})\cdots|\Omega\rangle F_{i_1,\cdots,i_{N_1}} \\
&\equiv B^{i'_j}(a'_1|v_j)\cdots B^{i'_{N_1}}(a'_{N_1}|v_{N_1})|\Omega\rangle \overline{F}_{i'_1,\cdots,i'_{N_1}} \\
&\Rightarrow \overline{F} = MF.
\end{aligned}
$$

其中, M 是由图 11.4.3 形成的矩阵. M, $\overline{F}$ 显然与 j 有关, 在后面有时写成 $M \equiv M^{(j)}$, $\overline{F} \equiv \overline{F}_j$.

现在考察形成 w.t 的$t^{(1)}\left(u+\dfrac{\omega}{2}\right)$ 以及在变换之后的 $\bar{t}^{(1)}\left(u+\dfrac{\omega}{2}\right)$, 它们与矩

阵 M 的关系可以用图 11.4.4 给出 (借助 YBE).

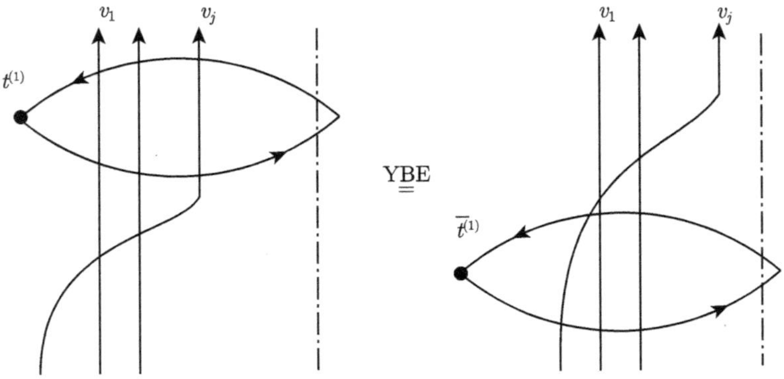

图 11.4.4　式 (11.4.14) 图示法证明

即

$$Mt^{(1)} = \overline{t}^{(1)}M, \quad \overline{t}^{(1)} = Mt^{(1)}M^{-1}. \tag{11.4.14}$$

这是由于 YBE, 当 $F_{i_1,\cdots,i_{N_1}}$ 是 $t^{(1)}$ 的本征矢时, 有

$$\begin{aligned}
&t^{(1)}F = \Lambda F, \\
&(Mt^{(1)})F = \Lambda MF = (\overline{t}^{(1)}M)F \quad \Rightarrow \quad \overline{t}^{(1)}\overline{F} = \Lambda\overline{F}.
\end{aligned} \tag{11.4.15}$$

也就是当 F 是 $t^{(1)}$ 的本征矢时 $\overline{F}$ 是 $\overline{t}^{(1)}$ 的本征矢.

另一方面, $\psi = |v_1, \cdots, v_{N_1}, F\rangle$ 是一个确定的矢量, 把 $t(u)$ 作用后产生 w.t 以及 N_1 种 u.t. u.t 可以用式 (11.2.10) 合并为 N_1 个矢量 ψ_i, $i = 1, \cdots, N_1$. 如果 $t(u)$ 作用在 $\psi' = |v_{j_1}, v_1, \cdots, v_{N_1}, \overline{F}\rangle$ 上也可以得到一个 $B(v_j)$ 变为 $B(u)$ 的态, 假设: 矢量

$$B^{i_j}(u)B^{i_1}(v_1)\cdots B^{i_{j-1}}(v_{j-1})B^{i_{j+1}}(v_{j+1})\cdots B^{i_{N_1}}(v_{N_1})|\Omega\rangle C_{i_1,i_2,\cdots,i_{N_1}}$$

对任意非零的 $C_{i_1,i_2,\cdots,i_{N_1}}$ 都不能用 w.t 的矢量和其余 $N_1 - 1$ 种 u.t 矢量线性组合而成, 则有

$$\psi'_j = \psi_j. \tag{11.4.16}$$

证明　由于 ψ' 实际上等于 ψ, 因此 $t(u)$ 作用它们上时应该给出同一个结果, 第一次 $t(u)$ 作用得到 w.t 与 u.t, 为

$$t(u)\psi = \Lambda_0\psi + \sum_{i=1}^{N_1}\psi_i \quad (\Lambda_0\text{包括 } A \text{ 的作用生成的 w.t}).$$

第二次作用得 (ψ' 实际上等于 ψ)

$$t(u)\psi' = \Lambda_0'\psi' + \sum_{i=1}^{N_1}\psi_i'.$$

用同一个算子 $t(u)$ 作用在相等的态 $\psi' = \psi$上, 给出 $\Lambda_0\psi + \sum_i \psi_i = \Lambda_0'\psi' + \sum_i \psi_i'$, 如果 $\psi_j' - \psi_j \neq 0$, 则有

$$\psi_j' - \psi_j = \sum_{i\neq j}\psi_i - \sum_{i\neq j}\psi_i' + \Lambda_0\psi - \Lambda_0'\psi'.$$

但是 $\psi_j' - \psi_j$ 是 B 的谱 v_j 被替换为 u 的 N_1 个 B 作用在 $|\Omega\rangle$ 上形成的一个矢量, 这与假设矛盾.

因此, 如果可以调整 v_j 使 ψ_j 消除, 则 ψ_j' 也正好消除. 我们只需用 ψ_j' 消除的条件来求 v_j 需要满足的方程就可以了. 当对所有的 j 这一点做到以后, 就保证 $\psi_j = 0, j = 1, \cdots, N_1$ 也成立, 于是有

$$\begin{aligned}
&t(u)|v_1, v_2, \cdots, v_{N_1}, F\rangle\\
=&c_1|v_1, v_2, \cdots, v_{N_1}, F\rangle + c_2|v_1, v_2, \cdots, v_{N_1}, t^{(1)}F\rangle + \sum_{j=1}^{N_1}\psi_j\\
=&c_1|v_1, v_2, \cdots, v_{N_1}, F\rangle + c_2|v_1, v_2, \cdots, v_{N_1}, \Lambda^{(1)}F\rangle + \sum_{j=1}^{N_1}\psi_j'\\
=&(c_1 + c_2\Lambda^{(1)})|v_1, v_2, \cdots, v_{N_1}, F\rangle = \Lambda_0|v_1, v_2, \cdots, v_{N_1}, F\rangle.
\end{aligned}$$

其中, 以 c_1 为系数的第一项是 A 给出的 w.t, 以 c_2 为系数的第二项是 D 给出的 w.t.

令

$$\text{w.t 对应的算子} = c_1 I + c_2 t^{(1)}(u, v_1, v_2, \cdots, v_{N_1}) = A(u, v_1, v_2, \cdots, v_{N_1}).$$

$t(u)$ 作用于 $\psi = |v_1, \cdots, v_{N_1}, F\rangle$ 上给出, 由式 (11.4.16)

$$\begin{aligned}
&t(u)|v_1, v_2, \cdots, v_{N_1}, F\rangle = \text{w.t} + \text{u.t}\\
=&|v_1, v_2, \cdots, v_{N_1}, A(u, v_1, v_2, \cdots, v_{N_1})F\rangle + |u, v_2, \cdots, v_{N_1}, B(u, v_1, v_2, \cdots, v_{N_1})F\rangle\\
&+|u, v_1, v_3, \cdots, v_{N_1}, B(u, v_2, v_1, \cdots, v_{N_1})\overline{F}_2\rangle\\
&+\cdots + |u, v_1, \cdots, v_{j-1}, v_{j+1}, \cdots, v_{N_1}, B(u, v_j, \cdots, v_{j-1}, v_{j+1}, \cdots, v_{N_1})\overline{F}_j\rangle\\
&+\cdots + |u, v_{N_1}, v_1, \cdots, v_{N_1-1}, B(u, v_{N_1}, v_1, \cdots, v_{N_1-1})\overline{F}_{N_1}\rangle.
\end{aligned}\tag{11.4.17}$$

注意, 当 $u \to v_j$ 时, $A(u, v_1, \cdots)$ 是奇异的, 这是因为 $A(u, v_j, \cdots, \hat{v}_j, \cdots) = M^{(j)} \times A(u, v_1, \cdots) M^{(j)-1}$, 当 $u \to v_j$ 时是奇异的 (见式 (11.4.8), 当 $u \to v_j$ 时该式右边是奇异的). 我们定义

$$M_j = \lim_{u \to v_j} (u - v_j) A(u, v_j, \cdots, \hat{v}_j, \cdots).$$

在这里 $\hat{v}_j$ 表示缺掉 v_j. 对任意的 F, 由式 (11.4.17) 有

$$\begin{aligned}
&\lim (u - v_j) t(u) |v_1, v_2, \cdots, v_{N_1}, F\rangle \\
=& \lim |v_j, v_1, \cdots, \hat{v}_j, \cdots, (u - v_j) A(u, v_j, \cdots, \hat{v}_j, \cdots) \overline{F}_j\rangle \\
&+ \lim |u, v_1, \cdots, \hat{v}_j, \cdots, (u - v_j) B(u, v_j, \cdots, \hat{v}_j, \cdots) \overline{F}_j\rangle \\
&+ \lim (u - v_j) \times \text{其他 u.t.}
\end{aligned}$$

其中, $B(u, v_j, \cdots, \hat{v}_j \cdots)$ 只有当 $u \to v_j$ 时是有奇异的, 而当 $u \to v_l$, $l \neq j$ 时并没有奇异性, 因而最后一项为 0. 又由于 $t(u)$ 是一个正常算子, 当 $u \to v_j$ 时没有奇异, 方程左边为 0, 由此给出

$$\lim_{u \to v_j} (u - v_j) A(u, v_j, \cdots, \hat{v}_j, \cdots) \overline{F}_j = -\lim (u - v_j) B(u, v_j, \cdots, \hat{v}_j, \cdots) \overline{F}_j.$$

又因为 F 是任意的, 因此 $\overline{F}_j$ 也是任意的, 就可以得到

$$\begin{aligned}
M_j \equiv & \lim (u - v_j) A(u, v_j, \cdots, \hat{v}_j, \cdots) \\
=& -\lim (u - v_j) B(u, v_j, \cdots, \hat{v}_j, \cdots).
\end{aligned}$$

容易看出矩阵 $A(u \cdots)$ 对于不同的 u 互相对易, 因为 $t^{(1)}(u, \cdots)$ 是这样, 它们有共同的完备的本征矢.

考虑其中的一个本征矢 $F(i)$,

$$A(u, v_1, v_2, \cdots, v_{N_1}) F(i) = \Lambda^{(i)}(u, v_1, v_2, \cdots, v_{N_1}) F(i),$$

其中, $F(i)$ 是 $v_1, v_2, \cdots, v_{N_1}$ 的函数, 与 u 无关. 有

$$\begin{aligned}
&(u - v_j) A(u, v_1, v_2, \cdots, v_{N_1}) F(i) = (u - v_j) \Lambda^{(i)}(u, v_1, v_2, \cdots, v_{N_1}) F(i), \\
&\lim_{u \to v_j} (u - v_j) A(u, v_1, v_2, \cdots, v_{N_1}) F(i) \equiv M_j(v_1, v_2, \cdots) F(i) \\
=& \lim_{u \to v_j} (u - v_j) \Lambda^{(i)}(u, v_1, v_2, \cdots, v_{N_1}) F(i) = \lambda_j^{(i)}(v_1, v_2, \cdots, v_{N_1}) F(i). \quad (11.4.18)
\end{aligned}$$

我们把 $|v_1, \cdots, v_{N_1}, F(i)\rangle$ 改变一下 v 的次序, 给出

$$|v_1, \cdots, v_{N_1}, F(i)\rangle = |v_j, v_1, \cdots, \hat{v}_j, \cdots, v_{N_1}, M^{(j)} F(i)\rangle,$$

$M^{(j)}$ 是式 (11.4.14) 的 M, $\hat{v}_j$ 表示缺 v_j. 由式 (11.4.14), 我们有

$$\begin{aligned}&A(u,v_j,v_1,\cdots,\hat{v}_j,\cdots)=M^{(j)}A(u,v_1,\cdots)M^{(j)-1}\\ \Rightarrow&M_j(v_j,v_1,\cdots,\hat{v}_j,\cdots)=M^{(j)}M_j(v_1,\cdots)M^{(j)-1},\end{aligned}$$

因为 $M^{(j)}$ 与 u 无关.

$$\begin{aligned}M_j(v_j,v_1,\cdots,\hat{v}_j,\cdots)\overline{F}_j(i,v)&=M_j(v_j,v_1,\cdots,\hat{v}_j,\cdots)M^{(j)}F(i)\\&=\lim_{u\to v_j}(u-v_j)A(u,v_j,\cdots)M^{(j)}F(i)\\&=\lim_{u\to v_j}(u-v_j)M^{(j)}A(u,v_1,\cdots)M^{(j)-1}M^{(j)}F(i)\\&=\lim_{u\to v_j}(u-v_j)M^{(j)}\Lambda^{(i)}(u,v_1,\cdots,v_{N_1})F(i)\\&=\lim_{u\to v_j}(u-v_j)\Lambda^{(i)}(u,v_1,\cdots,v_{N_1})M^{(j)}F(i)\\&=\lambda_j^{(i)}(v_1,\cdots,v_{N_1})M^{(j)}F(i)\equiv\lambda_j^{(i)}(v_1,\cdots,v_{N_1})\overline{F}_j(i,v).\end{aligned}$$

我们要求 $v_1,\cdots,v_{N_1}$ 满足一组贝特拟设方程, 使得这样的一组解 $\bar{\bar{v}}_1^{(i)},\bar{\bar{v}}_2^{(i)},\cdots,\bar{\bar{v}}_{N_1}^{(i)}$ 满足 $\lambda_j^{(i)}(\bar{\bar{v}})=0,\quad j=1,2,\cdots,N_1$. 这也就是 N_1 个贝特拟设方程的原来样子. 它保证 $\Lambda^{(i)}$ 在 $u\to v_j$ 时不奇异. 从而有

$$M_j(v_j,v_1,\cdots,\hat{v}_j,\cdots)\overline{F}_j(i,\bar{\bar{v}})=0,\quad j=1,\cdots,N_1. \tag{11.4.19}$$

由公式 (见后面 11.5.3 节式 (11.5.35))

$$B(u_2,v_1)=\frac{\hat{c}(u_2,v_1)\sigma(2v_1+\omega)\sigma'(0)}{\overline{a}(v_1)\sigma(2v_1)\sigma(\omega)}(-M), \tag{11.4.20}$$

其中

$$M=\lim_{u\to v_1}(u-v_1)A(u,v_1,\cdots,v_{N_1})=M_1(v_1,\cdots)=-\lim_{u\to v_1}(u-v_1)B(u,v_1,\cdots)$$

与 u_2 无关. (注意区分 M, $M^{(j)}$, M_j), 给出 $\psi_1'=B(u,v_1\cdots)F(i,\bar{\bar{v}})=0$, 类似地有

$$\psi_j'=B(u,v_j\cdots)\overline{F}_j(i,\bar{\bar{v}})=0, \tag{11.4.21}$$

又由独立性分析式 (11.4.16) 给出 $\psi_j'=0$, 意味着 $\psi_j=0,\quad j=1,\cdots,N_1$. 我们得到

$$t(u)\psi=\Lambda\psi, \tag{11.4.22}$$

也就是: ψ 是 $t(u)$ 的本征态矢.

11.5 关于 unwanted 项的分析

前面已经说明, 我们必须消去所有的 unwanted 项, 它们一共有 N_1 种, 但是只要像处理 ψ_1 一样地处理其余 N_1-1 种 ψ_j 就可以了：也就是找到矢量 $F_{i_1,\cdots,i_{N_1}}$, 它是矩阵 $t^{(1)}\left(u+\frac{w}{2},\xi+\frac{w}{2}\right)$ 的本征态, 同时要求 ψ_1 相关的矩阵

$$B_1(a,u,v_1,\cdots)_{i_1''\cdots i_{N_1}''}^{i_1\cdots i_{N_1}}$$

作用在 $F_{i_1,\cdots,i_{N_1}}$ 上给出 0. 也即要求 $F_{i_1,\cdots,i_{N_1}}$ 同时是 B 矩阵的本征矢并且具有 0 本征值. 这个本征值的要求将给出对 v_1 的约束条件：对 v_1 的贝特拟设方程. 一般地 B 矩阵不但与 v_i 有关, 而且与 u 有关, 我们还必须证明贝特拟设方程是与 u 无关的. 这两个要求都很苛刻, 在下面进行分析.

11.5.1 $t(u)$ 与 $B^i(v)$ 交换得到的 unwanted 项

我们根据交换关系式 (11.2.8) 和式 (11.2.9) 以及 $\widetilde{k}(a|u)_i$, $t(u,\widetilde{\xi})$ 的表达式可以求出 $t(u)$ 与 B^i 交换一次之后得到的 u.t. 有

$$\begin{aligned}
&A(a|u)B^i(a+\hat{1}-\hat{i}|v)\\
=&\,\mathrm{w.t}+\frac{\sigma(\omega)\sigma(2v)}{\sigma(u-v)\sigma(2v+\omega)}\frac{\sigma(u-v+a_{1i}\omega+\omega)}{\sigma(a_{1i}\omega+\omega)}B^i(a+\hat{1}-\hat{i}|u)A(a+\hat{1}-\hat{i}|v)\\
&-\frac{\sigma(\omega)}{\sigma(u+v+\omega)}\sum_{\alpha=2}^{n}\frac{\sigma(u+v+a_{1\alpha}\omega+2\omega)}{\sigma(a_{1\alpha}\omega+\omega)}B^\alpha(a+\hat{1}-\hat{\alpha}|u)D_\alpha^i(a+\hat{1}-\hat{i}|v),
\end{aligned}$$

$$\begin{aligned}
&D_k^k(a|u)B^i(a+\hat{1}-\hat{i}|v)\\
=&\,\mathrm{w.t}-\frac{\sigma(\omega)\sigma(2u+2\omega)}{\sigma(u-v)\sigma(2u+\omega)}\\
&\times\left[\sum_{\alpha=2}^{n}\frac{\sigma(u-v+a_{\alpha1}\omega-\omega)}{\sigma(a_{\alpha1}\omega-\omega)}R(a+\hat{k}|2u+\omega)_{k\alpha}^{\alpha k}B^\alpha(a+\hat{1}-\hat{\alpha}|u)D_\alpha^i(a+\hat{1}-\hat{i}|v)\right]\\
&+\frac{\sigma(\omega)\sigma(2v)\sigma(2u+2\omega)}{\sigma(u+v+\omega)\sigma(2v+\omega)\sigma(2u+\omega)}\\
&\times\left[\frac{\sigma(u+v+a_{i1}\omega)}{\sigma(a_{i1}\omega-\omega)}R(a+\hat{k}|2u+\omega)_{ki}^{ik}B^i(a+\hat{1}-\hat{i}|u)A(a+\hat{1}-\hat{i}|v)\right].
\end{aligned}$$

图 11.5.1 表示算符乘积的面权关系.

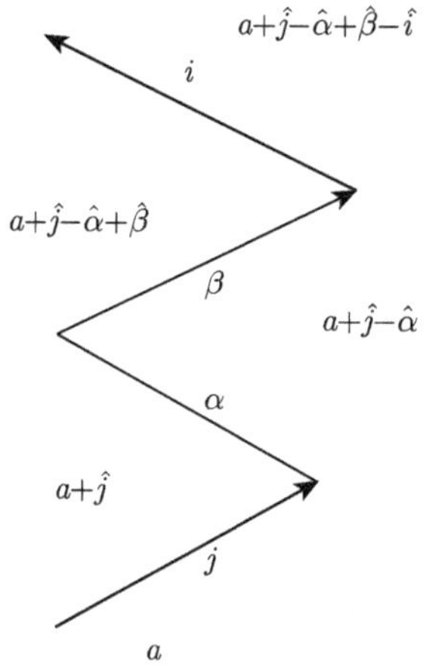

图 11.5.1 两个算符 $f_j^{\alpha} g_{\beta}^i$ 乘在一起时必须满足的面权关系图示

方程左边对 A 和 $k(\cdots 1 \cdots)_j^j$ 来说, 都有 $\hat{\alpha} = \hat{j}$. 对 $B(\cdots 1 \cdots)^i$ 来说, 有 $\beta = 1$. 由式 (11.1.2) 和式 (11.4.3) 有

$$\widetilde{k}(a|u)_i = \left[\prod_{k,\neq i} \frac{\sigma(a_{ik}\omega + \omega)}{\sigma(a_{ik}\omega)}\right] \frac{\sigma\left(\widetilde{\xi} + \overline{a}_i - u - \dfrac{n\omega}{2}\right)}{\sigma\left(\widetilde{\xi} + \overline{a}_i + u + \dfrac{n\omega}{2}\right)}, \tag{11.5.1}$$

$$t(u|\widetilde{\xi}) = \sum_{\nu} \widetilde{k}(a|u)_\nu k(a|u)_\nu^\nu$$

$$= \alpha^{(1)}(u) A(a|u) + \sum_{k=2}^{n} \widetilde{k}^{(1)}\left(a|u + \frac{\omega}{2}\right)_k D_k^k(a|u),$$

$$\alpha^{(1)}(u) = \sum_{i=1}^{n} \underbrace{\widetilde{k}(a|u)_i R(a - \hat{1}|2u)_{i1}^{1i}}_{\widetilde{A}} \quad (\text{图}11.5.2(a)\text{为}\widetilde{A}),$$

$$\widetilde{k}^{(1)}(a|u)_i = \left[\prod_{k\neq i,1}^{n} \frac{\sigma(a_{ik}\omega + \omega)}{\sigma(a_{ik}\omega)}\right] \frac{\sigma\left(\widetilde{\xi} + \overline{a}_i\omega - u - \dfrac{(n-1)\omega}{2}\right)}{\sigma\left(\widetilde{\xi} + \overline{a}_i\omega + u + \dfrac{(n-1)\omega}{2}\right)}. \tag{11.5.2}$$

先求出 D_k^k 与 B 交换得到的 u.t.

$$(D) = \sum_{k=2}^{n} \widetilde{k}^{(1)}\left(a|u + \frac{\omega}{2}\right)_k D_k^k(a|u) B^i(a + \hat{1} - \hat{i}|v) = \text{w.t}$$

$$- \frac{\sigma(\omega)\sigma(2u + 2\omega)}{\sigma(u - v)\sigma(2u + \omega)} \left\{ \sum_{\alpha=2}^{n} \frac{\sigma(u - v + a_{\alpha 1}\omega - \omega)}{\sigma(a_{\alpha 1}\omega - \omega)} \right.$$

$$\times\left(\sum_{k=2}^{m}\underbrace{\widetilde{k}^{(1)}\left(a|u+\frac{\omega}{2}\right)_k R(a-\hat{\alpha}|2u+\omega)_{k\alpha}^{\alpha k}}_{\widetilde{B}}\right)$$

$$\left.\times B^{\alpha}(a+\hat{1}-\hat{\alpha}|u)D_{\alpha}^{i}(a+\hat{1}-i|v)\right\}\quad (\text{图11.5.2(b)为}\tilde{B})$$

$$+\frac{\sigma(\omega)\sigma(2v)\sigma(2u+2\omega)}{\sigma(u+v+\omega)\sigma(2v+\omega)\sigma(2u+\omega)}\left\{\frac{\sigma(u+v+a_{i1}\omega)}{\sigma(a_{i1}\omega-\omega)}\right.$$

$$\times\left(\sum_{k=2}^{n}\underbrace{\widetilde{k}^{(1)}\left(a|u+\frac{\omega}{2}\right)_k R(a-\hat{i}|2u+\omega)_{ki}^{ik}}_{\widetilde{C}}\right)$$

$$\left.\times B^{i}(a+\hat{1}-\hat{i}|u)A(a+\hat{1}-i|v)\right\}\quad (\text{图11.5.2(c)为}\tilde{C}). \tag{11.5.3}$$

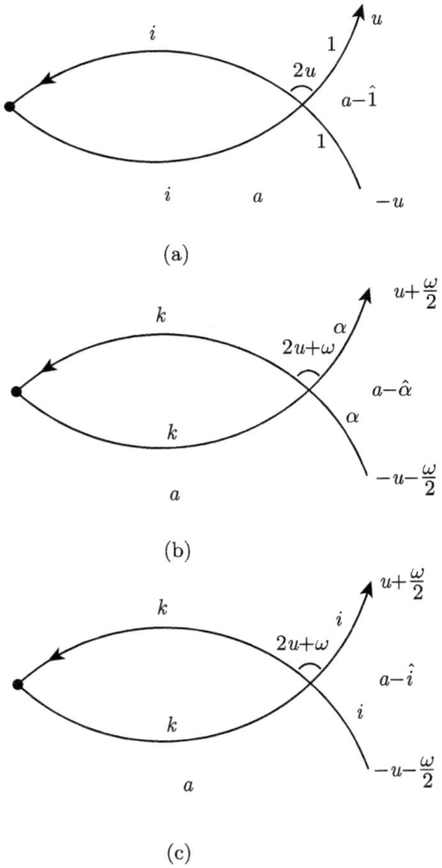

图 11.5.2 (a) $\tilde{A}$ 的定义; (b) $\tilde{B}$ 的定义; (c) $\tilde{C}$ 的定义图示

由第 10 章关于 U_α^α 的计算式 (10.4.1)、式 (10.4.12), 我们有

$$\widetilde{A}=\frac{\prod_{i=1}^{n}\sigma\left(\widetilde{\xi}+\overline{a}_i\omega+u+\frac{n\omega}{2}-\omega\right)\sigma\left(\widetilde{\xi}+\overline{a}_1\omega-u+\frac{n\omega}{2}-\omega\right)}{\prod_{i=1}^{n}\sigma\left(\widetilde{\xi}+\overline{a}_i\omega+u+\frac{n\omega}{2}\right)\quad\sigma\left(\widetilde{\xi}+\overline{a}_1\omega+u+\frac{n\omega}{2}-\omega\right)}\frac{\sigma(2u+n\omega)}{\sigma(\omega)}\frac{\sigma(\omega)}{\sigma(2u+\omega)},$$

$$\widetilde{B}=\frac{\prod_{i=2}^{n}\sigma\left(\widetilde{\xi}+\overline{a}_i\omega+u+\frac{\omega}{2}+\frac{(n-1)\omega}{2}-\omega\right)\sigma\left(\widetilde{\xi}+\overline{a}_\alpha\omega-u-\frac{\omega}{2}+\frac{(n-1)\omega}{2}-\omega\right)}{\prod_{i=2}^{n}\sigma\left(\widetilde{\xi}+\overline{a}_i\omega+u+\frac{\omega}{2}+\frac{(n-1)\omega}{2}\right)\quad\sigma\left(\widetilde{\xi}+\overline{a}_\alpha\omega+u+\frac{\omega}{2}+\frac{(n-1)\omega}{2}-\omega\right)}$$

$$\times\frac{\sigma(2u+\omega+(n-1)\omega)}{\sigma(\omega)}\frac{\sigma(\omega)}{\sigma(2u+2\omega)}$$

$$=\left\{\prod_{i=2}^{n}\frac{\sigma\left(\widetilde{\xi}+\overline{a}_i\omega+u+\frac{n\omega}{2}-\omega\right)}{\sigma\left(\widetilde{\xi}+\overline{a}_i\omega+u+\frac{n\omega}{2}\right)}\right\}\frac{\sigma\left(\widetilde{\xi}+\overline{a}_\alpha\omega-u+\frac{n\omega}{2}-2\omega\right)}{\sigma\left(\widetilde{\xi}+\overline{a}_\alpha\omega+u+\frac{n\omega}{2}-\omega\right)}$$

$$\times\frac{\sigma(2u+n\omega)}{\sigma(\omega)}\frac{\sigma(\omega)}{\sigma(2u+2\omega)},$$

$\widetilde{C}=\widetilde{B}$中$\alpha\to i$.

注意, 这一章 R 矩阵元 $R(a|u)_{ij}^{i'j'}=\dfrac{\text{以前的}R\text{矩阵元}}{R(a|u)_{11}^{11}}=\dfrac{R(a|u)_{ij}^{i'j'}\,(\text{以前})}{\dfrac{\sigma(u+\omega)}{\sigma(\omega)}}$

$\widetilde{A},\widetilde{B},\widetilde{C}$ 中可以提出公因子

$$\rho=\prod_{i=2}^{n}\frac{\sigma\left(\widetilde{\xi}+\overline{a}_i\omega+u+\frac{n\omega}{2}-\omega\right)}{\sigma\left(\widetilde{\xi}+\overline{a}_i\omega+u+\frac{n\omega}{2}\right)}\frac{\sigma(2u+n\omega)}{\sigma(\omega)},\tag{11.5.4}$$

余下的因子为

$$\frac{\widetilde{A}}{\rho}=\frac{\sigma\left(\widetilde{\xi}+\overline{a}_1\omega-u+\frac{n\omega}{2}-\omega\right)}{\sigma\left(\widetilde{\xi}+\overline{a}_1\omega+u+\frac{n\omega}{2}\right)}\frac{\sigma(\omega)}{\sigma(2u+\omega)},$$

$$\frac{\widetilde{B}}{\rho}=\frac{\sigma\left(\widetilde{\xi}+\overline{a}_\alpha\omega-u+\dfrac{n\omega}{2}-2\omega\right)}{\sigma\left(\widetilde{\xi}+\overline{a}_\alpha\omega+u+\dfrac{n\omega}{2}-\omega\right)}\frac{\sigma(\omega)}{\sigma(2u+2\omega)},$$

$$\frac{\widetilde{C}}{\rho}=\frac{\sigma\left(\widetilde{\xi}+\overline{a}_i\omega-u+\dfrac{n\omega}{2}-2\omega\right)}{\sigma\left(\widetilde{\xi}+\overline{a}_i\omega+u+\dfrac{n\omega}{2}-\omega\right)}\frac{\sigma(\omega)}{\sigma(2u+2\omega)}, \tag{11.5.5}$$

$$\alpha^{(1)}(u)=\widetilde{A}. \tag{11.5.6}$$

再求 A 与 $B^i(v)$ 交换得到的 u.t.

$$\begin{aligned}(\mathrm{A})=&\alpha^{(1)}(u)A(a|u)B^i(a+\hat{1}-\hat{i}|v)=\mathrm{w.t}\\&+\frac{\sigma(\omega)\sigma(2v)}{\sigma(u-v)\sigma(2v+\omega)}\frac{\sigma(u-v+a_{1i}\omega+\omega)}{\sigma(a_{1i}\omega+\omega)}B^i(a+\hat{1}-\hat{i}|u)\times\widetilde{A}\times A(a+\hat{1}-\hat{i}|v)\\&-\frac{\sigma(\omega)}{\sigma(u+v+\omega)}\sum_{\alpha=2}^{n}\frac{\sigma(u+v+a_{1\alpha}\omega+2\omega)}{\sigma(a_{1\alpha}\omega+\omega)}B^\alpha(a+\hat{1}-\hat{\alpha}|u)\times\widetilde{A}\\&\times D_\alpha^i(a+\hat{1}-\hat{i}|v).\end{aligned} \tag{11.5.7}$$

下面我们将这两部分 u.t 合并起来.

考虑 $B^\alpha(a+\hat{1}-\hat{\alpha}|u)D_\alpha^i(a+\hat{1}-\hat{i}|v)$ 的项:

(A) 中为

$$-\frac{\rho\sigma(\omega)^2\sigma(u+v+a_{1\alpha}\omega+2\omega)}{\sigma(u+v+\omega)\sigma(a_{1\alpha}\omega+\omega)\sigma(2u+\omega)}\frac{\sigma\left(\widetilde{\xi}+\overline{a}_1\omega-u+\dfrac{n\omega}{2}-\omega\right)}{\sigma\left(\widetilde{\xi}+\overline{a}_1\omega+u+\dfrac{n\omega}{2}\right)},$$

(D) 中为

$$-\frac{\rho\sigma(\omega)^2\sigma(u-v+a_{\alpha1}\omega-\omega)}{\sigma(u-v)\sigma(2u+\omega)\sigma(a_{\alpha1}\omega-\omega)}\frac{\sigma\left(\widetilde{\xi}+\overline{a}_\alpha\omega-u+\dfrac{n\omega}{2}-2\omega\right)}{\sigma\left(\widetilde{\xi}+\overline{a}_\alpha\omega+u+\dfrac{n\omega}{2}-\omega\right)}, \tag{11.5.8}$$

两项和为

$$
-\frac{\rho\sigma(\omega)^2}{\sigma(2u+\omega)}\frac{1}{\sigma(u+v+\omega)\sigma(u-v)\sigma(a_{1\alpha}\omega+\omega)\sigma\left(\widetilde{\xi}+\overline{a}_\alpha\omega+u+\dfrac{n\omega}{2}-\omega\right)\sigma\left(\widetilde{\xi}+\overline{a}_1\omega+u+\dfrac{n\omega}{2}\right)}
$$

$$
\times\left[\sigma(u+v+a_{1\alpha}\omega+2\omega)\sigma\left(\widetilde{\xi}+\overline{a}_1\omega-u+\frac{n\omega}{2}-\omega\right)\sigma\left(\widetilde{\xi}+\overline{a}_\alpha\omega+u+\frac{n\omega}{2}-\omega\right)\sigma(u-v)\right.
$$

$$
\left.-\sigma(u-v+a_{\alpha 1}\omega-\omega)\sigma\left(\widetilde{\xi}+\overline{a}_\alpha\omega-u+\frac{n\omega}{2}-2\omega\right)\sigma\left(\widetilde{\xi}+\overline{a}_1\omega+u+\frac{n\omega}{2}\right)\sigma(u+v+\omega)\right].
$$

令

$$
\begin{aligned}
u' &= u+\frac{a_{1\alpha}\omega}{2}+\omega, \quad v'=\widetilde{\xi}+\frac{\overline{a}_1+\overline{a}_\alpha}{2}\omega+\frac{n\omega}{2}-\omega,\\
x' &= v+\frac{a_{1\alpha}\omega}{2}+\omega, \quad y'=\frac{a_{1\alpha}\omega}{2}-u.
\end{aligned}
$$

两项的和为

$$
\begin{aligned}
&\cdots\times[\sigma(u'+x')\sigma(v'+y')\sigma(v'-y')\sigma(u'-x')\\
&-\sigma(x'+y')\sigma(u'-v')\sigma(u'+v')\sigma(x'-y')]\\
=&\cdots\times\sigma(u'+y')\sigma(u'-y')\sigma(v'+x')\sigma(v'-x')\\
=&\cdots\times\sigma(a_{1\alpha}\omega+\omega)\sigma(2u+\omega)\sigma\left(\widetilde{\xi}+\overline{a}_1\omega+v+\frac{n\omega}{2}\right)\sigma\left(\widetilde{\xi}+\overline{a}_\alpha\omega-v+\frac{n\omega}{2}-2\omega\right)\\
=&-\rho\sigma(\omega)^2\times\frac{\sigma\left(\widetilde{\xi}+\overline{a}_\alpha\omega-v+\dfrac{n\omega}{2}-2\omega\right)\sigma\left(\widetilde{\xi}+\overline{a}_1\omega+v+\dfrac{n\omega}{2}\right)}{\sigma(u+v+\omega)\sigma(u-v)\sigma\left(\widetilde{\xi}+\overline{a}_\alpha\omega+u+\dfrac{n\omega}{2}-\omega\right)\sigma\left(\widetilde{\xi}+\overline{a}_1\omega+u+\dfrac{n\omega}{2}\right)}.
\end{aligned}
\tag{11.5.9}
$$

再考虑 $B^i(a+\hat{1}-\hat{i}|u)A(a+\hat{1}-\hat{i}|v)$ 的项:

(A) 中为

$$
\frac{\sigma(\omega)\sigma(2v)}{\sigma(u-v)\sigma(2v+\omega)}\frac{\sigma(u-v+a_{1i}\omega+\omega)}{\sigma(a_{1i}\omega+\omega)}\times\widetilde{A},
$$

(D) 中为

$$
\frac{\sigma(\omega)\sigma(2v)}{\sigma(u+v+\omega)\sigma(2v+\omega)}\frac{\sigma(2u+2\omega)}{\sigma(2u+\omega)}\frac{\sigma(u+v+a_{i1}\omega)}{\sigma(a_{i1}\omega-\omega)}\times\widetilde{C},
$$

两项之和为

$$\rho\frac{\sigma(\omega)^2\sigma(2v)}{\sigma(u-v)\sigma(2v+\omega)}\frac{\sigma(u-v+a_{1i}\omega+\omega)}{\sigma(a_{1i}\omega+\omega)\sigma(2u+\omega)}\frac{\sigma\left(\widetilde{\xi}+\overline{a}_1\omega-u+\dfrac{n\omega}{2}-\omega\right)}{\sigma\left(\widetilde{\xi}+\overline{a}_1\omega+u+\dfrac{n\omega}{2}\right)}$$

$$+\rho\frac{\sigma(\omega)^2\sigma(2v)}{\sigma(u+v+\omega)\sigma(2v+\omega)\sigma(2u+\omega)}\frac{\sigma(u+v+a_{i1}\omega)}{\sigma(a_{i1}\omega-\omega)}\frac{\sigma\left(\widetilde{\xi}+\overline{a}_i\omega-u+\dfrac{n\omega}{2}-2\omega\right)}{\sigma\left(\widetilde{\xi}+\overline{a}_i\omega+u+\dfrac{n\omega}{2}-\omega\right)}$$

$$=\frac{\rho\sigma(\omega)^2\sigma(2v)}{\sigma(2v+\omega)}$$

$$\times\frac{1}{\sigma(a_{1i}\omega+\omega)\sigma(2u+\omega)\sigma\left(\widetilde{\xi}+\overline{a}_1\omega+u+\dfrac{n\omega}{2}\right)\sigma\left(\widetilde{\xi}+\overline{a}_i\omega+u+\dfrac{n\omega}{2}-\omega\right)\sigma(u-v)\sigma(u+v+\omega)}$$

$$\times\left[\sigma\left(\widetilde{\xi}+\overline{a}_1\omega-u+\frac{n\omega}{2}-\omega\right)\sigma(u+v+\omega)\sigma\left(\widetilde{\xi}+\overline{a}_i\omega+u+\frac{n\omega}{2}-\omega\right)\sigma(u-v+a_{1i}\omega+\omega)\right.$$

$$\left.-\sigma\left(\widetilde{\xi}+\overline{a}_i\omega-u+\frac{n\omega}{2}-2\omega\right)\sigma(u-v)\sigma\left(\widetilde{\xi}+\overline{a}_1\omega+u+\frac{n\omega}{2}\right)\sigma(u+v+a_{i1}\omega)\right].$$

令

$$u'=\widetilde{\xi}+\frac{\overline{a}_1+\overline{a}_i}{2}\omega+\frac{n\omega}{2}-\omega,\quad v'=u+\frac{a_{1i}}{2}\omega+\omega,$$
$$x'=\frac{a_{i1}\omega}{2}+u,\quad y'=v-\frac{a_{1i}\omega}{2}.$$

上式$=\cdots\times[\sigma(u'-x')\sigma(v'+y')\sigma(u'+x')\sigma(v'-y')$

$$-\sigma(u'-v')\sigma(x'-y')\sigma(u'+v')\sigma(x'+y')]$$

$$=\cdots\times\sigma(u'+y')\sigma(u'-y')\sigma(v'+x')\sigma(v'-x')$$

$$=\cdots\times\sigma\left(\widetilde{\xi}+\overline{a}_i\omega+v+\frac{n\omega}{2}-\omega\right)$$

$$\times\sigma\left(\widetilde{\xi}+\overline{a}_1\omega-v+\frac{n\omega}{2}-\omega\right)\sigma(2u+\omega)\sigma(a_{1i}\omega+\omega)$$

$$=\frac{\rho\sigma(\omega)^2\sigma(2v)}{\sigma(2v+\omega)}$$

$$\times\frac{\sigma\left(\widetilde{\xi}+\overline{a}_1\omega-v+\frac{n\omega}{2}-\omega\right)\sigma\left(\widetilde{\xi}+\overline{a}_i\omega+v+\frac{n\omega}{2}-\omega\right)}{\sigma\left(\widetilde{\xi}+\overline{a}_1\omega+u+\frac{n\omega}{2}\right)\sigma\left(\widetilde{\xi}+\overline{a}_i\omega+u+\frac{n\omega}{2}-\omega\right)\sigma(u+v+\omega)\sigma(u-v)}. \tag{11.5.10}$$

由式 (11.5.9) 和式 (11.5.10) 可以得到 u.t:

$$t(u,\widetilde{\xi})B^i(a+\hat{1}-\hat{i}|v)$$

$$=\left[\alpha^{(1)}(u)A(a|u)+\sum_{k=2}^{n}\widetilde{k}^{(1)}\left(a|u+\frac{\omega}{2}\right)_k D_k^k(a|u)\right]B^i(a+\hat{1}-\hat{i}|v)$$

$$=\text{w.t}+\sum_{\alpha=2}^{n}\left[\frac{-\rho\sigma(\omega)^2\sigma\left(\widetilde{\xi}+\overline{a}_\alpha\omega-v+\frac{n\omega}{2}-2\omega\right)\sigma\left(\widetilde{\xi}+\overline{a}_1\omega+v+\frac{n\omega}{2}\right)}{\sigma(u+v+\omega)\sigma(u-v)\sigma\left(\widetilde{\xi}+\overline{a}_\alpha\omega+u+\frac{n\omega}{2}-\omega\right)\sigma\left(\widetilde{\xi}+\overline{a}_1\omega+u+\frac{n\omega}{2}\right)}\right.$$

$$\left.\times B^\alpha(a+\hat{1}-\hat{\alpha}|u)D_\alpha^i(a+\hat{1}-\hat{i}|v)\right]$$

$$+\frac{\rho\sigma(\omega)^2\sigma(2v)\sigma\left(\widetilde{\xi}+\overline{a}_i\omega+v+\frac{n\omega}{2}-\omega\right)\sigma\left(\widetilde{\xi}+\overline{a}_1\omega-v+\frac{n\omega}{2}-\omega\right)}{\sigma(u+v+\omega)\sigma(u-v)\sigma(2v+\omega)\sigma\left(\widetilde{\xi}+\overline{a}_i\omega+u+\frac{n\omega}{2}-\omega\right)\sigma\left(\widetilde{\xi}+\overline{a}_1\omega+u+\frac{n\omega}{2}\right)}$$

$$\times B^i(a+\hat{1}-\hat{i}|u)A_\alpha(a+\hat{1}-\hat{i}|v). \tag{11.5.11}$$

由此给出 $t(u,\widetilde{\xi})$ 作用于 $B^i(a+\hat{1}-\hat{i}|v)$ 得到的 u.t. 令 $t(u,\widetilde{\xi})B^i(a+\hat{1}-\hat{i}|v)=\text{w.t}+\sum_{\alpha=2}^{n}b_\alpha$, 其中 b_α 为 $B^\alpha(a+\hat{1}-\hat{\alpha}|u)\times\cdots$ 的项, 我们得到

$$b_\alpha=\frac{-\rho\sigma(\omega)^2\sigma\left(\widetilde{\xi}+\overline{a}_\alpha\omega-v+\frac{n\omega}{2}-2\omega\right)\sigma\left(\widetilde{\xi}+\overline{a}_1\omega+v+\frac{n\omega}{2}\right)}{\sigma(u+v+\omega)\sigma(u-v)\sigma\left(\widetilde{\xi}+\overline{a}_\alpha\omega+u+\frac{n\omega}{2}-\omega\right)\sigma\left(\widetilde{\xi}+\overline{a}_1\omega+u+\frac{n\omega}{2}\right)}$$

$$
\times B^{\alpha}(a+\hat{1}-\hat{\alpha}|u)D_{\alpha}^{i}(a+\hat{1}-\hat{i}|v)
$$

$$
+\delta_{\alpha}^{i}\frac{\rho\sigma(\omega)^2\sigma(2v)\sigma\left(\widetilde{\xi}+\overline{a}_{\alpha}\omega+v+\dfrac{n\omega}{2}-\omega\right)\sigma\left(\widetilde{\xi}+\overline{a}_1\omega-v+\dfrac{n\omega}{2}-\omega\right)}{\sigma(u+v+\omega)\sigma(u-v)\sigma(2v+\omega)\sigma\left(\widetilde{\xi}+\overline{a}_{\alpha}\omega+u+\dfrac{n\omega}{2}-\omega\right)\sigma\left(\widetilde{\xi}+\overline{a}_1\omega+u+\dfrac{n\omega}{2}\right)}
$$

$$
\times B^{\alpha}(a+\hat{1}-\hat{\alpha}|u)A(a+\hat{1}-\hat{\alpha}|v)
$$

$$
=B^{\alpha}(a+\hat{1}-\hat{\alpha}|u)
$$

$$
\times\left[\frac{\rho\sigma(\omega)^2}{\sigma(u+v+\omega)\sigma(u-v)\sigma\left(\widetilde{\xi}+\overline{a}_{\alpha}\omega+u+\dfrac{n\omega}{2}-\omega\right)\sigma\left(\widetilde{\xi}+\overline{a}_1\omega+u+\dfrac{n\omega}{2}\right)}\right]
$$

$$
\times\left[-\sigma\left(\widetilde{\xi}+\overline{a}_{\alpha}\omega-v+\frac{n\omega}{2}-2\omega\right)\sigma\left(\widetilde{\xi}+\overline{a}_1\omega+v+\frac{n\omega}{2}\right)D_{\alpha}^{i}(a+\hat{1}-\hat{i}|v)\right.
$$

$$
+\frac{\sigma(2v)}{\sigma(2v+\omega)}\sigma\left(\widetilde{\xi}+\overline{a}_{\alpha}\omega+v+\frac{n\omega}{2}-\omega\right)
$$

$$
\left.\times\,\sigma\left(\widetilde{\xi}+\overline{a}_1\omega-v+\frac{n\omega}{2}-\omega\right)\delta_{\alpha}^{i}A(a+\hat{1}-\hat{i}|v)\right]
$$

$$
\equiv B^{\alpha}(a+\hat{1}-\hat{\alpha}|u)\left\{x_{\alpha}\right\}\left\{y_{\alpha}^{i}\right\}. \tag{11.5.12}
$$

其中, x_{α} 是数, y_{α}^{i} 是算子. 我们看到 x_{α} 只与 α 有关, 与 i 无关, 与算子无关, y_{α}^{i} 只与 v 有关, 与 u 无关, 这个结果导致 u.t 的消去 (贝特拟设方程) 与 u 无关. 注意, x_{α} 是 u,v 的函数, 虽然与 i 无关, 但与 α 是有关的! 算子 A(或 D) 与后面的算子 B 交换时有两种情形: 一种是 A(或 D) 的谱不变, 称为取 w.t; 另一种是 A(或 D) 的谱给了 B', 自己得到原来 B 的谱交换到 B' 后边, 称为取 u.t. 对于 ψ_1, 形象地说, 就是 A(或 D) 的谱停在 B 处, 换成原来 B 的谱继续往前走, 也就是 v_1 被 u 替换得到的 u.t, 只有在 $t(u)$ 与 $B^{i_1}(\ \ |v_1)$ 交换时取 u.t, 在这之后都必须一直取 w.t, 直到到达 $|\Omega\rangle$. 否则 v_1 就会停在某个 v_j 处, 这样一来, 一系列 $B^{i'}\cdots$ 中 B 缺少的谱就不是 v_1, 就不属于 ψ_1 了. ψ_1 由两项形成, 一项是由 $A(\ \ |v_1)$ 与 $B^{i_2}(\ \ |v_2)\cdots$ 交换直到 $|\Omega\rangle$, 另一项是 $D_{\alpha}^{i}(\ \ |v_1)$ 与 $B^{i_2}(\ \ |v_2)\cdots$ 交换 (还给出 $D(\ \ |v_1)$) 直到 $|\Omega\rangle$. 所以结果会是下面的样子.

$$
\psi_1=B(a|uv_1\cdots v_{N_1})_{i_1''i_2''\cdots i_{N_1}''}^{i_1i_2\cdots i_{N_1}}B^{i_1''}(\ \ |u)B^{i_2''}(\ \ |v_2)\cdots B^{i_{N_1}''}(\ \ |v_{N_1})|\Omega\rangle F_{i_1i_2\cdots i_{N_1}}
$$

$$
=B^{i_1''}(\ \ |u)B^{i_2''}(\ \ |v_2)\cdots B^{i_{N_1}''}(\ \ |v_{N_1})|\Omega\rangle
$$

$$
\begin{aligned}
&\times B(a|uv_1\cdots v_{N_1})^{i_1i_2\cdots i_{N_1}}_{i_1''i_2''\cdots i_{N_1}''}F_{i_1i_2\cdots i_{N_1}}\\
=&|uv_2\cdots v_{N_1},B(a|uv_1\cdots v_{N_1})F\rangle.\\
&B(a|uv_1\cdots v_{N_1})^{i_1i_2\cdots i_{N_1}}_{i_1''i_2''\cdots i_{N_1}''}\\
=&x_{i_1''}(auv_1)\left[y^{i_1}_{1i_1''}(av_1\cdots v_{N_1})\delta^{i_1}_{i_1''}\cdots\delta^{i_{N_1}}_{i_{N_1}''}+y_2(av_1\cdots v_{N_1})^{i_1\cdots i_{N_1}}_{i_1''\cdots i_{N_1}''}\right]\\
=&x_{i_1''}(auv_1)\overline{B}(av_1\cdots v_{N_1})^{i_1\cdots}_{i_1''\cdots}\quad (i_1'' \text{ 就是前面的 } \alpha).
\end{aligned}
$$

如果有 F_0 是 B 矩阵的零本征值的本征态矢, 即

$$
B(a|uv_1\cdots v_{N_1})F_0=0,
$$

就有

$$
x_{i_1''}(auv_1)\overline{B}(av_1\cdots v_{N_1})^{i_1\cdots i_{N_1}}_{i_1''\cdots i_{N_1}''}F_{i_1i_2\dots i_{N_1}}=0,
$$

对一切 $i_1''\cdots$ 成立, 因而 $\overline{B}(av_1\cdots v_{N_1})^{i_1\cdots i_{N_1}}_{i_1''\cdots i_{N_1}''}F_{i_1i_2\dots i_{N_1}}=0$ 对一切 $i_1''\cdots$ 成立 (这是由于 $x_{i_1''}\neq 0$). 因而对一切 u 有

$$
B(a|uv_1\dots v_{N_1})F_0=0,
$$

即 $\psi_1=0$ 与 u 无关.

11.5.2 有理模型的 unwanted 项

以上对 u.t 的分析说明 u.t 具有因式化的特点, 含 u 的部分与 B 矩阵的上指标 $i_1,\dots,i_{N_1}$ 无关, 因而贝特拟设方程与 u 无关, 下面我们对有理模型进行同样的计算.

对有理的 R 矩阵,

$$
R(u)=\frac{uI+P}{u+1}\Rightarrow\quad
\begin{aligned}
&R(u)^{ii}_{ii}=1,\\
&R(u)^{ij}_{ij}=\frac{u}{u+1},i\neq j,\\
&R(u)^{ij}_{ji}=\frac{1}{u+1},i\neq j.
\end{aligned}
$$

反射矩阵的对角解为 $K(u)^j_j=\xi+\epsilon_j u,\epsilon_j=\pm1$. 因此对偶反射矩阵为 $\widetilde{K}(u)^j_j\equiv\widetilde{k}(u)_j=\widetilde{\xi}-\widetilde{\epsilon}_j\left(u+\dfrac{n}{2}\right)$. 在下面的推导中就写成 $\widetilde{k}(u)_j=\xi-\epsilon_j\left(u+\dfrac{n}{2}\right)$(一般来说 $\widetilde{\xi}\neq\xi,\widetilde{\epsilon}_j\neq\epsilon_j$)

我们有算子交换关系①

$$A(u)B^i(v) = \text{w.t} + \frac{(1)(2v)}{(u-v)(2v+1)}B^i(u)A(v) - \frac{(1)}{(u+v+1)}\sum_{\alpha=2}^{n} B^\alpha(u)D^i_\alpha(v),$$

$$D^k_k(u)B^i(v) = \text{w.t} - \frac{(1)(2u+2)}{(u-v)(2u+1)}\sum_{\alpha=2}^{n} R(2u+1)^{\alpha k}_{k\alpha}B^\alpha(u)D^i_\alpha(v)$$
$$+\frac{(1)(2v)(2u+2)}{(u+v+1)(2v+1)(2u+1)}R(2u+1)^{ik}_{ki}B^i(u)A(v),$$

转移矩阵为

$$t(u) = \sum_{j=1}^{n}\widetilde{k}(u)_j R(2u)^{1j}_{j1}A(u) + \sum_{j=2}^{n}\widetilde{k}^{(1)}\left(u+\frac{1}{2}\right)_j D(u)^j_j$$
$$= \alpha^{(1)}(u)A(u) + \sum_{j=2}^{n}\widetilde{k}^{(1)}\left(u+\frac{1}{2}\right)_j D(u)^j_j,$$
$$\alpha^{(1)}(u) = \sum_{j=1}^{n}\widetilde{k}(u)_j R(2u)^{1j}_{j1},$$
$$\widetilde{k}^{(1)}(u)_j = \xi - \epsilon_j\left(u+\frac{n-1}{2}\right).$$

我们有

$$(2u+1)\alpha^{(1)}(u) = \sum_{j\neq 1}\left[\xi-\epsilon_j\left(u+\frac{n}{2}\right)\right] + \left[\xi-\epsilon_1\left(u+\frac{n}{2}\right)\right](2u+1)$$
$$= \sum_{j}\left[\xi-\epsilon_j\left(u+\frac{n}{2}\right)\right] + \left[\xi-\epsilon_1\left(u+\frac{n}{2}\right)\right]2u$$
$$= n\xi - \left(\sum_j \epsilon_j\right)\left(u+\frac{n}{2}\right) + 2u\xi - 2\epsilon_1 u^2 - \epsilon_1 un$$
$$= (2u+n)\left(\xi - \epsilon_1 u - \frac{1}{2}\sum_j \epsilon_j\right). \tag{11.5.13}$$

① 这个交换关系可以用以下求极限方法由 A_{n-1}^1 模型的对易关系得到:

(1) 令 A_{n-1}^1 模型中 $\sigma(\cdots)$ 中的相关量 "$\cdots$" $\to 0$, 但各量之间的比值不变, 这样就将 $\sigma(\cdots)$ 变为 $\sigma'(0)\times(\cdots)$, 成为有理函数.

(2) 令 $a_j\omega$ 和 $a_{ij}\omega\to\infty$, 比如令 $\bar{a}_j = j\lambda, \lambda\to\infty$, 这样使 $\dfrac{a_{ij}\omega+x}{a_{ij}\omega+y}\to 1$. 适当地取规范使 $\omega=1$, 得到有理 R 矩阵的对易关系.

类似地有

$$\begin{aligned}\gamma_\alpha^{(1)}\left(u+\frac{1}{2}\right)=&\sum_{k=2}^{n}\widetilde{k}^{(1)}\left(u+\frac{1}{2}\right)_k R(2u+1)_{k\alpha}^{\alpha k}\\=&\frac{2u+n}{2u+2}\left[\xi-\epsilon_\alpha\left(u+\frac{1}{2}\right)-\frac{1}{2}\sum_{j=2}^{n}\epsilon_j\right].\end{aligned}\tag{11.5.14}$$

我们计算 $t(u)B^i(v)$ 中的 u.t, 得到以下结果.

$B^\alpha(u)D_\alpha^i(v)$ 项系数为

$$\begin{aligned}&-\frac{1}{(u+v+1)}\alpha^{(1)}(u)-\frac{(1)(2u+2)}{(u-v)(2u+1)}\gamma_\alpha^{(1)}\left(u+\frac{1}{2}\right)\\=&-\frac{1}{(u+v+1)}\frac{2u+n}{2u+1}\left(\xi-\epsilon_1 u-\frac{1}{2}\sum_{j=1}^{n}\epsilon_j\right)\\&-\frac{2u+2}{(u-v)(2u+1)}\frac{2u+n}{2u+2}\left(\xi-\epsilon_\alpha\left(u+\frac{1}{2}\right)-\frac{1}{2}\sum_{j=2}^{n}\epsilon_j\right)\\=&-\frac{2u+n}{2u+1}\left[\frac{1}{(u+v+1)}\left(\xi-\epsilon_1 u-\frac{1}{2}\sum_{j=1}^{n}\epsilon_j\right)\right.\\&\left.+\frac{1}{(u-v)}\left(\xi-\epsilon_\alpha\left(u+\frac{1}{2}\right)-\frac{1}{2}\sum_{j=2}^{n}\epsilon_j\right)\right],\end{aligned}$$

$B^\alpha(u)A(v)$ 项系数为

$$\begin{aligned}&\delta_\alpha^i\left[\frac{2v}{2v+1}\right]\left[\frac{1}{u-v}\alpha^{(1)}(u)+\frac{1}{(u+v+1)}\frac{2u+2}{2u+1}\gamma_i^{(1)}\left(u+\frac{1}{2}\right)\right]\\=&\delta_\alpha^i\left\{\frac{2v}{(u-v)(2v+1)}\frac{2u+n}{2u+1}\left(\xi-\epsilon_1 u-\frac{1}{2}\sum_{j=1}^{n}\epsilon_j\right)\right.\\&\left.+\frac{(2v)(2u+2)}{(u+v+1)(2v+1)(2u+1)}\frac{2u+n}{2u+2}\left(\xi-\epsilon_\alpha\left(u+\frac{1}{2}\right)-\frac{1}{2}\sum_{j=2}^{n}\epsilon_j\right)\right\}\\=&\delta_\alpha^i\frac{(2v)(2u+n)}{(2v+1)(2u+1)}\left[\frac{1}{(u-v)}\left(\xi-\epsilon_1 u-\frac{1}{2}\sum_{j=1}^{n}\epsilon_j\right)\right.\\&\left.+\frac{1}{(u+v+1)}\left(\xi-\epsilon_\alpha\left(u+\frac{1}{2}\right)-\frac{1}{2}\sum_{j=2}^{n}\epsilon_j\right)\right].\end{aligned}$$

合在一起为

$$B^{\alpha}(u)\frac{2u+n}{2u+1}\left\{\delta_{\alpha}^{i}A(v)\frac{2v}{2v+1}\left[\frac{\left(\xi-\epsilon_1 u-\frac{1}{2}\sum_{j=1}^{n}\epsilon_j\right)}{u-v}+\frac{\left(\xi-\epsilon_{\alpha}\left(u+\frac{1}{2}\right)-\frac{1}{2}\sum_{j=2}^{n}\epsilon_j\right)}{u+v+1}\right]\right.$$

$$\left.-D_{\alpha}^{i}(v)\left[\frac{\left(\xi-\epsilon_1 u-\frac{1}{2}\sum_{j=1}^{n}\epsilon_j\right)}{u+v+1}+\frac{\left(\xi-\epsilon_{\alpha}\left(u+\frac{1}{2}\right)-\frac{1}{2}\sum_{j=2}^{n}\epsilon_j\right)}{u-v}\right]\right\},$$

当 $\epsilon_{\alpha}=\epsilon_1$ 时, $B^{\alpha}(u)A(v)$ 的系数为

$$\begin{aligned}&B^{\alpha}(u)\frac{2u+n}{(u-v)(u+v+1)}\left\{\delta_{\alpha}^{i}A(v)\frac{2v}{2v+1}(\xi'-\epsilon_1 u)-D_{\alpha}^{i}(v)(\xi'-\epsilon_1 u)\right\}\\&=B^{\alpha}(u)\frac{(2u+n)(\xi'-\epsilon_1 u)}{(u-v)(u+v+1)}\left\{\delta_{\alpha}^{i}\frac{2v}{2v+1}A(v)-D_{\alpha}^{i}(v)\right\},\qquad(11.5.15)\\&\xi'=\xi-\frac{1}{2}\sum_{j=1}^{n}\epsilon_j,\end{aligned}$$

这是因式化的.

当 $\epsilon_{\alpha}=-\epsilon_1$ 时,$B^{\alpha}(u)A(v)$ 的系数为 $\left(令\ \xi'=\xi-\frac{1}{2}\sum\epsilon_j\right)$

$$\begin{aligned}&\delta_{\alpha}^{i}\frac{(2u+n)(2v)}{(2u+1)(2v+1)}\frac{1}{(u-v)(u+v+1)}\\&\left\{(u+v+1)(\xi'-\epsilon_1 u)+(u-v)(\xi'+\epsilon_1 u+\epsilon_1)\right\}\\&=\cdots\times\left\{u\xi'+v\xi'+\xi'-\epsilon_1 u^2-\epsilon_1 uv-\epsilon_1 u+u\xi'+\epsilon_1 u^2+\epsilon_1 u-v\xi'-\epsilon_1 uv-\epsilon_1 v\right\}\\&=\cdots\times\left\{2u\xi'+\xi'-2\epsilon_1 uv-\epsilon_1 v\right\}\\&=\delta_{\alpha}^{i}\frac{2v}{(2v+1)}\frac{\frac{2u+n}{2u+1}}{(u-v)(u+v+1)}\left\{(2u+1)(\xi'-\epsilon_1 v)\right\},\end{aligned}$$

$B^{\alpha}(u)D_{\alpha}^{i}(v)$ 的系数为

$$
\begin{aligned}
&-\frac{2u+n}{2u+1}\frac{1}{(u-v)(u+v+1)}\left\{(u-v)(\xi^{'}-\epsilon_1 u)+(u+v+1)(\xi^{'}+\epsilon_1 u+\epsilon_1)\right\}\\
=&\cdots\times\{u\xi^{'}-v\xi^{'}-\epsilon_1 u^2+\epsilon_1 uv+u\xi^{'}+\epsilon_1 u^2+\epsilon_1 u+v\xi^{'}\\
&+\epsilon_1 uv+\epsilon_1 v+\xi^{'}+\epsilon_1 u+\epsilon_1\}\\
=&\cdots\times\left\{2u\xi^{'}+\xi^{'}+2\epsilon_1 uv+2\epsilon_1 u+\epsilon_1 v+\epsilon_1\right\}\\
=&\cdots\times(2u+1)\left\{\xi^{'}+\epsilon_1 v+\epsilon_1\right\}\\
=&-\frac{2u+n}{2u+1}\frac{(2u+1)}{(u-v)(u+v+1)}\left\{(\xi^{'}+\epsilon_1 v+\epsilon_1)\right\},
\end{aligned}
$$

合在一起为

$$
\frac{2u+n}{(u-v)(u+v+1)}B^{\alpha}(u)\left\{\delta^i_\alpha\frac{2v}{2v+1}(\xi^{'}-\epsilon_1 v)A(v)-(\xi^{'}+\epsilon_1 v+\epsilon_1)D^i_\alpha(v)\right\}, \quad (11.5.16)
$$

也是因式化的. 无论 $\epsilon_\alpha=\epsilon_1$ 或 $\epsilon_\alpha=-\epsilon_1$ 都可以因式化.

令 $n=2,\epsilon_1=-1,\epsilon_2=1$,

$B(u)A(v)$ 的系数为 $\dfrac{2u+2}{(u-v)(u+v+1)}(\xi+v)\dfrac{2v}{2v+1}$,

$B(u)D(v)$ 的系数为 $\dfrac{2u+2}{(u-v)(u+v+1)}(-)(\xi-v-1)$,

这是因式化的:

$$
\text{u.t}=B(u)\frac{2u+2}{(u-v)(u+v+1)}\left[(\xi+v)\frac{2v}{(2v+1)}A(v)-(\xi-v-1)D(v)\right]. \quad (11.5.17)
$$

11.5.3 对 unwanted 项的进一步分析

我们在前面证明 A^1_{n-1} 和有理模型的 u.t 都是因式化的, 因此 u.t 的消除条体即贝特拟设方程与 $t(u)$ 的谱 u 无关. 这很重要, 因为如果不是这样, 我们就不能保证找到既是 w.t 的本征矢又同时是 u.t 的零本征值的本征矢. 而且换一个 $t(u)$ 的谱, 这项 u.t 也不能保证消除, 更不要说 N_1 种 u.t 可以在同一个 $t(u)$ 作用下同时消除了.

我们在下面将证明 u.t 的消除与 u 无关的根源是 $t(u)$ 和 $t(v)$, 当 $u\neq v$ 时, 是互相对易的, 而且 $A(u)$ 与 $B^i(v)$ 的交换关系的 w.t 系数与 i 无关. 为叙述方便, 我们略去面权 a.

令

$$\begin{aligned}\psi=|v_1v_2\cdots v_{N_1},F\rangle&=B^{i_1}(v_1)B^{i_2}(v_2)\cdots B^{i_{N_1}}(v_{N_1})|\Omega\rangle F_{i_1\cdots i_{N_1}},\\ t(u)|v_1v_2\cdots v_{N_1},F\rangle&=|v_1v_2\cdots v_{N_1},A(uv_1v_2\cdots v_{N_1})F\rangle\\ &\quad+|uv_2\cdots v_{N_1},B(uv_1v_2\cdots v_{N_1})F\rangle\\ &\quad+|uv_1v_3\cdots v_{N_1},B_2(uv_1v_2\ldots v_{N_1})F\rangle\\ &\quad+\cdots\end{aligned}$$

我们考虑 $t(u_2)t(u_1)$ 相继作用于 $|v_1v_2\cdots v_{N_1},F\rangle$ 生成的 $|u_2v_2\cdots v_{N_1},F'\rangle$. 它可能是先由 $t(u_1)$ 作用于 $|v_1v_2\cdots v_{N_1},F\rangle$, 得到 w.t $=|v_1v_2\cdots v_{N_1},A(u_1v_1v_2\cdots v_{N_1})F\rangle$, 然后由 $t(u_2)$ 作用将 v_1 换成 u_2 的 u.t 给出:

$$t(u_2)|v_1v_2\cdots v_{N_1},A(uv_1v_2\cdots)F\rangle=|u_2v_2\cdots v_{N_1},B(u_2v_1\cdots)A(u_1v_1\cdots)F\rangle+\cdots,$$

还可以先由 $t(u_1)$ 给出 u.t $|u_1v_2\cdots,B(u_1v_1\cdots)F\rangle$, 然后用 $t(u_2)$ 作用于它上面得到一项 u.t,

$$|u_2v_2\cdots,B(u_2u_1v_2\cdots v_{N_1})B(u_1v_1v_2\cdots)F\rangle.$$

这两项的和给出全部 $|u_2v_2\cdots v_{N_1},F'\rangle$. 简单地说, 第一个过程是先取 w.t, v_1 不动, 然后由 $t(u_2)$ 直接将 v_1 换成 u_2. 第二个过程是先将 v_1 换成 u_1, 然后 $t(u_2)$ 将 u_1 换成 u_2, 这两种方式得到的 $|u_2v_2v_3\cdots v_{N_1},F_i\rangle|_{i=1,2}$ 之和就是 $|u_2v_2v_3\cdots v_{N_1},F'\rangle$.

我们再考虑 $t(u_1)t(u_2)$ 作用于 ψ 上给出的 $|u_2v_2v_3\cdots v_{N_1},F'\rangle$. 这只有一个过程可以产生: 先由 $t(u_2)$ 给出 u.t $|u_2v_2\cdots,B(u_2v_1v_2\cdots v_{N_1})F\rangle$, 然后 $t(u_1)$ 作用在这个态上, 其 w.t 就给出 $|u_2v_2\cdots,F'\rangle$. 由于

$$t(u_2)t(u_1)=t(u_1)t(u_2),$$

这两次作用于 ψ 上应该给出同一个结果. 这两次作用会产生如下态:

(1) $v_1\cdots v_{N_1}$ 没有被替换;

(2) $v_1\cdots v_{N_1}$ 中有一个 v_i 被 u_1 或 u_2 替换;

(3) $v_1\cdots v_{N_1}$ 中有两个 v_i,v_j 被 u_1,u_2 替换.

假设带不同谱的 N_1 个 B^i 乘积作用于 $|\Omega\rangle$ 得到的态互相线性独立, 则 $t(u_2)t(u_1)$ 给出的 $|u_2v_2\cdots,F'\rangle$ 应等于 $t(u_1)t(u_2)$ 给出的, 我们得到

$$\begin{aligned}&|u_2v_2\cdots,B(u_2v_1v_2\cdots)A(u_1v_1v_2\cdots)F\rangle\\ &+|u_2v_2\cdots,B(u_2u_1v_2\cdots)B(u_1v_1\cdots)F\rangle\\ =&|u_2v_2\cdots,A(u_1u_2v_2\cdots)B(u_2v_1\cdots)F\rangle.\end{aligned}$$

如果我们再假设当一般的 $\lambda_1\ \lambda_2\cdots\lambda_{N_1}$ 确定以后

$$B^{i_1}(\lambda_1)B^{i_2}(\lambda_2)\cdots B^{i_{N_1}}(\lambda_{N_1})|\Omega\rangle,$$

对于不同的 $i_1,\cdots,i_{N_1}$ 序列是线性独立的, 则有

$$\begin{aligned}&B(u_2v_1\cdots)A(u_1v_1\cdots)+B(u_2u_1\cdots)B(u_1v_1\cdots)\\&=A(u_1u_2\cdots)B(u_2v_1\cdots).\end{aligned}\tag{11.5.18}$$

下面就具体情况看一看 A 矩阵 (w.t) 和 B 矩阵的具体形式, 以便从中找出一些规律, 进行进一步的探讨. 我们把 $v_1\cdots v_{N_1}$ 中替换一个谱 v_j 的态矢量叫 ψ_j, 没有替换的叫 ψ, 就有

$$t(u)\psi=c_0\psi+c_1\psi_1+c_2\psi_2+\cdots+c_{N_1}\psi_{N_1},\tag{11.5.19}$$

在下面考虑 A^1_{N-1} 模型的两类转换矩阵. A 矩阵表示 w.t, 由式 (11.4.8)

$$\begin{aligned}&t(u,\xi)|v_1\cdots v_{N_1},F\rangle\\&=\left[\alpha^{(1)}(u)A(a|u)+\sum_{i=2}^{n}\widetilde{k}^{(1)}\left(a|u+\frac{\omega}{2}\right)_iD^i_i(a|u)\right]|v_1\cdots v_{N_1},F\rangle\\&=\alpha^{(1)}(u)k(a_0,u,\xi)_1\prod_{k=1}^{N_1}\frac{\sigma(u+v_k)\sigma(u-v_k-\omega)}{\sigma(u+v_k+\omega)\sigma(u-v_k)}\times|v_1\cdots v_{N_1},F\rangle\\&\quad+\beta^{(1)}(u)\prod_{k=1}^{N_1}\frac{\sigma(u-v_k+\omega)\sigma(u+v_k+2\omega)}{\sigma(u+v_k+\omega)\sigma(u-v_k)}t^{(1)}\left(u+\frac{\omega}{2};\xi+\frac{\omega}{2}\right)^{i_1\cdots i_{N_1}}_{i''_1\cdots i''_{N_1}}\\&\quad\times B^{i''_1}(a-\hat{i}''_1+\hat{1}|v_1)B^{i''_2}(a-\hat{i}''_1-\hat{i}''_2+2\hat{1}|v_2)\cdots B^{i''_{N_1}}\left(a-\sum_k\hat{i}''_k+N_1\hat{1}|v_{N_1}\right)|\Omega\rangle\\&\quad\times F_{i_1\cdots i_{N_1}}\prod_{k=1}^{N}\frac{\sigma(u+z_k)\sigma(u-z_k)}{\sigma(u+z_k+\omega)\sigma(u-z_k+\omega)}+\text{u.t.}\end{aligned}\tag{11.5.20}$$

得到

$$\begin{aligned}\text{w.t}=&\,\alpha^{(1)}(u)k(a_0,u,\xi)_1\prod_{k=1}^{N_1}\frac{\sigma(u+v_k)\sigma(u-v_k-\omega)}{\sigma(u+v_k+\omega)\sigma(u-v_k)}\delta^{i_1}_{i''_1}\delta^{i_2}_{i''_2}\cdots\delta^{i_{N_1}}_{i''_{N_1}}\\&\times B^{i''_1}(a-\hat{i}''_1+\hat{1}|v_1)\cdots B^{i''_{N_1}}\left(a-\sum_k\hat{i}''_k+N_1\hat{1}|v_{N_1}\right)|\Omega\rangle F_{i_1\cdots i_{N_1}}\\&+\beta^{(1)}(u)\prod_{k=1}^{N_1}\frac{\sigma(u-v_k+\omega)\sigma(u+v_k+2\omega)}{\sigma(u+v_k+\omega)\sigma(u-v_k)}t^{(1)}\left(u+\frac{\omega}{2};\xi+\frac{\omega}{2}\right)^{i_1\cdots i_{N_1}}_{i''_1\cdots i''_{N_1}}\\&\times\prod_{k=1}^{N}\frac{\sigma(u+z_k)\sigma(u-z_k)}{\sigma(u+z_k+\omega)\sigma(u-z_k+\omega)}\end{aligned}$$

$$
\begin{aligned}
&\times B^{i_1''}(a-\hat{i}_1''+\hat{1}|v_1)\cdots B^{i_{N_1}''}\left(a-\sum_k \hat{i}_k''+N_1\hat{1}|v_{N_1}\right)|\Omega\rangle F_{i_1\cdots i_{N_1}}\\
&=A(a|uv_1\cdots v_{N_1})_{i_1''\cdots i_{N_1}''}^{i_1\cdots i_{N_1}}F_{i_1\cdots i_{N_1}}\\
&\quad\times B^{i_1''}(a-\hat{i}_1''+\hat{1}|v_1)\cdots B^{i_{N_1}''}(a-\sum_k \hat{i}_k''+N_1\hat{1}|v_{N_1})|\Omega\rangle\\
&=|v_1\cdots v_{N_1},A(a|uv_1\cdots v_{N_1})F\rangle.
\end{aligned}
\tag{11.5.21}
$$

由此得

$$
\begin{aligned}
&A(a|uv_1\cdots v_{N_1})_{i_1''\cdots i_{N_1}''}^{i_1\cdots i_{N_1}}\\
&=\alpha^{(1)}(u)k(a_0,u,\xi)_1\prod_{k=1}^{N_1}\frac{\sigma(u+v_k)\sigma(u-v_k-\omega)}{\sigma(u+v_k+\omega)\sigma(u-v_k)}\delta_{i_1''}^{i_1}\delta_{i_2''}^{i_2}\cdots\delta_{i_{N_1}''}^{i_{N_1}}\\
&\quad+\beta^{(1)}(u)\prod_{k=1}^{N_1}\frac{\sigma(u-v_k+\omega)\sigma(u+v_k+2\omega)}{\sigma(u+v_k+\omega)\sigma(u-v_k)}\\
&\quad\times t^{(1)}\left(u+\frac{\omega}{2};\xi+\frac{\omega}{2}\right)_{i_1''\cdots i_{N_1}''}^{i_1\cdots i_{N_1}}\prod_{k=1}^{N}\frac{\sigma(u+z_k)\sigma(u-z_k)}{\sigma(u+z_k+\omega)\sigma(u-z_k+\omega)}.
\end{aligned}
\tag{11.5.22a}
$$

其中

$$
a^{(1)}(u)=\prod_{i=1}^{n}\frac{\sigma\left(\widetilde{\xi}+\overline{a}_i\omega+u+\dfrac{n\omega}{2}-\omega\right)\sigma\left(\widetilde{\xi}+\overline{a}_1\omega-u+\dfrac{n\omega}{2}-\omega\right)\sigma(2u+n\omega)}{\sigma\left(\widetilde{\xi}+\overline{a}_i\omega+u+\dfrac{n\omega}{2}\right)\sigma\left(\widetilde{\xi}+\overline{a}_1\omega+u+\dfrac{n\omega}{2}-\omega\right)\sigma(2u+\omega)},
\tag{11.5.22b}
$$

$$
\beta^{(1)}(u)=\frac{\sigma(2u)\sigma(\xi+\overline{a}_1\omega-u-\omega)}{\sigma(2u+\omega)\sigma(\xi+\overline{a}_1\omega-u)}.
\tag{11.5.22c}
$$

它们分别由式 (11.5.6)、式 (11.3.20) 给出.

$$
\begin{aligned}
&t^{(1)}\left(u+\frac{\omega}{2};\xi+\frac{\omega}{2}\right)\\
&=\sum_{i=2}^{n}\widetilde{k}^{(1)}\left(a|u+\frac{\omega}{2}\right)_i k^{(1)}{}_i^i\left(a|u+\frac{\omega}{2};\xi+\frac{\omega}{2}\right)\quad (\text{图 } 11.4.1(\text{b})).
\end{aligned}
\tag{11.5.23}
$$

反射算子矩阵 $k^{(1)}{}_i^i\left(a|u+\dfrac{\omega}{2};\xi+\dfrac{\omega}{2}\right)$ 由式 (11.4.6) 定义 (图 11.4.1(a)):

$$
k^{(1)}{}_j^i\left(a|u+\frac{\omega}{2};\xi+\frac{\omega}{2}\right)_{i_1''\cdots i_{N_1}''}^{i_1\cdots i_{N_1}}
$$

$$
\begin{aligned}
&= R\left(a+\hat{i}|u+\frac{\omega}{2}+z_1^{(1)}\right)_{ji_1''}^{\beta_1 i_1'} R\left(a+\hat{i}-\hat{i}_1'|u+\frac{\omega}{2}+z_2^{(1)}\right)_{\beta_1 i_2''}^{\beta_2 i_2'} \\
&\quad \times\cdots R\left(a+\hat{i}-\sum_{k=1}^{N_1-1}\hat{i}_k'|u+\frac{\omega}{2}+z_{N_1}^{(1)}\right)_{\beta_{N_1-1} i_{N_1}''}^{\nu\ i_{N_1}'} \times k\left(a_0|u+\frac{\omega}{2};\xi+\frac{\omega}{2}\right)_{\nu} \\
&\quad \times R\left(a-\sum_{k=1}^{N_1}\hat{i}_k|u+\frac{\omega}{2}-z_{N_1}^{(1)}\right)_{i_{N_1}'\nu}^{i_{N_1}\alpha_{N_1-1}} R\left(a-\sum_{k=1}^{N_1-1}\hat{i}_k|u+\frac{\omega}{2}-z_{N_1-1}^{(1)}\right)_{i_{N_1-1}'\alpha_{N_1-1}}^{i_{N_1-1}\alpha_{N_1-2}} \\
&\quad \times\cdots\times R\left(a-\hat{i}_1|u+\frac{\omega}{2}-z_1^{(1)}\right)_{i_1'\alpha_1}^{i_1 i}, \quad z_k^{(1)}=v_k+\frac{\omega}{2}.
\end{aligned} \tag{11.5.24}
$$

上式对重复指标求和, 对偶反射算子可用下式表示其对角元, 由式 (11.4.4)

$$
\widetilde{k}^{(1)}(a|u\quad)_i=\left\{\prod_{k\neq i,1}^{n}\frac{\sigma(a_{ik}\omega+\omega)}{\sigma(a_{ik}\omega)}\right\}\frac{\sigma\left(\widetilde{\xi}+\overline{a}_i\omega-u-\dfrac{n-1}{2}\omega\right)}{\sigma\left(\widetilde{\xi}+\overline{a}_i\omega+u+\dfrac{n-1}{2}\omega\right)}, \tag{11.5.25}
$$

我们可以简写为

$$
\begin{aligned}
&A(aa_0|uv_1v_2\cdots)_{i_1''\cdots i_{N_1}''}^{i_1\cdots i_{N_1}} \\
&=\overline{a}(aa_0|u)\frac{\sigma(u+v_1)\sigma(u-v_1-\omega)}{\sigma(u+v_1+\omega)\sigma(u-v_1)}\alpha(u;v_2\cdots)\delta_{i_1''}^{i_1}\cdots\delta_{i_{N_1}''}^{i_{N_1}} \\
&\quad +\overline{b}(aa_0|u)t^{(1)}\left(u+\frac{\omega}{2};\xi+\frac{\omega}{2}\right)_{i_1''\cdots}^{i_1\cdots}\frac{\sigma(u+v_1+2\omega)\sigma(u-v_1+\omega)}{\sigma(u+v_1+\omega)\sigma(u-v_1)}\beta(u;v_2\cdots)f(u),
\end{aligned} \tag{11.5.26}
$$

其中

$$
\alpha(z;v_2\cdots)\equiv\prod_{k=2}^{N_1}\frac{\sigma(z+v_k)\sigma(z-v_k-\omega)}{\sigma(z+v_k+\omega)\sigma(z-v_k)}, \tag{11.5.27a}
$$

$$
\beta(z;v_2\cdots)\equiv\prod_{k=2}^{N_1}\frac{\sigma(z+v_k+2\omega)\sigma(z-v_k+\omega)}{\sigma(z+v_k+\omega)\sigma(z-v_k)}, \tag{11.5.27b}
$$

$$
f(z)\equiv\prod_{k=1}^{N}\frac{\sigma(z+z_k)\sigma(z-z_k)}{\sigma(z+z_k+\omega)\sigma(z-z_k+\omega)}. \tag{11.5.27c}
$$

注意, 变量 z_k 只出现在 $f(u)$ 中, 其他函数与 z_k 无关. 写成算子形式得到

$$\begin{aligned}&A(aa_0|uv_1\cdots)\\=&\overline{a}(aa_0|u)\frac{\sigma(u+v_1)\sigma(u-v_1-\omega)}{\sigma(u+v_1+\omega)\sigma(u-v_1)}\alpha(u;v_2\cdots)I\\&+\overline{b}(aa_0|u)\frac{\sigma(u+v_1+2\omega)\sigma(u-v_1+\omega)}{\sigma(u+v_1+\omega)\sigma(u-v_1)}t^{(1)}\left(u+\frac{\omega}{2};\xi+\frac{\omega}{2}\right)\beta(u;v_2\cdots)f(u).\end{aligned}\tag{11.5.28}$$

这里 I 和 $t^{(1)}$ 是算子, 其他都是数.

下面我们求出 B 矩阵.

由 $t(u)$ 与 $B^i(a-\hat{i}+\hat{1}|v)$ 的 u.t 的公式 (11.5.12) 可以得到 $B(a|uv_1\cdots)$.

$$B(a|uv_1\cdots)_{i_1''\cdots i_{N_1}''}^{i_1\cdots i_{N_1}}$$

$$=\left\{\frac{\rho\sigma(\omega)^2}{\sigma(u+v_1+\omega)\sigma(u-v_1)\sigma\left(\widetilde{\xi}+\overline{a}_{i_1''}\omega+u+\frac{n}{2}\omega-\omega\right)\sigma\left(\widetilde{\xi}+\overline{a}_1\omega+u+\frac{n}{2}\omega\right)}\right\}$$

$$\times\Bigg\{\delta_{i_1''}^{i_1}\frac{\sigma(2v_1)}{\sigma(2v_1+1)}\sigma\left(\widetilde{\xi}+\overline{a}_{i_1''}\omega+v_1+\frac{n}{2}\omega-\omega\right)\sigma\left(\widetilde{\xi}+\overline{a}_1\omega-v_1+\frac{n}{2}\omega-\omega\right)$$

$\times A(a+\hat{1}-i_1|v_1)$继续与余下的$N_1-1$个$B^i$交换得到的 w.t 直到作用于

$|\Omega\rangle$给出的矩阵元

$$-\sigma\left(\widetilde{\xi}+\overline{a}_{i_1''}\omega-v_1+\frac{n}{2}\omega-2\omega\right)\sigma\left(\widetilde{\xi}+\overline{a}_1\omega+v_1+\frac{n}{2}\omega\right)$$

$\times D_{i_1''}^{i_1}(a+\hat{1}-\hat{i_1}|v_1)$继续与余下的$N_1-1$个$B^i$交换得到的 w.t 项直到作用于

$|\Omega\rangle$给出的矩阵元$\Bigg\}$

其中, 由式 (11.5.4), $\rho=\prod_{i=2}^{n}\frac{\sigma\left(\widetilde{\xi}+\overline{a}_i\omega+u+\frac{n}{2}\omega-\omega\right)}{\sigma\left(\widetilde{\xi}+\overline{a}_i\omega+u+\frac{n}{2}\omega\right)}\frac{\sigma(2u+n\omega)}{\sigma(\omega)}$.

由交换关系式 (11.2.9) 的 w.t 得

$$
\begin{aligned}
&A(a+\hat{1}-i_1|v_1)B^{i_2}(\quad|v_2)\cdots B^{i_{N_1}}(\quad|v_{N_1})\\
=&\prod_{k=2}^{N_1}\frac{\sigma(v_1+v_k)\sigma(v_1-v_k-\omega)}{\sigma(v_1+v_k+\omega)\sigma(v_1-v_k)}B^{i_2}(\quad|v_2)\cdots B^{i_{N_1}}(\quad|v_{N_1})A\left(a-\sum_k\hat{i}_k+N_1\hat{1}|v_1\right).
\end{aligned}
$$

然后作用于 $|\Omega\rangle$, 由式 (11.3.13) 得到

$$
A(\quad|v_1)|\Omega\rangle=k(a_0|v_1,\xi)_1|\Omega\rangle,
$$

因而 $B(a|uv_1\cdots)^{i_1\cdots i_{N_1}}_{i_1''\cdots i_{N_1}''}$ 的第一项是

$$
\begin{aligned}
(1)=&\left\{\frac{\rho\sigma(\omega)^2}{\sigma(u+v_1+\omega)\sigma(u-v_1)\sigma\left(\widetilde{\xi}+\overline{a}_{i_1''}\omega+u+\frac{n}{2}\omega-\omega\right)\sigma\left(\widetilde{\xi}+\overline{a}_1\omega+u+\frac{n}{2}\omega\right)}\right\}\\
&\times\delta^{i_1}_{i_1''}\frac{\sigma(2v_1)}{\sigma(2v_1+1)}\sigma\left(\widetilde{\xi}+\overline{a}_{i_1''}\omega+v_1+\frac{n}{2}\omega-\omega\right)\sigma\left(\widetilde{\xi}+\overline{a}_1\omega-v_1+\frac{n}{2}\omega-\omega\right)\\
&\times\prod_{k=2}^{N_1}\frac{\sigma(v_1+v_k)\sigma(v_1-v_k-\omega)}{\sigma(v_1+v_k+\omega)\sigma(v_1-v_k)}k(a_0|v_1,\xi)_1\delta^{i_2}_{i_2''}\cdots\delta^{i_{N_1}}_{i_{N_1}''},
\end{aligned}
$$

对于第二项 $D^{i_1}_{i_1''}(a+\hat{1}-\hat{i_1}|v_1)$ 作用于 $B^{i_2}(\quad|v_2)\cdots B^{i_{N_1}}(\quad|v_{N_1})$ 给出

$$
\begin{aligned}
&\prod_{k=2}^{N_1}\frac{\sigma(v_1+v_k+2\omega)\sigma(v_1-v_k+\omega)}{\sigma(v_1+v_k+\omega)\sigma(v_1-v_k)}\tau^{(1)}{}^{i_1}_{i_1''}(a+\hat{1}-\hat{i_1}|v_1+\frac{\omega}{2})^{i_2\cdots i_{N_1}}_{i_2''\cdots i_{N_1}''}\\
&\times B^{i_2''}(\quad|v_2)\cdots B^{i_{N_1}''}(\quad|v_{N_1})\beta^{(1)}(v_1)\times\prod_{k=1}^{N}\frac{\sigma(v_1+z_k)\sigma(v_1-z_k)}{\sigma(v_1+z_k+\omega)\sigma(v_1-z_k+\omega)}.
\end{aligned}
$$

$\tau^{(1)}$ 可以用图 11.5.3 表示.

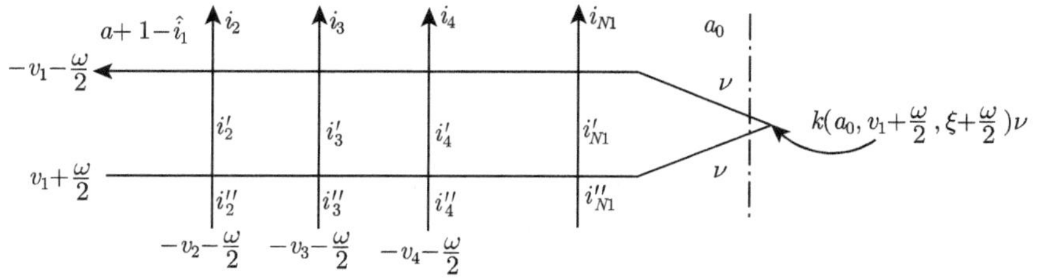

图 11.5.3 $\tau^{(1)}$ 图示, 参见图 11.4.1(a)

由此得 $B(a|uv_1\cdots)_{i_1''\cdots i_{N_1}''}^{i_1\cdots i_{N_1}}$ 的第二项为

$$(2)=\left\{\frac{\rho\sigma(\omega)^2}{\sigma(u+v_1+\omega)\sigma(u-v_1)\sigma\left(\widetilde{\xi}+\overline{a}_{i_1''}\omega+u+\frac{n}{2}\omega-\omega\right)\sigma\left(\widetilde{\xi}+\overline{a}_1\omega+u+\frac{n}{2}\omega\right)}\right\}$$

$$\times(-)\sigma\left(\widetilde{\xi}+\overline{a}_{i_1''}\omega-v_1+\frac{n}{2}\omega-2\omega\right)\sigma\left(\widetilde{\xi}+\overline{a}_1\omega+v_1+\frac{n}{2}\omega\right)$$

$$\times\prod_{k=2}^{N_1}\frac{\sigma(v_1+v_k+2\omega)\sigma(v_1-v_k+\omega)}{\sigma(v_1+v_k+\omega)\sigma(v_1-v_k)}$$

$$\times\tau^{(1)}{}_{i_1''}^{i_1}\left(a+\hat{1}-\hat{i_1}|v_1+\frac{\omega}{2}\right)_{i_2''\cdots i_{N_1}''}^{i_2\cdots i_{N_1}}$$

$$\times\beta^{(1)}(v_1)\times\prod_{k=1}^{N}\frac{\sigma(v_1+z_k)\sigma(v_1-z_k)}{\sigma(v_1+z_k+\omega)\sigma(v_1-z_k+\omega)},$$

我们得到

$$\begin{aligned}&B(aa_0|u,v_1;v_2,\cdots,v_{N_1})_{i_1''\cdots i_{N_1}''}^{i_1\cdots i_{N_1}}=(1)+(2)\\ \equiv\,&\hat{c}(aa_0|uv_1)_{i_1''\cdots}^{i_1\cdots}\alpha(v_1;v_2\cdots)+\hat{d}(aa_0|uv_1v_2\cdots v_{N_1})_{i_1''\cdots}^{i_1\cdots}\beta(v_1;v_2\cdots)f(v_1).\end{aligned}$$

其中

$$\begin{aligned}\alpha(v_1;\cdots)&=\prod_{k=2}^{N_1}\frac{\sigma(v_1+v_k)\sigma(v_1-v_k-\omega)}{\sigma(v_1+v_k+\omega)\sigma(v_1-v_k)},\\ \beta(v_1;\cdots)&=\prod_{k=2}^{N_1}\frac{\sigma(v_1+v_k+2\omega)\sigma(v_1-v_k+\omega)}{\sigma(v_1+v_k+\omega)\sigma(v_1-v_k)},\\ f(v_1)&=\prod_{k=1}^{N}\frac{\sigma(v_1+z_k)\sigma(v_1-z_k)}{\sigma(v_1+z_k+\omega)\sigma(v_1-z_k+\omega)}.\end{aligned}\tag{11.5.29}$$

$\hat{c}$ 和 $\hat{d}$ 都是算子, α,β,f 是数.

注意, $\hat{c},\hat{d}$ 与 z_k 无关.

在下面讨论式 (11.5.18) 给我们带来什么结果.

在进一步叙述下一个内容之前, 先分析模型的面权指标体系. 图 11.5.4 表示涉及的 $k(a|u)_i^j(D_i^j(a|u),B^i(a|u)\sim k(a|u)_1^i,A(a|u)=k(a|u)_1^1)$ 这些量的图示.

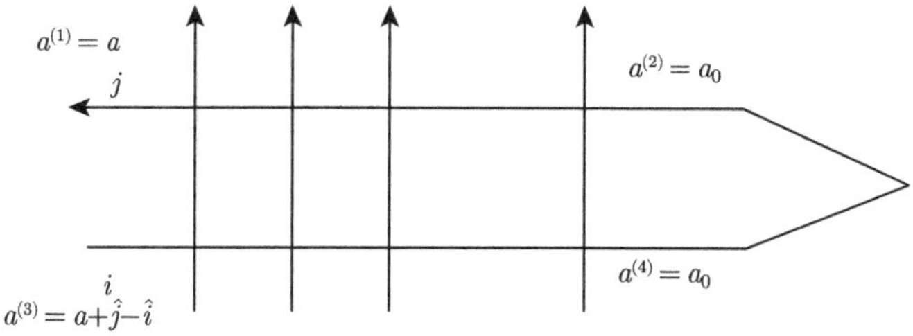

图 11.5.4 涉及算子 $k(a|u)_i^j$ 的四个面权的图示

这个量 (如$k(a|u)_i^j$) 涉及四个面权：左上, 右上；左下, 右下. 左上和右上称为起始面权, 左下和右下称为后继面权.

在两个量 AB 相乘时, 由交换关系可知, A 的起始面权应等于 B 的后继面权, 我们最简单的标记, 如 $A(a|u)$, 实际上标的是左上面权即 $a^{(1)}$. 另外, 由交换关系可知, 交换关系 $AB=CD+\cdots$ 两边的量的 A 的后继面权 (或 B 的起始面权) 与等式右边的相应量 C 的后继面权 (D 的起始面权) 是不变的. 由于我们的反射矩阵是对角的, 所以 $a^{(2)}=a_0=a^{(4)}$ 是不变的. 又由于 $t(u)$ 左边的对偶反射矩阵也是对角的, 因而形成 $t(u)$ 的力学量的左起始面权与左边后继面权相同.

所以, 当 $t(u_2)t(u_1)$ 相继作用时, 左边和右边组成 $t(u_i)$ 的量的起始和后继面权都不变. 于是我们在研究式 (11.5.18) 时, 所有相关量 $B(a|uv\cdots)$ 和 $A(a|uv\cdots)$, 其四个面权都在方程中不变.

略去共同的 a,a_0 和 $v_2,v_3,\cdots,v_{N-1}$ 等变量, 公式 (11.5.18) 可以写成

$A(u_1u_2)B(u_2v_1)-B(u_2v_1)A(u_1v_1)-B(u_2u_1)B(u_1v_1)=0.$

现在我们利用此式作进一步分析. 代入式 (11.5.28) 和式 (11.5.29) 得到

$$
\begin{aligned}
&\left[\overline{a}(u_1)\frac{\sigma(u_1+u_2)\sigma(u_1-u_2-\omega)}{\sigma(u_1+u_2+\omega)\sigma(u_1-u_2)}\alpha(u_1)I+\bar{b}(u_1)\frac{\sigma(u_1+u_2+2\omega)\sigma(u_1-u_2+\omega)}{\sigma(u_1+u_2+\omega)\sigma(u_1-u_2)}\right.\\
&\left.\times t^{(1)}\left(u_1+\frac{\omega}{2},u_2,v_2\cdots\right)\beta(u_1)f(u_1)\right]\left[\hat{c}(u_2v_1)\alpha(v_1)+\hat{d}(u_2v_1)\beta(v_1)f(v_1)\right]\\
&-\left[\hat{c}(u_2v_1)\alpha(v_1)+\hat{d}(u_2v_1)\beta(v_1)f(v_1)\right]\left[\overline{a}(u_1)\frac{\sigma(u_1+v_1)\sigma(u_1-v_1-\omega)}{\sigma(u_1+v_1+\omega)\sigma(u_1-v_1)}\alpha(u_1)I\right.\\
&\left.+\bar{b}(u_1)\frac{\sigma(u_1+v_1+2\omega)\sigma(u_1-v_1+\omega)}{\sigma(u_1+v_1+\omega)\sigma(u_1-v_1)}t^{(1)}\left(u_1+\frac{\omega}{2},v_1,v_2\cdots\right)\beta(u_1)f(u_1)\right]\\
&-\left[\hat{c}(u_2u_1)\alpha(u_1)+\hat{d}(u_2u_1)\beta(u_1)f(u_1)\right]\left[\hat{c}(u_1v_1)\alpha(v_1)+\hat{d}(u_1v_1)\beta(v_1)f(v_1)\right]\\
\equiv\, & a_1+a_2f(u_1)+a_3f(v_1)+a_4f(u_1)f(v_1)=0,
\end{aligned}
$$

其中, a_1,a_2,a_3,a_4 与 $z_k,k=1,\cdots,N$ 无关.

令 $z_k = u_1, z_{k'} = v_1$ 得到 $f(u_1) = f(v_1) = 0$, 给出 $a_1|_{z_k=u_1,z_{k'}=v_1} = 0$,
其中

$$a_1 = \left[\overline{a}(u_1)\frac{\sigma(u_1+u_2)\sigma(u_1-u_2-\omega)}{\sigma(u_1+u_2+\omega)\sigma(u_1-u_2)}\hat{c}(u_2v_1)\right.$$
$$\left. -\hat{c}(u_2v_1)\overline{a}(u_1)\frac{\sigma(u_1+v_1)\sigma(u_1-v_1-\omega)}{\sigma(u_1+v_1+\omega)\sigma(u_1-v_1)} - \hat{c}(u_2u_1)\hat{c}(u_1v_1)\right]\alpha(u_1)\alpha(v_1). \tag{11.5.30}$$

由于 a_1 与 z_k 无关, 因而 $a_1 \equiv 0$, 对一切 z_k 都成立.

再令 $z_k = u_1$, 得到 $f(u_1) = 0$,

$$a_1 + a_3 f(v_1) = 0.$$

由 $a_1 = 0$ 给出 $a_3 = 0$, 也就是当 $z_k = u_1$ 时,

$$a_3 = \left[\overline{a}(u_1)\frac{\sigma(u_1+u_2)\sigma(u_1-u_2-\omega)}{\sigma(u_1+u_2+\omega)\sigma(u_1-u_2)}\hat{d}(u_2v_1)\right.$$
$$\left. -\hat{d}(u_2v_1)\overline{a}(u_1)\frac{\sigma(u_1+v_1)\sigma(u_1-v_1-\omega)}{\sigma(u_1+v_1+\omega)\sigma(u_1-v_1)} - \hat{c}(u_2u_1)\hat{d}(u_1v_1)\right]\alpha(u_1)\beta(v_1) = 0. \tag{11.5.31}$$

然而 a_3 与 z_k 无关, 因而对一切 z_k, 都有 $a_3 = 0$.

注意, 在式 (11.5.30) 和式 (11.5.31) 中 $\hat{c}$ 和 $\hat{d}$ 是算子, 面权 $\overline{a}$ 是普通函数, 因为 $A(a|uv)$ 的第一项是正比于单位矩阵的. 由此式 (11.5.30) 右边第二项可以写成 $-\bar{a}(u_1)\hat{c}(u_2, v_1)\cdots$, 由 $a_1 = 0$ 给出

$$\overline{a}(u_1)\hat{c}(u_2v_1)\left[\frac{\sigma(u_1+u_2)\sigma(u_1-u_2-\omega)}{\sigma(u_1+u_2+\omega)\sigma(u_1-u_2)} - \frac{\sigma(u_1+v_1)\sigma(u_1-v_1-\omega)}{\sigma(u_1+v_1+\omega)\sigma(u_1-v_1)}\right]$$
$$= \hat{c}(u_2u_1)\hat{c}(u_1v_1). \tag{11.5.32a}$$

类似地有

$$\overline{a}(u_1)\hat{d}(u_2v_1)\left[\frac{\sigma(u_1+u_2)\sigma(u_1-u_2-\omega)}{\sigma(u_1+u_2+\omega)\sigma(u_1-u_2)} - \frac{\sigma(u_1+v_1)\sigma(u_1-v_1-\omega)}{\sigma(u_1+v_1+\omega)\sigma(u_1-v_1)}\right]$$
$$= \hat{c}(u_2u_1)\hat{d}(u_1v_1), \tag{11.5.32b}$$

其中

$$\left[\frac{\sigma(u_1+u_2)\sigma(u_1-u_2-\omega)}{\sigma(u_1+u_2+\omega)\sigma(u_1-u_2)} - \frac{\sigma(u_1+v_1)\sigma(u_1-v_1-\omega)}{\sigma(u_1+v_1+\omega)\sigma(u_1-v_1)}\right]$$
$$= \frac{(-)\sigma(\omega)\sigma(2u_1)\sigma(u_2+v_1+\omega)\sigma(u_2-v_1)}{\sigma(u_1+u_2+\omega)\sigma(u_1-u_2)\sigma(u_1+v_1+\omega)\sigma(u_1-v_1)}$$
$$= \frac{\sigma(\omega)\sigma(2u_1)\sigma(u_2+v_1+\omega)\sigma(u_2-v_1)}{\sigma(u_1+u_2+\omega)\sigma(u_2-u_1)\sigma(u_1+v_1+\omega)\sigma(u_1-v_1)} \equiv e(u_1u_2v_1).$$

由式 (11.5.32a)、式 (11.5.32b) 可以得到

$$\begin{aligned}
&\overline{a}(u_1)\left[\hat{c}(u_2v_1)\alpha(v_1)+\hat{d}(u_2v_1)\beta(v_1)f(v_1)\right]e(u_1u_2v_1)\\
&=\overline{a}(u_1)B(u_2v_1)e(u_1u_2v_1)\\
&=\hat{c}(u_2u_1)\left[\hat{c}(u_1v_1)\alpha(v_1)+\hat{d}(u_1v_1)\beta(v_1)f(v_1)\right]\\
&=\hat{c}(u_2u_1)B(u_1v_1),
\end{aligned}$$

$$B(u_2v_1)=\frac{1}{\overline{a}(u_1)e(u_1u_2v_1)}\hat{c}(u_2u_1)B(u_1v_1). \tag{11.5.33}$$

由此知道, 如果有矢量 F 是 $B(u_1v_1)$ 的零本征矢:

$$B(u_1v_1)F=0,$$

则有

$$B(u_2\ v_1)F=\frac{\hat{c}(u_2u_1)}{\overline{a}(u_1)e(u_1u_2v_1)}B(u_1v_1)F=0, \tag{11.5.34}$$

令

$$\lim_{u_1\to v_1}(u_1-v_1)B(u_1v_1)\equiv -M,$$

有

$$\lim_{u_1\to v_1}B(u_2v_1)=\lim_{u_1\to v_1}\frac{(u_1-v_1)}{(u_1-v_1)}\frac{\hat{c}(u_2u_1)}{\overline{a}(u_1)e(u_1u_2v_1)}B(u_1v_1),$$

$$\text{左边}=B(u_2v_1)=\text{右边}=\frac{\hat{c}(u_2v_1)(-M)}{\overline{a}(v_1)\dfrac{\sigma(2v_1)\sigma(\omega)}{\sigma(2v_1+\omega)\sigma'(0)}}.$$

因为

$$\begin{aligned}
&\lim_{u_1\to v_1}(u_1-v_1)e(u_1u_2v_1)\\
&=\lim\left[(u_1-v_1)\frac{\sigma(u_1+u_2)\sigma(u_1-u_2-\omega)}{\sigma(u_1+u_2+\omega)\sigma(u_1-u_2)}-\frac{\sigma(u_1+v_1)\sigma(u_1-v_1-\omega)}{\sigma(u_1+v_1+\omega)\dfrac{\sigma(u_1-v_1)}{u_1-v_1}}\right]\\
&=0-\frac{\sigma(2v_1)\sigma(-\omega)}{\sigma(2v_1+\omega)\sigma'(0)}=\frac{\sigma(2v_1)\sigma(\omega)}{\sigma(2v_1+\omega)\sigma'(0)},
\end{aligned}$$

由此得到

$$B(u_2v_1)=\frac{\hat{c}(u_2v_1)}{\overline{a}(v_1)}\frac{\sigma(2v_1+\omega)\sigma'(0)}{\sigma(2v_1)\sigma(\omega)}(-M), \tag{11.5.35}$$

也就是$B(aa_0|u_2v_1v_2\cdots v_{N_1})=-\dfrac{\hat{c}(aa_0|u_2v_1)}{\bar{a}(aa_0|v_1)}\times\dfrac{\sigma(2v_1+\omega)\sigma'(0)}{\sigma(2v_1)\sigma(\omega)}M(aa_0|v_1v_2\cdots v_{N_1})$.

总结公式 (11.5.33) 的推导, 它要求的前提是六顶角型的 R 矩阵, 对角的反射和对偶反射矩阵; $A(u)B^i(v)$ 的交换关系的 w.t 的系数与 i 无关; 有独立参数 z_k 与 v_i 无关, 能使 A 矩阵和 B 矩阵的第二项独立地变为零. 这些条件是带反射边模型中常见的, 只要满足这些条件, 就可以利用 $t(u)$ 的本征值对谱 v_i 没有奇异这一性质来给出贝特拟设方程, 并给出本征矢量.

11.5.4　关于不同谱的 $|v_1,\cdots,v_{N_1},F\rangle$ 的线性独立

我们在代数贝特拟设中有几处需要不同谱的设定态 $\psi=|v_1,\cdots,v_{N_1},F\rangle$ 之间是线性独立的假设. 在这一部分我们探讨此问题. 结论是, 当 N 充分大时, (相对于 N_1) 不同谱的设定态之间是线性独立的, 我们在这里取有理极限.

首先我们看一下在量子空间 $V=v_1\otimes v_2\otimes\cdots v_N$ 设定态 ψ 是什么样子. 为此, 首先看一看矢量 $\psi=B^{i_1}(u_1)B^{i_2}(u_2)B^{i_3}(u_3)|\Omega\rangle$ 在空间 $V=V_1\otimes V_2\otimes\cdots\otimes V_N$ 是什么样子 (令 $F_{i_1i_2i_3}=1$, 其余 F 分量为 0). 图 11.5.5(a) 是关于设定态 ψ 的图示. 在图 11.5.5(a) 中量子态就是同一个水平的各个竖直线的指标形成的矢量, 比如最上方 $|\Omega\rangle=e_1\otimes e_1\otimes\cdots\otimes e_1$, 在最下方, 量子态是一个以 N_1 个 e_{i_j}(图中是 e_{i_1},e_{i_2},e_{i_3}) 和 $N-N_1$ 个 (图中是 3 个)e_1 直乘形成的态的线性组合, 这个线性组合就等于设定态 ψ: (这是由于 R 矩阵与 K 矩阵都对指标守恒).

$$\begin{aligned}\psi=&c_1e_1\otimes e_1\otimes e_1\otimes e_{i_1}\otimes e_{i_2}\otimes e_{i_3}+c_2e_1\otimes e_1\otimes e_{i_1}\otimes e_{i_2}\otimes e_{i_3}\otimes e_1\\&+c_3e_1\otimes e_1\otimes e_{i_1}\otimes e_{i_3}\otimes e_{i_2}\otimes e_1+\cdots\\=&\sum_p c(p)p\left\{e_1\otimes e_1\otimes e_1\otimes e_{i_1}\otimes e_{i_2}\otimes e_{i_3}\right\},\end{aligned}\tag{11.5.36}$$

其中, p 指排列, 求和的每一项都是 V 空间的一个基矢, 当给定一个基矢 v_k 后, 我们的目标是求出相对于这个基矢的系数 c_k.

1. $\psi(u)$ 的分量系数的求解

为了求出 $\psi(u)$ 在 V 空间的某个基矢, 比如 $v=e_1\otimes\cdots\otimes e_{i_1}\otimes\cdots e_{i_{N_1}}\otimes e_1\otimes\cdots$ 上的分量系数, 我们画出一张图, 如图 11.5.5(b) 所示.

在这张图上有谱线、K 矩阵并且标明了所有外线的指标. 该图称为求

$$c_v=\psi(u)\cdot v\quad(\text{其中}\psi(u)=B^{i_1}(u_1)\cdots B^{i_{N_1}}(u_{N_1})|\Omega\rangle)$$

的<u>**原图**</u>. 其中,

$$\psi(u)=B^{i_1}(u_1)B^{i_2}(u_2)B^{i_3}(u_3)|\Omega\rangle,\quad v=e_1\otimes e_1\otimes e_1\otimes e_{i_1}\otimes e_{i_2}\otimes e_{i_3},$$

最上方的外线指标全为 1, 就代表 $|\Omega\rangle$. $B^i(u)\equiv k(u)_1^i,i>1$.

为了求得**原图的值**, 我们要把内线 (两端都封闭的谱线) 上标上指标, 对所有内线指标求和. 要求每个 R 矩阵 (图中的交点) 的入射指标 (进入交点的两根线的指标) 和出射指标 (由交点出去的两根线的指标) 是相同的两个指标, 这样标上内线指

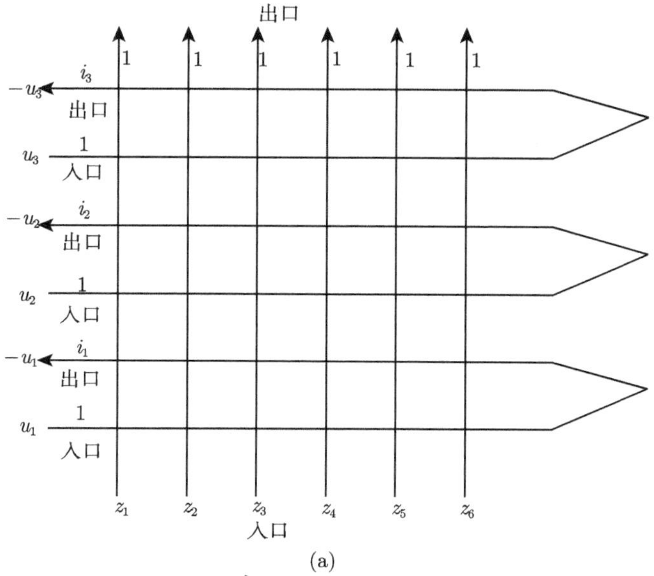

图 11.5.5 关于设定态 $\psi = B^{i_1}(u_1)B^{i_2}(u_2)B^{i_3}(u_3)|\Omega\rangle$ 的图示. (a) ψ 的图示, 下方入口处的外线给出 ψ 在 V 的表示; (b) $\psi \cdot v = C_v$ 的图示, 其中 $v = e_1 \otimes e_1 \otimes e_1 \otimes e_{i_1} \otimes e_{i_2} \otimes e_{i_3}$ 称为原图 (求 C_v 的原图)

标的图才不恒为 0, 因为除 $R(u)_{ii}^{ii}$,$R(u)_{ij}^{ij}$, $R(u)_{ij}^{ji}(i \neq j)$ 非零以外, 其余情况下 $R(u)$ 的分量都为 0. 类似地, 我们要求 K 矩阵两个边的指标相同, 因为 K 矩阵是对角的. 我们称这些性质为 R 和 K 的指标守恒性质, 标上符合守恒要求的指标的图叫原图的**构形图**. 图 11.5.6 是图 11.5.5(b) 的一张构形图, **构形图的值**等于所有 R 矩阵和 K 矩阵 (带指标) 的值的连乘积：$E = \prod_l k(u_l)_i^i \prod_k R_k(u_k)_{ij}^{i'j'}$. 原图的值等于所有构形图的值求和. 由 $B^i(u)$ 的定义和图示可见, 原图的值就是对应于下方入口指标的基矢 v 的系数 C_v.

为了本节的内容, 我们还要引入指标线图或叫**路线图**. 指标线是由构形图中的内外线段沿同一个指标首尾相连接形成的没有分岔的折线. 内线线段或外线都是有指标而且有方向的, 我们作指标线时要求具有同一个指标的一个线段的前头接在另一个线段的尾上. 首尾相连形成指标线的线段都是谱线, 但一根指标线上各段线段的谱往往是各不相同的. 图 11.5.7 是关于构形图 (图 11.5.6) 的一张指标线图, 它是由指标线覆盖全图的谱线构成的图.

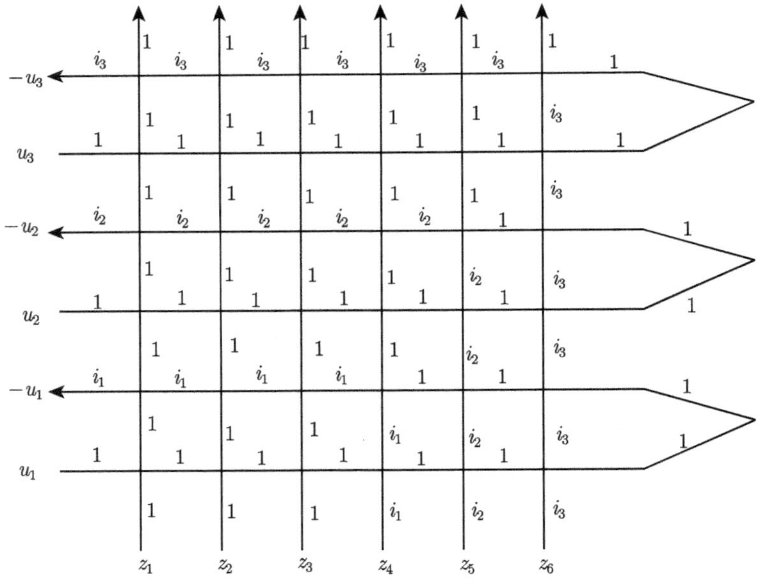

图 11.5.6 属于图 11.5.5(b)(原图) 的一种构形图

图 11.5.5(b) 是 $\psi(u)$ 的给定出入口指标的**原图**, 表示 $\psi(u)$ 的 $v = e_1 \otimes e_1 \otimes e_1 \otimes e_{i_1} \otimes e_{i_2} \otimes e_{i_3}$ 分量. 图 11.5.6 是原图的一种**构形图**. 图 11.5.7 是图 11.5.6 构形图的一种**路线图**, 该图是拐点数最少的 (3 个) 路线图, 称为**单拐图**, 因为每个指标线只有一个拐点, 拐点指的是指标线在该点走向拐了一个直角 (K 矩阵不算拐).

在对给定构形图作指标线时, 如果遇到的 R 矩阵的入射指标是一对不同的指标, 那么下一个指标线线段的选取是唯一的, 但是当一对入射指标相同时, 也即遇到

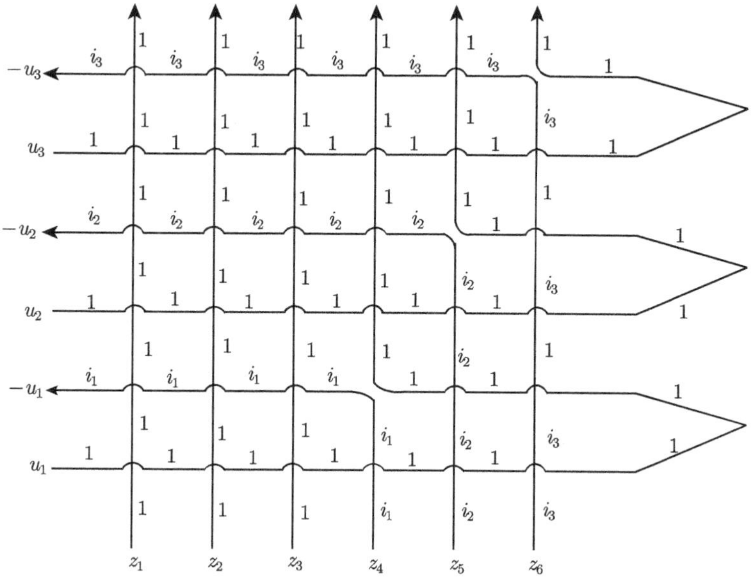

图 11.5.7 属于图 11.5.6(构形图) 的一种路线图

$R(u)_{ii}^{ii}$ 时, 指标线的下一个线段就有两种不同的选择, 如图 11.5.8 所示.

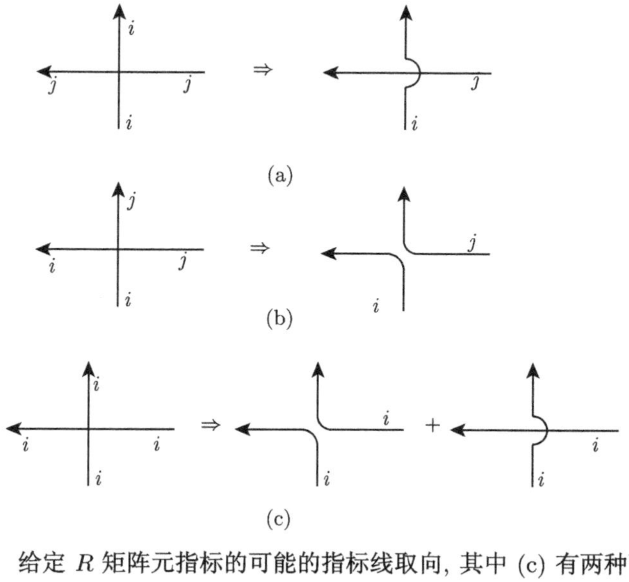

图 11.5.8 给定 R 矩阵元指标的可能的指标线取向, 其中 (c) 有两种可能取向

指标线指的是沿某一个指标相继连在一起形成的折线, 图 11.5.7 是一张指标线图, 有三个拐点. 由于 R 矩阵是出入指标守恒的 (进入的一对指标与出射的一对指标是同一数集), 右边的 K 矩阵是对角矩阵, 所以指标线总可以画成封闭的没有

分岔的折线或由整个构图进口进入而从出口出去的连贯折线. 由于图 11.5.5 中竖线只有从下向上, 因而封闭指标线不存在. 所有指标线都是从入口进入而从出口出去的. 一张图的所有谱线上的指标如都给定则形成的构形有两种情况, 当入口 (或出口) 所有指标都互不相同时, 给定一张构形, 指标线的走向是唯一的, 然而当入口 (或出口) 指标有相同指标时, 一张构形可以有几种不同的指标线图或称路线图. 因为在构形图中的 R 矩阵分量中可能出现 $R(u)_{ii}^{ii}$ 的情形, 如图 11.5.8 所示.

在图 11.5.8(b) 和 11.5.8(c) 中指标线形成直角的称为经过**拐点**, 否则就叫**直穿**.

当对每个四个指标都相同的 R 矩阵作出转折或直穿的选择之后, 一个构形一定能给出一幅指标线图, 因为对 R 矩阵的任何入口, 对给定指标的走向, 一定会给一个出路, 决不会停在该 R 矩阵处.

命题 对给定的构形, 如果对有两种指标路线的 $R(u)_{ii}^{ii}$ 取两种可能, 我们将

$$R(u)_{ii}^{ii} = 1 = \frac{\omega}{u+\omega} + \frac{u}{u+\omega} \tag{11.5.37}$$

的两项分别对应于拐角和直穿的情形, 则一切可能路线图给出的图的值之和, 正好等于该构形的各个 R 矩阵分量的乘积, 也就是该构形图的值.

证明 构形的值可以写成

$$E = \prod_k R_k(u_k)_{ij}^{i'j'} \times \prod K(u_l)_i^i = \prod_{k\in A}\left[R_k(u_k)_{ij}^{i'j'}\right]\prod_{k\in B}\left[R_k(u_k)_{ii}^{ii}\right] \times \prod K(u_l)_i^i, \tag{11.5.38}$$

其中, A 表示四个指标不全同的 R 矩阵分量形成的集合, B 属于四个指标相同的 R 矩阵分量的集合, 将集合 B 的每个 R 矩阵分量按式 (11.5.37) 分解为两项, 得到 2^m 项, m 为 B 集合中 R 的个数, 则每项对应一张指标路线图, 得到的 2^m 项, 正好是所有路线图的值. 因为每种选择给定一个确定的路线图 (有且仅有一个路线图).

我们对 $\psi(u)$ 的 v 分量有下式:

$$\begin{aligned}
\psi(u) &= \sum_i c_i v_i,\\
c_i &= \text{原图的值} = \sum_{\text{构形图}} \text{构形图的值}\\
&= \sum_{\text{构形图}}\left(\sum_{\text{对该构形图的路线图}} \text{路线图值}\right) = \sum_{\text{对原图的所有路线图}} \text{路线图值}
\end{aligned} \tag{11.5.39}$$

2. 对 $\psi(u(j))$ 的主要基矢

我们在这一节要探讨具有不同谱集合 $\{u_1u_2\cdots u_{N_1}\}$ 的贝特拟设的设定态

$$\psi_j \equiv \psi(u(j)) = B^{i_1}(u_{1j})B^{i_2}(u_{2j})\cdots B^{i_{N_1}}(u_{i_{N_1}j})|\Omega\rangle, \quad j=1,2,\cdots,l \tag{11.5.40}$$

的线性相关问题. 我们的策略是, 首先将 R 矩阵与 K 矩阵中引入常数 ω 和 ϵ, 使得 $|\omega|, |\epsilon|, \left|\dfrac{\omega}{\epsilon}\right|$ 都可以同时任意小, 即对任何给定的实数 $1 > \epsilon_0 > 0$, 有

$$\max\left[|\omega|, \left|\frac{\omega}{\epsilon}\right|, | \in |\right] \leqslant \epsilon_0. \tag{11.5.41}$$

然后适当地选取形成 $\psi(u)$ 的常数 $z_k, k = 1, \cdots, N$, 使得在足够小的 ϵ_0 下, ψ_j 之间是线性独立的, 而由于 ψ_j 对 ω, ϵ, z_k 是解析函数, 我们就可以推断在通常情况下 ψ_j 之间也是线性独立的.

R 矩阵和 K 矩阵的设定为

$$R(u)_{ii}^{ii}=1, \quad R(u)_{ij}^{ij}=\frac{u}{u+\omega}, \quad R(u)_{ij}^{ji}=\frac{\omega}{u+\omega}(i \neq j), \quad K(u)_j^j=1+\omega\epsilon_j u.^{①} \tag{11.5.42}$$

在这样的规定之下, YBE 和 RE 都仍然满足, 当 $|\omega| < \epsilon_0, \epsilon_0 \to 0$ 时, $R(u)_{ii}^{ii}$ 不变, $R(u)_{ij}^{ij} = 1 + o\left(\dfrac{\omega}{u}\right), R(u)_{ij}^{ji} \to \dfrac{\omega}{u}\left[1 + o\left(\dfrac{\omega}{u}\right)\right]$, 当 $\left|\dfrac{\omega}{u}\right| \ll 1$ 时 (我们要适当地设置, 使 $|u| \geqslant |\epsilon|$, 因而这一条件总可以满足), 路线图中拐点越少的路线越重要, 我们只要观察具有最少拐点数的 ψ_j 的路线图值之间的线性关系就可以了. 在计算拐点数时, K 矩阵认为不是拐点, 因为当 $\omega \to 0$ 时, $k(u, \xi; \omega) \to 1 =$ 常数.

△ 具有最少拐点的 $\psi(u)$ 的路线图.

命题: 对于 $\psi(u)$ 的路线图, 我们可以证明最少拐点数为 N_1.

证明

因为 $i_1, i_2, \cdots, i_{N_1}$ 都不等于 1. 由于指标守恒, 在原图下方入口处必须有这些不等于 1 的指标线, 它们不可能从上方出去, 因为 $|\Omega\rangle$ 的指标全是 1, 所以每根不等于 1 的指标线一定至少拐一次弯才能从左方出去. 图 11.5.9 是两种可能的单拐路

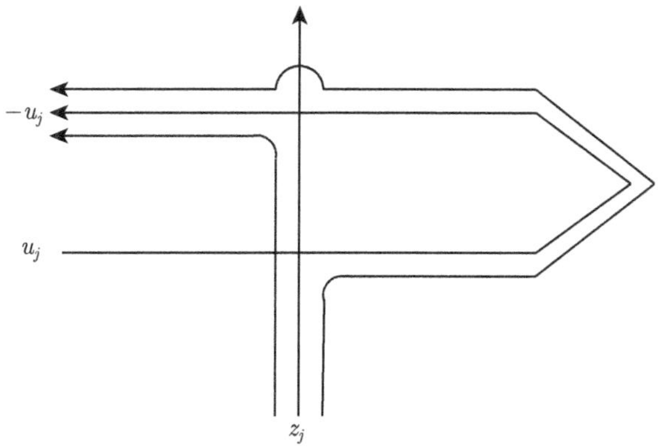

图 11.5.9 两种可能的单拐路线图示

① 这个反射矩阵不能由 $\dfrac{\sigma(\xi+\overline{a}_j\omega+u)}{\sigma(\xi+\overline{a}_j\omega-u)}$ 取有理极限得到.

线. 一种经过反射矩阵, 另一种不经过.

值得注意的是, 拐点数为 N_1 的路线图对 $\psi(u)$ 是好多个, 而不止一个, 即使 i_j 之间互不相等也是如此, i_j 路线经过的拐点的 R 矩阵的谱在不经过 K 矩阵的选择时为 u_j+z_k, 经过 K 矩阵时为 u_j-z_k. k 是 i_j 指标的入口处在 V 空间的坐标, 即原图下方谱线的顺序数.

令设定态为 $\psi(u)=B^{i_1}(u_1)\cdots B^{i_{N_1}}(u_{i_{N_1}})|\Omega\rangle$. 为了使我们的研究尽量简单而且有明确结果, 假定

(a) $i_1\leqslant i_2\leqslant\cdots\leqslant i_{N_1}$, (11.5.43)

(b) ψ_j 的谱的选择是这样的, 我们有 $l+N_1$ 个谱: $v_1,v_2,\cdots,v_{l+N_1}\neq 0$, 它们的模互不相等 $|v_i|\neq|v_k|$, 当 $i\neq k$ 时. 然后用 l 种不同的方法在其中选出 ψ_j 的谱. 因此 ψ_j 与 $\psi_{j'}$ 的任意两个谱之间至少有一对谱满足

$$|u_{ij}|\neq|u_{ij'}|,\quad (u_{ij})^2\neq(u_{ij'})^2. \tag{11.5.44}$$

由式 (11.5.44), 有①$0<|u_{kj}|,|u_{kj}|\neq|u_{k'j}|$, 当 $k\neq k'$ 时, ②当 $j'\neq j$ 时, $\{|u_{sj'}|\}$ 和 $\{|u_{kj}|\}$ 这两个数集不全同.

由于式 (11.2.10), 不同的指标排列方式并且谱的排列也不同 (但是谱的集合相同) 的各个 $\psi=B^{i_1}(u_1)\cdots B^{i_{N_1}}(u_{N_1})|\Omega\rangle$ 之间显然有线性关系:

当 $i_j=i_{j+1}$ 时, 有

$$B^{i_j}(u_j)B^{i_{j+1}}(u_{j+1})=B^{i_j}(u_{j+1})B^{i_j}(u_j), \tag{11.5.45a}$$

当 $i_j\neq i_{j+1}$ 时, 有

$$\begin{aligned}&B^{i_j}(u_j)B^{i_{j+1}}(u_{j+1})=B^{i_j}(u_{j+1})B^{i_{j+1}}(u_j)\frac{\omega}{u_{j+1}-u_j+\omega}\\&+B^{i_{j+1}}(u_{j+1})B^{i_j}(u_j)\frac{u_{j+1}-u_j}{u_{j+1}-u_j+\omega}\\\Longrightarrow &B^{i_{j+1}}(u_{j+1})B^{i_j}(u_j)(u_{j+1}-u_j)\\=&\ B^{i_j}(u_j)B^{i_{j+1}}(u_{j+1})(u_{j+1}-u_j+\omega)-B^{i_j}(u_{j+1})B^{i_{j+1}}(u_j)\omega.\end{aligned} \tag{11.5.45b}$$

如果我们用一套规范化的标准基矢, 这种线性关系带来的不确定性就可以消除, 我们要求

(1) $1<i_1\leqslant i_2\leqslant i_3\cdots\leqslant i_{N_1}$. 实际上是 $1<i_1=i_2=\cdots=i_j<i_{j+1}=i_{j+2}=\cdots=i_{j+k}<i_{j+k+1}=\cdots$, 也就是 $i_1\cdots i_{N_1}$ 分割为几段, 每段的 i_j 互相相等, 不相等的各段的 i 逐渐递增, 我们称 i_j 相等的部分为一个<u>小区</u>, 所有的 i_j 由若干小区组成.

(2) 在每一段 $i_j=i_{j+1}=\cdots=i_{j+k}$ 之内, 谱参数 u_j 按绝对值递增即 $|u_j|<|u_{j+1}|<\cdots<|u_{j+k}|$. 式 (11.5.45a) 使我们能在指标相同的情况下调换谱参数,

式 (11.5.45b) 使我们能调换相邻的不同的指标. 我们看到, 任何一个指标与上述: $\{i_1, i_2, \cdots, i_{N_1}\}$, 属于同一数集的矢量 $B^{i_1'}(u_1)\cdots B^{i_{N_1}'}(u_{N_1})|\Omega\rangle$, 一定可以用式 (11.5.45) 调换成为满足这两个要求的 ψ 的线性组合 (当 ω 充分小的时候).

我们下面研究这种标准基矢的线性独立性问题. 具有不同小区的基矢之间当然是线性独立的. 因为当它们在 V 空间展开时 (参看式 (11.5.36)) 有非零分量的基矢, 比如 $v = e_1 \otimes \cdots \otimes e_{i_1} \otimes e_{i_2} \otimes e_1 \otimes \cdots \otimes e_{i_3} \otimes e_{i_5} \cdots \otimes e_1 \otimes \cdots e_{i_4} \cdots$, 当两个矢量的 B 的指标集合不同时, 它们不可能有相同的非零系数的基矢.

我们希望证明下述命题. 命题: 一组基矢量 $\psi_1, \cdots, \psi_l$, 其中

$$\psi_j = B^{i_1}(u_{1j})B^{i_2}(u_{2j})\cdots B^{i_{N_1}}(u_{N_{1j}})|\Omega\rangle,$$

已按上述要求排列 $\{i_j\}$ 及 $\{u_{jk}\}$, 当 ψ_j 和 ψ_i 两两之间至少有一个小区, 其谱参量的绝对值 $|u_{sj}|$ 和 $|u_{si}|$ 不完全相等时, $\{\psi_j\}$ 之间线性独立. 令这些 ψ_j 共有 l 个. 设置 z_k, $k = 1, \cdots, l_{N_1}$, 如下.

z_k 的设置:

令

$$\begin{aligned}
z_{o+k} &= -u_{k1} + \epsilon, \quad k = 1, \cdots, N_1 \\
z_{N_1+k} &= -u_{k2} + \epsilon, \quad k = 1, \cdots, N_1 \\
&\vdots \\
z_{(j-1)N_1+k} &= -u_{kj} + \epsilon, \quad k = 1, \cdots, N_1 \\
&\vdots \\
z_{(l-1)N_1+k} &= -u_{kl} + \epsilon, \quad k = 1, \cdots, N_1
\end{aligned} \tag{11.5.46a}$$

其余 $|z_s|$ 满足 $|u_{kj} \pm z_s| \geqslant |u_0| > 0$. 对一切 u_{kj} 成立. 当 $\epsilon_0 \to 0$ 时, u_0 不变.

我们分析在这样的 $z_s, s = 1, \cdots, N$ 设置下, 原图 R 矩阵中谱 u 的取值, 并且证明当 ϵ_0 足够小的时候 $|u| \geqslant |\epsilon|$. R 矩阵是在 z_s 线 (竖直向上) 与 $B^j(u_i)$ 入射线 (水平向右, 谱为 u_i, 外线指标为 1) 和出射线 (水平向左, 谱为 $-u_i$, 外线指标为 j) 的交点上. 对于 z_s 线与入射线的交点 (称为 I 类交点), R 的谱为 $u = u_i - z_s$; 对于 z_s 线与出射线的交点 (称为 II 类交点), R 的谱为 $u = u_i + z_s$.

(1) 当 $s \leqslant lN_1$ 时, $z_{s=(j-1)N_1+k} = -u_{kj} + \epsilon$, $k = 1, \cdots, N_1$, 因而对这些 z 线与 $B^j(u_i)$ 的水平线的交点的谱为

$$u = u_i \mp (-u_{kj} + \epsilon) = u_i \pm u_{kj} \mp \epsilon.$$

当 $\epsilon_0 \to 0$ 时, $u_i \pm u_{kj} \equiv \delta u$ 是不变的.

(a) 当 $\delta u \neq 0$ 时, 令 $|\epsilon| < \frac{1}{m}|\delta u|$, 就有 $|u| = |(u_i \pm u_{kj}) \mp \epsilon| = |\delta u \mp \epsilon| \geqslant ||\delta u| - |\epsilon|| \geqslant \frac{m-2}{m}|\delta u| + |\epsilon|$. 对充分小的 ϵ, (m 足够大) 粗略地可以认为 $u \doteq \delta u$. 我们把它写成 Δu, 以记住这点微小差别.

(b) 当 $\delta u = 0$ 时, 我们有 $u_i \pm u_{kj} = 0$, $|u| = |\epsilon|$. 因此当 $s \leqslant lN_1$ 时, 总有 $|u| \geqslant |\epsilon|$. 我们定义 $\delta u = 0$ 的点为特征点.

(2) 当 $s > lN_1$ 时, $u = u_{kj} \pm z_s$, 有 $|u| \geqslant |u_0| > 0$ 不随 ϵ 改变. 只要取 $\epsilon < |u_0|$, 就满足 $|u| \geqslant |\epsilon|$. 由以上分析我们还看到, 只要 $\delta u \neq 0$, 当 ϵ 足够小时, R 的谱 u 就满足 $|u| \geqslant |\delta u|_0$, 也即 $|u|$ 大于一个非零的正常数. 所以只有 $\delta u = 0$, 才有 $|u| = |\epsilon|$.

以上论述要求 $|\epsilon| < \frac{1}{m}|\delta u|$, δu 当然与 u_i 所属的 $\psi_{j'}$ 的指标 j' 有关, 但 j' 的数目是 l 个, 所以一定可以找到一个足够小的 ϵ, 使上述论证对每个 $\psi_{j'}$ 都适用. 现在令

$$\begin{aligned}
v_1 &= e_{i_1} \otimes e_{i_2} \otimes \cdots \otimes e_{i_{N_1}} \otimes \underbrace{e_1 \otimes \cdots \otimes e_1}_{N-N_1\text{个}}, \\
v_2 &= \underbrace{e_1 \otimes e_1 \otimes \cdots \otimes e_1}_{N_1\text{个}} \otimes e_{i_1} \otimes e_{i_2} \otimes \cdots \otimes e_{i_{N_1}} \otimes \underbrace{e_1 \otimes e_1 \otimes \cdots \otimes e_1}_{N-2N_1\text{个}}, \\
v_3 &= \underbrace{e_1 \otimes \cdots \otimes e_1}_{2N_1\text{个}} \otimes e_{i_1} \otimes e_{i_2} \otimes \cdots \otimes e_{i_{N_1}} \otimes \underbrace{e_1 \otimes \cdots \otimes e_1}_{N-3N_1\text{个}}, \\
&\vdots \\
v_j &= \underbrace{e_1 \otimes \cdots \otimes e_1}_{(j-1)N_1\text{个}} \otimes e_{i_1} \otimes e_{i_2} \otimes \cdots \otimes e_{i_{N_1}} \otimes \underbrace{e_1 \otimes \cdots \otimes e_1}_{N-jN_1\text{个}}. \\
&\vdots
\end{aligned} \tag{11.5.46b}$$

这些 v_j 的 $e_{i_1} \otimes \cdots e_{i_{N_1}}$ 部分是相同的, 与 ψ_j 中出射的指标 $i_1 \leqslant \cdots \leqslant i_{N_1}$ 的排列相同, 因此也是分为若干小区. 在观察 v_j 分量时, 路线图中下方的入射指标所属的小区的指标线必须在与 $\psi_j = B^{i_1}(u_1)\cdots|\Omega\rangle$ 中 B 的出射指标所属且指标相同的小区处出口, 因为只有在这种情况下入射指标才等于出射指标. 由此可见, 对于 N_1 个拐点的线路图, 这样的指标线必须在这两个小区对应形成的矩形区域内拐弯.

我们以下在 ψ_j 和 $\psi_{j'}$ 具有不同谱绝对值的小区内观察 R 矩阵的谱 (观察 v_j 分量), 如图 11.5.10 所示.

假设这个小区的成员有 m 个 (在图 11.5.10 中 $m = 3$), z_k 谱线与同一个指标的小区的 B 的谱线共计有 $2m^2$ 个交点, 这些交点都可以提供拐点. 当 $j' \neq j$ 时至少有一个 $|u_{sj'}| \neq |u_{rj}|$, 因此观察 v_j 分量时对于 $\psi_{j'}$ 来说不可能找齐 m 个拐点分

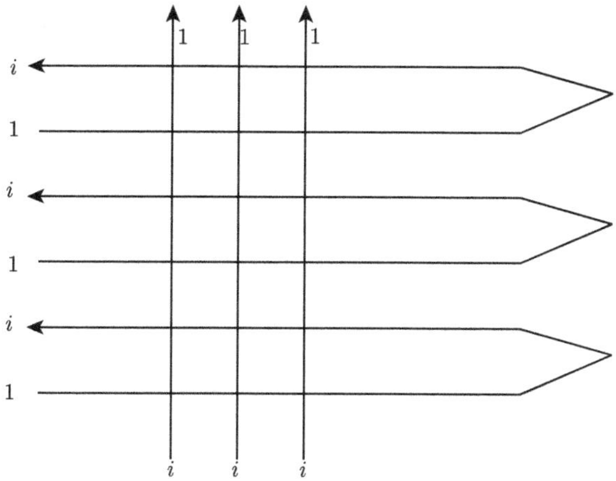

图 11.5.10 一个小区的图示

属 m 个 B^i, 使在每个拐点都有 $\delta u=0$, 使 R 的谱 $u\pm z=\pm\epsilon$. 因此总的拐点中 $\psi_{j'}$ 不可能找齐 N_1 个 B^i, 使拐点的 $\delta u=0,R$ 矩阵的谱都满足 $u\pm z=\pm\epsilon$(其中 $\epsilon\to 0$), 也就是说, 至少有一部分拐点的 R 的谱在 $\epsilon_0\to 0$ 时, $u\pm z\Rightarrow u_0$ 是一个固定的非零常数. 理由如下.

我们观察所有的 s 和所有的 m, 则方程

$$u_{mj}\pm u_{sj'}=0\Longrightarrow |u_{mj}|-|u_{sj'}|=0. \tag{11.5.47}$$

当$j\neq j'$时, 满足此式的可能的 $\{(m,s)\}$ 最多只有 N_1-1 组, 因为按我们的设定当 $j\neq j'$ 时, $\{|u_{kj}|\}$ 与 $\left\{|u_{kj'}|\right\}$ 不能是同一数集.

再考虑 ψ_j 对自己的 v_j 形成的一个拐点 R 的谱. 类似地, 每一个 $B^{i_m}(u_{mj})$ 的出入射线与谱线 $z_{(j-1)N_1+s}$ 的交点的谱只有一个可能为 $\pm\epsilon$, 这就是当 $s=m$ 时. 对 B^{i_m} 的出射线有 $z_{(j-1)N_1+s}-(-u_{mj})=(-u_{sj}+\epsilon)-(-u_{mj})=u_{mj}-u_{sj}+\epsilon$, 按 B 的设定, 仅当 $m=s$ 时 $\delta u=0$. 出射线与竖线的交点 R 矩阵的谱为 ϵ. B^{i_m} 的入射线与这根竖线的交点的谱为 $u_{mj}-z_{(j-1)N_1+s}=2u_{mj}-\epsilon=u_{mj}+u_{sj}-\epsilon$. 按设定 $\delta u=u_{mj}+u_{sj}$ 不可能为 0. 这是因为

$$\text{在同一小区}, |u_{mj}|\neq|u_{sj}|,\quad \text{当}m\neq s, \text{而当}m=s\text{时}\delta u=2u_{mj}\neq 0, \tag{11.5.48}$$

这些拐点的谱当规度变化使 ϵ 很小时是一个非零有限数.

在规度变化：$0<\epsilon_0,0<|\omega|<\epsilon_0,0<|\epsilon|<\epsilon_0,0<|\left(\dfrac{\omega}{\epsilon}\right)|<\epsilon_0$ 当 ϵ_0 很小时, 对

于线路图中的直穿 (非拐点) 的 R 矩阵来说, 有

$$R(u)_{ij}^{ij} = \frac{u}{u+\omega} = 1 + o\left(\frac{\omega}{u}\right), \quad 当\ \delta u \neq 0\ 时,$$
$$R(\epsilon)_{ij}^{ij} = \frac{\epsilon}{\epsilon+\omega} = 1 + o\left(\frac{\omega}{\epsilon}\right), \quad 当\ \delta u = 0\ 时. \tag{11.5.49}$$

因此当 ϵ_0 很小时都可以看成 1. 另一方面还有

$$R(u)_{ij}^{ji} = \frac{\omega}{u+\omega} = \frac{\omega}{u}\left(1 + 0\left(\frac{\omega}{u}\right)\right), \quad 当\ \delta u \neq 0\ 时,$$
$$R(u)_{ij}^{ji} = \frac{\omega}{\epsilon+\omega} = \frac{\omega}{\epsilon}\left(1 + 0\left(\frac{\omega}{\epsilon}\right)\right), \quad 当\ \delta u = 0\ 时,$$

$$K(u)_j^j = 1 + \omega\epsilon_j u \to 1 + o(\omega). \tag{11.5.50}$$

由以上分析我们知道, 在以某个 v_j 为入口的对于 $\psi_{j'}$ 的路线图中, 具有 N_1 个拐点的路线图的图值只有在 $j'=j$, 其中入射线 $z_{(j-1)N_1+k}$ 不经过 K 矩阵而由 B^{i_k} 的出射线从左方出口的 N_1 个拐点的图 (路线图) 的值为

$$C_{\Gamma_0} = \left(\frac{\omega}{\epsilon}\right)^{N_1}\left[1 + o(\epsilon) + o\left(\frac{\omega}{\epsilon}\right) + o(\omega)\right], \tag{11.5.51}$$

我们称这个最少拐点的图为**ψ_j特征路线图**. 其余 N_1 个拐点的图值都是

$$C_{\Gamma'} = \pm\left(\frac{\omega}{\epsilon}\right)^{N_1-1}\left(\frac{\omega}{\Delta u}\right)\left[1 + o(\omega) + o\left(\frac{\omega}{\epsilon}\right)\right]. \tag{11.5.52}$$

其中, $o(\omega)$ 和 $o\left(\frac{\omega}{\epsilon}\right)$ 是由于式 (11.5.49), 图 11.5.7 就是 ψ_2 的一张特征路线图.

由以上分析, 我们知道 $\psi_j = \psi(u_{(j)})$ 对 v_j 的分量为

$$\begin{aligned}
C_{j(j)} =& \sum 以v_j为下方入口的指标形成的路线图\Gamma_j的值\\
=& \sum \Gamma_j中的N_1个拐点的图值 + \sum \Gamma_j中大于N_1个拐点的图的值\\
=& 特征路线图的值 + \sum 非特征N_1拐路线图值 + \sum 大于N_1拐点图值\\
=& \left(\frac{\omega}{\epsilon}\right)^{N_1}\left[1 + o\left(\frac{\omega}{\epsilon}\right) + o(\omega)\right] + \sum\left(\frac{\omega}{\epsilon}\right)^{N_1}\left[\left(\frac{\epsilon}{\Delta u}\right) + o(\omega) + o\left(\frac{\omega}{\epsilon}\right)\right]\\
&+ \sum\left(\frac{\omega}{\epsilon}\right)^{N_1}\left[o\left(\frac{\omega}{\epsilon}\right) + o(\omega)\right]\left[1 + o(\epsilon) + o(\omega) + o\left(\frac{\omega}{\epsilon}\right)\right]\\
=& \left(\frac{\omega}{\epsilon}\right)^{N_1}\left[1 + o\left(\frac{\omega}{\epsilon}\right) + o(\epsilon) + o(\omega)\right],
\end{aligned} \tag{11.5.53}$$

其中, $o(\epsilon)$ 是由于 N_1 个拐点中有 $\delta u \neq 0$ 的项.

而 $\psi(u_{(j')}) = \psi_{j'}$ 对 v_j 的分量为 (由式 (11.5.47) 上下的一段分析)

$$\begin{aligned}
C_{j(j')} =& \sum \Gamma_j\text{中}N_1\text{个拐点图值} + \sum \Gamma_j\text{中大于}N_1\text{个拐点的图值} \\
=& \sum \pm \left(\frac{\omega}{\epsilon}\right)^{N_1-1}\left(\frac{\omega}{\Delta u}\right)\left[1+o(\omega)+o\left(\frac{\omega}{\epsilon}\right)\right] \\
&+\left(\frac{\omega}{\epsilon}\right)^{N_1}\left[o\left(\frac{\omega}{\epsilon}+o(\omega)\right)\right]\left[1+o(\epsilon)+o(\omega)+o\left(\frac{\omega}{\epsilon}\right)\right] \\
=& \left(\frac{\omega}{\epsilon}\right)^{N_1}\left[o\left(\frac{\omega}{\epsilon}\right)+o(\epsilon)+o(\omega)\right].
\end{aligned}$$

现在我们考察这 l 个态矢量的线性独立性, 用反证法. 令它们有线性关系

$$\chi_1\psi(u_{(1)})+\chi_2\psi(u_{(2)})+\cdots+\chi_l\psi(u_{(l)})=0. \tag{11.5.54}$$

若 χ_i 不全为 0, 令其中一个 χ, 如 $\chi_1=1$. 以 V 空间的一号入口处设定 $1<i_1\leqslant i_2\cdots\leqslant i_{N_1}$, 其余 $N-N_1$ 根线指标为 1 形成 v_1, 考察 l 个 ψ 的这个 V 空间的 v_1 分量, 得到

$$\begin{aligned}
&\chi_1\left(\frac{\omega}{\epsilon}\right)^{N_1}+\chi_2C_1(2)\left(\frac{\omega}{\epsilon}\right)^{N_1}\left[O(\epsilon_1)+O(\omega)+O\left(\frac{\omega}{\epsilon}\right)\right]+\cdots=0 \\
\Rightarrow&\chi_1=[\chi_2(O(\epsilon_1)+\cdots)+\chi_3(O(\epsilon)+\cdots)+\cdots+\chi_l(O(\epsilon)+\cdots) \\
&+(O(\epsilon)+\cdots)]\sim O(\epsilon)+O(\omega)+O\left(\frac{\omega}{\epsilon}\right),
\end{aligned}$$

注意, 此式的项数虽然大, 但是是固定的, 而且各项的系数也是有限的, 与 ϵ_0 无关. 因此, $\chi_1=1$ 是不可能的, 从而引出矛盾.

我们得到结论: 所有 χ_i 都必须为 0. 命题证毕.

推论: 满足式 (11.5.44) 的谱的设定态之间, 当它们两两之间谱的绝对值都不全重合时, 这些设定态之间线性独立, 也就是当谱的绝对值的集合不同时, ψ 之间没有线性关系.

推论的证明: ①当指标集合不同时, 设定态之间当然没有线性关系, 因为它们在 V 空间用基矢 $e_{i_1}\otimes\cdots\otimes e_{i_N}$ 展开时, 所用的非零分量的基矢完全不同; ②当指标集合完全相同时, 我们可以调成标准的态矢, 当谱的绝对值不全重合时, 由前面的分析, 它们总有一个小区不全重合, 由不全同的谱集合的标准基矢集团分解, 这些标准基矢集团之间是线性独立的. 因而它们之间线性独立.

综上所述, 我们给出极其微小但是有限的 ω,ϵ 和 $\dfrac{\omega}{\epsilon}$(它们的大小与 N_1, N, Δu 有关), 以及相关的 z_k, 由这个 z_k 形成的 $|\Omega\rangle$, 以及 $R(u,\epsilon,\omega)$, $K(\xi=1,u,\omega)$, 可以保证构成的 ψ_j 是线性独立的. 另一方面, 这种线性独立是由 ψ_j 在 V 空间的分量给出的矩阵的秩是满秩确定的. 也就是要有一个矩阵中的方阵, 其行列式不等于零:

$$\mathrm{Det}M(u,\omega,\xi=1,z_k)\neq 0,$$

然而 M 的矩阵元是宗量的解析函数, 当然 Det$M$ 也是. 既然在某个宗量的组合下非零, 那就在通常情况下都非零. 也就是, 在通常情况下 (通常的 ω, ξ, z_k) 不同谱集合的 ψ 互相独立.

习题 1　令

$$\psi_j = B^{i_1(j)}(u_1)B^{i_2(j)}(u_2)\cdots B^{i_{N_1}(j)}(u_{N_1})|\Omega\rangle, \quad j=1,\cdots,l,$$
$$|u_i| \neq |u_{i'}| \quad (i \neq i'), \quad u_i \neq 0,$$

当 $j \neq j'$, $i_s(j)$ 与 $i_s(j')$ 不全相同时, 求证 ψ_j 之间线性独立.

解　我们只须在同一个 $\{i_s\}$ 集合的 ψ_i 之间讨论问题. 令 z_k 设置为 (图 11.5.11)

$$z_{0+k} = -u_k + \epsilon, \quad v_j = e_{i_1(j)} \otimes e_{i_2(j)} \otimes \cdots \otimes e_{i_{N_1}(j)} \otimes e_1 \otimes \cdots \otimes e_1.$$

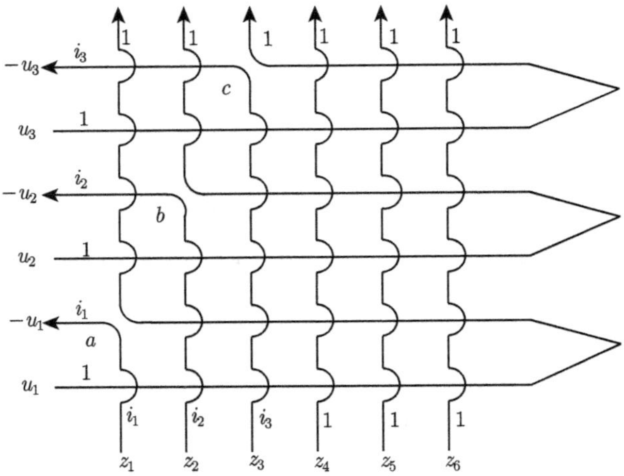

图 11.5.11　$B^{i_1}(u_1)B^{i_2}(u_2)B^{i_3}(u_3)|\Omega\rangle$ 关于 $v = e_{i_1} \otimes e_{i_2} \otimes e_{i_3} \otimes e_1 \otimes e_1 \otimes e_1$ 的特征路线图

则对于 ψ_j 通过 N_1 个特征拐点的 N_1 个拐点路线图值为 $\left(\dfrac{\omega}{\epsilon}\right)^{N_1}\left[1+O(\omega)+O(\epsilon)+O\left(\dfrac{\omega}{\epsilon}\right)\right]$, 其余路线图值都比它小 ϵ_0 倍, 对其他 $j' \neq j$ 的 $\psi_{j'}$ 总有一条路线不属于这个路线图, 因此其路线图值为 $\left(\dfrac{\omega}{\epsilon}\right)^{N_1} \times \left[O(\omega)+O(\epsilon)+O\left(\dfrac{\omega}{\epsilon}\right)\right]$, 由此, 假设 ψ_j 之间有线性关系

$$\chi_1\psi_1 + \chi_2\psi_2 + \cdots + \chi_l\psi_l = 0,$$

则令绝对值最大的 $\chi_j = 1$. 这样在设定下方入口的指标为 v_j 时就会有

$$\chi_j\left(\frac{\omega}{\epsilon}\right)^{N_1}[1+O(\omega)+\cdots] + \sum_{j'\neq j}\chi_{j'}\left(\frac{\omega}{\epsilon}\right)^{N_1}[O(\omega)+\cdots] = 0,$$

从而导出矛盾.

习题 2 为什么式 (11.5.44) 要设定 $v_i \neq 0$, 即 $|u_{kj}| > 0$?

解 设定 $|u_{kj}| > 0$ 是因为① $B^i(0)$ 是一个零算子. ② 在我们的论述中, 当 $u_{kj} = 0$ 时, 式 (11.5.48) 不成立, 因而至少有两张路线图, 它们都是 N_1 个拐点, 而且拐点的谱的绝对值均为 $|\epsilon|$. 它们在对路线图值求和时会抵消, 使式 (11.5.53) 论证不成立. 我们可以取 $N = 1$ 画出 $B^2(0)|\Omega\rangle \cdot e_2$ 的原图, 直接看到两张非零之后的路线图相消得到零的过程.

习题 3 证明对于 ψ_j 的 v_j 分量的特征路线图, 也即总共只有 N_1 个拐点, 所有 N_1 个拐点都是特征拐点, 即该点 $\delta u = 0$ 的图是存在而且唯一的.

解 构造特征路线图.

(1) 对 $k = 1, \cdots, N_1$, 画出 i_k 指标线 ($i_k > 1$), 即从下方 $z_{(j-1)N_1+k}$ 谱线入口向上, 直到 $B^{i_k}(u_{kj})$ 的向左的出射线, 拐向左出口.

(2) 从 $B^{i_k}(u_{kj})$ 的入射线 (指标为 1) 入口, 向右直到 K 矩阵, 再经 K 矩阵向左沿 B^{i_k} 的出射线走, 到达 $z_{(j-1)N_1+k}$ 的谱线, 也就是刚才的拐点, 拐向上并从上方 $|\Omega\rangle$ 的出口处出口. 这样, 我们就画出了构形图的所有横线.

(3) 余下的 $N - N_1$ 条指标线 (指标为 1) 是从下方到上方的谱线, 我们全取成直穿的走法. 这就得到一个只有 N_1 个拐点的路线图. 关于唯一性, 首先, 图的 N_1 个特征拐点是唯一确定的, 然后作图中每一条指标线的走法按特征路线图的定义都是别无它选的, 因而特征路线图是唯一的.

参 考 文 献

李政道. 2006. 统计力学. 上海：上海科学技术出版社.

王竹溪, 郭敦仁. 2010. 特殊函数概论. 北京：北京大学出版社.

Baxter R J. 1982. Exactly Solved Models in Statistics Mechanics. New York: Academic Press.

Behrend R E, Pearce P A, O'Brien D L. 1996. Interaction-round-a-face models with fixed boundary conditions: The ABF fusion hierarchy. J. Stat. Phys., 84:1.

Belavin A A. 1981. Dynamical symmetry of integrable quantum-systems. Nucl. Phys. B, 180:189.

Bethe H A. 1931. Eigenwerte und eigenfunktionen atomkette. Z. Phys., 71: 205–226.

Cao J, Lin H Q, Shi K, et al. 2003. Exact solutions and elementary excitations in the XXZ spin chain with unparallel boundary fields. Nucl. Phys. B, 663:487.

Cao J, Yang W, Shi K, et al. 2013. Off-diagonal Bethe ansatz solution of the XXX spin-chain with arbitrary boundary conditions. Nucl. Phys. B, 875(1): 152–165.

Cherednik I V. 1984. Factorizing particles on a half line and root systems. Thero. Math. Phys., 61:977.

de Vega H J, Gonzalez-Ruiz A. 1994. Exact solution of the $SU_q(n)$ invariant quantum spin chains. Nucl. Phys. B, 417:553.

Fan H, Hou B Y, Shi K J, et al. 1996. Algebraic Bethe ansatz for eight vertex model with general open-boundary conditions. Nucl. Phys. B, 478(3):723–757.

Fan H, Hou B, Li G, et al. 1998. A new solution to the reflection equation for the Z(n) symmetric Belavin model. Phys. Lett. A, 250(11): 79–87.

Fan H, Hou B Y, Shi K J, et al. 1999. Algebraic Bethe ansatz for the supersymmetric t-J model with reflecting boundary conditions. Nucl. Phys. B, 541(1-2): 483–505.

Hou B Y, Wei H. 1987. Algebras connected with the Z_n elliptic soultion of the Yang-Baxter equation. J. Math. Phys., 30:2750.

Hou B Y, Hou B Y, Ma Z Q. 1990. Clebsch-Gordon coefficients,Racah coefficients and braiding fusion of quantum $sl(2)$ enveloping algebra (I). (II). Commun. Thero. Phys, 13:181-198, 341-354.

Hou B Y, Yan M L, Zhou Y K. 1988. Exact solutions of belavins $Z_n \times Z_n$ symmetric model. J. Phys. A, 21:1929.

Hou B Y, Yue R H. 1993. General solution of the reflection equation for eight-vertex model. Phys. Lett. A, 183(2-3): 169–174.

Hou B Y, Shi K J, Fan H, et al. 1995. Solution of reflection equation*. Commun. Thero. Phys., 23(2): 163.

Inami T, Konno H. 1994. Integrable XYZ spin chain with boundaries. J. Phys. A, 27:L913.

Jimbo M, Miwa T, Okado M. 1988. Local state probabilities of solvable lattice models- an $A_{n-1}^{(1)}$ family. Nucl. Phys. B, 300:[FS22]74.

Kirillov A N, Reshetikhin N Y. 1986. Exact solution of the Heisenberg XXZ model of spins. J. Sov. Math., 35:2627.

Kulish P P, Reshetikhin N Y, Sklyanin E K. 1981. Yang -Baterequation and representation theory. I.Lett.Math. Phys., 5:393.

Li G L, Yue R H, Hou B Y. 2000. Nested Bethe ansatz for Perk-Schultz model with open boundary conditions. Nucl. Phys. B, 586:711.

Li G L, Shi K J, Yue R H. 2003. The algebraic Bethe ansatz for the Izergin-Korepin model with open boundary conditions. Nucl. Phys. B, 670:401.

Ma Z Q, Hou B Y, Hou B Y. 1992. XXZ model and the structure of symmetric algebra. Chin. Phys., 12:325.

Munford D. 1983. Tata Lectures on Theta. Boston: Birkhäuser.

Onsager L. 1944. Crystal statistics I. A two-dimension model with an order-disorder transition. Phys. Rev., 65:117.

Quano Y H. 1993. Spontaneous polarization of the Zn Baxter model. Mod. Phys. Lett. A, 8(35): 3363–3375.

Richey M P, Tracy C A. 1986. Zn Baxter model - symmetries and the Belavin parametrization. J. Stat. Phys., 42:311.

Sklyanin E K. 1988. Boundaryconditions for the integrable quantum systems. J. Phys. A, 42:311.

Wang Y, Yang W L, Gao J, et al. 2015. Off-Diagonal Bethe Ansatz for Exactly Solvable Models. Berlin: Springer-Verleg.

Yang C N, Yang C P. 1966. One-dimensional chain of an isotropic spin-spin interactions I. Proof of Bethe hypothesis for ground state in a finite system. Phys. Rev., 150:321.

Yang C N. 1967. Some exact results for the many -body problem in one dimensional with repulsive delta-function interaction. Phys. Rev. Lett., 19:1312.

Yang W L, Sasaki R. 2004. Exact solution of Z_n Belavin model with open boundary condition. Nucl. Phys. B, 679:495.

Yang W L, Zhang Y Z, Gould M. 2004. Exact solution of the XZ Gaudin model with generic open boundaries. Nucl. Phys. B, 698:503.

Yang W L, Zhang Y Z. 2006. T-Q relation and exact solution for the XYZ chain with general nondiagonal boundary terms. Nucl. Phys. B, 744:312.

Yue R H, Fan H, Hou B Y. 1996. Exatt diagonalization of the quantum supersymmetric $SU_q(n|m)$ model. Nucl. Phys. B, 462:167.

Zhou Y K. 1996. Row transfer matrix functional relatins for Baxter's eight-vertex and six-vertex models with open boundaries via more general reflection matrices. Nucl. Phys. B, 458:[FS]504.

附录　一些公式的推导

在第 11 章我们给出了 $A(\ \ |u)B^i(\ \ |v)$ 和 $D_i^j(\ \ |u)B^k(\ \ |v)$ 的交换关系式 (11.2.9), 以及 $A(\ \ |u)A(\ \ |v)$ 的交换关系式 (11.2.8), 但是未作推导, 这里在附录 1~6 我们给出其推导. 我们发现 D 和 B 交换关系中的 w.t 正好给出了一个约化系统. 它与原来的系统很类似, 因此可以用嵌套贝特拟设方法求解.

这些交换关系是通过比较烦琐的计算以后得到的巧合, 这种情况与周期边条件模型的嵌套贝特拟设的情况有所不同, 我们在第 11 章正文论证了 u.t 消除的一般规律, 但是对 w.t 的这种能约化为子系统的性质, 尚未找到更深层的原因, 有待进一步的探讨.

在附录 7, 我们给出公式 (8.2.8) 的推导.

附录 1　带反射边模型代数贝特拟设的补偿项

我们先介绍较简单的例子, 求 $k(a|u)_k^k k(a-\hat{k}+\hat{1}|v)_1^k$ 的交换关系. 在这个例子中我们可以求出 $k(a|u)_k^k$ 的补偿项 $k(a|u)_1^1$ 的系数. 由反射方程式 (11.1.9), 令 $i=k, i^{'''}=k, j=1, j^{'''}=k$, 得到

$$
\begin{aligned}
&k(\ \ |v)_1^k k(\ \ |u)_k^k \overline{R}(a|u+v)_{kk}^{kk}\overline{R}(a|u-v)_{kk}^{kk} && ① \\
&+k(\ \ |v)_1^1 k(\ \ |u)_1^k \overline{R}(a|u+v)_{k1}^{1k}\overline{R}(a|u-v)_{kk}^{kk} && ② \\
&+\sum_{m\neq 1,k} k(\ \ |v)_1^m k(\ \ |u)_m^k \overline{R}(a|u+v)_{km}^{mk}\overline{R}(a|u-v)_{kk}^{kk} && ③ \\
=\ &k(\ \ |u)_k^k k(\ \ |v)_1^k \overline{R}(a|u+v)_{1k}^{1k}\overline{R}(a|u-v)_{k1}^{k1} && ④ \\
&+k(\ \ |u)_1^k k(\ \ |v)_k^k \overline{R}(a|u+v)_{kk}^{kk}\overline{R}(a|u-v)_{k1}^{1k} && ⑤ \\
&+k(\ \ |u)_1^1 k(\ \ |v)_1^k \overline{R}(a|u+v)_{k1}^{1k}\overline{R}(a|u-v)_{k1}^{1k} && ⑥ \\
&+\sum_{m\neq 1,k} k(\ \ |u)_1^m k(\ \ |v)_m^k \overline{R}(a|u+v)_{km}^{mk}\overline{R}(a|u-v)_{k1}^{1k}. && ⑦
\end{aligned}
$$

即 ①+②+③=④+⑤+⑥+⑦, 如图 A.1 所示, 移项得

$$④=①+②+③-⑤-⑦-⑥, \tag{A.1}$$

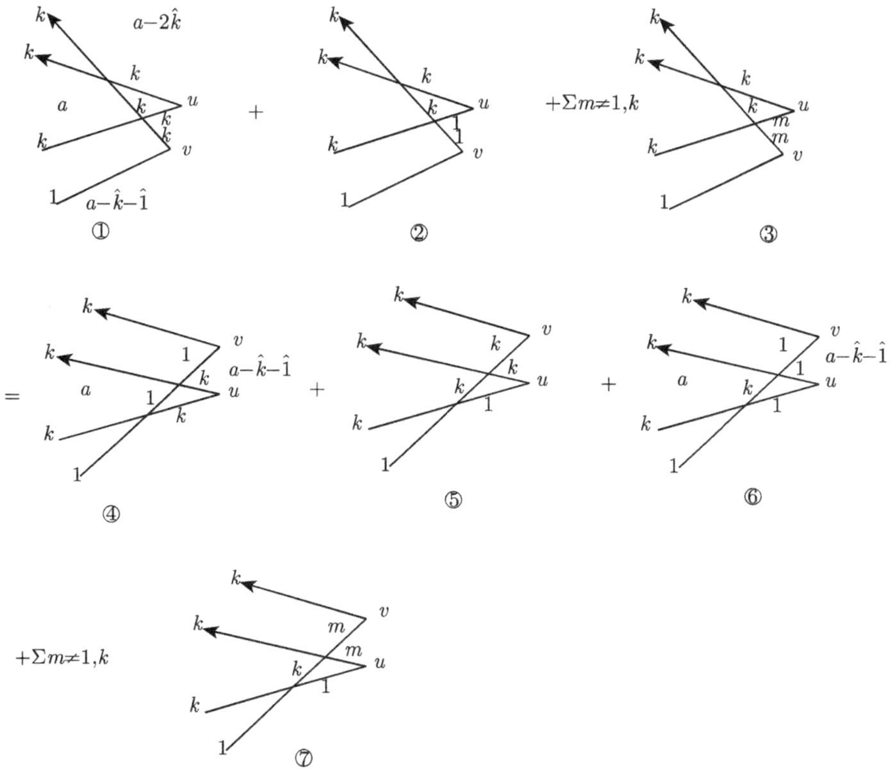

图 A.1　式 (A.1) 的图示推导, 由以下规则求出非零的内线指标: 1. $R^{ii}_{..} \to R^{ii}_{ii}$; 2. $R^{ij}_{..} \to R^{ij}_{ij} + R^{ij}_{ji}$; 3. $R^{i.}_{.i} \to \sum\limits_{m} R^{im}_{mi}$; 4. $R^{i.}_{j.} \to R^{ij}_{ji}$

其中第二个 k 矩阵的面权为 $a-2\hat{k}$, 第一个 k 矩阵的面权与指标有关, $k(\ \ |\ \ )_l^m$ 的面权为 $a-\hat{k}-\hat{1}+\hat{l}-\hat{m}$. 式 (A.1) 可以简记为式 (A.2),

$$\begin{aligned}
&(u)_k^k(v)_1^k(a|u+v)_{1k}^{1k}(a|u-v)_{k1}^{k1}\\
=&(v)_1^k(u)_k^k(a|u+v)_{kk}^{kk}(a|u-v)_{kk}^{kk}\\
&+(v)_1^1(u)_1^k(a|u+v)_{k1}^{1k}(a|u-v)_{kk}^{kk}\\
&+\sum_{m\neq 1,k}(v)_1^m(u)_m^k(a|u+v)_{km}^{mk}(a|u-v)_{kk}^{kk}\\
&-(u)_1^k(v)_k^k(a|u+v)_{kk}^{kk}(a|u-v)_{k1}^{1k}\\
&-\sum_{m\neq 1,k}(u)_1^m(v)_m^k(a|u+v)_{km}^{mk}(a|u-v)_{k1}^{1k}\\
&-(u)_1^1(v)_1^k(a|u+v)_{k1}^{1k}(a|u-v)_{k1}^{1k}.
\end{aligned} \tag{A.2}$$

在式 (A.2) 中有 $(u)_1^1(v)_1^k$ 和 $(v)_1^1(u)_1^k$ 的项, 这种项意味着 $B^i(\ |\ )$ 没有移到最左边,

这是我们不能要的, 应设法改变. 在反射方程式 (11.1.9) 中, 令 $i=1, i^{'''}=k, j=1, j^{'''}=1$, 得到式 (A.3), 如图 A.2 所示.

$$\begin{aligned}&(v)_1^1(u)_1^k(a'|u+v)_{11}^{11}(a'|u-v)_{1k}^{1k}\\=&(u)_1^k(v)_1^1(a'|u+v)_{1k}^{1k}(a'|u-v)_{11}^{11}\\&-(v)_1^k(u)_1^1(a'|u+v)_{1k}^{1k}(a'|u-v)_{k1}^{1k}\\&-(v)_1^k(u)_k^k(a'|u+v)_{1k}^{k1}(a'|u-v)_{1k}^{1k}\\&-\sum_{m\neq 1,k}(v)_1^m(u)_m^k(a'|u+v)_{1m}^{m1}(a'|u-v)_{1k}^{1k},\end{aligned}\tag{A.3}$$

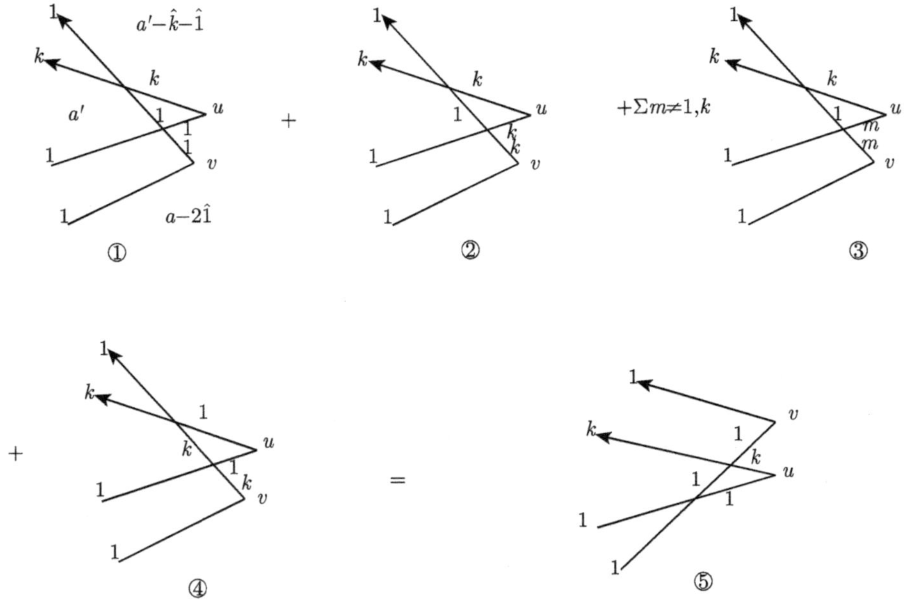

图 A.2　式 (A.3) 的图示法推导

交换 u 和 v 我们得到

$$\begin{aligned}&(u)_1^1(v)_1^k(a'|u+v)_{11}^{11}(a'|v-u)_{1k}^{1k}\\=&(v)_1^k(u)_1^1(a'|u+v)_{1k}^{1k}(a'|v-u)_{11}^{11}\\&-(u)_1^k(v)_1^1(a'|u+v)_{1k}^{1k}(a'|v-u)_{k1}^{1k}\\&-(u)_1^k(v)_k^k(a'|u+v)_{1k}^{k1}(a'|v-u)_{1k}^{1k}\\&-\sum_{m\neq 1,k}(u)_1^m(v)_m^k(a'|u+v)_{1m}^{m1}(a'|v-u)_{1k}^{1k}.\end{aligned}\tag{A.4}$$

在这里, 我们把 R 矩阵的面权写成 a' , 因为它与式 (A.2) 中的 a 不相同, 这是因为在图 A.2 中, 最上面的面权 (即第二个 k 矩阵的面权) 是 $a'-\hat{k}-\hat{1}$, 而不是 $a'-2\hat{k}$, 因此我们将式 (A.3), 式 (A.4) 代入式 (A.2) 时要注意有

$$a'-\hat{k}-\hat{1}=a-2\hat{k},\quad a'=a-\hat{k}+\hat{1}. \tag{A.5}$$

由于有

$$\overline{R}(a'|u-v)_{1k}^{1k}=\frac{\sigma(u-v)}{\sigma(\omega)}\frac{\sigma(a'_{1k}\omega+\omega)}{\sigma(a'_{1k}\omega)}=-\frac{\sigma(v-u)}{\sigma(\omega)}\frac{\sigma(a'_{1k}\omega+\omega)}{\sigma(a'_{1k}\omega)}=-\overline{R}(a'|v-u)_{1k}^{1k},$$

我们可以在式 (A.2) 两边同乘以 $(a'|u+v)_{11}^{11}(a'|v-u)_{1k}^{1k}$, 这样式 (A.2) 右边的 $(u)_1^1(v)_1^k$ 和 $(v)_1^1(u)_1^k$ 都可以表达为以 R 矩阵的整式为系数的交换式, 得到式 (A.6)

$$ⓨ=ⓐ+ⓑ+ⓒ+ⓓ+ⓔ+ⓕ,$$

即

$$\begin{aligned}
&(u)_k^k(v)_1^k(a|u+v)_{1k}^{1k}(a|u-v)_{k1}^{k1}(a'|u+v)_{11}^{11}(a'|v-u)_{1k}^{1k} && ⓨ\\
=&(v)_1^k(u)_k^k[(a|u+v)_{kk}^{kk}(a|u-v)_{kk}^{kk}(a'|u+v)_{11}^{11}(a'|v-u)_{1k}^{1k}+(a|u+v)_{k1}^{1k}\\
&\times(a|u-v)_{kk}^{kk}(a'|u+v)_{1k}^{k1}(a'|u-v)_{1k}^{1k}] && ⓐ\\
&+\sum_{m\neq 1,k}(v)_1^m(u)_m^k[(a|u+v)_{km}^{mk}(a|u-v)_{kk}^{kk}(a'|u+v)_{11}^{11}(a'|v-u)_{1k}^{1k}\\
&+(a|u+v)_{k1}^{1k}(a|u-v)_{kk}^{kk}(a'|u+v)_{1m}^{m1}(a'|u-v)_{1k}^{1k}] && ⓑ\\
&+(u)_1^k(v)_k^k[-(a|u+v)_{kk}^{kk}(a|u-v)_{k1}^{1k}(a'|u+v)_{11}^{11}(a'|v-u)_{1k}^{1k}+(a|u+v)_{k1}^{1k}\\
&\times(a|u-v)_{k1}^{1k}(a'|u+v)_{1k}^{k1}(a'|v-u)_{1k}^{1k}] && ⓒ\\
&+\sum_{m\neq 1,k}(u)_1^m(v)_m^k[-(a|u+v)_{km}^{mk}(a|u-v)_{k1}^{1k}(a'|u+v)_{11}^{11}(a'|v-u)_{1k}^{1k}\\
&+(a|u+v)_{k1}^{1k}(a|u-v)_{k1}^{1k}(a'|u+v)_{1m}^{m1}(a'|v-u)_{1k}^{1k}] && ⓓ\\
&+(v)_1^k(u)_1^1[(a|u+v)_{k1}^{1k}(a|u-v)_{kk}^{kk}(a'|u+v)_{1k}^{1k}(a'|u-v)_{k1}^{1k}\\
&-(a|u+v)_{k1}^{1k}(a|u-v)_{k1}^{1k}(a'|u+v)_{1k}^{1k}(a'|v-u)_{11}^{11}] && ⓔ\\
&+(u)_1^k(v)_1^1[-(a|u+v)_{k1}^{1k}(a|u-v)_{kk}^{kk}(a'|u+v)_{1k}^{1k}(a'|u-v)_{11}^{11}\\
&+(a|u+v)_{k1}^{1k}(a|u-v)_{k1}^{1k}(a'|u+v)_{1k}^{1k}(a'|v-u)_{k1}^{1k}]. && ⓕ
\end{aligned} \tag{A.6}$$

我们可以用加法定理将一些系数求出来, 加法定理叙述如下：定义

$$\begin{aligned}f_1&=\sigma(u'+x')\sigma(u'-x')\sigma(v'+y')\sigma(v'-y'),\\f_2&=\sigma(u'+y')\sigma(u'-y')\sigma(v'+x')\sigma(v'-x'),\\f_3&=\sigma(u'+v')\sigma(u'-v')\sigma(x'+y')\sigma(x'-y').\end{aligned}$$

则有

$$f_1-f_2=f_3 \quad \text{或} \quad f_1-f_3=f_2.$$

为了求得 $k(a|u)_k^k$ 的补偿项 $xk(a|u)_1^1$ 的系数 $x(u)$, 只须求得 ⓐ 的系数 (a), ⓔ 的系数 (e). 由 $a'-\hat{k}-\hat{1}=a-2\hat{k}$, $a'=a-\hat{k}+\hat{1}$, 可得

ⓐ 项的系数为

$$\begin{aligned}(\mathrm{a})=&(a'|v-u)_{1k}^{1k}(a|u-v)_{kk}^{kk}\left\{(a|u+v)_{kk}^{kk}(a'|u+v)_{11}^{11}-(a|u+v)_{k1}^{1k}(a'|u+v)_{1k}^{k1}\right\}\\=&\cdots\left\{\frac{\sigma(u+v+\omega)}{\sigma(\omega)}\frac{\sigma(u+v+\omega)}{\sigma(\omega)}-\frac{\sigma(u+v+a_{k1}\omega)}{\sigma(a_{k1}\omega)}\frac{\sigma(u+v+a_{1k}\omega+2\omega)}{\sigma(a_{1k}\omega+2\omega)}\right\}\\=&\cdots\frac{1}{\sigma(\omega)\sigma(\omega)\sigma(a_{k1}\omega)\sigma(a_{1k}\omega+2\omega)}\\&\times\{\sigma(u+v+\omega)\sigma(u+v+\omega)\sigma(a_{k1}\omega)\sigma(a_{1k}\omega+2\omega)\\&-\sigma(u+v+a_{k1}\omega)\sigma(u+v+a_{1k}\omega+2\omega)\sigma(\omega)\sigma(\omega)\}\\=&\cdots\{\sigma(u'+x')\sigma(u'-x')\sigma(v'-y')\sigma(v'+y')\\&-\sigma(u'-y')\sigma(u'+y')\sigma(v'+x')\sigma(v'-x')\}\\=&-\frac{\sigma(u+v+2\omega)\sigma(u+v)\sigma(a_{1k}\omega+\omega)\sigma(a_{1k}\omega+\omega)}{\sigma(\omega)\sigma(\omega)\sigma(a_{k1}\omega)\sigma(a_{1k}\omega+2\omega)}\frac{\sigma(u-v+\omega)}{\sigma(\omega)}(a'|v-u)_{1k}^{1k}\\=&\frac{\sigma(u+v+2\omega)\sigma(a_{1k}\omega+\omega)\sigma(u-v+\omega)}{\sigma(\omega)\sigma(a_{1k}\omega+2\omega)\sigma(\omega)}(a'|v-u)_{1k}^{1k}(a|u+v)_{1k}^{1k},\end{aligned}$$

这里 $u'=u+v+\omega,\ v'=\omega,\ x'=0,\ y'=a_{1k}\omega+\omega$ 且注意 $\sigma(-x)=\sigma(x)$.

ⓔ 的系数为

$$\begin{aligned}(\mathrm{e})=&(a|u+v)_{k1}^{1k}(a'|u+v)_{1k}^{1k}\left\{(a|u-v)_{kk}^{kk}(a'|u-v)_{k1}^{1k}-(a|u-v)_{k1}^{1k}(a'|v-u)_{11}^{11}\right\}\\=&\cdots\left\{\frac{\sigma(u-v+\omega)}{\sigma(\omega)}\frac{\sigma(u-v+a_{k1}\omega-2\omega)}{\sigma(a_{k1}\omega-2\omega)}-\frac{\sigma(u-v+a_{k1}\omega)}{\sigma(a_{k1}\omega)}\frac{\sigma(v-u+\omega)}{\sigma(\omega)}\right\}\\=&\cdots\frac{1}{\sigma(\omega)\sigma(\omega)\sigma(a_{k1}\omega)\sigma(a_{k1}\omega-2\omega)}\\&\times\{\sigma(u-v+\omega)\sigma(u-v+a_{k1}\omega-2\omega)\sigma(a_{k1}\omega)\sigma(\omega)\end{aligned}$$

$$
\begin{aligned}
&-\sigma(u-v+a_{k1}\omega)\sigma(v-u+\omega)\sigma(a_{k1}\omega-2\omega)\sigma(\omega)\} \\
=&\cdots\{\sigma(u'+x')\sigma(v'+y')\sigma(v'-y')\sigma(u'-x') \\
&-\sigma(u'+v')\sigma(-(x'+y'))\sigma(-(u'-v'))\sigma(x'-y')\} \\
=&\frac{\sigma(u-v)\sigma(2\omega)\sigma(u-v+a_{k1}\omega-\omega)\sigma(a_{k1}\omega-\omega)}{\sigma(\omega)\sigma(\omega)\sigma(a_{k1}\omega-2\omega)\sigma(a_{k1}\omega)}(a|u+v)_{k1}^{1k}(a'|u+v)_{1k}^{1k}.
\end{aligned}
$$

这里 $u'=\dfrac{u-v}{2}+\omega$, $v'=\dfrac{u-v}{2}+a_{k1}\omega-\omega$, $x'=\dfrac{u-v}{2}$, $y'=\dfrac{u-v}{2}-\omega$.

我们看式 (A.6), 左边是 $(u)_k^k(v)_1^k$, 右边有两类, 一类是 $(v)_1^l(u)_l^s$ 称为 w.t, 另一类是 $(u)_1^l(v)_l^s$, 称为 u.t. 对于 w.t, 除了 $(v)_1^k(u)_k^k$(ⓐ 项),$(v)_1^m(u)_m^k$(ⓑ 项) 之外还有 $(v)_1^k(u)_1^1$(ⓔ 项), 这样, 在代数贝特拟设的计算中就不能分离 $(u)_1^1$ 与其余 $(u)_l^k(l,k>1)$ 的项, 无法达到从 n 阶降到 $n-1$ 阶的目的, 所以按 Sklyanin(1988) 的方案, 将 $(u)_k^k$ 补偿项变为

$$
(\tilde{u})_l^k\equiv(u)_l^k+x(u)(u)_1^1\delta_l^k,
$$

使 $(\tilde{u})_l^k$ 与 $(v)_1^s(l,k,s>1)$ 的交换式中的 w.t 不再出现 $(u)_1^1$. 为此我们把式 (A.6) 中的左边改为

$$
\left[(u)_k^k+x(u)(u)_1^1\right](v)_1^k(a|u+v)_{1k}^{1k}(a|u-v)_{k1}^{k1}(a'|u+v)_{11}^{11}(a'|v-u)_{1k}^{1k},
$$

这样一来式 (A.2) 中的右边最后一项就应改为

$$
(u)_1^1(v)_1^k\left[x(u)(a|u+v)_{1k}^{1k}(a|u-v)_{k1}^{1k}-(a|u+v)_{k1}^{1k}(a|u-v)_{k1}^{1k}\right],
$$

从而式 (A.6) 的右边就须在 ⓒ,ⓓ,ⓔ,ⓕ 项中相应地增添与 $x(u)$ 成正比的项.

ⓔ 项的系数 (e) 改为

$$
\begin{aligned}
(\mathrm{e})'=&(\mathrm{e})+x(a|u+v)_{1k}^{1k}(a|u-v)_{k1}^{k1}(a'|u+v)_{1k}^{1k}(a'|v-u)_{11}^{11} \\
\equiv&(\mathrm{e})+x\beta.
\end{aligned}
$$

这项就成了 ⓔ$'$ 项:

$$
ⓔ'=(v)_1^k(u)_1^1\times(\mathrm{e})'.
$$

新的 ⓔ$'$ 项与 ⓐ 项合在一起应该构成正比于

$$
(v)_1^k(\tilde{u})_k^k=k(a-2\hat{k}|v)_1^k\left[k(a-2\hat{k}|u)_k^k+x'(u)k(a-2\hat{k}|u)_1^1\right]
$$

的项, 也就是

$$
(\mathrm{e})'=(\mathrm{e})+x\beta=x'\cdot(\mathrm{a}), \tag{A.7}
$$

其中, $x'(u)$ 是作为第二项 $(\tilde{u})_k^k$ 构成中所需要的 $(u)_1^1$ 的系数. 注意, 这个 $(\tilde{u})_k^k$ 与作为第一项的 $(\tilde{u})_k^k$ 的面权不同, 因而 $x(u) \neq x'(u)$ ($x'(u)$ 对应的面权为 $a-2\hat{k}$, $x(u)$ 对应的面权为 $a-\hat{k}-\hat{1}$, 具体地写出, 式 (A.6) 修改后的左边为

$$[k(a-\hat{k}-\hat{1}|u)_k^k + x(u)k(a-\hat{k}-\hat{1}|u)_1^1]k(a-2\hat{k}|v)_1^k \times \cdots$$

而右边为

$$\text{ⓔ}' + \text{ⓐ} = k(a-2\hat{k}|v)_1^k[k(a-2\hat{k}|u)_k^k + x'(u)k(a-2\hat{k}|u)_1^1] \times \cdots$$

因此我们有式 (A.7)).

由式 (A.7)

$$(a)\cdot x' = (e) + \beta x,$$

以及

$$\begin{aligned}
\beta &= (a|u+v)_{1k}^{1k}(a|u-v)_{k1}^{k1}(a'|u+v)_{1k}^{1k}(a'|v-u)_{11}^{11},\\
(\mathrm{a}) &= \frac{\sigma(u+v+2\omega)}{\sigma(\omega)}\frac{\sigma(a_{1k}\omega+\omega)}{\sigma(a_{1k}\omega+2\omega)}\frac{\sigma(u-v+\omega)}{\sigma(\omega)}(a'|v-u)_{1k}^{1k}(a|u+v)_{1k}^{1k}\\
&= \frac{\sigma(u+v+2\omega)}{\sigma(\omega)}\frac{\sigma(a_{1k}\omega+\omega)}{\sigma(a_{1k}\omega+2\omega)}\frac{\sigma(u-v+\omega)}{\sigma(\omega)}(a|v-u)_{1k}^{1k}(a'|u+v)_{1k}^{1k},\\
(\mathrm{e}) &= \frac{\sigma(2\omega)}{\sigma(\omega)}\frac{\sigma(u-v+a_{k1}\omega-\omega)}{\sigma(a_{k1}\omega-2\omega)}(a|u-v)_{1k}^{1k}(a|u+v)_{k1}^{1k}(a'|u+v)_{1k}^{1k},
\end{aligned}$$

约去公因子 $(a'|u+v|)_{1k}^{1k}\dfrac{\sigma(u-v)}{\sigma(w)}$, 定义

$$\begin{aligned}
\beta_0 &= (a|u+v)_{1k}^{1k}\frac{\sigma(a_{k1}\omega+\omega)}{\sigma(a_{k1}\omega)}\frac{\sigma(v-u+\omega)}{\sigma(\omega)},\\
a_0 &= -\frac{\sigma(u+v+2\omega)\sigma(a_{1k}\omega+\omega)\sigma(u-v+\omega)\sigma(a_{1k}\omega+\omega)}{\sigma(\omega)\sigma(a_{1k}\omega+2\omega)\sigma(\omega)\sigma(a_{1k}\omega)},\\
e_0 &= \frac{\sigma(2\omega)}{\sigma(\omega)}\frac{\sigma(u-v+a_{k1}\omega-\omega)}{\sigma(a_{k1}\omega-2\omega)}\frac{\sigma(a_{1k}\omega+\omega)}{\sigma(a_{1k}\omega)}\frac{\sigma(u+v+a_{k1}\omega)}{\sigma(a_{k1}\omega)},
\end{aligned}$$

得到

$$a_0 x' = e_0 + \beta_0 x.$$

令 $v = u-\omega, \beta_0 = 0$, 有

$$\begin{aligned}
&a_0 x' = e_0\\
&\Rightarrow x' = \frac{e_0}{a_0} = \frac{\dfrac{\sigma(2\omega)}{\sigma(\omega)}\dfrac{\sigma(a_{k1}\omega)}{\sigma(a_{k1}\omega-2\omega)}\dfrac{\sigma(a_{1k}\omega+\omega)}{\sigma(a_{1k}\omega)}\dfrac{\sigma(2u+a_{k1}\omega-\omega)}{\sigma(a_{k1}\omega)}}{-\dfrac{\sigma(2u+\omega)\sigma(a_{1k}\omega+\omega)\sigma(2\omega)\sigma(a_{1k}\omega+\omega)}{\sigma(\omega)\sigma(a_{1k}\omega+2\omega)\sigma(\omega)\sigma(a_{1k}\omega)}}
\end{aligned}$$

$$\Rightarrow x' = \frac{\sigma(2u+a_{k1}\omega-\omega)\sigma(\omega)}{\sigma(2u+\omega)\sigma(a_{1k}\omega+\omega)} = -\frac{\sigma(2u+a_{k1}\omega-\omega)\sigma(\omega)}{\sigma(a_{k1}\omega-\omega)\sigma(2u+\omega)}$$
$$= -\overline{R}(a-2\hat{k}-\hat{1}|2u)_{k1}^{1k}\frac{\sigma(\omega)}{\sigma(2u+\omega)} = -R(a-2\hat{k}-\hat{1}|2u)_{k1}^{1k}.$$

令 $v=u+\omega, a_0=0$, 有

$$e_0+\beta_0 x=0$$
$$\Rightarrow x=-\frac{e_0}{\beta_0}=-\frac{\dfrac{\sigma(2\omega)}{\sigma(\omega)}\dfrac{\sigma(a_{k1}\omega-2\omega)}{\sigma(a_{k1}\omega-2\omega)}\dfrac{\sigma(a_{1k}\omega+\omega)}{\sigma(a_{1k}\omega)}\dfrac{\sigma(2u+\omega+a_{k1}\omega)}{\sigma(a_{k1}\omega)}}{\dfrac{\sigma(2u+\omega)\sigma(a_{1k}\omega+\omega)\sigma(a_{k1}\omega+\omega)\sigma(2\omega)}{\sigma(\omega)\sigma(a_{1k}\omega)\sigma(a_{k1}\omega)\sigma(\omega)}}$$
$$\Rightarrow x=-\frac{\sigma(2u+a_{k1}\omega+\omega)\sigma(\omega)}{\sigma(2u+\omega)\sigma(a_{k1}\omega+\omega)} = -\overline{R}(a-\hat{k}-\hat{1}-\hat{1}|2u)_{k1}^{1k}\frac{\sigma(\omega)}{\sigma(2u+\omega)}$$
$$= -R(a-\hat{k}-2\hat{1}|2u)_{k1}^{1k}. \tag{A.8}$$

我们计算 a_0x' 与 $e_0+\beta_0 x$, 看它们是否对一切 v 都相等, 得到

$$e_0+\beta_0 x = \frac{\sigma(2\omega)\sigma(u-v+a_{k1}\omega-\omega)\sigma(a_{1k}\omega+\omega)\sigma(u+v+a_{k1}\omega)}{\sigma(\omega)\sigma(a_{k1}\omega-2\omega)\sigma(a_{1k}\omega)\sigma(a_{k1}\omega)}$$
$$-\frac{\sigma(u+v)\sigma(a_{1k}\omega+\omega)\sigma(a_{k1}\omega+\omega)\sigma(v-u+\omega)\sigma(2u+a_{k1}\omega+\omega)\sigma(\omega)}{\sigma(\omega)\sigma(a_{1k}\omega)\sigma(a_{k1}\omega)\sigma(\omega)\sigma(2u+\omega)\sigma(a_{k1}\omega+\omega)}$$
$$=\frac{\sigma(a_{1k}\omega+\omega)}{\sigma(\omega)\sigma(a_{1k}\omega)\sigma(a_{k1}\omega)\sigma(a_{k1}\omega-2\omega)\sigma(2u+\omega)}$$
$$\times\{\sigma(2\omega)\sigma(u-v+a_{k1}\omega-\omega)\sigma(u+v+a_{k1}\omega)\sigma(2u+\omega)$$
$$-\sigma(u+v)\sigma(v-u+\omega)\sigma(2u+a_{k1}\omega+\omega)\sigma(a_{k1}\omega-2\omega)\}$$
$$=\cdots\{\sigma(u'-x')\sigma(v'-y')\sigma(u'+x')\sigma(v'+y')$$
$$-\sigma(x'+y')\sigma(u'-v')\sigma(u'+v')\sigma(x'-y')\}$$
$$=\frac{\sigma(u+v+2\omega)\sigma(a_{k1}\omega)\sigma(2u+a_{k1}\omega-\omega)\sigma(u-v+\omega)}{\sigma(\omega)\sigma(a_{1k}\omega)\sigma(a_{k1}\omega)\sigma(a_{k1}\omega-2\omega)\sigma(2u+\omega)}\sigma(a_{1k}\omega+\omega),$$
$$a_0x'=\frac{-\sigma(u+v+2\omega)\sigma(a_{1k}\omega+\omega)\sigma(u-v+\omega)\sigma(a_{1k}\omega+\omega)}{\sigma(\omega)\sigma(a_{1k}\omega+2\omega)\sigma(\omega)\sigma(a_{1k}\omega)}\frac{\sigma(2u+a_{k1}\omega-\omega)\sigma(\omega)}{\sigma(2u+\omega)\sigma(a_{1k}\omega+\omega)},$$

两者相等, 这里 $u'=\dfrac{u+v+a_{k1}\omega}{2}+\omega,\ v'=\dfrac{3u-v+a_{k1}\omega}{2},\ x'=\dfrac{u+v+a_{k1}\omega}{2}-\omega,$ $y'=\dfrac{u+v-a_{k1}\omega}{2}+\omega$. 由此我们得到 $k(a|u)_k^k$ 的补偿项为

$$-R(a-\hat{1}|2u)_{k1}^{1k}k(a|u)_1^1. \tag{A.9}$$

附录 2　$D_k^k(\quad|u)B^l(\quad|v)$ 的交换关系 $(k \neq l)$

由反射方程式 (11.1.9), 令 $j=1, j'''=l, i=i'''=k, k\neq l, k, l>1$, (图 A.3) 我们得到式 (A.10)

$$
\begin{aligned}
\textcircled{8} &= \textcircled{1}+\textcircled{2}+\textcircled{3}+\textcircled{4}-\textcircled{5}-\textcircled{6}-\textcircled{7} \\
&= \textcircled{1}+\textcircled{3}+\textcircled{4}+\textcircled{2}-\textcircled{6}-\textcircled{7}-\textcircled{5}
\end{aligned} \tag{A.10}
$$

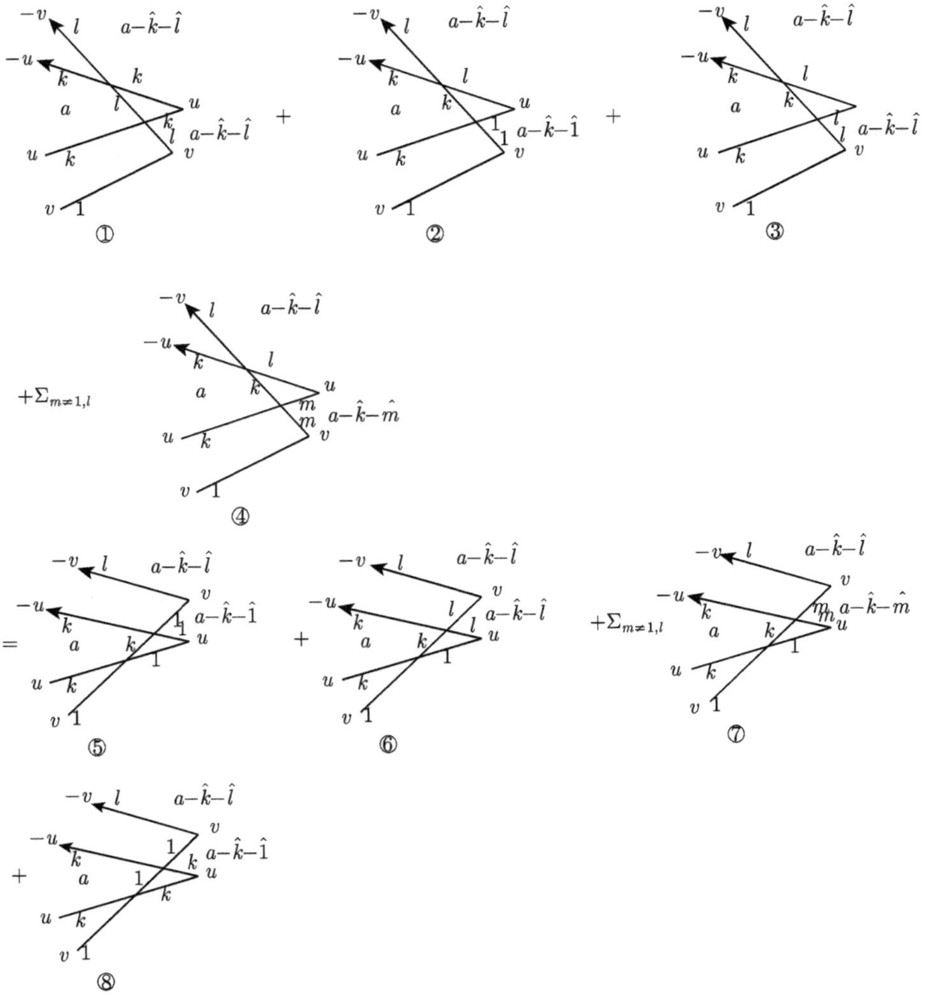

图 A.3　式 (A.10) 推导

其中, ② $\sim k(\quad|v)^1_1 k(\quad|u)^l_1$, ⑤ $\sim k(\quad|u)^1_1 k(\quad|v)^l_1$, 需要用式 (A.3) 和式 (A.4) 变换为 $k(\quad|\quad)^k_1\times\cdots$ 或 $k(\quad|\quad)^l_1\times\cdots$ 的形式. 在图 A.3 中, 起始面权 (每幅小图最上面的面权) 都是 $a-\hat{k}-\hat{l}$, 后继面权 (每幅小图最下面的面权) 都是 $a-\hat{k}-\hat{1}$, 而 R 矩阵的面权都是 a, 所以对于

$$k(\quad|u)^j_i k(\quad|v)^t_s$$

来说, 面权是

$$k(a-\hat{k}-\hat{1}+\hat{i}-\hat{j}|u)^j_i k(a-\hat{k}-\hat{l}|v)^t_s,$$

这是完全确定的, 因而我们写公式时可以略去 k 矩阵的面权, 并且略去 R 矩阵的 $\overline{R}$ 符号, 将式 (A.10) 写成

$$\begin{aligned}
&(u)^k_k(v)^l_1(a|u+v)^{1k}_{1k}(a|u-v)^{k1}_{k1} && ⑧\\
=\,&(v)^l_1(u)^k_k(a|u+v)^{kl}_{kl}(a|u-v)^{lk}_{lk} && ①\\
&+(v)^l_1(u)^l_l(a|u+v)^{lk}_{kl}(a|u-v)^{lk}_{kl} && ③\\
&+\sum_{m\neq 1,l}(v)^m_1(u)^l_m(a|u+v)^{mk}_{km}(a|u-v)^{lk}_{kl} && ④\\
&+(v)^1_1(u)^l_1(a|u+v)^{1k}_{k1}(a|u-v)^{lk}_{kl} && ②\\
&-(u)^l_1(v)^l_l(a|u+v)^{lk}_{kl}(a|u-v)^{1k}_{k1} && ⑥\\
&-\sum_{m\neq 1,l}(u)^m_1(v)^l_m(a|u+v)^{mk}_{km}(a|u-v)^{1k}_{k1} && ⑦\\
&-(u)^1_1(v)^l_1(a|u+v)^{1k}_{k1}(a|u-v)^{1k}_{k1}. && ⑤
\end{aligned}\tag{A.11}$$

式中的 R 矩阵与前 10 章同样规定, 我们写成 $\overline{R}$,

$$\overline{R}(u)=R(u)\times\frac{\sigma(u+\omega)}{\sigma(\omega)}.$$

我们需要把左边的 $(u)^k_k+x\cdot(u)^1_1$ 合成 d^k_k, 右边多出来的 $x(u)^1_1$ 与右边最后一项合并, 其中 x 由式 (A.9) 确定. 由于

$$\begin{aligned}
&k(a-\hat{k}-\hat{1}|u)^k_k-k(a-\hat{k}-\hat{1}|u)^1_1 R(a-\hat{k}-\hat{1}-\hat{1}|2u)^{1k}_{k1}\\
=\,&d^k_k(a-\hat{k}-\hat{1}|u)\sim D^k_k(a-\hat{k}-\hat{1}|u)\\
=\,&k(a-\hat{k}-1|u)^k_k-k(a-\hat{k}-1|u)^1_1\frac{\sigma(2u+a_{k1}\omega+\omega)\sigma(\omega)}{\sigma(a_{k1}\omega+\omega)\sigma(2u+\omega)},
\end{aligned}$$

我们要计算系数

$$
\begin{aligned}
-\theta \equiv & -\overline{R}(a|u+v)_{1k}^{1k}\overline{R}(a|u-v)_{k1}^{k1}\frac{\sigma(2u+a_{k1}\omega+\omega)\sigma(\omega)}{\sigma(a_{k1}\omega+\omega)\sigma(2u+\omega)} \\
& -\overline{R}(a|u+v)_{k1}^{1k}\overline{R}(a|u-v)_{k1}^{1k} \\
= & -\frac{\sigma(u+v)\sigma(a_{1k}\omega+\omega)\sigma(u-v)\sigma(a_{k1}\omega+\omega)}{\sigma(\omega)\sigma(a_{1k}\omega)\sigma(\omega)\sigma(a_{k1}\omega)}\frac{\sigma(2u+a_{k1}\omega+\omega)\sigma(\omega)}{\sigma(a_{k1}\omega+\omega)\sigma(2u+\omega)} \\
& -\frac{\sigma(u+v+a_{k1}\omega)\sigma(u-v+a_{k1}\omega)}{\sigma(a_{k1}\omega)\sigma(a_{k1}\omega)} \\
= & \frac{1}{\sigma(\omega)\sigma(a_{1k}\omega)\sigma(a_{k1}\omega)\sigma(2u+\omega)} \\
& \{-\sigma(u+v)\sigma(a_{1k}\omega+\omega)\sigma(u-v)\sigma(2u+a_{k1}\omega+\omega) \\
& \quad +\sigma(u+v+a_{k1}\omega)\sigma(u-v+a_{k1}\omega)\sigma(\omega)\sigma(2u+\omega)\} \\
& = \cdots\{-\sigma(u'+x')\sigma(v'-y')\sigma(u'-x')\sigma(v'+y') \\
& \qquad +\sigma(x'+y')\sigma(-(x'-y'))\sigma(-(u'-v'))\sigma(u'+v')\} \\
& = -\frac{1}{\sigma(\omega)\sigma(a_{1k}\omega)\sigma(a_{k1}\omega)\sigma(2u+\omega)} \\
& \times\sigma(2u+a_{k1}\omega)\sigma(a_{1k}\omega)\sigma(u+v+\omega)\sigma(u-v+\omega) \\
& = -\frac{\sigma(2u+a_{k1}\omega)\sigma(u+v+\omega)\sigma(u-v+\omega)}{\sigma(\omega)\sigma(a_{k1}\omega)\sigma(2u+\omega)} \\
& = -\frac{\sigma(2u+a_{k1}\omega)\sigma(u-v+\omega)}{\sigma(a_{k1}\omega)\sigma(2u+\omega)}(a'|u+v)_{11}^{11}.
\end{aligned} \tag{A.12}
$$

(在加法定理的运用中, 我们令 $u'=u, x'=v, v'=u+\omega, y'=u+a_{k1}\omega$). 这样式 (A.11) 最后一项系数就相应地改变为 $(5)'=-\theta$, 该项成为 $-(u)_1^1(v)_1^l\theta$, 我们姑且叫改变后的式子为式 (A.11)$'$.

因为式 (A.11)$'$ 中含有 $(u)_1^1(v)_1^l, (v)_1^1(u)_1^l$, 必须找到 $(u)_1^1$ 与 $(v)_1^l$ 的交换关系和 $(v)_1^1(u)_1^l$ 的交换关系, 这就是式 (A.3) 和式 (A.4), 也就是

$$
\begin{aligned}
& (v)_1^1(u)_1^l(a'|u+v)_{11}^{11}(a'|u-v)_{1l}^{1l} \\
= & (u)_1^l(v)_1^1(a'|u+v)_{1l}^{1l}(a'|u-v)_{11}^{11} \\
& -(v)_1^l(u)_1^1(a'|u+v)_{1l}^{1l}(a'|u-v)_{l1}^{1l} \\
& -(v)_1^l(u)_l^l(a'|u+v)_{1l}^{l1}(a'|u-v)_{1l}^{1l} \\
& -\sum_{m\neq 1,l}(v)_1^m(u)_m^l(a'|u+v)_{1m}^{m1}(a'|u-v)_{1l}^{1l},
\end{aligned} \tag{A.13}
$$

及交换 u,v 得到的

$$\begin{aligned}&(u)^1_1(v)^l_1(a'|u+v)^{11}_{11}(a'|v-u)^{1l}_{1l}\\=&(v)^l_1(u)^1_1(a'|u+v)^{1l}_{1l}(a'|v-u)^{11}_{11}\\&-(u)^l_1(v)^1_1(a'|u+v)^{1l}_{1l}(a'|v-u)^{1l}_{l1}\\&-(u)^l_1(v)^l_l(a'|u+v)^{l1}_{1l}(a'|v-u)^{1l}_{1l}\\&-\sum_{m\neq 1,l}(u)^m_1(v)^l_m(a'|u+v)^{m1}_{1m}(a'|v-u)^{1l}_{1l}.\end{aligned}\tag{A.14}$$

其中

$$\begin{aligned}&a'-\hat{l}-\hat{1}=a-\hat{k}-\hat{l},\quad a'=a-\hat{k}+\hat{1},\\&a'_{1m}=a_{1m}+1,\quad a'_{1l}=a_{1l}+1,\quad a'_{1k}=a_{1k}+2.\end{aligned}\tag{A.15}$$

我们写 $d^k_k(\ \ |u)$ 为 $(\tilde{u})$, 代入式 (A.11)$'$, 并将式 (A.13) 和式 (A.14) 代入给出

$$\begin{aligned}&(\tilde{u})^k_k(v)^l_1(a|u+v)^{1k}_{1k}(a|u-v)^{k1}_{k1}(a'|u+v)^{11}_{11}(a'|v-u)^{1l}_{1l} && ⓧ\\=&(v)^l_1(u)^k_k(a|u+v)^{kl}_{kl}(a|u-v)^{lk}_{lk}(a'|u+v)^{11}_{11}(a'|v-u)^{1l}_{1l} && ⓐ(\alpha)\\&+(v)^l_1(u)^l_l[(a|u+v)^{lk}_{kl}(a|u-v)^{lk}_{kl}(a'|u+v)^{11}_{11}(a'|v-u)^{1l}_{1l}\\&+(a|u+v)^{1k}_{k1}(a|u-v)^{lk}_{kl}(a'|u+v)^{l1}_{1l}(a'|u-v)^{1l}_{1l}] && ⓐ\\&+\sum_{m\neq 1,l,k}(v)^m_1(u)^l_m[(a|u+v)^{mk}_{km}(a|u-v)^{lk}_{kl}(a'|u+v)^{11}_{11}(a'|v-u)^{1l}_{1l}\\&+(a|u+v)^{1k}_{k1}(a|u-v)^{lk}_{kl}(a'|u+v)^{m1}_{1m}(a'|u-v)^{1l}_{1l}] && ⓑ\\&+(v)^k_1(u)^l_k[(a|u+v)^{kk}_{kk}(a|u-v)^{lk}_{kl}(a'|u+v)^{11}_{11}(a'|v-u)^{1l}_{1l}\\&+(a|u+v)^{1k}_{k1}(a|u-v)^{lk}_{kl}(a'|u+v)^{k1}_{1k}(a'|u-v)^{1l}_{1l}] && ⓒ\\&-(u)^l_1(v)^l_l[(a|u+v)^{lk}_{kl}(a|u-v)^{1k}_{k1}(a'|u+v)^{11}_{11}(a'|v-u)^{1l}_{1l}\\&-\theta(a'|u+v)^{l1}_{1l}(a'|v-u)^{1l}_{1l}] && ⓓ\\&-\sum_{m\neq 1,l,k}(u)^m_1(v)^l_m[(a|u+v)^{mk}_{km}(a|u-v)^{1k}_{k1}(a'|u+v)^{11}_{11}(a'|v-u)^{1l}_{1l}\\&-\theta(a'|u+v)^{m1}_{1m}(a'|v-u)^{1l}_{1l}] && ⓔ\\&-(u)^k_1(v)^l_k[(a|u+v)^{kk}_{kk}(a|u-v)^{1k}_{k1}(a'|u+v)^{11}_{11}(a'|v-u)^{1l}_{1l}\\&-\theta(a'|u+v)^{k1}_{1k}(a'|v-u)^{1l}_{1l}] && ⓕ\end{aligned}$$

$$
\begin{aligned}
&+(v)_1^l(u)_1^1[-\theta(a'|u+v)_{1l}^{1l}(a'|v-u)_{11}^{11}\\
&+(a|u+v)_{k1}^{1k}(a|u-v)_{kl}^{lk}(a'|u+v)_{1l}^{1l}(a'|u-v)_{l1}^{1l}] \quad ⓖ\\
&+(u)_1^l(v)_1^1[\theta(a'|u+v)_{1l}^{1l}(a'|v-u)_{l1}^{1l}\\
&-(a|u+v)_{k1}^{1k}(a|u-v)_{kl}^{lk}(a'|u+v)_{1l}^{1l}(a'|u-v)_{11}^{11}]. \quad ⓗ
\end{aligned} \tag{A.16}
$$

注意, $\sum_{m\neq 1,l}\cdots=\sum_{m\neq 1,l,k}\cdots+\sum_{m=k}^{k}\cdots$. 我们用加法定理来计算 ⓐ → ⓗ 项的系数 (a) → (h). 现在计算 ⓐ ⓑ ⓒ 项的系数, 它们是

$$
\begin{aligned}
(\mathrm{a})=&(a|u-v)_{kl}^{lk}(a'|v-u)_{1l}^{1l}\times\left[\frac{\sigma(u+v+a_{kl}\omega)\sigma(u+v+\omega)}{\sigma(a_{kl}\omega)\sigma(\omega)}\right.\\
&\left.-\frac{\sigma(u+v+a_{k1}\omega)\sigma(u+v+a_{1l}\omega+\omega)}{\sigma(a_{k1}\omega)\sigma(a_{1l}\omega+\omega)}\right]\\
=&(a|u-v)_{kl}^{lk}(a'|v-u)_{1l}^{1l}\frac{1}{\sigma(a_{kl}\omega)\sigma(\omega)\sigma(a_{k1}\omega)\sigma(a_{1l}\omega+\omega)}\\
&\times\{\sigma(u+v+a_{kl}\omega)\sigma(u+v+\omega)\sigma(a_{k1}\omega)\sigma(a_{1l}\omega+\omega)\\
&-\sigma(u+v+a_{k1}\omega)\sigma(u+v+a_{1l}\omega+\omega)\sigma(a_{kl}\omega)\sigma(\omega)\}\\
=&\cdots\{\sigma(u'+x')\sigma(v'+y')\sigma(u'-x')\sigma(v'-y')\\
&-\sigma(u'+y')\sigma(v'+x')\sigma(u'-y')\sigma(v'-x')\}\\
=&\frac{\sigma(u+v+a_{kl}\omega+\omega)\sigma(a_{k1}\omega-\omega)\sigma(u+v)\sigma(a_{1l}\omega)\sigma(u-v+a_{kl}\omega)}{\sigma(a_{kl}\omega)\sigma(\omega)\sigma(a_{k1}\omega)\sigma(a_{1l}\omega+\omega)\sigma(a_{kl}\omega)}(a'|v-u)_{1l}^{1l}\\
&\left(u'=\frac{u+v}{2}+a_k\omega-\frac{a_l+a_1}{2}\omega,\ v'=\frac{u+v}{2}+\frac{a_{1l}\omega}{2}+\omega,\right.\\
&\left.x'=\frac{u+v}{2}+\frac{a_{1l}\omega}{2},\ y'=\frac{u+v}{2}-\frac{a_{1l}\omega}{2}\right),
\end{aligned}
$$

在附录中我们把 $\bar{a}_s$ 简写成 a_s.

(b) 的计算中由于 $a'_{1m}=a_{1m}+1$ 与 a'_{1l} 相同, 因而只须在 (a) 的计算的第一步的 [⋯] 中作替换即可, 得到

$$
\begin{aligned}
(\mathrm{b})=&(a|u-v)_{kl}^{lk}(a'|v-u)_{1l}^{1l}\times\frac{\sigma(u+v+a_{km}\omega+\omega)\sigma(a_{k1}\omega-\omega)\sigma(u+v)\sigma(a_{1m}\omega)}{\sigma(a_{km}\omega)\sigma(\omega)\sigma(a_{k1}\omega)\sigma(a_{1m}\omega+\omega)}\\
=&\frac{\sigma(u+v+a_{km}\omega+\omega)\sigma(a_{k1}\omega-\omega)\sigma(u+v)\sigma(a_{1m}\omega)}{\sigma(a_{km}\omega)\sigma(\omega)\sigma(a_{k1}\omega)\sigma(a_{1m}\omega+\omega)}\frac{\sigma(u-v+a_{kl}\omega)}{\sigma(a_{kl}\omega)}(a'|v-u)_{1l}^{1l},\\
(\mathrm{c})=&(a|u-v)_{kl}^{lk}(a'|v-u)_{1l}^{1l}\left[\frac{\sigma(u+v+\omega)\sigma(u+v+\omega)}{\sigma(\omega)\sigma(\omega)}\right.\\
&\left.-\frac{\sigma(u+v+a_{k1}\omega)\sigma(u+v+a_{1k}\omega+2\omega)}{\sigma(a_{k1}\omega)\sigma(a_{1k}\omega+2\omega)}\right]
\end{aligned}
$$

$$=\frac{1}{\sigma(\omega)\sigma(\omega)\sigma(a_{k1}\omega)\sigma(a_{1k}\omega+2\omega)}\{\sigma(u+v+\omega)\sigma(u+v+\omega)\sigma(a_{k1}\omega)\sigma(a_{1k}\omega+2\omega)$$
$$-\sigma(u+v+a_{k1}\omega)\sigma(u+v+a_{1k}\omega+2\omega)\sigma(\omega)\sigma(\omega)\}$$
$$=\cdots\{\sigma(u'+x')\sigma(u'-x')\sigma(v'-y')\sigma(v'+y')$$
$$-\sigma(u'-y')\sigma(u'+y')\sigma(v'+x')\sigma(v'-x')\}$$
$$=-\frac{\sigma(u+v+2\omega)\sigma(u+v)\sigma(a_{1k}\omega+\omega)\sigma(a_{1k}\omega+\omega)}{\sigma(\omega)\sigma(\omega)\sigma(a_{k1}\omega)\sigma(a_{1k}\omega+2\omega)}\frac{\sigma(u-v+a_{kl}\omega)}{\sigma(a_{kl}\omega)}(a'|v-u)^{1l}_{1l}$$
$$(u'=u+v+\omega,\quad x'=0,v'=\omega,y'=a_{1k}\omega+\omega),$$

ⓗ 项系数为

$$(\mathrm{h})=\Big[\frac{\sigma(2u+a_{k1}\omega)\sigma(u+v+\omega)\sigma(u-v+\omega)}{\sigma(\omega)\sigma(a_{k1}\omega)\sigma(2u+\omega)}\frac{\sigma(v-u+a_{l1}\omega-\omega)}{\sigma(a_{l1}\omega-\omega)}$$
$$-\frac{\sigma(u+v+a_{k1}\omega)\sigma(u-v+a_{kl}\omega)\sigma(u-v+\omega)}{\sigma(a_{k1}\omega)\sigma(a_{kl}\omega)\sigma(\omega)}\Big](a'|u+v)^{1l}_{1l}$$
$$=\frac{\sigma(u-v+\omega)}{\sigma(\omega)\sigma(a_{k1}\omega)\sigma(2u+\omega)\sigma(a_{l1}\omega-\omega)\sigma(a_{kl}\omega)}(a'|u+v)^{1l}_{1l}$$
$$\times\{\sigma(2u+a_{k1}\omega)\sigma(u+v+\omega)\sigma(v-u+a_{l1}\omega-\omega)\sigma(a_{kl}\omega)$$
$$-\sigma(u+v+a_{k1}\omega)\sigma(u-v+a_{kl}\omega)\sigma(2u+\omega)\sigma(a_{l1}\omega-\omega)\}$$
$$=\cdots\{\sigma(u'+x')\sigma(v'+y')\sigma(v'-y')\sigma(u'-x')$$
$$-\sigma(u'+v')\sigma(u'-v')\sigma(x'+y')\sigma(x'-y')\}$$
$$=\frac{\sigma(2u+a_{kl}\omega+\omega)\sigma(a_{k1}\omega-\omega)\sigma(v+u+a_{l1}\omega)\sigma(v-u)}{\sigma(\omega)\sigma(a_{k1}\omega)\sigma(2u+\omega)\sigma(a_{l1}\omega-\omega)\sigma(a_{kl}\omega)}$$
$$\frac{\sigma(u-v+\omega)\sigma(u+v)\sigma(a_{1l}\omega+2\omega)}{\sigma(\omega)\sigma(a_{1l}\omega+\omega)}$$
$$=\frac{\sigma(2u+a_{kl}\omega+\omega)\sigma(a_{k1}\omega-\omega)\sigma(v+u+a_{l1}\omega)\sigma(u+v)\sigma(u-v+\omega)}{\sigma(\omega)\sigma(a_{k1}\omega)\sigma(2u+\omega)\sigma(a_{l1}\omega-\omega)\sigma(a_{kl}\omega)}(a'|v-u)^{1l}_{1l}$$
$$\left(u'=u+a_k\omega-\frac{a_1+a_l}{2}\omega,\quad x'=u+\frac{a_{l1}}{2}\omega,\quad v'=v+\frac{a_{l1}}{2}\omega,\quad y'=u-\frac{a_{l1}\omega}{2}+\omega\right),$$

ⓓ 项系数为

$$(\mathrm{d})=-\left[\frac{\sigma(u+v+a_{kl}\omega)\sigma(u-v+a_{k1}\omega)}{\sigma(a_{kl}\omega)\sigma(a_{k1}\omega)}\right.$$
$$\left.-\frac{\sigma(2u+a_{k1}\omega)\sigma(u-v+\omega)\sigma(u+v+a_{1l}\omega+\omega)}{\sigma(a_{k1}\omega)\sigma(2u+\omega)\sigma(a_{1l}\omega+\omega)}\right]$$

$$
\begin{aligned}
&\times(a'|v-u)_{1l}^{1l}(a'|u+v)_{11}^{11}\\
=&\frac{-1}{\sigma(a_{kl}\omega)\sigma(a_{k1}\omega)\sigma(2u+\omega)\sigma(a_{1l}\omega+\omega)}(a'|v-u)_{1l}^{1l}\frac{\sigma(u+v+\omega)}{\sigma(\omega)}\\
&\times\{\sigma(u+v+a_{kl}\omega)\sigma(u-v+a_{k1}\omega)\sigma(2u+\omega)\sigma(a_{1l}\omega+\omega)\\
&-\sigma(2u+a_{k1}\omega)\sigma(u-v+\omega)\sigma(a_{kl}\omega)\sigma(u+v+a_{1l}\omega+\omega)\}\\
=&\cdots\{\sigma(u'+x')\sigma(u'-x')\sigma(v'+y')\sigma(v'-y')\\
&-\sigma(u'+y')\sigma(v'-x')\sigma(u'-y')\sigma(v'+x')\}\\
=&-\frac{\sigma(2u+a_{kl}\omega+\omega)\sigma(a_{k1}\omega-\omega)\sigma(u+v)\sigma(v-u-a_{l1}\omega)}{\sigma(a_{kl}\omega)\sigma(a_{k1}\omega)\sigma(2u+\omega)\sigma(a_{1l}\omega+\omega)}\frac{\sigma(u+v+\omega)}{\sigma(\omega)}(a'|v-u)_{1l}^{1l}\\
&\left(u'=u+a_k\omega-\frac{a_l+a_1}{2}\omega,\ x'=v-\frac{a_{l1}}{2}\omega,\ v'=u+\frac{a_{1l}}{2}\omega+\omega,\ y'=u-\frac{a_{1l}\omega}{2}\right),
\end{aligned}
$$

ⓓ 项中的 $(v)_l^l$ 项凑上 $(v)_1^1$ 项合成 $d_l^l(v)$ 项, 这样就会将 ⓗ 项中的 $(v)_1^1$ 消去一部分, 合成新的系数 (ρ) = (h′). ⓓ 项所需 $(v)_1^1$ 的系数为 $-(\mathrm{d})\times R(a''-\hat{1}|2v)_{l1}^{1l}$, 其中, $a''=a-\hat{k}-\hat{l}$ 为 $(v)_1^1$ 和 $d_l^l(v)$ 的面权. 因而所需 $(v)_1^1$ 的系数为

$$
\begin{aligned}
\delta=&\frac{\sigma(2u+a_{kl}\omega+\omega)\sigma(a_{k1}\omega-\omega)\sigma(u+v)\sigma(v-u-a_{l1}\omega)}{\sigma(a_{kl}\omega)\sigma(a_{k1}\omega)\sigma(2u+\omega)\sigma(a_{1l}\omega+\omega)}\frac{\sigma(u+v+\omega)}{\sigma(\omega)}\\
&\times(a'|v-u)_{1l}^{1l}\frac{\sigma(2v+a_{l1}\omega)\sigma(\omega)}{\sigma(a_{l1}\omega)\sigma(2v+\omega)}.
\end{aligned}
$$

因而 (ρ) = (h′) 为

$$
\begin{aligned}
(\rho)=&(\mathrm{h}')=(\mathrm{h})-(\delta)\\
=&\frac{\sigma(2u+a_{kl}\omega+\omega)\sigma(a_{k1}\omega-\omega)\sigma(u+v)}{\sigma(\omega)\sigma(a_{k1}\omega)\sigma(2u+\omega)\sigma(a_{l1}\omega-\omega)\sigma(a_{kl}\omega)}(a'|v-u)_{1l}^{1l}\\
&\times\Big\{\sigma(u+v+a_{l1}\omega)\sigma(u-v+\omega)\\
&+\frac{\sigma(v-u-a_{l1}\omega)\sigma(2v+a_{l1}\omega)\sigma(u+v+\omega)\sigma(\omega)}{\sigma(a_{l1}\omega)\sigma(2v+\omega)}\Big\}\\
=&\frac{\sigma(2u+a_{kl}\omega+\omega)\sigma(a_{k1}\omega-\omega)\sigma(u+v)}{\sigma(\omega)\sigma(a_{k1}\omega)\sigma(2u+\omega)\sigma(a_{l1}\omega-\omega)\sigma(a_{kl}\omega)}(a'|v-u)_{1l}^{1l}\frac{1}{\sigma(a_{l1}\omega)\sigma(2v+\omega)}\\
&\times\{\sigma(u+v+a_{l1}\omega)\sigma(u-v+\omega)\sigma(a_{l1}\omega)\sigma(2v+\omega)\\
&+\sigma(v-u-a_{l1}\omega)\sigma(2v+a_{l1}\omega)\sigma(u+v+\omega)\sigma(\omega)\}\\
=&\cdots\{\sigma(u'+x')\sigma(v'+y')\sigma(u'-x')\sigma(v'-y')\\
&+\sigma(-u'-y')\sigma(u'-y')\sigma(v'+x')\sigma(v'-x')\}\\
=&\frac{\sigma(u+v+a_{l1}\omega+\omega)\sigma(a_{l1}\omega-\omega)\sigma(u-v)\sigma(2v)}{\sigma(a_{kl}\omega)\sigma(a_{k1}\omega)\sigma(2u+\omega)\sigma(\omega)}\\
&\times\frac{\sigma(2u+a_{kl}\omega+\omega)\sigma(a_{k1}\omega-\omega)\sigma(u+v)}{\sigma(a_{l1}\omega-\omega)\sigma(a_{l1}\omega)\sigma(2v+\omega)}(a'|v-u)_{1l}^{1l},
\end{aligned}
$$

其中, $u' = \dfrac{u+v}{2} + a_{l1}\omega,\ x' = \dfrac{u+v}{2},\ v' = \dfrac{u+v}{2} + \omega,\ y' = \dfrac{u-3v}{2}$. ⓔ 项的系数为

$$
\begin{aligned}
(\mathrm{e}) =& -\left[\frac{\sigma(u+v+a_{km}\omega)\sigma(u-v+a_{k1}\omega)}{\sigma(a_{km}\omega)\sigma(a_{k1}\omega)}\right.\\
&\left.-\frac{\sigma(2u+a_{k1}\omega)\sigma(u-v+\omega)\sigma(u+v+a_{1m}\omega+\omega)}{\sigma(a_{k1}\omega)\sigma(2u+\omega)\sigma(a_{1m}\omega+\omega)}\right](a'|v-u)_{1l}^{1l}(a'|u+v)_{11}^{11}\\
=& \frac{-1}{\sigma(a_{km}\omega)\sigma(a_{k1}\omega)\sigma(2u+\omega)\sigma(a_{1m}\omega+\omega)}(a'|v-u)_{1l}^{1l}(a'|u+v)_{11}^{11}\\
&\times[\sigma(u+v+a_{km}\omega)\sigma(u-v+a_{k1}\omega)\sigma(2u+\omega)\sigma(a_{1m}\omega+\omega)\\
&-\sigma(2u+a_{k1}\omega)\sigma(u-v+\omega)\sigma(u+v+a_{1m}\omega+\omega)\sigma(a_{km}\omega)]\\
=& \cdots\{\sigma(u'+x')\sigma(u'-x')\sigma(v'+y')\sigma(v'-y')\\
&-\sigma(u'+y')\sigma(v'-x')\sigma(v'+x')\sigma(u'-y')\}\\
=& -\frac{\sigma(2u+a_{km}\omega+\omega)\sigma(a_{k1}\omega-\omega)\sigma(u+v)\sigma(v-u+a_{1m}\omega)}{\sigma(a_{km}\omega)\sigma(a_{k1}\omega)\sigma(2u+\omega)\sigma(a_{1m}\omega+\omega)}\\
&\times(a'|v-u)_{1l}^{1l}(a'|u+v)_{11}^{11}\\
&\left(u'=u+a_k\omega-\frac{a_m+a_1}{2}\omega, x'=v+\frac{a_{1m}}{2}\omega, v'=u+\frac{a_{1m}}{2}\omega+\omega, y'=u-\frac{a_{1m}\omega}{2}\right),
\end{aligned}
$$

ⓕ 项的系数为

$$
\begin{aligned}
(\mathrm{f}) =& -\left[\frac{\sigma(u+v+\omega)\sigma(u-v+a_{k1}\omega)}{\sigma(\omega)\sigma(a_{k1}\omega)}\right.\\
&\left.-\frac{\sigma(2u+a_{k1}\omega)\sigma(u-v+\omega)\sigma(u+v+a_{1k}\omega+2\omega)}{\sigma(a_{k1}\omega)\sigma(2u+\omega)\sigma(a_{1k}\omega+2\omega)}\right]\frac{\sigma(u+v+\omega)}{\sigma(\omega)}(a'|v-u)_{1l}^{1l}\\
=& \cdots[\sigma(u+v+\omega)\sigma(u-v+a_{k1}\omega)\sigma(2u+\omega)\sigma(a_{1k}\omega+2\omega)\\
&-\sigma(2u+a_{k1}\omega)\sigma(u-v+\omega)\sigma(u+v+a_{1k}\omega+2\omega)\sigma(\omega)]\\
=& \cdots\{\sigma(u'-x')\sigma(v'+y')\sigma(u'+x')\sigma(v'-y')\\
&-\sigma(u'+y')\sigma(v'+x')\sigma(u'-y')\sigma(v'-x')\}\\
=& -\frac{\sigma(2u+2\omega)\sigma(u+v)\sigma(u-v+a_{k1}\omega-\omega)\sigma(a_{1k}\omega+\omega)}{\sigma(\omega)\sigma(a_{k1}\omega)\sigma(2u+\omega)\sigma(a_{1k}\omega+2\omega)}\frac{\sigma(u+v+\omega)}{\sigma(\omega)}(a'|v-u)_{1l}^{1l}\\
&\left(u'=\frac{3u+v}{2}+\omega,\quad x'=\frac{u-v}{2},\quad v'=\frac{u-v}{2}+\omega,\quad y'=\frac{u-v}{2}+a_{k1}\omega-\omega\right),
\end{aligned}
$$

ⓖ 项的系数为

$$
\begin{aligned}
(\mathrm{g}) =& \left[-\frac{\sigma(2u+a_{k1}\omega)\sigma(u+v+\omega)\sigma(u-v+\omega)\sigma(v-u+\omega)}{\sigma(\omega)\sigma(a_{k1}\omega)\sigma(2u+\omega)\sigma(\omega)}\right.\\
&\left.+\frac{\sigma(u+v+a_{k1}\omega)\sigma(u-v+a_{kl}\omega)\sigma(u-v+a_{l1}\omega-\omega)}{\sigma(a_{k1}\omega)\sigma(a_{kl}\omega)\sigma(a_{l1}\omega-\omega)}\right](a'|u+v)_{1l}^{1l}.
\end{aligned}
$$

我们比较 $\textcircled{\alpha}$ 项和 $\textcircled{a}$ 项配成 $(v)^l_1(d)^k_k$ 和 $(v)^l_1(d)^l_l$ 所需要的 $(v)^l_1(u)^1_1$ 的系数 Δ 和 $\textcircled{g}$ 项的系数, 有

$$(\alpha)=\frac{\sigma(u+v)\sigma(a_{kl}\omega+\omega)\sigma(u-v)\sigma(a_{lk}\omega+\omega)}{\sigma(\omega)\sigma(a_{kl}\omega)\sigma(\omega)\sigma(a_{lk}\omega)}\frac{\sigma(u+v+\omega)\sigma(v-u)\sigma(a_{1l}\omega+2\omega)}{\sigma(\omega)\sigma(\omega)\sigma(a_{1l}\omega+\omega)},$$

$$(\mathrm{a})=\frac{\sigma(u+v+a_{kl}\omega+\omega)\sigma(a_{k1}\omega-\omega)\sigma(u+v)\sigma(a_{1l}\omega)}{\sigma(a_{kl}\omega)\sigma(\omega)\sigma(a_{k1}\omega)\sigma(a_{1l}\omega+\omega)}(a|u-v)^{lk}_{kl}(a'|v-u)^{1l}_{1l},$$

它们需要分别乘以 $-R(a''-\hat{1}|2u)^{1j}_{j1}k(a''|u)^1_1, j=l,k$, 其中, $a''=(u)^k_k$ 和 $(u)^l_l$ 的面权 $=a-\hat{k}-\hat{l}, a''-\hat{1}=a-\hat{k}-\hat{l}-\hat{1}, a''_{k1}=a_{k1}, a''_{l1}=a_{l1}$. 因此所需的 $(u)^1_1$ 的数量分别为

$$(\alpha)\times\frac{-\sigma(2u+a_{k1}\omega)\sigma(\omega)}{\sigma(a_{k1}\omega)\sigma(2u+\omega)}\quad 和 \quad(\mathrm{a})\times\frac{-\sigma(2u+a_{l1}\omega)\sigma(\omega)}{\sigma(a_{l1}\omega)\sigma(2u+\omega)},$$

它们的总数为

$$\begin{aligned}\Delta=&-\frac{\sigma(u+v)\sigma(a_{kl}\omega+\omega)\sigma(u-v)\sigma(a_{lk}\omega+\omega)\sigma(u+v+\omega)}{\sigma(\omega)\sigma(a_{kl}\omega)\sigma(\omega)\sigma(a_{lk}\omega)\sigma(\omega)}\\&\times\frac{\sigma(v-u)\sigma(a_{1l}\omega+2\omega)\sigma(2u+a_{k1}\omega)\sigma(\omega)}{\sigma(\omega)\sigma(a_{1l}\omega+\omega)\sigma(a_{k1}\omega)\sigma(2u+\omega)}\\&-\frac{\sigma(u+v+a_{kl}\omega+\omega)\sigma(a_{k1}\omega-\omega)\sigma(u+v)\sigma(a_{1l}\omega)}{\sigma(a_{kl}\omega)\sigma(a_{k1}\omega)\sigma(\omega)\sigma(a_{1l}\omega+\omega)}\\&\times\frac{\sigma(u-v+a_{kl}\omega)\sigma(v-u)\sigma(a_{1l}\omega+2\omega)\sigma(2u+a_{l1}\omega)\sigma(\omega)}{\sigma(a_{kl}\omega)\sigma(\omega)\sigma(a_{1l}\omega+\omega)\sigma(a_{l1}\omega)\sigma(2u+\omega)}.\end{aligned}$$

另一方面有

$$\begin{aligned}(\mathrm{g})=&\left[-\frac{\sigma(2u+a_{k1}\omega)\sigma(u+v+\omega)\sigma(u-v+\omega)\sigma(v-u+\omega)}{\sigma(\omega)\sigma(a_{k1}\omega)\sigma(\omega)\sigma(2u+\omega)}\right.\\&\left.+\frac{\sigma(u+v+a_{k1}\omega)\sigma(u-v+a_{kl}\omega)\sigma(u-v+a_{l1}\omega-\omega)}{\sigma(a_{k1}\omega)\sigma(a_{kl}\omega)\sigma(a_{l1}\omega-\omega)}\right]\frac{\sigma(u+v)\sigma(a_{1l}\omega+2\omega)}{\sigma(\omega)\sigma(a_{1l}\omega+\omega)}.\end{aligned}$$

我们希望知道 Δ 是否等于 (g). 只需比较去除公因子的部分, 其中公因子为 $\dfrac{\sigma(u+v)}{\sigma(\omega)\sigma(a_{k1}\omega)}\times\dfrac{\sigma(a_{1l}\omega+2\omega)}{\sigma(a_{1l}\omega+\omega)}$.

$$\begin{aligned}\Delta'=&-\frac{\sigma(a_{kl}\omega+\omega)\sigma(u-v)\sigma(a_{lk}\omega+\omega)}{\sigma(a_{kl}\omega)\sigma(\omega)\sigma(a_{lk}\omega)}\frac{\sigma(u+v+\omega)\sigma(v-u)\sigma(2u+a_{k1}\omega)\sigma(\omega)}{\sigma(\omega)\sigma(\omega)\sigma(2u+\omega)} &&\textcircled{1}\\&+\frac{\sigma(u+v+a_{kl}\omega+\omega)\sigma(a_{k1}\omega-\omega)}{\sigma(a_{kl}\omega)}\frac{\sigma(u-v+a_{kl}\omega)\sigma(v-u)\sigma(2u+a_{l1}\omega)\sigma(\omega)}{\sigma(a_{1l}\omega+\omega)\sigma(a_{kl}\omega)\sigma(\omega)\sigma(2u+\omega)}, &&\textcircled{2}\\(\mathrm{g})'=&-\frac{\sigma(2u+a_{k1}\omega)\sigma(u+v+\omega)\sigma(u-v+\omega)\sigma(v-u+\omega)}{\sigma(\omega)\sigma(2u+\omega)\sigma(\omega)} &&\textcircled{3}\\&+\frac{\sigma(u+v+a_{k1}\omega)\sigma(u-v+a_{kl}\omega)\sigma(u-v+a_{l1}\omega-\omega)}{\sigma(a_{kl}\omega)\sigma(a_{l1}\omega-\omega)}, &&\textcircled{4}\end{aligned}$$

令 $-\Delta'+(\mathrm{g}')=-①-②+③+④$, 有

$$
\begin{aligned}
-①+③=&\frac{\sigma(a_{kl}\omega+\omega)\sigma(u-v)\sigma(a_{lk}\omega+\omega)}{\sigma(a_{kl}\omega)\sigma(\omega)\sigma(a_{lk}\omega)}\frac{\sigma(u+v+\omega)\sigma(v-u)\sigma(2u+a_{k1}\omega)}{\sigma(\omega)\sigma(2u+\omega)}\\
&-\frac{\sigma(2u+a_{k1}\omega)\sigma(u+v+\omega)\sigma(u-v+\omega)\sigma(v-u+\omega)}{\sigma(\omega)\sigma(\omega)\sigma(2u+\omega)}\\
=&\frac{\sigma(u+v+\omega)\sigma(2u+a_{k1}\omega)}{\sigma(2u+\omega)\sigma(\omega)\sigma(\omega)\sigma(a_{kl}\omega)\sigma(a_{lk}\omega)}\\
&\times[\sigma(a_{kl}\omega+\omega)\sigma(u-v)\sigma(a_{lk}\omega+\omega)\sigma(v-u)\\
&-\sigma(u-v+\omega)\sigma(v-u+\omega)\sigma(a_{kl}\omega)\sigma(a_{lk}\omega)]\\
=&\cdots\{\sigma(u'+x')\sigma(v'+y')\sigma(u'-x')\sigma(v'-y')\\
&-\sigma(u'+y')\sigma(u'-y')\sigma(v'+x')\sigma(v'-x')\}\\
=&\frac{\sigma(u+v+\omega)\sigma(2u+a_{k1}\omega)}{\sigma(2u+\omega)\sigma(\omega)\sigma(\omega)\sigma(a_{kl}\omega)\sigma(a_{lk}\omega)}\\
&\times\sigma(\omega)\sigma(\omega)\sigma(a_{kl}\omega+u-v)\sigma(a_{kl}\omega+v-u)\\
&(u'=\omega,\ x'=a_{kl}\omega,\ v'=0,\ y'=u-v),
\end{aligned}
$$

及

$$
\begin{aligned}
-②+④=&\frac{-\sigma(u-v+a_{kl}\omega)}{\sigma(a_{kl}\omega)\sigma(a_{1l}\omega+\omega)\sigma(a_{kl}\omega)\sigma(2u+\omega)}\\
&\times[\sigma(u+v+a_{kl}\omega+\omega)\sigma(a_{k1}\omega-\omega)\sigma(2u+a_{l1}\omega)\sigma(v-u)\\
&+\sigma(u+v+a_{k1}\omega)\sigma(u-v+a_{l1}\omega-\omega)\sigma(a_{kl}\omega)\sigma(2u+\omega)]\\
=&\cdots\{\sigma(u'+x')\sigma(u'-x')\sigma(v'+y')\sigma(v'-y')\\
&+\sigma(u'+v')\sigma(-(x'-y'))\sigma(u'-v')\sigma(x'+y')\}\\
=&\frac{-\sigma(u-v+a_{kl}\omega)}{\sigma(a_{kl}\omega)\sigma(a_{1l}\omega+\omega)\sigma(a_{kl}\omega)\sigma(2u+\omega)}\\
&\times[\sigma(2u+a_{k1}\omega)\sigma(v-u+a_{kl}\omega)\sigma(u+v+\omega)\sigma(a_{l1}\omega-\omega)]\\
&\left(u'=\frac{u+v}{2}+a_k\omega-\frac{a_l+a_1}{2}\omega,x'=\frac{u+v}{2}+\frac{a_{1l}\omega}{2}+\omega,\right.\\
&\left.v'=\frac{u+v}{2}+\frac{a_{l1}}{2}\omega,\quad y'=\frac{3u-v}{2}+\frac{a_{l1}}{2}\omega\right).
\end{aligned}
$$

因而有 $-②+④=-(-①+③)$ 给出 $-①-②+③+④=0$, 也就是说, 当将 $(u)^k_k(u)^l_l$ 凑成 $(\tilde{u})^k_k,(\tilde{u})^l_l$ 之后, 式 (A.16) 中的 ⓖ 项消失, 保证 w.t 的基本

要求：D 与 B 的交换关系中的 w.t 只有 $B^sD_t^r$ 而没有 B^sA. 式 (A.16) 各项系数如下：

$$(\mathrm{x})=\frac{\sigma(u+v)\sigma(a_{1k}\omega+\omega)\sigma(u-v)\sigma(a_{k1}\omega+\omega)\sigma(u+v+\omega)}{\sigma(\omega)\sigma(a_{1k}\omega)\sigma(\omega)\sigma(a_{k1}\omega)\sigma(\omega)}(a'|v-u)_{1l}^{1l},$$

$$(\alpha)=\frac{\sigma(u+v)\sigma(a_{kl}\omega+\omega)\sigma(u-v)\sigma(a_{lk}\omega+\omega)}{\sigma(\omega)\sigma(a_{kl}\omega)\sigma(\omega)\sigma(a_{lk}\omega)}\frac{\sigma(u+v+\omega)}{\sigma(\omega)}(a'|v-u)_{1l}^{1l},$$

$$(\mathrm{a})=\frac{\sigma(u+v+a_{kl}\omega+\omega)\sigma(a_{k1}\omega-\omega)\sigma(u+v)\sigma(a_{1l}\omega)\sigma(u-v+a_{kl}\omega)}{\sigma(a_{kl}\omega)\sigma(\omega)\sigma(a_{k1}\omega)\sigma(a_{1l}\omega+\omega)\sigma(a_{kl}\omega)}(a'|v-u)_{1l}^{1l},$$

$$(\mathrm{b})=\frac{\sigma(u+v+a_{km}\omega+\omega)\sigma(a_{k1}\omega-\omega)\sigma(u+v)\sigma(a_{1m}\omega)}{\sigma(a_{km}\omega)\sigma(\omega)\sigma(a_{k1}\omega)\sigma(a_{1m}\omega+\omega)}\frac{\sigma(u-v+a_{kl}\omega)}{\sigma(a_{kl}\omega)}$$
$$\times(a'|v-u)_{1l}^{1l},$$

$$(\mathrm{c})=-\frac{\sigma(u+v+2\omega)\sigma(u+v)\sigma(a_{1k}\omega+\omega)\sigma(a_{1k}\omega+\omega)}{\sigma(\omega)\sigma(\omega)\sigma(a_{k1}\omega)\sigma(a_{1k}\omega+2\omega)}\frac{\sigma(u-v+a_{kl}\omega)}{\sigma(a_{kl}\omega)}$$
$$\times(a'|v-u)_{1l}^{1l},$$

$$(\mathrm{d})=\frac{\sigma(2u+a_{kl}\omega+\omega)\sigma(a_{k1}\omega-\omega)\sigma(u+v)\sigma(u-v+a_{l1}\omega)}{\sigma(a_{kl}\omega)\sigma(a_{k1}\omega)\sigma(2u+\omega)\sigma(a_{1l}\omega+\omega)}\frac{\sigma(u+v+\omega)}{\sigma(\omega)}$$
$$\times(a'|v-u)_{1l}^{1l},$$

$$(\mathrm{e})=\frac{\sigma(2u+a_{km}\omega+\omega)\sigma(a_{k1}\omega-\omega)\sigma(u+v)\sigma(u-v-a_{1m}\omega)}{\sigma(a_{km}\omega)\sigma(a_{k1}\omega)\sigma(2u+\omega)\sigma(a_{1m}\omega+\omega)}\frac{\sigma(u+v+\omega)}{\sigma(\omega)}$$
$$\times(a'|v-u)_{1l}^{1l},$$

$$(\mathrm{f})=-\frac{\sigma(2u+2\omega)\sigma(u+v)\sigma(u-v+a_{k1}\omega-\omega)\sigma(a_{1k}\omega+\omega)}{\sigma(\omega)\sigma(a_{k1}\omega)\sigma(2u+\omega)\sigma(a_{1k}\omega+2\omega)}\frac{\sigma(u+v+\omega)}{\sigma(\omega)}$$
$$\times(a'|v-u)_{1l}^{1l},$$

$$(\rho)=\frac{\sigma(u+v+a_{l1}\omega+\omega)\sigma(u-v)\sigma(2v)\sigma(2u+a_{kl}\omega+\omega)}{\sigma(a_{kl}\omega)\sigma(a_{k1}\omega)\sigma(2u+\omega)\sigma(\omega)}\frac{\sigma(a_{k1}\omega-\omega)\sigma(u+v)}{\sigma(a_{l1}\omega)\sigma(2v+\omega)}$$
$$\times(a'|v-u)_{1l}^{1l}.$$

我们观察 w.t ⓐ(α), ⓐ, ⓑ, ⓒ, 看它们是否能提出一个约化系统, 包含 $\overline{R}(u+v+c),\overline{R}(u-v+c')$ 的形式, 并且让余下的因子通过重新定义 $D_s^t(\quad|u)\sim k(\quad|u)_s^t$ 使得约化系统除上述 R 矩阵外摆脱显含指标的量, 比如 a_{l1},a_{lk} 等. 我们发现 ⓑ 项中含有 $\sigma(u+v+a_{km}\omega+\omega)$, 这一项必须吸收到 $\overline{R}$ 矩阵中去, 因为 ⓧ, ⓐ, ⓒ, (α) 项中都没有这个因子, 而且这个因子显含 a_{km},m 是变化的, 所以用它形成的 $\overline{R}$ 矩阵只能是 $\overline{R}(a|u+v+\omega)_{km}^{mk}$ 或等价的 $\overline{R}(a+i\hat{k}+i\hat{m}+j\hat{1}|u+v+\omega)_{km}^{mk}(i,j$ 为任意整

数). 这一点定下来之后, 必须要求 ⓐ, ⓒ, ⓐ(α) 项中也有相应的项; 在 (α) 项中有 $\overline{R}(a|u+v+\omega)^{\mu\nu}_{\mu\nu}$, ⓐ 项中有 $\overline{R}(a|u+v+\omega)^{lk}_{kl}$, ⓒ 项中有 $\overline{R}(a|u+v+\omega)^{\mu\mu}_{\mu\mu}$. 也就是凑出谱为 $u+v+\omega$ 的 $\overline{R}$ 矩阵来, 在 ⓐ, ⓑ, ⓒ 中有公因子 $\dfrac{\sigma(u-v+a_{lk}\omega)}{\sigma(a_{lk}\omega)}$, 而在 ⓧ 项中没有这个因子, 所以它不可以作为公因子被约去, 只能是结合到子系统的 $\overline{R}$ 矩阵中去, 成为 $\overline{R}(a|u-v)^{lk}_{kl}$. 有了这个因子, 在 ($\alpha$) 项中的相应项就是 $\overline{R}(a|u-v)^{\mu'\nu'}_{\mu'\nu'}$, 这样, w.t 中的约化系统的两个 $\overline{R}$ 矩阵就都有了, 我们把这些相关的系数写成如下形式, 提出公因子, 并且把 ⓧ 项和 (α), ⓐ, ⓑ, ⓒ 项中的 $k(\ \ |z)^s_1$ 改为 $B^s(\ \ |z)$. 记住 $B^s(a|z)=\dfrac{\sigma(\omega)}{\sigma(a_{1s}\omega)}k(a|z)^s_1$, 式 (A.16) 改写为

$$
\begin{aligned}
&d^k_k(a-\hat{k}-\hat{1}|u)k(a-\hat{k}-\hat{l}|v)^l_1(\mathrm{x})\\
=&k(a-\hat{k}-\hat{l}|v)^l_1 d^k_k(a-\hat{k}-\hat{l}|u)(\alpha)\\
&+k(a-\hat{k}-\hat{l}|v)^l_1 d^l_l(a-\hat{k}-\hat{l}|u)(\mathrm{a})\\
&+\sum_{m\neq 1,l,k} k(a-\hat{k}-\hat{m}|v)^m_1 k(a-\hat{k}-\hat{l}|u)^l_m(\mathrm{b})\\
&+k(a-2\hat{k}|v)^k_1 k(a-\hat{k}-\hat{l}|u)^l_k(\mathrm{c})\\
&+\mathrm{u.t},
\end{aligned}
$$

即

$$
\begin{aligned}
&d^k_k(a-\hat{k}-\hat{1}|u)B^l(a-\hat{k}-\hat{l}|v)\times(\mathrm{x})\times\frac{\sigma(a_{1l}\omega+\omega)}{\sigma(\omega)} && (\mathrm{x})'\\
=&B^l(a-\hat{k}-\hat{l}|v)d^k_k(a-\hat{k}-\hat{l}|u)\times(\alpha)\times\frac{\sigma(a_{1l}\omega+\omega)}{\sigma(\omega)} && (\alpha)'\\
&+B^l(a-\hat{k}-\hat{l}|v)d^l_l(a-\hat{k}-\hat{l}|u)\times(\mathrm{a})\times\frac{\sigma(a_{1l}\omega+\omega)}{\sigma(\omega)} && (\mathrm{a})'\\
&+\sum_{m\neq 1,l,k}B^m(a-\hat{k}-\hat{m}|v)k(a-\hat{k}-\hat{l}|u)^l_m\times(\mathrm{b})\times\frac{\sigma(a_{1m}\omega+\omega)}{\sigma(\omega)} && (\mathrm{b})'\\
&+B^k(a-2\hat{k}|v)k(a-\hat{k}-\hat{l}|u)^l_k\times(\mathrm{c})\times\frac{\sigma(a_{1k}\omega+2\omega)}{\sigma(\omega)} && (\mathrm{c})'\\
&+\mathrm{u.t},
\end{aligned}
\tag{A.17}
$$

去掉公因子

$$
\xi=\frac{\sigma(u+v)}{\sigma(\omega)}(a'|v-u)^{1l}_{1l}. \tag{A.18}
$$

考虑到约化系统所需要的 $\overline{R}$ 矩阵, 我们得到

$$
\begin{aligned}
&d_k^k(a-\hat{k}-\hat{1}|u)B^l(a-\hat{k}-\hat{l}|v)\\
&\times\frac{\sigma(a_{1k}\omega+\omega)\sigma(a_{k1}\omega+\omega)\sigma(u-v)\sigma(u+v+\omega)}{\sigma(a_{1k}\omega)\sigma(a_{k1}\omega)\sigma(\omega)\sigma(\omega)}\frac{\sigma(a_{1l}\omega+\omega)}{\sigma(\omega)}\\
=&B^l(a-\hat{k}-\hat{l}|v)d_k^k(a-\hat{k}-\hat{l}|u)\overline{R}(a|u+v+\omega)_{kl}^{kl}\overline{R}(a|u-v)_{lk}^{lk}\frac{\sigma(a_{1l}\omega+\omega)}{\sigma(\omega)}\\
&+B^l(a-\hat{k}-\hat{l}|v)d_l^l(a-\hat{k}-\hat{l}|u)\overline{R}(a|u+v+\omega)_{kl}^{lk}\overline{R}(a|u-v)_{kl}^{lk}\\
&\times\frac{\sigma(a_{k1}\omega-\omega)\sigma(a_{1l}\omega)\sigma(a_{1l}\omega+\omega)}{\sigma(a_{k1}\omega)\sigma(a_{1l}\omega+\omega)\sigma(\omega)}\\
&+\sum_{m\neq 1,l,k}B^m(a-\hat{k}-\hat{m}|v)k(a-\hat{k}-\hat{l}|u)_m^l\overline{R}(a|u+v+\omega)_{km}^{mk}\overline{R}(a|u-v)_{kl}^{lk}\\
&\times\frac{\sigma(a_{k1}\omega-\omega)\sigma(a_{1m}\omega)\sigma(a_{1m}\omega+\omega)}{\sigma(a_{k1}\omega)\sigma(a_{1m}\omega+\omega)\sigma(\omega)}\\
&+B^k(a-2\hat{k}|v)k(a-\hat{k}-\hat{l}|u)_k^l\overline{R}(a|u+v+\omega)_{kk}^{kk}\overline{R}(a|u-v)_{kl}^{lk}\\
&\times\frac{\sigma(a_{1k}\omega+\omega)\sigma(a_{1k}\omega+\omega)\sigma(a_{1k}\omega+2\omega)}{\sigma(a_{1k}\omega)\sigma(a_{1k}\omega+2\omega)\sigma(\omega)}\\
&+\text{u.t},
\end{aligned}
\tag{A.19}
$$

其中, ⓐ 项 $\overline{R}$ 的取法是考虑到约化系统应该与原系统类似 (图 A.4), 这些 $\overline{R}$ 矩阵很符合嵌套贝特拟设的要求, 如图 A.4 所示.

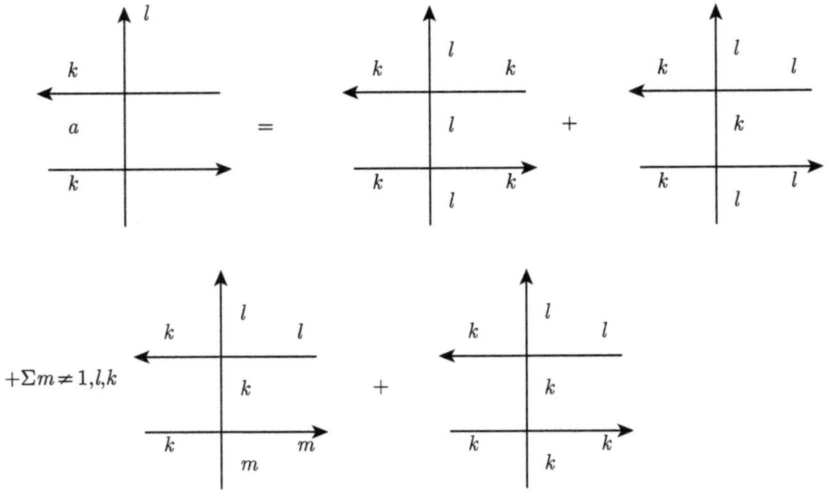

图 A.4　嵌套贝特拟设要求的 $d_k^k(|u)B^l(1v)$ 的 w.t 图示, 由此可以确定 $d_k^k(\quad 1u)$ 与 $D_k^k(\quad 1u)$ 的比例系数

而且它们相关的项 $(v)_1^\alpha(u)_\beta^\gamma$ 中的 α 也与垂直线下方的指标一致. 我们必须得到一个约化的子系统, 其中没有 a_{1s} 这个参量, 而只有 $a_{ij}, i, j > 1$. 因此重新定义 $D_i^j(a|u)$, 正比于 d_k^k, d_l^l 或 $k(\ )_i^j$ 使得 Ⓐ, ⓐ, ⓑ, ⓒ 与 ⓧ′ 项的比中不再出现 a_{1s} 这种量. 为此令

$$D_k^k(a-\hat{k}-\hat{1}|u) = f(a_{k1}\omega)d_k^k(a-\hat{k}-\hat{1}|u),$$
$$D_l^l(a-\hat{k}-\hat{l}|u) = g(a_{l1}\omega)d_l^l(a-\hat{k}-\hat{l}|u).$$

这样 ⓧ′ 项与 ⓐ′ 项在式 (A.19) 中除去 $\overline{R}\,\overline{R}$ 之外, 与 a_{1s} 有关项的系数之比 λ

$$\lambda = \frac{\text{ⓧ}'\text{项的相关系数}}{\text{ⓐ}'\text{项的相关系数}} = \frac{\dfrac{\sigma(a_{k1}\omega+\omega)\sigma(a_{1k}\omega+\omega)\sigma(a_{1l}\omega+\omega)}{\sigma(a_{k1}\omega)\sigma(a_{1k}\omega)\sigma(\omega)}}{\dfrac{\sigma(a_{k1}\omega-\omega)\sigma(a_{1l}\omega)}{\sigma(a_{k1}\omega)\sigma(\omega)}}$$
$$= \frac{\sigma(a_{k1}\omega+\omega)\sigma(a_{1l}\omega+\omega)}{\sigma(a_{k1}\omega)\sigma(a_{1l}\omega)}$$

应该等于 $\dfrac{f(a_{k1}\omega)}{g(a_{l1}\omega)}$. 由此得到

$$\frac{\left[\dfrac{\sigma(a_{k1}\omega+\omega)}{\sigma(a_{k1}\omega)}\right]}{f(a_{k1}\omega)} = \frac{\left[\dfrac{\sigma(a_{1l}\omega)}{\sigma(a_{1l}\omega+\omega)}\right]}{g(a_{l1}\omega)} = \text{const},$$

其中, 常数 const 与 a_{k1} 和 a_{l1} 无关. 最简单的选择是令 const = 1 得到

$$f(a_{k1}\omega) = \frac{\sigma(a_{k1}\omega+\omega)}{\sigma(a_{k1}\omega)}, \quad g(a_{l1}\omega) = \frac{\sigma(a_{l1}\omega)}{\sigma(a_{l1}\omega-\omega)}.$$

考虑到 ⓧ 项中的 d_k^k 的面权为 $a-\hat{k}-\hat{1}$, 因而有 $D_k^k(a|u) = d_k^k(a|u)\dfrac{\sigma(a_{k1}\omega+\omega)}{\sigma(a_{k1}\omega)}$. 而 ⓐ 项中 d_l^l 的面权为 $a-\hat{k}-\hat{l}, (a-\hat{k}-\hat{l})_{l1} = a_{l1}-1$, 同样给出

$$D_l^l(a|u) = d_l^l(a|u)\frac{\sigma(a_{l1}\omega+\omega)}{\sigma(a_{l1}\omega)}, \tag{A.20}$$

这说明这两者是自洽的. 回到式 (A.19), 方程的两边代入式 (A.20), 发现式 (A.19) 两边 ⓧ 项和 ⓐ 项中都多余

$$\varphi = \frac{\sigma(a_{1k}\omega+\omega)\sigma(a_{1l}\omega+\omega)}{\sigma(a_{1k}\omega)\sigma(\omega)}, \tag{A.21}$$

这个与 a_{s1} 有关的因子. 把该因子去除后得到

$$
\begin{aligned}
&D_k^k(a-\hat{k}-\hat{1}|u)B^l(a-\hat{k}-\hat{l}|v)\frac{\sigma(u-v)\sigma(u+v+\omega)}{\sigma(\omega)\sigma(\omega)} && ⓧ''\\
=&B^l(a-\hat{k}-\hat{l}|v)D_k^k(a-\hat{k}-\hat{l}|u)\overline{R}(a|u+v+\omega)_{kl}^{kl}\overline{R}(a|u-v)_{lk}^{lk} && ⓐ''\\
&+B^l(a-\hat{k}-\hat{l}|v)D_l^l(a-\hat{k}-\hat{l}|u)\overline{R}(a|u+v+\omega)_{kl}^{lk}\overline{R}(a|u-v)_{kl}^{lk} && ⓐ''\\
&+\sum_{m\neq 1,l,k}B^m(a-\hat{k}-\hat{m}|v)k(a-\hat{k}-\hat{l}|u)_m^l\overline{R}(a|u+v+\omega)_{km}^{mk}\\
&\times\overline{R}(a|u-v)_{kl}^{lk}\frac{\sigma(a_{1m}\omega)}{\sigma(a_{1l}\omega+\omega)} && ⓑ''\\
&+B^k(a-2\hat{k}|v)k(a-\hat{k}-\hat{l}|u)_k^l\overline{R}(a|u+v+\omega)_{kk}^{kk}\overline{R}(a|u-v)_{kl}^{lk}\frac{\sigma(a_{1k}\omega+\omega)}{\sigma(a_{1l}\omega+\omega)} && ⓒ''\\
&+\text{u.t},
\end{aligned}
\tag{A.22a}
$$

我们必须令

$$
k(a-\hat{k}-\hat{l}|u)_m^l\frac{\sigma(a_{1m}\omega)}{\sigma(a_{1l}\omega+\omega)}=D_m^k(a-\hat{k}-\hat{l}|u),
$$

也即

$$
k(a|u)_m^l\frac{\sigma(a_{1m}\omega)}{\sigma(a_{1l}\omega)}=D_m^k(a|u)\quad(m\neq k). \tag{A.22b}
$$

才能使 ⓑ$''$ 项摆脱与 a_{s1} 有关的因子. 这就要求

$$
k(a|u)_k^l\frac{\sigma(a_{1k}\omega)}{\sigma(a_{1l}\omega)}=D_k^l(a|u)\qquad(l\neq k), \tag{A.22c}
$$

和

$$
k(a-\hat{k}-\hat{l}|u)_k^l\frac{\sigma(a_{1k}\omega+\omega)}{\sigma(a_{1l}\omega+\omega)}=D_k^l(a-\hat{k}-\hat{l}|u). \tag{A.23}
$$

这正好使 ⓒ$''$ 摆脱 a_{s1} 的有关因子. 因此 w.t 与图 A.4 及正文中的式 (11.2.9) 一致. 下面我们计算 u.t, 考虑到式 (A.20), 式 (A.22a)~ 式 (A.22c) 及

$$
B^l(a|u)=k(a|u)_1^l\frac{\sigma(\omega)}{\sigma(a_{1l}\omega)}, \tag{A.24}
$$

在将式 (A.16) 两边除以 $\xi = \dfrac{\sigma(u+v)}{\sigma(\omega)}(a'|v-u)_{1l}^{1l}$ 之后得

$$\begin{aligned}
\mathrm{u.t} = & B^l(a-\hat{k}-\hat{l}|u)D_l^l(a-\hat{k}-\hat{l}|v)(\mathrm{d})' \\
& + \sum_{m\neq 1,l,k} B^m(a-\hat{k}-\hat{m}|u)D_m^l(a-\hat{k}-\hat{l}|v)(\mathrm{e})' \\
& + B^k(a-2\hat{k}|u)D_k^l(a-\hat{k}-\hat{l}|v)(\mathrm{f})' \\
& + B^l(a-\hat{k}-\hat{l}|u)A(a-\hat{k}-\hat{l}|v)(\rho)',
\end{aligned}$$

其中

$$\begin{aligned}
(\mathrm{d})' = & (\mathrm{d}) \times \frac{\sigma(a_{l1}\omega-\omega)}{\sigma(a_{l1}\omega)}\frac{\sigma(a_{1l}\omega+\omega)}{\sigma(\omega)} \\
= & \frac{\sigma(2u+a_{kl}\omega+\omega)\sigma(a_{k1}\omega-\omega)\sigma(u-v+a_{l1}\omega)}{\sigma(a_{kl}\omega)\sigma(a_{k1}\omega)\sigma(a_{1l}\omega+\omega)} \\
& \times \frac{\sigma(u+v+\omega)\sigma(a_{l1}\omega-\omega)\sigma(a_{1l}\omega+\omega)}{\sigma(2u+\omega)\sigma(a_{l1}\omega)\sigma(\omega)}, \\
(\mathrm{e})' = & (\mathrm{e}) \times \frac{\sigma(a_{l1}\omega-\omega)}{\sigma(a_{m1}\omega)}\frac{\sigma(a_{1m}\omega+\omega)}{\sigma(\omega)} \\
= & \frac{\sigma(2u+a_{km}\omega+\omega)\sigma(a_{k1}\omega-\omega)\sigma(u-v+a_{m1}\omega)}{\sigma(a_{km}\omega)\sigma(a_{k1}\omega)\sigma(a_{1m}\omega+\omega)} \\
& \times \frac{\sigma(u+v+\omega)\sigma(a_{l1}\omega-\omega)\sigma(a_{1m}\omega+\omega)}{\sigma(2u+\omega)\sigma(a_{m1}\omega)\sigma(\omega)}, \\
(\mathrm{f})' = & (\mathrm{f}) \times \frac{\sigma(a_{l1}\omega-\omega)}{\sigma(a_{k1}\omega-\omega)}\frac{\sigma(a_{1k}\omega+2\omega)}{\sigma(\omega)} \\
= & \frac{\sigma(2u+2\omega)\sigma(a_{k1}\omega-\omega)\sigma(u-v+a_{k1}\omega-\omega)}{\sigma(\omega)\sigma(a_{k1}\omega)\sigma(a_{1k}\omega+2\omega)} \\
& \times \frac{\sigma(u+v+\omega)\sigma(a_{l1}\omega-\omega)\sigma(a_{1k}\omega+2\omega)}{\sigma(2u+\omega)\sigma(a_{k1}\omega-\omega)\sigma(\omega)}, \\
(\rho)' = & (\rho) \times \frac{\sigma(a_{1l}\omega+\omega)}{\sigma(\omega)} \\
= & \frac{\sigma(2u+a_{kl}\omega+\omega)\sigma(u+v+a_{l1}\omega+\omega)\sigma(a_{k1}\omega-\omega)}{\sigma(a_{kl}\omega)\sigma(a_{l1}\omega)\sigma(a_{k1}\omega)} \\
& \times \frac{\sigma(2v)\sigma(u-v)\sigma(a_{1l}\omega+\omega)}{\sigma(2v+\omega)\sigma(2u+\omega)\sigma(\omega)}.
\end{aligned}$$

再除以 $\varphi = \dfrac{\sigma(a_{1k}\omega+\omega)\sigma(a_{1l}\omega+\omega)}{\sigma(a_{1k}\omega)\sigma(\omega)}$ 得

$$(\mathrm{d})'' = -\frac{\sigma(2u+a_{kl}\omega+\omega)\sigma(u-v+a_{l1}\omega)\sigma(u+v+\omega)}{\sigma(a_{kl}\omega)\sigma(a_{l1}\omega)\sigma(2u+\omega)},$$

$$(\mathrm{e})''=-\frac{\sigma(2u+a_{km}\omega+\omega)\sigma(u-v+a_{m1}\omega)\sigma(u+v+\omega)}{\sigma(a_{km}\omega)\sigma(a_{m1}\omega)\sigma(2u+\omega)},$$

$$(\mathrm{f})''=-\frac{\sigma(2u+2\omega)\sigma(u-v+a_{k1}\omega-\omega)\sigma(u+v+\omega)}{\sigma(\omega)\sigma(a_{k1}\omega-\omega)\sigma(2u+\omega)},$$

$$(\rho)''=\frac{\sigma(2u+a_{kl}\omega+\omega)\sigma(u+v+a_{l1}\omega+\omega)\sigma(2v)\sigma(u-v)}{\sigma(a_{kl}\omega)\sigma(a_{l1}\omega)\sigma(2v+\omega)\sigma(2u+\omega)}.$$

给出

$$\begin{aligned}
&D_k^k(a-\hat{k}-\hat{1}|u)B^l(a-\hat{k}-\hat{l}|v)\frac{\sigma(u-v)\sigma(u+v+\omega)}{\sigma(\omega)\sigma(\omega)}\\
=&\,\mathrm{w.t}-B^l(a-\hat{k}-\hat{l}|u)D_l^l(a-\hat{k}-\hat{l}|v)\overline{R}(a+\hat{k}-\hat{k}-\hat{1}|2u+\omega)_{kl}^{lk}\\
&\times\frac{\sigma(u-v+a_{l1}\omega)\sigma(u+v+\omega)}{\sigma(a_{l1}\omega)\sigma(2u+\omega)}\\
&-\sum_{m\neq 1,l,k}B^m(a-\hat{k}-\hat{m}|u)D_m^l(a-\hat{k}-\hat{l}|v)\overline{R}(a+\hat{k}-\hat{k}-\hat{1}|2u+\omega)_{km}^{mk}\\
&\times\frac{\sigma(u-v+a_{m1}\omega)\sigma(u+v+\omega)}{\sigma(a_{m1}\omega)\sigma(2u+\omega)}\\
&-B^k(a-2\hat{k}|u)D_k^l(a-\hat{k}-\hat{l}|v)\overline{R}(a+\hat{k}-\hat{k}-\hat{1}|2u+\omega)_{kk}^{kk}\\
&\times\frac{\sigma(u-v+a_{k1}\omega-\omega)\sigma(u+v+\omega)}{\sigma(a_{k1}\omega-\omega)\sigma(2u+\omega)}\\
&+B^l(a-\hat{k}-\hat{l}|u)A(a-\hat{k}-\hat{l}|v)\overline{R}(a+\hat{k}-\hat{k}-\hat{1}|2u+\omega)_{kl}^{lk}\\
&\times\frac{\sigma(u+v+a_{l1}\omega+\omega)\sigma(2v)\sigma(u-v)}{\sigma(a_{l1}\omega)\sigma(2v+\omega)\sigma(2u+\omega)}.
\end{aligned}\tag{A.25}$$

这个结果与式 (A.22a), 式 (A.22b), 式 (A.22c) 一起, 正好与正文中式 (11.2.9) 一致.

附录 3　$D_l^k(\quad|u)B^l(\quad|v)$ 的交换关系

在反射方程中令 $i=l=j''', j=1, i'''=k, k\neq l, k, l>1$ 得到如图 A.5 所示的方程

$$\begin{aligned}
&①+②+③+④+⑤=⑥+⑦\\
&⑥=①+②+③+④+⑤-⑦
\end{aligned}\tag{A.26}$$

由于图中的初始面权 $a-\hat{k}-\hat{l}$ 和后继面权 $a-\hat{k}-\hat{1}$ 是不变的, 可以略去 k 矩阵的面权. R 矩阵的面权为 a 也不变. 可以略去 R, 公式 (A.26) 的简写为

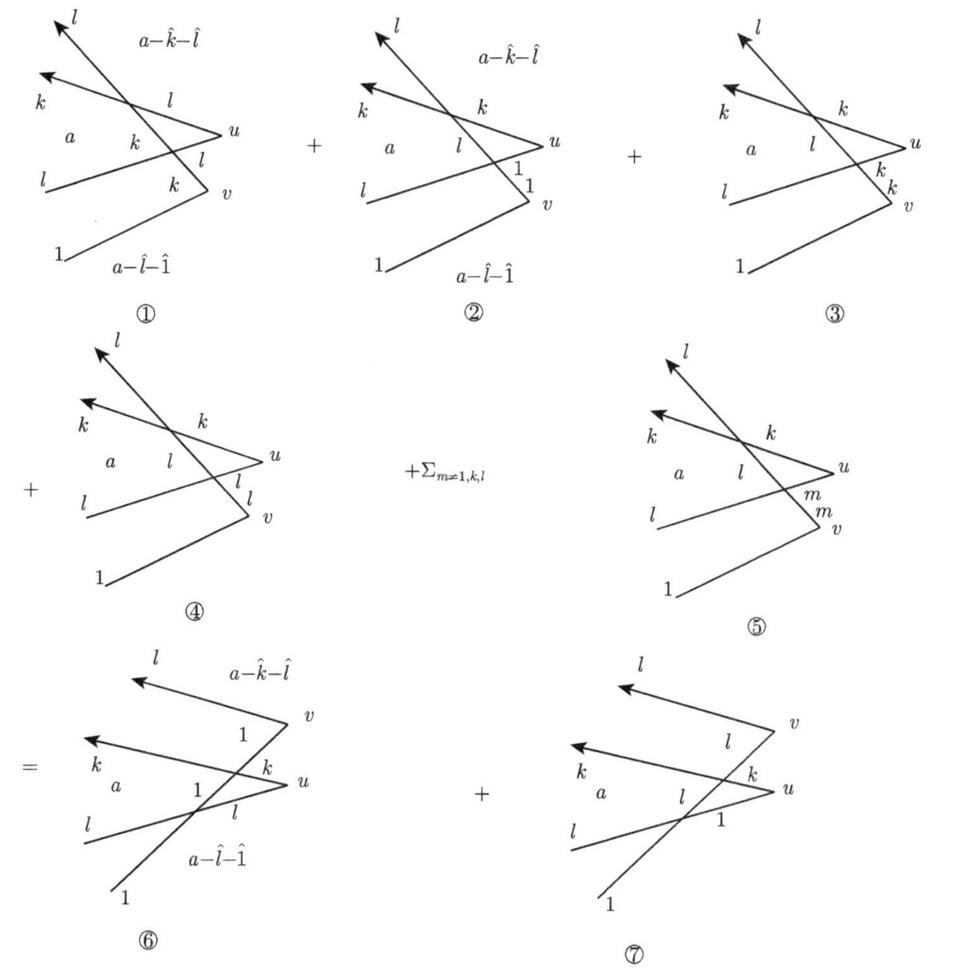

图 A.5 式 (A.26) 的推导

$$
\begin{aligned}
&(u)_l^k(v)_1^l(a|u+v)_{1k}^{1k}(a|u-v)_{l1}^{l1}\\
=&(v)_1^k(u)_l^l(a|u+v)_{lk}^{lk}(a|u-v)_{kl}^{lk}+(v)_1^1(u)_1^k(a|u+v)_{l1}^{1l}(a|u-v)_{lk}^{lk}\\
&+(v)_1^k(u)_k^k(a|u+v)_{lk}^{kl}(a|u-v)_{lk}^{lk}+(v)_1^l(u)_l^k(a|u+v)_{ll}^{ll}(a|u-v)_{lk}^{lk}\\
&+\sum_{m\neq 1,k,l}(v)_1^m(u)_m^k(a|u+v)_{lm}^{ml}(a|u-v)_{lk}^{lk}-(u)_1^k(v)_l^l(a|u+v)_{lk}^{lk}(a|u-v)_{l1}^{1l},
\end{aligned}
\tag{A.27}
$$

其中, R 矩阵是用前 10 章的规范 $\overline{R}$. 我们有 $k(a-2\hat{1}|v)_1^1k(\ \ |u)_1^k$ 的交换公式 (A.3) 和 $k(\ \ |u)_1^1\times k(\ \ |v)_1^k$ 的交换公式 (A.4). 在式 (A.27) 中, $k(\ \ |v)_1^1$ 的初始面权 (=

后继面权)= $a-\hat{l}-\hat{1}$ 与图 A.2 的标法不同. 图 A.2 的后继面权为 $a'-2\hat{1}$, 因此令 $a'-2\hat{1}=a-\hat{l}-\hat{1}$ 得到

$$a'=a-\hat{l}+\hat{1}. \tag{A.28}$$

把式 (A.27) 两边乘以 $(a'|u+v)_{11}^{11}(a'|u-v)_{1k}^{1k}$, 得到 $\Big($将 $\sum_{m\neq 1,k}$ 写成 $\sum_{m\neq 1,k,l}+\sum_{m=l}^{l}\Big)$

$$\begin{aligned}
&(u)_l^k(v)_1^l(a|u+v)_{1k}^{1k}(a|u-v)_{l1}^{l1}(a'|u+v)_{11}^{11}(a'|u-v)_{1k}^{1k} && \textcircled{x}\\
=&(v)_1^k(u)_l^l(a|u+v)_{lk}^{lk}(a|u-v)_{kl}^{lk}(a'|u+v)_{11}^{11}(a'|u-v)_{1k}^{1k} && \textcircled{\alpha}\\
&+(v)_1^k(u)_k^k[(a|u+v)_{lk}^{kl}(a|u-v)_{lk}^{lk}(a'|u+v)_{11}^{11}(a'|u-v)_{1k}^{1k}\\
&-(a|u+v)_{l1}^{1l}(a|u-v)_{lk}^{lk}(a'|u+v)_{1k}^{k1}(a'|u-v)_{1k}^{1k}] && \textcircled{a}\\
&+(v)_1^l(u)_l^k[(a|u+v)_{ll}^{ll}(a|u-v)_{lk}^{lk}(a'|u+v)_{11}^{11}(a'|u-v)_{1k}^{1k}\\
&-(a|u+v)_{l1}^{1l}(a|u-v)_{lk}^{lk}(a'|u+v)_{1l}^{l1}(a'|u-v)_{1k}^{1k}] && \textcircled{b}\\
&+\sum_{m\neq 1,k,l}(v)_1^m(u)_m^k[(a|u+v)_{lm}^{ml}(a|u-v)_{lk}^{lk}(a'|u+v)_{11}^{11}(a'|u-v)_{1k}^{1k}\\
&-(a|u+v)_{l1}^{1l}(a|u-v)_{lk}^{lk}(a'|u+v)_{1m}^{m1}(a'|u-v)_{1k}^{1k}] && \textcircled{c}\\
&-(v)_1^k(u)_1^1(a|u+v)_{l1}^{1l}(a|u-v)_{lk}^{lk}(a'|u+v)_{1k}^{1k}(a'|u-v)_{k1}^{1k} && \textcircled{d}\\
&+(u)_1^k(v)_1^1(a|u+v)_{l1}^{1l}(a|u-v)_{lk}^{lk}(a'|u+v)_{1k}^{1k}(a'|u-v)_{11}^{11} && \textcircled{e}\\
&-(u)_1^k(v)_l^l(a|u+v)_{lk}^{lk}(a|u-v)_{l1}^{1l}(a'|u+v)_{11}^{11}(a'|u-v)_{1k}^{1k}, && \textcircled{f}
\end{aligned} \tag{A.29}$$

考虑到 $(a|u-v)_{lk}^{lk}(a'|u+v)_{1k}^{1k}=(a|u+v)_{lk}^{lk}(a'|u-v)_{1k}^{1k}$, 可以改写 ⓓ, ⓔ 项, 使它也有因子 $(a'|u-v)_{1k}^{1k}$ 并进行后面的相关计算. 先用加法定理计算 ⓐ, ⓑ, ⓒ 的系数 (a),(b),(c), 给出

$$\begin{aligned}
(\mathrm{a})=&\left[\frac{\sigma(u+v+a_{lk}\omega)\sigma(u+v+\omega)}{\sigma(a_{lk}\omega)\sigma(\omega)}-\frac{\sigma(u+v+a_{l1}\omega)\sigma(u+v+a_{1k}'\omega)}{\sigma(a_{l1}\omega)\sigma(a_{1k}'\omega)}\right]\\
&\times(a|u-v)_{lk}^{lk}(a'|u-v)_{1k}^{1k}.
\end{aligned}$$

注意, 式 (A.28)$a'=a-\hat{l}+\hat{1}, a_{1k}'=a_{1k}+1, a_{1m}'=a_{1m}+1, a_{1l}'=a_{1l}+2$, 我们有

$$\begin{aligned}
(\mathrm{a})=&\frac{(a|u-v)_{lk}^{lk}(a'|u-v)_{1k}^{1k}}{\sigma(a_{lk}\omega)\sigma(\omega)\sigma(a_{l1}\omega)\sigma(a_{1k}\omega+\omega)}\\
&[\sigma(u+v+a_{lk}\omega)\sigma(u+v+\omega)\sigma(a_{l1}\omega)\sigma(a_{1k}\omega+\omega)\\
&-\sigma(u+v+a_{l1}\omega)\sigma(u+v+a_{1k}\omega+\omega)\sigma(a_{lk}\omega)\sigma(\omega)]
\end{aligned}$$

$$
\begin{aligned}
&=\cdots\{\sigma(u'+x')\sigma(v'+y')\sigma(u'-x')\sigma(v'-y')\\
&\quad-\sigma(u'+y')\sigma(v'+x')\sigma(u'-y')\sigma(v'-x')\}\\
&=\frac{(a|u-v)_{lk}^{lk}(a'|u-v)_{1k}^{1k}}{\sigma(a_{lk}\omega)\sigma(\omega)\sigma(a_{l1}\omega)\sigma(a_{1k}\omega+\omega)}\\
&\quad\times[\sigma(u+v+a_{lk}\omega+\omega)\sigma(a_{l1}\omega-\omega)\sigma(u+v)\sigma(a_{1k}\omega)]\\
&\quad\left(u'=\frac{u+v}{2}+\frac{a_{lk}+a_{l1}}{2}\omega,x'=\frac{u+v}{2}+\frac{a_{1k}\omega}{2},v'=\frac{u+v}{2}+\frac{a_{1k}\omega}{2}+\omega,\right.\\
&\quad\left.y'=\frac{u+v}{2}-\frac{a_{1k}\omega}{2}\right).
\end{aligned}
$$

$$
\begin{aligned}
(\mathrm{b})&=\left[\frac{\sigma(u+v+\omega)\sigma(u+v+\omega)}{\sigma(\omega)\sigma(\omega)}-\frac{\sigma(u+v+a_{l1}\omega)\sigma(u+v+a'_{1l}\omega)}{\sigma(a_{l1}\omega)\sigma(a'_{1l}\omega)}\right]\\
&\quad(a|u-v)_{lk}^{lk}(a'|u-v)_{1k}^{1k}\\
&=\frac{(a|u-v)_{lk}^{lk}(a'|u-v)_{1k}^{1k}}{\sigma(\omega)\sigma(\omega)\sigma(a_{l1}\omega)\sigma(a_{1l}\omega+2\omega)}[\sigma(u+v+\omega)\sigma(u+v+\omega)\sigma(a_{l1}\omega)\sigma(a_{1l}\omega+2\omega)\\
&\quad-\sigma(u+v+a_{l1}\omega)\sigma(u+v+a_{1l}\omega+2\omega)\sigma(\omega)\sigma(\omega)]\\
&=\cdots\{\sigma(u'+x')\sigma(u'-x')\sigma(v'-y')\sigma(v'+y')\\
&\quad-\sigma(u'-y')\sigma(u'+y')\sigma(v'-x')\sigma(v'+x')\}\\
&=-\frac{(a|u-v)_{lk}^{lk}(a'|u-v)_{1k}^{1k}}{\sigma(\omega)\sigma(\omega)\sigma(a_{l1}\omega)\sigma(a_{1l}\omega+2\omega)}\sigma(u+v+2\omega)\sigma(u+v)\sigma(a_{1l}\omega+\omega)\sigma(a_{1l}\omega+\omega)\\
&\quad(u'=u+v+\omega,\ x'=0,\ v'=\omega,\ y'=\omega+a_{1l}\omega).
\end{aligned}
$$

$$
\begin{aligned}
(\mathrm{c})&=\left[\frac{\sigma(u+v+a_{lm}\omega)\sigma(u+v+\omega)}{\sigma(a_{lm}\omega)\sigma(\omega)}\right.\\
&\quad\left.-\frac{\sigma(u+v+a_{l1}\omega)\sigma(u+v+a'_{1m}\omega)}{\sigma(a_{l1}\omega)\sigma(a'_{1m}\omega)}\right](a|u-v)_{lk}^{lk}(a'|u-v)_{1k}^{1k}\\
&=\frac{(a|u-v)_{lk}^{lk}(a'|u-v)_{1k}^{1k}}{\sigma(a_{lm}\omega)\sigma(\omega)\sigma(a_{l1}\omega)\sigma(a_{1m}\omega+\omega)}\\
&\quad[\sigma(u+v+a_{lm}\omega)\sigma(u+v+\omega)\sigma(a_{l1}\omega)\sigma(a_{1m}\omega+\omega)\\
&\quad-\sigma(u+v+a_{l1}\omega)\sigma(u+v+a_{1m}\omega+\omega)\sigma(a_{lm}\omega)\sigma(\omega)]\\
&=\cdots\{\sigma(u'+x')\sigma(v'+y')\sigma(u'-x')\sigma(v'-y')\\
&\quad-\sigma(u'+y')\sigma(v'+x')\sigma(u'-y')\sigma(v'-x')\}\\
&=\frac{(a|u-v)_{lk}^{lk}(a'|u-v)_{1k}^{1k}}{\sigma(a_{lm}\omega)\sigma(\omega)\sigma(a_{l1}\omega)\sigma(a_{1m}\omega+\omega)}
\end{aligned}
$$

$$\times[\sigma(u+v+a_{lm}\omega+\omega)\sigma(a_{l1}\omega-\omega)\sigma(u+v)\sigma(a_{1m}\omega)]$$
$$\left(u'=\frac{u+v}{2}+a_l\omega-\frac{a_m+a_1}{2}\omega, x'=\frac{u+v}{2}+\frac{a_{1m}\omega}{2},\right.$$
$$\left.v'=\frac{u+v}{2}+\frac{a_{1m}\omega}{2}+\omega, y'=\frac{u+v}{2}-\frac{a_{1m}\omega}{2}\right).$$

我们有

$$\text{ⓐ}=(v)_1^k(u)_k^k\frac{\sigma(u+v+a_{lk}\omega+\omega)\sigma(a_{l1}\omega-\omega)\sigma(u+v)\sigma(a_{1k}\omega)}{\sigma(a_{lk}\omega)\sigma(\omega)\sigma(a_{l1}\omega)\sigma(a_{1k}\omega+\omega)}$$
$$\times\frac{\sigma(u-v)\sigma(a_{lk}\omega+\omega)\sigma(u-v)\sigma(a_{1k}\omega+2\omega)}{\sigma(\omega)\sigma(a_{lk}\omega)\sigma(\omega)\sigma(a_{1k}\omega+\omega)},$$

$$\text{ⓑ}=-(v)_1^l(u)_l^k\frac{\sigma(u+v+2\omega)\sigma(u+v)\sigma(a_{1l}\omega+\omega)\sigma(a_{1l}\omega+\omega)}{\sigma(\omega)\sigma(\omega)\sigma(a_{l1}\omega)\sigma(a_{1l}\omega+2\omega)}$$
$$\times\frac{\sigma(u-v)\sigma(a_{lk}\omega+\omega)\sigma(u-v)\sigma(a_{1k}\omega+2\omega)}{\sigma(\omega)\sigma(a_{lk}\omega)\sigma(\omega)\sigma(a_{1k}\omega+\omega)},$$

$$\text{ⓒ}=\sum_{m\neq 1,k,l}(v)_1^m(u)_m^k\frac{\sigma(u+v+a_{lm}\omega+\omega)\sigma(a_{l1}\omega-\omega)\sigma(u+v)\sigma(a_{1m}\omega)}{\sigma(a_{lm}\omega)\sigma(\omega)\sigma(a_{l1}\omega)\sigma(a_{1m}\omega+\omega)}$$
$$\times\frac{\sigma(u-v)\sigma(a_{lk}\omega+\omega)\sigma(u-v)\sigma(a_{1k}\omega+2\omega)}{\sigma(\omega)\sigma(a_{lk}\omega)\sigma(\omega)\sigma(a_{1k}\omega+\omega)},$$

$$\text{(α)}=(v)_1^k(u)_l^l\frac{\sigma(u+v)\sigma(a_{lk}\omega+\omega)\sigma(u+v+\omega)\sigma(u-v+a_{kl}\omega)}{\sigma(\omega)\sigma(a_{lk}\omega)\sigma(\omega)\sigma(a_{kl}\omega)}$$
$$\times\frac{\sigma(u-v)\sigma(a_{1k}\omega+2\omega)}{\sigma(\omega)\sigma(a_{1k}\omega+\omega)}.$$

要把 (α) 和 ⓐ 添加 $(v)_1^k(u)_1^1$，变成 $(v)_1^k d_l^l(u)$ 和 $(v)_1^k d_k^k(u)$．首先要确定 $(u)_l^l$ 和 $(u)_k^k$ 的初始面权，它们是图 A.5 的初始面权 $a-\hat{k}-\hat{l}$. 根据定义 d_k^k 中需要对 $(u)_k^k$ 叠加的 $(u)_1^1$ (式 (A.9)) 由下式确定

$$d_k^k(a|u)\equiv k(a|u)_k^k-k(a|u)_1^1\frac{\sigma(2u+a_{k1}\omega+\omega)\sigma(\omega)}{\sigma(a_{k1}\omega+\omega)\sigma(2u+\omega)},$$

因此有

$$d_k^k(a-\hat{k}-\hat{l}|u)=k(a-\hat{k}-\hat{l}|u)_k^k-k(a-\hat{k}-\hat{l}|u)_1^1\frac{\sigma(2u+a_{k1}\omega)\sigma(\omega)}{\sigma(a_{k1}\omega)\sigma(2u+\omega)},$$
$$d_l^l(a-\hat{k}-\hat{l}|u)=k(a-\hat{k}-\hat{l}|u)_l^l-k(a-\hat{k}-\hat{l}|u)_1^1\frac{\sigma(2u+a_{l1}\omega)\sigma(\omega)}{\sigma(a_{l1}\omega)\sigma(2u+\omega)}.$$

合在一起, 它们所需要的 $k(a-\hat{k}-\hat{l}|u)_1^1$ 的系数为

$$\begin{aligned}
\varDelta = & -\left[-\frac{\sigma(u+v+a_{lk}\omega+\omega)\sigma(a_{l1}\omega-\omega)\sigma(a_{1k}\omega)\sigma(u-v)}{\sigma(a_{l1}\omega)\sigma(a_{1k}\omega+\omega)}\frac{\sigma(2u+a_{k1}\omega)\sigma(\omega)}{\sigma(a_{k1}\omega)\sigma(2u+\omega)}\right.\\
& \left.+\frac{\sigma(u+v+\omega)\sigma(u-v+a_{kl}\omega)\sigma(2u+a_{l1}\omega)\sigma(\omega)}{\sigma(a_{l1}\omega)\sigma(2u+\omega)}\right]\\
& \times\frac{\sigma(u+v)\sigma(a_{lk}\omega+\omega)\sigma(u-v)\sigma(a_{1k}\omega+2\omega)}{\sigma(\omega)\sigma(a_{lk}\omega)\sigma(\omega)\sigma(a_{1k}\omega+\omega)\sigma(a_{kl}\omega)\sigma(\omega)}\\
= & -[\sigma(u+v+a_{lk}\omega+\omega)\sigma(a_{l1}\omega-\omega)\sigma(u-v)\sigma(2u+a_{k1}\omega)\\
& +\sigma(u+v+\omega)\sigma(u-v+a_{kl}\omega)\sigma(2u+a_{l1}\omega)\sigma(a_{1k}\omega+\omega)]\\
& \times\left[\frac{\sigma(\omega)}{\sigma(a_{l1}\omega)\sigma(2u+\omega)\sigma(a_{1k}\omega+\omega)}\right]\times[\cdots]\\
= & -\{\sigma(u'+x')\sigma(u'-x')\sigma(v'-y')\sigma(v'+y')\\
& +\sigma(x'+y')\sigma(-(u'-v'))\sigma(u'+v')\sigma(x'-y')\}\cdots\\
= & -\sigma(u+v+a_{l1}\omega)\sigma(a_{lk}\omega)\sigma(2u+\omega)\sigma(u-v+a_{k1}\omega-\omega)\\
& \times\frac{\sigma(\omega)\sigma(u+v)\sigma(a_{lk}\omega+\omega)}{\sigma(2u+\omega)\sigma(a_{1k}\omega+\omega)\sigma(a_{l1}\omega)\sigma(\omega)\sigma(a_{lk}\omega)}\frac{\sigma(u-v)\sigma(a_{1k}\omega+2\omega)}{\sigma(\omega)\sigma(a_{kl}\omega)\sigma(\omega)\sigma(a_{1k}\omega+\omega)}\\
& \left(u'=\frac{u+v}{2}+\frac{a_{lk}+a_{l1}}{2}\omega, x'=\frac{u+v}{2}+\frac{a_{1k}}{2}\omega+\omega,\right.\\
& \quad\left. v'=\frac{3u-v}{2}+\frac{a_{k1}}{2}\omega, y'=\frac{u+v}{2}+\frac{a_{k1}}{2}\omega\right).
\end{aligned}$$

对比 ⓓ 项, $(u)_1^1$ 的系数在 ⓓ 为

$$\begin{aligned}
(\mathrm{d}) = & -\frac{\sigma(u+v+a_{l1}\omega)\sigma(u-v)\sigma(a_{lk}\omega+\omega)}{\sigma(a_{l1}\omega)\sigma(\omega)\sigma(a_{lk}\omega)}\frac{\sigma(u+v)\sigma(a'_{1k}\omega+\omega)\sigma(u-v+a'_{k1}\omega)}{\sigma(\omega)\sigma(a'_{1k}\omega)\sigma(a'_{k1}\omega)}\\
= & -\frac{\sigma(u+v+a_{l1}\omega)\sigma(u-v)\sigma(a_{lk}\omega+\omega)}{\sigma(a_{l1}\omega)\sigma(\omega)\sigma(a_{lk}\omega)}\\
& \times\frac{\sigma(u+v)\sigma(a_{1k}\omega+2\omega)\sigma(u-v+a_{k1}\omega-\omega)}{\sigma(\omega)\sigma(a_{1k}\omega+\omega)\sigma(a_{k1}\omega-\omega)}.
\end{aligned}$$

二者一致! 这说明在 w.t 中对第二个算子将 $k(\quad|u)_s^s$ 补偿为 $d_s^s(\quad|u)$ 之后, 整个 w.t 将不再出现 $k(\quad|u)_1^1=A(\quad|u)_1^1$ 项, 这正是我们所需要的. 相应地, 我们也要将 u.t 中 ⓕ 项的第二个算子 $k(\quad|v)_l^l$ 补偿为 $d_l^l(\quad|v)$, 相应地 ⓔ 项的系数就要作改变, 由 (e) 变为 (e)$'$. 让我们写下这两项:

$$\text{ⓕ} = k(\quad|u)_1^k k(a-\hat{k}-\hat{l}|v)_l^l(f),$$

$$(\mathrm{f}) = -(a|u+v)_{lk}^{lk}\frac{\sigma(u-v+a_{l1}\omega)\sigma(u+v+\omega)}{\sigma(a_{l1}\omega)\sigma(\omega)}(a'|u-v)_{1k}^{1k},$$

$$\text{ⓔ} = k(\quad|u)_1^k k(a-\hat{k}-\hat{l}|v)_1^1(\mathrm{e}),$$

$$\begin{aligned}(\mathrm{e}) &= (a|u+v)_{l1}^{1l}(a|u-v)_{lk}^{lk}(a'|u+v)_{1k}^{1k}(a'|u-v)_{11}^{11}\\ &= (a|u+v)_{l1}^{1l}(a'|u-v)_{11}^{11}(a|u+v)_{lk}^{lk}(a'|u-v)_{1k}^{1k}\\ &= \frac{\sigma(u+v+a_{l1}\omega)\sigma(u-v+\omega)}{\sigma(a_{l1}\omega)\sigma(\omega)}(a|u+v)_{lk}^{lk}(a'|u-v)_{1k}^{1k}.\end{aligned}$$

ⓕ 项要补偿的是由

$$\begin{aligned}d_l^l(a-\hat{k}-\hat{l}|v) &= k(a-\hat{k}-\hat{l}|v)_l^l - k(a-\hat{k}-\hat{l}|v)_1^1\frac{\sigma(2v+(a-\hat{k}-\hat{l})_{l1}\omega+\omega)\sigma(\omega)}{\sigma((a-\hat{k}-\hat{l})_{l1}\omega+\omega)\sigma(2v+\omega)}\\ &= k(a-\hat{k}-\hat{l}|v)_l^l - k(a-\hat{k}-\hat{l}|v)_1^1\frac{\sigma(2v+a_{l1}\omega)\sigma(\omega)}{\sigma(a_{l1}\omega)\sigma(2v+\omega)}\end{aligned}$$

确定的, 因此 ⓔ 项要相应地改变

$$\begin{aligned}(\mathrm{e})' &= (\mathrm{e}) + (\mathrm{f})\frac{\sigma(2v+a_{l1}\omega)\sigma(\omega)}{\sigma(a_{l1}\omega)\sigma(2v+\omega)}\\ &= \left\{\frac{\sigma(u+v+a_{l1}\omega)\sigma(u-v+\omega)}{\sigma(a_{l1}\omega)\sigma(\omega)}\right.\\ &\quad\left.-\frac{\sigma(u-v+a_{l1}\omega)\sigma(u+v+\omega)\sigma(2v+a_{l1}\omega)\sigma(\omega)}{\sigma(a_{l1}\omega)\sigma(\omega)\sigma(a_{l1}\omega)\sigma(2v+\omega)}\right\}\\ &\quad\times(a|u+v)_{lk}^{lk}(a'|u-v)_{1k}^{1k}\\ &= (a|u+v)_{lk}^{lk}(a'|u-v)_{1k}^{1k}\frac{1}{\sigma(a_{l1}\omega)\sigma(\omega)\sigma(a_{l1}\omega)\sigma(2v+\omega)}\\ &\quad\times[\sigma(u+v+a_{l1}\omega)\sigma(u-v+\omega)\sigma(a_{l1}\omega)\sigma(2v+\omega)\\ &\quad-\sigma(u-v+a_{l1}\omega)\sigma(u+v+\omega)\sigma(2v+a_{l1}\omega)\sigma(\omega)]\\ &= \cdots\{\sigma(u'+x')\sigma(v'+y')\sigma(u'-x')\sigma(v'-y')\\ &\quad-\sigma(u'+y')\sigma(v'+x')\sigma(u'-y')\sigma(v'-x')\}\\ &= \frac{\sigma(u+v+a_{l1}\omega+\omega)\sigma(a_{l1}\omega-\omega)\sigma(u-v)\sigma(2v)}{\sigma(a_{l1}\omega)\sigma(2v+\omega)}\\ &\quad\times\frac{\sigma(u-v)\sigma(a_{lk}\omega+\omega)\sigma(u+v)\sigma(a_{1k}\omega+2\omega)}{\sigma(a_{l1}\omega)(\sigma(\omega))^3\sigma(a_{lk}\omega)\sigma(a_{1k}\omega+\omega)}\\ &\quad\left(u'=\frac{u+v}{2}+a_{l1}\omega,\quad x'=\frac{u+v}{2},\quad v'=\frac{u+v}{2}+\omega,\quad y'=\frac{u-3v}{2}\right),\end{aligned}$$

把 $k(\ |v)_i^i - k(\ |v)_1^1 \times \cdots$ 写成 $(\tilde{v})_i^i \equiv d_i^i(\ |v)$, 我们算出

$$
\begin{aligned}
&(u)_l^k(v)_1^l(a|u+v)_{1k}^{1k}(a|u-v)_{l1}^{l1}(a'|u+v)_{11}^{11}(a'|u-v)_{1k}^{1k}\\
=&(v)_1^k(\tilde{u})_l^l\frac{\sigma(u+v)\sigma(a_{lk}\omega+\omega)\sigma(u-v+a_{kl}\omega)\sigma(u+v+\omega)}{\sigma(\omega)\sigma(a_{lk}\omega)\sigma(a_{kl}\omega)\sigma(\omega)}(a'|u-v)_{1k}^{1k}\\
&+(v)_1^k(\tilde{u})_k^k\frac{\sigma(u+v+a_{lk}\omega+\omega)\sigma(u+v)\sigma(a_{l1}\omega-\omega)}{\sigma(a_{lk}\omega)\sigma(\omega)\sigma(a_{l1}\omega)}\\
&\times\frac{\sigma(a_{1k}\omega)\sigma(u-v)\sigma(a_{lk}\omega+\omega)}{\sigma(a_{1k}\omega+\omega)\sigma(\omega)\sigma(a_{lk}\omega)}(a'|u-v)_{1k}^{1k}\\
&+(v)_1^l(u)_l^k\frac{\sigma(u+v+2\omega)\sigma(u+v)\sigma(a_{1l}\omega+\omega)}{\sigma(\omega)\sigma(\omega)\sigma(a_{l1}\omega)}\\
&\times\frac{\sigma(a_{1l}\omega+\omega)(-1)\sigma(u-v)\sigma(a_{lk}\omega+\omega)}{\sigma(a_{1l}\omega+2\omega)\sigma(\omega)\sigma(a_{lk}\omega)}(a'|u-v)_{1k}^{1k}\\
&+\sum_{m\neq 1,k,l}(v)_1^m(u)_m^k\frac{\sigma(u+v+a_{lm}\omega+\omega)\sigma(a_{l1}\omega-\omega)\sigma(u+v)}{\sigma(a_{lm}\omega)\sigma(a_{l1}\omega)\sigma(\omega)}\\
&\times\frac{\sigma(a_{1m}\omega)\sigma(u-v)\sigma(a_{lk}\omega+\omega)}{\sigma(a_{1m}\omega+\omega)\sigma(\omega)\sigma(a_{lk}\omega)}(a'|u-v)_{1k}^{1k}\\
&-(u)_1^k(\tilde{v})_l^l\frac{\sigma(u-v+a_{l1}\omega)\sigma(u+v+\omega)}{\sigma(a_{l1}\omega)\sigma(\omega)}(a'|u-v)_{1k}^{1k}\\
&\times\frac{\sigma(u+v)\sigma(a_{lk}\omega+\omega)}{\sigma(\omega)\sigma(a_{lk}\omega)}\\
&+(u)_1^k(v)_1^1\frac{\sigma(u+v+a_{l1}\omega+\omega)\sigma(a_{l1}\omega-\omega)\sigma(2v)}{\sigma(a_{l1}\omega)\sigma(a_{l1}\omega)\sigma(2v+\omega)}\\
&\times\frac{\sigma(u-v)\sigma(u+v)\sigma(a_{lk}\omega+\omega)}{\sigma(\omega)\sigma(\omega)\sigma(a_{lk}\omega)}(a'|u-v)_{1k}^{1k}.
\end{aligned}
$$

记住第二项 k 矩阵的初始面权是 $a-\hat{k}-\hat{l}$, 约去公因子 $\dfrac{\sigma(u+v)}{\sigma(\omega)}(a'|u-v)_{1k}^{1k}$ 得到

$$
\begin{aligned}
&k(a-\hat{k}-\hat{1}|u)_l^k k(a-\hat{k}-\hat{l}|v)_1^l\frac{\sigma(a_{1k}\omega+\omega)\sigma(u-v)\sigma(a_{l1}\omega+\omega)\sigma(u+v+\omega)}{\sigma(a_{1k}\omega)\sigma(\omega)\sigma(a_{l1}\omega)\sigma(\omega)}\\
=&k(a-\hat{k}-\hat{l}|v)_1^k d_l^l(a-\hat{k}-\hat{l}|u)\times(\alpha)'\\
&+k(a-\hat{k}-\hat{l}|v)_1^k d_k^k(a-\hat{k}-\hat{l}|u)\times(\mathrm{a})'\\
&+k(a-2\hat{l}|v)_1^l k(a-\hat{k}-\hat{l}|u)_l^k\times(\mathrm{b})'\\
&+\sum_{m\neq 1,k,l}k(a-\hat{l}-\hat{m}|v)_1^m k(a-\hat{k}-\hat{l}|u)_m^k\times(\mathrm{c})'\\
&-k(a-\hat{k}-\hat{l}|u)_1^k d_l^l(a-\hat{k}-\hat{l}|v)\times(\mathrm{f})'\\
&+k(a-\hat{k}-\hat{l}|u)_1^k k(a-\hat{k}-\hat{l}|v)_1^1\times(\mathrm{e}')'
\end{aligned}
$$

代入各项系数, 由式 (A.20), 式 (A.22b) 及式 (A.24) 得

$$
\begin{aligned}
&D_l^k(a-\hat{k}-\hat{1}|u)B^l(a-\hat{k}-\hat{l}|v)\frac{\sigma(a_{1k}\omega+\omega)\sigma(u-v)\sigma(a_{l1}\omega+\omega)}{\sigma(a_{1k}\omega)\sigma(\omega)\sigma(a_{l1}\omega)}\\
&\times\frac{\sigma(u+v+\omega)\sigma(a_{k1}\omega)\sigma(a_{1l}\omega+\omega)}{\sigma(\omega)\sigma(a_{l1}\omega+\omega)\sigma(\omega)}\\
=&B^k(a-\hat{k}-\hat{l}|v)D_l^l(a-\hat{k}-\hat{l}|u)\frac{\sigma(a_{1k}\omega+\omega)\sigma(a_{l1}\omega-\omega)}{\sigma(\omega)\sigma(a_{l1}\omega)}\\
&\times\frac{\sigma(a_{lk}\omega+\omega)\sigma(u-v+a_{kl}\omega)\sigma(u+v+\omega)}{\sigma(a_{lk}\omega)\sigma(a_{kl}\omega)\sigma(\omega)}\\
&+B^k(a-\hat{k}-\hat{l}|v)D_k^k(a-\hat{k}-\hat{l}|u)\frac{\sigma(a_{1k}\omega+\omega)\sigma(a_{k1}\omega-\omega)\sigma(a_{l1}\omega-\omega)}{\sigma(\omega)\sigma(a_{k1}\omega)\sigma(a_{l1}\omega)}\\
&\times\frac{\sigma(u+v+a_{lk}\omega+\omega)\sigma(a_{1k}\omega)\sigma(u-v)\sigma(a_{lk}\omega+\omega)}{\sigma(a_{lk}\omega)\sigma(a_{1k}\omega+\omega)\sigma(\omega)\sigma(a_{lk}\omega)}\\
&+B^l(a-2\hat{l}|v)D_l^k(a-\hat{k}-\hat{l}|u)\frac{\sigma(a_{1l}\omega+2\omega)\sigma(a_{k1}\omega-\omega)\sigma(u+v+2\omega)}{\sigma(\omega)\sigma(a_{l1}\omega-\omega)\sigma(\omega)}\\
&\times\frac{\sigma(a_{1l}\omega+\omega)\sigma(a_{l1}\omega-\omega)\sigma(u-v)\sigma(a_{lk}\omega+\omega)}{\sigma(a_{l1}\omega)\sigma(a_{1l}\omega+2\omega)\sigma(\omega)\sigma(a_{lk}\omega)}\\
&+\sum_{m\neq 1,k,l}B^m(a-\hat{l}-\hat{m}|v)D_m^k(a-\hat{k}-\hat{l}|u)\\
&\times\frac{\sigma(a_{1m}\omega+\omega)\sigma(a_{k1}\omega-\omega)\sigma(u+v+a_{lm}\omega+\omega)}{\sigma(\omega)\sigma(a_{m1}\omega)\sigma(a_{lm}\omega)}\\
&\times\frac{\sigma(a_{1m}\omega)\sigma(a_{l1}\omega-\omega)\sigma(u-v)\sigma(a_{lk}\omega+\omega)}{\sigma(a_{1m}\omega+\omega)\sigma(a_{l1}\omega)\sigma(\omega)\sigma(a_{lk}\omega)}\\
&-B^k(a-\hat{k}-\hat{l}|u)D_l^l(a-\hat{k}-\hat{l}|v)\frac{\sigma(a_{1k}\omega+\omega)\sigma(a_{l1}\omega-\omega)}{\sigma(\omega)\sigma(a_{l1}\omega)}\\
&\times\frac{\sigma(u-v+a_{l1}\omega)\sigma(u+v+\omega)\sigma(a_{lk}\omega+\omega)}{\sigma(a_{l1}\omega)\sigma(\omega)\sigma(a_{lk}\omega)}\\
&+B^k(a-\hat{k}-\hat{l}|u)A(a-\hat{k}-\hat{l}|v)\frac{\sigma(a_{1k}\omega+\omega)\sigma(u+v+a_{l1}\omega+\omega)\sigma(a_{l1}\omega-\omega)}{\sigma(\omega)\sigma(a_{l1}\omega)\sigma(a_{l1}\omega)}\\
&\times\frac{\sigma(2v)\sigma(u-v)\sigma(a_{lk}\omega+\omega)}{\sigma(2v+\omega)\sigma(\omega)\sigma(a_{lk}\omega)}.
\end{aligned}
$$

计算得到

$$
\begin{aligned}
&D_l^k(a-\hat{k}-\hat{1}|u)B^l(a-\hat{k}-\hat{l}|v)\frac{\sigma(u+v+\omega)\sigma(u-v)}{\sigma(\omega)\sigma(\omega)}\\
=&B^k(a-\hat{k}-\hat{l}|v)D_l^l(a-\hat{k}-\hat{l}|u)\overline{R}(a|u-v)_{kl}^{lk}\overline{R}(a|u+v+\omega)_{lk}^{lk}
\end{aligned}
$$

$$+B^k(a-\hat{k}-\hat{l}|v)D_k^k(a-\hat{k}-\hat{l}|u)\overline{R}(a|u-v)_{lk}^{lk}\overline{R}(a|u+v+\omega)_{lk}^{kl}$$

$$+B^l(a-2\hat{l}|v)D_l^k(a-\hat{k}-\hat{l}|u)\overline{R}(a|u-v)_{lk}^{lk}\overline{R}(a|u+v+\omega)_{ll}^{ll}$$

$$+\sum_{m\neq 1,k,l}B^m(a-\hat{l}-\hat{m}|v)D_m^k(a-\hat{k}-\hat{l}|u)\overline{R}(a|u-v)_{lk}^{lk}\overline{R}(a|u+v+\omega)_{lm}^{ml}$$

$$-B^k(a-\hat{k}-\hat{l}|u)D_l^l(a-\hat{k}-\hat{l}|v)\frac{\sigma(u+v+\omega)\sigma(u-v+a_{l1}\omega)\sigma(a_{lk}\omega+\omega)}{\sigma(\omega)\sigma(a_{l1}\omega)\sigma(a_{lk}\omega)}$$

$$+B^k(a-\hat{k}-\hat{l}|u)A(a-\hat{k}-\hat{l}|v)\frac{\sigma(u-v)\sigma(2v)\sigma(u+v+a_{l1}\omega+\omega)\sigma(a_{lk}\omega+\omega)}{\sigma(\omega)\sigma(2v+\omega)\sigma(a_{l1}\omega)\sigma(a_{lk}\omega)},$$

其中, u.t 可以写成

$$-B^k(a-\hat{k}-\hat{l}|u)D_l^l(a-\hat{k}-\hat{l}|v)\frac{\sigma(\omega)\sigma(u+v+\omega)}{\sigma(2u+\omega)\sigma(\omega)}$$

$$\times\frac{\sigma(u-v+a_{l1}\omega)}{\sigma(a_{l1}\omega)}\overline{R}(a-\hat{1}|2u+\omega)_{lk}^{lk}$$

$$+B^k(a-\hat{k}-\hat{l}|u)A(a-\hat{k}-\hat{l}|v)\frac{\sigma(\omega)\sigma(u-v)}{\sigma(2u+\omega)\sigma(\omega)}\frac{\sigma(2v)}{\sigma(2v+\omega)}$$

$$\times\frac{\sigma(u+v+a_{l1}\omega+\omega)}{\sigma(a_{l1}\omega)}\overline{R}(a-\hat{1}|2u+\omega)_{lk}^{lk}.$$

这个结果与式 (11.2.9) 一致, 其中 w.t 与图 A.6 一致.

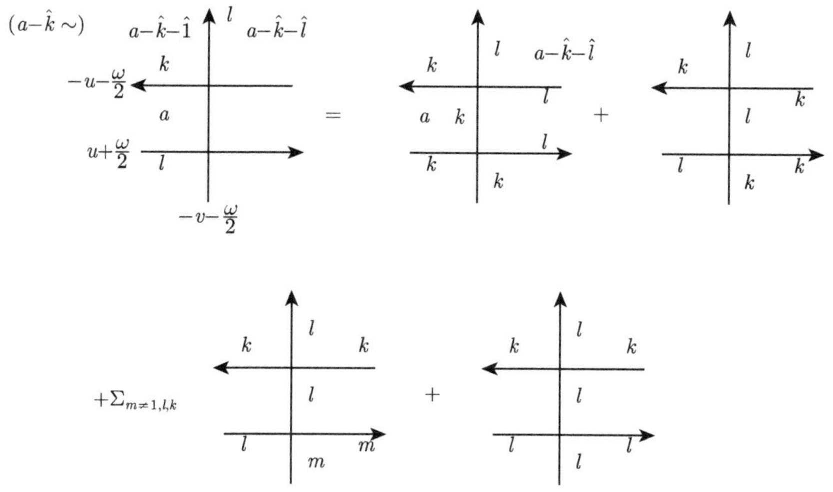

图 A.6　$D_l^k(\quad|u)B^l(\quad|v)$ 的 w.t 图示

附录 4　$D_k^k(\quad|u)B^k(\quad|v)$ 的交换关系

从式 (A.2) 出发, 将等式左边的 $(u)_k^k(v)_1^k\cdots$ 加上补偿项变为 $(\tilde{u})_k^k(v)_1^k\cdots$, 这个补偿项与等式右边最后一项从算子来看是相同的, 由此我们得到

$$
\begin{aligned}
&[(u)_k^k+x(u)(u)_1^1](v)_1^k(a|u+v)_{1k}^{1k}(a|u-v)_{k1}^{k1}\\
=&(v)_1^k(u)_k^k(a|u+v)_{kk}^{kk}(a|u-v)_{kk}^{kk}\\
&+\cdots\\
&+(u)_1^1(v)_1^k[-(a|u+v)_{k1}^{1k}(a|u-v)_{k1}^{1k}+x(u)(a|u+v)_{1k}^{1k}(a|u-v)_{k1}^{k1}],
\end{aligned}\tag{A.30}
$$

其中, $x(u)$ 由式 (A.8) 给出

$$
x(u)=-\frac{\sigma(2u+a_{k1}\omega+\omega)\sigma(\omega)}{\sigma(a_{k1}\omega+\omega)\sigma(2u+\omega)}.
$$

由加法定理我们得到式 (A.30) 最后一项的系数

$$
\begin{aligned}
-\theta=&\left[-(a|u+v)_{k1}^{1k}(a|u-v)_{k1}^{1k}-\frac{\sigma(2u+a_{k1}\omega+\omega)\sigma(\omega)}{\sigma(a_{k1}\omega+\omega)\sigma(2u+\omega)}(a|u+v)_{1k}^{1k}(a|u-v)_{k1}^{k1}\right]\\
=&-\frac{\sigma(2u+a_{k1}\omega)\sigma(u+v+\omega)\sigma(u-v+\omega)}{\sigma(a_{k1}\omega)\sigma(2u+\omega)\sigma(\omega)}\\
=&-\frac{\sigma(2u+a_{k1}\omega)\sigma(\omega)}{\sigma(a_{k1}\omega)\sigma(2u+\omega)}(\quad|u+v)_{\mu\mu}^{\mu\mu}(\quad|u-v)_{\nu\nu}^{\nu\nu}.
\end{aligned}\tag{A.31}
$$

具体计算如下

$$
\begin{aligned}
-\theta=&x(a|u+v)_{1k}^{1k}(a|u-v)_{k1}^{k1}-(a|u+v)_{k1}^{1k}(a|u-v)_{k1}^{1k}\\
=&-\frac{\sigma(2u+a_{k1}\omega+\omega)\sigma(\omega)\sigma(u+v)\sigma(u-v)\sigma(a_{1k}\omega+\omega)\sigma(a_{k1}\omega+\omega)}{\sigma(a_{k1}\omega+\omega)\sigma(2u+\omega)\sigma(\omega)\sigma(\omega)\sigma(a_{1k}\omega)\sigma(a_{k1}\omega)}\\
&-\frac{\sigma(u+v+a_{k1}\omega)\sigma(u-v+a_{k1}\omega)}{\sigma(a_{k1}\omega)\sigma(a_{k1}\omega)}\\
=&-\frac{1}{\sigma(2u+\omega)\sigma(\omega)\sigma(a_{1k}\omega)\sigma(a_{k1}\omega)}\\
&\times[\sigma(2u+a_{k1}\omega+\omega)\sigma(u+v)\sigma(u-v)\sigma(a_{1k}\omega+\omega)\\
&-\sigma(u+v+a_{k1}\omega)\sigma(u-v+a_{k1}\omega)\sigma(2u+\omega)\sigma(\omega)]\\
=&\cdots\{\sigma(u'+x')\sigma(v'+y')\sigma(v'-y')\sigma(u'-x')\\
&-\sigma(x'+y')\sigma(x'-y')\sigma(u'+v')\sigma(u'-v')\}
\end{aligned}
$$

$$=\frac{\sigma(u+v+\omega)\sigma(u-v+\omega)\sigma(2u+a_{k1}\omega)\sigma(a_{k1}\omega)}{\sigma(2u+\omega)\sigma(\omega)\sigma(a_{1k}\omega)\sigma(a_{k1}\omega)}$$

$$(u'=u+\omega,\quad x'=u+a_{k1}\omega,\quad v'=u,\quad y'=v),$$

$$-\theta=-\frac{\sigma(2u+a_{k1}\omega)\sigma(u+v+\omega)\sigma(u-v+\omega)}{\sigma(2u+\omega)\sigma(\omega)\sigma(a_{k1}\omega)}.$$

代入式 (A.2), 式 (A.3), 式 (A.4), 我们有

$$
\begin{aligned}
&(\tilde{u})^k_k(v)^k_1(a|u+v)^{1k}_{1k}(a|u-v)^{k1}_{k1}(a'|u+v)^{11}_{11}(a'|v-u)^{1k}_{1k} && \text{(x)}\\
=&(v)^k_1(u)^k_k[(a|u+v)^{kk}_{kk}(a|u-v)^{kk}_{kk}(a'|u+v)^{11}_{11}(a'|v-u)^{1k}_{1k}\\
&+(a|u+v)^{1k}_{k1}(a|u-v)^{kk}_{kk}(a'|u+v)^{k1}_{1k}(a'|u-v)^{1k}_{1k}] && \text{(a)}\\
&+\sum_{m\neq 1,k}(v)^m_1(u)^k_m[(a|u+v)^{mk}_{km}(a|u-v)^{kk}_{kk}(a'|u+v)^{11}_{11}(a'|v-u)^{1k}_{1k}\\
&+(a|u+v)^{1k}_{k1}(a|u-v)^{kk}_{kk}(a'|u+v)^{m1}_{1m}(a'|u-v)^{1k}_{1k}] && \text{(b)}\\
&+(u)^k_1(v)^k_k[-(a|u+v)^{kk}_{kk}(a|u-v)^{1k}_{k1}(a'|u+v)^{11}_{11}(a'|v-u)^{1k}_{1k}\\
&+\theta(a'|u+v)^{k1}_{1k}(a'|v-u)^{1k}_{1k}] && \text{(c)}\\
&+\sum_{m\neq 1,k}(u)^m_1(v)^k_m[-(a|u+v)^{mk}_{km}(a|u-v)^{1k}_{k1}(a'|u+v)^{11}_{11}(a'|v-u)^{1k}_{1k}\\
&+\theta(a'|u+v)^{m1}_{1m}(a'|v-u)^{1k}_{1k}] && \text{(d)}\\
&+(v)^k_1(u)^1_1[-\theta(a'|u+v)^{1k}_{1k}(a'|v-u)^{11}_{11}\\
&+(a|u+v)^{1k}_{k1}(a|u-v)^{kk}_{kk}(a'|u+v)^{1k}_{1k}(a'|u-v)^{1k}_{k1}] && \text{(e)}\\
&+(u)^k_1(v)^1_1[\theta(a'|u+v)^{1k}_{1k}(a'|v-u)^{1k}_{k1}\\
&-(a|u+v)^{1k}_{k1}(a|u-v)^{kk}_{kk}(a'|u+v)^{1k}_{1k}(a'|u-v)^{11}_{11}], && \text{(f)}
\end{aligned}
\tag{A.32}
$$

注意, 式 (A.5)$a'=a-\hat{k}+\hat{1}$, (a) 项的系数为

$$
\begin{aligned}
(\mathrm{a})=&(a|u-v)^{kk}_{kk}(a'|v-u)^{1k}_{1k}\Big[\frac{\sigma(u+v+\omega)\sigma(u+v+\omega)}{\sigma(\omega)\sigma(\omega)}\\
&-\frac{\sigma(u+v+a_{k1}\omega)\sigma(u+v+a_{1k}\omega+2\omega)}{\sigma(a_{k1}\omega)\sigma(a_{1k}\omega+2\omega)}\Big]\\
=&(a|u-v)^{kk}_{kk}(a'|v-u)^{1k}_{1k}\frac{1}{\sigma(\omega)\sigma(\omega)\sigma(a_{k1}\omega)\sigma(a_{1k}\omega+2\omega)}\\
&\times[\sigma(u+v+\omega)\sigma(u+v+\omega)\sigma(a_{k1}\omega)\sigma(a_{1k}\omega+2\omega)
\end{aligned}
$$

$$
\begin{aligned}
&-\sigma(u+v+a_{k1}\omega)\sigma(u+v+a_{1k}\omega+2\omega)\sigma(\omega)\sigma(\omega)]\\
=&\cdots\{\sigma(u'+x')\sigma(u'-x')\sigma(v'-y')\sigma(v'+y')\\
&-\sigma(u'-y')\sigma(u'+y')\sigma(v'+x')\sigma(v'-x')\}\\
=&-\frac{\sigma(u+v+2\omega)\sigma(u+v)\sigma(a_{1k}\omega+\omega)\sigma(a_{1k}\omega+\omega)}{\sigma(\omega)\sigma(\omega)\sigma(a_{k1}\omega)\sigma(a_{1k}\omega+2\omega)}\\
&\times\frac{\sigma(u-v+\omega)}{\sigma(\omega)}(a'|v-u)^{1k}_{1k}\\
&(u'=u+v+\omega, x'=0, v'=\omega, y'=a_{1k}\omega+\omega).
\end{aligned}
\tag{A.33}
$$

为了将 ⓐ 项改为 $(v)^k_1(\tilde{u})^k_k\times\cdots$, 我们要记住, 根据式 (A.9), $(\tilde{u})^k_k=d^k_k(a-2\hat{k}|u)$ 的补偿项为

$$
-R(a-2\hat{k}-\hat{1}|2u)^{1k}_{k1}=-\frac{\sigma(2u+a_{k1}\omega-\omega)\sigma(\omega)}{\sigma(a_{k1}\omega-\omega)\sigma(2u+\omega)}=\frac{\sigma(2u+a_{k1}\omega-\omega)\sigma(\omega)}{\sigma(a_{1k}\omega+\omega)\sigma(2u+\omega)}
\tag{A.34}
$$

ⓑ 项的系数为

$$
\begin{aligned}
(\mathrm{b})=&(a|u-v)^{kk}_{kk}(a'|v-u)^{1k}_{1k}\Big[\frac{\sigma(u+v+a_{km}\omega)\sigma(u+v+\omega)}{\sigma(a_{km}\omega)\sigma(\omega)}\\
&-\frac{\sigma(u+v+a_{k1}\omega)\sigma(u+v+a_{1m}\omega+\omega)}{\sigma(a_{k1}\omega)\sigma(a_{1m}\omega+\omega)}\Big]\\
=&(a|u-v)^{kk}_{kk}(a'|v-u)^{1k}_{1k}\frac{1}{\sigma(a_{km}\omega)\sigma(\omega)\sigma(a_{k1}\omega)\sigma(a_{1m}\omega+\omega)}\\
&\times[\sigma(u+v+a_{km}\omega)\sigma(u+v+\omega)\sigma(a_{k1}\omega)\sigma(a_{1m}\omega+\omega)\\
&-\sigma(u+v+a_{k1}\omega)\sigma(u+v+a_{1m}\omega+\omega)\sigma(a_{km}\omega)\sigma(\omega)]\\
=&\cdots\{\sigma(u'+x')\sigma(v'+y')\sigma(u'-x')\sigma(v'-y')\\
&-\sigma(u'+y')\sigma(v'+x')\sigma(u'-y')\sigma(v'-x')\}\\
=&\frac{\sigma(u+v+a_{km}\omega+\omega)\sigma(a_{k1}\omega-\omega)\sigma(u+v)\sigma(a_{1m}\omega)}{\sigma(a_{km}\omega)\sigma(\omega)\sigma(a_{k1}\omega)\sigma(a_{1m}\omega+\omega)}\frac{\sigma(u-v+\omega)}{\sigma(\omega)}(a'|v-u)^{1k}_{1k}\\
&\bigg(u'=\frac{u+v}{2}+a_k\omega-\frac{a_m+a_1}{2}\omega, x'=\frac{u+v}{2}+\frac{a_{1m}}{2}\omega,\\
&v'=\frac{u+v}{2}+\frac{a_{1m}}{2}\omega+\omega, y'=\frac{u+v}{2}-\frac{a_{1m}}{2}\omega\bigg).
\end{aligned}
\tag{A.35}
$$

ⓒ 项的系数为

$$
(\mathrm{c})=-(a'|u+v)^{11}_{11}(a'|v-u)^{1k}_{1k}\Big[\frac{\sigma(u+v+\omega)\sigma(u-v+a_{k1}\omega)}{\sigma(\omega)\sigma(a_{k1}\omega)}
$$

$$
-\frac{\sigma(2u+a_{k1}\omega)\sigma(u-v+\omega)\sigma(u+v+a_{1k}\omega+2\omega)}{\sigma(a_{k1}\omega)\sigma(2u+\omega)\sigma(a_{1k}\omega+2\omega)}\Bigg]
$$

$$
=\cdots[\sigma(u+v+\omega)\sigma(u-v+a_{k1}\omega)\sigma(2u+\omega)\sigma(a_{1k}\omega+2\omega)
$$

$$
-\sigma(2u+a_{k1}\omega)\sigma(u-v+\omega)\sigma(\omega)\sigma(u+v+a_{1k}\omega+2\omega)]
$$

$$
=\cdots\{\sigma(v'-y')\sigma(u'+x')\sigma(v'+y')\sigma(u'-x')
$$

$$
-\sigma(v'+x')\sigma(u'+y')\sigma(u'-y')\sigma(v'-x')\}
$$

$$
=\frac{\sigma(2u+2\omega)\sigma(u+v)\sigma(u-v+a_{k1}\omega-\omega)\sigma(a_{k1}\omega-\omega)}{\sigma(a_{k1}\omega)\sigma(\omega)\sigma(2u+\omega)\sigma(a_{1k}\omega+2\omega)}\frac{\sigma(u+v+\omega)}{\sigma(\omega)}(a'|v-u)_{1k}^{1k}
$$

$$
\left(u'=\frac{u-v}{2}+\omega,\ x'=\frac{u-v}{2}+a_{k1}\omega-\omega,\ v'=\frac{3u+v}{2}+\omega,\ y'=\frac{u-v}{2}\right). \quad \text{(A.36)}
$$

ⓓ 项的系数为

$$
\text{(d)}=-(a'|u+v)_{11}^{11}(a'|v-u)_{1k}^{1k}\Bigg[\frac{\sigma(u+v+a_{km}\omega)\sigma(u-v+a_{k1}\omega)}{\sigma(a_{km}\omega)\sigma(a_{k1}\omega)}
$$

$$
-\frac{\sigma(2u+a_{k1}\omega)\sigma(u-v+\omega)\sigma(u+v+a_{1m}\omega+\omega)}{\sigma(a_{k1}\omega)\sigma(2u+\omega)\sigma(a_{1m}\omega+\omega)}\Bigg]
$$

$$
=\cdots[\sigma(u+v+a_{km}\omega)\sigma(u-v+a_{k1}\omega)\sigma(2u+\omega)\sigma(a_{1m}\omega+\omega)
$$

$$
-\sigma(2u+a_{k1}\omega)\sigma(u-v+\omega)\sigma(u+v+a_{1m}\omega+\omega)\sigma(a_{km}\omega)]
$$

$$
=\cdots\{\sigma(u'+x')\sigma(u'-x')\sigma(v'+y')\sigma(v'-y')
$$

$$
-\sigma(u'+y')\sigma(v'-x')\sigma(v'+x')\sigma(u'-y')\}
$$

$$
=-\frac{\sigma(2u+a_{km}\omega+\omega)\sigma(a_{k1}\omega-\omega)\sigma(u+v)\sigma(v-u+a_{1m}\omega)}{\sigma(a_{k1}\omega)\sigma(a_{km}\omega)\sigma(2u+\omega)\sigma(a_{1m}\omega+\omega)}
$$

$$
\frac{\sigma(u+v+\omega)}{\sigma(\omega)}(a'|v-u)_{1k}^{1k}
$$

$$
\left(u'=u+a_k\omega-\frac{a_m+a_1}{2}\omega, x'=v+\frac{a_{1m}\omega}{2},\ v'=u+\frac{a_{1m}\omega}{2}+\omega,\right.
$$

$$
\left.y'=u-\frac{a_{1m}\omega}{2}\right). \quad \text{(A.37)}
$$

ⓔ 项的系数为

$$
\text{(e)}=(a'|u-v)_{11}^{11}(a'|u+v)_{1k}^{1k}\Bigg[-\frac{\sigma(2u+a_{k1}\omega)\sigma(u+v+\omega)\sigma(v-u+\omega)}{\sigma(a_{k1}\omega)\sigma(2u+\omega)\sigma(\omega)}
$$

$$
+\frac{\sigma(u+v+a_{k1}\omega)\sigma(u-v+a_{k1}\omega-2\omega)}{\sigma(a_{k1}\omega)\sigma(a_{k1}\omega-2\omega)}\Bigg]
$$

$$
\begin{aligned}
&=\cdots[-\sigma(2u+a_{k1}\omega)\sigma(u+v+\omega)\sigma(v-u+\omega)\sigma(a_{k1}\omega-2\omega)\\
&\quad+\sigma(u+v+a_{k1}\omega)\sigma(u-v+a_{k1}\omega-2\omega)\sigma(2u+\omega)\sigma(\omega)]\\
&=\cdots\{-\sigma(v'+y')\sigma(u'+x')\sigma(u'-x')\sigma(v'-y')\\
&\quad+\sigma(u'+v')\sigma(-(u'-v'))\sigma(x'+y')\sigma(-(x'-y'))\}\\
&=-\frac{\sigma(u+v+2\omega)\sigma(v-u)\sigma(2u+a_{k1}\omega-\omega)\sigma(a_{k1}\omega-\omega)}{\sigma(a_{k1}\omega)\sigma(2u+\omega)\sigma(a_{k1}\omega-2\omega)\sigma(\omega)}\\
&\quad\times\frac{\sigma(u-v+\omega)}{\sigma(\omega)}(a'|u+v)_{1k}^{1k}\\
&\quad(u'=v+\omega,x'=u,v'=u+a_{k1}\omega-\omega,y'=u+\omega).
\end{aligned}
$$

考虑到

$$
(a'|u+v)_{1k}^{1k}=(a'|u-v)_{1k}^{1k}\times\frac{\sigma(u+v)}{\sigma(u-v)},
$$

有

$$
\begin{aligned}
(\mathrm{e})=&\frac{\sigma(u+v+2\omega)\sigma(u+v)\sigma(2u+a_{k1}\omega-\omega)\sigma(a_{k1}\omega-\omega)}{\sigma(a_{k1}\omega)\sigma(2u+\omega)\sigma(a_{k1}\omega-2\omega)\sigma(\omega)}\\
&\frac{\sigma(u-v+\omega)}{\sigma(\omega)}(a'|u-v)_{1k}^{1k}.
\end{aligned}
\tag{A.38}
$$

满足 ⓐ 的系数 $\times[-R(a-2\hat{k}-\hat{1}|2u)_{k1}^{1k}]=$ ⓔ 的系数, 因此, $(v)_1^k(u)_k^k$ 与 $(v)_1^k(u)_1^1$ 正好合成 $(v)_1^kd_k^k(u)$, 也即 $(v)_1^k(\tilde{u})_k^k$.

ⓕ 项的系数为

$$
\begin{aligned}
(\mathrm{f})=&(a'|u+v)_{1k}^{1k}(a'|u-v)_{11}^{11}\Big[\frac{\sigma(2u+a_{k1}\omega)\sigma(u+v+\omega)\sigma(v-u+a_{k1}\omega-2\omega)}{\sigma(a_{k1}\omega)\sigma(2u+\omega)\sigma(a_{k1}\omega-2\omega)}\\
&-\frac{\sigma(u+v+a_{k1}\omega)\sigma(u-v+\omega)}{\sigma(a_{k1}\omega)\sigma(\omega)}\Big]\\
=&\cdots[\sigma(2u+a_{k1}\omega)\sigma(u+v+\omega)\sigma(v-u+a_{k1}\omega-2\omega)\sigma(\omega)\\
&-\sigma(u+v+a_{k1}\omega)\sigma(u-v+\omega)\sigma(2u+\omega)\sigma(a_{k1}\omega-2\omega)]\\
=&\cdots\{\sigma(v'+y')\sigma(u'+x')\sigma(v'-y')\sigma(u'-x')\\
&-\sigma(u'+v')\sigma(-(x'-y'))\sigma(x'+y')\sigma(-(u'-v'))\}\\
=&-\frac{\sigma(2u+2\omega)\sigma(u+v)\sigma(u+v+a_{k1}\omega-\omega)\sigma(a_{k1}\omega-\omega)}{\sigma(a_{k1}\omega)\sigma(2u+\omega)\sigma(a_{k1}\omega-2\omega)\sigma(\omega)}\frac{\sigma(u-v+\omega)}{\sigma(\omega)}(a'|u-v)_{1k}^{1k}\\
&\left(u'=\frac{u+v}{2}+\omega,x'=\frac{u+v}{2},v'=\frac{u+v}{2}+a_{k1}\omega-\omega,y'=\frac{3u-v}{2}+\omega\right).
\end{aligned}
$$

由 ⓒ 可以和 ⓕ 项中的一部分合成 $(u)_1^k(\tilde{v})_k^k$.

ⓒ 中需要

$$\frac{\sigma(2u+2\omega)\sigma(u+v)\sigma(u-v+a_{k1}\omega-\omega)\sigma(a_{k1}\omega-\omega)}{\sigma(a_{k1}\omega)\sigma(\omega)\sigma(2u+\omega)\sigma(a_{1k}\omega+2\omega)}$$
$$\times\frac{\sigma(u+v+\omega)}{\sigma(\omega)}(a'|v-u)_{1k}^{1k}\times[-R(a-2\hat{k}-\hat{1}|2v)_{k1}^{1k}].$$

(这是考虑到式 (A.32) 的各项的第二个算子的面权都是 $a-2\hat{k}$ 以及式 (A.9)), 其中

$$-R(a-2\hat{k}-\hat{1}|2v)_{k1}^{1k}=\frac{\sigma(2v+a_{k1}\omega-\omega)\sigma(\omega)}{\sigma(a_{1k}\omega+\omega)\sigma(2v+\omega)}.$$

ⓕ 项的系数 +ⓒ 项的系数 $\times R(\cdots|2u)_{k1}^{1k}=(\mathrm{f})'$ 为

$$\begin{aligned}
(\mathrm{f})'=&(a'|v-u)_{1k}^{1k}\frac{(-)\sigma(2u+2\omega)\sigma(u+v)\sigma(a_{k1}\omega-\omega)}{\sigma(a_{k1}\omega)\sigma(2u+\omega)\sigma(\omega)\sigma(a_{1k}\omega+2\omega)}\\
&\times\left[\frac{\sigma(u-v+a_{k1}\omega-\omega)\sigma(u+v+\omega)\sigma(2v+a_{k1}\omega-\omega)}{\sigma(a_{1k}\omega+\omega)\sigma(2v+\omega)}\right.\\
&\left.+\frac{\sigma(u+v+a_{k1}\omega-\omega)\sigma(u-v+\omega)}{\sigma(\omega)}\right]\\
=&\cdots[\sigma(u-v+a_{k1}\omega-\omega)\sigma(u+v+\omega)\sigma(2v+a_{k1}\omega-\omega)\sigma(\omega)\\
&+\sigma(u+v+a_{k1}\omega-\omega)\sigma(u-v+\omega)\sigma(a_{1k}\omega+\omega)\sigma(2v+\omega)]\\
=&\cdots\{\sigma(u'+x')\sigma(v'+y')\sigma(u'-x')\sigma(v'-y')\\
&+\sigma(u'+y')\sigma(v'+x')\sigma(-(u'-y'))\sigma(v'-x')\}\\
=&\cdots\{\sigma(u+v+a_{k1}\omega)\sigma(a_{k1}\omega-2\omega)\sigma(u-v)\sigma(-2v)\}\\
&\times\frac{(-)\sigma(2u+2\omega)\sigma(u+v)\sigma(a_{k1}\omega-\omega)}{\sigma(a_{k1}\omega)\sigma(2u+\omega)\sigma(\omega)\sigma(a_{1k}\omega+2\omega)}\\
&\times\frac{1}{\sigma(a_{1k}\omega+\omega)\sigma(2v+\omega)\sigma(\omega)}\\
=&\frac{\sigma(u+v+a_{k1}\omega)\sigma(u-v)\sigma(2v)\sigma(2u+2\omega)\sigma(u+v)}{\sigma(a_{k1}\omega)\sigma(\omega)\sigma(2v+\omega)\sigma(2u+\omega)\sigma(\omega)}(a'|v-u)_{1k}^{1k}\\
&\left(u'=\frac{u+v}{2}+a_{k1}\omega-\omega,x'=\frac{u-3v}{2},v'=\frac{u+v}{2}+\omega,y'=\frac{u+v}{2}\right),
\end{aligned}$$

$(\mathrm{f})'$ 为 $(a-2\hat{k}|u)_1^k(a-2\hat{k}|v)_1^1$ 项在合成后的系数.

我们得到 (面权见图 A.7)

$$
\begin{aligned}
&d_k^k(a-\hat{k}-\hat{1}|u)k(a-2\hat{k}|v)_1^k\times(\mathrm{x})\\
=&k(a-2\hat{k}|v)_1^k d_k^k(a-2\hat{k}|u)\times(\mathrm{a})\\
&+\sum_{m\neq 1,k}k(a-\hat{k}-\hat{m}|v)_1^m k(a-2\hat{k}|u)_m^k\times(\mathrm{b})\\
&+k(a-2\hat{k}|u)_1^k d_k^k(a-2\hat{k}|v)\times(\mathrm{c})\\
&+\sum_{m\neq 1,k}k(a-\hat{k}-\hat{m}|u)_1^m k(a-2\hat{k}|v)_m^k\times(\mathrm{d})\\
&+k(a-2\hat{k}|u)_1^k k(a-2\hat{k}|v)_1^1\times(\mathrm{f})'
\end{aligned}\tag{A.39}
$$

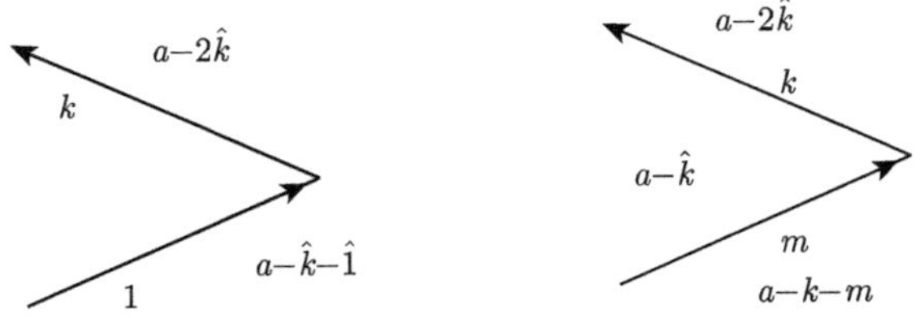

图 A.7　$k(\quad 1)_1^k$ 和 $k(\quad 1)_m^k$ 的初始面权和后继面权

给出

$$
\begin{aligned}
&D_k^k(a-\hat{k}-\hat{1}|u)B^k(a-2\hat{k}|v)\times(\mathrm{x})\times\frac{\sigma(a_{k1}\omega)\sigma(a_{1k}\omega+2\omega)}{\sigma(a_{k1}\omega+\omega)\sigma(\omega)}\\
=&B^k(a-2\hat{k}|v)D_k^k(a-2\hat{k}|u)\times(\mathrm{a})\times\frac{\sigma(a_{1k}\omega+2\omega)\sigma(a_{k1}\omega-2\omega)}{\sigma(\omega)\sigma(a_{k1}\omega-\omega)}\\
&+\sum_{m\neq 1,k}B^m(a-\hat{k}-\hat{m}|v)D_m^k(a-2\hat{k}|u)\times(\mathrm{b})\times\frac{\sigma(a_{1m}\omega+\omega)\sigma(a_{k1}\omega-2\omega)}{\sigma(\omega)\sigma(a_{m1}\omega)}\\
&+B^k(a-2\hat{k}|u)D_k^k(a-2\hat{k}|v)\times(\mathrm{c})\times\frac{\sigma(a_{1k}\omega+2\omega)\sigma(a_{k1}\omega-2\omega)}{\sigma(\omega)\sigma(a_{k1}\omega-\omega)}\\
&+\sum_{m\neq 1,k}B^m(a-\hat{k}-\hat{m}|u)D_m^k(a-2\hat{k}|v)\times(\mathrm{d})\times\frac{\sigma(a_{1m}\omega+\omega)\sigma(a_{k1}\omega-2\omega)}{\sigma(\omega)\sigma(a_{m1}\omega)}\\
&+B^k(a-2\hat{k}|u)A(a-2\hat{k}|v)\times(\mathrm{f})'\times\frac{\sigma(a_{1k}\omega+2\omega)}{\sigma(\omega)},
\end{aligned}\tag{A.40}
$$

及系数

$$
(\mathrm{x})=\frac{\sigma(u+v)\sigma(a_{1k}\omega+\omega)\sigma(u-v)\sigma(a_{k1}\omega+\omega)\sigma(u+v+\omega)}{\sigma(\omega)\sigma(a_{1k}\omega)\sigma(\omega)\sigma(a_{k1}\omega)\sigma(\omega)}(a'|v-u)_{1k}^{1k},
$$

$$
\left[(\mathrm{x})\times\frac{\sigma(a_{k1}\omega)\sigma(a_{1k}\omega+2\omega)}{\sigma(a_{k1}\omega+\omega)\sigma(\omega)}\right]\frac{1}{(a'|v-u)_{1k}^{1k}\dfrac{\sigma(u+v)\sigma(a_{1k}\omega+2\omega)\sigma(a_{1k}\omega+\omega)}{\sigma(\omega)\sigma(\omega)\sigma(a_{1k}\omega)}}
$$

$$=\frac{\sigma(u-v)\sigma(u+v+\omega)}{\sigma(\omega)\sigma(\omega)}\equiv(x').$$

根据前面计算有

$$\begin{aligned}
(\mathrm{a})=&\frac{\sigma(u+v+2\omega)\sigma(u+v)\sigma(a_{1k}\omega+\omega)\sigma(a_{1k}\omega+\omega)}{\sigma(\omega)\sigma(\omega)\sigma(a_{1k}\omega)\sigma(a_{1k}\omega+2\omega)}\\
&\times\frac{\sigma(u-v+\omega)}{\sigma(\omega)}(a'|v-u)_{1k}^{1k},\\
(\mathrm{b})=&\frac{\sigma(u+v+a_{km}\omega+\omega)\sigma(u+v)\sigma(a_{k1}\omega-\omega)\sigma(a_{1m}\omega)}{\sigma(a_{km}\omega)\sigma(\omega)\sigma(a_{k1}\omega)\sigma(a_{1m}\omega+\omega)}\\
&\times\frac{\sigma(u-v+\omega)}{\sigma(\omega)}(a'|v-u)_{1k}^{1k},\\
(\mathrm{c})=&\frac{\sigma(2u+2\omega)\sigma(u+v)\sigma(u-v+a_{k1}\omega-\omega)\sigma(a_{k1}\omega-\omega)}{\sigma(\omega)\sigma(\omega)\sigma(a_{1k}\omega+2\omega)\sigma(a_{k1}\omega)}\\
&\times\frac{\sigma(u+v+\omega)}{\sigma(2u+\omega)}(a'|v-u)_{1k}^{1k},\\
(\mathrm{d})=&\frac{\sigma(2u+a_{km}\omega+\omega)\sigma(a_{k1}\omega-\omega)\sigma(u+v)\sigma(u-v-a_{1m}\omega)}{\sigma(a_{km}\omega)\sigma(a_{k1}\omega)\sigma(\omega)\sigma(a_{1m}\omega+\omega)}\\
&\times\frac{\sigma(u+v+\omega)}{\sigma(2u+\omega)}(a'|v-u)_{1k}^{1k},\\
(\mathrm{f})'=&\frac{\sigma(2u+2\omega)\sigma(u+v+a_{k1}\omega)\sigma(u+v)\sigma(2v)\sigma(u-v)}{\sigma(2u+\omega)\sigma(a_{k1}\omega)\sigma(\omega)\sigma(2v+\omega)\sigma(\omega)}(a'|v-u)_{1k}^{1k}.
\end{aligned}\tag{A.41}$$

除以方程左边多余的因子

$$(a'|v-u)_{1k}^{1k}\frac{\sigma(u+v)\sigma(a_{1k}\omega+2\omega)\sigma(a_{1k}\omega+\omega)}{\sigma(\omega)\sigma(\omega)\sigma(a_{1k}\omega)},$$

乘以方程右边规范化 $k(\ \ )_l^m\to D_l^m, k(\ \ )_1^l\to B^l$ 所多出的因子, 如式 (A.40) 所示, 得到

$$\begin{aligned}
(\mathrm{a}')=&\frac{\sigma(u+v+2\omega)\sigma(u-v+\omega)}{\sigma(\omega)\sigma(\omega)}=\overline{R}(a|u+v+\omega)_{kk}^{kk}\overline{R}(a|u-v)_{kk}^{kk},\\
(\mathrm{b}')=&\frac{\sigma(u+v+a_{km}\omega+\omega)\sigma(u-v+\omega)}{\sigma(a_{km}\omega)\sigma(\omega)}=\overline{R}(a|u+v+\omega)_{km}^{mk}\overline{R}(a|u-v)_{kk}^{kk},\\
(\mathrm{c}')=&-\frac{\sigma(2u+2\omega)\sigma(u-v+a_{k1}\omega-\omega)\sigma(u+v+\omega)}{\sigma(\omega)\sigma(a_{k1}\omega-\omega)\sigma(2u+\omega)}\\
=&-\overline{R}(a|2u+\omega)_{kk}^{kk}\frac{\sigma(u-v+a_{k1}\omega-\omega)\sigma(u+v+\omega)}{\sigma(a_{k1}\omega-\omega)\sigma(2u+\omega)},
\end{aligned}$$

$$
\begin{aligned}
(\mathrm{d}') &= -\frac{\sigma(2u+a_{km}\omega+\omega)\sigma(u-v+a_{m1}\omega)\sigma(u+v+\omega)}{\sigma(a_{km}\omega)\sigma(a_{m1}\omega)\sigma(2u+\omega)} \\
&= -\overline{R}(a|2u+\omega)_{km}^{mk}\frac{\sigma(u-v+a_{m1}\omega)\sigma(u+v+\omega)}{\sigma(a_{m1}\omega)\sigma(2u+\omega)}, \\
(\mathrm{f}')' &= \frac{\sigma(2u+2\omega)\sigma(u+v+a_{k1}\omega)\sigma(u-v)\sigma(2v)}{\sigma(2u+\omega)\sigma(a_{k1}\omega-\omega)\sigma(\omega)\sigma(2v+\omega)} \\
&= \overline{R}(a|2u+\omega)_{kk}^{kk}\frac{\sigma(u+v+a_{k1}\omega)\sigma(u-v)\sigma(2v)}{\sigma(a_{k1}\omega-\omega)\sigma(2u+\omega)\sigma(2v+\omega)}, \\
(\mathrm{x}') &= \frac{\sigma(u-v)\sigma(u+v+\omega)}{\sigma(\omega)\sigma(\omega)}.
\end{aligned}
\tag{A.42}
$$

考虑到方程左边 $D_k^k(\quad|u)$ 的面权为 $a'=a-\hat{k}-\hat{1}$, 有

$$
a'_{k1}=a_{k1},\quad a'_{m1}=a_{m1}+1,\quad a_{m1}=a'_{m1}-1.
$$

式 (A.42) 与式 (11.2.9) 一致. 式 (A.42) 所给出的 w.t 可以用图 A.8 表示.

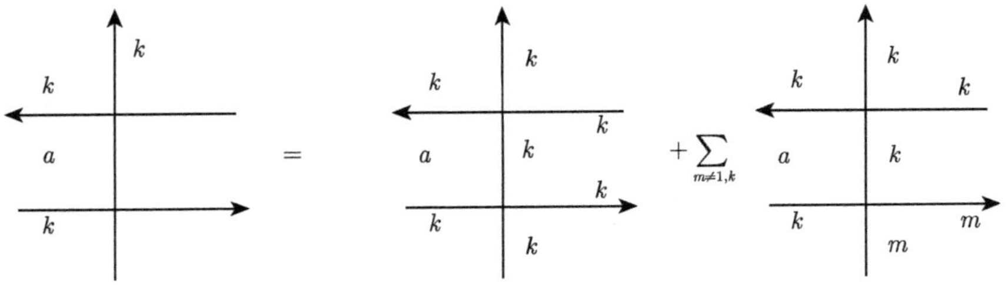

图 A.8　$D_k^k B^k$ 的 w.t(可由式 (A.42) 给出)

附录 5　$D_l^k(\quad|u)B^J(\quad|v)$ 的交换关系

由反射方程式 (11.1.9), 令 $i=l, i'''=k, j=1, j'''=J, l, k, J>1$, 它们互不相等.

给出

$$
③=①+②-④,
$$

如图 A.9 所示, 也就是

$$
\begin{aligned}
&(u)_l^k(v)_1^J(a|u+v)_{1k}^{1k}(a|u-v)_{l1}^{l1} \\
=&(v)_1^J(u)_l^k(a|u+v)_{lJ}^{lJ}(a|u-v)_{Jk}^{Jk} \\
&+(v)_1^k(u)_l^J(a|u+v)_{lk}^{lk}(a|u-v)_{kJ}^{Jk} \\
&-(u)_1^k(v)_l^J(a|u+v)_{lk}^{lk}(a|u-v)_{l1}^{1l}.
\end{aligned}
\tag{A.43}
$$

代入 $\overline{R}$ 矩阵, 得到

$$\begin{aligned}
&(u)^k_l(v)^J_1\frac{\sigma(u+v)\sigma(a_{1k}\omega+\omega)\sigma(u-v)\sigma(a_{l1}\omega+\omega)}{\sigma(\omega)\sigma(a_{1k}\omega)\sigma(\omega)\sigma(a_{l1}\omega)} \quad (\mathrm{x})\\
=&(v)^J_1(u)^k_l\frac{\sigma(u+v)\sigma(a_{lJ}\omega+\omega)\sigma(u-v)\sigma(a_{Jk}\omega+\omega)}{\sigma(\omega)\sigma(a_{lJ}\omega)\sigma(\omega)\sigma(a_{Jk}\omega)} \quad (\mathrm{a})\\
&+(v)^k_1(u)^J_l\frac{\sigma(u+v)\sigma(a_{lk}\omega+\omega)\sigma(u-v+a_{kJ}\omega)}{\sigma(\omega)\sigma(a_{lk}\omega)\sigma(a_{kJ}\omega)} \quad (\mathrm{b})\\
&-(u)^k_1(v)^J_l\frac{\sigma(u+v)\sigma(a_{lk}\omega+\omega)\sigma(u-v+a_{l1}\omega)}{\sigma(\omega)\sigma(a_{lk}\omega)\sigma(a_{l1}\omega)} \quad (\mathrm{c})
\end{aligned} \tag{A.44}$$

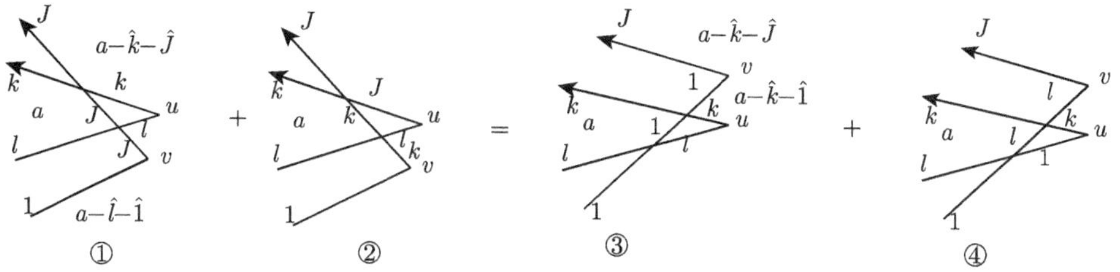

图 A.9　式 (A.43) 的推导

代入标准表达式, 得到

$$\begin{aligned}
&D^k_l(a-\hat{k}-\hat{1}|u)B^J(a-\hat{k}-\hat{J}|v)\times(\mathrm{x})\times\frac{\sigma(a_{k1}\omega)\sigma(a_{1J}\omega+\omega)}{\sigma(a_{l1}\omega+\omega)\sigma(\omega)}\\
=&B^J(a-J-\hat{l}|v)D^k_l(a-\hat{k}-\hat{J}|u)\times(\mathrm{a})\times\frac{\sigma(a_{k1}\omega-\omega)\sigma(a_{1J}\omega+\omega)}{\sigma(a_{l1}\omega)\sigma(\omega)}\\
&+B^k(a-\hat{k}-l|v)D^J_l(a-\hat{k}-\hat{J}|u)\times(\mathrm{b})\times\frac{\sigma(a_{J1}\omega-\omega)\sigma(a_{1k}\omega+\omega)}{\sigma(a_{l1}\omega)\sigma(\omega)}\\
&+B^k(a-\hat{k}-l|u)D^J_l(a-\hat{k}-\hat{J}|v)\times(\mathrm{c})\times\frac{\sigma(a_{J1}\omega-\omega)\sigma(a_{1k}\omega+\omega)}{\sigma(a_{l1}\omega)\sigma(\omega)}
\end{aligned}$$

其中, (x) 是式 (A.44) 中 ⓧ 项的系数, (a),(b),(c) 是 ⓐ, ⓑ, ⓒ 项的系数. 约去公因子 $\dfrac{\sigma(a_{1J}\omega+\omega)}{\sigma(\omega)}$ 并乘以 $\dfrac{\sigma(u+v+\omega)}{\sigma(\omega)}$ 得到各项新的系数如下:

$$\begin{aligned}
(\mathrm{x}')&=\frac{\sigma(u+v)\sigma(u-v)\sigma(a_{1k}\omega+\omega)}{\sigma(\omega)\sigma(\omega)\sigma(a_{1k}\omega)}\frac{\sigma(a_{l1}\omega+\omega)\sigma(a_{k1}\omega)\sigma(u+v+\omega)}{\sigma(a_{l1}\omega)\sigma(a_{l1}\omega+\omega)\sigma(\omega)},\\
(\mathrm{a}')&=\frac{\sigma(u+v)\sigma(u-v)\sigma(a_{lJ}\omega+\omega)}{\sigma(\omega)\sigma(\omega)\sigma(a_{lJ}\omega)}\frac{\sigma(a_{Jk}\omega+\omega)\sigma(a_{k1}\omega-\omega)\sigma(u+v+\omega)}{\sigma(a_{Jk}\omega)\sigma(a_{l1}\omega)\sigma(\omega)},\\
(\mathrm{b}')&=\frac{-\sigma(u+v)\sigma(u-v+a_{kJ}\omega)\sigma(a_{lk}\omega+\omega)}{\sigma(\omega)\sigma(a_{kJ}\omega)\sigma(a_{lk}\omega)}\frac{\sigma(a_{1k}\omega+\omega)\sigma(u+v+\omega)}{\sigma(a_{l1}\omega)\sigma(\omega)},\\
(\mathrm{c}')&=-\frac{\sigma(u+v)\sigma(u-v+a_{l1}\omega)\sigma(a_{lk}\omega+\omega)}{\sigma(\omega)\sigma(a_{l1}\omega)\sigma(a_{lk}\omega)}\frac{\sigma(a_{1k}\omega+\omega)\sigma(u+v+\omega)}{\sigma(a_{l1}\omega)\sigma(\omega)}.
\end{aligned}$$

再约去因子 $-\dfrac{\sigma(a_{1k}\omega+\omega)\sigma(u+v)}{\sigma(a_{l1}\omega)\sigma(\omega)}$ 得到

$$\begin{aligned}
(\mathrm{x}'') &= \frac{\sigma(u-v)\sigma(u+v+\omega)}{\sigma(\omega)\sigma(\omega)},\\
(\mathrm{a}'') &= \frac{\sigma(u-v)\sigma(u+v+\omega)\sigma(a_{Jk}\omega+\omega)\sigma(a_{lJ}\omega+\omega)}{\sigma(\omega)\sigma(\omega)\sigma(a_{Jk}\omega)\sigma(a_{lJ}\omega)},\\
(\mathrm{b}'') &= \frac{\sigma(u+v+\omega)\sigma(u-v+a_{kJ}\omega)\sigma(a_{lk}\omega+\omega)}{\sigma(\omega)\sigma(a_{kJ}\omega)\sigma(a_{lk}\omega)},\\
(\mathrm{c}'') &= -\frac{\sigma(2u+\omega)\sigma(u+v+\omega)\sigma(u-v+a_{l1}\omega)\sigma(a_{lk}\omega+\omega)}{\sigma(\omega)\sigma(2u+\omega)\sigma(a_{l1}\omega)\sigma(a_{lk}\omega)}.
\end{aligned}$$

也就是

$$\begin{aligned}
(\mathrm{a}'') &= \overline{R}(a|u+v+\omega)_{lJ}^{lJ}\overline{R}(a|u-v)_{Jk}^{Jk},\\
(\mathrm{b}'') &= \overline{R}(a|u+v+\omega)_{lk}^{lk}\overline{R}(a|u-v)_{kJ}^{Jk},\\
(\mathrm{c}'') &= -\overline{R}(a|2u+\omega)_{lk}^{lk}\frac{\sigma(u-v+a_{l1}\omega)\sigma(u+v+\omega)}{\sigma(a_{l1}\omega)\sigma(2u+\omega)}.
\end{aligned}$$

考虑到 $a'=a-\hat{k}-\hat{1}, a'_{l1}=a_{l1}+\omega, a'+\hat{k}=a-\hat{1}, (a'+\hat{k})_{lk}=a_{lk}$, u.t 与式 (11.2.9) 一致, w.t 也与式 (11.2.9) 一致 (图 A.10).

$$\begin{aligned}
&a'=a-\hat{k}-\hat{1},\quad a=a'+\hat{k}+\hat{1},\\
&D_l^k(a'|u)B^J(a'-\hat{J}+\hat{1}|v)\frac{\sigma(u-v)\sigma(u+v+\omega)}{\sigma(\omega)\sigma(\omega)}\\
=&B^J(a'+\hat{k}+\hat{1}-J-\hat{l}|v)D_l^k(a'-\hat{J}+\hat{1}|v)\overline{R}(a'+\hat{k}|u+v+\omega)_{lJ}^{lJ}\overline{R}(a'+\hat{k}|u-v)_{Jk}^{Jk}\\
&+B^k(a'-\hat{l}+\hat{1}|v)D_l^J(a'-\hat{J}+\hat{1}|u)\overline{R}(a'+\hat{k}|u+v+\omega)_{lk}^{lk}\overline{R}(a'+\hat{k}|u-v)_{kJ}^{Jk}\\
&+B^k(a'-\hat{l}+\hat{1}|u)D_l^J(a'-\hat{J}+\hat{1}|v)\overline{R}(a'+\hat{k}|2u+\omega)_{lk}^{lk}\\
&\times\frac{\sigma(u-v+a'_{l1}\omega-\omega)\sigma(u+v+\omega)}{\sigma(a'_{l1}\omega-\omega)\sigma(2u+\omega)}.
\end{aligned}$$

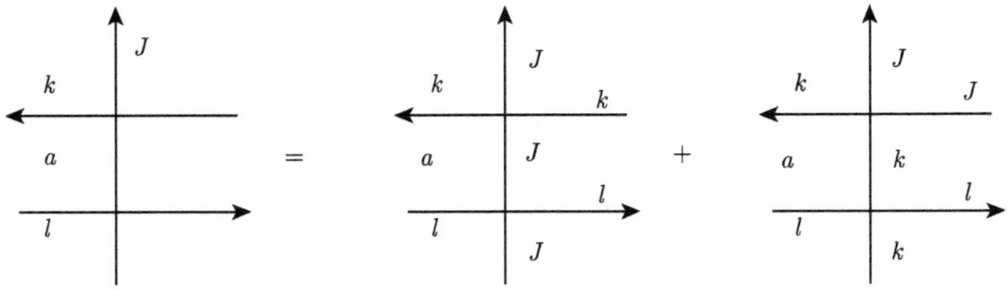

图 A.10　$D_l^k(1)B^J(1)$ 的 w.t 图示

附录 6 $A(\quad|u)B^i(\quad|v)$ 的交换关系

我们推导交换关系式 (11.2.8). 由式 (A.4)

$$
\begin{aligned}
&(u)_1^1(v)_1^k(a|u+v)_{11}^{11}(a|v-u)_{1k}^{1k} && \text{ⓧ}\\
=&(v)_1^k(u)_1^1(a|u+v)_{1k}^{1k}(a|v-u)_{11}^{11} && \text{ⓐ}\\
&-(u)_1^k(v)_1^1(a|u+v)_{1k}^{1k}(a|v-u)_{k1}^{1k} && \text{ⓑ}\\
&-(u)_1^k(v)_k^k(a|u+v)_{1k}^{k1}(a|v-u)_{1k}^{1k} && \text{ⓒ}\\
&-\sum_{m\neq 1,k}(u)_1^m(v)_m^k(a|u+v)_{1m}^{m1}(a|v-u)_{1k}^{1k}, && \text{ⓓ}
\end{aligned}
$$

由式 (A.9) 将等式右边 ⓒ 项中 $(v)_k^k$ 补偿 $\cdots(v)_1^1$ 变为 $(\tilde{v})_k^k$, 我们得到

$$
\begin{aligned}
\text{ⓒ}=&(u)_1^k(v)_k^k[-(a|u+v)_{1k}^{k1}(a|v-u)_{1k}^{1k}]\\
=&(u)_1^k k(a-\hat{k}-\hat{1}|v)_k^k\times[\cdots]\\
=&(u)_1^k[k(a-\hat{k}-\hat{1}|v)_k^k-R((a-\hat{k}-\hat{1})-\hat{1}|2v)_{k1}^{1k}k(a-\hat{k}-\hat{1}|v)_1^1]\\
&\times[\cdots]+(u)_1^k R((a-\hat{k}-\hat{1})-\hat{1}|2v)_{k1}^{1k}k(a-\hat{k}-\hat{1}|v)_1^1\times[\cdots].
\end{aligned}
$$

其中

$$
\begin{aligned}
R((a-\hat{k}-\hat{1})-\hat{1}|2v)_{k1}^{1k}&=\frac{\sigma(\omega)}{\sigma(2v+\omega)}\overline{R}(a-\hat{k}-2\hat{1}|2v)_{k1}^{1k}\\
&=\frac{\sigma(\omega)\sigma(2v+a_{k1}\omega+\omega)}{\sigma(2v+\omega)\sigma(a_{k1}\omega+\omega)},
\end{aligned}
$$

将此项并入 ⓑ 项得到新的 ⓑ$'$ 项

$$
\begin{aligned}
\text{ⓑ}'=&(u)_1^k(v)_1^1\{-(a|u+v)_{1k}^{1k}(a|v-u)_{k1}^{1k}\\
&-\frac{\sigma(\omega)\sigma(2v+a_{k1}\omega+\omega)}{\sigma(2v+\omega)\sigma(a_{k1}\omega+\omega)}(a|u+v)_{1k}^{k1}(a|v-u)_{1k}^{1k}\}.
\end{aligned}
$$

我们计算 ⓑ$'$ 项的系数 $=(\mathrm{b})'$

$$
\begin{aligned}
(\mathrm{b})'=\Big\{&-\frac{\sigma(u+v)\sigma(a_{1k}\omega+\omega)\sigma(v-u+a_{k1}\omega)}{\sigma(\omega)\sigma(a_{1k}\omega)\sigma(a_{k1}\omega)}\\
&-\frac{\sigma(\omega)\sigma(2v+a_{k1}\omega+\omega)}{\sigma(2v+\omega)\sigma(a_{k1}\omega+\omega)}\frac{\sigma(u+v+a_{1k}\omega)\sigma(v-u)\sigma(a_{1k}\omega+\omega)}{\sigma(a_{1k}\omega)\sigma(\omega)\sigma(a_{1k}\omega)}\Big\}
\end{aligned}
$$

$$
\begin{aligned}
&=\frac{\sigma(a_{1k}\omega+\omega)}{\sigma(a_{1k}\omega)\sigma(a_{1k}\omega)\sigma(\omega)\sigma(2v+\omega)\sigma(a_{k1}\omega+\omega)}\\
&\quad\times\{\sigma(u+v)\sigma(v-u+a_{k1}\omega)\sigma(2v+\omega)\sigma(a_{k1}\omega+\omega)\\
&\quad-\sigma(\omega)\sigma(2v+a_{k1}\omega+\omega)\sigma(u+v+a_{1k}\omega)\sigma(v-u)\}\\
&=\cdots\{\sigma(u'+x')\sigma(u'-x')\sigma(v'+y')\sigma(v'-y')\\
&\quad-\sigma(u'-v')\sigma(u'+v')\sigma(x'+y'))\sigma(x'-y')\}\\
&=-\frac{\sigma(a_{1k}\omega+\omega)\sigma(2v)\sigma(u+v+\omega)\sigma(v-u+a_{k1}\omega+\omega)}{\sigma(a_{1k}\omega)\sigma(2v+\omega)\sigma(\omega)\sigma(a_{k1}\omega+\omega)}\\
&\quad\left(u'=v+\frac{a_{k1}\omega}{2},x'=u-\frac{a_{k1}\omega}{2},v'=v+\frac{a_{k1}\omega}{2}+\omega,y'=v-\frac{a_{k1}\omega}{2}\right).
\end{aligned}
$$

我们还须将 $k(\quad|\quad)_1^k$ 标准化为 $B^k(\quad|\quad)$，$k(\quad|\quad)_m^k$ 标准化为 $D_m^k(\quad|\quad)$，由此给出

$$
\begin{aligned}
&A(a-2\hat{1}|u)B^k(a-\hat{k}-\hat{1}|v)(a|u+v)_{11}^{11}(a|v-u)_{1k}^{1k}\frac{\sigma(a_{1k}\omega)}{\sigma(\omega)}\\
=&B^k(a-\hat{k}-\hat{1}|v)A(a-\hat{k}-\hat{1}|u)(a|u+v)_{1k}^{1k}(a|v-u)_{11}^{11}\frac{\sigma(a_{1k}\omega)}{\sigma(\omega)}\\
&+B^k(a-\hat{k}-\hat{1}|u)A(a-\hat{k}-\hat{1}|v)\times(\mathrm{b})'\times\frac{\sigma(a_{1k}\omega)}{\sigma(\omega)}\\
&-B^k(a-\hat{k}-\hat{1}|u)D_k^k(a-\hat{k}-\hat{1}|v)(a|u+v)_{1k}^{k1}(a|v-u)_{1k}^{1k}\frac{\sigma(a_{1k}\omega)}{\sigma(\omega)}\frac{\sigma(a_{k1}\omega)}{\sigma(a_{k1}\omega+\omega)}\\
&-\sum_{m\neq 1,k}B^m(a-\hat{m}-\hat{1}|u)D_m^k(a-\hat{k}-\hat{1}|v)(a|u+v)_{1m}^{m1}(a|v-u)_{1k}^{1k}\\
&\times\frac{\sigma(a_{1m}\omega)}{\sigma(\omega)}\frac{\sigma(a_{k1}\omega)}{\sigma(a_{m1}\omega+\omega)}.
\end{aligned}
$$

约去公因子 $(a|v-u)_{1k}^{1k}\dfrac{\sigma(a_{1k}\omega)}{\sigma(\omega)}$ 得到

$$
\begin{aligned}
&A(a-2\hat{1}|u)B^k(a-\hat{k}-\hat{1}|v)\frac{\sigma(u+v+\omega)}{\sigma(\omega)}\\
=&B^k(a-\hat{k}-\hat{1}|v)A(a-\hat{k}-\hat{1}|u)\frac{\sigma(u+v)\sigma(v-u+\omega)}{\sigma(v-u)\sigma(\omega)}\\
&-B^k(a-\hat{k}-\hat{1}|u)A(a-\hat{k}-\hat{1}|v)\frac{\sigma(2v)\sigma(u+v+\omega)}{\sigma(2v+\omega)\sigma(\omega)}\frac{\sigma(\omega)\sigma(v-u+a_{k1}\omega+\omega)}{\sigma(v-u)\sigma(a_{k1}\omega+\omega)}\\
&+B^k(a-\hat{k}-\hat{1}|u)D_k^k(a-\hat{k}-\hat{1}|v)\frac{\sigma(u+v+a_{1k}\omega)\sigma(a_{1k}\omega)}{\sigma(a_{1k}\omega)\sigma(a_{k1}\omega+\omega)}\\
&+\sum_{m\neq 1,k}B^m(a-\hat{m}-\hat{1}|u)D_m^k(a-\hat{k}-\hat{1}|v)\frac{\sigma(u+v+a_{1m}\omega)\sigma(a_{1m}\omega)}{\sigma(a_{1m}\omega)\sigma(a_{m1}\omega+\omega)},
\end{aligned}
$$

将 $a-2\hat{1}$ 改写为 a', 给出 $a=a'+2\hat{1}$, 有 $a_{k1}=a'_{k1}-2,\ \ a_{m1}=a'_{m1}-2,$

$$
\begin{aligned}
&A(a'|u)B^k(a'-\hat{k}+\hat{1}|v)\frac{\sigma(u+v+\omega)}{\sigma(\omega)}\\
=&B^k(a'-\hat{k}+\hat{1}|v)A(a'-\hat{k}+\hat{1}|u)\frac{\sigma(u+v)\sigma(v-u+\omega)}{\sigma(v-u)\sigma(\omega)}\\
&-B^k(a'-\hat{k}+\hat{1}|u)A(a'-\hat{k}+\hat{1}|v)\frac{\sigma(2v)\sigma(u+v+\omega)\sigma(v-u+a'_{k1}\omega-\omega)}{\sigma(2v+\omega)\sigma(v-u)\sigma(a'_{k1}\omega-\omega)}\\
&+B^k(a'-\hat{k}+\hat{1}|u)D^k_k(a'-\hat{k}+\hat{1}|v)\frac{\sigma(u+v+a'_{1k}\omega+2\omega)}{\sigma(a'_{k1}\omega-\omega)}\\
&+\sum_{m\neq 1,k}B^m(a'-\hat{m}+\hat{1}|u)D^k_m(a'-\hat{k}+\hat{1}|v)\frac{\sigma(u+v+a'_{1m}\omega+2\omega)}{\sigma(a'_{m1}\omega-\omega)},
\end{aligned}
$$

与式 (11.2.8) 一致.

附录 7 公式 (8.2.8) 的推导

首先介绍群的概念.

群是一个集合 G, 在其中定义了乘法, 并且乘法满足结合律, 有单位元 e 和逆元. 具体地说: 令 $G=\{g_1,g_2,\cdots\}$, 对于有序对 $\{g_1,g_2\}$ 有 $g_3\in G$, 称为 g_1,g_2 的乘积: $g_3=g_1g_2$. 乘法满足结合律:

$$
g_1(g_2g_3)=(g_1g_2)g_3. \tag{A.45}
$$

有单位元 $e\in G$, 满足对任何 $g\in G$ 有

$$
eg=ge=g, \tag{A.46}
$$

对每个 $g\in G$, 有 g 的逆元 g^{-1}, 满足

$$
g^{-1}g=e. \tag{A.47}
$$

由式 (A.47) 一定有 g', 使得 $g'g^{-1}=e$, 由式 (A.46) 得 $g=eg=(g'g^{-1})g=g'(g^{-1}g)=g'e=g'$,

$$
gg^{-1}=e.
$$

如果 G 中有子集 $H=\{h_1,h_2,\cdots\}$, 在 G 的乘法下成群, 称 H 为 G 的子群. G 有两个平庸子群 $\{e\}$ 和 G. 对 G 的真子群 H, 可以定义陪集, 令 $g\notin H$, 把

$$
gH=\{gh_1,gh_2,\cdots\},
$$

$$Hg = \{h_1 g, h_2 g, \cdots\}$$

分别称为 H 的左陪集和右陪集. 关于陪集有陪集定理. ① 两个陪集如果有公共元素, 则它们重合; ② 一切陪集加上 H 的和集是 G. 第二个结论是明显的, 我们对右陪集证明第一个结论.

令 Hg_1 有元素 h_1g_1, Hg_2 有元素 h_2g_2, 且 $h_1g_1 = h_2g_2$, 则有

$$h_2^{-1}(h_1g_1) = g_2 = (h_2^{-1}h_1)g_1 = (h')g_1,$$

$$h_3g_2 = h_3(h'g_1) = (h_3h')g_1 = h_3(h_2^{-1}h_1)g_1 = h^{''}g_1.$$

因此, Hg_2 的所有元素都是 Hg_1 的元素.

如果把群 G 的所有元素 $g_1, g_2, \cdots, g_m$ 作为一个 m 维线性空间的基矢, 约定这个空间的元素除作矢量的所有运算外还可以作乘法,

$$\left(\sum_i c_i g_i\right)\left(\sum_j d_j g_j\right) = \sum_{ij} c_i d_j g_i g_j$$

及

$$d_1\left(\sum_i a_i g_i\right) + d_2\left(\sum_i b_i g_i\right) = \sum_i (d_1 a_i + d_2 b_i) g_i.$$

其中, $a, b, c, d \in$ 实数 (或其他数域), 这个集合称为群代数. 全反称算子式或全对称算子式都是下面要介绍的置换群的群代数的元素.

群论中有一条重要的重排定理:

给定 $g \in G$, 则 g 乘 G 的各个元素正好给出还是 G 的所有元素. 这是因为 $gx = g'$ 或者 $xg = g'$ 在 G 中总有唯一解.

在下面我们介绍置换群.

现在考虑 n 个不同元素的排列: $a_1a_2\cdots a_n$, 把它看成一排 n 个位置上放 $a_1, a_2, \cdots, a_n$ 等 n 个东西. 如果把它们的位置进行一个**倒换**, 比如把第 1 个位置与第 2 个位置互换, $ABC\cdots$ 换成 $BAC\cdots$, 称为对于排列好的状态 $ABC\cdots$ 的一个**置换**. $ABC\cdots$ 经置换可以变为 $BAC\cdots$, $CAB\cdots$, 一共 $n!$ 种不同排列. 相继的两个置换还是给出一个置换, 因为它们还是给出 $ABC\cdots$ 的一个排列, 我们把这个置换叫原来两个置换的乘积. 把 n 元素的不同排列称为系统的不同状态, 置换是对状态的变换. 对于状态变换形成的乘法总是满足结合律的: 比如状态 $\alpha \to \beta \to \gamma \to \delta$

$$\alpha \xrightarrow{g_1} \beta \xrightarrow{g_2} \gamma \xrightarrow{g_3} \delta,$$

写成 $g_1\alpha = \beta$, $g_2\beta = \gamma$, $g_3\gamma = \delta$.

(1) g_2g_1 把 α 变成 γ , g_3 把 γ 变成 δ , 给出 $g_3(g_2g_1)\alpha=\delta$,

(2) g_1 把 α 变成 β , g_3g_2 把 β 变成 δ , 给出 $g_3g_2(g_1)\alpha=(g_3g_2)\beta=\delta$,
这个结果对任何状态 α 都是对的, 因此有

$$g_3(g_2g_1)=(g_3g_2)g_1.$$

容易看出, 置换都有逆置换. 如果把不更动位置的置换称为单位元 e , 则有 $eg=ge=g$. 因此 n 个不同元素排列位置的变更, 也就是置换, 形成群. 在这里, 并不问 n 个元素具体是什么. 所有置换可以由排列位置的相邻位置的交换生成. 我们可以证明, 尽管同一个位置可以由不同方式的相邻元素交换给出, 但是交换总次数是奇数还是偶数是固定的, 相应地把这个置换称为奇置换或偶置换.

证明　我们把 n 个元素具体化, 令 $a_1=1,\ a_2=2,\cdots,\ a_n=n$. 置换就是把这 n 个数字的一种排列方式变为另一种方式. 定义一种排列方式

$$a_{i_1}a_{i_2}\cdots a_{i_n}$$

的逆序数为每个元素前面比它大的数的数目之和, 比如

$$\begin{aligned}&1234,\quad \text{逆序数为}0,\\&3214,\quad \text{逆序数为}3,\\&4231,\quad \text{逆序数为}5.\end{aligned}$$

我们注意到, 交换相邻的数字会使逆序数改变 ±1. 一切置换都可以由相邻数字的交换给出. 尽管交换的方式可以不同, 但最终的逆序数是相同的. 逆序数的奇偶性与交换次数的奇偶性相同.

因此可以把置换分为奇置换和偶置换. 容易证明, 任意两个元素的交换是奇置换. 由于奇数 + 奇数 = 偶数, 奇数 + 偶数 = 奇数, $\cdots$, 因此奇置换乘奇置换 = 偶置换, 奇置换乘偶置换 = 奇置换, $\cdots$. 以下证明公式 (8.2.8).

命题:

令

$$\begin{aligned}&P_-(1,2,\cdots,n)\text{是1至}n\text{等}n\text{个元素的全反称算子},\\&P_-(2,3,\cdots,n)\text{是2至}n\text{等}n-1\text{个元素的全反称算子},\end{aligned}$$

有

$$P_-(1,2,\cdots,n)=\frac{1}{n}P_-(2,3,\cdots,n)(1-P_{12}-P_{13}-\cdots-P_{1n}).$$

证明　使 $\{1,2,\cdots,n\}$ 的置换群为 G, 则 $\{2,3,\cdots,n\}$ 的置换群可看成 G 中令元素 1 不动的子群 H. 可以证明 $e,P_{12},P_{13},\cdots,P_{1n}$ 与 H 的元素相乘得到 H 以及 $n-1$ 个不同的 H 的陪集, 而且 G 的元素都分属这 n 个集合.

证

令

$$\begin{aligned}&\alpha=(1,2,3,\cdots,n),\\&P_{1j}\alpha=(j,2,3,\cdots,j-1,1,j+1,\cdots,n),\\&h(P_{1j}\alpha)=(j,a_2,a_3\cdots,a_n).\end{aligned}$$

其中, $(a_2,a_3,\cdots,a_n)$ 是对 $(2,3,\cdots,j-1,1,j+1,\cdots,n)$ 这 $n-1$ 个元素由 h 给出的一个新排列. (记住, h 并不问这 $n-1$ 个元素是什么) 因此 e 和 $HP_{12},\cdots$ 是 n 个不同的集合, 因为排在第一位置是 j, j 不同, 集合不可能相同. 对 n 个不同元素的排列的总数是 $n!$ 个. 这是因为排第 1 个元素时有 n 种方法, 排第 2 个元素有 $n-1$ 种方法, 因为只有 $n-1$ 个空位, 以此类推, 可以得知 n 个不同元素的排列有 $n!$ 种排法, 所以群 G 的元素数为 $n!$, 群 H 的元素数为 $(n-1)!$. 由此推断上述 n 个集合的和集正好是 G.

$P_-(1,2,\cdots,n)=\dfrac{1}{n!}\sum(-1)^{\delta_P}P(1,2,\cdots,n)$, 其中当 P 为奇置换时 $(-1)^{\delta_P}=-1$, 否则 $(-1)^{\delta_P}=+1$.

$$P_-(1,2,\cdots,n)=\frac{1}{n!}\sum_i\{[(-1)^{\delta_{P_i}}h_i]e-[(-1)^{\delta_{P_i}}h_i]P_{12}-\cdots-[(-1)^{\delta_{P_i}}h_i]P_{1n}\}$$

这是因为 P_{ij} 的宇称为

$$\begin{aligned}&(-1)^{\delta_{P_{ij}}}=-1.\\P_-(1,2,\cdots,n)&=\frac{1}{n!}\left[\sum_i(-1)^{\delta_{P_i}}h_i\right](e-P_{12}-\cdots-P_{12})\\&=\frac{1}{n!}(n-1)!P_-(2,3,\cdots,n)(e-P_{12}-P_{13}-\cdots-P_{1n})\\&=\frac{1}{n}P_-(2,3,\cdots,n)(1-P_{12}-P_{13}-\cdots-P_{1n}),\end{aligned}$$

因为 $h_ie=h_i=h_i\cdot 1$.

我们计算

$$\begin{aligned}A&=P_-(1,2,\cdots,n)P_{ij}\\&=\frac{1}{n!}\sum_P(-1)^{\delta_P}P\cdot P_{ij},\end{aligned}$$

由重排定理得

$$
\begin{aligned}
A &= \frac{1}{n!}\sum_{P}(-1)^{\delta_P}(P\cdot P_{ij}) \\
&= \frac{1}{n!}\sum_{P'}(-1)^{\delta_P}P'.
\end{aligned}
$$

由于 $(-1)^{\delta_{P'}}=(-1)^{\delta_P}(-1)$, 给出

$$
A=-\frac{1}{n!}\sum_{P'}(-1)^{\delta_{P'}}P'=-P_-(1,2,\cdots,n)
$$

及

$$
\begin{aligned}
B &= P_-(1,2,\cdots,n)\frac{1-P_{ij}}{2}=P_-(1,2,\cdots,n), \\
C &= P_-(1,2,\cdots,n)\frac{1+P_{ij}}{2}=0.
\end{aligned}
$$

索　　引

B

八顶角模型, 22
辫子型的 R 矩阵, 38
贝特拟设方程, 216

C

穿透定理, 177
穿透 $\overline{R}$ 矩阵, 190

D

带反射边的可解模型的转移矩阵, 160
带反射边模型的聚合, 172
代数贝特拟设, 216
代数贝特拟设的定解假设, 223
单拐图, 280
单值矩阵, 27, 246
对称化帽子 S, 82
对偶反射方程, 155, 217
对偶反射方程解, 171

F

反对称化的带边转移矩阵, 180
反对称化帽子 A, 81
反对称聚合的带边偶合模型的转移矩阵, 175
反射方程, 155
反射方程的对角解, 170
反射方程的解的余模, 159
反射算子矩阵, 270

G

高斯和, 17
构形图, 280

J

加法定理, 8, 206
交叉对称性, 43
交叉幺正关系, 155
交叉幺正性, 45
交换关系, 225
交换算子, 34, 61
矩阵 M 与矩阵 P 的乘法, 79

L

类反射矩阵, 198
黎曼恒等式, 11
量子行列式, 91
零点定理, 7
零点数, 2
刘维尔定理, 1
六顶角模型, 21
路线图, 280

M

面顶对应关系, 100, 104
面顶对应关系的证明, 104
面模型的 YBE, 114
模变换, 14, 17

P

碰撞 $\overline{R}$ 矩阵, 190

普适律, 19
谱参量, 32
谱线, 32

Q

嵌套贝特拟设, 242

S

算子交换关系, 223
算子与 P_- 的乘法, 80

T

投影算子, 62
椭圆型 R 矩阵, 63

Y

杨 -Baxter 关系, 41
幺正关系, 75, 218
有理的 R 矩阵, 40
有理模型的 unwanted 项, 263
有理 R 矩阵的类反射矩阵, 214

Z

指标线图, 280
指标线, 280
准双周期全纯函数, 1
子转换矩阵, 247
置换算子与全反对称、全对称算子, 78
转移矩阵, 27, 49

其他

A_{n-1}^1 面模型的量子行列式, 150
A_{n-1}^1 模型的转移矩阵, 216
A_{n-1}^1 模型的对偶反射方程, 167
A_{n-1}^1 模型的反射方程, 185
A_{n-1}^1 模型的聚合反射边, 185
A_{n-1}^1 模型的类反射矩阵, 205
A_{n-1}^1 面模型的反射方程, 162
A_{n-1}^1 面模型 R 矩阵三角极限, 121
L 矩阵的逆矩阵, 156
L 算子, 41
R 的矩阵元, 66, 71
R 矩阵的交叉逆矩阵, 43
R 矩阵的退化, 72
R 矩阵元, 37
$R(a|z)$ 的规范变换, 125
Z_nBelavin 模型的交叉幺正条件, 126
Z_n 对称的 Belavin 模型 R 矩阵, 63
Z_nBelavin 模型 R 矩阵的三角极限, 75
Z_nBelavin 模型 R 矩阵的有理极限, 75
θ 函数, 4
θ 函数的零点, 5
θ 函数的奇偶性, 6
θ 函数的无穷乘积表示, 12
$\varphi_{a,a+\hat{\mu}}(z)$ 的存在条件, 120
t 矩阵的本征值, 31
Cherednik 算子, 80
Felder 的方程, 117
Ising 模型, 20
Jacobi 的微分公式, 13
Scaling 假设, 19
unwanted term, 224, 258
wanted term, 224
YBE 分量形式, 32
YBE 矩阵形式, 34

《21世纪理论物理及其交叉学科前沿丛书》

已出版书目

(按出版时间排序)

1. 真空结构、引力起源与暗能量问题	王顺金	2016年4月
2. 宇宙学基本原理（第二版）	龚云贵	2016年8月
3. 相对论与引力理论导论	赵 柳	2016年12月
4. 纳米材料热传导	段文晖，张 刚	2017年1月
5. 有机固体物理（第二版）	解士杰	2017年6月
6. 黑洞系统的吸积与喷流	汪定雄	2018年1月
7. 固体等离子体理论及应用	夏建白，宗易昕	2018年6月
8. 量子色动力学专题	黄 涛，王 伟 等	2018年6月
9. 可积模型方法及其应用	杨文力 等	2019年4月
10. 椭圆函数相关凝聚态物理模型与图表示	**石康杰，杨文力，李广良**	**2019年5月**